Kasthofer, Karl

Bemerkungen auf einer Alpen-Reise

Kasthofer, Karl

Bemerkungen auf einer Alpen-Reise

Inktank publishing, 2018

www.inktank-publishing.com

ISBN/EAN: 9783747779439

Bemerkungen
auf einer
Alpen-Reise
über den
Susten, Gotthard, Bernardin,
und über die
Oberalp, Furka und Grimsel.

Mit Erfahrungen
über
die Kultur der Alpen
und einer
Vergleichung des wirthschaftlichen Ertrags
der
Bündenschen und Bernischen Alpen.

Nebst
Betrachtungen über die Veränderungen
in dem
Klima des Bernischen Hochgebirgs.
Eine
von der Schweizerischen Gesellschaft für die Naturkunde
gekrönte Preisschrift.

Von
Karl Kasthofer,
Oberförster und Mitglied der Gesellschaft der Schweizerischen Naturforscher, der Sächsischen Gesellschaft der Forstkunde, und der St. Gallenschen Gesellschaft für die Naturkunde.

Aarau 1822.
Bei Heinrich Remigius Sauerländer.

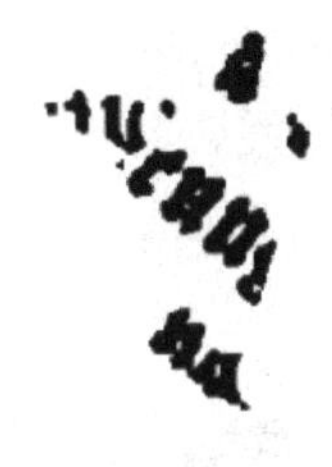

Vorbericht.

Die drei verschiedenen Abhandlungen, welche hier zur öffentlich[illegible]niß gebracht werden, erheischen einige Erläut[illegible]n über die Umstände, unter welchen ihre Abfassung [illegible]rgenommen wurde, und über den Gesichtspunkt, den der Verfasser sich bei dieser Arbeit vorgesetzt hat.

Die Wichtigkeit der Untersuchung der klimatischen Veränderungen auf unserm Hochgebirg und der Erforschung der Ursachen dieser Veränderungen hatte die allgemeine Schweizerische naturforschende Gesellschaft im Jahr 1818 bewogen, diese Untersuchungen zum Gegenstand einer Preisaufgabe zu machen, deren versuchte Lösungen durch die Herren Pictet, Präsidenten der Gesellschaft, von Charpentier, Ebel, Escher und Horner geprüft werden sollten. Schon im Jahr 1820 sollten dann auf den Bericht dieser Kommission die Preise den Verfassern der entsprechendsten Beantwortungen von der Gesellschaft bei ihrer Vereinigung in Genf zuerkannt werden.

Den Verfasser der hier vollständig, in den Ueberlieferungen *) aber verkürzt, abgedruckten Abhandlung hatte die Allgemeinheit, in welcher die Preisfrage gestellt wurde, sowohl als die Kürze des Termins lange

*) S. Jahrg. 1820 November- und Dezemberhefte.

von allen Versuchen der Beantwortung abgeschreckt. Im Winter von 1819 auf 1820 entschloß er sich, nur die Resultate einer aufmerksamen zehnjährigen Beobachtung des Bernischen Hochgebirgs niederzuschreiben. Da die Jahrszeit jeder Berichtigung seiner Ansichten und jeder Sammlung neuer Thatsachen unüberwindliche Schwierigkeiten in den Weg legte, so wurde eine Konsulta von Gemsjägern aus den höchsten Thälern der Berner Alpen ausgeschrieben, deren unbefangenem Urtheil der Verfasser sein Urtheil unterziehen, und von denen er neue Thatsachen zu ihrer Begründung oder Widerlegung zu vernehmen hoffte. So entstanden die Beiträge zur Beantwortung der Preisfrage. Mehrere der im zweiten Theil dieser Abhandlung enthaltenen Thatsachen gründen sich auf Aussagen dieser Gemsjäger; aber keine ist aufgenommen worden, wenn nicht der Verfasser das Gebirg, auf das sie sich bezieht, selbst besucht hatte, und also aus der Kenntniß des Lokals die Glaubwürdigkeit der Aussage von ihm beurtheilt werden konnte.

Der Verfasser dankt der Beurtheilung seiner Arbeit in dem unvergeßlichen Genf einen seiner glücklichsten Tage. Das Urtheil von Männern, die das Vaterland mit Gefühlen der Achtung und der Dankbarkeit nennt, hat seinem Streben Werth gegeben. Noch ist die Aufgabe durch seine „Beiträge“ nicht gelöset, und wenn der Verfasser es gewagt hat, als Mitbewerber um eine Schweizerische Bürgerkrone aufzutreten, so hat die ehrenhafte Belohnung seiner Arbeit ihm auch die heilige Pflicht auferlegt, diese Belohnung durch noch größere Anstrengungen zu verdienen.

Der erste und der zweite Theil der gegenwärtigen Schrift mögen von diesen Bemühungen des Verfassers Zeugniß geben. Obgleich die Aufschrift der drei verschiedenen Abtheilungen auf keine Uebereinstimmung des Inhalts schliessen läßt, so haben alle doch die Natur unsers Hochgebirgs zum Gegenstand, und es wird jede beitragen, die Bemerkungen zu berichtigen oder zu erweitern, welche früher der Verfasser über die Baum-Vegetation der Alpen und über ihre Bewirthschaftung bekannt gemacht hat *).

Die Beschreibung der Reise, welche der Verfasser im Sommer 1821 in Berufsgeschäften über den Gotthard und Bernardin, in Begleitung seiner Freunde und Schüler, der Herren Paul von Crousaz und Burger, nach Bünden gemacht, trägt das Gepräge einiger Eilfertigkeit. Ein Weg von hundert und sechszig Stunden mußte in Zeit von nicht mehr als drei Wochen zurückgelegt werden; zu umständlichen Untersuchungen fehlte die Zeit, und mehreres Beachtenswerthe mag also übersehen, manches Bemerkte nur einseitig beobachtet worden sein. Da die Höhebestimmungen nur durch Vergleichung mit dem Stand eines dreißig bis vierzig Stunden entfernten Barometers berechnet worden sind, so können sie nur insofern einige Sicherheit geben, als früher gemachte oder noch zu machende Beobachtungen damit übereinstimmen; da wohl das Mittel mehrerer, bei günstiger Witterung gemachten Beobachtungen, aber nicht einzelne Barometerbeobachtungen, die auf dem Hochgebirg gemacht worden, genauere Höhenberechnungen erlauben. Es soll Fälle gegeben haben, wo das Barometer auf dem Bernhard auf kurze Zeit höher als in Genf gestanden, und der Verfasser, der während heftiger Windstöße von Süden ein Ba-

*) Bemerkungen über die Wälder und Alpen des Bernischen Hochgebirgs. Aarau, bei Sauerländer. Vorlesungen über die Kultur der Alpen. Bern, bei Burgdorfer.

rometer auf den Berghöhen des Lauterbrunnenthals beobachtete, erhielt eine um mehrere hundert Fuß verschiedene Höhe, als da er einige Jahre hernach auf der nämlichen Stelle mit gleicher Sorgfalt unter heftigen Stößen des Nordwindes beobachtet hat.

Die Kantone Tessin und Bünden sind zuerst durch die Mediations-Akte, und dann auch durch die gegenwärtige Bundes-Verfassung mit der Schweiz in innigern Verband gekommen, und darum schon haben die Verfassungen, die Sitten und die geschichtlichen Entwickelungen dieser Völkerschaften, die uns übrigen Schweizern noch zu wenig bekannt sind, nicht weniger die Aufmerksamkeit des Verfassers auf sich gezogen, als die Mannigfaltigkeit, die Schönheit und die Erzeugnisse der Natur, so wie die Aeusserungen des Gemeingeistes, der in dem großen Bau der Kunststraßen sich da so herrlich offenbart. Es soll ja weder die Botanik, noch die Gebirgskunde, noch der Beruf oder das Amt, noch endlich die mit Recht geliebte Vaterstadt die Seele des Schweizers erfüllen, sondern die Liebe des Vaterlandes und die Liebe der Freiheit in ihr vorherrschen: die Liebe, ohne die wir kein Vaterland hätten, ohne die es früh oder spät die Beute der Gewalt werden, ohne die alle Kunst und Wissenschaft ohne Anwendung bleiben, oder nur der Eitelkeit und der niedrigsten Selbstsucht dienen müßte! Welcher Schweizer kann übrigens das Schlachtfeld von Giornico besuchen, ohne der Landwehr von Leventina zu gedenken, die, damals begeistert durch die Freiheit, den Feind der Schweizer schlug!? Welcher Schweizer wird mit unbewegtem Gemüth die Kapelle von Sankt Paul bei Bellenz besichtigen, wo ohne Denkmal die Gebeine der Helden unter Staub und Moder liegen? Wer wird die Ruinen der Bärenburg erblicken, ohne der rohen Gewaltthaten der Vögte und ihrer Folgen, ohne der Selbstüberwindung der heldenmüthigen Landleute von Schams zu gedenken, die an ihrem Feinde, dem entwaffneten Freiherrn, keine Rache nahmen? Wer wird, wenn er den Bau der Splügenstraße sieht, des Veltliner Protestanten-Mordes, des Veltliner Krieges nicht gedenken, aus welchem Bünden siegreich sich erhoben, dessen Früchte es durch fehlerhafte Staatspolitik zum Theil verloren hat: des Veltliner Kriegs, dessen Geschichte so ernst und warnend dem Bund der Eidsgenossen zum Spiegel dient? Und welcher Schweizer endlich wird Bünden besuchen, ohne bei den Beweisen der gegenseitigen Liebe und des gegenseitigen Zutrauens unter den Bekennern verschiedenen Glaubens, unter dem hohen Adel und dem freien Volke, sich der Freude zu überlassen? ohne in Chur, wo die Abgeordneten von fünfundsechszig harmonisch zu einem Zweck vereinten Republiken ohne Wache sich versammeln, sich vaterländischer Begeisterung hinzugeben?

In solcher Stimmung nun, bei dem Anblicke solcher Denkmäler, hat der Verfasser sich selbst und für andere Schweizer die Worte Johann Müller's und Zschokke's, des Geschichtschreibers der Schweizerischen Eidsgenossenschaft und des Geschichtschreibers von Bünden, wiederholt, und eigene Empfindungen, im Bewußtsein ihrer Reinheit, frei und ohne Furcht der Mißdeutung walten lassen: er glaubt für diese Abwechslung des Vortrags naturhistorischer und wirthschaftlicher Gegenstände mit historischen Schilderungen und Vergleichungen keiner Entschuldigung zu bedürfen.

Der zweite Theil dieser Schrift enthält Berichte über Kulturversuche auf Alpweiden, die der Verfasser selbst angestellt hat. Vergleichungen ferner zwischen dem Ertrag der Bündenschen und Bernischen Alpen, und Berechnungen über die Bewirthschaftung der letztern. Daß der Verfasser den größern Theil dieser Berechnungen und wirthschaftlichen Bemerkungen den gemeinnützigen Bemühungen und der Freundschaft von Herrn Koch verdankt, ist an seinem Orte gesagt worden.

In Hinsicht der Kulturversuche ist zu bemerken, daß dieselben auf einem sehr kleinen Raum und mit einer Aengstlichkeit gemacht worden sind, die nur in persönlichen Verhältnissen des Verfassers und in dem gänzlichen Mangel an leitenden Erfahrungen ihre Erklärung finden. Mit kleinern Hilfsmitteln hat sich wohl selten ein Privatmann an die Lösung einer wichtigen landwirthschaftlichen Aufgabe gewagt, als der Verfasser. In einer Stadt erzogen, entblößt von praktischen Kenntnissen und Erfahrungen, die den guten Erfolg jedes landwirthschaftlichen Unternehmens verbürgen müssen, einzig geleitet durch die Wahrheit einer Idee, die nach und nach zur mächtigsten Triebfeder seines Lebens wurde, blieb dem Verfasser kein anderes Mittel, diese Idee zu verwirklichen, als sich durch Ankauf einer kleinen Alpweide in alle Schwierigkeiten einer ihm noch unbekannten Wirthschaft zu stürzen, um diese Schwierigkeiten kennen zu lernen und fehlende Erfahrungen zu erwerben. Die kleinen Hilfsmittel mußten bei solchen Versuchen und bei den damit verbundenen unvermeidlichen Mißgriffen noch vermindert werden; um so mehr, da ein übermächtiges Hinderniß, welches der Verfasser nicht voraussehen konnte, die Hoffnung vereitelte, in einem Theile seines Unternehmens einige Unterstützung zu finden. Es sind also weniger jene zu Versuchen bestimmten Alpweiden, die jetzt noch die Aufmerksamkeit denkender Landwirthe des Hochgebirgs sich verdienen können; es sind vielmehr die Ideen der Alpen- und Forstwirthschaft, die den Darstellungen des Verfassers zum Grunde liegen, in langjähriger Beobachtung unserer Gebirge ihre Entstehung genommen haben, und in den Widerwärtigkeiten und Erfahrungen sich erst noch prüfen sollen; es sind diese Ideen, für welche der Verfasser die Theilnahme gebildeter Schweizer und derjenigen Ausländer anspricht, in deren Vaterland sich hohe Gebirge mit großen, ganz wüsten oder nur wenig benutzten Ländereien finden.

Was den amtlichen Wirkungskreis und die Verbindung desselben mit dem ausgebreitetern Streben des Verfassers ansieht, so wird nicht nur die Verträglichkeit beider Aufgaben, sondern auch die Nothwendigkeit ihrer Verbindung leicht zu erweisen sein, und von selbst aus der Uebersicht der Wahrheiten hervorgehen, welche, wie die Seele dem Leibe, so dieser Schrift einwohnen, und allein, wenn sie begründet erfunden werden, ihr einen Werth geben können.

Diese Wahrheiten sind:

1) Die klimatischen Veränderungen, die in unsern Gebirgen beobachtet werden, und nachtheilig auf die Benutzung der Alpen und der Thalgründe wirken, rühren von der Zerstörung der Alpenwälder her.

2) Da der größte Theil der Wälder in den Gebirgs-Kantonen entweder eigenthümlich den Gemeinden gehört, oder durch Nutzungsrechte unter ihrem Einflusse liegt, und die bestehenden Verfassungen die Vollziehung von strengen, allgemein eingreifenden Administrations-Verfügungen nicht erlauben; so kann die Erhaltung dieser Wälder, wo sie noch vorhanden sind, ihre bessere Pflege, und die Anzucht neuer Wälder an Platz der zerstörten in der gebirgichten Schweiz nicht durch die Regierungen, nicht durch Reglemente und nicht durch Regierungsbeamte allein bewirkt, sondern es muß zu

diesem Zweck die Sorgfalt der Landleute in Anspruch genommen werden.

3) Diese Sorgfalt der Landleute in den Gebirgskantonen wird für die Waldpflege nie allgemein thätig werden, wenn nicht ein besserer Unterricht in den Volksschulen, und freie Verfassungen, oder eine von dem Geiste freier Verfassungen beseelte Administration den Gemeinsinn da wieder wecken kann, wo er sich verloren hat.

4) So lange die Regierungen und die Landleute im Hochgebirge die Wichtigkeit der Wälder nur nach den Geldpreisen des Holzes beurtheilen, und in der Forstwirthschaft nur eine oft unnütze Kunst der Holz-Produktion erblicken, so lange kann keine tiefgreifende Forstpflege Platz finden. Das wesentlichste Bedürfniß der Gebirgskantone ist die Gras- und Fütterungsproduktion für die Viehzucht. Jede Verordnung der Waldpolizei, die in den Augen ihrer Bewohner diesem Bedürfniß Eintrag thut, scheint jedem gehässig, und ist nicht ausführbar.

5) Die Forstwirthschaft muß daher nicht als ein für sich bestehender Administrations- und Produktions-Zweig, sondern als ein den Rücksichten der Landwirthschaft und der Viehzucht untergeordnetes Fach betrachtet und behandelt werden.

6) Die Wälder im Hochgebirge also müssen Schutzmittel sein gegen Witterungszufälle; sie müssen selbst Fütterungsmittel für die Viehzucht gewähren können; sie müssen Streuestoffe zur Vermehrung des Düngers liefern, und wo möglich Nahrungsmittel und Stoffe für Fabrikationsgegenstände, deren Absatz sicher ist.

7) Der heutige Bestand unserer Alpenwälder ist zufällig, und die Holzarten, aus denen sie gegenwärtig bestehen, entsprechen den Bedürfnissen unserer Bevöl-

kerung nicht hinreichend. Es müssen in den Alpen die Buchen, Weißtannen und Kiefern, wo es thunlich ist, durch Ulmen, Eschen, Ahorne, Weißellern, Birken u.s.w., die Rothtannen durch Arven und Lärchtannen verdrängt werden. Wo diese Holzarten, statt jenen, den Bestand der Wälder bilden, und die Gebirgsbewohner sie für die dringendsten Bedürfnisse der Viehzucht und der Landwirthschaft zu benutzen wissen, werden die Vorschriften der Walderhaltung mit den Forderungen des Eigennutzes in Uebereinstimmung stehen, und die obrigkeitlichen Forstkammern werden nicht mehr mit dem Landvolke in geheimem Kriege stehen; sie werden dasselbe nicht mehr gegen die Regierungen erbittern müssen.

8) Die Alpen im Hochgebirge gewähren den Nutzen nicht, den sie gewähren könnten. Die Gemeinweidigkeit derselben ist ein Uebel, wie die Zerstückelung der Ländereien in den Thalgründen ein Uebel ist. Ein großer Theil unserer Alpen ist der künstlichen Kultur empfänglich. Die künstliche Vermehrung der vorzüglichsten Alpenkräuter, die bisher noch nirgendwo geschehen, ist überall im Hochgebirg möglich. Der Kartoffelbau, der Flachsbau, der Kleebau, der Getreidebau würde auf vielen Alpen möglich und für den vaterländischen Wohlstand wichtig sein.

9) Auf sehr vielen Alpen wären Ansiedelungen möglich. Statt in den brasilianischen Wüsten zu verschmachten, könnte ein großer Theil unserer verarmten Bevölkerung sich auf diesen Alpen anbauen, und dadurch die Landwirthschaft wohlhabend werden.

Und nun möge dieses Büchlein seinen Weg gehen, gute Menschen suchen, gute finden und Gutes bewirken; und wenn der Verfasser nicht mehr auf diesen Bergen wandelt, und sein Streben und seine Worte einigen Nutzen gebracht, so werde dafür des Vaterlandes Dank denen, die der Verfasser am meisten auf Erden geliebt!

Geschrieben in Unterseen, den 31 März 1822.

I.

Reise

über

den Susten, den Gotthard, den Bernardin, die Oberalp, die Furka und die Grimsel.

1.

Weg von Unterseen bis Gadmen.

Der Brienzersee. Baumvegetation. Mangel an fahrbaren Verbindungs-Straßen. Abneigung der Berner gegen Ansiedelungen im Hoch-Gebirg. Handel mit Buchenlaub zur Viehstreue. Holzschnitzer Fischer. Garten-Anlagen bei Brienz. Meyringen. Urbarmachen der Flußgeschiebe. Waldpflege. Volksschulen. Bettel. Grund. Mühlethal. Triftthal. Gadmenthal. Landwirthschaft.

Die Seereise von Interlachen nach Brienz hat, wie jede Seereise, das Unangenehme, daß dem Auge allzulange die nämlichen Gegenstände vor Augen liegen, und daß der größte Theil des Geländes hinter den nächsten Bäumen, hinter jeder Ufererhöhung verborgen bleibt. Die Gebirge, die das Becken des Brienzersees umfassen, zeigen ohnehin keine schönen Umrisse und wenig malerische Felsen. Auf der Sonnenseite tragen die Hänge in den vielen halbzerstörten Wäldern häufige Spuren der Verwüstung; auf der Schattenseite, wo Tannenwälder vorherrschen, ist die Färbung überall düster, und vermehrt den lästigen Eindruck des einförmigen Gebirgs. Der Gießbach ist zu fern und zu verborgen, um die Aussicht zu beleben, und so auch der Mühlebach, der über Brienz, wasserreicher als der Staubbach und noch höher als dieser, von den Felsen stürzt.

Der Fußweg hingegen von Interlachen nach Brienz führt angenehmer über die üppigsten Wiesen durch malerische Dörfchen, und öfter unter dem Schatten der herrlichsten Bäume hin; bald verweilt der Blick behaglich auf den stillen verborgenen Buchten, und bald wieder, wenn der Fußweg sich gewendet, erfreut den Ueberraschten eine Fernsicht von kleinen Vorsprüngen der Ufer. Kaum finden sich irgendwo schönere Nußbäume, als auf diesem Gelände. Der Kirsch-Lorbeer wächst freudig, und ohne Bedeckung haben einige Feigenbäume die Winter ausgehalten. Kastanienbäume, die seit einigen Jahren hier gepflanzt sind, werden leicht und nützlich gedeihen. Einige Buchsbäume, die in Gärten des Dorfes Brienz fünfundzwanzig Fuß hoch und sechs Zoll im Durchmesser gestanden, sind vor einiger Zeit gefällt, und einer derselben um fünf Louisd'or an Drechsler verkauft worden.

Wie doch oft der Ideengang der Bergvölker für lange Zeiträume in Gewohnheiten verknöchert, und wie oft die Trägheit sie verhindert, von immer wiederkehrenden Hindernissen freier Beweglichkeit und Verkehrs befreit zu werden, davon zeugt dieser Fußweg von Interlachen nach Brienz.

Die einzige oder doch nächste Berührung des gebirgichten Kantons Bern mit dem Kanton Unterwalden hat vermittelst dem Brünigpasse und diesem Fußweg längs dem Brienzersee Statt. Auf dem letztern ist übrigens häufiger Verkehr zwischen dem Oberhaslethal und den untern Landschaften: beide sind so elend als möglich, und seit Jahrhunderten ist kaum an eine Verbesserung gedacht worden. Auf dem Wege von Brienz sind bei Nachtzeit schon Pferde heruntergestürzt und Menschen oft in Lebensgefahr gestanden: aber lieber lassen sich die Landleute aus den umliegenden Gemeinden auf ihren öftern Reisen nach den untern Landschaften wie Heringe auf die unbequemen Schiffe verpacken, geben sich drei bis vier Stunden lang der Kälte, dem Regen und den Stürmen preis, ehe sie sich entschliessen, jene Straßen bequemer und sicherer anzulegen.

Wohl kann bemerkt werden, daß, wenn einmal in Unterwalden und im Bernischen Oberland die Industrie belebt, der Handelsverkehr zwischen beiden Ländern vervielfältigt sei, dann erst ein solcher Straßenbau nothwendig werde. Aber es sind eben neue Straßen, die jene Betriebsamkeit aufwecken. Wer keine Straßen anlegen wollte, bis sich Industrie und Handel einfindet, würde mit eben so guten Gründen auf wasserarmem Gelände die Wiesen nicht wässern wollen, bis von ungefähr, etwa nach Jahrhunderten, ein Bächlein vorbeiflösse.

So ist es auch, oder vielmehr es ist noch schlimmer mit der Straße aus dem Emmenthal über den Grünenberg durch Habkeren nach den Oberländischen Aemtern, wo die einzige Verbindungsstraße zwischen dem Emmenthal und dem Oberlande nicht einmal für Pferde gangbar ist. So ist es ferner mit der Landstraße von Thun nach dem Oberland, und nicht viel besser mit der Landstraße aus den Simmen- und Kanderthälern nach den Oberländischen, wohin der Reisende nur durch langweilige, von Witterungszufällen abhängige, oft gefährliche Seefahrt gelangt.

Zwischen den Städten, besonders zwischen den Hauptstädten unserer kleinen Staaten, und den Landschaften muß, infolge der Natur ihrer gegenseitigen Verhältnisse, immer ein Wechseltausch von Kapitalien und Ideen Statt finden. Der Reichthum der Städte, der größtentheils aus Zuflüssen der Landschaften sich bildet und mehrt, wird diesen von den Städtern vergolten durch Erfindungen und durch Anwendung von Kunst und Wissenschaft auf das wirthschaftliche und bürgerliche Leben; und eben diese Anwendung, die

2

den Wohlstand des Landmanns vermehrt, erhöht auch unfehlbar durch größere Zuflüsse den Wohlstand des Städters. Die Hauptstadt, in welcher der größte Fleiß, das regste geistige Leben, die höchste Ausbildung nützlicher Kenntnisse sich finden, die wird auch über die reichsten Landschaften gebieten, und der Reichthum von diesen den Wohlstand der Hauptstadt am höchsten steigern. Kein gebildeter und reicher Städter läßt sich auf dem Lande nieder, ohne wohlthätig auf seine ländliche Umgebung zu wirken; und wenn wir mit Befremden inne werden, wie sehr der Schweizer in mehrern Landschaften des Hochgebirgs an Industrie und geistiger Thätigkeit gegen den Bewohner der flächern Schweiz zurücksteht, so finden wir die Erklärung dieser Erscheinung wohl zum Theil in dem Umstande, daß hier keine größern Städte auf das Land durch Bildung eingewirkt, dort der Landmann, der Städter geworden, an Höfen und in fremdem Kriegsdienst den Sinn für Wissenschaften und nützliches Wirken nur zu oft verloren hat. Was den Mangel beinahe aller Industrie und besonders in den Oberämtern des Berner Hochgebirgs die Stockung des Ideenganges seiner Bewohner vielleicht erklären hilft, ist wohl die auffallende Thatsache, daß von Thun hinauf bis an die Grenzen der Waadt, von Wallis, Uri, Unterwalden und Luzern sich nie ein reicher Privatmann, sei's aus der Hauptstadt, sei es aus andern Städten, bleibend oder für die Sommermonate, auf eigenen Ländereien in diesen Oberländischen Thälern angesiedelt hat. Es ist wohl der Mangel fahrbarer Verbindungsstraßen, der dieser Abneigung der Städter gegen Niederlassungen in jenen Thälern zum Grunde liegt. — Oder wäre es die Weichlichkeit, die zum Bedarf verwöhnter Sinnlichkeit die Nähe von Städten fordert? Die schöne

Straße, die nun von Thunweg das Simmenthal hinauf gegen die Waadt [illegible] wird, mag in der Folgezeit die Frage lösen.

Auf der Schattenseite des [illegible]gebirgs des Brienzer-Sees erscheinen größere Bu[illegible]wälder erst am Eingang des Haslethals, wo auf malerisch geformten Felsen die Buchen den Reiz der [illegible]dschaft heben. Auf der Sonnenseite des Brienzers[illegible] ist in den Dörfern Oberried, Niederried und Ebli[illegible] der Verkauf des Buchenlaubes zur Streue für d[illegible] Vieh so allgemein, daß ein großer Theil des Bedar[illegible] mehrerer Dörfer, in deren Marchen die Buchenw[illegible]r seltener sind, durch diese Verkäufe gedeckt wird. [illegible]ie Allgemeinheit der Benutzung des Buchenlaubs als [illegible]treue findet erst seit Einführung des Kartoffelbaues, [illegible] besonders seit der Vertheilung der Allmenden Stat[illegible] doch ist schon viel früher überall in diesen Thäle[illegible] wo kein Getreidebau von Bedeutung sich findet, [illegible]s Buchenlaub nothwendiger Bedarf der Stallfütteru[illegible]gewesen, und seit Jahrhunderten wohl haben die ab[illegible]nden Blätter der Buchen der Landwirthschaft und [illegible]t der Forstwirthschaft gedient. Es ist daher me[illegible]würdig, die Folgen so langer Benutzung, die dem [illegible]rstwirth als verderblicher Mißbrauch auf Kosten der [illegible]zproduktion erscheinen muß, näher zu betrachten.

Ein großer Theil der Berghänge des [illegible]ienzersees, auf denen vormals schöne Buchenwälder gestanden, sind wüste Flächen geworden, wo elende B[illegible]chen licht zerstreut stehen, zwischen denen mageres [illegible]ras den dürren Boden spärlich überzieht, und nur [illegible]isweilen eine verbissene Holzpflanze unter dem Zahn d[illegible] Ziegen vegetirt. Ohne Zweifel auch ist diese unbe[illegible]hränkte Benutzung des Buchenlaubes Ursache, daß die [illegible]uchenwälder überhaupt aus vielen Thälern verschwunden sind, und Tannenw ihre Stelle eingenommen haben. Doch in noch lossenen alten Buchenwäldern, wie z. B. in den Wäldern von Niederried, Oberried und Ebligen, seit langer Zeit beinahe jedes Baumblatt alljährl eggewischt wurde, stehen Kolosse von Buchen in Lebenskraft. Im Rugenwald bei Interlachen, n der schönsten, an siebenzig Jahre alten Buchenwald len sich alle Jahre bei zweihundert Haushaltungen, ange sich alte Männer zu erinnern wissen, ihren Stebedarf; und doch wächst der Wald so üppig, als nur wachsen kann. Ob in ausgewachsenen Walden die faulenden Blätter der Buche das Wachsthu nicht besonders begünstigen? Ob die faulenden Wu n mehr denn jene Blätter als Dünger im Innern de Waldbodens wirken, und den Wuchs der Bäume fern? Gewiß, wenn auch diese Fragen bejaht werde läßt sich nicht läugnen, daß jenes uneingeschränkt treuerechen die Verjüngung der Wälder verhindere, o wenn die alten Bäume nicht dicht auf einem der Sne ausgesetzten Abhange stehen, wo jedes Jahr das llende Laub fortgewischt wird, auf dem nackten Bon die wenigen aus dem Samen aufgehenden Buche aus Mangel an Schutz und angemessener Nahrung ufig verderben werden. Es ist aber in diesen Gegeren bloß der Mißbrauch der unbeschränkten Nutzung, icht diese Nutzung überhaupt zu tadeln, auf der die anze Betriebsart der Landwirthschaft dieser Gegend u beruhen scheint. Es ist wahr, das Buchenlaub ha an und für sich, dem Dünger des Viehes beigemeng, wenig düngende Kraft, und wo der damit gemischte Dünger auf die Wiesen verbreitet wird, bleiben de langsam verfaulenden Blätter auf der Oberfläche und verunreinigen das Heu: allein wenn die Buchenblätter ein Jahr lang in Vorrath aufgehäuft bleiben, und dann erst als Streue dem Vieh untergeworfen werden, so faulen sie im Dünger leicht, und bringen jenen Nachtheil nicht. Ueberdies ist die Buchenlaubstreue, wo weder Stroh, noch Moospflanzen, noch Farrenkräuter, noch gehacktes Tannenreisig in hinreichender Menge zu haben sind, in kalten Stallungen theils für die Erwärmung des Viehes, theils für seine Reinhaltung fast unentbehrlich, und so auch für die Kartoffelpflanzungen, da das Buchenlaub schon dadurch die Fruchtbarkeit begünstigt, daß es die Erde, in der die Wurzeln treiben, den Lufteinflüssen öffnet, und locker macht. Bei zähem Lettboden ist diese Wirkung des Buchenlaubs besonders fühlbar. In Berggegenden, wo der Geldwerth des Holzes gewöhnlich gering ist, soll der Forstwirth sich immer freuen, wenn seine Wälder durch etwas mehr noch als durch ihr Holzerzeugniß nützlich werden können.

Im Dorfe Brienz zeichnet sich der Holzschnitzer Fischer durch Verfertigung geschmackvoller Schüsseln und Vasen in Ahornholz aus. Schade, daß der Mann nie zeichnen gelernt und seine Gefäße jedesmal verunstaltet, wenn er versucht, seine Kunst bis zum Bildner von menschlichen Gestalten und von Thierköpfen zu erheben. Das Holz der Lenne *) wird von ihm jedem andern Holz, auch dem Holz des Bergahorns **) vorgezogen, da es von feinerm Gewebe als dieses, weißer und auch zäher sein soll. Zu wünschen wäre, daß durch Erfindung irgend eines Firnis oder einer Beitze das Holz den Flüssigkeiten, unbeschadet den Formen des Schnitzwerkes, undurchdringlich gemacht werden könnte, um diesem Gewerbe eine größere Ausdehnung

*) Acer platanoides.

**) Acer pseudoplatanus.

und größern Absatz zu geben. Es ist auffallend, daß in den Hochgebirgen der Schweiz, die mit Wäldern bedeckt zu sein scheinen, kein bedeutender Fabrikations-Zweig besteht, der Holz als rohen Stoff veredelt.

In der Gegend von Brienz sind die Gärten am Seeufer betrachtenswerth, die mit trockenen Mauern gegen das Wasser eingefaßt, und mit dem Schlamm aufgefüllt werden, den die Aar bei ihrer Mündung in den See fallen läßt. Die Mauern werden acht Fuß hoch aufgeführt, um gegen jede Höhe des Sees die Pflanzungen zu sichern; dann kostet das sechsschuhige Klafter von solchen Gartenanlagen, nach dem Quadrat-Inhalt gemessen, drei Franken, wenn die Auffüllung verdingt wird: eine sehr große Summe, die jedoch mit dem Preise des fruchtbaren Landes in der Nähe des großen Dorfes in keinem Mißverhältniß steht. Das ist einer der großen und unvermeidlichen Nachtheile der zu weit getriebenen Landzerstückelungen, und einer in Dörfer gedrängten großen Bevölkerung, daß alle in der Nähe befindlichen bequem liegenden Ländereien zu übermäßigen Preisen gekauft werden müssen, und daß so mancher Bauer, der in der Nähe seines Dorfes sich Land kauft, oder in Erbschaften gegen Auskauf der Miterben übernimmt, sich ökonomisch zu Grunde zu richten Gefahr läuft. Uebrigens gereichen jene Garten-Anlagen immerhin zum großen Vortheil der Ufer-Bewohner, die jeden Tag mit allen ihren arbeitsfähigen Hausgenossen, im Winter jede der vielen Stunden der Muße, ohne Aufwand noch Vorschüsse, zu Vergrößerung ihres Vermögens verwenden können. So ist auch vor einiger Zeit von fleißigen Oberhaslern das trübe Wasser des Alpbachs seitwärts in Teiche geleitet worden, wo der niederfallende Schlamm ausgegraben und zur Anlage von Pflanzungen auf Steingeschiebe verbreitet wurde. Ueber dem Dorfe Ringgenberg führt ein Bergwasser bei jedem Gewitterregen Erde, mit Blättern der Wälder vermischt, in eine Vertiefung am Fuße des Gebirgs; diese Vertiefung wird von den Ringgenbergern die Goldgrube geheißen. Jeder Landmann dieser Gemeinde, der schlechtes Land verbessern will, holt sich aus dieser Vertiefung die aufgeschwemmte Erde und breitet sie auf jenes magere Land wie Dünger aus. Allen Gewässern überhaupt, die von Regengüssen anschwellen und trübe fliessen, kann die den Gebirgen geraubte Erde wieder abgewonnen werden: sie gehört dem Anwohner, der den Niederschlag zu bewirken und zu benutzen versteht.

Unter Meyringen, auf beiden Seiten der Aar, ist die öde Fläche mit Steingerölle von mehrern Fußen Tiefe überdeckt; unter diesem findet sich eine eben so tiefe Schicht fruchtbarer schwarzer Erde, und unter dieser wieder Steingerölle. Ohne Zweifel ist also diese Thalfläche schon in der Vorzeit angebaut gewesen, und dann durch den Reichenbach, den Alpbach und den Mühlebach oder die Aar mit Steintrümmern überführt worden. Nun wird seit einiger Zeit von vielen Landleuten von Meyringen zuerst die Steinschicht ausgegraben, und auf die eine Seite der entstehenden Grube geworfen, dann wird eben so die darunter befindliche fruchtbare Erde ausgegraben, und auf die andere Seite geworfen, und endlich wird die Grube zuerst mit den ausgegrabenen Steinen und dann mit guter Erde wieder aufgefüllt, die oben zu liegen kommt, und sogleich wieder zu mannigfaltigen Kulturen dient. Diese Arbeit heißt hier das Wenden oder Schöpfen. Ein sechsfüßiges Quadratklafter auf solche Art zu wenden, kostet zwei bis drei Batzen, je nachdem die Steinschicht tief oder seicht auf der guten Erdschicht liegt.

So malerisch auch die Felsformen des Thales bei Meyringen sind, so sehr die Wasserfälle den Reiz der Landschaft erhöhen, so widrig ist hingegen der Anblick des Thalgrundes von der Wyler Brücke hinweg bis gegen die Aarbrücke unter Meyringen, wo eine weitgedehnte Fläche von Moosen ohne Beschattung mit dem blassen Grün der Sümpfe gleich unangenehm in die Augen fällt, als die Berghänge, die vom Dörfchen Brünigen hinweg bis zu dem alten Thurm von Resti mit häufigen Spuren der Waldverwüstung und der nachlässigsten Pflege sich darstellen. Wie öde sind die Berghänge, über welche der Alpbach sich niederstürzt! Wie leicht würden hier — wäre nur erst einiger Schutz vor den Ziegen! — auf den jetzt von der Sonne versengten Hängen die schönsten Horste von Waldbäumen gedeihen! Und der Fall des Alpbachs selbst, wie würde er verschönert, wenn nur rechts und links auf den nackten Felsvorsprüngen an beiden Seiten des Sturzes eine Birke grünte! Konfucius spricht: wer Kinder zeugt und Bäume pflanzt, der wird den Himmel gewinnen. Für's erste sorgen unsere Hirtenvölker schon, für's zweite haben sie wenig Lust. Fruchtbäume pflanzen einige wohl: Waldbäume und Bäume zur Verschönerung der heimathlichen Natur hat wohl noch keiner gepflanzt. Auch die todten Zäunungen, wo ganze fast mannshohe Wände von Spaltholz zur Einfristung jedes auch des kleinsten Wiesenstücks errichtet werden, sind hier überall, und fallen zugleich mit den verwüsteten Wäldern einigermaßen erklärend auf. Im Oberamt Interlachen mehren sich schon überall im Hauptthale die Lebhäge; hier aber ist auch keine Spur davon. Ueberdies ist hier und in den übrigen Gebirgs-Aemtern die Kleinheit der Wiesen, wie von vielem Bösen, auch Ursache, daß Lebhäge nicht leicht in der

Nähe der Dörfer allgemein werden können. In der Nähe des Dorfes Ringgenberg ist dem Verfasser ein Wiesenstück aufgefallen, das zu etwa hundert Fuß der Länge nicht völlig sechs Schuh Breite hat. Wenn dieses Wieschen mit Lebhägen eingefriedet würde, so müßte der Hag von beiden Seiten bald das Gras überwachsen, und die Wiese bedecken; nicht so der todte Zaun von dünngespaltenem Fichtenholz, der nur wenige Zolle Breite hat und fast kein Gräschen zu wachsen hindert. Für die Winterung des Viehes das nöthige Futter zu erhalten, und für Kühe oder Ziegen im Sommer Weide zu finden, ist allen Thalleuten dieses Gebirgs die dringendste aller Sorgen. Um ein Pfund Heu mehr zu gewinnen, werden sie ohne Bedenken zehn hoffnungsvolle junge Waldbäume fällen, die durch Schatten oder Traufe den Graswuchs zu hindern scheinen. Kein Hirt wird eine junge Holzsaat oder Pflanzung mit seinem Vieh verschonen, wenn zwischen den jungen Bäumen auch nur ein Grashalm wächst. In diesem Umstand liegt die größte Schwierigkeit jeder Waldpflege und jeder Holzkultur, und diese Schwierigkeit wird nie sich heben lassen, bis für den Armen ausser der Geißenzucht noch andere Mittel des Unterhalts gefunden werden; bis die Vereinigung der allzu zerstückelten Ländereien in größere das Bedürfniß der Ziegenzucht vermindert; bis die Einführung künstlicher Futterkräuter, eines ergiebigen Kulturwechsels und einer bessern Bewirthschaftung in den Thälern und auf den Alpen der allgemeinen Beweidung und der Kindheit der Landwirthschaft ein Ende macht; endlich bis der Landmann selbst diejenigen Bäume zu pflanzen und zu pflegen lernt, die, weit entfernt, dem Graswuchs verderblich zu sein, die Fütterungsmittel auf geeigneten Standorten noch bedeutend vermehren. Was helfen am Ende alle Polizei-Reglemente in der ganzen gebirgichten Schweiz, die in der Absicht die Wälder zu erhalten gegeben werden! Wer die Vollziehung von Wald-Reglementen auf Kosten der Gras- und Weidenutzung in diesen Gebirgen bloß durch zwingende Maasregeln bewirken, wer irgend eine wirthschaftliche Neuerung gewaltsam einführen wollte, der müßte die eine Hälfte der Bevölkerung als Polizeidiener gegen die andere bewaffnen, und doch am Ende den Kürzern ziehn. Nein, wer eine ganze Volksmasse dahin bringen will, etwas zu thun, was nie von ihr geschehen, oder zu lassen, was seit Jahrhunderten geschehen, der muß durch Beispiel schädliche Gewohnheiten bekämpfen, und die Idee des Bessern herrschend im Geiste der Menge zu machen suchen: das ist ein Grundsatz, dessen Wahrheit nicht bloß in der Forst-Administration sich bewährt.

Es wird hier, wo von der Leitung des Volkes durch Ideen und durch Beispiel die Rede ist, der Ort sein, von dem Zustand der Volksschulen in der Landschaft Oberhasle Einiges anzumerken.

In der Kirchgemeinde Meyringen, wo immer die Schulen noch am besten, die Schulmeister am höchsten besoldet waren, bestand vormals — bis dem jetzigen würdigen Pfarrer und verständigen Vorstehern die Einführung einiger Verbesserungen gelang — der Unterricht einzig im Lesen, Singen und Auswendiglernen des Heidelberger Katechismus. Gelesen wurde in keinem andern Buch, als in der Bibel; Erklärungen des Gelesenen wurden keine gegeben, oder solche, die der niedrigen Bildungsstufe der Schulmeister angemessen waren; gesungen nichts als Psalmen; Kenntniß der Musik wurde keine gegeben; Schreiben und Rechnen wurde nicht gelehrt. In der Kirchgemeinde Meyringen waren sonst eilf, jetzt sind vierzehn Schulen. Es besuchen gegenwärtig tausend und achtundneunzig Kinder diese Schulen; die Mittelzahl der Kinder, die eine dieser Schulen besuchen, ist also achtundsiebenzig. Im Hauptort Meyringen, wo über hundert Kinder zur Schule gehen, bezieht der Schulmeister jährlich zwischen vier und fünf Louisd'or Besoldung; in den andern sind drei oder zwei Louisd'or das Gewöhnliche. Die Mittelzahl der jährlichen Schulmeister-Besoldungen ist zehn bis eilf Laubthaler. Auf der Tristalp hütet der Schafhirt dreihundert und sechszig Schafe, und bezieht von jedem sechs Kreuzer; dazu benutzt er die Milch einer Kuh und einiger Ziegen umsonst; er steht sich also noch höher als der Schulmeister des Hauptorts der Landschaft bisher sich stand. Am Gauliberg hat der Schafhirt fünf Louisd'or Sommerlohn, am Wandel vier und eine halbe, und beide noch das Recht, eigenes Vieh auf die Alp zu treiben; und so ist überhaupt im Bernischen Oberland die Mittelzahl der Geiß- und Schafhirtenlöhne höher als die Mittelzahl der Schulmeister-Besoldungen.

Welche Gegenstände des Unterrichts in den Schulen des Landvolks gewählt werden sollen? darüber kann jeder eine eigene Ansicht haben. Was dem Landmanne zu verständiger Ausübung seines Berufs dient, was sein sittliches und religiöses Gefühl bildet, das ist zweckmäßiger Gegenstand des Volksunterrichts überhaupt. Nicht in jedem Lande aber ist das Bedürfniß das nämliche. Wo ein Volk selbstständig ist, da werden mit dieser Selbstständigkeit sich unterscheidende Merkmale seines Karakters von dem Karakter anderer Völker ausgebildet haben; wo das ökonomische Bestehen, und also auch die politische Unabhängigkeit durch die Natur seines Bodens bedingt und gegeben ist, da wird jede Nationalbildung auf jenen Merkmalen, auf diesem ökonomischen Bestehen beruhen müssen. Behaupten, es sei keine Volksbildung und keine National-Erziehung nöthig, heißt auch behaupten, die National-Selbstständigkeit sei unnöthig zu bewahren. Was überhaupt den Verstand schärft, und das sittliche Gefühl bildet, das veredelt den Menschen, und also auch den Bürger jedes Staats. Eines jeden Volks eigenthümliche Bildung aber, jede National-Erziehung beruhet wohl vor Allem auf der Kenntniß seiner eigenen Geschichte: und wenn nun eines Volkes Geschichte die reichste wäre an Beispielen sittlicher Größe, an heldenmüthiger, freudiger Aufopferung für das Gesammtwohl; wenn im Spiegel dieser Geschichte das Volk und seine Führer die Irrthümer, Fehler und Vergehen, die das Vaterland geschwächt, und so oft dem Abgrund nahe gebracht, erkennen würden; wenn dieses Volk Geschichtschreiber zu seinen Heiligen zählen könnte, die ernst und warnend Gottes Gericht in der Völker und in des Vaterlandes Geschichte gezeigt hätten: wie könnten da Zweifel vorwalten bei der Auswahl seiner sittlichen Bildungsmittel? Und wenn die Natur des Landes, das dieses Volk bewohnt und baut, reich an Wundern wäre des Schöpfers, erhebend durch ihre Größe und Schönheit; wenn diese Natur, so mannigfaltig in ihren Erscheinungen, tief und vielseitig einwirkte auf das Gelingen jedes wirthschaftlichen Beginnens, auf den Wohlstand also und auf die Unabhängigkeit dieses Volkes: welcher passendere Gegenstand könnte dann wohl zur Belehrung in unsern Landschulen gefunden werden, als eben die Kenntniß dieser Natur, jener Geschichte?!

Aber nicht nur in dieser Landschaft, fast überall auch in der ganzen westlichen Schweiz, wo mehr als in der östlichen das Leben des Staats bloß auf die Hauptstädte seit Jahrhunderten sich beschränkte, hat das Volk die glorreiche Geschichte seiner Väter, die Großthaten seiner Helden und die Lehren seiner Weisen vergessen, und in den Gegenden des Hochgebirgs besonders sind Kenntnisse der Natur und ihrer Erzeugnisse, der Erwerbsmittel und der landwirthschaftlichen Fortschritte benachbarter Völkerschaften nicht zu finden, und eben so wenig als die Geschichte der Schweiz jemal in den Landschulen gelehrt worden. . . . . . Das Absingen der Psalmen Davids und das Hersagen des Heidelbergischen Katechismus mag gut und schön sein; aber wenn beinahe aller Unterricht, den die Kinder des Landmanns empfangen, auf diese Psalmen und auf diesen Katechismus beschränkt geblieben wäre, so dürfte die Empfänglichkeit des jungen Gemüths für Gutes, Schönes und Nützliches nicht sehr entwickelt, der Verstand nicht sehr ausgebildet worden sein.

Meyringen steht in bösem Ruf wegen der Schaaren unverschämter Bettler, die überall den Fremden sich zudrängen, und für jeden selbst nicht begehrten Dienst die Hand nach Geld ausstrecken. Vor kurzer Zeit hatte der Marschall Gylden, ein gebildeter Schwede, der davon gehört, daß die Völkerschaften dieser Thäler sich schwedischer Abstammung rühmen, im Vorgefühle der Gastfreundschaft von Stammgenossen sich zu freuen, das Oberhasle besucht. Unweit Meyringen wurde er von Betteljungen um Almosen angegangen, und, da er den Trotzigen nicht Genüge leistete, mit Steinwürfen verfolgt. Die Täuschung mag dem Schweden unangenehm gewesen sein; so schmerzlich aber gewiß nicht, als jedem braven Hasler, der von dieser und ähnlichen Verletzungen der Gastfreundschaft in seinen Thälern hören mag.

Daß das Thälchen von Grund vormals ein See gewesen, daß hier die Gewässer der Vorzeit höher gestanden, und erst seitdem dieser See durch die merkwürdigen Felsrisse der finstern Schlucht und des Aarschrundes einen tiefern Abfluß genommen, die Fläche des Thales sich aus dem Wasser erhoben, davon zeugen die Schichtren von Rollsteinen, die bei dem Dörfchen Eppigen auf den Felsterrassen an der Sonnenseite der Gebirgshänge in ziemlicher Erhöhung über dem gegenwärtigen Aarbette gefunden werden.

Auf dem Felskamm des Kirchets, der das Thal von Meyringen von dem Grundthal scheidet, steht ein kleiner Wald von alten Eichen, durch den der Weg auf die Höhe führt, von welcher aus gesehen dieses Thal ringsum von steilen Felsen im Kreis geschlossen scheint. Aus finstern Schlünden ergießt sich vom Grimsel her die Aar, aus dem Gauligletscher der Urbach, und vom Mühlethal her der Gadmenbach. Nackt stehen die Felsen gegen Ost und West, die hohen Eisgebirge scheinen näher zu treten, aber noch bezeichnen Nußbäume und Buchenwäldchen, die schüchtern sich in den Mündungen der Seitenthäler zu verbergen scheinen, dem Wanderer den Uebergang von der rauhen Alpenwelt zu milderer Natur.

An der Mündung des Gadmenthales gegen das Grundthal beginnt die neue Straße, deren Bau vor zehn Jahren angefangen und bis vor drei Jahren fortgesetzt worden, um das Bernische Oberland mit der Gotthardstraße in bequemere Verbindung zu setzen. Bald verengt sich der Straße folgend das Thal des Gadmenbachs, der meist unsichtbar durch tiefe Felsenschründe mehr stürzt als fließt. Die Führer erzählten schauerliche Geschichten von Mordthaten, von denen die eine kürzlich, die andere vor langer Zeit in dieser

Gegend verübt worden. Da die allgemeine übereinstimmende Sage der Thalleute die letztere glaubwürdig macht, und noch jetzt, bald hundert Jahre nachdem die That geschehen, die Rachegöttin furchtbar in dem Schicksale der Nachkommen des Verbrechers zu walten scheint, so möge hier die Erzählung dieser Geschichte folgen.

Unweit dem alten Hochofen, wo seit langer Zeit, doch öfter mit langen Unterbrechungen, Eisenerze geschmolzen wurden, verengt sich das Mühlethal; zu beiden Seiten nähern sich, auf hohen und steilen Berghängen, Tannenwälder dem Ufer des Baches. Seitwärts stürzt der Gentelbach aus dem finstern Walde; in der Tiefe zerrissener Felsen der Gadmenbach. Einsam stehen wenige von einander entfernte Wohnungen in der Wildniß. Wälder liegen auf beiden Seiten von Lawinenstürmen niedergerissen; die Gebäude rings um den Hochofen sind zum Theil eingestürzt; auf ihren Dächern wächst Moos und trauerndes Gebüsch. — Keine blühende Wiese erheitert die Gegend. Niedergestürzte Felsstücke liegen zerstreut umher; zerbrochene oder mit den Wurzeln ausgerissene Fichten stehen einzeln auf ärmlichen Weiden.

Vor etwa siebenzig Jahren bittet ein italienischer Kaufmann, der sich bei einbrechender Nacht verirrt, in dem Hause, das seitwärts dem verlassenen Hochofen stand, um ein Nachtlager. Er wird anscheinend gastfreundlich aufgenommen, im Schlaf ermordet, die Baarschaft geraubt, der Leichnam in die Felsschründe des Gadmenstroms geworfen.

Der Besitzer des Hauses, vorher arm, fängt an, sich Wiesen und Weiden zu kaufen; aber bald, von einer tödtlichen Krankheit befallen, spricht Gewissensangst im Fieberwahn ein fürchterliches Geheimniß aus. Er stirbt.

Einer seiner Söhne fällt rettungslos einige Jahre nachher in den Gadmenbach. Ein Sohn von diesem verliert beim Flößen des Holzes in dem nämlichen Bache sein Leben. Vor wenigen Jahren stürzt ein anderer Nachkomme jenes Hausbesitzers unweit der steinernen Brücke in den Schrund des Gadmenbachs. Das Stammhaus, unweit dem Bergwerke, wo der Mord geschehen, geht in Feuer auf. Die Sage will, daß unfern demselben ein Mädchen dieses Geschlechts ihr Kind, die Frucht verbotenen Genusses, umgebracht habe.

Noch leben einige Männer dieses Stammes; sie seien, sprachen die Erzähler, gefaßt, ihr Leben im Gadmenbach zu verlieren; eine dunkle Ahnung verfolge sie; oft habe der zuletzt im Bach Ertrunkene vor seinem Tode gesagt: eine innere unerklärbare Gewalt ziehe ihn dem Wasser in der Tiefe zu.

Das Gadmenthal theilt sich in das Mühlethal, den äussersten Theil, wo die Gebäude des alten Bergwerkes zusammen faulen; in das Nessenthal, das bis an die Mündung des Triftthals reicht, und in das eigentliche Gadmenthal, den innersten Thalbezirk, wo die Kirche und das neue Pfarrhaus steht. Das kleine Triftthal, in dessen Grund der Gletscher dieses Namens mit dem jenseitigen Rhonegletscher im Oberwallis und mit dem Lochberggletscher im Geschenenthal zusammenhängt, ist wohl die fürchterlichste Wildniß des Bernischen Hochgebirges. Das Thal öffnet sich zwischen dem Radlofs- und Benzlanihorn so eng, daß der Triftbach zwischen den tiefgespaltenen Felswänden kaum Raum sich durchzudrängen hat. Vom Gadmenthal her führt der Fußpfad über eine schmale Brücke von einigen grob behauenen Tannenstämmen: hundert Fuß tief darunter stürzt und donnert der Bach; die Brücke zittert; kein Geländer beruhigt. Jenseits führt am Rande des Abgrundes der Fußpfad noch eine Stunde tiefer bis an den Gletscher. Auf beiden Seiten stehn zerstreute Fichten, die Reste verwüsteter Wälder. Am höchsten, wohl fünfhundert Fuß höher als die letzten Fichten, finden sich neben dem Gletscher vereinzelte alte Arven und Lärchtannen auf Vorsprüngen von Felsen; — kräftige Greise, verlassen in den Schrecknissen der Natur von der weichlich gewordenen Jugend. Junge Fichten und Arven suchen tiefer, wie ängstlich, den Schutz vor rauhen Winden in Schluchten der Felsen, oder in dichter stehenden Horsten alter Fichten. Der wasserreiche Triftbach bildet unweit dem Gletscher mehrere Fälle; tief ausgehöhlt ist der Granitfels an einigen Orten vom Sturze der Gewässer; zu beiden Seiten des Baches und auf den Höhen weiden dreihundert und sechszig Schafe. Eine einzige ärmliche Hütte steht auf der Alp zum Lager des Hirten. Eine einzige Kuh sömmert hier, damit der Schafhirt nicht an Milch Mangel leide. Daß Schafe gemelkt, die Schafmilch genossen werden könne, scheint im Bernischen Hochgebirge kaum bekannt zu sein.

Auf der Schaftelen, einem Felsendamm, der das Gadmenthal vom Nessenthal scheidet, ist mit vieler Kunst die neue Straße eingeschnitten. Seitwärts steht ein Flötz des schönsten und reinsten weißen Marmors zu Tage, dem nur Künstlerhände fehlen, zu den herrlichsten Bildungen verwandt zu werden. Unten an der Schaftelen erblickt man die letzten Aepfel- und Birnbäume. Hanf gedeiht hier noch, nicht aber im Gadmenthal.

Den siebenzehnten August blühten im Gadmenthal Flachs, Kartoffeln und die schönsten Erbsen mit Pferd-

3

nen *). Kirschbäume stehen noch wenige an der Fuhren, dem untersten Dörfchen des Gadmenthals, und hier, auf der Sonnenseite des Kalkgebirgs steht auch das letzte Buchwäldchen in ziemlich freudigem Wuchs. Nur wenig höher thaleinwärts, bei den Dörfchen Gadmen und Ambühl sind keine Kirschbäume noch Buchen mehr. Eschen stehen noch gut wachsend hier, weniger gut die Feldulme mit rauhen Blättern **). Eine Winterlinde ***) behauptet sich noch unweit dem Dörfchen Gadmen auf dem Thalgrunde, aber nur schlecht vegetirend. Auf Kellers Karte steht die Höhe von Gadmen zu viertausend einhundert Fuß über das Meer angegeben. Das Mittel mehrerer Barometer-Beobachtungen vom Ingenieur Frey und dem Verfasser gab nur dreitausend siebenhundert und fünfzig Fuß als Höhe des Pfarrhauses. Daß in dieser Höhe der Bergahorn die größten Stämme unter allen Laubholzbäumen bilde, beweisen die Ahorne, die hier auf dem Thalgrund mit den stärksten Eichen der mildern Klimate wetteifern. Der Baum ist hochgeschätzt für die Blätterstreue, die er gewährt. Ein alter Ahorn mag im Herbst wohl anderthalb Zentner Blätter zur Streue liefern, die gern zu acht Batzen der Zentner bezahlt wird, wo Streue gekauft werden muß.

Die Wiesen des Gadmenthals geben für hundert Kühe das Winterfutter; die Wiesen des Nessenthals für hundert und zwanzig Kühe. In beiden Thälern werden etwa sechshundert Ziegen gehalten. Es ist hier wie im ganzen Oberhasle ohngefähr die nämliche Landwirthschaft, wie vor Jahrhunderten, nur daß Kartoffeln

*) Vicia faba.

**) Ulmus campestris.

***) Tilia cordata.

gepflanzt werden. Künstliche Futterkräuter hat noch kein Landmann anzuziehen versucht. Die besten Theile der Wiesen, so klein als möglich, werden zur Kartoffel-Pflanzung aufgebrochen, und diese Pflanze oft viele Jahre auf den nämlichen Plätzen gebaut, bisweilen abwechselnd mit Sommergetreide. Kartoffeln werden nie zur Fütterung der Kühe gepflanzt. Flachs immer nur zum Hausbedarf, nie zum Verkauf. Daß so wenig Wiesenland aufgebrochen werde als möglich, damit so viel natürliches Heu als möglich gewonnen werde, scheint allen Landleuten das Wesentliche. Abhänge, wenn sie auch nur mäßig steil sind, werden selten aufgebrochen und nie gedüngt; aller Dünger, der gewonnen wird, dient jährlich die Kartoffeln und die natürlichen Wiesen oder Vorsassen, da wo sie flach und bequem liegen, zu düngen. Keine solche Wiese bleibt nur ein Jahr ungedüngt; daher rührt ihre lebhaft grüne Farbe, die jedem auffällt, der aus der tiefern Schweiz nach den Thälern des Hochgebirgs kommt. Dort, wo die Sechsfelderwirthschaft gewöhnlich ist, dient der Dünger nicht unmittelbar dem natürlichen Graswuchs, sondern den Kartoffel- oder Getreide-Aernten, die der Rasenbildung vorangehen. Nie zeigen da die Wiesen die dem Auge so wohlthuende Farbe der Wiesen im Hochgebirge. Da bei diesem Betrieb der Dünger nie mit den Wurzeln des natürlichen Grases in Berührung kommt, sondern nur auf der Oberfläche verbreitet wird, so geht ein Theil seiner Wirkung leicht verloren, besonders wenn auf die Verbreitung ungünstige Witterung folgt; um so mehr muß mit Verschwendung gedüngt werden, wenn die natürliche Wiese, ohne aufgebrochen zu werden, in so fruchtbarem Zustand bleiben soll.

Alle Alpen im Oberhasle sind Gemeinde-Alpen,

ihre Bewirthschaftung hat seit Jahrhunderten keine bedeutende Veränderung erlitten; sie stehen in Rücksicht ihrer Benutzung so tief unter den Emmenthalischen und Simmenthalischen Alpen, als diese unter der Bewirthschaftungskunst der Wiesen von Hofwyl.

Das Gadmenthal ist, wie schon der Anblick der umstehenden Berghänge zeigt, den Verheerungen der Schneelawinen sehr ausgesetzt. Das Dach des Kirchthurms ist schon durch Lawinenstürme fortgerissen worden, und wer der Gastfreundschaft in dem unweit davon stehenden neu erbauten Pfarrhause sich erfreut, der wird nicht ohne Theilnahme für die Bewohner die Wirkung der Schneelawinen in den Fichtenwäldern erblicken, die in breiten Furchen zerrissen sind, von Lawinen, die von beiden Seiten der Thalhänge gegen die Pfarre niederstürzen. Muth und Vertrauen auf höheres Walten beseelt ohne Zweifel die Geistlichen, die hier, entfernt von jedem Genuß der zärtern Geselligkeit, dem heiligen Amte leben, und jeden Winter in Todesgefahr unter drohenden Schneelasten, für Weib und Kinder besorgt, die langen Tage zählen, und so manche Nacht unruhig durchwachen müssen. Wie sicher und wie freundlich hätte das Pfarrhaus im äussersten Dörfchen an der Fuhren gestanden, unter dem Buchwalde, wo nie noch eine Schneelawine niedergefallen ist!

Auf jeder Blöße der Wälder, die durch Lawinen oder durch den Holzhau der Thalleute entstanden, weiden die Heere der Ziegen, oder es wird Wildheu auf denselben gemäht, und so in allen Fällen die Erhaltung der Wälder erschwert, wo nicht unmöglich gemacht.

Waldreglemente beschränken freilich diese Nutzungen; aber wer sollte sie vollziehen, wo die ganze Bevölkerung einmüthig nicht gehorchen will! — Wer hilft den

Wäldern — dem Thale, der Stadt, dem Staate, wo Selbstsucht zum Gemeingeist wird? . . .

2.

Weg von Gadmen über den Susten nach Hospital.

Die Sustenstraße. Die Steinenalp. Grenze der Baum-Vegetation. Enzian-Branntewein. Das Romeyen-Gras. Höhe des Passes. Nutzen der Alpen-Erle. Die Sustenstraße auf der Seite von Uri. Fernigen. Dörrgerüste für das Heu. Meyenthal. Die Meyenschanze. Göschinen. Die Teufelsbrücke. Das Urnerloch. Das Urserenthal. Der Bannwald. Einfristungen. Hospital.

Der Sustenpaß bildet die Scheide der Aar und der Reußgewässer, die in dem Gadmen- und Meyenbach reiche Zuflüsse erhalten. Jenseits den innersten Wohnungen von Gadmen ist das Thal durch Berghänge geschlossen, auf denen die schönsten Fichtenwälder vermischt mit Arven stehn. Die neue Straße führt an diesen waldichten und steilen Hängen kunstreich und genialisch hinan auf die Steinenalp, neben dem Gletscher vorbei auf die Höhe des Passes. Diese Straße, die nun seit mehrern Jahren unvollendet gelassen ist, und selbst, wo sie vollendet war, nicht unterhalten wird, stürzt an vielen Orten ein; besonders ist das der Fall an den steilen Abhängen, eine halbe Stunde vom Dörfchen, wo der Weg sich über terrassenförmig auf einander gebautes Mauerwerk in die Höhe windet, und kürzlich der höchste und kostbarste Theil der Mauer durch die Wirkung einer Erdlawine wirklich eingestürzt ist.

Oben auf der Steinenalp steigt der Weg unweit dem Rande des Gletschers, aus dem der Steinenbach, eine Quelle des Gadmenstroms, entspringt. Der Gletscher, der in den letzten Jahren sich ungewöhnlich vorgeschoben, hatte den Abfluß der Gewässer gehemmt, und diese, angeschwollen durch Gewitter, die sich auf der Höhe des Gletschers entluden, haben eine große Strecke der neuen Straße so ganz zerstört, daß kaum noch eine Spur davon zu finden ist.

Die Hütten der Steinenalp mögen nach Barometer-Beobachtungen bei fünftausend sechshundert Fuß über das Meer erhöht sein. Die Höhe dieser Hütten bezeichnet hier ohngefähr die wirkliche Grenze der Baum-Vegetation. Auf den Felsvorsprüngen stehen an der Sonnenseite noch etwa zweihundert Fuß höher die letzten Arven und Kiefern. Auf den Anhöhen gegenüber finden sich noch fünfhundert Fuß höher als die Hütten auf der Umpohlweide eine Menge Stöcke und Wurzeln von Arven in dem Boden, wo auf dieser Stelle und rings herum kein Baum mehr wächst, und selbst der Rasen auszusterben scheint. Von der Alp sind große Bezirke mit Germern *) und Eisenhütchen **) überzogen.

Vormals waren hier die Enzianen ***) überall verbreitet, aus deren Wurzeln im Jura und im Alpengebirge so häufig Branntewein destillirt wird. Die Hirten klagten, daß nun diese Pflanzen ausgerottet, und deswegen die Brennhütten, wo jenes Getränk bereitet wurde, eingegangen seien. Der Rath, die Germern und Eisenhütchen auszurotten, und an deren Stelle Enzianen zu säen, wurde mit sichtbarem Befremden aufgenommen, und wird kaum befolgt werden, da in diesem Gebirge die Erklärung der Fortpflanzung der Alpenpflanzen durch Samen noch zu den Mysterien

*) Veratrum album.

**) Aconitum napellus.

***) Gentiana lutea und purpurea.

gehört, die nicht leicht Glauben, oder doch keine Anwendung im praktischen Leben finden.

Auf der festgetretenen Straße in dürrem Granitsand wächst hier und noch höher die Poa alpina vivipara, die im Bernischen Hochgebirge und auch auf den angrenzenden Urner Gebirgen Romeyen heißt. Ueberall wird diese Pflanze als eines der besten Weidekräuter gerühmt. Daß sie auf schlechtem Boden gedeihe, zeigt hier ihr Vorkommen. Einen dichten Rasen zu bilden scheint die Pflanze vorzüglich geschickt, da die Sträußer, die aus den zwiebelartig ausgewachsenen Blüthen bestehen, durch ihr eigenes Gewicht sich zu Boden legen, aus jedem Kelch der Blüthchen Wurzeln treiben, und als neue Grasbüschel wie die Mutterpflanze fortwuchern. Werden die Halme mit den Zwiebelsträußern auf wundgemachten Boden gelegt, und nur mit wenig Erde bedeckt, so treiben sie auch da, wenn sie schon von der Mutterpflanze getrennt sind, Wurzeln, und die vielversprechende Grasart läßt sich auf diese Weise leicht vermehren; nur müssen dann die Zwiebelchen, sobald die Halme abgeschnitten sind, in feuchte Erde, wo sie wachsen sollen, eingelegt werden, weil sie alle Keimungskraft verlieren, wenn sie nur ein wenig austrocknen. Neben den Zwiebeln, die sie entwickelt, bildet die merkwürdige Pflanze auf dem nämlichen Halm vollkommene Blüthchen und reift gute Samen. Auf jeder Alp könnte künstlich ein Stück Weideland in eine Romeyenwiese verwandelt werden, wo in hinreichender Menge durch Kinder in müßigen Stunden Samen oder Zwiebelnsträußer gesammelt würden. Da, wo Heide oder Heidelbeeren, Bergrosen, Droseln oder Germern die Alpengründe überziehen, würde die unnütze Fläche geschält, das Wurzelwerk verbrannt, die Brennerde verbreitet, der geschälte Boden gehackt, die bessern Alpenkräuter darüber gesäet.

Ein Landmann, der in einer der Alp nahe liegenden Hütte Enzian-Branntewein bereitete, hat berechnet, daß von jedem Zentner Wurzeln zwei Maas oder vier bis fünf Pfund Branntewein destillirt werden könnten. Von den im Herbst gegrabenen Wurzeln soll noch mehr Branntewein, als von den im Sommer gegrabenen erfolgen. Den Arbeitern, die für den Unternehmer der Brennerei die Wurzeln graben, wird für jeden Zentner, den sie liefern, zwanzig Batzen bezahlt. Wo die Pflanze in Menge vorhanden ist, kann ein Gräber des Tags wohl einen Zentner Wurzeln graben.

Die Höhe des Sustenpasses ist auf der Meyerschen Karte zu siebentausend einhundert und achtzig Fuß angegeben, und das Vorkommen der Pflanzen auf diesem Gebirgsrücken steht mit der Angabe in Uebereinstimmung. Kein Strauch und noch weniger Bäume halten hier aus; was von Kräutern noch dürftig wächst, das schwankt dem Anschein nach zwischen der Natur der Moose und der Pflanzen mit vollkommenen Organen. Nur die Blüthen des Alpenklees *), der selten auf tiefern Bergen erscheint, beleben ein wenig mit den rothen lieblichen Blüthen den düstern, öfter von nacktem Gestein unterbrochenen Rasen. Von der Wasserscheide des Passes betrachtet, steigen sichtbar die Wälder höher in dem östlich steigenden Gadmenthal, als in dem westlich steigenden Meyenthal, das weithin von Wäldern entblößt, leblos und blaß, wie ausgebrannt, sich dem Auge von der Höhe darbietet.

Jenseits dem Paß, auf der Urner Seite sind nur wenige hundert Fuß tiefer die ersten Sträucher Berg-

*) Trifolium alpinum.

rosen mit rostfarbenen Blättern *); nur wenig tiefer erscheinen Droseln **); jene überall mit abgestorbenen Zweigen, diese frisch grünend, erheben sich hoch über die Bergrosen. Droseln also würden, nach dieser Erscheinung zu schliessen noch leichter die harten Fröste dieser hohen Regionen aushalten. Offenbar auch wachsen die Droseln nicht nur zu stärkern Sträuchern, als Bergrosen, sondern auch schneller. Beide Sträucher, die mit der Legfohre ***) die einzigen bedeutenden Holzgewächse sind, die der Schneeregion zunächst aushalten, sind unmittelbar nur als Brennmaterial nutzbar, da die Blätter derselben so wenig als die Blätter der Legfohre von Kühen, Ziegen oder Schafen berührt werden. Auf Berghalden, die mit derselben bewachsen sind, werden aber nie Grundlawinen, seltener oder nur mit geringern Massen Staublawinen abgleiten, oder herunterstürzen, und oft wären Ansaaten dieser Sträucher auf Halden, wo gewöhnlich Schneelawinen entstehen, das sicherste Mittel, für die Zukunft tiefer liegende Dörfer und Thalgründe vor diesem Naturereignisse zu sichern. Wo vor dem Zahne genäschiger Ziegen Alpengründe geschützt werden könnten, die mit jenen Sträuchern besetzt sind, da würden diese jede künstliche Kultur, die da unternommen werden möchte, vor dem Nachtheil der Kälte, und der rauhen Winde öfter bewahren. Den bessern Alpenbäumen ist in höhern Alpenregionen besonders die Zeit des Aufgebens aus den Samen, und der ersten Lebensjahre gefährlich, und wo platzweise diese Samen zwischen jene schützenden Sträucher gesäet würden, da wäre auch

*) Rhododendron Ferrugineum.

**) Betula alnus viridis.

***) Pinus montana.

durch sie ihr Gedeihen gesichert. Getreidearten und bessere Futter-Kräuter würden auch an solchen Orten, und unter dem Schutze der Alpensträucher, besonders der Droseln, höher hinauf an den Bergen gedeihen, wenn, wo sich die Beschaffenheit des Bodens hiezu eignete, Streifen dieser Droseln von der Breite von zwanzig bis dreißig Fuß gerodet und gebrannt, dazwischen eben so breite Streifen von Droseln unberührt gelassen, und auf die urbar gemachten sogleich Kartoffeln, Rüben, Getreidearten oder Weidekräutersamen ausgesäet würden. Eine Stunde lang führt der Weg von der Höhe des Passes ziemlich steil hinunter. Der Anblick der gleichförmigen und gleichfarbigen Wildniß wäre noch lästiger, wenn nicht mit Wohlgefallen das Auge auf dem Bau der neuen Straße ruhen könnte, die hier in vielfältigen Windungen über die felsigten Hänge, klug angelegt und stark gebaut, sich in die Tiefe zieht. Hirten, die hier verweilten, tadelten den Bau der Straße auf der Berner Seite, und in der That die Straße auf der Urner Seite scheint ungleich fester gebaut zu sein, und hat auch weniger durch Einstürzen gelitten; aber jenseits auf der Berner Seite waren auch die Schwierigkeiten der Ausführung bedeutend größer, und während von Uri viele italienische Maurer, die am Simplon in die Schule gegangen waren, bei dem Straßenbau angestellt wurden, waren von Bern meistens bedürftige Oberhaslesche Landleute gebraucht worden. Dem Urheber der Simplonstraße dankt die Kunst des Straßenbaues vieles. Ohne jenen würde der Bau über den Gotthard, den Splügen und den Bernardin nicht unternommen worden sein. Es werden diese Straßen uns Gutes und Böses bringen, so wie die zweite Geißel Gottes —

größer als die erste *) — uns Gutes und Böses gebracht hat. Die Völker mögen des Guten sich freuen, das Böse fern zu halten suchen, und unsere Zeit, die eher vom Griff und vom Schnabel des Adlers Lehre genommen, wird später auch den Blick und Flug des Vogels zu würdigen lernen.

Ausser den Droseln, die unweit der Höhe des Passes üppig wachsen, zeigt sich noch unter den niedrigen moosartgen Alpenpflanzen eine Menge Huflattich **) nebst andern Unkrautarten in auffallender Lebenskraft, und der Boden also, der unweit der Region des ewigen Eises diese Pflanzen in Ueppigkeit entwickelt, würde ohne Zweifel auch nutzbare Pflanzen zur Vollkommenheit bringen können. In diesen verlassenen Höhen hat die Kunst der Menschen noch nicht versucht, dem Boden mehr abzugewinnen, als ungezwungen die alternde Natur uns bringt. Der Wunderbau jener Straßen wird in fernen Zeiten die Künste und den Fleiß der Völkerschaften steigern, die der Zauber des Handels durch diese Straßen in Verbindung setzt; und Wanderer werden in künftigen Jahrhunderten vielleicht die Alpenwirthschaft in dieser Wildniß blühend finden.

Auf der Schattenseite des Meyenthales, etwa tausend Fuß tiefer als die Höhe des Sustenpasses, sind einzelne Arven auf Felsköpfen die ersten Bäume, und ohne Zweifel die letzten Reste von Wäldern der Vorwelt; tiefer folgen ebenfalls auf der Schattenseite des Thales Lärchtannen auf Schuttkegeln, die niederstürzende Lawinen von dem Gebirg gerissen und aufgehäuft haben. Gegenüber auf der Sonnenseite folgen dann die ersten

*) Godegisel I. Attila. Godegisel II. Napoleon.
**) Tussilago.

Rothtannenwälder. Lärchtannen und Arven leiden von der Sonnenhitze nach dem Aufgehen aus den Samen immer leichter, als die Rothtannen in dieser gefährlichsten Zeit ihrer Vegetation: daher wohl werden in der Regel Arven und Lärchtannen häufiger auf der Schattenseite als auf entgegenstehenden angetroffen.

Bei Fernigen, dem ersten Dörfchen des Urner Gebiets, blühten eben die Kartoffeln (den 17 August), zu gleicher Zeit wie in Gadmen, und also mag Fernigen, wenn nicht in gleicher absoluter Höhe mit Gadmen, doch ungefähr unter gleichem Klima liegen. Nach der Kellerschen Karte wäre Fernigen etwa hundert Fuß höher als Gadmen. In den kleinen Pflanzgärtchen des Dörfchens wird kein Flachs, wie in Gadmen, wohl aber Hanf gebaut, der hingegen in Gadmen nicht, wohl aber im tiefern Nessenthal gedeiht. Dem Gedeihen des Hanfes in den Bergthälern ist später Schnee am gefährlichsten, der gewöhnlich mit Westwinden fällt. Gadmen aber steht gegen die Westwinde offen, das Meyenthal gegen diese geschlossen.

Bei Fernigen stehen die ersten Heinzen, oder Gerüste, die zum Trocknen des Heues auf die Wiesen gepflanzt werden. Eine fünf Zoll dicke Stange, oben platt, unten zugespitzt, wird dreimal so durchbohrt, daß Querstangen, die hindurch gestoßen werden, rechtwinklichte Kreuze bilden. Die oberste Querstange ist zwei Fuß lang, eben so die unterste, die mit dieser parallel steht; die mittelste mag drei Viertel-Fuß länger sein. Die Vertikalstange wird fest in den Boden getrieben. Das erste Loch in derselben wird so hoch eingebohrt, daß die unterste Querstange, wenn die Heinze aufrecht befestigt ist, noch um einen Fuß vom Boden absteht. Ist das Heu gemäht, und an der Sonne welk geworden, so wird es von den Heuern mit den Armen zuerst auf die unterste, dann auf die längere mittlere, und endlich oben auf den obersten Arm und die Stange so gelegt, daß einfallender Regen über das Heu, wie über die Seiten eines stumpfen Kegels herunter fließt, ohne in das Innere des Heuhaufens einzudringen. Das Heu hält sich, ohne schlecht zu werden, wenn auch acht Tage langes anhaltendes Regenwetter einfiele. Nur wenige Stunden anhaltende Sonnenhitze reicht dann hin, dasselbe auf den Heinzen zu trocknen, so daß es ohne fernere Mühe in die Scheunen getragen werden kann. Auch Erbsen, Gerste u. s. w. kann ohne Gefahr vor dem Auswachsen in Garben auf die Heinzen gelegt und getrocknet werden. Der Vortheil dieser Heinzen ist seit sehr langer Zeit in den meisten Bündenschen Thälern anerkannt. Auch in Urseren werden sie seit einiger Zeit eingeführt, obgleich das Holz zu deren Verfertigung zwei Stunden weit geholt werden muß. Jenseits dem Susten, im Bernischen Oberlande, das mit Uri in so vielem Verkehr steht, ist keine Spur davon.

Auf den kleinen Pflanzplätzen des Dörfchens Meyen stand Gerste, Flachs und Hanf, aber von Fernigen hieher noch kein Ahorn und keine Eller am Ufer des Bachs, oder am Rande der Wiesen. Die Bäume schaden dem Lande, sagen die Thalleute hier und anderswo. Das mag sein, auf gewissem Lande, und in gewissem Maase schaden sie mehr, als sie nützen, und auch die einen Bäume mehr, als die andern; aber auf Halden, wo kein Gras wächst und wegen der Steilheit keine Beweidung und keine Kultur möglich ist, am Rande reissender Bergströme, — da, und anderswo sonst in unsern Bergen, nützen sie gewiß ungleich mehr, als sie schaden. Der nämliche Landmann, der keine Bäume auf seiner Weide dulden will, weil sie das

Gras beschatten, pflanzt seine Kartoffeln so dicht, daß kein Sonnenstrahl zwischen den Stauden zu Boden fallen und die Zeitigung der Frucht befördern kann. Ueberall in unserm Hochgebirge, nicht nur hier im Meyenthal, werden die Kartoffeln so dicht gepflanzt, daß in kalten Sommern in einer gewissen Höhe sie niemals reifen.

Das Meyenthal scheint bei flüchtiger Uebersicht verhältnißmäßig noch weniger bevölkert zu sein, als gleich hoch liegende Thäler des Bernischen Hochgebirgs, und diese, obgleich auf tiefer Stufe landwirthschaftlicher Betriebsamkeit, stehen höher doch als jenes. Die Wiesenstücke sind hingegen größer, als im Oberland hierseits dem Susten. Dort erben nur die Söhne Landtheile, und kaufen die Mädchen in Theilungen aus; im Bernischen Hochgebirg hingegen erbt jedes Kind ein gleiches Stück der (schon zu kleinen) Stücke.

Die größten Schwierigkeiten des Straßenbaues über den Susten sind besiegt, und nun in der Tiefe des Meyenthals, wo die Vollendung bis Wasen an der Gotthardstraße im Verhältniß mit jenen nur geringe Schwierigkeiten hätte, ist die Straße im alten Zustande. So scheint das Unternehmen nahe am Ziele zwecklos, und der schöne Bau, kühn zu Ende gebracht in der Wolkenregion, aber matt aufgegeben im mildern Thalgelände, scheint nur zu bequemerer Jagd auf Gemsen und Murmelthiere aufgeführt. — Zwar der Plan wurde entworfen, als das Wallis der Schweiz von dem Gewaltigen entrissen war, und seine Mauthknechte jeden Handelsverkehr beschränkten. Der Handel, besonders der Käsehandel, ging freier über die Gotthardstraße, und eine nähere Verbindung mit dieser schien für das Bernische Oberland von Wichtigkeit. Den Handelsleuten von Urseren würde für den Ankauf der Berner Käse nur die Straße über Altorf und den Brünig offen stehen, und auf dieser Straße sind bisher noch keine Berner Käse aus dem Kanton geführt worden. Nur Walliser Handelsleute beinahe kauften sonst die Oberhasleschen Käse, und brachten dafür Reis und italienische Weine über die Grimsel. Der Bau der Sustenstraße würde eine Konkurrenz der Urserer Kaufleute mit den Wallisern zu Gunsten des Oberlands zur Folge haben. Jene könnten bei gewöhnlichen Preisen für den Zentner fetter Käse einen Laubthaler mehr bezahlen, wenn über den Susten, als wenn nur über den Brünig auf die Gotthardstraße ausgeführt werden könnte. Ist gleich das Wallis in seinem Handelsverkehr mit Bern frei geworden, so bietet doch für den italienischen Verkehr die Grimsel- und die Griesstraße wenige Vortheile dar; so auch der Simplon, besonders so lange als die Grimselstraße nicht verbessert wird. Es scheint für den Vieh- und Käsehandel Italien noch längere Zeit, als Deutschland und Frankreich, einen sichern Absatz zu versprechen, da die alte, und die restaurirte Lehens- und Kloster-Barbarei die höhere Benutzung der Ländereien für lange verhindern wird, und das italienische Klima weniger, als jene Nachbarländer, mit dem schweizerischen Boden für die vollkommenere Graserzeugung und für den Handel mit Produkten der Viehzucht in Konkurrenz zu treten vermag. In kurzer Zeit werden die Gotthard-, die Bernardiner- und die Splügen-Straßen fahrbar sein, und an den Bernischen Grenzen wird durch die Eröffnung dieser Kanäle der östlichen Schweiz neues Leben und Wohlstand zufliessen. Daß das Bernische Hochgebirg durch nähere Verbindung mit jenen Straßen zu neuem, bisher unbekanntem Leben in Verkehr und Industrie erwachen könnte, wäre wohl sehr wünschenswerth, und dieser Zweck nur durch Vollendung der Sustenstraße nach dem Gotthard, der Simmenthalstraße bis in die Waadt, und den bessern Straßenbau über den Brünig zu erreichen. Freilich müßte dann nicht ein übermäßiger Zolltarif diesen Verkehr in seinen ersten Regungen unterdrücken. Es scheint unglaublich — was im Meyenthal versichert wurde — daß ein Reisender, der mit einem einzigen Pferde von Wasen nach Gadmen über die unvollendete Straße, und zurück auf die Gotthardstraße reisen will, sechszehn Batzen Weggeld entrichten, und daß von jeder Maas Branntewein drei Batzen Impost bei der Einfuhr auf das Berner Gebiet bezahlt werden müsse! Die Zollbehörde, die über unsere Gebirge fahrbare Straßen bahnen wollte, in der Absicht, durch schwere Zölle sich für die Kosten des Straßenbaus schadlos zu halten, würde insonderheit in Zeiten allgemeiner Stockung des Handels, irrig rechnen: die neue Straße würde verlassen werden, die Zollkasse nichts mehr einnehmen, und, was noch schlimmer wäre, der Zweck des Straßenbaus, die Belebung des Verkehrs, unerfüllt bleiben. Wenn die Finanz-Behörden von Uri die Hindernisse des Privatwohlstandes (schlechte Straßen) aus dem Wege räumen, so ist mit dieser Wegräumung das Wesentliche zur Füllung obrigkeitlicher Kassen schon gethan. Der Finanzminister, der jeden, auch den kleinsten Pulsschlag der Industrie belauscht, und gierig, hastig sogleich da, wo er Leben und Säfte merkt, Schröpfköpfe aufsetzt, der wird die Finanzen des Staats an der Quelle verderben, auch dann noch, wenn seine, des Landes oder des Fürsten Kassen von Geld und Lebenssäften des Volkes auf kurze Zeit überfliessen sollten.

Viele haben darüber Wehklagen erhoben, und die vaterländische Selbstständigkeit in Gefahr gesehen, daß nun durch unsere Alpenketten im Süden vier weite Thore gerissen worden, durch die der übermächtige Nachbar nach Belieben mit Heeresmacht eindringen könne, und daß selbst im Innern der Gebirge nun fahrbare Straßen gebahnt werden. Die Sorge ist wohl mehr redlich, als gegründet. Der Hausvater, der seine Fenster mit eisernen Gittern verwahrt, die eisernen Thüren mit starken Riegeln sorglich schließt, sobald es dämmert, schläft manchmal — — — gar zu dick; denn schlaue, geschickte, starke, entschlossene Diebe verlassen sich eben auf diesen Schlaf, und lachen der geschlossenen Thore. Der Hausvater sehe zu, daß die Söhne und Hausgenossen ihn lieben, daß sie rüstig, einig, wachsam und verständig seien! das scheuen die Diebe mehr als Thor und Gitter.

Von unserm Führer wurde die folgende Kriegsthat erzählt, die in der Zeit des unseligen Zerwürfnisses von 1712 im Meyenthal sich zugetragen haben soll.

Die Berner hatten den Plan gemacht, mit einem Haufen der Ihrigen das Meyenthal und obwärts das Neußthal zu überfallen. Das Vorhaben wurde den Urnern verrathen, die nun sofort unten im Thale, wo der Meyenbach einen engen Ausfluß zwischen den Abhängen des Thales hat, einen Querdamm errichteten und darin nur eine kleine Oeffnung ließen, um nach Verschluß derselben auf das erste Signal des Anrückens der Berner das Wasser des Meyenbachs aufzudämmen. Ein Haufe Urner sollte über die Anhöhen gegen den Sustenpaß rücken und dann den Feinden in den Rücken fallen. Die Berner litten Verlust, als sie den Rückweg suchten. — Der Damm, der noch vor kurzer Zeit sichtbar war, ist nun zur Ausbesserung der einzigen Verbindungsstraße zwischen beiden Kantonen verwendet

4

worden. Dies sei das Schicksal aller Festungswerke zwischen den Kantonen, wenn je der böse Dämon des Vaterlandes sie wieder gegen einander bewaffnen sollte! Bald möge das auch die Bestimmung der Meyenschanze sein, die noch an der Mündung des Meyenthales gegen die Reuß steht, und die in jener schmachvollen Zeit errichtet wurde!

Bei Wasen stehn sparsam zerstreut noch einige Kirschbäume, höher hinauf an der Reuß verschwinden sie ganz, und doch wird die Höhe von Wasen zweitausend achthundert Fuß nicht bedeutend viel übersteigen. Jenseits dem Susten, in den obersten Wiesen von Nessenthal, gedeihen sie fünfhundert, im Seethal von Brienz wohl hundert Fuß höher; aber schon in Wasen ist die Baum-Vegetation dürftiger; vergeblich werden Fruchtbäume, vergeblich Buchen und Ahorne gesucht. Eschen kommen höher wenige, aber sehr schöne vor, und verschwinden bald wieder.

Göschinen soll nach der Kellerschen Karte dreitausend vierhundert und fünfzig Fuß hoch liegen; in seinen Gärtchen reifen noch Hanf, Sommerweizen und Gerste. Im Eingang der furchtbaren Wildniß der Schöllenen liegt ein Abhang neben dem linken Ufer der Reuß, welcher von niedergestürzten Felstrümmern bedeckt ist. Mit unsäglicher Mühe hat hier ein Armer eine Fläche geräumt, Kartoffeln hingepflanzt, die erfreulich gedeihen, und mit den fortgeräumten Steinen das durch Schweiß erworbene Grundstück eingefriedet. Diese unter Felstrümmern grünende Pflanzung des Armen ist in ihrer Art der Bewunderung nicht weniger werth, als die herrliche Brücke, die nicht fern davon über die Reuß gewölbt ist; nicht weniger als der schöne Bau der Gotthardstraße, die hier allen Schrecknissen der Natur zum Trotz zwei Kantone, und durch sie den

Süd mit dem Nord in Verbindung setzt. Jenen Garten dort in der Wildniß hat der einzelne Arme gebaut; der Wunderbau der Gotthardstraße wird von einer Gesellschaft Begüterter in einem Ländchen ausgeführt, das keine zwanzigtausend Seelen zählt. Wenn in jedem Kanton der Reiche und der Arme sich so wie diese anstrengten: es würden bald unsere Hochgebirge die Armuth nicht mehr kennen!

Rechts von Göschinen öffnet sich noch weit und baumlos ein wildes Thal. Wie ein Thabor glänzt der Gletscher des Galenstocks, der in der Ferne die dunkle Schlucht verschließt. Dorthin wenden unwillkührlich sich die Blicke des Wanderers, wenn links die Straße an der tobenden Reuß nach der Brücke führt. Ein Thor wölbt sich darüber, halb zerfallen; auf den losen Mauersteinen des Gewölbes im Winde zitterndes, düsteres Gebüsch. Hat Dante hier die Pforten seiner Hölle gemalt.*)?! —

Höher werden die Felsen immer kahler, finsterer die Klüfte. In Krämpfen scheint hier die Mutter Erde ihren Leib zerrissen zu haben, als die Geburtsstunde der neuen Schöpfung nahte. Kein Laut ist hörbar vor der Donnerstimme des stürzenden Flusses. Von den kahlen Felswänden fallen kleine Bäche nieder, still bezeugend, daß höher auch noch Leben sei, wo das dunkle Blau des Himmels auf den Felsenzacken zu ruhen scheint.

Und nun in dieser Wildniß die herrliche Brücke, die so unrecht den Namen des bösen Geistes führt **). Der Teufel trennt, der gute Geist vereint die Menschen durch Mittel freundlichen Verkehrs. Der gute Geist

*) Voi ch'intrate lasciate ogni speranza.

**) Die Teufelsbrücke.

des Vaterlandes ists, der Brücken zwischen den Kantonen baut; der böse wäre es, der zwischen ihnen Brücken abbrechen und Festungswerke errichten wollte! — Die neue Straße soll höher, als die gegenwärtige, in den Felsen eingeschnitten werden, nun den steilen Abhang auszugleichen, der jenseits der Brücke steigt: dann soll, in frommer Scheu, die alte Brücke verschont bleiben, aber als Stütze für die neue dienen, die in hohen Bogen darüber weggehen soll. Also, die alte Baukunst soll der neuen zum Fußschemel dienen! das ist ein kühner Gedanke und fast eine Lästerung. Warum aber nicht? Ist die gegenwärtige alte Brücke nicht auch besser und schöner an den Platz der noch ältern gebaut worden, die, wie die Sage geht, hier vor Jahrhunderten in Ketten über dem Abgrund hing, und von der jetzt keine Spur mehr vorhanden ist? Das ist wohl ein legitimes Weltgesetz, weil es älter ist, als alle menschlichen Satzungen; das Gesetz: daß das Neue sich über das Alte erhebe, gleich wie das Alte sich seiner Zeit über das noch Aeltere erhob. Den Baumeister der Gotthardstraße sollen wir aber billig loben, wenn er, in Ehrfurcht für das Alte, nicht wie sein Vorgänger an die alte Brücke zerstörende Hände legt, sondern fromm das alternde Kunstwerk zum höhern Bau des Neuern zu Rathe zieht.

Der Granitfels, welcher den alten See des Urserenthals verschlossen, wo nun die Reuß den engen Ausfluß nimmt, ist vor hundert und sechs Jahren in einer Länge von zweihundert Fuß zum Durchgang der Straße durchbohrt worden. Das ist das bekannte Urnerloch, dessen Sprengung, wie alte Bücher zeigen, achttausend Gulden gekostet haben soll. Wie in Kunstgärten durch Perspektive und Farbentäuschung im Schlusse dunkler Laubgänge auf einmal Fernsichten den Lustwandler überraschen, so überrascht der Anblick des Urserenthals den Wanderer, der, die Seele erfüllt mit Bildern der Zerstörung, aus der dunkeln Felsenhöhle den weitgedehnten Wiesenteppich betritt. Aber wie dort die Täuschung, so erfüllt hier das Gemüth ein Mißbehagen bei dem nähern Ueberblick des Thales. Die Reuß fließt milder durch die grüne Fläche, aber kein Baum, kein Strauch ziert die Ufer. Schöne Häuser, Palästen gleich, die der Zauber des Handels hier geschaffen, stehen weit umher, und die Straßen belebt ein Völkchen, rührig und freundlich, wie der Handel die Menschen bildet; aber kein einziger Baum beschattet die Wohnungen, oder erfreut die Bewohner durch Blüthen, durch Bilder der Entwickelung, des Wachsthums und des Lebens. Wohnt denn kein Vater hier, der am Tage der Geburt des hoffnungsvollen Kindes einen Baum ihm pflanzte! Ist denn kein Kind hier, das an der Stelle, wo gern der alternde Vater verweilt, eine Bank ihm baute, und einen Baum, der diese Bank beschatte! — Und nun die Berge grünend bis an die Gipfel, aber nackt und einfärbig, bis an ihren Fuß. Nur ein paar Dutzend alte mächtige Fichten stehen im sogenannten Bannwalde, verlassen in der Oede, und schauen düster hinab, wie einst Noah und die Seinigen vom Ararat hinunter auf die wüste Erde sah, von der die Fluthen das Leben und alle Bäume fortgespült.

Am linken Ufer der Reuß ist ein Berg von den Thalvorstehern für die Jagd in Bann gelegt worden, und hier haben die Bürger von Urseren eine Menge eingefangener Murmelthiere hingesetzt, die ruhig sich vermehren, schaarenweise an sonnigen Tagen des Sommers spielend herumspringen, und durch ihr pfeifendes Geschrei Erinnerungen an die Wildnisse des Grimfels, der Furka und des Gotthards rege machen. Oft wandern die Urserer aus dem Flecken dahin, sich an den Tönen und dem Leben der muntern Thiere zu ergötzen. Warum legen sie nicht auch Bannberge für Gemsen an? Warum wird nirgendwo auf den unabsehbaren nackten Hängen Wald gepflanzt?

Von Andermatt bis Realp steigt das Reußthal nicht höher als von viertausend und vierhundert bis viertausend und achthundert Fuß über das Meer. In dieser Höhe und höher noch stehen im Gadmenthal die schönsten Fichtenwälder mit Arven vermischt; eben so hoch stehen im Gadmenthal, an dem Paß gegen Engelberg, sehr schöne Aborne, und unter der Teufelsbrücke stehen links und rechts über der Reuß auf den schroffen Felsköpfen Fichten höher als der Thalgrund von Urseren, und dort jedem Sturme preis gegeben, da hier hingegen so viel mehr Schutz für die Bäume zu finden wäre, und, wie der Bannwald beweiset, Fichten herrlich gedeihen könnten. Selbst Arven vertragen noch rauhere Lüfte, und so auch Weißellern, die am Hohgant und am Fuße des Eigers noch leicht aus dem Stock ausschlagen, und hier an den Ufern der Reuß besonders sehr gut gedeihen würden. Wie wunderbar ist diese Entblößung von allem Baumwuchs! Wie lange schon haben die Bewohner der Thalschaft Urseren diesen Mangel empfindlich gefühlt, und doch so gar nichts gethan, diesem Mangel an Holz abzuhelfen. Ganze Züge armer Weiber und Mädchen wandern zwei Stunden weit nach Wasen hinunter, um da Brennholz in Bünden von sechszig bis fünfundsiebenzig Pfunden anzukaufen, und in Urseren zu vier bis fünf Bätzen zu verkaufen. Den Winter hindurch, wenn die Teufelsbrücke hoch überschneit ist, waten oft bejahrte Weiber, die schweren Holzbürden an den Rücken gebunden, auf

Händen und Füßen über die schreckliche Brücke, immer in Gefahr, bei heftigen Windstößen in die tobende Reuß gestürzt zu werden. Oben und neben dem Bannwald sind Spuren von Torflagern, aber niemand benutzt sie. Es würde das Torfgraben durch die entstehenden Löcher dem weidenden Vieh nachtheilig werden, bemerkte ein ehrenwerther Führer, und die armen Leute dann nichts mit Holztragen zu verdienen finden. Es liegt in diesem Einwurf die im Gebirg überall vorherrschende Sorge für jedes Gräschen, liegt schönes Mitleid, Kraft der Gewohnheit und Irrthum nahe beisammen.

Der Bannwald von Urseren steht nur wenig höher als der Flecken an dem nördlich fallenden Berghang. Der Boden ist feucht, an vielen Stellen naß; die Fichten sind schlank und stark gewachsen, nur wenig mit Flechten bedeckt, und zeigen in ihrem ganzen Vorkommen keine Spuren des rauhen Klimas, die sonst an Fichten, welche auf der Grenze ihrer Vegetation in hohen Lagen stehen, sogleich in die Augen fallen. Von alten Zeiten her war dieser Wald im Bann für jeden Holzhau, nicht aber für die Ziegenweide. Bei Todesstrafe war verboten, hier Bäume zu fällen, weil geglaubt wurde, daß der Flecken durch den Wald — den einzigen der ganzen Thalschaft — vor Schneelawinen gesichert werde. Bis zum Jahre 1799 wurde das Verbot heilig beobachtet. Die Franzosen sogar hielten den Wald heilig, nicht aber die Oesterreicher, die in der Mitte desselben mehrere Bäume fällten, und eine Blöße verursachten, auf der wegen zu dunkler Beschattung, und wegen der Ziegenweide sich wenig bedeutender Nachwuchs zeigte.

Vor einigen Jahren endlich ist durch lobenswerthe Sorgfalt der Vorsteher von Urseren der Wald für die

Ziegenweide in Bann gelegt worden. Der Weidbann hatte die Einfristung nothwendig gemacht. Um todte Zäunungen zu ersparen, die entweder aus den wenigen geheiligten Bäumen hätte verfertigt, oder mehrere Stunden weit hätte getragen werden müssen, wurde durch die nämliche gemeinnützige Sorgfalt der Vorsteher ein Lebhag angelegt. Dieser besteht aus einer doppelten, dicht rings um den Wald gepflanzten Reihe von Vogelbeerbäumen *); und einwärts von diesen ist zu noch besserm Schutz eine Linie von Rothtannen gepflanzt. Beide Bäume wachsen sehr gut, und werden in kurzer Zeit eine undurchdringliche Dickung bilden. Die Vogelbeerbäume besonders wachsen hier immer so gut, oder noch besser, als sie in mildern Lagen wachsen mögen; sie zeigen Jahrestriebe von achtzehn Zollen. Weniger gut sind Pflanzungen von Lärchtannen gerathen, die im Innern des Waldes unternommen wurden. Kaum werden auf diesem feuchten Boden und in solcher Beschattung jemals Lärchtannen gedeihn, die eher auf der entgegengesetzten der Sonne zugewandten Seite des Thales, auf trockenerm Boden gedeihen würden.

Die in dem Bannwald gepflanzten Lärchtannen sind von einem Landmann das Stück zu fünf Batzen geliefert und hierher verpflanzt worden. Der Pflanzer ist wohl auch nicht sorgfältig in der Auswahl der Pflänzlinge gewesen, und hat sie wahrscheinlich aus noch höhern Lagen in diese mildere versetzt. Um mit Erfolg auf dem hiesigen Gebirge Baumpflanzungen anlegen zu können, müßte eine angemessene Fläche des Thalgrundes durch Gräben vor der Weide sichergestellt, der Boden aufgebrochen, zur Holzsaat und Baumschule

*) Sorbus aucuparia.

vorbereitet, und dann nach Anleitung des schweizerischen Gebirgsförsters *) mit Samen von Ahornen, Birken, Weißellern, Lärchtannen, Arven und Vogelbeerbäumen angesäet werden, damit jederzeit eine hinlängliche Anzahl von Pflänzlingen mit der erforderlichen Beschaffenheit der Wurzeln und in einer dem hiesigen Klima angemessenen Entwickelung vorräthig sei, und nicht nur der Bannwald erhalten, sondern anstoßende und gegenüberstehende Berghänge, die für die Weide wenig Werth haben, nach und nach in Waldbestand gesetzt werden könnten.

Im Bannwald selbst dürfte die fernere Pflanzung von Lärchtannen nicht rathsam sein. In der Höhe des Bannwaldes und auf so feuchtem Boden würden Weißtannen besser wachsen; um so eher, da im Dunkel des Waldes, wo die jungen Rothtannen nur kümmerlich fortkommen, die Weißtannen noch gut gedeihen. Das ist auch der Fall mit Arven, die in rauhen Lagen, im Dunkel der Wälder, oft selbst unter der Traufe älterer Stämme, noch ziemliche Jahrestriebe bilden.

Der gutgelungene Lebhag von jungen Vogelbeerbäumen und Fichten zeigt, wie leicht auch in hohen Alpgegenden Weidgründe eingefriedet, und mithin in bessere Benutzung, als durch Beweidung möglich ist, gebracht werden könnten.

Die Schwierigkeit der Einfristung, die zugleich eine der größten Schwierigkeiten des Gelingens künstlicher Kulturen in diesen Gegenden ist, wird besonders dadurch erhöht, daß Lebhäge in den ersten Jahren der Anlage immer von dem weidenden Vieh beschädigt werden, das, besonders im Frühjahr, die noch zarten Triebe immer abreißt. Der Weißdorn **), der durch

*) Von Zschokke.

**) Crataegus oxyacantha.

seine Dornen am meisten vor dem Nagen des Viehes geschützt wäre, hält freilich noch auf Höhen von beinahe viertausend Fuß das rauhe Klima aus; aber er wächst in dieser Höhe so langsam, und die erste Anlage von Lebhägen, die von diesem Strauch errichtet werden, erfordert so viel Spaltholz, daß in so holzarmen Alpgegenden, wie das Urserenthal ist, zu diesem Zwecke der Weißdorn nicht empfohlen werden könnte. Die Rothtanne hat eben den Nachtheil des langsamen Wachsthums in rauhen Gegenden, und leidet von Ziegen und Schafen. Daß aber die Bäume und Sträucher nicht gern von dem weidenden Vieh angegriffen werden, und daß sie in hohen Alpgegenden schnell wachsen, sind Eigenschaften, die wesentlich sind, wenn mit Erfolg davon Lebhäge gemacht werden sollen; und diese Eigenschaften vereinigt die Weißeller und der Vogelbeerbaum; beides Bäume, die mithin für Einfristungen auf angemessenem Erdreich wichtige Dienste leisten könnten. Auch mehrere Weidenarten eignen sich dazu, und können, wenn sie als Setzstangen dicht neben einander in aufgelockerte Erde gepflanzt, und am obern Ende mit Zweigen eingeflochten würden, in den ersten Jahren schon Lebhäge bilden: nur ist in Rücksicht der Weiden zu bemerken, daß in der Regel die Arten mit breiten und zarten Blättern gern vom Vieh benagt werden, und daß nur einige Weiden, die schmale und etwas wollichte Blätter haben, wie z. B. viminalis und incana, die hoch hinauf an den Bergen vorkommen, zugleich selten von dem Vieh benagt werden. Die erstern, die breitblättrigen nämlich, fordern auch gewöhnlich einen feuchten oder guten Boden zu vollkommenerm Wachsthum, jene schmalblättrigen Arten aber gedeihen auch in dem dürrsten Grunde durch Steckreiser oder Setzstangen. Es wird das Auffinden und die Behandlung von Sträuchern oder Bäumen, die sich zu Einfristungen durch Lebhäge eignen, von der höchsten Wichtigkeit für Alpgegenden, weil ohnedies weder die allgemeine Beweidung der Alpen einer bessern Benutzungsart weichen wird, noch die Anlage neuer Wälder, und die Erhaltung und Verbesserung der vorhandenen mit Sicherheit des Erfolgs versucht werden kann.

So weit die Thalfläche von Urseren reicht, sind keine Einfristungen, weder durch Zäune noch durch Gräben. Die Privatgüter scheinen in einander zu fliessen, wie unvertheilte Allmenden, als wenn in solcher Wildniß die Begrenzung des Landeigenthums der Natur zuwider, und zum Troße eines jeden alles Allen gemein seyn sollte. Frühjahrsweide wird selten ausgeübt; nur eine Heuärnte ohne Grummet kann Statt finden; denn sobald die Witterung im Herbste das Vieh von den Bergen treibt, ist überall uneingeschränkte Gemeinweide auf den Gütern, wie vorher auf den Alpen, die alle gemeinsames Eigenthum der Gemeinden sind. Um den Mangel des Winterfutters zu decken, ist jede Haushaltung in der Thalschaft berechtigt, alle Jahre zwei bestimmte Tage lang an beliebigen Orten durch zwei Männer auf den Kühalpen mähen und das Heu nach der Winterung führen zu lassen. Auf den höhern Alpen, wo nur Ziegen hinkommen, kann ebenso jede Haushaltung sechs Tage lang mähen lassen. Das ist die Kindheit der Landwirthschaft; der Uebergang, scheint es, von dem Stande des Jägers zu den engern Verbindungen des landwirthschaftlichen Lebens. So mögen vor einem Jahrtausend, als hier die ersten Gemeinheiten sich bildeten, die Wiesen benutzt worden sein, und so werden sie noch jetzt benutzt. Diese Gemeinweide, die auf den Alpen und auf den Thalgründen überall herrschend ist, wird jeder Landverbesserung hinderlich sein. Wer hier von Theilung der Alpen, von Einfristungen auf denselben, und auf den Thalgründen zu besserer Kultur predigte, würde ausgelacht, und, wenn er solche Neuerungen einführen wollte, dem Schicksal des heiligen Stephanus kaum entgehen.

Auf dem Wege nach Hospital ist kaum eine Spur von Pflanzungen; einige Gartenkräuter wachsen noch in den kleinen Gärtchen bei Urseren und Hospital, wohl nur, um durch Seltenheit das Auge zu erfreuen, und an Gedächtnißtagen von Heiligen, oder an Geburtstagen geliebter Hausgenossen die Tafel mit grünen Gerichten zu zieren. Bei Hospital wird die Einförmigkeit des weiten Thales noch drückender. Kein Baum ist weit herum zu sehen. Der alte Thurm, der den Namen des erloschenen in der Vorzeit gefeierten Geschlechts trägt, steht einsam auf dem Burgfelsen; kein Thor, keine Oeffnung ist an dem starken Bau zu erblicken. Ist der Eingang vermauert worden? So schauerlich steht wohl in Pisa des Ugolino Hungerthurm! Haben auch die Urserer hier einen Hospital, der ihrer Freiheit drohte, den Hungertod sterben lassen? Nicht doch! Hier hat ja nie ein Erzbischof geherrscht und sich gerochen. Das alte Volk der Urner, Schwyzer und Unterwaldner hat, da es die Freiheit errang, und die Gewalt in seinen Händen lag, an den entwaffneten Bedrückern keine Rache genommen. Hier war legitime Volksherrschaft. Die Bischöfe und Erzbischöfe hingegen, die an ihren Gegnern, nicht an den Gegnern des Heiligen, sich rächten, die sind nie legitim gewesen.

3.

Weg von Hospital über den Gotthard nach Faido.

Waldentblößung des Reußthales. Höhe des Gotthardpasses. Airolo. Vegetation. Flachsbau. Stalvedro. Hanfbau. Verbreitung der Baumgeschlechter. Dörrgerüste für das Korn. Wäßerungen. Die Gotthardstraße im Plattifer. Faido.

Auf dem öden Wege von Hospital nach der Höhe des Gotthardpasses sind die Wellen der Reuß das einzige Lebendige, das in dieser Einöde sich bewegt. Selbst Winde wirken hier wie unsichtbare Geister; da kein zitterndes Gräschen des zu kurzen Rasens, kein Baumblatt, das auf ihren Wellen daher triebe, dem Auge durch Bewegung ihr Wehen offenbart. Noch ist eine Berghalde rechts im Hinaufsteigen von Hospital, die mit Droseln und Vogelbeergesträuch bewachsen ist; das sind die Holzungen der Geistlichen von Hospital, die allein hier das Recht des Hiebs ausüben. Weiter hinauf ist bis zur Wasserscheide der Reuß und des Tessins kein Strauch mehr, und doch liegt das Hospiz auf der Höhe des Passes nicht mehr als sechstausend fünfhundert Fuß über dem Meer, während in Bünden Arven und Lärchtannen kräftig noch höher gedeihen, und noch höher Droseln und Legfohren ohne Nachtheil an den Grenzen des immerdauernden Winters aushalten, selbst wie auf der Höhe des Sustens freudig wachsen, und wo nicht Wälder doch nützliche Gebüsche bilden.

Woher wohl diese gänzliche Entblößung des Reußthals an Baumwuchs vom Eingang in die Schöllenen bis auf den Gotthard, vom Krispalt bis auf die Furka rühren mag? Das ist nicht der Fön, der in solchem

Maase dem Leben der Bäume verderblich würde; denn in der italienischen Schweiz, wo das Wehen dieses Windes noch fühlbarer ist, steigen auf mehrern Gebirgszügen sichtbar die Bäume noch höher, als im Bernischen Hochgebirg. Es ist geschehen, daß auf den Wiesen des Dörfchens Mürren, das bei fünftausend Fuß hoch über dem Meere liegt, Stöße jenes Südwindes den verbreiteten Dünger von der Erde hoben, und durch die Lüfte trugen; und doch steigt eben auf jenen Gebirgszügen von Mürren oder Lauterbrunnen die Arve vereinzelt auf Felsköpfen über sechstausend Fuß hoch, und die Fichte bleibt nicht viel tiefer. Wurzeln und Stöcke von Wäldern der Vorzeit werden hier und dort im Reußthale aus dem Boden gegraben, und alte Sagen, die unter den Landleuten fortgeerbt wurden, melden, daß, um die Schlupfwinkel der reissenden Thiere zu zerstören, die Voraltern die Wälder angezündet haben. Noch jetzt zünden in dem nachbarlichen Bünden bisweilen Landleute, nicht etwa aus Muthwillen Einzelner, sondern in Folge von Gemeindsbeschlüssen, ganze Wälder an, nicht aus Furcht vor Bären und Wölfen, sondern um durch die Brandasche den Boden der Berghänge zu düngen, und so den Graswuchs und die Weiden zu vermehren. Beide Beweggründe mögen auch im Reußthale bei den alten Bewohnern mitgewirkt haben. Wenn einmal ein Waldort brennt, wer setzt der Flamme die Grenze, wie weit sie sich verbreiten, wie weit herum die übrigen Wälder verschont bleiben sollen, in Berggegenden, wo so selten Windstille, wo so oft Windstürme sind, wo der Bewohner jedes Dörfchens, das den Waldbrand sich verbreiten sieht, sich des schönen Graswuchses tröstet, wenn schon auch sein Wald vom Feuer ergriffen wird! Haben die Römer vielleicht schon vor den Longobarden, die im Livinen Festungswerke bauten, die Gotthardstraße gekannt, und dem Reußthal eine militärische Wichtigkeit beigelegt, hier zwischen den wilden Völkerschaften im Rhätischen und Penninischen Gebirge die Verbindung unterbrechen wollen, und um nicht Hinterhalte und Schlupfwinkel befürchten zu müssen, damals schon im Reußthale die Wälder verbrannt?

Weitläufige Ruinen bezeugen den Umfang und die Größe der Gebäude, die ehemals auf der Höhe des Passes der Gastfreundschaft heilig gewesen, und in denen seit Jahrhunderten so viele Tausende in diesen Wüsten Obdach und Stärkung gefunden. Kein Geistlicher wohnt mehr hier, nur eine kleine Schenke steht noch bewohnbar. In dem mit Heiligen gezierten Gastzimmer schallte den Eintretenden ein fürchterlicher Lärm entgegen. Ein Trupp Liviner Bauern waren gedrängt um einen Tisch gelagert, und spielten mit Geberden der höchsten Leidenschaft ein schmutziges Kartenspiel. Mehrere waren betrunken. Welche Kontraste! Auf dem drei Stunden langen Wege von Hospital hierher, welche Stille, von keinem lebenden Wesen unterbrochen, hatten wir in dieser Einöde gefunden! Und nun in der ersten Wohnung, die ersten menschlichen Laute die Ausbrüche der rohen, gierigen Leidenschaft! Und hier diese Ausbrüche, hier neben den Trümmern des heiligen Klosters, im Angesicht dieser Berge, den unverrückten regungslosen Zeigern verflossener Jahrtausende, den Zeugen, vor denen wiederholt die Schöpfungen lebender Wesen, und alle Geschlechter der Menschen mit ihren kleinen Leidenschaften untergingen!

Dem unwissenden, müßigen Menschen wird die Leerheit seines Innern so oft lästig, und wenn der Drang, der der Seele gegeben ist, nach Wechseln des Lebens, nach neuen Begriffen und Gefühlen, dann nur auf ein ewiges Einerlei seiner Umgebung stößt: so wird das Spiel zum Wohlbehagen und endlich zur Leidenschaft, der jene drückende Empfindung der eigenen Leerheit auf kurze Zeit weicht. Je roher, je müßiger und unwissender der Mensch, desto leichter und desto mehr wird das Spiel ihm zum Bedürfniß. Der Körper will Spannung und Thätigkeit der Muskeln, und wo diese fehlt, gibt sie der Trunk. Der Geist will Spannung und Thätigkeit der Seelenkräfte, und wo diese fehlen, gibt sie das Spiel, und es geben sie Prozesse, die, bei uns in der westlichen Schweiz, oft nur Spiele mit größern gestempelten Karten sind, und mit der Spielsucht gleiche Quellen haben. Da, wo dem Volke die bessern Gegenstände dieser Thätigkeit des Geistes und des Körpers von seinen Führern nicht gegeben werden, da sucht und wählt es diese Gegenstände selbst, und findet nur zu leicht die bösern. Industrie und Unterricht können mächtig dem Hange zu Karten- und zu Prozeßspielen, und zum Trunke entgegenwirken, und wo das Volk unwissend und müßig ist, da werden auch alle Mandate und Predigten gegen jene Fehler wenig helfen. Nur ein einziges Spiel ist, das den Verstand beschäftigt und schärft, ohne die niedrigen Leidenschaften zu wecken und zu nähren: es ist das Schachspiel, das aus diesem Grunde überall in den Volksschulen auf dem Lande, und in den Volksschulen der Schweizerischen Hauptstädte, den Kasernen nämlich, gelehrt werden sollte, und dann vermuthlich bald das schmutzige Kartenspiel mit seinen häßlichen Folgen verdrängen würde.

Auf der Höhe des Passes finden sich Büsche von üppig wachsenden Brennesseln häufig. Es könnte auf solchen Höhen diese Pflanze wohl künstlich vermehrt, und als Webepflanze benutzt werden. Im Granitsand der dürren festgetretenen Straße wächst überall das

Adelgras und die Romeyen, und zwischen dem Gestein die Mutteren *). Wo die Felstrümmer mit weniger aus der Verwesung von Flechten und Moosen entstandener Erde bedeckt sind, da sind diese Felsen mit dem Alpenklee und der Sibbaldia **) überzogen. Kein Fleck von Erde ist in diesen Wüsten, auf dem nicht nützliche Pflanzen gedeihen könnten, wenn nur wenige Wochen lang der Boden von Schneelasten befreit ist, nur wenige Tage die Sonnenstrahlen wirken können. Aber noch sind keine Berghalden von Legfohren oder Droseln überzogen, und vom Sustenpaß bis auf die Höhe des Gotthards wird ungern die Bergrose mit ihren lieblichen Blüthen vermißt. Noch auf der italienischen Seite durch Tremola am Tessin hinunter hält diese Entblößung von Bäumen an, so weit in der Höhe des Abhangs der Einschnitt in die Gotthardkette Feudoberg gegen den Sorecia reicht. Erst etwa tausend Fuß tiefer als die Höhe des Passes finden sich über dem linken Ufer des Tessins die ersten Droseln, aber keine Bergrosen noch Legfohren; und Lärchtannen, sogleich von schönem Wuchs, sind dann in der Richtung von Airolo die ersten Bäume, die an der Schlucht des Tessins wachsen, und hier kaum die Höhe von viertausend fünfhundert Fuß über das Meer erreichen, als wenn in dieser Richtung noch die Lüfte aus dem baumlosen Reußthale das Leben der Bäume niederhielten. Aber kaum fällt der Blick in's Ronkathal und Livinen hinunter, so erscheinen auch die Wälder in diesen Thälern hoch an den Bergen hinaufsteigend, und selbst auf der Seite des Gotthards gegen Canaria hin sind wieder höher hinauf die Berghalden mit Holzwuchs be-

*) Phellandrium mutellina. Poa alpina vivip. Plantago alpina.
**) Sibbaldia procumbens.

5

kleidet, der augenscheinlich auch viel höher als im Reußthale sich gegen die Gipfel der Berge zieht. Im Ronkathal stehen große Taxusbäume unter den Fichten; im Livinenthal sind häufig die Lärchtannen, kenntlich durch lebhafteres Grün der Belaubung, den Fichten beigemischt; überall aber auch hier noch, wie im Gadmenthal, die Wälder breit durch Schneelawinen gefurcht, und wo diese Fichtenwälder zerstört sind, überziehen Droseln die verlassenen Halden, als sorgten sie auf den entblößten, den kalten Winden nun ausgesetzten Flächen, den Samen der Lärchtannen und Fichten, der etwa hinfiele, zu schützen.

Airolo liegt, nach Saussure's Bestimmung, 3534 Fuß über dem Meer *), noch etwa zweihundert Fuß höher mithin, als Grindelwald. Wie anders aber ist der Anblick des Livinerthals, selbst hier in seinem rauhern Theile! Die Lüfte milder; so klar als wie vom Wiederschein des reinen Himmels die Gewässer des Tessins; so malerisch die Formen und die Farben der Felsen von Stalvedra; und selbst der Wuchs der Getreidepflanzen scheint hier schon kräftiger zu werden. In Grindelwald wird selten oder gar kein Wintergetreide zu bauen versucht; hier ist Winterroggen das gewöhnliche Getreide.

Wie jenseits in den nordischen Alpenthälern die Vortheile des Wechsels der Kulturen unbekannt sind, so werden auch hier Kartoffeln und Roggen immer auf den nämlichen Wiesentheilen gebaut, und nie rückt der Aufbruch auf dem übrigen Theile, der immer natürliche Wiese bleibt, weiter vor. Sogleich nach der Roggenärnte wird wieder Roggen gesäet, da zum Gedeihen des Wintergetreides in rauhen Gegenden die frühe Saat

*) Pini rechnet wohl zu hoch 3900 Fuß.

noch mehr als in den mildern nothwendig wird. — Auch Flachs, der sonst schon nach Columella's Warnung nur in längern Zwischenräumen auf dem gleichen Felde gebaut werden darf, wird hier lange Jahre auf dem gleichen Acker gebaut; nur daß je zwischen zweien Flachssaaten Kartoffelpflanzung Statt hat, und der Flachssame immer frisch aus dem Kanton Uri oder aus den nördlichen Gebirgen verschrieben wird, da aus dem hier erzogenen Samen, nach der Versicherung eines Landmanns, kein schöner Flachs gewonnen werden kann. Es würde also auch diese Erfahrung zur Vermuthung führen, daß die wichtige Pflanze in kältern Klimaten vollkommener gedeiht. In Grindelwald sind Kirschen-, Aepfel- und Birnbäume noch häufig, und schöne Ahorne, wo jene fehlen, zieren das Gelände. Auch Eschen und Ulmen sind da nicht selten. Aber hier in Airolo kommen Fruchtbäume nicht vor, nicht weil sie weniger als dort gedeihen würden, sondern weil — wie ein Landmann uns bemerkte — die ersten Pflanzer für ihre Früchte zu wenig Sicherheit fänden. Ahorne hingegen, die ohne Zweifel hier vorzüglich wachsen würden, scheinen von der Natur eher den nördlichen Alpenthälern gegeben zu sein. In Gadmen stehen Stämme wie fünfhundertjährige Eichen; schon im Meyenthal und dann im Reußthal sind sie selten, und am Tessin herunter verschwinden sie aus ganzen Thalregionen. Die Esche hingegen, die in der Regel mildere Lagen als der Ahorn sucht, ist schon in den Felsenklüften der Stalvedra gleich unter Airolo zu finden, und unterscheidet sich da, so wie tiefer in Livinen, auffallend von der Esche im Bernischen Hochgebirge durch die üppigsten Blattformen, und durch die dunkelste Farbe ihres Grüns. Auch die Birke, der Baum des Nordens, der im höhern Gadmenthal freudig wächst, ist hier in

Airolo weder im Thalgrund noch an den Berghängen sichtbar.

Die Fläche von Airolo wird durch die Thalverengung von Stalvedra nur eine kurze Strecke unterbrochen. — Wie malerisch erscheinen hier die Felsen, — wie lebendig das ganze Gemälde dieser Landschaft! Seitwärts die Mündung des Thälchens von Canaria, aus der ein klarer Strom daher braust. Eine Brücke führt darüber, und von der Brücke fällt vorwärts der Blick in die hochzerspaltene Kluft. Links an Canaria hinauf, zu beiden Seiten des schäumenden Wassers, stehen vereinzelte Felsen, bekränzt mit üppigen Gebüschen. Dunkler wird nun die Kluft, fast überhängend die Felsen von Granit; tief in ihre harten Wände ist die herrliche Kunststraße eingeschnitten, neben die stürmenden Wogen des Tessins; oben in der Oeffnung der Schlucht zittern Blätter und Blüthen der Sträucher, die auf dem Rande der Felsen wurzeln; zwischen ihnen durch glänzt das tiefe Blau des Himmels, und wenn in der dunkeln Kluft der Blick vom Canariabach sich vorwärts wendet, so schimmert jenseits im schwarzen Tannenwald der weiße Schaum der Casaccia, die in ihrem Fall gebrochen, aus ihrem Felsenbecken in hohem Bogen niederstürzt.

Wie wunderbar einzelne Felsen oft auf das Leben und Gedeihen der Pflanzen wirken können! Gleich unter den Felsspalten von Stalvedra sind mancherlei Pflanzungen, und hier nun, nur unbedeutend tiefer als Airolo, gedeiht schon der Hanf, und hat von spätem Schnee nichts zu leiden, der hingegen diesseits Stalvedra bei Airolo das Gedeihen dieser Pflanze hindert. Jenseits sind die Westwinde gebrochen, diesseits bringen sie die späten Schneestürme. Jenseits Stalvedra, wo von Südosten die lauen Winde hinwehen können, schmilzt in der Regel der Schnee acht Tage früher, als bei Airolo. Gleich unter dem Felsenthor von Stalvedra stehen die schönsten Weißellern häufig an den Ufern des Tessins; höher als diese Felsen hingegen ist auf der großen Fläche von Airolo keiner dieser Bäume zu erblicken, und eben so wenig im Ronkathale hinauf, so weit wenigstens der Blick von den Gotthardhängen hinreichen kann. Wie sonderbar ist die Vertheilung der Bäume durch die Alpenthäler! Hier scheint es, als ob diese nordische Eller von Süden her ins Livinenthal gedrungen, und von der Felsenkluft an fernerer Verbreitung in rauhere Gegenden verhindert worden wäre. Es drängt sich hier die Frage dem Beobachter auf: ob die Baumgeschlechter ihre Migrationen über die ihrer Natur zusagenden Erdstriche noch nicht vollendet haben? Und ob es vielleicht in ihrer Bestimmung liege, allmälig, so wie allmälig das Menschengeschlecht sich über die Erde verbreitet hat, ihm dienstbar zu folgen, in die Wüsten am Fuße der Gletscher, an die Ufer der Eismeere, und an die brennenden Sandmeere der heissen Zone? — ihm zu folgen, ähnlich den gezähmten Thiergeschlechtern, aber erst, wenn das Erwachen mannigfaltigerer Bedürfnisse die Vervollkommnung ihrer Erzieherin und Pflegerin der Landwirthschaft dem gebildetern Menschen das Dasein und Gedeihen zahlreicher Baumgeschlechter wünschenswerth macht? Oder sind etwa die Pflanzengeschlechter, die die gegenwärtige vegetabilische Schöpfung uns aufweist, seit ihrer Entstehung jedes in seinem Klima überall einheimisch gewesen, und haben die gedankenlosen Zerstörungen der Menschen viele Baumgeschlechter aus ganzen Gegenden vertilgt, die hier schon in der Vorzeit verbreitet waren? Beide Annahmen sind gewiß, hier die eine, dort die andere wahr. Wer könnte zweifeln, daß die Thäler jenseits dem Gotthard nicht in der Vorzeit mit Bäumen geziert gewesen? — Wer würde zweifeln, daß aus ganzen Gebirgszügen die Eiche, die Buche und die Arve, der Ahorn, die Ulme und die Esche, die Zerstörungssucht der Menschen zu bestrafen, verschwunden seien? Ist es nicht gegründete Vermuthung, daß einst, als Italien frei und blühend war, ein großer Theil der Appenninen mit Eichen und Pinien (den Bildern ihrer Weisen und Helden) bedeckt war, wo nun die kahlen Gipfel nur kriechende Gesträuche (die Bilder der heutigen durch Knechtschaft erniedrigten Geschlechter) zu ernähren vermögen? Und können wir hingegen glauben, daß aus dem hierseitigen Festlande Amerika's die Einwanderungen der dortigen Baumgeschlechter in unser Binnenland vollendet seien? Können wir zweifeln, daß selbst aus den weniger bekannten Morgenländern sich neue Baumgeschlechter unter uns einfinden werden, daß von den Höhen unsers Hochgebirges herab die Arve und die Lärche in die bebauten Tiefen der flächern Länder durch Hilfe menschlicher Kunst niedersteigend, sich nach dem Jura verbreiten werden, wo sie von Natur sich vielleicht noch nie eingefunden haben?

Unter Stalvedra erscheinen nun die ersten Kirschbäume, und bald hernach mehrere Birnbäume. Weiter am Tessin hinunter, in gleicher Entfernung zwischen Airolo und Dazio, etwa 3200 Fuß über dem Meer, folgt das Dorf Piotta. Hier ist das Thal schon erweitert; ein prachtvoller Wasserfall belebt noch mehr die lachende Gegend. Wässerungen rufen die Emmenthaler Wiesen in wohlthuende Erinnerung; furchtsam wie tastend finden sich hier schon einige Türkenkornstauden (Zea) in den kleinen Aeckern. Die ersten Dörrgerüste *)

---

*) Rascane heißen sie hier, in Bünden etwas derb Korngalgen.

für das Getreide stehen hier und fallen fremd in die Augen. Diese Dörrgerüste bestehen aus zwanzig bis fünfundzwanzig Fuß hohen Pfählen, die senkrecht, je nach der Größe der Aecker, näher oder entfernter, in den Boden befestigt und durch horizental über einander liegende Querstangen verbunden werden. Die Korngarben werden mit Stroh an ihren Wurzelenden fest geflochten, und dann die Aehren unterwärts über die Querstangen gehängt. Der Regen rinnt dann unschädlich ab; die Körner wachsen nicht aus; die Garben trocknen wieder von dem ersten Sonnenblick, und können zur bequemen Zeit in die Scheuern gebracht werden. Freilich müßten auf großen Getreidefeldern solche Gerüste sowohl als die Aerntekosten sich vervielfältigen; allein auf den kleinen Aeckern bei der kurzen Beleuchtung und Erwärmung der Gebirgsgegenden, sind diese Dörrgerüste, und die Heinzen zum Trocknen des Getreides und des Heues von großer Wichtigkeit. Kaum ist zu begreifen, warum sie in den rauhen Alpenthälern nicht überall eingeführt sind.

Die schönsten Eschen stehen hier um Piotta herum, und werden aller Orten auf Laub benutzt, um den Mangel des Winterfutters decken zu helfen; aber eben so wenig hier, als anderswo im Alpgebirge sind jemals diese Bäume zu jenem Zwecke künstlich vermehrt worden. Da hier jede Haushaltung vier Kühe und zehn Ziegen auf die Gemeinalpen zu treiben berechtigt ist, so wird mehr Vieh gewintert, als die Heuvorräthe gestatten. Viele Kühe werden in die kleinen Kantone gesandt, um dort zu überwintern. Der Heubauer bezieht für diese Winterung, ausser der Milch, noch zwanzig Schweizerfranken. Der Ankauf von mehrern Kührechten auf den Gemeinalpen, oder ihre Vereinigung in Einer Hand ist untersagt; die Theilung in eigene freie Berggüter ist also eben so unmöglich, als auf den Rücken der Berge Heuvorräthe anzulegen. Wie nützlich wäre unter solchen Verhältnissen die Anlage von Wäldern auf den öden Thalhängen, die durch ihr Laub die Fütterungs-Vorräthe vermehrten!

Von Piotta bis Dazio schwankt das Bild des Thales zwischen dem Ausdrucke von rauher und milderer Natur, und noch einmal scheint bei Dazio die Kraft des Nordens die Oberhand zu gewinnen; hier, wo die Felsen des Platifers die Wildnisse des Gotthards und der Grimsel an den Thoren von Italiens Gärten in die Erinnerung zurückrufen. Wie in den Felsenmassen von Stalvedra, im Sturze der Casaccia, im Wellenspiel des Canario die Größe mit Anmuth sich verschmilzt, und das Walten eines ruhig aber dichterisch schaffenden, sanften Genius sich verräth, so scheint in den hohen zersprengten Felsenmassen des Platifers Größe mit Erhabenheit verbunden, und der Tessin das Bild einer Gottheit zu sein, die, zürnend über ein verworfenes Geschlecht, die Erde zerrissen, und hier, an der Pforte des verlornen Paradieses den Gefallenen zur Wohnung die Wildniß bereitet hat. Und nun die neue Straße, die in solcher Wildniß der menschlichen Kunst den Sieg über die Natur gegeben, und das ewige Denkmal gebaut! Wie kling und doch so stark sie durch den engen Raum zwischen dem in den Abgründen tobenden Fluß, und zwischen den starren wolkenhohen Felsen sich zu bewegen scheint! Wie sicher sie auf hohen Gewölben, trotzend der Wogengewalt, an ihrem Fuße ruht! Wie kühn die herrlichen Bogen der Brücke, die zwischen Scylla und Charybdis von einem Ufer auf das andere sich schwingen, wenn bald hier bald dort die Felsenwände den Lauf der Straße, oder ihr den Raum verschliessen! Wer hat denn diesen

Wunderbau entworfen und geleitet! Ein italienischer Schweizer ist es wohl *), der zürnend über die rohe Uebermacht der Menschen, die im Lande des Lorbeers und der Myrthe herrscht, zürnend über die rohe Naturgewalt, erhaben über beide, dem menschlichen Geiste dieses Denkmal gesetzt hat, als Bürgschaft seines Sieges über niedrige Gewalten!

Tiefer in Platifer, unfern Dazio, etwa zweitausend sechshundert Fuß **) über dem Meere, steht wieder Süd und Nord verschmolzen in der Schlucht. Hier finden sich die ersten Kastanienbäume, drei bis fünf Fuß im Durchmesser haltend, unter Birken und Weißellern an der Straße, und höher als diese, selbst mehrere hundert Fuß höher als Dazio, stehen noch Kastanienbäume am Berghang hinauf. Erst tiefer als diese, zeigen sich die ersten Nußbäume, aber nur von mittelmäßigem Wuchs in dem granitartigen Gestein. Es scheint dieser Baum wohl milde, aber nicht heiße Alpenthäler zu lieben, und besser auf Kalkgestein, als auf granit- oder thonartigem Stande zu gedeihen. Das enge Thal unter Dazio liegt höher, als das Lauterbrunnenthal, das mit jenem ohngefähr parallel gegen Süden geht. — In dem Thalgrund von diesem herrscht der Ahorn, von jenem der Kastanienbaum. Aber im Lütschenthal, das gegen Osten steigt, und wohl noch höher als Dazio liegt, stehen auf gleicher Höhe, wie im Platifer, auf Kalkgestein die schönern Nußbäume.

Den Reisenden wurde auf die Frage: wo das beste Gasthaus in Faido sei? von einem Landmann das Wirthshaus zur Sonne als ein prächtiger Palast ange-

*) Pochibelli? Allombardo?

**) Saussure bestimmt die Höhe von Dazio zu 2868 Fuß.

rühmt*), und in der That, das Aeussere entsprach in etwas der prunkenden Benennung; aber Unreinlichkeit war im Innern: die Betten der Schlafzimmer auf schlechten Schragen; die wenigen Stühle baufällig, mit schmutzigem Leder überzogen; in der Nacht unter und über der Kammer der Müden fürchterliches Toben von Spielern und Betrunkenen; am Morgen schamlose Zeche!

Faido wäre nach Pini bei zweitausend zweihundert zweiunddneunzig Fuß über das Meer erhöht; eine Barometerbeobachtung des Verfassers gab nur zweitausend zweihundert Fuß. Wohl sechshundert Fuß höher stehen noch schöne Kastanienbäume, auf der Sonnenseite des Thals öfter mit Lärchtannen vermischt; gegenüber, auf der Schattenseite ist die Birke herrschend. An der Straße stehen Kastanienbäume von acht Fuß im Durchmesser. Es soll dieser Baum auf granitartigem Gestein besser, als auf kalkartigem gedeihen, und auf diesem leicht kernfaul werden. In Leventina stehen in der That auf Granit sehr schöne Kastanienbäume, doch werden deren auch in schönem Wachsthum auf Kalk gefunden. Nußbäume hingegen scheinen, wie die Buche, auf Kalk besser zu wachsen.**)

Von Airolo bis Faido finden sich noch Spuren von Schneelawinen in den Wäldern, hier aber, bei Faido, werden die Berge sanfter und abgerundeter in ihren Formen, und die Waldregionen sind nicht mehr den

*) È un bellissimo palazzo.

**) Siehe über die Vegetation des Kastanienbaums: Yvart excursion agronomique en Auvergne, Paris 1819. Ein Werk, das über die Landwirthschaft in den französischen Gebirgen Beobachtungen enthält, die für den Schweizer in den Jura-Kantonen von großer Wichtigkeit sind.

Verwüstungen durch Lawinen, desto mehr scheinen sie der Verwüstung durch Menschen ausgesetzt. Auf der Sonnenseite stehen ausgedehnte Berghalden fast baumlos und nur in großen Zwischenräumen von Kastanienbäumen beschattet. Wie leicht könnten hier die schönsten Wälder von dieser so nützlichen Holzart angelegt werden, wenn auf den öden Halden in Entfernungen von fünfzehn Fuß Lärchtannen gepflanzt, und dann, wenn diese die Höhe von sechs bis acht Fuß erreicht hätten, in ihre Zwischenräume Kastanienbäume von geringerer Höhe gesetzt würden. Später könnten immer die Lärchtannen weggehauen und benutzt, und so ein reiner Kastanienwald angelegt werden. In solcher Vermischung haben im Thale von Interlachen Kastanienbäume einen ausserordentlichen Wachsthum gezeigt, und selbst mit den so schnell wachsenden Lärchtannen im Wuchse gewetteifert.

Wo Bäume, die gegen die Kälte oder gegen Fröste empfindlich sind, höher hinauf an den Bergen angezogen werden sollen, da dient die rauhere Lärchtanne als Pflegerin von jenen, wenn sie früher hier angepflanzt wird und unter ihrem Schutze die zärtern Bäume erwachsen können. Die jährlich abfallenden Blätter der Lärchtanne scheinen eine vorzüglich düngende Kraft zu besitzen. Auf magern, lange nackt gestandnen Berghängen, wo ein leichter dürrer Boden von der Sonnenhitze versengt worden, und die Weide keinen Werth mehr hat, gedeihen Lärchtannen leicht, und verbessern in wenig Jahren, wenn sie da dicht gepflanzt gestanden haben, den Boden so, daß nach zehn bis zwanzig Jahren der Wald theilweise in abwechselnden Streifen wieder weggehauen, hier auf den kahlen Streifen je nach der Lage, Kartoffel- oder Getreidebau, oder Grasnutzung statt finden könnte, und zwar ohne alle

Düngung, da die düngende Kraft der Lärchtannen-Blätter hinreichen würde, jenen Kulturen Gedeihen zu geben. Wäre dieser urbargemachte Waldstreifen für landwirthschaftliche Benutzung erschöpft, so würde er wieder mit Lärchtannen besäet, und ein anderer Waldstreifen zu gleichem Zwecke gereutet. Zu solchem Wechsel von forst- und landwirthschaftlichen Erzeugnissen eignet sich die Lärchtanne vorzüglich gut, weil sie nur einen lichten Schatten auf anstoßende Kulturen wirft, und daher gegen Sonnenhitze und Winde schützt, ohne zu verdämmen. Kastanienbäume, die unter der Traufe von Lärchtannen bei Interlachen, auf der Sonnenseite des Thales stehen, haben hier in diesem Helldunkel stärkere Jahrestriebe gebildet, als wo sie auf dem nämlichen Berghang, und auf gleichem Boden an freier Luft und Beleuchtung standen. In den Dikkungen von gedrängt stehenden jungen Lärchtannen, die im nämlichen Thale vor zehn Jahren auf magern Abhängen gesäet wurden, haben in der Mitte des Christmonats mehrere Kräuter geblüht, die im freien Stande nirgendwo mehr grünten.

Den nämlichen Vortheil, den in wärmern Thälern die Lärchtanne für die Anzucht der Kastanienbäume auf Berghöhen, oder zu Verbesserung und höherer Benutzung öder, unfruchtbarer Halden bringen würde, den würde die Weißeller*) in rauhern Berggegenden gewähren, wo die Lärchtanne zwar auch auf geeignetem Boden jenen Vortheil verspricht, aber, da sie in solchen Lagen langsamer als die Weißeller wächst, nicht dieser vorzuziehen wäre.

Im Emmenthal hat ein solcher Wechsel von Getreidebau und Birkensaat Statt, und die Birken ge-

*) Betula incana.

deihen gut, wo das zu Kartoffeln oder Getreide benutzte Erdreich für diese Pflanzen erschöpft ist. Nach zwanzig bis dreißig Jahren wird der Birkenwald geschlagen; das Reißig wird auf dem Platz verbrannt, und vertritt die Stelle des Düngers bei jenen Kulturen. Diese Benutzung hat den Vortheil, daß ohne Düngeraufwand auf Kosten des bessern Landes, dieses durch die dort auf Waldboden gewonnenen Nahrungsmittel verbessert werden kann. Auf ähnliche Art wird oft die größte Schwierigkeit der Verbesserung wüster Ländereien, der Mangel des Düngers nämlich, beseitigt werden können; nur dürfte mehrentheils zu solchem Wechsel die Weißeller der Birke vorzuziehen sein, daß jene auf dem ihr angemessenen Stande ungleich schneller als die Birke wächst, mithin der Holzwuchs früher benutzt werden kann, und die einträglichere Nutzung des Bodens durch landwirthschaftliche Kultur früher wiederkehrt; auch darum wäre die Weißeller der Birke vorzuziehen, weil ihre Blätter durch die Verwesung dem Boden eine ungleich größere Menge Humus mittheilen, als die kleinern und festern Blätter der Birke, und weil die Weißeller auf dürren Steingeschieben oft üppig wächst, und auf solchem Terrain immer besser als die Birke gedeiht *).

Bei Faido ist insofern die nämliche Benutzungsart der Wiesen wie in Airolo eingeführt, als dort wie

*) Die Idee eines Wechsels forst- und landwirthschaftlicher Kulturen auf dazu geeignetem Boden ist von dem verdienstvollen Cotta zuerst öffentlich in Anregung gebracht worden; sie scheint demjenigen, der nur oberflächlich das Alpengebirg kennt, hier ohne Anwendung bleiben zu müssen. Das Emmenthal mit seinen Birken- oder Reutwäldern, und eine genauere Kenntniß der Mannigfaltigkeit unserer Gebirgslagen und Bodenarten, die eben so mannigfaltige

hier immer die nämlichen Theile aufgebrochen, und mit Kartoffeln oder Getreide angebaut werden, ohne jemals über alle Theile der Wiese nach bestimmtem Wechsel vorzurücken. Von Klee- oder Luzerne- oder Esparsettenbau ist auch in Faido keine Spur. Flachs wird, wie in Airolo, immer auf den nämlichen Bezirken gebaut, jedoch so, daß je das dritte Jahr eine Zwischenkultur von Kartoffeln oder Getreide Statt findet. Die Wässerung der Güter, die in der Nachbarschaft von Bergströmen liegen, ist hier überall eingeführt, so nämlich, daß nur bei anhaltend trockener Witterung das Wasser, auch der kleinsten Bergbäche, durch hölzerne Rinnen längs den Abhängen und auf die Wiese geleitet wird. Zu diesem Ende wird der Umlauf einer gewissen Zahl von Stunden für alle Güter, die im Bereiche einer Wässerung liegen, fortgesetzt und jeder Wiesenbesitzer, der an den Wässerungsanstalten Theil nehmen will, benutzt dann das Wasser so viele Stunden, oder Bruchtheile von Stunden, als das Verhältniß der Größe seines Grundstücks zu den übrigen und zu jenem ganzen Stundenumlauf mit sich bringt *).

Das Livinerthal, das in vielen Rücksichten an landwirthschaftlicher Kunst so weit zurückzustehen scheint, hat wenigstens diese Wässerungskunst vor dem Bernischen Oberlande und einigen demokratischen Kantonen voraus, wo nirgendwo der Reichthum an Gewässern zu Erhöhung des Wiesen-Ertrags verwendet wird; besonders im Bernischen Oberlande hat es den Anschein,

---

Benutzungsarten gestatten, mögen jene Zweifel widerlegen. Cotta's Idee ist eine der wichtigsten, welche die Geschichte der Waldkultur aufzuweisen hat. Siehe die Verbindung des Feldbaues mit dem Waldbau von Cotta. Dresden 1819.

*) Dieser Turnus der Stunden zur Wässerung heißt Rotanca im italienischen Bünden.

als ob die Bergwasser nur zu Verwüstungen geschaffen wären. Oft versengt es hier auf Sonnenseiten der Thäler während anhaltender Trocknis allen Graswuchs, und die Heuärnte mißlingt an Orten, wo in geringer Entfernung die schönsten Quellen ungenutzt in die Flüsse der Thäler sich ergiessen, oder, um vielleicht Erdlawinen zu verursachen, in die Tiefen des Bodens sich verlieren; und doch, je höher ein Gebirge, desto schneller die Verdünstung, und desto größer also wären die Vortheile der Wässerungen, wenn sie auch nur wie in Livinen bei dürrer Witterung Platz finden sollten.

4.

Weg von Faido über Bellenz nach Misocco.

Kastanien- und Lärchbäume. Schlacht von Giornico. Riviera. Bellinzona. Schlacht von Arbedo. Kapelle von St. Paul. Das Thal Misocco. Die Burg Misocco. Forst- und Landwirthschaft. Verfassung des Hochgerichts Misocco und Calanca.

Noch immer sind bei Faido die Buchen selten; auf Sonnenseiten der Berge stehen die schönsten Kastanienbäume mit Lärchtannen vermischt; auf der Schattenseite scheinen Birken und Fichten herrschend, und bis an die Mündung des Blegnothals werden die Nußbäume an den Berghängen immer seltener, so wie die Weißellern an den Ufern des Tessins. Bei Giornico schwirren nun die Cikaden auf den Bäumen, oft gedeiht der Hirs als zweite Aernte; üppig wachsen Feigenbäume, die Reben und der Mais, und zwischen den Kolossen von Kastanienbäumen blüht lieblich der Cytisus *).

Wie reizend ist das Thal von Faido hinweg bis Giornico! So mild und doch so erhaben das Gebirg; so kräftig das Gedeihen der Pflanzen; so lebendig und so reich die Gewässer, und überall zwischen den Wäldern hindurch, auf sanften Vorsprüngen der Berghänge, auf malerischen Felsen schimmern wie Glorien der Heiligen die Kirchen durch das Thal. Unter Lavorco stürzt der Fluß gegen Giornico herunter, und dieser Katarakt ist Denkmal und Bild der Schlacht, die hier vor dreihundert und fünfzig Jahren geschlagen wurde.

Im Toben der Wogen vergegenwärtigt sich das Gewühl des blutigen Tages; in der Gewalt des Sturzes die Kraft und die Begeisterung der Krieger, und wo über dem Aufruhr der Elemente die Regenbogen schweben, schwebt Stanga's und der Helden Seele, die hier auf dem Schlachtfelde ihr Leben für die Freiheit aufgeopfert haben. —

Als die Herrschaft über das Livinerthal von Mailand, das in Zeiten bürgerlicher Entzweiung die fernen Thäler nicht zu schützen vermochte, an Unterwalden und Uri, nach der Schlacht von Bellenz allein auf Uri überging, hatte die Landschaft sich die Freiheit vorbehalten: sie hielt eigene Landsgemeinden, wie die von Urseren, und wählte die eigenen Vorsteher. Bürgerliche Streitigkeiten wurden durch einen Rath von Liviner Landleuten entschieden. Dem Landvogt war nur mäßige Gewalt gegeben: er war bloß Wächter am Gotthardthor. — Noch im Jahre 1712 erklärten die von Uri: Es sollten die Liviner nicht mehr Untertha-

*) Cytisus nigricans.

nen, sondern „liebe und getreue Mitlandleute" heißen. Der Geist des alten Schweizerbundes, der Zug und Glarus befreit, nicht unterjocht hatte, war damals noch mit Uri, und dieser Geist war gewichen, als im Jahre 1755 dem Thale Leventina von Uri die Freiheit genommen wurde *).

Als Graf Borelli, der Feldherr von Mailand, mit fünfzehntausend Mann Gioruico zu überfallen dachte, das nur sechshundert Eidsgenossen besetzt hielten, befanden sich unter diesen Sechshunderten vierhundert Mann von der Landwehr von Livinen, jeder Aufopferung für das neue Vaterland fähig, weil das Gefühl der Freiheit und das Andenken an die Knechtschaft unter den tirannischen Herzogen noch frisch in ihrer Seele war. Borelli sandte einen Heerhaufen durch das Verzascathal hinauf, der den Eidsgenossen in den Rücken fallen sollte. Es war Winter. Stürme hatten große Schneelasten auf den Gebirgen gehäuft, mit ungewohnten Schrecknissen starrte die Natur, von den höhern Gebirgen fielen Lawinen wie Donner wiederhallend nieder. Da gab Stanga, Richter und Hauptmann der Liviner, den Rath, den Tessin aufzudämmen, und seine Gewässer über die Straße und Thalgründe zu leiten. Es geschah, und über Nacht bedeckte eine glänzende Eisdecke die Zugänge von Giornico. Unsichern Fußes, staunend vor den unerwarteten Hindernissen, rückten die Italiener heran; mit Fußeisen bewaffnet harrten die Eidsgenossen. Da bewegte sich

*) Auch damals war der Geist der alten Eidsgenossenschaft mit Uri, als es an Friedrich von Oesterreich die Treue nicht brechen, und mit dem geistlichen Kongreß in Konstanz nichts zu thun haben wollte, der Huß wegen seines Glaubens verbrennen ließ.

6

rasch ihr Schlachthaufe gegen die Welschen. Voran Troger von Sillinen, Stanga und Frischhans Theilig; hinter ihnen geordnet und fest die Männer von Livinen, Zürich, Luzern und Schwyz. Kurzer Kampf und Flucht der Italiener. Das Blut von Anderthalbtausend röthete den Schnee. Jetzt eilte freudig, nicht achtend seiner Wunden und des quellendes Blutes, Held Stanga, mit Jubel den Sieg verkündend, dem väterlichen Hause zu; da verließ ihn an der Schwelle die Kraft, er sank, und hauchte seine Heldenseele aus.

Wo ist denn Stanga's Gruft!? Wo ist das Denkmal, das seine That verewigte!? Etwa auf der Stätte, wo 277 Jahre hernach die strengen Herrscher drei Führer der Thalschaft Livinen enthaupten liessen!? Zürnender Schatten Stanga's, du bist besänftiget, und Livinen ist nicht mehr Uri unterthan.

Erst in Poleggio fangen die Buchen an, die Birken auf der Schattenseite des Gebirgs zu verdrängen. Auf der Sonnenseite folgen nun immer Kastanien unter schroffer werdenden Felsen. Rothtannen fangen schon unter Faido an, aus den Waldungen zu verschwinden, und weiter hinab am Tessin, so wie allmälig das Thal heißer wird, ist dieser Baum der kältern Klimate nur auf den höchsten Gebirgs-Zonen oder in schattichten Schluchten zu finden. Bei Poleggio gedeihen, mit Mais, alle Getreidearten, und als zweite Aernte Hirs und Buchweizen; aber auch hier ist kein Kleebau und kein Kulturwechsel auf den Gütern. Nußbäume erscheinen wieder, wo das Blegnothal sich gegen den Tessin öffnet, und kühlere Winde von dorther sie anzulocken scheinen. Auf dem wüsten, weit ausgedehnten Felde der Zerstörung von Riviera, das der Blegno mit Felsstücken und Grand bedeckt hat, erscheinen keine Weiß-

Geröz nur der Seekreuzdorn *) und schmalblätterige Weidenarten überziehen horstweise die öde Fläche; auch die Berge werden von Lavorco und Giornico hinweg immer dürrer und nackter auf der Sonnenseite, und auf der Schattenseite scheinen bis gegen Bellinzona hin die überall mißhandelten Wälder auf ganzen Gebirgshängen nur noch aus niedrigen Gesträuchen zu bestehen. Eben so ist die Eiche in ganz Leventina selten, und selbst hier an den Berghängen von Riviera erfreut kein einziger schöner Stamm das Auge. Die über die Thalfläche erhöhten Wiesen sind oft mit abgehauenen Zweigen des Seekreuzdorns eingefriedet, die mit großer Mühe zu diesem Zwecke hergeschleppt werden, ohne daß versucht wird, von diesem Strauche Lebhäge zu pflanzen.

Der Anblick der Fläche von Riviera scheint ein Gemälde des steinichten Arabiens zu sein, und in Poleggio, auf der Grenze der Wildniß, mögen wohl auch Beduinen wohnen**). Die ganze, nun so öde Fläche von Riviera, die der Tessin so sanft zu durchfliessen scheint, war vormals eine der blühendsten der jenseitigen Schweiz. Im Jahre 1512 stürzten zwei entgegenstehende Berghalden zwischen Biasca und Marvaglia zusammen, und hemmten den Ausfluß des Blegnostroms, der unter Poleggio sich mit dem Tessin vereint. Der Grund des Blegnothales wurde ein See. Zweihundert und zwei Jahre lang hielt der Damm: plötzlich durchbrachen ihn die Gewässer. Die Fluthen bedeckten die Ufer des

*) Hippophae rhamnoides.

**) Herr Giacomo Zelio, Wirth in Poleggio, forderte den Reisenden für ein Stück stinkende Wurst, einen leichten Bündel Pferdefutter, und eine Maas Wein, neun Mailänder Liren.

Tessins bis in den Langensee mit Felstrümmern, Schutt und Schlamm. Im Jahr 1745 verheerte zum zweitenmale der Blegno und der Tessin die Gegend; noch jetzt steht sie verödet. Die fruchtbaren Anhöhen, wohin die Ueberschwemmungen nicht reichten, beweisen, was sie vormals gewesen. Die Menschen scheint aller Muth, mit dem furchtbaren Strom zu kämpfen, verlassen zu haben; keine Spur von Dämmen ist wenigstens hier zu erblicken. Wenn die junge Republik den Bau der Gotthardstraße vollendet haben wird, so ist ihr in der Eindämmung des Blegno's und des Tessins eine nicht weniger rühmliche Aufgabe gegeben, deren Lösung kaum so viele Schwierigkeiten als jener Bau darbieten wird.

Vor dem Thore von Bellinzona gegen die Moesabrücke hin fanden wir eine lange Strecke der Straße fortgerissen und den Boden tief durch den Tessin ausgewühlt, der hier vor wenigen Wochen aus seinen Ufern getreten war. Auch hier in der Nähe der Hauptstadt erkennt, scheint es, der Anwohner die Uebermacht des Flusses, und keine Schwellarbeiten, auch nicht ein Rest von Dämmen bezeugte, daß jemals die Kraft der Menschen sich gegen diesen Feind versucht habe. Mit Mühe faßt der Geist die unverträglichen Bilder in eine Vorstellung zusammen, die Bellinzona mit seinen Umgebungen dem Blick darbeut. Diese steinichte Wüste längs des Flusses, und nur wenig höher diese Ueppigkeit des Pflanzenlebens! — Die Erinnerung an den kühnen Bau der Gotthardstraße vor dem Ausdrucke der Schlaffheit und Geistlosigkeit im Kampfe gegen die Gewässer! Diese alten Schlösser von Uri, Castellomezzo und Sassocorbe, die in Trümmer zerfallen, unweit der neuen, schönen, und so starken Brücke über den Tessin!

Diese hohen Cypressen*) unweit dem niedrigen Buschwerk, das unten die Berghalden fast kriechend überzieht! und endlich diese Verfassung des Kantons Tessin, die seine Freiheit sichert, neben den Ausdrücken knechtischen Sinns**)! Diese Lebendigkeit des Verkehrs neben den häufigen Spuren der Nachlässigkeit! —

Die neue Brücke über den Tessin ist ganz aus Quadern von Granit gebaut, und begreift zehn weit gewölbte Schwibbogen, die wie aus einem einzigen Fels gehauen zu sein scheinen. Am jenseitigen Ende der Brücke steh'n die Reste eines antiken Thurms, der schon in sehr alten Zeiten hier als Festungswerk gedient haben mag, und wohl eher aus Ehrfurcht für das Alterthum, als aus Nachlässigkeit, oder zur Befestigung der Brücke stehen geblieben ist. Seine Trümmer fallen sonderbar neben diesem Prachtbau der Brücke in die Augen. Bellinzona gibt hier, und überhaupt als eine der Hauptstädte des Kantons, den Gedanken, als ob das Leben der neuen Republik unschlüssig zwischen der alten Zeit und der Jugendkraft schwankte, mit der die Staaten, die frei von lästigen Banden geworden, gewöhnlich ihre Bahn eröffnen. Der Tessin floß seicht, nur unter einigen Bogen der Brücke durch, und seine Gewässer schienen sich in der weiten mit Steinen bedeckten Fläche, wie der Rhein in den holländischen Sandbänken, zu verlieren. So mag die prächtige Brücke über das trockene Bett des

*) Zwei Cupressus sempervirens stehen links an der Straße gegen die Tessinbrücke von fünfzig bis sechzig Fuß Höhe und anderthalb bis zwei Fuß Durchmesser.

**) In der Riviera warf sich ein Bettler mit dem Angesicht zur Erde, und küßte den Straßenstaub von unsern Füßen, ehe er die Hand nach Geld ausstreckte.

Manzanares ansehen, die König Philipp in Madrid bauen ließ, und der, um eine merkwürdige Brücke zu sein, gar nichts als Wasser fehlte. Freilich, daß der Tessin, und wie furchtbar er anschwellen könne, bezeugt die ganze Riviera; aber wer die vielen gewaltigen Bogen zum Theil auf der trockenen Steinwüste des breiten Flußbettes betrachtet, dem drängt sich wohl die Frage auf: ob der Fluß nicht mit weniger Aufwand, vielleicht zum Vortheil des anliegenden Landes, hätte eingedämmt, und mehrere Brückenbogen dann hätten erspart werden können?

Kein Baum ist in den Umgebungen von Bellinzona gepflanzt worden, die Straßen zu beschatten; die mehrsten Fenster der Häuser sind, besonders in der Vorstadt, sorglich mit eisernen Stäben vergittert. Kein Landhaus ist da, und kein Gartenhaus, dessen Aeusseres die geringste Einrichtung, noch das Bedürfniß häuslicher und ländlicher Behaglichkeit verrieth. Das Wort, das in der deutschen Schweizersprache dieses Gefühl der häuslichen Genüsse mit dem Worte „heimelig“ so schön bezeichnet, muß wohl der italienischen Sprache fehlen, da der Begriff und das Bedürfniß sich nirgendwo zu äussern scheint. Oeffentliche Spaziergänge sind keine da; öffentliche Gebäude nicht bedeutende. Zur Gewinnung und Fabrikation der Seide nur sind einige Gebäude eingerichtet; und auf den Feldern und Wiesen um die Stadt finden sich häufig weiße Maulbeerbäume zu diesem Zwecke gepflanzt. Wenn die Berghänge rings herum, die in den untern Zonen nur mit schlechtem Gesträuche bewachsen sind, mit Maulbeerbäumen zur Blätter- und Wellenholz-Benutzung bepflanzt wären, es könnte die Seidegewinnung unendlich vermehrt, und die blühendste Fabrikation darauf gegründet werden. Von Forstwirthschaft ist hier keine Spur, hier, wo der Tessin und der Langensee den vortheilhaftesten Absatz für das Holz bieten würde. Der Zentner Eichenrinde wird bei Bellenz mit vier Schweizerfranken bezahlt, um nach den lombardischen Gerbereien verführt zu werden. Eichen werden deswegen keine mehr gepflanzt, und an den wüsten Berghängen keine Rindenwälder angelegt.

Wie belehrend für die Schweiz wäre die Geschichte des Kantons Tessin, und wie wenig kennen wir diese in so vielen Beziehungen merkwürdigen Thäler! Beinahe drei Jahrhunderte waren die Bewohner von Leventina Unterthanen eines Kantons; die grössere Zahl Unterthanen eines Theils des alten Schweizerischen Staatenbundes. Sie genossen die lange Ruhe, den Frieden, den auch die Schweiz genoß, und bezahlten dem Landesherrn beinahe keine Abgaben. Ob eine solche Ruhe, ein solcher Friede, ob diese Befreiung von Abgaben die Völker, die sie geniessen, sittlicher bilde, und vor der Verarmung sichere; ob sie die Vaterlandsliebe, die Quelle der größten und mehrsten Tugenden, erzeugen und erhalten könne? diese Frage wird der ökonomische und sittliche Zustand der Thalbewohner des Kantons Tessin beantworten, und wer mit Schmerz von dem Gemälde seine Augen wendet, das eine Meisterhand über die Erniedrigung dieses Landes in vorigen Zeiten entworfen *), der wird die gegenwärtige Verfassung des Schweizerischen Vaterlandes dankbar segnen, die solcher Verwaltung ein Ende gebracht. Was wäre aus diesen, von der Natur mit Fruchtbarkeit und jedem Reize begabten, Thälern geworden, wenn ein fleissiges, durch die Freiheit veredeltes Volk seit drei Jahrhunderten sie bewohnt hätte? Dieses Volk

*) Siehe: Pensées sur divers objets de bien public par Charles Victor de Bonstetten. Paris et Geneve 1815.

hätte die Thore des Gotthards so treu, wie einst die freien Liviner, bewacht. Wie groß, wie stark und einig in sich selbst wäre die Schweiz geworden, wenn hier die Kantone die italienischen Vogteien, dort im Norden die Aarganischen Landschaften, wenn Bünden sein Veltlin, Kleven und Bormio, Bern die Waadt in den Bund aufgenommen, und ihnen die Freiheit gegönnt hätten! Wie stark wären die Städte der Schweizer geworden, wenn da die Herrscher ihre Burgerschaften wie sich selbst, und die Landschaften wie Burgerschaften behandelt hätten! Wie steht das Jahr 1352 so ruhmstrahlend in der vaterländischen Geschichte, das Jahr, wo die Waldstätte, dem Geiste des Bundes erhaben treu, den Glarnern und Zugern die Freiheit gaben, die sie selbst genossen, und die Eroberer ihre Besiegten in den Bund aufnahmen! Der unselige Gedanke, die Stammgenossen unterthänig zu machen, ist wohl nicht in der Seele eines freien Schweizers entstanden; den hat der Söldnergeist des Zöglings eines verdorbenen Hofes zuerst gefaßt!

Eine Viertelstunde von Bellinzona aufwärts von dem Moesastrom steht das Dörfchen Arbedo, wo den dreißigsten Brachmonat des Jahres 1422 die Schlacht von Bellenz zwischen dreitausend Eidsgenossen und vierundzwanzigtausend Italienern geliefert wurde.

Der Herzog von Mailand, Filippo Visconti, lüstern nach dem Besitze der Herrschaft Bellinzona, unterhandelte mit dem Hause Rusca und v. Sax um ihren Besitz. Uri und Obwalden, verlandrechtet mit denen von Sax und gewarnt vor dem Herzog, kamen ihm zuvor, kauften die Herrschaft und besetzten die Stadt. Der Herzog lauerte und schwieg. Anderthalb Jahre nachher überfiel Agnolo della Pergola mit Mailändischen Schaaren die Stadt und Burg, und bemächtigte sich von ganz Leventina bis an den Gotthard. Schwyz und Luzern, zuerst gemahnt von Uri und Obwalden, zauderten. Diese, fest hoffend auf der Bundesgenossen Treue, zogen voran mit ihren Bannern über den Gotthard und Livinen hinunter bis Giornico, ohne Feinde zu erblicken. Ueber den Gotthard folgten nun zur Hilfe vor Allen die Luzerner unter Schultheiß Walker, die Zuger unter dem Bannerherrn Peter Kollin mit seinen beiden Söhnen; die Unterwaldner, und vierhundert Bogenschützen von Zürich: in Allem dreitausend Mann. Diese vereinigten sich in Giornico, und rückten eilig durch Riviera gegen Bellenz vor. Die Schwyzer, die Vordersten der Nachhut, rückten um einen Tagmarsch hinter jenen nach; sie übernachteten, harrend auf die Glarner und andere Bundesgenossen, in Poleggio. Bussono di Carmagnola hatte mit Pergola in Bellinzona schon das Heer gesammelt, sorglich die Stärke ihrer Schaaren verbergend.

Oestlich von Bellinzona ziehen sich zuerst sanfte angebaute, dann steiler steigende bewaldete Abhänge über dem linken Ufer des Tessins ins Thal von Misocco. Auf den sanften Hängen liegt das Dörfchen Arbedo, daneben die Kapelle von Santo Paolo. Nördlich, gegen Leventina, öffnet sich die öde und breite Thalfläche von Riviera, ehmals angebaut und mit Bäumen besetzt; auf dem linken Ufer des Tessins, wo die Straße ist, wird sie von steilen Felshängen begrenzt. Eine Stunde von Arbedo, am rechten Ufer der Moesa hinauf, ist die Mündung des Thales von Calanka; aus diesem führen Pfade über die westlichen Berghänge in die Bergschlucht von Pontirone, die zwischen Poleggio und Arbedo sich gegen die Riviera öffnet. Von Osten her zieht sich eine waldichte Schlucht gegen die Moesa neben Arbedo hinunter.

Am Abend vor der Schlacht stießen die Glarner in Poleggio ermüdet zu den Schwyzern. Jost Tschudi, ihr Führer, ungeduldig über die Zögerung und Langsamkeit des Fußvolkes, sprengte mit wenigen Reitern durch Riviera und kam bei Nacht in das Lager der Eidgenossen bei Arbedo. Er fand den Befehlshaber, Schultheiß Walker, verwirrt, die Schaaren mißmuthig durch den Unfall dieses Tages. Bussone nämlich, durch Kundschafter von dem sorglosen Zuge der Eidgenossen durch die Riviera, vom Zögern der Schwyzer in Poleggio, und von Mißverständnissen im Heere der Schwyzer unterrichtet, hatte schnell eine entschlossene Schaar über die Moesa gesandt. Landeskundige Männer führten sie unter Rogoredo in Calanka, und auf Bergpfaden in die Schlucht von Pontirone: sie brachen da gegen die Straße von Riviera hinaus, und bemächtigten sich des Proviants und des Trosses, der, im Vertrauen auf den Schutz der von Poleggio nachrückenden Schwyzer, ohne hinreichende Bewachung hielt.

Bei Anbruch des auf den Unfall folgenden Tages sonderten sich eigenmächtig sechshundert Mann von den eidgenössischen Schaaren, und zogen raubend nach Lebensmitteln Misocco hinauf. Die übrigen lagerten unbesorgt, halb entkleidet wegen der Hitze des Tages. Da rückten Bussone und Pergola mit dem Heere vor. Die Eidgenossen ordneten eilig.

Die Moesa, welche tiefer hinunter dicht vor Bellenz sich mit dem Tessin vereint, deckte die rechte Seite der Schweizer, der Tessin die linke der Italiener. An die Berghänge, die von Bellenz sich gegen die Schlucht von Arbedo ziehen, lehnte sich die Linke der Schweizer, die Rechte der Feinde. Luzern, gegen Bellenz gewandt, war in der Vorhut; die Mitte hielt Unterwalden und

Uri; rückwärts, höher am Berge, nahm Zug die Stellung der Nachhut.

Bussone hatte, ehe er mit dem Heere vorrückte, eine Schaar gesandt, um hinter Bellenz die Höhe zu gewinnen, und dann im Rücken der Schweizer durch die Schlucht von Arbedo vorzudringen. Er selbst zog mit dem Fußvolk in drei Treffen am Tessin und an den Moesa hinan, um die rechte Seite der Schweizer anzugreifen. Pergola voran stürzte mit der Reiterei auf die Luzerner. Das Banner der Stadt kam in Gefahr. Da warf der Bannerherr es unter seine Füße, und mit ihm focht in erneuerten Anstrengungen die Vorhut; es wich Pergola, und das Hauptbanner von Mailand fiel in die Hand der Luzerner. Aber verstärkt durch Fußvolk drang Pergola wieder vor: Uri und Unterwalden rückten kämpfend den bedrängten Luzernern zu Hilfe. Nun fiel Bussone, wüthend um den Verlust seines geliebtesten Kriegsgesellen, mit dem Fußvolk in ihre Seite. Immer heißer wurde der Kampf; vergeblich drangen die Zuger und Tschudi gegen die wachsende Uebermacht. Die Schweizer bewegten, vorwärts schauend, sich rückwärts, um höher am Abhang die festere Stellung einzunehmen; aber die Italiener, die Bussone gesandt, hatten die Schlucht von Arbedo und die Höhen des Berges besetzt.

Die Eidsgenossen, umringt, fochten nicht mehr um den Sieg; sie fochten zur Rettung der Banner. Da fiel Hans Rot, der Landammann von Uri, und Heinrich v. Brunberg, der Träger des Banners; alle Urner aber stürzten herzu und retteten die heilige Fahne. An der Spitze der Zuger kämpfte Peter Kolkin: er fiel tödlich verwundet auf das Banner; da riß sein neben ihm fechtender Sohn das Banner hervor, triefeud von des Vaters Blut. Es drangen die Italiener gewaltig heran. Sterbend riß der Sohn die Fahne vom Stab, wand sie um seinen Leib, und stürzte in eine Schlucht, ihm nach sein Freund Landwing; aus der Hand des sterbenden Kollins windet er die Fahne, und läßt sie wieder wehen über den Schaaren von Zug.

Alle Hoffnung, ausgenommen die des Todes, war den Schweizern genommen. Da erschallte plötzlich Kriegsgeschrei der Sechshundert, die in Misocco geraubt, und nun in vollem Lauf im Rücken der Italiener erschienen. Sofort näherte sich die Nachhut der Schwyzer und Glarner, und suchte die Brücke über die Moesa, die Bussone abgebrochen, wieder herzustellen. Die Italiener liessen ab vom Kampfe, und zogen nach Bellenz zurück *).

Auf dem Kirchhofe von Arbedo, neben der Kapelle von San Paul, seien der gefallenen Schweizer Gräber, versicherte der Führer von Bellenz, und vor Zeiten habe da ein großer Grabstein ein großes Grab be-

*) Die Beschreibung der Schlacht, ist, wie leicht zu sehen, nach Müller entworfen; aber mit Abweichungen, die sich auf das Lokal gründen. Müller sagt: (nach Viglio?) Bussone habe, um den Troß der Schweizer zu überfallen, Reisige über die Moesa gesandt, die sich neben den Schweizern vorbeigeschlichen. Reisige aber mußten durch die Riviera-Thalfläche, und konnten nicht an den steilen Abhängen, oder über Bergpfade in den Rücken der Vorhut; in der Thalfläche wären sie von den anziehenden Schweizern leicht entdeckt worden. Im Rücken der Schweizer konnte eben so keine bedeutende Schaar von Bellenz her die steilen Abhänge unbemerkt besetzen. Die Italiener, die von hinten angriffen, mußten hinter dem Berghang von Bellenz gegen Misocco und durch das enge Thal von Arbedo hinaus die Höhe gewinnen.

dessen auf dem Grabstein seien ungefähr die Worte eingehauen gewesen: „Welch Wunder ist doch das! Sieben Landammänner in einem Grab!“ — Wir gingen mit bewegter Seele hin. Die Grabstätten fanden sich öde zwischen zerfallendem Gemäuer. Die Stelle der Grabsteine, die wir mit den Stöcken in der Erde tastend vergeblich suchten, hoch mit Moos und Dornen bedeckt; ohne Inschrift die Mauer der verlassenen ungezierten Kirche. .. Vaterland der Helden, wo ist dein Dank!? — ... Und nun die Kapelle, auf der Stätte, wo Ströme Blutes der edelsten Männer geflossen? ... Auch hier war keine Inschrift. Wir blickten durch das offene Gitter in das Innere des düstern Gebäudes. Welcher Gräuel! An der Hinterwand eine Menge menschlicher Schädel symmetrisch aufgehäuft. An den Seitenwänden eben so Bruchstücke von menschlichen Gerippen! Sind also hier in Staub und Moder der hohen Kollin, des Helden Rot Gebeine?! — Werden dem Opfertode für das Vaterland hier solche Denkmale errichtet?!

Die Straße von der Riviera über Lumino bis an die Bündenische Grenze im Misoccothal ist wohl fahrbar, aber schlecht, und noch nicht gebahnt, wie die übrige Straße, die durch dieses Thal über den Bernardin führt. Es soll die Regierung von Tessin den Einwohnern von Lumino sogar verboten haben, die Straße durch ihre Marche in bessern Stand zu setzen, damit die den lombardischen Mauth-Anstalten dienlichere Splügnerstraße auf Kosten der Bernardinerstraße begünstigt werde, die jener Mauth ausweicht, und unmittelbar durch den Kanton Tessin mit den piemontesischen Staaten und mit Genua in Verbindung steht!

Die Oeffnung des Thales Misocco bietet weit hinauf bis nach Cama, wo sich das Thal mehr nördlich wender, noch immer italienische Milde dar. An der Straße wächst häufig die Kermesstaude *); zwischen Kolossen von Kastanienbäumen und zwischen niedrigem Gebüsch von Eichen, Haseln und Kastanienbäumen, die als Stockausschlag die tiefern Zonen der Berghänge überziehn, blühte der Blasenstrauch **) und der Cytisus. Die Weinreben wölben sich oft rankend zu Laubgängen über die Straße, und auf den Wiesen stehn Pflanzungen von hoch und üppig wachsendem Mais. Bei Cama verschwinden die weißen Maulbeerbäume, bei Cabiolo die Rebgeländer. Auch hier zeigt sich die Buche nur in den höhern Gebirgshängen, oder im Calankathal, wie in dem Thälchen von Arbedo nur da, wo größere Kühlung ist. Oft ist hier die Buche mit Lärchtannen gemischt, und unter diesen gedeiht freudig der Stockausschlag der Buchen und Kastanien. Wenn in Schlagwäldern Oberholz für Baubedürfnisse gezogen werden soll, so schickt sich ohne Zweifel die Lärchtanne an Orten, wo der Boden ihrer Natur entsprechend ist, zu diesem Zweck am besten, da sie dem Stock- und Wurzelausschlag durch ihren Schatten nicht verderblich, und wegen ihres schnellen Wachsthums in der ersten Jugendzeit auch nicht vom Stockausschlag der Laubhölzer verdrängt wird. So wie in den wärmern Gegenden der Leventina die Esche auffallend üppig wächst, so zeigt sie eben so in den tiefern Geländen von Misocco das schönste Gedeihen. Amphibienartig gedeiht dieser Baum in trockenem und in nassem Boden, in kalten und in warmen Lagen, am Fuße der Gletscher von Grindelwald so schön, als in den warmen Thälern der italienischen Schweiz. Dies ist auch der Fall mit dem Hasel-

*) Phytolacca decandra.

**) Colutea arborescens.

strauch*), der noch im Tavetscherthal unweit Serdun, und im Adelbodenthal unweit der Kirche, nicht fern von viertausend Fuß absoluter Höhe, einige Berghänge bekleidet. Auch die Weißeller, die am Eismeere aushält, und den Namen der nordischen trägt, findet sich jenseits Rogoredo an den Ufern der Moesa in überraschendem Wachsthum, und Stämme zeigen sich hier im Väterland der Kastanien- und Feigenbäume unweit den Blüthen des Cytisus, von 2½ bis 3 Fuß im Durchmesser. Wie nützlich würde dieser Baum sein, die Steinwüsten der Riviera wieder in Kultur zu bringen! Wie nützlich, die Berghänge des Blegno zu befestigen, deren Einstürzen der blühenden Riviera das Verderben gebracht hat!

Das Thal von Misocco bietet, wie Leventina, die schönsten Formen des Gebirgs, die schönsten Wasserfälle und die reichste Vegetation dar; aber wie dort die Kirchen von Piotta, Quinto, Osco, Rossura und Anzonico meist von hohen Felsen weit ins Thal erfreulich glänzen, so erheben hier die Ruinen alter gewaltiger Burgen bei St. Vittore, Calanka, Grono, Norantula und Misocco die Schönheit der Landschaft. Die Kirche von Santa Maria, hoch an der Mündung von Calanka, und die Kirche bei Soazza lösen zwischen den Ruinen den ernsten Eindruck in sanftere Gefühle auf. Der Buffalorastrom stürzt unbeschreiblich schön unter Soazza mit großen Wassermassen nieder, und wo das wundervolle Thal sich zu verschliessen scheint, und die Erinnerung im Rückblick die wechselnden Bilder zu ordnen sich bemüht, da steht hoch auf dem Felsendamm, erhaben und groß die alte Burg von Misocco.

Von den hundert und zwanzig zerstörten Burgen,

*) Corylus avellana.

die in Bünden herum zerstreut stehen, und von allen Burgen im Schweizerischen Gebirge ist wohl keine, die solche Trümmer aufweiset, keine, die so das Gepräge großer Zeiten trägt. Noch stehen, mit zehn Fuß dicken Ringmauern zu einem großen Viereck verbunden, vier Thürme, die vier Jahrhunderte und der Menschen Hände nicht zu zerstören vermochten, Riesen gleich, wie die großen Geschlechter der von Sax und der Trivulzi in der vaterländischen Geschichte. Im Innern der Burg drohen zerrissene Gewölbe den Einsturz, der Epheu nagt an dem Gemäuer; oben auf den Zinnen wanken Sträucher, und aus der Tiefe des Thals, halb verweht vom Winde, tönt, wie Klagen der Vergangenheit, die Stimme der stürzenden Ströme. Die Wohnung der Sax und Trivulzi im Innern der Burg ist zur Hälfte eingestürzt; an den Wänden lösen sich Fresco-Gemälde ab, fallen in Bruchstücken nieder, und die verblichenen Gestalten, die noch an den Wänden kleben, erscheinen wie schwebend und verschmolzen mit den Lüften. Nur die Kirche steht noch unversehrt in der zerfallenden Burg; neben dran die Gruft der Grafen von Misocco, offen, aufgewühlt; Gebeine liegen umher.

Aus dem Thale von Misocco sind öfter schon durch die Moesa und den Tessin Holzlieferungen bis Mailand gemacht worden. Bei dem Mangel an Waldungen, der in der lombardischen Ebene herrscht, und bei der Entblößung von Wäldern, die weit hinunter in Italien auf den Appenninen Statt findet, könnte in den Thälern der italienischen Schweiz, die durch das Wassergebiet des Tessins und der Adda, des Langen-Sees, des Luganer- und Comersees mit Oberitalien dafür in der günstigsten Verbindung stehen, der Ueberfluß des zur Holzerzeugung geeigneten Bodens eine Quelle hohen

Wohlstandes werden: aber die Waldzerstörungen aus Vorsatz oder aus Unkunde der Regeln wirthschaftlicher Pflege, sind wohl nirgendwo so weit wie dort gediehen; und ohne die Fruchtbarkeit einer fast verschwenderisch freigebigen Natur müßten auch hier viele Thäler schon jezt die Nacktheit des Urserenthals darbieten.

Wenn Bergrücken von Holz entblößt werden, in der Absicht, das Weideland zu vergrößern, so mag oft ein solches Verfahren seine Entschuldigung finden; aber wo Berghänge, die mit schönen Wäldern bekleidet waren, so behandelt wurden, daß weder Graswuchs noch Holz mehr darauf reichlich erzeugt werden kann; wenn Berghänge, die zu steil und zu felsicht sind, um abgeweidet zu werden, oder etwas anderes als Bäume hervorzubringen, so verwüstet stehen, daß auch der Holzwuchs von ihnen verschwunden ist: so sind die Folgen einer solchen Wirthschaft eine Schwächung der Quelle des Nationalvermögens, die ungleich nachtheiliger auf den Wohlstand, als Krieg und Jahre des Mangels, wirken muß.

Viele Vicinanzen in Leventina, die Gerichte in Misocco und Thalschaften der italienischen Schweiz, haben, da die Verheerungen der Buratoren *) in den Gebirgswäldern und die Abnahme der Baum-Vegetation ihnen in die Augen fiel, durch Verbote der Ausfuhr des Holzes von einer Gerichtsgemeinde und von einer Thalschaft in die andere die Erhaltung der Wälder zu sichern geglaubt. In der That, wenn irgend ein Thal für jede Art von Holzausfuhr ganz

*) So heißen die Unternehmer der Holzschläge und Erbauer der Holzgeleite (sovende), die, um das Holz aus den Berggegenden nach den größern Flüssen zu schaffen, errichtet werden, und in kühner Bauart oft antiken Wasserleitungen gleich kommen.

7

verschlossen würde, so könnten keine so verheerenden Holzlieferungen gemacht werden, und die mehrsten Wälder würden stehen bleiben, wofern nicht die Schläge einer unverhältnißmäßigen Bevölkerung im Thale selbst ihren Ruin herbeiführte. Aber auf der andern Seite müßten solche Verbote, indem sie dem entfernten, bloß möglichen Uebel, der gänzlichen Holzentblößung nämlich, zuvorzukommen suchten, ein großes, sogleich wirkendes Uebel nothwendig zur Folge haben; und dieses Uebel wäre: die Herabwürdigung des Landwerths aller, in den Alpen so ausgedehnten Flächen, die mit Holz bestanden sind, und nicht in landwirthschaftliche Benutzung gesetzt werden können; eine Verminderung der Einnahme für jeden Waldbesitzer, und erhöhte Gleichgültigkeit gegen alle Waldpflege bei dem Privatmann und bei den Gemeindsverwaltungen. Es gibt nur ein einziges Mittel, die Folgen verwüstlicher Holzschläge für die Holzausfuhr zu vermeiden, und zugleich die grosen Vortheile von dieser Ausfuhr zu geniessen, und dieses einzige Mittel besteht in der wirthschaftlichen, naturgemäßen Behandlung der Holzschläge, und in allgemeinerer Verbreitung der Kenntnisse von den einfachen Regeln dieser Waldbehandlung, die überall noch im ganzen Alpengebirge unbekannt sind. In mehrern Kantonen, wo der Zustand der Waldungen die Sorge der Regierungen in Anspruch genommen, und die ersten Grundzüge einer Waldpolizei durch Verordnungen einzuführen versucht worden sind, ist irrig geglaubt worden, durch Anstellung von Oberforstbedienten, die sich in Deutschland oder zu Hause wissenschaftlich für diesen Beruf gebildet haben, und durch Forst-Reglemente den Erfordernissen einer guten Waldbehandlung ein hinreichendes Genügen geleistet zu haben. Gesetzt aber auch, diese Einrichtungen wirken vortheilhaft auf

die Staatswaldungen, für die sie meistens ausschließlich getroffen worden: so bleibt nichts destoweniger selbst in jenen Kantonen die so große Masse der Wälder, die eigenthümlich den Gemeinheiten gehören, ohne die geringste wirthschaftliche Pflege. Selbst in denjenigen Kantonen, wo die mehrsten Staatswälder sind, wird die Ausdehnung von diesen im Verhältniß von der Ausdehnung der Gemeinde-Waldungen nirgendwo die Hälfte, in einigen dieser Kantone nicht den zehnten Theil, betragen. Im Wallis aber, im Tessin, in Bünden und in den übrigen sechs demokratischen Kantonen der östlichen Schweiz finden sich keine Staatswälder, und hier sind gewiß neun Zehntheile aller Waldungen in den Händen der Gemeindeverwaltungen, die von forstwirthschaftlichen Regeln auch nicht die geringste Ahnung haben.

Auch im Kanton Bern, in welchem verhältnißmäßig die mehrsten wissenschaftlich gebildeten Oberforstbedienten angestellt sind, ist ihre Wirksamkeit bloß auf die Staatswälder beschränkt, und mehrere hunderttausend Jucharten Gemeindewälder sind in diesem Kanton einer ganz unwissenden, oft recht verwüstlichen Behandlung preisgegeben; und so sind auch in dem nämlichen Kanton alle im Hochgebirge liegenden Wälder, obgleich sie den Ehrentitel von Staatswäldern tragen, nicht besser als jene Gemeindewälder behandelt, weil die Verhältnisse zu den nutzungsberechtigten Gemeinheiten, bei den Organisations-Mängeln des Forstwesens, der obrigkeitlichen Forstdirektion keinen bedeutenden Einfluß auf die Benutzung und Behandlung dieser Wälder gestatten.

In allen diesen Kantonen, und auch in den Kantonen der westlichen Schweiz, ist es also nicht die Anstellung von wissenschaftlich gebildeten Oberforstbedienten, welche den Waldverwüstungen ein Ziel setzen kann.

Was würde dem Thale von Misocco, Calanka oder Leventina ein Oberforstbedienter helfen, wenn auch gleich die Regierungen von Bünden und Tessin solche Beamte besolden, und in diese Thäler als Wächter und Erhalter der Wälder versetzen würden!? Keine Gemeinde ist in diesen Thälern, die nicht seit Jahrhunderten ihre Wälder als freies Eigenthum angesehen und behandelt hätte; keine Gemeinde, die je von den Regeln der Forstwissenschaft etwas gehört; keine, die nicht jede Aufforderung zum Gehorsam in Sachen der Bewirthschaftung, und Polizei der Wälder für gehässigen Eingriff in ihre Freiheit und ihr Eigenthum ansehen würde.

In Gebirgsgegenden übrigens, wo reine oder gemäßigte Demokratie die Grundlage der Gesetzgebung ist, wird nie die Regierung durch zwingende Maasregeln Administrations-Verfügungen durchsetzen können, die nicht bloß gegen Einzelne, sondern gegen den Willen und den Eigennutz der Gesammtheit verstoßen müßen. Regierungen, die auf Volkssouverainität beruhen, wie die Bündensche, haben nur dann Kraft, Gutes und Nützliches in der Verwaltung zu begründen, wenn die Begriffe des Guten und Nützlichen unter dem Volke klar und herrschend werden, das heißt, wenn das Volk, nicht nur seine Regenten, unterrichtet ist; und die Forstverwaltung wird hier nicht besser werden können, so lange die Gemeinheiten in den Thälern nicht den Nutzen der Waldreglemente zu beurtheilen wissen, die ihnen durch die obrigkeitlichen Behörden, oder durch Oberforstbediente gegeben werden. Aristokratische Regierungen, wie sie in der Schweiz vorkommen, so gewaltsam sie auch oft zu Behauptung dieser Verfassung sein müssen, können in gewöhnlichen Zeiten nie sich in ihren Verhältnissen zu den Landschaften von dem Grund-

sich der Milde entfernen, da es immer das Schicksal dieser Regierungsform sein wird, einen grosen Theil der reichern oder gebildetern Kleinstädter und Landleute ungünstig gegen sich gestimmt zu sehen, und diese Opposition selten durch allgemein eingreifende zwingende Verwaltungsgesetze vergrößert werden darf, die nie sich mit jenem Grundsatz der Milde vertragen könnten. Hier wie dort also, in den aristokratischen wie in den demokratischen Kantonen, müssen die Landleute ihre eigenthümlichen Wälder erhalten und verbessern wollen, ehe dahin abzweckende obrigkeitliche Reglemente unter ihnen Vollziehung finden können, und sie werden nicht wollen, bis eine hinreichende Zahl von einflußreichen Männern aus ihrer Mitte die Nothwendigkeit dieser Verbesserung sowohl als die Möglichkeit einsieht, durch Beobachtung forstwirthschaftlicher Regeln und Einführung wirthschaftlicher Einrichtungen ohne Nachtheil des Privatnutzens, vielmehr zum Vortheil desselben, die Wälder zu erhalten und zu verbessern. Der Unterricht des Landmanns also in den einfachsten allgemein anwendbarsten Wahrheiten der Forstwirthschaft ist in allen Kantonen, wo der größte Theil der Wälder den Gemeinden eigenthümlich gehört, oder von der Regierung nicht frei bewirthschaftet werden kann, das wesentlichste Beding der Verbesserung der Landesforste.

Freilich wird nicht so leicht und nicht so bald ein zweckmäßiger Unterricht in der Forstwissenschaft in den Landschulen ertheilt werden können: allein wenn in jedem Kanton ein tüchtiger Lehrer der Forstwissenschaft bestellt würde; wenn dann von den Kantonsregierungen die Vorsteher der Gemeinden und Thalschaften aufgemuntert würden, aus ihrem Mittel Jünglinge diesen Unterricht geniessen zu lassen, die sich durch sittliche und geistige Anlagen dafür eigneten; wenn diese Gemeinden dann aufgefordert würden, solchen zu Förstern gebildeten jungen Männern die Leitung der Hauungen und der Holzpflanzungen oder Saaten anzuvertrauen, so wäre mit dieser einfachen, wenig kostspieligen Einrichtung ein heilsamer Schritt zu allgemeiner Verbesserung des vaterländischen Forstwesens gethan, ohne den keine Forstkammern und keine einzelne Oberforstbedienten — seien sie auch noch so gelehrt — jemals bedeutende, in das Ganze eingreifende Verbesserungen zu Stande bringen werden, und ohne den die ungeheure Masse der Gemeindewälder in der ganzen Schweiz immerfort der Unwissenheit und den Verheerungen preisgegeben bleiben muß *).

Auf der Höhe der Burg von Misocco, etwa 2550 F. hoch **), ist die Grenzlinie, die der Kastanienbaum nicht überschreitet; auch der Mais, der unter Soazzo noch gedeiht, wird hier nicht mehr gepflanzt. Der Nußbaum hingegen, der in Leventina sich tiefer als der Kastanienbaum hält, steigt hier höher. Soazzo ist die Grenze des Gedeihens des Seidenwurms, da höher in Misocco die Versuche seiner Vermehrung keinen günstigen Er-

*) Die Regierung des Kantons Solothurn hat diese Idee bereits verwirklicht, und den Landes-Oberforstmeister beauftragt, Abgesandte der Gemeinden zu künftigen Aufsehern ihrer Wälder zu bilden. Die Regierung bezahlte den jungen Landleuten die Kost in der Hauptstadt, so lange der Unterricht dauerte. Mehrere dieser Schüler legten alle Tage mehrere Stunden Weges von ihrem Wohnort nach der Hauptstadt zurück, um diesen Unterricht zu benutzen.

**) Das Barometer stand hier den 28 August des Morgens um sechs Uhr 25,8 Zoll hoch.

folg gehabt haben. Die Cikaden *), die im Sommer von Bellinzona her in Misocco aufwärts wandern, kommen nie bis zur Burg, und so scheint hier dieses lärmende Thierchen auf die Lebensgrenze des Kastanienbaums und des Mais beschränkt zu sein.

Auf den kleinen Aeckern des Fleckens von Misocco werden abwechselnd Roggen, Gerste und Kartoffeln gebaut; oft reift hier, in ungefähr gleicher Höhe mit Lauterbrunnen, Buchweizen **) nach dem Winterroggen, als zweite Aernte. Auf den Wiesen, die nicht aufgebrochen werden, ist im Frühjahr und Herbst Gemeinweide. Vom Anbau unserer künstlichen Futterkräuter ist auch hier keine Spur; die Gemein-Alpen dürfen nicht vertheilt werden.

Von Stalvedra hinweg unter Airolo, längs dem Tessin und der Moesa bis Misocco, ist keine Spur des Bergahorns noch der Lenne. Der Maßholder ***) hingegen mit der Esche, die auch hier zur Fütterung der Blätter benutzt wird, kommt im Grunde dieser Thäler üppig wachsend vor. Auch an den milden Ufern des Brienzersees, wo die Bergahorne und Lennen selten sind, bildet der geschlechtsverwandte Maßholder die schönsten Stämme.

Die Thalschaft von Misocco macht mit dem Thale von Calanka, nach politischer Benennung, eines der

*) Cicada orni. Von Landleuten in Misocco wurde versichert, daß die Cikaden getrocknet dem Schnupftabak einen besonders lieblichen Geruch mittheilen, und daß diese Thierchen nun in den Tabakfabriken bald überall zu diesem Zwecke gebraucht werden. Es liegt dieser Versicherung wohl ein Irrthum zum Grunde, und es scheint der Cerambix moschatus hier mit der Cikade verwechselt zu werden.

**) Polygonum fagopyrum.

***) Acer campestris.

Hochgerichte der Republik Bünden aus. Die Herrschaft über dasselbe schenkte Kaiser Konrad dem Bisthum Como; von diesem kam sie an die Freiherren von Sax; dann an Johann Trivulzio. Dieser trat mit der Thalschaft im Jahr 1496 dem Volksbunde von Truns bei, dem Grütli der Bündner. Damals, scheint es, waren in diesem Lande die Herren und Fürsten *) einig und innig vereint mit ihren Unterthanen, und scheuten die demokratischen Bünde nicht; und damals wurden sehr feste Bündnisse geschlossen, denn der graue Bund der Bündner blieb mit Misocco fest von 1496 hinweg bis heute.

Franz von Trivulzi verkaufte im Jahr 1549 seinen Unterthanen von Misocco alle seine Herrscherrechte um 24,500 Gulden. Die Völkerschaften suchten zu jener Zeit sich nicht durch Todtschlagen ihrer Herren frei zu machen, sondern durch freundliche Verträge und billige Entschädigung der billigen Herrscher, und eine so erworbene Freiheit dauert belehrend und warnend in Misocco und Calanka bis auf den heutigen Tag.

Die alte Verfassung des Hochgerichts Misocco besteht noch jetzt im Wesentlichen unverändert, und ist den Verfassungen in den übrigen Bündenschen Hochgerichten ähnlich. Die Landleute wählen ihre Landammänner, und ordnen ihnen Zivilrichter bei; sie wählen ferner besondere Richter für Kriminalfälle, wenn deren sich ereignen sollten: aber diese und jene Richter und Landammänner werden nie für längere Zeit als für zwei Jahre erwählt, und sind erst nach eben so vielen Jahren wieder wählbar. Besoldet wird kein Richter, kein Landammann und kein Abgesandter an den Bundestag in Chur. Im ganzen Hochgerichte hat nie ein einziger

*) Die Trivulzi hießen Fürsten von Misocco.

Advokat und kein Rechtsagent *) gewohnt. Die Prozesse kosten wenig und sind selten. Die Parteien verfechten ihre Streitsache selbst vor den Richtern, oder wählen sich Anwälde unter diesen oder unter ihren Freunden. Wo die geschriebenen Uebungen und Rechte nicht aushelfen, entscheidet Billigkeit. Der, dessen Geist sich gern an Idealen der Verfassung erhebt, der gehe hin und träume auf den Ruinen von Misocco; der lausche auf den Wiederhall des stürzenden Büffalora: aber er vergesse nicht die aufgewühlte Gruft der grossen Sax und Trivulzi, und bedecke mitleidig die herumliegenden Gebeine mit Erde! er besuche Calanka mit den Wohnungen der Armuth und Niedrigkeit, betrachte die eisernen Gitter vor den Fenstern der ländlichen Wohnungen, und verlasse das schöne Thal von Misocco mit der Ueberzeugung, daß selbst die Freiheit dem Volke kein Glück zu sichern vermag, dessen Geist und sittliches Gefühl durch keinen Unterricht veredelt wird!

Wir hatten bei dem Landammann des Gerichts unser Quartier genommen; hier hatte für kurze Zeit ein liebenswürdiger junger Flüchtling aus dem unglücklichen Italien ein gastfreundliches Obdach gefunden, und näherte sich zutrauensvoll, Schmerz in seinen Zügen, den reisenden Schweizern. Den Landammann, entsprossen aus einem alten adelichen Geschlecht, der aus silbernen Gefäßen uns bewirthet hatte, fanden wir bei Tagesanbruch sammt seinem Sohne beschäftiget, sein Pferd zu reinigen und losgerissene Eisen auf die Hufe zu befestigen. In der Erinnerung dieses wohlthuen-

*) Im Kanton Tessin waren vor 1798 in dem einzigen Städtchen Locarno von tausend Einwohnern dreiunddreißig Advokaten und Prokuratoren.

den, so seltenen Bildes der Sitteneinfachheit verließen wir Misocco.

5.

Weg von Misocco über den Bernardin nach Thusis.

Dorf und Paß Bernardin. Rheinwald. Nufenen. Splügen. Sufers. Ursache der geringen natürlichen Vermehrung der Arven und Lärchtannen. Die Rofla. Ferrera. Feuerung mit Kuhmist. Andeer. Ruine von Bärenburg. Die Schamser Fehde. Die Bernardinerstraße in der Via mala. Thusis. Vegetation. Die Nolla. Erdbrüche. Wasser- und Forstpolizei.

Vom Flecken hinweg bis zum Dörfchen Bernardin ist die neue Straße wirklich fahrbar vollendet, und führt bequem aus der südlichen in die nordische Natur. Die düstere Fichte wird wieder herrschend, und die Schatten der Wälder, die die Berghänge kleiden, sind seltener durch Lärchtannen erhellt. Links von der Straße belebt ein prachtvoller Sturz der Moesa, die schäumend aus dem Dunkel des Waldes stürzt, die Fernsicht.

Bei Bernardin, dem höchsten Dörfchen des Thales, ist jede künstliche Kultur verschwunden, und die Bewohner scheinen hier bloß in den Verkehr des Passes und in den Zufluß der Fremden zu Benutzung des Sauerbrunnens, die Hoffnung des Erwerbs zu setzen, und der Benutzung des Landes keine Sorgfalt zu widmen. Der Bau eines großen Gebäudes zur Aufnahme der Kurgäste wurde eben rasch betrieben. Das Barometer wies hier auf etwa 5080 Fuß der Höhe *); das ist wohl die höchste Erhebung unter den bekannten Bädern in der Schweiz, und wohl mag hier die reine

*) Den 29 August um Mittag 23,3 9 Zolle.

Bergluft so heilsam auf die Gesundheit wirken, als die sonst weit berühmte Quelle. Ein junger Glarner hat die Badewirthschaft gepachtet, und hält mit einer lieblichen Familie hier die siberischen Winter aus, über die er weniger als über die Verfolgungen der italienischen Bauern und über ihre Raubsucht Klage führte. Der Mann war kein Straßenräuber, wie so viele seines Berufs, zumal in der italienischen Schweiz; das bewies seine mäßige Forderung, die seinen und seiner Hausgenossen rührenden Klagen eben so sehr eine mitleidige Theilnahme erweckte, als der Umstand, daß die meisten Fenster im Dorfe Bernardin mit starken eisernen Gittern sorglich verschlossen sind. Diese Gitter, die in Leventina, Riviera, Bellenz und Misocco so häufig angetroffen, im deutschen Bünden schon jenseits des Passes so selten, im Bernischen Oberlande, in Uri und Unterwalden, noch seltener gefunden werden, sind ein charakteristisches Merkmal, das den Reisenden Stoff zu unerfreulichen Betrachtungen in dieser Wildniß gab *).

Die Höhe des Bernardiner Passes mag mit der Höhe von Wengeren-Alp zwischen Lauterbrunnen und Grindelwald übereinstimmen. Hier stehen vereinzelt nur einige tausendjährige Arvenkolosse, und tiefer wenige Rothtannen ohne jungen Aufwachs; dort auf dem Bernardin reichen Lärchtannen und Fichten in mehr geschlossenen Beständen etwa 6000 Fuß hoch, beinahe bis auf die Höhe des Passes, aber ohne wie die Arven auf der Wengeren-Alp starke Stämme zu bilden. Doch ist sichtbar das Aussehen des Baumwuchses gesünder, als auf gleicher Höhe der beiden Scheidecken im Berner Oberland, und Arven würden dort jetzt noch leich-

*) In diesen Bemerkungen liegt kein Tadel der italienischen Schweizer, sondern ein Tadel ihrer Polizeianstalten.

ter als hier gedeihen, wenn sie angesäet würden. Kaum ist aber die Nähe grösserer Gletschermassen auf den Scheidecken Ursache, daß hier die Bäume mehr Spuren des rauhen Klimas tragen, als auf dem Bernardin; denn unter dem Einflusse dieser Gletscher haben jene Arven Stammdurchmesser von sechs Fuß erreicht.

Auf der Sonnenseite gegen Misox stehen wenige Bergrosen am Bernardin, und hier nur auf der Höhe des Passes; auf der Schattenseite gegen Rheinwald finden sie sich sogleich häufiger ein. Droseln sind auf der Sonnenseite zwar häufiger als Bergrosen, aber nur auf der Schattenseite überziehen sie ganze Berghalden bis in den Grund des Rheinwaldthals. Auf der Sonnenseite des Bernardins zeigen sich selten Mutteren und Romeyen; auf der Schattenseite finden sie sich sogleich zwischen den Bruchstücken der Felsen, oft auf dem dürrsten Grand.

Auf der Höhe des Passes führt die Kunststraße durch eine schreckende Wildniß eine Viertelstunde lang am Ufer eines Sees vorbei, dessen Gewässer die Farbe des Höllenflusses tragen, in dem der Tod sich spiegelt. Die Berge, die von dem Thal von Giacomo oder Chiavenna trennen, erscheinen als leblose Massen von jedem Holzwuchs entblößt, doch, zwar abgerundet in ihren Formen, und ohne Trümmer noch zerrissene Felsen, aber darum noch düsterer, weil das Einförmig-Leblose in großen Gebirgsformen noch mehr das Gemüth beengt, als ein zertrümmertes Gebirge, das von dem Leben der Erde zeugt, und in den Spuren erneuerter Schöpfungen dem Geiste Bürgschaft gegen die Vernichtung gibt. Von Westen her glänzen aus fernen Wüsteneien die Gletscher des Remit und Marsols; wie höhnend nannte der Führer den Gletscher des Paradieses, der hinter jenen liege. Die Felseninsel auf dem schwarzen See erinnerte an den Verbannten und an das Nichts der menschlichen Größe.

Das Dörfchen Rheinwald, das nächste an den Quellen des Hinterrheins, liegt etwas tiefer als das Dörfchen Bernardin *). Dieses ist noch von Rothtannen und Lärchwäldern umgeben; Rheinwald ist ohne Bäume und Pflanzungen: nur der Berghang, an dessen Fuße das Dörfchen liegt, ist mit Droseln bewachsen. Doch soll noch Gerste hier nicht selten reifen, und Flachs sehr schön gedeihen. Lärchtannen, die auf der italienischen Seite des Bernardins am höchsten steigen, sind auf den Abhängen dieses Berges gegen das Rheinthal ganz verschwunden. Wenig tiefer als Rheinwald, bei dem Dörfchen Nufenen, steigen wieder Streifen von Rothtannen hoch hinauf, und auf der Schattenseite des Thales zeigen sich Rothtannenwälder mit Lärchtannen vermischt bei sechstausend Fuß hoch. In einem Garten des Dorfes Nufenen fiel uns ein verunglückter Versuch, Hanf zu pflanzen, in die Augen: desto schöner standen Flachs und Erbsen in der Blüthe; auch etwas Gerste war hier gepflanzt, die doch in diesem Jahre kaum noch reifen mag.

Das Rheinthal ist hier bis Splügen ohngefähr von gleicher Höhe mit dem Urserenthal, und beide Thäler laufen parallel mit einander; aber die Berge sind in jenem sehr von den Bergen in diesem verschieden, hier entblößt, im Rheinthale reich bekleidet mit Wäldern. Aber auch der Grund des Rheinthals ist, wie im Urseren-

*) Von Rheinwald ist die Entfernung bis zur Wasserscheide größer, als von da zum Dorfe Bernardin. Nach Weiß und Scheuchzer wäre Rheinwald 4820 Fuß über d. M., das Wirthshaus von Bernhardin wäre nach der im Bündenschen Sammler mit (?) angegebenen Zahl nur 4600 F. über das Meer erhöht.

thal, ganz baumlos; wie dort und in Misocco mag die Gemeinweide, die hier im Frühjahr und Herbst auf den Wiesen statt findet, der Kultur hinderlich sein.

Splügen erinnert sonst durch viele Aehnlichkeiten an Urseren. Wie die Gotthardstraße in diesem Flecken, so hat der Splügen- und der Bernardiner-Paß, die im Dorfe Splügen zusammen stoßen, hier Wohlstand und mannigfaltiges Leben des Verkehrs hervorgebracht. Die Rofla, durch welche die Straße nach Splügen führt, ruft die Schöllenen; der Rhein die Reuß; Chiavenna jenseits dem Splügen Leventina jenseits dem Gotthard ins Gedächtniß; und um die Aehnlichkeit der Lage durch historische Uebereinstimmung noch vollkommener zu machen, so ist Leventina durch die nämlichen Fehler der Herrschaft von Uri, wie Chiavenna der Herrschaft von Bünden, entrissen worden; nur tröstet dort der Bundesgenosse für den Unterthan, hier läßt die Besitznahme des Mächtigen den Bündnern keinen Trost, und selbst der schöne Bau der Splügenstraße wird mit allen ihren Mauthtrabanten ein Stachel in der Wunde werden *).

Gleich unter dem Dorfe Splügen steht die Ruine einer alten Burg, die malerisch schön von Lärchtannen überwachsen, auf einem dunkelgrünen Wiesengrunde liegt. Weiter geht der Weg durch das Dörfchen Suvers, in dem mit Moos bewachsene, halb eingestürzte Dächer, Wohnungen ohne Fenster und zerfallenes Gemäuer un-

*) Die Viehmärkte von Tirano sicherten sonst den Bündnern einen vortheilhaften Handel. Jetzt sind die Zölle der lombardischen Behörden so hoch, daß die wichtigste Ausfuhr Bündens darunter leidet, um so mehr, da für alles Vieh, das auf den Veltliner Märkten nicht verkauft werden kann, auf dem Rückweg nach Bünden noch einmal ein erhöhter Zoll bezahlt werden muß.

angenehm die freundlichen Bilder von Splügen verdrängen. Noch einmal fallen von Suvers weg die Blicke auf die Bergruine, die, vereint in einem Gemälde mit den Ruinen der ländlichen Wohnungen, bedeutungsvoll die Lehre zu geben scheint, daß, wo die Gewalt der Mächtigen gebrochen ist, dem Glück des Menschen nachher oft noch die schlimmern Feinde drohen.

Hinter Suvers, auf der Sonnenseite des Gebirgshangs, stehen die schönsten Lärchtannen, von mehr als drei Fuß im Durchmesser, unter dem Fichtenwald, der die höhern Gebirgszonen überzieht. Die Lärchtannen haben hier auf der Sonnenseite alle gelbe Nadeln; gegenüber hingegen stehen sie, soweit das Auge reicht, noch frisch und grünend. Das ist die Wirkung der Maifröste, die da, wo nach kalten Nächten des Morgens die Sonnenstrahlen hinfallen, immer verderblicher werden, als auf der Mitternacht- und Abendseite der Berge. Hier, wie noch an vielen Orten im Tessin und in Bünden, wo die Lärchtannen mit den Rothtannen vermischt stehen, pflanzen sich diese von Natur viel leichter fort. Nirgendwo finden sich ausgedehnte reine Lärchwälder am Tessin, an der Moesa oder am Rheine, so wie hingegen überall die Rothtannen in reinen Beständen ausgedehnte Wälder bilden. Ueber Suvers stehen oft die schönsten Lärchtannen umgeben von Dickungen junger Rothtannen, und weit herum ist keine Nachkommenschaft jenes edeln Baums zu finden; und doch hält in der Regel die Lärchtanne noch eher die Fröste aus, und wächst schneller als die Fichte *). Aber selten

*) Auf einer Ansaat, die im Thale bei Unterlachen beinahe 5000 Fuß hoch gemacht worden, hatten die späten Maifröste von 1821 sogar die Knospen der Buchen und alle Triebe der Weißtannen und Rothtannen verdorben. Die

bringen die Lärchtannen so viele und so viel gute Samen zur Reife, und während die Zapfen der Rothtanne alle bei der Zeitigung niederwärts hängen, leicht und ganz bei den ersten Frühlingslüften sich öffnen, und ihre Samen fallen lassen, bleiben die Zapfen der Lärchtannen auch nach der Zeitigung meistens aufrecht an den Zweigen sitzen, so daß die Samen darin stecken bleiben; sie öffnen sich selten ganz, und bleiben ungleich länger als die Samen der Rothtanne dem Fraß der Vögel ausgesetzt; und wie die Lärchtanne durch ihren Schatten nicht leicht einen andern Baum unterdrückt, so leidet sie hingegen im Schatten eines jeden andern Waldbaums, und bleibt im Dunkel der Tannenwälder leicht ganz zurück.

Auch die natürliche Vermehrung der Arven hat noch größere Schwierigkeiten, und noch seltener werden bedeutende reine Arvenwälder, als große reine Lärchwälder gefunden. Fast scheint es, als wenn unter den Waldbäumen, wie unter den Thieren, Arten wären, deren Natur größern geselligen Verbindungen entgegen steht. Warum finden sich z. B. nur große Fichtenwälder und große Kieferwälder? Warum nur große Buchenwälder, nicht auch eben so große Ahorn-, Eschen- und Arvenwälder? Aus dem Grunde wahrscheinlich, weil die Natur die Vermehrung gewisser Baumgeschlechter in gewissem, für ihren großen Haushalt hinreichendem Maas ohne menschliches Zuthun selbst besorgt; die ausgebreitetere Vermehrung anderer aber dem menschlichen Fleiß überläßt, wenn die Fortschritte der Kultur

Lärchtannen hatten nur an den Blätterspitzen gelitten, so auch einige Arven. Kiefern und Weymuthstannen (Pinus strobus) hingegen hatten hier in dieser Höhe nicht das geringste vom Fröste gelitten.

des Erdbodens größere und mannigfaltigere Bedürfnisse wecken. Wie wichtig wäre nicht die größere Vermehrung der Arve im Schweizerischen Gebirge und selbst in tiefern Thälern*)! Dieser nützlichste Baum des Alpengebirgs würde, wenn er so allgemein, wie die Rothtanne, in den vaterländischen Thälern verbreitet wäre, der Schweiz jeden Ankauf fremder Oele ersparen, und die blühendste Seifenfabrikation begründen, und doch ist die Arve wenig verbreitet, in vielen Thälern ausgerottet, in andern einzeln und selten vorhanden. Nie wird dieser Baum sich aber allgemeiner ohne künstliche Hilfe in unserm Vaterlande verbreiten, und ohne diese Hilfe früher oder später in allen starkbevölkerten Thälern ausgerottet werden.

Die Rofla ist eine enge Felsschlucht, die, ehe sie durchbrochen war, in der Urzeit die Gewässer des Rheinwald- und des Schamserthales**) getrennt und zu Seen aufgedämmt haben mag. Verborgen in den ausgehöhlten Felsen bildet hier der Rhein mehrere Fälle; das Thal wird düster; keine grünende Wiese erfreut das Auge; zu beiden Seiten beschatten Tannenwälder das enge Thal; die einsamen Eisenhütten, in denen das Erz von Fianell in Ferrera geschmolzen wird, und die neue, kunstreich durchgeführte und wirklich fahrbare

*) Es ist bis dahin geglaubt worden, die Arve gedeihe in keinen mildern Klimaten. Bei dem Schlosse Soglio in Bregaglia steht aber eine fruchttragende Arve neben einem fruchttragenden Kastanienbaum. Im Thale von Interlachen wachsen junge Arven üppig unweit dem Kirschlorbeer (Prunus lauro-cerasus). In den bei Bern von Herrn Forstmeister Gruber angelegten Pflanzungen wachsen Arven in der Vermischung mit dem Virginischen Wachholder (Juniperus Virginia) sehr schön in die Höhe.

**) Vallis sexamniensis.

Straße, sind Zeugen des Fleißes und der Anstrengung, auf denen die Betrachtung in solcher Wildniß so gern verweilt, bis die unter einer kühnen Brücke zusammenstürzenden Gewässer des Rheins und des Ferrerastroms die Blicke von der Kunst wieder zu der Natur hinüberziehn. Das Ferrerathal, das hier von Süden her sich gegen Schams öffnet, ist in Gefahr, durch die Eisenhütten bald ganz von Wald entblößt zu werden; denn so wenig hier, als in andern Alpenrevieren sind jemals abgeholzte Berge durch künstliche Hilfe wieder mit jungen Wäldern zu bekleiden versucht worden. Hoch hinauf in diesem Thal stehen die Wohnungen von Cresta und Avers zunächst an der Wasserscheide von Bregaglia; die höchsten ohne Zweifel im Alpengebirge, da die höchsten Waldsäume tief unter den Wohnungen liegen, und die Bewohner, wie die Lappen tief im Norden, sich mit getrocknetem Kuh- und Schafmist zur Feuerung behelfen *). Was diese Verwendung des Düngers zum Brennen erleichtert, und dem Wiesenbau unschädlicher macht, ist freilich dort die große Menge Wildheu, die auf steilen Berghalden gesammelt, und in den Dörfern verfüttert wird: wo aber nach der Zerstörung der Wälder die Feuerung mit Dünger Trost gewähren sollte, da müßte auch auf jede Hoffnung landwirthschaftlicher Verbesserung, und auf jede der

*) Nach von Buch's in Lappland gemachten Beobachtungen gehört aller Dünger, der von drei bis vier Kühen fällt, dazu, um eine Familie das ganze Jahr hindurch mit Brennstoff zu versehen. Das heißt, jede Familie verbrennt alle Jahre wenigstens sechszig einspännige Fuder Dünger, die wenigstens drei Jucharten Wiesen- oder Weideland, das wüste oder nutzlos liegt, die höchste Fruchtbarkeit geben könnten.

Erhebung der Bergvölker aus niedriger Armuth Verzicht geleistet werden!

Im Hinaustreten aus der Rofla überrascht der Flecken Andeer mit seinen schönen Wiesen, um so mehr, als die Ruine der alten Bärenburg, die noch aus der dunkeln Rofla in die Augen fällt, im Kontrast den Eindruck der freundlichen Häuser und des lachenden Thales noch mehr erhebt.

Rings um den hohen starken Thurm, den Rest der Burg, die vormals Schams und Rheinwaldthal beherrschte, ist der Berghang öde, nur mit ärmlichem Gesträuche von Droseln überzogen, und was die Geschichte oder Sagen von den Herrschern der Bärenburg erzählen, steht, wie die Burg, jetzt in Dornen und niedrigem Gebüsch, in unerfreulicher Erinnerung. Von guten Thaten der Herren von Bärenburg, die gewöhnlich länger als die Schlösser leben, weiß hier das Volk nichts zu erzählen. Ein Herr von Bärenburg, meldet eine Sage, ließ einst einen Bauer von Andeer mit Namen Caldar, zum Frohndienst rufen, eben als dieser seinen Acker pflügte. Caldar sprach zu dem Boten: „Wenn mein Aeckerlein gepflügt ist, will ich kommen, und dem Herrn dienen." Der harte Herr wurde zornig, und sandte noch einmal den Boten, der gleiche Antwort erhielt. Da ergrimmte der Bärenburg, eilte von der Burg, und wollte mit Gewalt den Caldar zur Frohne führen; dieser aber erschlug den Tirannen *).

*) Bekannter ist eine andere Volkssage. Ein Zwingherr dieser Gegend ließ durch seine Pferde das kleine Getreidefeld eines Bauern verwüsten. Dieser entbrennt in Zorn, und wird dafür in den Kerker geworfen; doch nach harter Gefängniß endlich freigelassen. Da tritt einmal der

Als Graf Heinrich v. Werdenberg, der entschlossene Feind aller Volksverbindungen, im Verein mit vielen Edeln, den von der Kleiderfarbe der Anhänger so geheißenen Schwarzen Bund geschlossen hatte, drang Hans v. Rechberg, der Feldherr ihrer Schaaren, unvermuthet und bei Nacht ins Schamserthal. Mit Rechberg war der Freiherr Heinrich v. Räzüns, dem Lande und dem eigenen Vater untreu, der mit dem Volk des obern Bundes bei Truns geschworen hatte. Von dem Freiherrn war das Gerücht einer großen Jagd im Thale verbreitet worden; die Reisigen rückten unverdächtig bis zur Bärenburg, dem Schlüssel des Rheinwaldthales vor. Von dem nachrückenden Fußvolke waren schon die Schamser von allen Seiten eingeschlossen, als einzelne Hirten bei der ersten Dämmerung die Gefahr verkündeten. Eilig ranuten einige über Bergpfade ins Savienthal, andre durch die dunkeln Wälder der Rofla, Rheinwald hinauf. Die Männer von Schams, abgeschnitten, aber muthig und auf Alles gefaßt, ergriffen die Waffen. Es ertönte das Kriegsgeschrei der zur Hilfe eilenden Brüder von Savien; und von Rheinwald her stürmten eilig geordnet die Schaaren gegen die Bärenburg. Da ergriff Rechbergs Volk die Angst vor den Schrecknissen der Natur und vor dem Muthe für die Freiheit begeisterter Männer. In wilde Flucht löset sich der Angriff auf. Viele suchten Rettung in den Schluchten der Rofla und der Via mala, und fanden den Tod. Heinrich v. Rä-

Zwingherr in die Wohnung des Bauern und spukt aus Uebermuth in eine mit Brei gefüllte Schüssel. Der Bauer schreit: „Friß du nun, was du gewürzet hast," ergreift den Zwingherren beim Kopf und erstickt ihn im Breitopf.

züns wurde gefangen. — — Werdenbergs Söldner in der Bärenburg zwang der Hunger zur Uebergabe. Die Veste wurde verbrannt*). Im Jahr 1450 dann wurde in Valendaun ein großes Gericht gehalten über den gefangenen Freiherrn; er wurde als ein bundbrüchiger, meineidiger Mann von dem Volke zum Tode verurtheilt. Der Freiherr fürchtete einen schmerzlichen Tod; ihn zu beruhigen, durchschnitt der Scharfrichter ein in der Luft schwebendes Haar. Die Angst des Todes fiel auf den Freiherrn. Da drängte sich sein treuer Diener herbei, sprach zuerst vor den versammelten Männern von der großen Schuld seines Herrn; erinnerte, wie oft sie auf des Vaters Burg und auf dem Felde so manchen Krug edeln Weins sich zugetrunken. Es ließ der Diener Brod, Wein und Fleisch in Menge herbeikommen, und ermunterte Alle zum Genuß; dann erwähnte er der Verführungskünste des Bischofs von Chur, der Jugend Heinrichs, der Güte seines Stammes; er beschwor sie bei dem trauernden Geiste seines Vaters, den geliebten Herrn zu verschonen. Zugleich erhob sich in rührender Traurigkeit der gebeugte Heinrich. Da standen die Helden auf, ihm Leben zurufend. Ihn trugen seine Knie nicht mehr; er schwur, und hielt dem Grauen Bunde unverletzliche Treue.

In Andeer, das bei 3000 Fuß über das Meer erhöht sein mag, stehen sehr wenige Obstbäume. Arven aber wachsen bis zum Thalgrund, und Kartoffeln und Gerste gedeihen auf kleinen Aeckern; tiefer gegen Via mala

*) Nach Müller bestand die Besatzung aus Glarnern. Werdenberg war in Glarus verlandrechtet, aber die Glarner halfen wohl den Herren nicht in der unpopulären Fehde. Die Glarner also, die Bärenburg vertheidigten, mögen bloß Söldner der Herren gewesen sein.

verrathen einige rauhe Ulmen*) die Annäherung mildern Klimas, aber auch Arven erscheinen häufig unter den Fichten gemischt. Wie die Rofla das Rheinwäldthal von Schams trennt, so trennen die Felsen der Via mala Schams von der Fläche von Thusis, und von Tomiliascathal. Wie im Thale von Leventina Erdbeben und des Tessins Jahrtausende unablässig wirkende Gewalt den Plattifer zerspalten, so haben Erdbeben und des Rheines Wirken die Felsschlucht von Via mala zerrissen; und wie die Kunst und die Anstrengung eines kleinen Volkes dort den herrlichen Straßenbau, allen Hindernissen der Natur zum Trotz, durchgesetzt hat, so wird, nicht unwürdig der Gotthardstraße, der Bau der Bernardinerstraße durch Via mala vollendet werden. Zwei freie Republiken, die zusammen nicht zweimalhunderttausend Bewohner zählen, werden in Zeit von sechs Jahren durch diese Werke mehr gethan haben, den Handel zu beleben, den Wohlstand ihres Volkes zu heben, als größere Republiken, als Fürsten, die über die doppelte Menschenzahl und über zehnfache Reichthümer gebieten, seit Jahrhunderten.

Die alte Straße von Bernardin nach Thusis ist bei dem Dörfchen Rongella hoch über dem linken Ufer des Rheins steil über den Berg hinunter nach dem Ufer der Nolla gebahnt. Die neue Straße läuft nun tief unter Rongella längs der engen Felsschlucht, wo Via mala ein Ende nimmt, und der Rhein unter dem uralten Thurm des Rhätus aus den dunkeln Abgründen, durch das sogenannte verlorne Loch, sich in die Fläche von Thusis ergießt. Kaum Gemsenjäger gingen sonst dem Rhein entlang durch diese Schlucht; jetzt läuft die Straße fahrbar kühn und stark hin, und wo jeder

*) Ulmus sativa.

Ausgang unmöglich scheint, wird sie wirklich wohl doppelt weiter, als an der Reuß durch das Urnerloch, ganz durch den derben Felsen gesprengt. Wie überraschend wird der Anblick von Thusis mit seinen Gärten und Burgruinen für den Reisenden sein, der von Bellenz her durch die Via mala-Schlucht, und durch die Stollen des verlornen Lochs das Thal betritt!

In Rongella stehen in einer Höhe über das Meer von 3200 Fuß wieder schöne Obstbäume, und die schönsten jungen Lärchtannendickungen an den gegen Mitternacht fallenden Berghängen, die hier keine Spuren der Fröste tragen. Thusis ist bei 2300 Fuß über das Meer erhöht; einige hundert Fuß tiefer also, als Dazio in Leventina, und fast in gleicher Höhe mit Lauterbrunnen im Berner Oberlande. In Thusis wachsen die Nußbäume sehr gut, die hingegen bei Dazio keinen vorzüglichen Wuchs zeigen; aber in gleicher Höhe mit Dazio stehen in Leventina die schönsten Kastanienbäume, die bei Thusis nicht mehr gedeihen, oder doch selten Früchte gereift haben. Bei Thusis hat der Mais von den Maifrösten sehr gelitten, unter Dazio wenig. Das Abstufen der Vegetationskraft von den Thälern der südlichen Alpenkette zu der Vegetation der diesseitigen rhätischen Thäler, scheint auch zwischen diesen und den Thälern des Bernischen Hochgebirges statt zu finden. Der Mais, der bei Thusis üppig wächst, und selbst in mittelmäßigen Jahren seine Körner reift, würde auch in den besten Jahren in Lauterbrunnen sie nicht reifen, und selbst auf der milden Thalfläche von Interlachen, die 500 Fuß tiefer als Thusis liegt, kann diese Pflanze, weil sie hier öfter nicht reift, nicht mit Vortheil gebaut werden; während hingegen der Nußbaum bei Interlachen so große Stämme bildet, wie sie nicht in Thusis, und noch weniger in Leventina vorkommen.

In Thusis ist, wie im Flecken Misocco, die Seidenzucht versucht worden, aber mit eben so wenigem Erfolg. Der Mais wird hier in vier Fuß von einander abstehenden Linien gepflanzt, zwischen diesen Linien Kartoffeln, Erbsen, Kohlraben u. s. w.; so wird der nämliche Aufbruch sechs bis zwölf Jahre bepflanzt; dann folgt eine Getreidesaat und nach dieser wieder Maissaat mit den nämlichen Zwischenpflanzungen. Es wird nicht darauf gesehen, daß Kartoffeln, Erbsen oder Kohlraben abwechselnd auf die Maislinien zu stehen kommen, und diese auf jene. Was von Wiesen nicht aufgebrochen ist, wird in keinen Wechsel gebracht, sondern bleibt zu natürlichem Graswuchs bestimmt. Künstliche Futterkräuter werden nicht angezogen. Die Wässerung der Wiesen in der Gegend von Thusis, durch die Gewässer der nun so furchtbar gewordenen Nolla, hat vormals überall Statt gefunden, wo diese Gewässer hingeleitet werden konnten; sogar war über den Rhein bis Sils ein hölzerner Kanal angelegt, um dort durch die Nolla die Wiesen zu wässern, deren Ertragwerth dadurch beinahe verdoppelt wurde. Die Gewässer der Nolla zeigten besonders dann eine düngende Kraft, wenn der Strom bei mäßigen Regengüssen durch fortgerissenen Erdschlamm trübe geworden war; und, wo mit Grand überführte Felder oder Steinwüsten im Bereich der Nolla lagen, wurden sie leicht durch die schlammichte Wässerung fruchtbar gemacht. Wie die Ueberschwemmungen des Nils den Segen der Fruchtbarkeit über große Landstriche verbreiten; so könnten — was die Nolla und die Bergströme von Leventina beweisen — die mehrsten Ströme der Alpen die Fruchtbarkeit der Thäler erhöhen. Es ist unsere Schuld, wenn die Gewässer der Alpen nur der Verwüstung und fast nie der Fruchtbarkeit dienen. Von Rongella nach Thusis führt die alte Straße über die Nollabrücke, die nur schwach noch über dem furchtbaren Strome hängt, der bald auch die Ufer, auf der sie ruht, fortreissen wird. Von der Brücke hinunter fällt der weite Schauplatz der Verwüstung in die Augen, und aus dem schwarzen Flußbette steigt die Ahnung der Schreckenstage auf, die Thusis, Sils, und dem schönen Domleschgerthal in der Zukunft bevorstehen. Noch vor hundert Jahren lief die Nolla durch blühende Wiesen, wo jetzt die weite steinichte Wüste ausgebreitet ist. Wiesen und Häuser sinken bis hinauf gegen die Quelle des Stroms, den Beverin-Gletscher, mit den Abhängen immer mehr gegen den Bachruns, der bei jedem Wolkenbruche mit fortgerissenem Schutt den Rhein aufdämmt, und dann die Zerstörung durch Tomiliasca herunter trägt. Ein See, der Lüscherſee, der auf dem Gebirge zwischen Savien- und Tomiliascathal liegt, und dessen Ablauf unterirdisch die Thonschichten gegen die Nolla auflöset, dann auch Wässerungen in den Dörfern Masein, Cepina und Zur Tannen, die auf den Höhen längs der Nolla liegen, sollen, in Verbindung mit Waldverwüstungen am Fuße des Beverins, die Entstehung dieser Erdbrüche vorzüglich verursacht haben, deren Fortschritte und Folgen sich nicht berechnen, und kaum ohne planmäßige Anstrengung des ganzen Kantons sich hemmen lassen*).

Unter welchen Umständen Erdbrüche im Gebirge entstehen, und durch welche Vorkehren dieselben verhütet

*) Ueber, die vormalige Benutzung der Nolla zu Wässerungen, und über die Eindämmung dieser und des Rheins stehn mehrere gehaltreiche Abhandlungen u. A. von Herrn Escher im Neuen Sammler für Bünden III. 252 fg.

werden können, ist noch nicht genug in allen Beziehungen von Landesverständigen erörtert worden, obgleich die drückende Nothwendigkeit der Flußkorrektionen, nicht nur in den Alpenthälern, sondern auch in den Flächen der nördlichen Schweiz, mit diesen Erdbrüchen in unmittelbarem Verhältnisse der Wirkung zur Ursache stehen, und, mit der Kultur von blühenden Thälern, einem Theil des vaterländischen Wohlstandes durch die Folgen dieser Erdbrüche das Verderben droht.

Die mehrsten Erdbrüche ohne Zweifel entstehen, wo der Stützpunkt der Erdschichten am Ufer der Bergströme von dem Gewässer aufgelöset und fortgeführt wird, und ganze Halden dann durch die eigene Schwere nachsinken. In diesen Fällen also wird die Befestigung oder die Korrektion der Ufer das wesentliche Verhütungs- oder Hemmungsmittel der Erdbrüche sein. Jene Uferbefestigung kann durch Dammarbeiten, oft aber weniger kostspielig durch Pflanzung von Holzarten geschehen, die leicht in Stein- und Erdschutt gedeihen, und durch die Ausbreitungsart ihrer Wurzeln die Befestigung der Berghalden bewirken. Sehr oft aber entstehen Erdbrüche an den Uferhalden der Bergströme selbst da, wo nicht unmittelbar das Unterwaschen durch den Wasserfluß die Ursache des Losreissens der Erdschichten wird. Auf glatten Felsen, die gegen die Wasserrinnen sich neigen, entstehen Brüche leicht, sobald das Regen- oder Quellwasser zwischen dem Felsen und den Erdschichten, die darauf ruhen, den Abfluß nimmt; und so auch, wenn Quellwasser, oder Wasser von Regengüssen unter Erdschichten, die auf Thonlagern ruhen, sich sammelt und im Herunterfliessen mit Heberdruck nach oben wirkt. Auf alle Fälle aber werden die Erdbrüche, auch dann, wann sie nicht durch Unterwaschen der Halden am Ufer der Bergströme entstehen, durch das

Wasser bewirkt, und wo mithin den Seen auf der Höhe der Berge und den Quellen an den Abhängen ein hinreichender Abfluß verschafft werden kann, wird die Gefahr von Erdbrüchen vermindert sein. Da Berghänge, die von Rasen entblößt sind mehr Regenwasser einsaugen, und weniger verdünsten, als solche, die mit Rasen bekleidet bleiben; da der Baumwuchs an sich die Erde befestiget, und die Verdünstung der Feuchtigkeiten vermehrt; so wird die Erhaltung des bestehenden, die Herstellung des zerstörten Rasens und Baumwuchses in denjenigen Berggegenden besonders von hoher Wichtigkeit, die den Erdbrüchen ausgesetzt sind.

Aber die Regeln einer allgemeinen Polizei über die Leitung der Berggewässer und über die Waldpflege können in den Gebirgskantonen unmöglich nur allein durch obrigkeitliche Behörden und angestellte Wasserbau- und Forstbediente vollzogen werden. Legionen solcher Beamte wären zu einer solchen Vollziehung nöthig; und weder sind zu so vielen Stellen für diese Fächer gebildete Subjekte in hinreichender Anzahl vorhanden, noch sind die Kantone reich genug, sie gehörig zu besolden, — noch endlich vertrügen sich die Verfassungen der Bergkantone mit den Vollmachten der Vollziehung, die diesen Behörden und diesen Beamten gegeben werden müßten, wenn die Wasserleitungs- und Forst-Polizeireglemente nicht bloß auf dem Papier und in den Köpfen der Beamten wirksam werden sollten. Nur dann also können jene gewünschten Polizei-Vorschriften zum Heil des Landes in Anwendung kommen, wenn vorerst die Regierungen diesen Theil der vaterländischen Noth erkennen; wenn sie belehren, wo sie nicht befehlen, ermuntern, wo sie nicht belohnen und besolden können; wenn sie den Unterricht, der in vaterländischen Unternehmungen allein dem Guten und

Nützlichen Eingang sichern kann, nicht bloß in den Hauptstädten, sondern auch auf den Landschaften beleben; und auf Gegenstände des nähern Lebens und des dringendern Bedürfnisses des Volkes richten; endlich, wenn die Gemeinheiten und Thalschaften, die Hochgerichte und Kantone nicht nur gegen Feinde der Kantons- oder Schweizerischer Unabhängigkeit, nicht nur für Behauptung von Rechtsamen und Vorrechten sich vereinen, sondern auch innig und brüderlich sich verbinden, gemeinschaftlich, wie an der Linth, den Gewässern, wo sie Feinde des innern Wohlstandes werden, Schranken zu setzen, und den Wirkungen der vaterländischen Natur zu begegnen, die, groß und wohlthätig wie überall, meistens nur dann verderblich wird, wo Unwissenheit und Selbstsucht thatlos die rohen Kräfte walten lassen. Wie die vaterländische Forstverwaltung, so bedarf auch die Leitung und Eindämmung der Gewässer nicht sowohl eines zahlreichen Personals von Beamten, als klarer Begriffe des Landmanns über die Ursachen, welche den Ruin der Alpenwälder, und die Verheerungen der Gewässer herbeiführen, und sie bedarf, ausser der Verbreitung dieser Kenntnisse, des Ansehens aufgeklärter und väterlicher Regierungen, die den Anstrengungen gemeinnütziger Gemeindeverwaltungen die zweckmäßige Richtung zu geben wissen.

6.

Weg von Thusis nach den Bergwerken von Davos.

Der Schynpaß. Alveneu. Vegetation. Dorf Wiesen. Kulturen. Filisur. Waldanzünden zur Weidgewinnung. Futter- und Streuwälder. Paß der Züge. Das Bergwerk. Monstein. Jenisberg-Gipfel. Altein-Gipfel. Baumgrenzen. Ursachen des mildern Klima im Rhätischen Gebirg. Kulturen in Davos und im obern Engadin.

Von Thusis nach dem Thale von Davos führt der Weg über die verwüsteten Ufergelände des Rheins, dann über den Fluß nach Fürstenau, und von da immer höher über dem rechten Ufer der Albula hinan. Thusis, von der Höhe des Weges gesehn, scheint umkränzt von Ruinen der Burgen gewaltiger Männer aus der Vorzeit, die kühn auf hohe Felsen der großen Natur die künstlichen Felsen dieser Schlösser zu einer Zeit aufgethürmt haben, wo Schutz des Landes gegen einfallende Barbaren, nicht rohe Gewalt und Raub, die Absicht dieser Bauten war. Unter diesen uralten Trümmern stehen traulich vermischt mit ländlichen Wohnungen die Schlösser des heutigen Adels, der sicher unter diesen wohnt, ohne Vorrecht, ohne Mißtrauen, ohne Festungswerk; in bürgerlicher Gleichheit adelich und edel; abhängig von dem Volke in allen Würden, aber mächtig unter ihm durch das Andenken der Tugenden der Väter und das Bewußtsein der eigenen. So hat der Bündensche Adel und das Bündensche Volk das Räthsel friedlich gelöset, welches die furchtbare Sphinx unserer Zeit im Labyrinthe der heutigen Menschheit gegeben hat. Kein Menschenopfer fordert sie in Bünden, und Ströme Bluts und Thränen fliessen hier nicht in der bangen Erwartung, daß der Oedipus komme, der die Sphinx vom Felsen stürze. Wohl wüthet der Rhein, die Albula und die Nolla in den lachenden Gefilden von Thusis; aber was sind diese Ströme, die über den Blüthengräbern ihre schwarzen Fluthen wälzen, was sind sie in Vergleichung gegen wüthende Fluthen langer gedrückter, und lange unwissend gehaltener Völker, die des Gesetzes Dämme durchbrechen!?! . . .

Der Paß der Schyn, der nach dem Albulathale führt, geht hoch über den Abgründen, in denen der Strom verborgen fließt, an den nördlichen Abhängen zwischen Kiefern und Fichten durch, die vereinzelt, oft umgeben von Haselsträuchern und Wachholdergebüsch, in Felsenspalten haften. Wo der Abhang weniger steil ist, wachsen Kiefern hoch und über drei Fuß im Durchmesser stark; Lärchtannen bleiben jenseits an den Schattenseiten; nur höher im Thale hinauf finden sie sich auch auf der Sonnenseite unter den Dählen ein. Die Straße ist mit kleinen Schlitten und Wagen fahrbar, und scheint bisweilen so schauderhaft kühn an den steilen Felsen zu schweben, daß der Reisende nur furchtsam auf ihr zu schreiten wagt, wo der Weg, ohne Unterlage des Felsen, auf Hölzern über Abgründe setzt, die in den Felsen eingekeilt sind. Bald aber öffnet sich das Thal und die Dörfer Obervaz, Fazerol und Brienz, die auf sanft abgerundeten Berghängen, umgeben von schönen Wiesen und Bäumen, liegen, bieten mit den grossen Burgruinen von Belfort und Stürvis überraschende Gemälde dar. Auf dem Rücken der jenseitigen Gebirgskette fallen einige Häuser von Mathon in die Augen, mit Avers das höchste Dorf vielleicht im Alpengebirg *).

*) Nach Herrn Rösch's Bestimmungen wäre Mathon bei 5500 Fuß über das Meer erhöht. Siehe Neuer Sammler für Bünden VI. S. 216.

Nicht weit von Alvenschein, wohl 3200 Fuß hoch über dem Meere, steht noch ein gut gewachsener Nußbaum, der hier im Albulathal so hoch ungefähr, wie im jenseitigen italienischen Alpengebirg der Kastanienbaum an den Bergen steigen mag. Auch die kleinblätterige Ulme findet sich hier, aber keine Ahorne, die überhaupt mit dieser Ulme in keiner klimatischen Uebereinstimmung zu stehen scheinen; da gleichfalls im Misoccothal wohl die kleinblätterige Ulme mit korkartiger Rinde, aber nicht der Ahorn, vorkommt.

Die Schwefelquellen von Alveneu liegen etwa 3100 Fuß über dem Meer *). Eine halbe Stunde höher auf der Sonnenseite des Gebirges, etwas 3500 Fuß hoch, wird bei dem Dörfchen Alveneu noch mit Vortheil Hanf gepflanzt, der in gleicher Höhe im Berner Gebirge nicht mehr gedeiht. Bei den Dörfern Schmieden und Wiesen, die auf dem nämlichen Gebirgshange mit Alveneu zwischen 4200 und 4600 Fuß über das Meer erhöht liegen **), reifen noch bei jenem, dem tiefern, Kirschen, bei diesem blühten eben Erbsen und Kartoffeln; auch Roggen, Gerste und Hafer schienen selbst in diesem ungünstigen Jahre noch zu zeitigen. Die beiden wild wachsenden Mispelarten ***), die sonst nur in den mildern Jura- und Alpenthälern vorkommen, wachsen hier in so beträchtlicher Höhe noch gut auf steinichtem Kalkboden.

Im Bernischen Alpengebirge steht die Vegetationsgrenze des Kirschbaums bedeutend tiefer, und auch der

*) Eine Barometer-Beobachtung gab den 24 August um Mittag 25, 1, 9.

**) Im Dorfe Wiesen zeigte das Barometer Abends 6 Uhr 23, 8, 0.

***) Mespilus amelanchier und Cotoneaster.

Getreidebau gedeiht da in solchen Höhen nicht so leicht. Ahorne, die in den Bernischen Alpen zwischen 3000 und 4500 Fuß überall mit den Fichten die herrschende Baumart sind, finden sich in übereinstimmender Höhe von Alveneu bis Wiesen gar nicht vor; desto schöner hingegen Lärchtannen und Kiefern. Das ganze Thal, das die Albula und das Davoser Landwasser durchströmt, gehört zu den waldreichsten des Alpengebirgs. Mehrere Gemeinden — Filisur z. B. — haben auch, um sich des Ueberflusses an Waldungen zu entledigen, und größere Gemeinweiden zu gewinnen, das in der That einfache Mittel gewählt, die Wälder anzuzünden. Das haben sie den Wilden in Amerika und den Kolonisten in den dortigen Wüsteneien abgelernt, und es scheint auch solchen Gemeinden, die Ueberfluß an Wäldern, durch Holzverkäufe nichts zu gewinnen, und Mangel an Weidegründen haben, die Unzweckmäßigkeit solcher energischen Mittel nicht so leicht einleuchtend gemacht werden zu können. Doch läßt sich mit Grund dagegen bemerken, daß solchen Waldbränden nicht wohl ein Ziel nach Gutbefinden gesetzt werden könne, und daß, wenn auch die Aschedüngung in den ersten Jahren nach dem Brande eine Menge Gras hervorbringt, dann nur zu gern nachher eine Menge schlechter Gesträuche die Blößen überziehen, und in der Folge weder gutes Gras noch Holz erzeugen. In Berggegenden, wo, wie fast überall im Alpengebirg, die Winter- und Heugüter im Verhältnisse des Weidelandes zu klein, die Weiden zu ausgedehnt sind, kann es unmöglich von großem Vortheil sein, die Weidgründe noch zu vermehren und zu vergrößern. Wie viel wichtiger wäre in den Alpen und auch in Bünden die höhere Kultur der Thalgüter, der Maisassen *), und selbst der Kühalpen, als diese Gewinnung neuer Weiden durch Waldbrände. Abgesehn auch von den so schlimmen physikalischen und klimatischen Nachtheilen solcher barbarischer Waldzerstörungen, so müßten sie, — wenn in dem waldreichen Bünden dieses Anzünden der Forste Mode würde, — jede Hoffnung auf den Bergbau zerstören, der dem erzreichen Bünden in der Folgezeit große Vortheile verspricht. Die Wälder sind auch in Bünden mehrentheils bereits auf die steilsten, rauhsten, felsichtsten Berghalden eingeschränkt, die, wenn der Holzwuchs auf denselben zerstört wird, selten sehr reiche Weiden, noch seltener Wiesen und Aecker werden können.

Würde ein großer Theil der Bündenschen Wälder aus Arven, Eschen, Ulmen, Ahornen und Weißellern bestehen, statt wie nun aus Fichten, so würde aus solchen Wäldern die Landwirthschaft der Thäler durch Früchte, Streue und Fütterungsmittel ungleich mehr Vortheile, als durch die Weiden gewinnen, die vermittelst der Waldbrände gewonnen werden. — Welche Masse von Streue- und Düngungsmitteln gäbe ein Wald von nur hundert Jucharten Weißellern, der alle Jahre zum dritten oder vierten Theil auf Streue benutzt würde! Welche Fütterungsmittel gäbe ein so großer Ulmen- oder Eschenwald, der alle Jahre zum zehnten oder zwanzigsten Theil als Schlagholz auf Blätter- und Holzgewinnung zugleich abgetrieben würde! Welchen Oelertrag endlich gäbe ein Arvenwald von nur hundert Jucharten! Wahrlich, die Alpenwälder könn-

*) Die Berggüter, auf denen das Vieh vor und nach der Alpfahrt weidet, und die im Sommer geheuet werden, heißen in Bünden Maisassen, weil gewöhnlich die Weide vor der Alpfahrt in diesem Monat fällt. Es sind die Vorsassen der Berner.

9

ten eine unermeßliche Quelle des Nationalreichthums werden, wenn sie forstwirthschaftlich, nicht bloß auf Holz, sondern zugleich in genauer und beständiger Beziehung auf landwirthschaftlichen und nationellen Bedarf behandelt, und vorzugsweise solche Holzarten angezogen würden, die diesem Bedarf je nach dem Lokal am besten entsprechen würden.

Daß im Vaterlande die Wälder immer nur in Beziehung auf Holzbedürfnisse, und nie in physikalischen und höhern landwirthschaftlichen Beziehungen angesehen werden, ist ein Irrthum, der tief und nachtheilig auf unsern Wohlstand wirkt. Die Weidewirthschaft auf unsern Bergen ist eine Benutzungsart unsers Bodens, die an vielen Orten seine Natur gebieterisch fordert. Es wäre Unverstand, auf Theorien gestützt gegen die Beweidung zu deklamiren, wo das Lokal keine andere Nutzungsart verträgt. Aber diese Weidewirthschaft wird zu allgemein ausgedehnt und beibehalten, wenn nicht nur die Kühalpen und Wälder ohne Einschränkung, und die Maisassen und Thalgüter im Frühjahr und Herbst ihr unterworfen bleiben. Die allgemeine Weidewirthschaft hat in Zeiten ihren Anfang genommen, wo keine künstliche Kulturen, kein Vortheil ihres Wechsels auch nur geahnet wurde; in Zeiten, wo rings um unser Vaterland auf fruchtbaren Ländereien selbst die Weide Statt fand. Nun schreiten die Nachbarländer in jeder Art von Industrie und so auch in landwirthschaftlichen Erfahrungen und in der Kunst der höchsten Benutzung des Bodens vor, und dieser Kunst scheint am Fuße unsers Hochgebirgs eine feste Grenze gesetzt zu sein. Die Produkte unserer Viehzucht fallen im Preise; die Kunst der Käsebereitung steht fast chinesisch bei uns in die alten Uebungen gebannt; und um so eher scheint es dringend, durch Fortschritte der

Alpenwirthschaft in der Gewinnung einer größern Produktenmenge die Schadloshaltung für die erniedrigten Preise, in der Veredlung der Produkte selbst unser Heil gegen die Konkurrenz der Nachbarländer zu suchen. Aber diese Fortschritte vertragen sich nicht mit dieser allgemeinen Weidewirthschaft: sie werden unmöglich durch sie; und eben jene Umwandlung eines Theils der bloß den Holzbedarf befriedigenden Fichten-, Lärch- und Kiefernwälder in Streue- und Fütterungswälder würde wesentlich den Uebergang von der uneingeschränkten Beweidung zur theilweisen Stallfütterung erleichtern. Bergvölker bleiben ohnehin in Geistesentwickelung, in Erfindungen und Benutzung der Künste der Flächenbewohner leicht zurück, und eben die allgemeine Weidewirthschaft trägt wesentlich bei, ihre Ueberlegung in engen Kreisen, sie selbst in Geistes- und wirthschaftlicher Armuth festzuhalten; weil ihr einförmiges, fast immer kontemplatives Leben weit weniger dem Geiste durch neue Ideen Nahrung gibt, als der Stand des Acker- oder Wiesenbauers, sobald dieser aus der Kindheit der Landwirthschaft oder aus der Weidewirthschaft sich erhoben hat.

Wo die Wälder immer nur durch ihre Holzprodukte dem Landmann wichtig sein sollen, da werden sie nie hinreichend seine Sorgfalt für ihre Erhaltung in Anspruch nehmen, und wo der Landmann im Hochgebirge nicht für diese Erhaltung gewonnen und thätig gemacht werden kann, da müssen diese Wälder früh oder spät zu Grunde gehen. Noch sehr lange Zeit wird in den Gebirgen ein Bündel Heu von zehn Pfunden größern Werth in den Augen des Landmanns haben, als ein Zentner Holz, und der schönste Baum, der keine Fütterung oder Früchte trägt, wird unfehlbar sobald als möglich gefällt, wenn er auch nur ein Pfund Heu zu wachsen hindert. Schon die Alten kannten den Gebrauch der Baumblätter zur Fütterung und setzten grosen Werth darauf *).

Nicht leicht werden in der Nähe der Alpenweiden Eschen, Ahorne, Ulmen oder Arven gefällt; weil jene durch ihre Blätter Fütterungs- und Düngungsmittel, die Arven aber ein nutzbareres Holz als Fichten und Birken, und auch nützliche Früchte geben. Wo also statt dieser jene Bäume im Großen angezogen wären, da würden die Waldverwüstungen aufhören, und der Landwirthschaft die größten Vortheile aus solchen Wäldern zufliessen. Die Ziegenweide auf den Gütern und in den Wäldern, die in vielen Alpengegenden den Waldungen Verderben, und so vielen Landeigenthümern die lästigsten Beschwerden bringt, könnte zum Theil durch solche Laubwälder für den Armen entbehrlich werden, der zur Ernährung der Ziegen und auch der Schafe in Eschen- und Ulmenwäldern oder auch in Buschhölzern von Haseln und Linden Hilfsmittel genug fände, diese Thiere während des Frühjahrs, wo sie am schädlichsten sind, im Stalle zu ernähren. Das Einsammeln des Laubes und des zarten Reisigs in solchen Waldbeständen hätte überdies den Vortheil, daß mit so leichter Arbeit der Landmann seine Kinder beschäftigen könnte, und daß das Verfüttern der in den Wäldern gewonnenen Blätter gestatten würde, wüste Ländereien ohne Nachtheil der bessern Wiesen zu düngen.

Es könnte gegen die Gewinnung der Baumblätter zur Futtervermehrung eingewendet werden: daß die Bäume ohne Gefahr ihres Lebens und Gedeihens nicht

*) Columella spricht im fünften Buch seiner Landwirthschaft von Eschen und Ulmen, die zur Fütterung des Viehs mit den Blättern dieser Bäume gepflanzt werden.

ihrer Blätter beraubt werden dürften, und diese Gefahr müßte in der That eintreten, wo die Bäume zu oft und in einer Jahrszeit ihrer Blätter beraubt würden, die auf die Reproduktion derselben eine zu nachtheilige Wirkung hätte. Die Benutzung der Blätter kann aber Statt haben, ohne jene nachtheiligen Folgen befürchten zu müssen; sie muß nur nicht alle Jahre, und muß nur im Frühjahr, bald nach der Entwickelung, oder im Spätherbst vor dem Abfall der Blätter geschehen.

Gesetzt z. B., ein Bergabhang von vier Jucharten, der weder zur Weide wegen seiner Steilheit, noch zur Heubenutzung, wegen Steinen und Dornen oder schlechtem Gesträuch dienen könnte, solle zu einem Futterwald von Linden bestimmt sein, so kann jedes Jahr eine halbe Juchart mit Lindensamen besäet werden. Nach acht Jahren wird der wüste Berghang in ein Lindenwäldchen verwandelt sein, und im neunten Jahr kann eine halbe Juchart, und dann forthin jedes Jahr eben so viel von den jungen Lindenstämmchen auf der Wurzel abgehauen, die Blätter getrocknet und mit den zärtern Zweigen zur Fütterung, das stärkere Reißig zur Feuerung benutzt werden. Nicht nur sind die Lindenblätter ein sehr gutes Viehfutter, besonders für Schafe, sondern selbst die zarten Lindenzweige dienen wegen ihres weichen Holzes und ihrer großen Markröhren zu gesunder Nahrung des Viehs. Sind die vier Jucharten nach acht Jahren ganz abgehauen, so wird der zweite Abhieb einen noch viel größern Abtrag geben, da nun die abgehauenen Lindenstämmchen eine Menge Triebe aus den Stöcken und Wurzeln nach dem ersten Hieb werden gebildet haben. So wird eine wüste Berghalde, die vorher keinen Nutzen gewährte, der Gemeinde eine größere Fütterungsmasse gewähren, als selbst gute

Weiden oder mittelmäßige Wiesen von gleicher Größe nicht zu geben vermöchten.

Ist eine ähnliche Berghalde den Erdbrüchen ausgesetzt, so kann sie eben so allmälig mit Weißellersamen angesäet werden, und wird dann nicht nur vor Erdschlipfen gesichert sein, sondern auch alle Jahre einen großen Vorrath der besten Streue, mithin guten Düngers darbieten. Es brauchten nur dann die Weißellern in wagerechten Streifen und in hinreichenden Abständen gesäet zu werden, damit das abfallende Laub bequemer gesammelt werden könnte. Freilich wird bei der oben gerathenen Anlage von Futterwäldern der Nachtheil eintreten, daß, wenn der Hieb gleich nach der gänzlichen Entwickelung der Blätter im Frühjahr oder später im Sommer geführt wird, dann die Lebenskraft der abgehauenen Stöcke in etwas geschwächt werden muß, da die wiederholte Bildung der Blätter im Frühjahr, und besonders im Sommer dem kräftigen Wachsthum der Holzpflanzen nachtheilig sein kann. Aber dieser Nachtheil ist nur für das erste Jahr und auch kaum für dieses von vieler Bedeutung, da bei der Schlageintheilung, wie sie für die Blätternutzung vorgeschlagen ist, in den sieben auf den Hieb folgenden Jahren die Stöcke sich hinreichend erholen können. Im Bernischen Oberland und im Emmenthal werden die Eschen, die auf Laubfütterung benutzt werden, alle zwei Jahre ihrer Blätter, und abwechselnd alle zwei Jahre ihrer Zweige beraubt, ohne daß dieses Entblättern und Verstümmeln dem Leben der Bäume Gefahr bringt. Geschieht der Hieb des Reisigs oder Schlagholzes im Herbst kurze Zeit vor dem Abfall und Welken der Blätter, so ist für den Stock kein Nachtheil zu besorgen; die nährende Kraft der Blätter wird aber geringer sein, als wenn der Hieb im Frühjahr geschieht.

Zwischen Wiesen und Jenisberg nähern sich die Berghänge von beiden Seiten dem Davoserstrom, der in der tiefen Thalverengung fließt. Vom Gipfel beinahe bis an ihren Fuß sind hier die Berge von Wäldern bedeckt. Aus dem Dörfchen Wiesen zieht sich der Weg hoch um den Berghang, der auf der Nordseite das Thal ganz zu verschliessen scheint. Jenseits läuft die Straße längs den schauerlichen Felswänden der „Züge," wo nur Zerstörungen der Schneelawinen sichtbar sind, und aller Baumwuchs verschwunden ist. Gegenüber den Zügen, in der Wildniß dunkler Wälder und in der tiefen Schlucht, werden die Gebäude des Bergwerks sichtbar, und weiterhin erweitert sich das Thal, und die Landschaft von Davos mit ihren Dörfchen, Kirchen, Wiesen, Wäldern und Gewässern bietet überraschend die Aussicht eines grossen Gartens dar. Die steilen Hänge der Züge waren vormals, heißt es, wie die angrenzenden und wie die gegenüberstehenden mit Wäldern besetzt, die von herumstreichenden Zigeunern in Brand gesteckt wurden. Schneelawinen lösen sich nun jährlich von den entblößten Halden, und stürzen gegen das Landwasser nieder, und das schieferartige Gestein geht an vielen Stätten mürbe zu Tage. Oft wird in Bünden, wie im Wallis, da wo die Lawinen ihre Entstehung nehmen, die Schneedecke durch Pfähle, die in den Boden getrieben werden, befestigt, und das Losgleiten auf diese Art verhindert. Das würde vielleicht auch hier geschehen können. Das Bestecken des dürren, der Sonnenhitze sehr ausgesetzten Bodens mit Tannen- oder Kiefernzweigen könnte den jungen Holzpflanzen die nöthige Beschattung geben, und Kiefern und Fichtensamen, die hier, ohne den Boden zu verwunden oder den magern Rasen aufzureissen, über die Oberfläche gestreut würden, würden leicht aufgehen, und den gefährlichen Berghang wieder mit Wald bekleiden.

Die Nacht hatte hier an den Zügen in der unbekannten Wildniß die ermüdeten Reisenden überrascht; die Straße schien ungewiß über gefährlichen Abgründen fortzuschweben; ein Fußpfad, kaum noch kenntlich, lief fast senkrecht anscheinend den Gebäuden in der dunkeln Tiefe zu. Das Packpferd wurde mit dem Bedienten auf dem breitern Wege vorwärts gesandt, und der Jägerpfad von den Uebrigen eingeschlagen. Mit Anstrengung kamen wir an den Strom. Die Brücke war fortgerissen; aber tiefer am Ufer tröstete nach bangem Suchen eine neue Brücke, und jenseits unter dem Dache des Verwalters erfreute uns die edelste Gastfreundschaft und jeder Genuß gebildeter Geselligkeit.

Die Erzgruben bei dem Schmelziboden liefern jährlich etwa tausend Zentner Blei und fünfzehnhundert Zentner Zink. Das Blei wird hier, der Zink zu Klosters im Prättigau aus den Erzen geschmolzen. Etwa hundert und zwanzig Arbeiter finden in dem Schmelziboden Beschäftigung und Erwerb; Zufriedenheit und Gesundheit ist der Ausdruck auf den Gesichtern der Arbeiter; Liebe und Achtung gegen den verdienstvollen Verwalter *) spricht aus ihrem Benehmen gegen ihn. Ordnung und Thätigkeit herrscht in den sehenswerthen Gruben und in den Gebäuden. Nicht nur Arbeit und Erwerb finden hier die Landleute und ihre Kinder, auch Lehre, da der Sohn des Landammanns selbst ihnen als Lehrer nützliche Kenntnisse beizubringen bemüht war, und der Pfarrer von Wiesen in dem Bergwerksgebäude regelmäßig religiöse Vorträge hielt.

In einem Berglande, wo ein großer Theil der

*) Landammann Hitz von Klosters.

Oberfläche des Bodens zum Holztragen bestimmt sein muß, wird der Bergbau auf die zum technischen Bedarf nothwendigsten Metalle immer wünschenswerth sein: nicht nur, weil der Handel mit rohen Metallen nicht so sehr, wie der Handel mit ander'n Erzeugnissen, von Willkühr und Launen der Finanzminister abhängig ist; nicht nur, weil die Wälder oft durch den Bergbau allein einen Werth erhalten, wo sie im Ueberfluß vorhanden sind; nicht nur, weil der Bevölkerung ein sicherer Erwerb durch den Bergbau zufließt; sondern auch darum, weil der Bergmann sich so viele Kenntnisse und Fertigkeiten eigen machen muß, die, weit entfernt, ihn dem Landbau oder andern nützlichen Gewerben zu entfremden, ihn vielmehr zu besserer Ausübung der mehrsten geschickter machen, wenn auch die Gruben sich erschöpfen sollten, oder der Bau aufgegeben werden müßte. Ein Bergmann, der seines Dienstes entlassen ist, wird sich immer zu helfen wissen; nicht so der Arbeiter, der aus Fabrikanstalten entlassen werden muß, die von der Mode oder von fremden Machthabern abhängen, und auf fremdem Boden erzeugte rohe Stoffe bedürfen; nicht so der Baumwollenspinner, oder Weber, der weder als Schmied noch als Steinhauer, noch als Ackerbauer sich und den Seinigen Brod zu erwerben fähig ist, wenn der Fabrikherr seine Arbeit nicht mehr bezahlen kann.

Die Verwendung des Holzes für den Bergbau hat überdies noch den großen Vortheil, daß, wo die Wälder in Beziehung auf landwirthschaftliche und kommerzielle Bedürfnisse behandelt und eingerichtet worden sind, die Metallgewinnung demungeachtet, jenen wichtigen Bedürfnissen unbeschadet, ihren blühenden Fortgang haben kann. Wo große Lärchtannenwälder, z. B. wie in Bünden und in Wallis, sind, da können für den

Bergbau große jährliche Holzschläge geführt, und zugleich die Rinde der geschlagenen Stämme *) eine blühende Lederfabrikation begründen, die in der gebirgigten Schweiz, und so auch in Bünden, wo leichter und wohlfeiler, als irgendwo, die rohen Häute zu kaufen wären, so sehr darnieder liegt. Die Gewinnung des Lärchtannen- und des Fichtenharzes, die Pech- und Kienrußfabrikation und die Terpentinfabrikation könnten überall mit dem Bergbau zugleich statt finden, wenn einige Jahre vorher, ehe die Holzschläge für die dazu bestimmten Hütten geführt werden, in den hierzu bestimmten Waldörtern die Harzgewinnung Statt fände. In Erlen-, Eschen- und Ahornwäldern, die zur Blättergewinnung in Schlagholzwirthschaft auf längere, als oben bemerkte Umtriebe gesetzt wären, würden die Jahresschläge sowohl Fütterungs- und Düngungsmittel, als Kohlholz für die Bergwerke abwerfen. Im Engadin sind die größten Fichten- und Lärchwaldungen an Unternehmer von den Gemeinden preisgegeben worden, um das Holz auf dem Inn zu den tirolischen Salzwerken zu flößen. Es wurde den Gemeinden nicht mehr als zwei bis drei Batzen für das Klafter Holz bezahlt. Hier hat also die Juchart Waldboden in etwa zwei Jahrhunderten nicht mehr als einen bis zwei Louisd'or Ertrag an Holzwerth und vielleicht nichts an Weidennutzung gegeben, wenn die niedergehauenen Wälder geschlossen bestanden waren. Wie viel größer wäre dieser Ertrag gewesen, wenn statt der Fichten Arven, Ahorne, Eschen und Ellern den Bestand dieser Wälder ausgemacht, und dieselben zur Oelgewinnung oder zum Bergbau und zugleich zur Blätter- oder Düngergewinnung hätten benutzt werden können!

*) Die Lärchtannenrinde ist in der Gerberei der Eichenrinde an Wirksamkeit gleich zu achten.

Mehrere Barometerbeobachtungen geben im Mittel bei 4200 Fuß für die Höhe der Schmelzhütten von Hoffnungsau über dem Meer *); dennoch wachsen im Garten Kohl, Möhren, Flachs, Hanf und Erbsen sehr gut; auch Frühbirnen und Aepfel bilden kräftige Triebe und reifen Früchte; der Salat trägt ziemlich feste Köpfe. Flandrischer Klee ist hier von dem thätigen, gemeinnützigen Verwalter mit dem besten Erfolg gesäet worden, und so auch Winterroggen, der gut gedeiht. Unten im Dorfe Monstein, das an der Mündung eines kleinen Seitenthales auf westlich sich senkendem Abhang, bei 4500 Fuß hoch, liegt, reifen Gerste, Kartoffeln, Flachs und Erbsen; die Pflanzungen von diesen Gewächsen werden hier nicht auf den bessern Theilen der Wiese, wie im Bernischen Oberland, sondern auf den schlechtesten und steilsten Halden angelegt, ohne Erdbrüche zu befürchten; aber auch hier bleiben sie immer auf diese nämlichen, einmal aufgebrochenen Landtheile eingeschränkt, ohne die übrigen Wiesentheile in Kulturwechsel zu bringen; und auch hier wird nur, wie gezwungen, so viel der nothwendigste Nahrungs- und Kleiderbedarf des Landmanns fordert, Land aufgebrochen.

Bei dem Dorfe Monstein, und auch bei andern in dieser Gegend, wo steile Berghalden zu Kartoffeln, Flachs- und Erbsenpflanzungen aufgebrochen werden, wird die Erde, die allmälig durch das Hacken von oben gegen die tiefern Theile der Pflanzungen sich aufhäuft, wieder durch eine einfache erleichternde Vorrichtung hinaufgebracht, die in andern Bergländern Nachahmung verdient. Ein Rollenzug wird oben in der

*) Im neuen Sammler für Bünden, VI, 2201, ist die Höhe des Dorfes Glaris unweit den Hütten zu 4156 Fuß angegeben. Die Barometerhöhe in der Schmelzhütte war den 26 August des Morgens um sechs Uhr 24,0, 9.

Pflanzung zwischen zwei in den Boden getriebenen Pfählen so befestigt, daß die Axe der Rolle durch Seile an diesen Pfählen hängt. Um die Rolle läuft ein Seil mit einem Ende über die Berghalden hinab, mit dem andern kürzer unter die Pfäle; an jedem dieser Enden hängt eine Art von Schiebkarren, die abwechselnd an der Rolle heraufgezogen und hinuntergelassen werden. Dieser wird mit Erde von den tiefern Theilen der Pflanzung angefüllt; in den andern setzen sich oben die Kinder, oder die Frau des Pflanzers, um durch ihr Gewicht dem Manne das Hinaufschieben des mit Erde gefüllten Karrens zu erleichtern. Ist die Erde oben am Abhang ausgeladen, so setzen sich die Kinder an deren statt hinein, und der andere indessen wieder mit Erde gefüllte Karren wird eben so wieder hinauf geschafft.

Zwei Tage wurden bestimmt, die Berggipfel südlich und nördlich von dem Schmelziboden zu besteigen, um hier die wirkliche Grenze der Waldregion zu beobachten. Unter dem heftigsten Sturm aus Westen und von Schlossen gepeitscht, gelangten wir auf die Höhe der Schafalp, die zwischen Jenisberg und Monstein liegt. Der letzte hier noch wachsende Baum mochte bei 6600 Fuß über dem Meere stehen *). Etwa hundert Fuß höher stehen noch vereinzelt ganz dürre Stämme dieser Holzart und Stöcke und Wurzeln im Boden. Lärchtannen und Rothtannen zeigen sich nur wenig tiefer hier als die Arven, und alle sind von geringem

*) Das Barometer hielt sich hier um vier Uhr Abends den 26 August auf 21,8 6 Zoll. Freilich war die Witterung so, daß die Beobachtung nur annähernde Resultate geben kann; indessen stimmte mit dieser Beobachtung die den folgenden Tag bei günstigerer Witterung auf dem Altein gemachte überein.

Wuchs, jedoch ungleich weniger mit Lichenen bewachsen, als auf der Bernischen Alpenkette selbst tiefer als hier die letzten Bäume vorkommen.

Bergrosensträucher mit rostfarbenen Blättern finden sich auch hier auf der Schattenseite des Berges in der Nachbarschaft der höchsten Arven; aber, wie am Sustenhorn, mit vielen abgestorbenen Zweigen, während nur wenig tiefer Droseln gesund und grünend wachsen, und auch die Lärchtannen mitten unter den erfrornen Bergrosen ohne Spuren der Beschädigung durch die Kälte sich finden. Dählen sind hier auf der Schattenseite wenige, aber die wenigen stehen aufrecht und stark. Keine Berghalde findet sich hier von Legfohren überzogen; einige wenige wachsen über den Boden gestreckt, aber ihr Stamm und ihre Aeste sind stärker als Stämme und Aeste der Legfohren auf der Gotthard-, Grimsel- und Gemmikette. Der Stamm einer solchen Legfohre maß einen Fuß im Durchmesser, und seine starren Aeste schienen nur widerstrebend die rankende Stellung anzunehmen. Unweit diesem entarteten Gewächs rankte auch eine krüppelhafte Lärchtanne über den Boden. Zapfen und Farbe der Rinde war an jener Legfohre mit denjenigen unserer gewöhnlichen Legfohren übereinstimmend *).

*) Die Schuppen von den Zapfen der Legfohre verlängern sich meistens auf der nach oben gerichteten Fläche der Zapfen, und stehen dann wie holzichte Fortsätze aufwärts in entgegengesetzter Richtung mit der Neigung des Zapfens, dessen Spitze gegen den Boden gekehrt ist Die Nadeln und die Farbe der Rinde sind dunkler als bei der gemeinen Kiefer. Nie zeigt sich an der Legfohrenrinde die hellgelbliche Farbe, wie bei der gewöhnlichen Kiefer an ihrem obern Stamme, und an den äussern Theilen der Zweige. Die Legfohren, die Herr Forstmeister Gruber bei Bern, im Bremgartenwald, aus Samen, die auf der Grimsel ge-

Die Arven, die hier bedeutend höher über dem Meer als auf den Bernischen Alpen vorkommen, scheinen hier doch keine so starken Stämme wie dort zu bilden, wo auf der Jtramen-Alp, etwa 5600 Fuß hoch, auf der Schattenseite der kleinen Scheideck Arven von sechs Fuß im Durchmesser vorkommen. Von dem Schmelziboden hinweg bis auf den Gipfel des Berges war keine einzige Weißtanne zu sehen, die überhaupt den Bündenschen Fichtenwäldern seltener als den Fichtenwäldern im nördlichen Alpengebirge untermengt zu sein scheint. Statt der Weißtannen sind häufig Arven den Fichten beigesellt: beide Holzarten gedeihen gut in der Vermischung, und jene zeigen einen eben so schnellen Wachsthum als diese.

Auf der Sonnenseite des Gebirgs gegen den Gipfel des Alteins, eines Kalkgebirges, sind die Lärchtannen meistens mit Kiefern, seltener mit Arven vermischt. Der Gipfel des Alteins war überall noch mit einer grünen Rasendecke bekleidet, und zeigte wenig Lichenen, oder Moosarten, desto häufiger die zahlreichen Geschlechter der Saxifragen und der Genzianen, die Silene und

---

reift haben, angezogen hat, haben in ihrem zehnten Jahr, mit Ausnahme des rankenden Wuchses, noch alle Merkmale der Legfohre beibehalten, und werden in der Folge über die Natur dieses noch immer räthselhaften Baumes mehrere Aufschlüsse geben. Die holzigen Fortsätze der Zapfenschuppen finden sich bisweilen auch an den Zapfen der gewöhnlichen Kiefer, aber nicht so auffallend wie an den Zapfen der Legfohre. In den Waldungen des Battenbergs am Thunersee nennen die Landleute eine Abart der gemeinen Kiefer die schwarze Dähle. Die Rinde von dieser gleicht der Rinde der Legfohre, und ihre Zapfenschuppen verlängern sich mehr als die Zapfenschuppen der gemeinen Kiefer. Die schwarze Kiefer ranket aber am Battenberg nicht, und bildet grosse Stämme.

Sibbaldia. Der Gipfel dieses Berges mag bei 7250 Fuß über dem Meere liegen *). Der Riesen in der Berner Alpenkette zeigt auf seinem ungefähr gleich hohen Gipfel eine viel ärmlichere Vegetation. Wenige Bergrosen und keine Droseln zeigen sich an den Hängen des Alteins, aber die Zwergmispel **), die an den Grindelwaldalpen im Schutze der Fichtenwälder kaum die Höhe von 5000 Fuß erreicht, steigt hier über 6000 Fuß frisch und gesund wachsend hinan, bisweilen vermischt mit dem Alpenwachholder und der Erica mit fleischfarbener Blüthe ***). Dählen und Lärchtannen finden sich unter dem Gipfel des Berges noch bei 6100 Fuß hoch in schönem Wachsthum. Die höchsten Lärchtannen und Arven finden sich bei 6580 Fuß über dem Meer ****). Fichten bleiben tiefer zurück. Eine Kiefer, einen Fuß im Durchmesser stark, steht aufrecht eben so hoch zwischen den höchsten Arven, und hat in diesem Jahre vier Zoll hohe Triebe gebildet. Legfahren stehen nur wenig höher als diese in geringer Menge, und auch hier zeigen sie größere Stammdurchmesser und stärkere, nicht so niedergedrückt rankende Zweige, als auf den Bernischen Alpen.

Ueber 5000 Fuß über das Meer erhöht stehen am Altein fünf Fuß im Durchmesser haltende Lärchtannen. Je höher hinauf sie hier am Gebirge stehen, desto weniger zeigen sie gekrümmte Stämme, und desto schlanker scheint ihr Wuchs zu werden; eine Erscheinung, welche die Vermuthung begründet, daß die so häufig

*) Das Barometer hielt sich hier den 27 August um drei Uhr Abends auf 21,3 1. Das Thermometer auf 8 über 0.

**) Mespilus chamaemespilus.

***) Juniperus alpina, Erica tetralix.

****) Das Barometer hielt sich hier auf 21,9 5.

vorkommenden verbogenen Stämme der Lärchtannen in unsern tiefern Thälern die Folge des zu üppigen Wachsthums und der größern Weichheit ihrer Jahrestriebe sind. Kiefern stehen hier so hoch wie die Lärchtannen im schönsten Wuchs, zwei bis drei Fuß im Durchmesser stark, und widerlegen die Meinung, daß dieser Baum auf Kalkgebirgen und in einer gewissen Höhe auf den Alpen keine schlanken, noch starken Stämme bilde. Nicht nur der Getreidebau, der hier in Davos und auch im Engadin ungleich höher, als in den Bernischen Alpen Statt findet, noch mehr die Vegetation der Bäume, besonders der Lärchtannen und Kiefern, beweiset, daß auf den Bündenschen Gebirgen ein milderes Klima als in jenen herrscht. Im Oberhaslethal, im Simmenthal, im Kanderthal und auch in den Interlacher Thälern finden sich Kiefern und Lärchtannen, wenn auch nicht so häufig wie in Bünden, doch immer oft genug in den Rothtannenbeständen; aber nie finden sich da Lärchtannen von der Stärke und Höhe, wie in den Bündenschen Thälern. Die Kiefer findet sich seltener, von mittelmäßigem Wuchs, an den Ufergebirgen des Thunersees, und immer von schlechterm Wuchs, je höher hinauf an den Bergen sie sich zeigt. Aus ganzen Gebirgszügen ist sie verschwunden, während die Legfohre da weit ausgedehnte Halden überzieht. Woher rührt denn ein so großer Unterschied in der Vegetationskraft beider Gebirgsländer? Die großen, mit ewigem Eis bedeckten Gebirgsketten, die das Berner Gebirg von Wallis scheiden, erklären diese Erscheinung nicht. Auch die Julier- und Scaletta-Gletscher kälten das Davoserthal, und das Bernische Emmenthal, das entfernter von den Schneegebirgen als Oberhasle-, Interlachen-, Kander- und Simmenthal liegt, ist ungleich rauher, als diese den Gletschern nähern Thäler.

Nur eine Erklärung der höhern Temperatur in den rhätischen Thälern bietet sich dem Beobachter dar. — Alle Hauptthäler, und zum Theil auch die Seitenthäler, sind nämlich in der Bernischen Alpenkette ungleich tiefer, als in der Bündenschen, eingeschnitten. Die Kander-, Engstler-, Saane-, Simmen-, Lütschinen-, Lombach-, Gadmen- und Aarthäler erreichen, wo der höchste Theil ihrer bewohnten Grundflächen liegt, kaum die Höhe von viertausend Fuß über das Meer. Die Thalgründe hingegen von Davos, Engadin, Halbstein, Ferrera, Rheinwald, Lugnetz, Medels und Tavetsch steigen mit ihren bewohnten Thalflächen, die einen nahe an fünftausend, die andern nahe an sechstausend Fuß hoch. Mürren ist im Bernischen Oberlande das höchste Dorf; es liegt nur bei 5000 Fuß hoch, und auf einem Gebirgsrücken, nicht auf dem Thalgrunde. Die Höhe von den Dörfern Lauenen, Schwendi, Adelboden, Gastern, Habchern, Grindelwald, Gadmen und Guttannen, die alle auf Thalgründen liegen, beträgt entweder weniger, oder wenig mehr, als viertausend Fuß; während hingegen die Höhe der Dörfer Silvaplana und St. Moriz im Engadin, Wolfgang in Davos, Bivio in Oberhalbstein, Cresta in Ferrera, Rheinwald in Hinterrhein, Chiamut in Tavetsch, die alle in Thalgründen, und die letztern beinahe fünftausend Fuß, die erstern mehr als fünftausend Fuß über dem Meere liegen, und die Höhe vieler Dörfchen in Seitenthälern oder auf Bergrücken die absolute Höhe ähnlich liegender Dörfchen in den Berner Alpen beträchtlich übersteigt.

Diese geringere Vertiefung der Bündenschen Thäler hat die Folge, daß die Bergrücken und Gipfel eine geringere relative Höhe in Bezug auf die Thalflächen haben, und daß die Erwärmung der Luftschichten in

10

den Tiefen der Thäler durch die Sonne auf größere Höhen sich ausdehnt, und höher hinauf das Pflanzenleben befördert. Noch ein anderer Unterschied, der zwischen den Gebirgsformen der Bernischen und Bündenschen Alpen Statt findet, mag, wenn schon nicht so bedeutend als jener eben angeführte, doch nicht ganz unbedeutend, auf den Unterschied des Pflanzenlebens einwirken. Es sind nämlich die Abhänge der Bündenschen Gebirge, so weit sie dem Verfasser zu Gesicht gekommen, viel sanfter abgerundet, als die Gebirgshänge im Bernischen Oberlande, und während hier im größten Theil der Thäler zerrissene Felsen überall zu Tage kommen, und die Abhänge, selbst da, wo sie noch mit Erde bedeckt sind, steil gegen die Thäler sich senken, kommen in den Bündenschen Hauptthälern nackte und zerrissene Felsen seltener vor, und die überhaupt tiefer mit Erde, und mehr mit Wäldern bekleideten Abhänge laufen wenig steil gegen die Thalgründe aus. In der Regel wird daher eine größere Masse von Erde, in der die Pflanzen und besonders die Bäume wurzeln können, auf den Bündenschen Berghängen haften, und weniger durch Regengüsse in die Thaltiefen gespült. Die Kälte ist im Winter überhaupt in denjenigen Alpenthälern größer, die mehr nackte Felsen und weniger Wälder enthalten, und aus diesem Grunde auch muß die Vegetationsgrenze der Bäume in Bünden höher, als auf den Bernischen Gebirgen stehen. In dem mit Davos parallel laufenden Engadin bewirkt ohne Zweifel auch das höhere Streichen des Thalgrundes eine im Verhältnisse der absoluten Höhe größere Vegetationskraft. In St. Moriz, 5296 Fuß über dem Meer, gedeihen noch Möhren und Gerste; Erbsen werden noch in Silvaplana, 5600 Fuß hoch, auf neue Aufbrüche gesäet, um sie in der Blüthezeit zu mähen.

Bis hinauf nach Zutz, etwa 4800 Fuß über das Meer, gedeiht noch der Roggen und Kartoffeln, und weiße Rüben lohnen noch in Silvaplana die Mühe des Anbaus *). Daß weder in Tavetsch, noch in Rheinwald, Schams, Davos, Engadin u. s. w., Buchenwälder vorkommen, beweiset nicht, daß das Klima in diesen und andern Thälern des rhätischen Gebirgs rauher als in andern sei, wo diese Wälder vorherrschen. Es mag sich dieser Baum entweder noch nicht dahin verbreitet haben, oder es kann derselbe durch unwirthliche Behandlung von den Fichten verdrängt worden sein.

Die Ackerbestellung im Ober-Engadin, dem höchsten ohne Zweifel unter den helvetischen Alpenthälern, ist die folgende, welche wahrscheinlich noch in andern rauhen Alpengegenden mit Vortheil angewandt würde: Das Feld wird, wo möglich im Herbst, sonst im Frühjahr aufgebrochen und gedüngt, und im Frühjahr Winterroggen in gewöhnlichem Maas, über dem Winterroggen Sommergerste, ebenfalls in gewöhnlichem Maas, gesäet. Dann überwächst die Gerste den Roggen, der in diesem Jahr nur niedrig bleibt. Ist die Gerste reif, so wird sie etwas hoch geschnitten. Nach dem Schnitt derselben fängt der Roggen an stark zu treiben, und wird dann noch im Herbst mit den Gerstenstoppeln zur grünen Fütterung abgeschnitten. Im folgenden Frühjahr treibt der im Herbst zuvor grün geschnittene Roggen wieder aus, bildet, wie gewöhnlich, Aehren und gibt die Körnerärnte.

Ist es möglich, so wird im Herbst, nach dem grünen Schnitt, dem Roggen noch eine halbe Düngung

*) Die Höhen der Engadinschen Dörfer sind aus dem Neuen Sammler für Bünden, VI. 221. Die Kulturangaben gründen sich auf Berichte von Engadiner Landleuten, da der Verfasser dieses Thal noch nicht besucht hat.

gegeben. Nach dem Urtheil erfahrner Landwirthe in hiesigen Gegenden, mißräth die Saat des Winterroggens und anderer Wintergetreide-Arten in rauhen Berggegenden bloß deswegen, weil sie nicht frühe genug gesäet werden, daher vor dem Eintritt des Winters ihre Wurzeln nicht gehörig entwickeln, und diese nicht hinreichend in die Erde dringen können. Daher ohne Zweifel wird in den Oberländischen Alpen überall geklagt, daß das Wintergetreide unter dem Schnee faule, oder doch selten gute Aernten gebe. In einigen der dortigen Berggegenden haben daher mehrere Landleute versucht, das Wintergetreide, als sogenanntes schlafendes Korn, nämlich so spät im Herbst zu säen, daß es den Winter unter dem Schnee liegen bleibe, und erst nach dem Schmelz desselben aufgehe. Diese Methode hat aber nicht die Vortheile der in Bünden üblichen, und kann auch unter übrigens gleichen Umständen nicht so reiche Aernte geben, da auch hier der Nachtheil eintrifft, daß die Wurzel noch nicht die gehörige Stärke erreicht hat, wenn heftige Frühjahrsfröste, oder Trockniß und anhaltende rauhe Winde nach dem Aufgehen des Samenkornes eintreten.

Die Engadiner Methode scheint auch deswegen für ein Viehzucht treibendes Bergland vortheilhaft, weil bei derselben der Getreidebau ohne vielen Eintrag der Futterproduktion statt findet, und drei Aernten, Gerste, grüner Schnitt und Roggenärnte nämlich, mit nur einer Feldbearbeitung in zwei Jahren erfolgen. Oft wird auch, nach der Versicherung erfahrner Landwirthe, der mit den Gerstenstoppeln gemähete Roggen ohne Nachtheil nachher noch im Spätherbst von den Schafen abgeweidet. Auch Erbsen werden öfter im Ober-Engadin mit Gerste ausgesäet, und jene nach der Aernte von dieser mit den Stoppeln zur Fütterung gemäht, oder im Falle von Düngermangel zur Verbesserung eines magern Bodens untergehackt. Wie in den Lombardischen Ebenen, wo zur Düngung der weit ausgedehnten Getreidefelder nicht hinreichende Wiesengründe vorhanden sind, die Lupine*), als grüne Düngung, jenen Mangel ersetzt: so könnte in unsern Alpengegenden, wo der fehlende Dünger die Verbesserung der ausgedehnten wüsten Weidflächen verhindert, die Erbse, und die weiße Rübe, nach den ersten auf Neubruch erfolgten Aernten, oder unmittelbar in den neuen Aufbruch gesäet, und jene, statt des animalischen Düngers, in der Blüthe, diese im Spätherbst untergehackt werden.

7.

Weg von Davos durch das Prättigau bis Chur.

Davos Landwirthschaft. Verfassung. Todte Alp. Klosters. Landwirthschaft. Gemeingeist im Prättigau. Vergleichung mit dem Emmenthal. Die Landquart. Erlen-Schwellen. Chur. Der Veltliner-Krieg. Verfassung von Bünden. Sitteneinfachheit.

Bei dem Dörfchen Glaris sind kleine Wiesenstücke künstlich mit den sogenannten Blacken**) in Kultur gesetzt, und werden gemäht, um zur Schweinemastung zu dienen. Diese Pflanze kommt natürlich immer auf dem fettesten Boden in der Nähe der Sennhütten und in andern Alpengegenden häufig vor. Künstlich wird sie wohl zu jenem Zwecke sonst nirgendwo angezogen.

*) Lupinus albus.

**) Rumex alpinus.

Wo die Ulmen noch fortkommen und auf unnützen, wüsten Berghalden angezogen werden könnten, würden sie nützlicher durch ihre Blätter zur Schweinemast dienen, als die Blackte, die festes Erdreich fordert, das vortheilhafter abwechselnd durch Klee und Getreidebau in Abtrag zu setzen wäre. — Auf dem Platze in Davos (wohl 4500 Fuß hoch) reifen noch Kartoffeln und Erbsen. Flachs wird weder hier noch im Dörfli, oder höher in Laret mehr gebaut; und doch gedeiht der Flachs noch in rauhern Lagen als die Kartoffeln, wie z. B. auf Mürren, wo diese selten reifen, der Flachs aber noch sehr schön wächst. Es ist sonderbar, daß der so nützliche Flachs, der mit den rauhesten Lagen vorlieb nimmt, in den Hochgebirgen der Schweiz zu eigenem Gebrauch in so geringer Menge, und nirgendwo in bedeutender Menge zum Verkauf oder zur Ausfuhr angebaut wird. Der Sibirische Flachs *) würde vielleicht in noch rauhern Gegenden, als der gemeine, den Anbau verdienen; und es ist nicht bekannt, daß dieser im Hochgebirg im Großen anzuziehen versucht worden sei; gleichwohl würde nicht leicht ein Land mit der gebirgigten Schweiz in dem Flachs- und Leinwandhandel konkurriren können, da auf den Alpen, bis auf Höhen von mehr als 5000 Fuß, der Flachs noch schöner und feiner, als in der Tiefe der Thäler wird, und der Landwerth von den Weiden auf den Alpen, und mithin die Produktionskosten so gering anzuschlagen wären. Freilich erfordert der Flachsbau gut bearbeiteten und gut gedüngten Boden zu besserm Gedeihen; aber wo die Wiesen und Weiden in den Thälern durch Aufzug, oder Wildheu besser gedüngt werden, wird auch der Dünger für den Flachsbau nicht fehlen, eben so wenig, wo Streue-

*) Linum perenne.

und Laubfutterwälder einen größern Düngeraufwand erlauben; und, wo in den folgenden Jahren, nach dem Flachs, Futterpflanzen oder Grasarten angesäet werden, die keiner großen Düngung, oder mehrere Jahre nachher gar keiner bedürfen, da wird der Aufwand an Dünger, den der Flachs nur vorschußweise in Anspruch genommen, bald ersetzt sein, oder auch es wird die grüne Düngung die animalische ersparen können.

Die Wiesendüngungen in den tiefern Regionen unsers Hochgebirgs, und die Düngung der Läger in der Nähe unserer Sennhütten, die bisher üblich gewesen ist, erfordert, nach dem Dafürhalten der Alpenbewohner, überall wo natürlicher Graswuchs Statt findet, alle Jahre die gleiche Düngung, und aller Dünger, der von dem Heuertrag einer Wiese in den Stallungen fällt, soll wieder zur Düngung einer wohlbestellten Wiese ungeschmälert verwendet werden; und so werden auch in der Nähe der Sennhütten die Läger alle Jahre, und zwar oft mit Verschwendung, gedüngt. Es ist aber ein gewisses Maas der Düngung, welches den höchsten Heuertrag oder Graswuchs hervorbringt, und wo jenes Maas überschritten wird, da kann nicht in steigendem Verhältnisse jener Ertrag vermehrt werden. Die Erdoberfläche auf Wiesen und Weiden hat nicht eine unbeschränkte- Kapazität, jedes Maas von Humus oder thierischer Düngsubstanz aufzunehmen, und jener Humus und diese Substanzen müssen verloren gehen, wo sie im Uebermaas auf die Erde verwandt werden. Die auf vielen Alpenweiden und Wiesen übliche Düngungsart also, und die Besorgniß, an natürlichem Graswuchs einzubüßen, ist Ursache zum Theil, daß nicht mehr Flachs in unserm Hochgebirge gebaut wird. Wäre der Anbau der wilden Esparsette, mehrerer Medikago-Arten, und des wilden Wiesenklees im Alpengebirge bekannt, welche Futterkräuter, wenn sie auf gedüngtes Land gesäet worden, dann mehrere Jahre nicht gedüngt zu werden brauchen, so würde der Flachsbau leichter allgemein werden.

Jäger des Freiherrn von Vatz sollen im Anfange des dreizehnten Jahrhunderts das Davoserthal entdeckt haben, das in jener Zeit mit Wäldern bedeckt, und ringsherum von bewohnten Thälern durch unwegsame Gebirge oder Schluchten abgeschnitten war. Der Lehenbrief, den der Graf Hug von Werdenberg, und sein Oheim, der mächtige v. Vatz, den ersten Ansiedlern in Davos im Jahr 1289 gab, enthält merkwürdige Stellen: „Dasselbig Guot sollend sie ewigklich besitzen, „und wenn sie ihren Zins verrichtend, so sind sie frey, „und habend mit Niemand neüth z'schaffen u. s. w.“ — „Und soll Wilhelme Amman sein; ist aber daß er's „(Lehen) verwürkt, so soll man einen andern nemmen „in demselben Thal aus syner Gesellschaft u. s. w. „und soll man vor ihnen zu Recht stahn u. s. w.“ „Ist auch daß unser Oheim oder syn Bothen hinin „fahrend, so soll man ihnen geben, was sie bedürfen, „one Wyn und Brodt“ u. s. w.

Die Grafen und Herren fühlten damals, daß solche Wildnisse, ohne Freiheit des Anbaus, nichts werth, und ihre Herrschaft durch freie Männer stärker, als durch unterthänige Knechte sein würde.

Nach Erlöschung der v. Vatz kam Davos durch die Toggenburg und Montfort an das Haus Oesterreich, von dem die Davoser mit andern Gerichten des Bundes, sich von allen Lehens-Verhältnissen im Jahre 1652 loskauften. Die Freiheit der Davoser beruht also auf ganz legitimen Verträgen, die immer so legitim sein mögen, als die förmlichen Verträge von 1636, 1639, 1726 und 1763, durch welche der Besitz von Valtelin, Chiavenna und Bormio den Bündern von Oesterreich zugesichert wurde.

Die alte Verfassung von Davos, die noch jetzt im Wesentlichen besteht, stimmt im Allgemeinen mit der Verfassung der übrigen Bündenschen Hochgerichte überein; nur werden die Wahlen des Landammanns, der ersten Beamten und der Rathsglieder nicht durch die Landsgemeinden, sondern durch die Wähler oder Besetzer vorgenommen. Diese Besetzer werden in den Volksversammlungen der vierzehn verschiedenen Nachbarschaften gewählt, so daß auf jede dieser Nachbarschaften, je nach der Größe, drei bis sechs Besetzer ernannt werden. Der Landammann, welcher Präsident des Raths und des Gerichts ist, wird nach seiner Ernennung von den Besetzern dem Volke, das in einer Landsgemeinde auf dem Platze versammelt ist, zur Bestätigung vorgeschlagen, die auch allemal erfolgt.

Kein Amt ist in Davos besoldet. Kein Rechtsagent fände hier Brod. Die Räthe sind Richter in Civilstreitigkeiten. An Markt- und Sonntagen werden unentgeldlich die Rechtsstreite zuerst friedensrichterlich beizulegen versucht. Wenn das nicht gelingt, so wird ein Rechtstag zur Beseitigung angesetzt, und von den Parteien ein eidliches Urtheil verlangt. Die Kosten eines solchen Rechtstages belaufen sich nicht über dreißig Gulden, und zwei bis drei Rechtsstreite werden an dem nämlichen Rechtstage ausgemacht. Gestempelte Rechtsschriften, die dem Armen das Recht so oft verschliessen, sind hier unbekannt*).

Die Reinheit der Sitten unter dem Landvolke von

*) Siehe des Herrn Landammanns Jakob v. Valär Beschreibung der Landschaft Davos, im Neuen Sammler für Bünden, II. 1.

Davos wird sehr, in Vergleichung der Sitten in andern Alpenthälern, gerühmt. So bleibt z. B. selbst der Kiltgang in sittlichen Schranken, und nie — wird versichert — sei es einem Jüngling gestattet, bei Nachtzeit sein Mädchen anders, als in Gesellschaft eines seiner Freunde, zu besuchen.

Auch der Kauf der Ehrenstellen ist in der Landschaft nicht nur untersagt, sondern mit größerer Reinheit der Sitten unverträglich. In mehreren Hochgerichten des Grauen Bundes soll jeder Stimmgebende für seine Stimme zur Landammann-, Statthalter-, Raths- oder Weibelstelle von dem Bewerber einen bis zehn Batzen fordern, und erhalten. Das ist nun freilich schlimm, doch so schlimm nicht, als gedacht werden könnte; denn da diese Stellen alle ohne Besoldung sind, so ist die Befriedigung des Ehrgeizes bloß ein Luxusartikel der Reichen. In andern Staaten muß das Volk den Ehrgeiz seiner Demagogen, Patrizier, Edelleute und Priester sehr theuer bezahlen, ohne, wie in Bünden, eine Entschädigung für das Mißgeschick, von ihnen regiert zu werden, fordern zu dürfen, oder zu erhalten. Die Gemeinden von Davos wählen, wie überall in Bünden, ihre Pfarrer selbst, und von diesem Recht scheinen sie nur zu sehr Gebrauch zu machen, da fast jedes Gemeindchen seinen eigenen Pfarrer wählt, und den Grundsatz der unentgeldlichen Amtsverwaltung nicht folgerecht auf die Geistlichen überträgt, die oft mit dreihundert Gulden Jahreslohn abgefertigt werden. So hält sich Monstein zu einer Bevölkerung von etwa achtzig, Erosa mit hundert Seelen einen eigenen Pfarrer. Lieber sollten sie mit ein paar hundert Gulden geschickte Schulmeister anstellen, die Pfarrstellen aber vermindern, wenige, aber große und schöne Tempel bauen, und wenige Pfarrer anstellen, aber gut besolden. Wären die Volksschulen in Bünden besser, so wäre diese Republik bald das freiste, glücklichste, stärkste und ruhigste Gemeinwesen in Europa, trotz dem Prinzip der Volkssouverainität, das oft als Hemmschuh auf das Rad der Staatsmaschine selbst dann auch wirkt, wo sie wagerecht oder gar bergan laufen soll.

Die Lage der Bündenschen Geistlichkeit würde angenehmer sein, wenn die Obrigkeiten der Hochgerichte, und nicht einzelne Gemeinden, die Pfarrer wählen und sie besolden würden. Ohngeachtet der geringen Besoldungen jedoch sind die Geistlichen bei dem Volke in Bünden angesehen. Die Achtung für den geistlichen Stand hängt nur zum Theil und nur bedingt, von dem Maaße seiner Einkünfte ab. Wo die Geistlichen vor allem aus Diener der Wahrheit, oder Gottes Diener, dann Diener der Menschheit, Diener des Vaterlandes, der Gemeinde, der Mächtigen des Landes sein können, da sind sie geachtet, selbst wenn ihre Besoldung gering wäre; und überall werden sie in dem Maaße verachtet sein, als sie diese Rangordnung ihrer Dienstpflicht umkehren. Wenn es eine Regierung geben könnte, die geflissentlich das Ansehen der Geistlichkeit untergraben wollte, so würde eine so unheilige Absicht am sichersten erreicht, wenn, zu Förderung politischer Zwecke und zum Dienste des Parteihasses, die Kirche wie eine Art von Inquisitions-Anstalt betrachtet, und einzelne Geistliche in Subordinations-Verhältnisse mit Behörden der geheimen Polizei gesetzt würden. In Bünden ist, wie versichert wird, keine gute Polizei: das ist ein Unglück; aber es ist da auch keine geheime Polizei, und das ist kein Unglück, am wenigsten für die Geistlichkeit.

Das Gebäude, in dem alle drei Jahre der allgemeine Bundestag von Bünden, und alle Jahre der Bund der Zehn-Gerichte sich versammelte, und so auch der Versammlungssaal, tragen das Gepräge der höchsten Einfachheit. Im Saale ist keine Spur von Vergoldung, und kein Gemälde: nur auf den schönen alterthümlich bemalten Glasscheiben glänzen erfreulich Namen und Bilder aus den verdienten Geschlechtern der Davoser. Ein hölzernes unbemaltes Getäfel bekleidet die Wände, und auf beiden Seiten der Thüre sind aus Holz sehr schön geschnitzte Säulen die einzige architektonische Zierde. Auf den hölzernen Bänken, wo Männer von altem Adel brüderlich mit den freien Landleuten zu Rathe gehen, sind keine Polster, und die Archive des Bundes lagen hinter hölzernen Gittern verwahrt.

Hinter dem Platz wird die Wohnung des ersten Landammanns der Davoser gezeigt, den Hugo v. Werdenberg und Walther v. Vatz den Hirten vor fünfhundert Jahren zum väterlichen Richter gegeben. Noch steht diese Wohnung fest, ohne Spuren der Fäulniß an den Lärchtannen, auf in einander gefügten Hölzern. Hirten bewohnen sie noch jetzt, stolz und sicher unter der Reliquie.

Gewitterwolken hatten sich zusammengezogen, und wogten über dem hohen Scaletta, wie Dampfwolken über Vulkanen. Wir waren am Ufer des Davosersees angelangt, der, umgeben von grünenden Wiesen, von düstern Wäldern und hohen Gebirgen, mit seinen dunkeln Gewässern einem Gemälde von Ossianischen Dichtungen ähnlich sah. Der Sturm hatte uns ereilt, und bald fiel der Regen in Strömen nieder. Wir suchten Zuflucht in einem stattlichen Gebäude des Dorfes, und wurden dem Besitzer, dem edlen Greifen v. B., als Schweizer aus verschiedenen Kantonen, von unserm Begleiter vorgestellt. „Also alles liebe Eidsgenossen!“ rief der Greis, und die gastfreundliche Aufnahme entsprach dem Gruße, der tausend vaterländische Empfindungen weckte. Mit diesem Gruße: „Liebe Eidsgenossen“ hat wohl Rudolf von Erlach die Schaaren der Landleute aus den Waldstätten gegrüßt, die Bern zu Hilfe eilten; und so die Handwerker aus der Bürgerschaft, und die Landleute, die bei Laupen für die Freiheit gegen den Adel fochten. So grüßten in der guten alten Zeit die Luzerner, die Berner, die Solothurner, die Freiburger und die Zürcher von altem Adel, die Männer aus den Bürgerschaften und die Landleute. Die Zeit, die später kam, wo ein Theil der Schweizer den andern mit dem Namen der Unterthanen begrüßte, war nicht so gut, wie jene alte.

Das schöne Gebäude des Edelmanns war einfach im Innern, wie der Bundessaal von Davos. Ein Lehnstuhl für den edeln Greis im Zimmer das einzige Geräthe, das auf Bedürfniß der Bequemlichkeit zu deuten schien. Erfrischungen wurden in silbernen Gefäßen aufgetragen, die, von ehrwürdigen Altvordern geerbt, in ihren Formen keiner Laune der Mode, nur heiligen Erinnerungen zu huldigen schienen. Der Greis sprach lebhaft von Sorgen und Hoffnungen für das gemeine Vaterland. Junker nennen ihn die freien Landleute mit Ausdruck der Achtung und Liebe, aber ohne knechtische Ehrerbietung. Wie der Bündensche Adel überhaupt des Lebens großer Städte zu seinem Wohlsein nicht bedarf, so bringt auch der edle Greis die Winter in diesem Thale zu, das von andern seines Standes in andern Kantonen wie ein freudenloser Verbannungsort betrachtet würde.

Unweit dem Dörfchen Laret fällt, auf der Sonnenseite des Thales, die sogenannte todte Alp von fern durch die schwärzliche Farbe und die Entblößung von aller Vegetation in die Augen. Der Berg besteht aus Serpentin; daneben bestehen die Berge aus Kalk, Gneiß und Hornblendeschiefer, auf denen hingegen das Pflanzenleben überall gedeiht *). Unter der todten Alp ist eine große Schutthalde, unweit der Landstraße, meist von serpentinartigem Gestein, ganz mit Legfohren bedeckt, zwischen denen keine einzige Kiefer aufrecht steht, obgleich in geringer Entfernung gegenüber ein schöner Kiefernwald steht, von dem der Südwind leicht Samen dieser Holzart unter die Legfohren tragen kann. Zwischen den Kiefern, gegenüber den Legfohren, stehen eben so wenig Sträucher von dieser letztern Holzart. Woher mag es denn kommen, daß auf dem hohen Altein und andern Bergen die Kiefer so schön wächst, und die Legfohre selbst durch ihren starken Wuchs in die Kiefer überzugehen scheint, während hier viel tiefer die Legfohre unweit den schönen Kiefern alle Merkmale des niedrigen kriechenden Strauches zeigt, der im Bernischen Alpengebirg, da, wo keine schöne Kiefer wächst, ganze Berghänge überzieht, aber nie in tiefere Regionen niedersteigt, wie hier unter der todten Alp?

Bei dem Flecken Klosters **), im obern Prättigau, finden sich nun die ersten Buchwälder. Von der Mündung des Gadmenthals hinweg, durch das Meyenthal, Reuß- und Livinenthal, dann durch Misocco, Rheinwald, Schams- und Dovosthal bis Klosters finden sich keine Buchwälder, oder doch in Misocco und Leventina nur in den höhern Regionen des Gebirgs.

*) Ist wohl überhaupt der Kalkgrund der Vegetation ungünstig? —

**) Eine barometrische Beobachtung gab ohngefähr 3700 Fuß für die Höhe von Klosters.

Noch höher als Klosters, gegen Vareina hinauf, stehen Buchen, die ohne Zweifel auch in jenen Thälern leicht anzuziehen wären, wo sie künstlich unter dem gehörigen Schutz angesäet würden.

Auch Aborne, Eschen, Ulmen und Kirschbäume, finden sich unweit Klosters häufiger und üppiger wachsend, die in mehrern jener Thäler ausgerottet zu sein scheinen. Eschen besonders zeichnen sich im obern Prättigau durch den schönsten Wuchs aus. Unweit Schiers stehen deren von vier bis fünf Fus im Durchmesser.

Im Hochgerichte Klosters hat eine regelmäßige Bewirthschaftung der Wiesen und ein Kulturwechsel Statt, der andern hochliegenden Alpenthälern zum Vorbild dienen könnte; auch die Stallungen sind auf einigen Gütern zweckmäßiger eingerichtet, als in keinem Alpenthal *). Lüzerne und flandrischer Klee haben auf den Wiesen von Klosters erfreuliches Gedeihen gezeigt, obgleich diese kostbaren Futterkräuter noch nicht in den hiesigen Wechsel durch regelmäßig periodische Ansaat aufgenommen worden sind. So wie in andern Alpenthälern, was oft schon bemerkt worden, der Kartoffel- und Getreidebau nur immer auf die nämlichen Bezirke der Wiesen eingeschränkt bleibt, und die Theile der Wiese, die nicht aufgebrochen worden, gewöhnlich für immer zu natürlichem Graswuchs bestimmt bleiben, so rückt hingegen in Klosters der Aufbruch auf der ganzen Wiese planmäßig vor. Der zum Aufbruch bestimmte Theil der Wiese wird gedüngt, dann gepflügt oder ge-

*) Wer Prättigau besucht, und der Fortschritte der Landwirthschaft in hohen Alpenthälern sich erfreuen will, der besichtige die Stallungen und Güter des Herrn Landammann Hitz in Klosters.

hackt, der Rasen so gut als möglich untergebracht, und der Acker mit Kartoffeln bepflanzt. Das zweite Jahr wird wieder gedüngt, dann nach der Engadiner Methode Sommergerste mit Winterroggen im Frühjahr gesäet, und nach der Gerstenärnte die Stoppeln mit dem Roggenkraut zur Fütterung als zweite Aernte geschnitten; das dritte Jahr findet die Roggenkörner-Aernte statt, und das vierte Jahr wird das Getreidefeld wieder ausgeschlagen, das nach dem Roggen am liebsten wieder mit natürlichem Gras überwächst, und besonders in der hiesigen Gegend eine große Menge wilden Wiesenklees erzeugt. Gewöhnlich wird auf diese Art in Zeit von zehn Jahren der Turnus über die ganze Wiese vollendet, so daß ein Zehntheil zum Kartoffelbau, einer zum Gersten- und Roggenbau, einer zur Roggenkörner-Aernte, und sieben Zehntheile zum natürlichen Graswuchs bestimmt sind. Ohne Zweifel ist mit dieser Wirthschaft der Vortheil verbunden, daß alle Theile der Wiese nach und nach der Bearbeitung und Auflockerung, und der daher entstehenden Verbesserung theilhaftig werden; daß mehr Dünger erübrigt wird, die steilern Halden zu düngen; daß Kornärnten mit weniger Abbruch der Fütterungsmittel für das Vieh, so wie zwei Getreideärnten mit einfacher Bearbeitung des Bodens gewonnen werden, und daß endlich Wintergetreide, statt des weniger abträglichen Sommergetreides, selbst in sehr rauhen Alpenthälern angebaut werden kann. Sehr wahrscheinlich indessen wäre auch diese Methode noch mehrerer Verbesserung empfänglich, wenn der Flandrische Klee*), der, nach den gemachten Erfahrungen, selbst auf rauhen Alpen sehr gut gedeiht, seiner Natur entsprechend in diesen

*) Trifolium pratense.

Wechsel aufgenommen, und auch ein Theil der Wiese mit Lüzerne bestellt würde.

Die Versuche, die auf einer, in Ansehung des Klimas mit Klosters übereinkommenden Alp mit diesem letztern Futterkraut gemacht worden sind, haben zwar noch nicht ein ganz befriedigendes Resultat gegeben. So viel scheint indessen gewiß, daß nicht sowohl ein kaltes Klima, als ein üppiger Graswuchs in den ersten Lebensjahren dem Gedeihen der Lüzerne auf unsern in mittlerer Höhe liegenden Alpen hinderlich wird. Das sicherste Mittel, den Graswuchs fern zu halten, der auf unsern mildern Alpen, und in den rauhen Thälern schon im ersten Jahre nach der Saat die Lüzerne verdrängen würde, ist, die Kartoffeln, die das Jahr zuvor als vorbereitende Kultur angezogen werden, in weiten Abständen zu pflanzen, damit sie gehörig von Unkräutern rein gehalten werden können. Wird ein Bezirk Weideland auf den Alpen aufgebrochen, der noch nie vorher aufgebrochen worden, so wird hier das erste Jahr sich noch wenig Unkraut einfinden, und die Saat der Lüzerne wird an solchen Orten eher gedeihen, wenn nur die neuaufgebrochene Erde gehörig bearbeitet und gedüngt wird. Der Flandrische Klee ist in rauher Lage auf dem Abendberg bei Interlachen sehr schön in neuem Aufbruch gerathen, der nur durch Brennen gedüngt worden, während die Lüzerne auf dem nämlichen Aufbruch und in der nämlichen Brennerde schlecht aufging, und meistens noch im nämlichen Sommer verdarb. Wo hingegen Dünger, oder die Rasenstücke, die zur Bedeckung der Brennhaufen gedient hatten, furchenweise eingegraben wurden, da ist die Lüzerne auf diesen Furchen sehr schön gewachsen, und hat hier, ohne von der Winterkälte zu leiden, seit zwei Jahren ausgedauert.

11

Auf der Pfarrwiese von Habcheren, einem Thale, das mit dem obern Prättigau ungefähr unter dem nämlichen Klima liegen wird, dauern einzelne Lüzerne-Pflanzen nun seit vielen Jahren auf magerm Leimgrund aus.

Wo die gewöhnliche Lüzerne nicht gedeiht, da mögen andere Medikago-Arten *), oder auf kalkartigem Grunde die wilde Esparsette, gedeihen, und immer werden solche tief wurzelnde Futterkräuter, die nur vor oder in dem Jahre ihres Aufgehens gedüngt werden müssen, neben dem Gewinn einer größern Fütterungsmasse den Vortheil gewähren, in den nachfolgenden Jahren eine größere Menge Düngers zur Verbesserung von noch wüsten Ländereien zu verwenden, deren in unsern Thälern und auf unsern Alpen noch so viele vorhanden sind.

In der Gegend von Klosters gedeiht Gerste und Roggen schöner, als im untern, mildern Prättigau; hingegen gedeiht in diesem der Weizen besser als dort. Bei Klosters wird gewöhnlich der Winterweizen, nicht aber der Sommerweizen reif.

Im Prättigau, so wie noch in andern Bündenschen Thälern, ist die Waldregion gewöhnlich weniger steil, als in dem westlichen Alpengebirg, und diese sanftere Ründung des Gebirgs gestattet den Kühheerden eine ausgedehntere Weide selbst in den Forsten. Die Ziegen weiden daher mehrentheils den Tag über in den höhern Regionen, während die Region der Thalwälder den Heimkühen **) der Dörfer ausschließlich vorbehalten

*) Falcata und lupulina.

**) So heißen im deutschen Alpengebirg die Kühe, die während des Sommers für den Milchbedarf der Dörfer auf den Allmenden und nahen Weiden, nicht auf den Alpen, gehalten werden.

bleibt. Dieser Umstand ist der Erhaltung der Waldungen in den Thälern günstig, die durch die Kühweide nie so sehr, als durch die Ziegenweide, beschädigt werden, wie in den Berner Alpen, wo Tausende dieser Thiere sich fast bloß von jungen Waldbäumen nähren.

Ein einziges Beispiel reiche hin, darzuthun, welcher Gemeingeist hier in demokratischen Thalschaften herrscht! Im Hochgericht Klosters wurde, wie in andern Bündenschen Thälern, der mangelhafte Unterricht in den Volksschulen gefühlt, aber kein dem Wunsche entsprechender Schullehrer gefunden. Da entschlossen sich mehrere junge Männer aus der reichsten und gebildetsten Klasse selbst, den jungen Landleuten in den Schulen Unterricht zu ertheilen. Unter diesen Lehrern war der Sohn des Landammanns.

Die Bündensche Geschichte und die wesentlichen Ereignisse der Schweizer-Geschichte werden vorzüglich in diesen Volksschulen vorgetragen. Wenn die jungen Edelleute in der Schweiz überall so handelten, wie diese edeln Prättiganer, sie würden bald fühlen, daß es keiner Vorrechte bedarf, um Einfluß zu erhalten, und daß sie in der Veredlung des Volkes die eigene Erhebung finden könnten.

Wie in fast allen Alpenthälern grosse Gebirgshalden vorkommen, die wüste mit unnützen Sträuchern oder Dornen ohne Abtrag liegen, und so leicht durch Baumsaaten oder Pflanzungen für die Landwirthschaft nutzbar gemacht werden könnten, so kommen deren auch im Prättigau, und namentlich bei Saas, sehr grosse solche Wüsteneien vor. Sonst aber scheint in diesem Thale die Fruchtbarkeit grösser, als in keinem der Bernischen Alpenthäler von gleicher Höhe, und auch die landwirthschaftliche Industrie scheint auf höherer Stufe zu stehen. Ueberall finden sich Landsitze von Edelleuten oder gebildeten Reichen, die nicht bloß die Sommer, sondern auch die Winter, entfernt von städtischer Verdorbenheit und Verschwendung in nützlicher Thätigkeit zubringen. Das Prättigau steht dem Bernischen Emmenthale in seinen Gebirgsformen ähnlich; aber obgleich hier die Gebirge niedriger, als im Prättigau sind, und der Thalgrund höher als im Emmenthal streicht, so bleibt doch dieses an Milde und Fruchtbarkeit hinter jenem zurück, und im höhern Prättigau, wo die furchtbare Landquart noch nicht die Ufergelände verwüstet, wohnt nicht die niedrige Armuth zwischen der stolzen Ueppigkeit, wie im Emmenthal. Wasserfälle sind keine im Emmenthal, im Prättigau sehr schöne; in diesem herrscht die Buche, die Fichte, die Lärchtanne und die Birke; im Emmenthal die Fichte und die Birke, die beide auf rauheres Klima deuten. In den Emmenthalischen Gebirgen herrscht die Nagelfluh- und Sandstein-, im Prättigau die Kalkstein-Formation: jene ist wohl in der Regel dem Pflanzenleben weniger günstig.

Bei Luzein findet sich die wilde Esparsette häufig, die zahme wird da nicht angebaut, und die wilde eben so wenig als irgendwo im Alpengebirge künstlich zu vermehren gesucht.

Die kurz zugemessene Zeit verhinderte uns, den Weisen Pol *) zu besuchen, der seit vielen Jahren rastlos mit Rath und That den wilden Strom der Landquart einzudämmen sucht. Die Alten haben den Helden, welche reissende, den Menschen furchtbare Thiere erlegten, Altäre errichtet. Die Bündner und die Schweizer werden hoffentlich nicht weniger den Männern dankbar sein, die unsre reissenden Gewässer

*) Pfarrer in Luzein.

bekämpfen, und Eschers, Kochs, Pols und Tulla's Namen werden sie heilig halten *).

Auch das Thal von Prättigau ist reich an malerischen und großen Ruinen. Die Strahleck, Grüsch, und die Ruine in der Felsenschlucht, aus der die Landquart gegen den Rhein fließt, erfreuen nach einander das Auge und bewegen die Seele.

Wie die Nolla bei Thusis, so ist gleichfalls die furchtbare Landquart vormals zu Wässerungen benutzt, und ihre trüben Gewässer über steinichte Flächen in der Absicht geleitet worden, dieselben mit Erdschlamm zu bedecken, und fruchtbar zu machen. Die spätern Verheerungen dieses Stroms haben einige Gemeinden im untern Prättigau von Wohlhabenheit zu großer Armuth heruntergebracht. Wie die Nolla mit ihren Erdbrüchen den Hinterrhein bei Thusis, so dämmt die Landquart mit Schutt und Schlamm den Rhein, in den sie eben so wie jener Strom in rechtem Winkel fällt, immer mehr in die Höhe; und wer von den Berghängen bei Malans und Meyenfeld das Feld der Verwüstung der Landquart und des Rheines überblickt, dem muß die Möglichkeit, wo nicht die Wahrscheinlichkeit, einleuchtend werden, daß der Rhein bei dem ersten unglücklichen Zusammentreffen von Witterungszufällen aus seiner Richtung gegen den Bodensee verdrängt werden und sich in das Linththal werfen könnte. Alle Dämme, die längs der Landquart und dem Rheine mit so großem Kraftaufwand aufgeführt worden, sind ohn-

*) Ueber Pols Verdienste um die Eindämmung der Landquart gibt der Neue Sammler für Bünden Auskunft. Ueber Eschers und Tulla's die Linth, über Kochs der Bericht der Bernischen Schwellen-Kommission über die Aar, die Zihl und den Murten-, Neuenburger- und Bieler-See. Bern, 1816.

mächtige Schutzwehren gewesen. Wo keine Forstpolizei und keine harmonischen Anstrengungen der anwohnenden Gemeinden die Ufer und Uferhalden der Seitenströme sichern, die sich in die Hauptströme ergiessen, da werden auch selten die Dämme an den Ufern von diesen hinreichend die Hauptthäler vor Verheerungen schützen können. Es scheinen überhaupt bei dem Dammbau und bei der Uferbefestigung der Ströme im Alpengebirge die Hilfsmittel noch nicht genug in Anspruch genommen zu sein, welche die Baumvegetation uns darbietet. Von Befestigung der Berghalden, die den Erdbrüchen in den Seitenthälern ausgesetzt sind, durch Herstellung oder neue Anlage der Wälder ist oben gesprochen worden. Von der Anlage der Dämme durch lebendiges sich selbst erneuerndes Wurzelwerk der Bäume ist Einiges hier nachzuholen.

An der Lütschine, die so oft durch die Zuflüsse der Grindelwald- und Lauterbrunnenthäler verderblich anschwellt, und bald hier bald dort ihre Ufer fortreißt, neue Grienbänke bildet, und alte wieder fortschwemmt, widerstehen immer die Ufer da am beßten, wo zufällig sich Weißellern angesiedelt haben, und einige Grienbänke, die in der Mitte des Strombettes liegen, und an ihrem obern Ende mit Weißellern bewachsen sind, halten da seit vielen Jahren diese Grienbänke gegen jede Gewalt des wilden Flusses fest. Dieser Baum, der im Norden zu Dammbefestigungen jedem andern vorgezogen wird, hat nicht nur die Eigenschaft der stärksten Bewurzelung, so wie des schnellsten Wachsthums im Flußschlamme und im dürrsten Steingeschiebe der Ströme, sondern auch diese, durch Ableger sich leicht fortzupflanzen, und, auf solche Weise vermehrt, das dichteste Flechtwerk der Wurzeln zu bilden, das der Gewalt der wilden Berggewässer ungleich besser und länger, als Schwellen von Holz oder Steinen widersteht.

Von den Höhen des Ufergeländes, in schiefer Richtung gegen den Stromlauf zu, würden Parallelogramme von zwanzig bis dreißig Fuß Breite auf der Uferfläche mit Weißellern angesäet, oder dicht mit jungen Bäumen dieser Holzart bepflanzt; die aus dem Samen aufgegangenen Erlen würden dann nach drei bis vier Jahren, die gepflanzten ein Jahr nach der Pflanzung auf der Wurzel abgeschnitten, um die Entwickelung einer größern Menge von Trieben aus dem Stock und den Wurzeln der Bäumchen zu befördern. Einige Jahre nachher würden diese Triebe durch aufgetragene Steine auf die Erde gebeugt, und mit Flußsand oder Schlamm bis an ihre Spitzen bedeckt: sie werden überall Würzeln bilden, und die neuen Triebe können nach einigen Jahren wieder eben so mit Steinen, Sand und Schlamm bedeckt werden, und so wird der Damm durch Biegen der entstehenden Stock- und Wurzeltriebe und aufgeworfenen Flußschlamm oder Geschiebe zu erhöhen fortgefahren, bis er die dem Strom entsprechende Höhe erreicht haben wird. Dämme dieser Art, die wie die Kastenschwellen im rechten Winkel, oder besser schief, auf den Stromlauf gestellt würden, müßten an dem vom Ufer entferntern Ende zuerst aufgeführt, und so allmälig dem Wasser näher gebaut werden; sie würden parallel in gewissen Abständen voneinander errichtet; in ihren Zwischenräumen würde der Flußschlamm und das Geschiebe sich wie zwischen den Kastenschwellen niederschlagen, und immer zur Erhöhung der Dämme in der Nähe liegen.

Die Kosten der Errichtung und des Unterhalts solcher Dämme würden bedeutend geringer, als dar von Holz- und Steindämmen sein, und statt Holz zu verzehren, würden sie Holz erzeugen. Das Einstürzen derselben wäre nicht zu besorgen, da ihre ganze Masse durch das ineinandergreifende Wurzelwerk fest zusammenhienge. Auf der Seite der stärksten Strömung könnten sie immer durch Verpfählungen oder durch Anzucht von hochstämmigen Waldstreifen von Weißellern geschützt werden. Auch bei Flußkorrektionen würden solche Erlendämme längs der Strömung von gewissem Vortheile werden.

Bei Marschlins gedeiht wieder Mais und Wein, und neben den fürchterlich verwüsteten Ufern des Rheins erfreut bis Chur der Anblick der fruchtbaren Maisfelder und Weinberge. Das Rheinthal zeigt in dieser Ausdehnung, obgleich es eher höher als das Thal des Brienzer- und Thunersees liegt, und nachtheiliger für die Vegetation (nämlich nördlich, wie jenes westlich) fällt, eine größere Fruchtbarkeit oder Milde, da in jenem Seethal ein viel schlechterer Wein als hier im Rheinthal wächst, und dort der Mais nicht gedeihen will.

Von der schönen, noch mehr durch den unvergeßlichen Besitzer, als durch die großen Thürme berühmten, Burg von Marschlins führt der Weg zuerst durch Igis, einen Flecken, der in der Richtung der Mündung des Linththales liegt. Ehe die Linthsümpfe ausgetrocknet waren, hatten die von dorther sich verbreitenden Dünste immer gefährliche Krankheiten und Anlagen zum Kretinismus erzeugt. Seit der Entsumpfung des Linththals sind fühlbar diese Krankheiten in Igis seltener geworden.

Die Gegend von Chur hinterläßt einen ernsten Eindruck in dem Gemüthe des Reisenden. Die Gebirge sind hoch, und weit hinauf mit dunkeln Wäldern bekleidet; der Thalgrund zeigt überall Verwüstungen; der Fluß treibt seine Gewässer trübe zwischen öden und zerrissenen Ufern hinunter. Kein Felsstück ragt aus seinen Fluthen heraus; kein Schaum spielt mit hellern Farben auf den reissenden Wellen. Die großen Trümmer von Vatz und Aspermont vollenden das düstere und doch anziehende Gemälde. Wie der wilde Rhein das Bild unserer Zeit, so rufen die großen Ruinen der Burgen die Schattenbilder der menschlichen Macht in der Vergangenheit vor die Seele.

Chur ist klein; aber die kleine Stadt verräth reges und neu aufblühendes Leben. Keine müßige Jugend scheint hier Moden und Müßiggang zur Schau zu tragen. Von Besoldungen lebt hier Niemand, und der Reiche oder Adeliche, der auf dem Lande angesiedelt bleibt, behält reinere Sitten, entfremdet sich dem Volke weniger, und wirkt durch Geistesbildung und sittliches Beispiel bis in die rauhsten und entferntesten Thäler.

Wie anders ist das Verhältniß der Hauptstädte in den aristokratischen Kantonen, wo die Verfassungen das Staatenleben und also auch den Gemeingeist auf einen Punkt zusammengefaßt haben, nach dem die Eitelkeit der Reichen und Gebildeten der Landschaften konzentrisch strebt, und sowohl diese Landschaften als die kleinern Städte verlassen und ohne höhern Gemeingeist läßt!

Chur ist nicht von Schanzen umgeben, und die alten Ringmauern und Thürme datiren wohl von den Bischöfen her. Warum haben denn Bern, Solothurn und Zürich Verschanzungen, die von neuerer Zeit her datiren? Warum ist Chur nicht verschanzt? Warum ist Solothurn befestigt an Frankreichs Grenzen, mit dessen Hof es immer so befreundet war? Warum ist Chur nicht befestigt an den österreichischen Grenzen?

Es liegt viel Stoff zu vaterländischen Betrachtungen in diesen Fragen.

Einige Fabriken*) und des Bischofs Wohnung wurden von den Reisenden nicht besichtigt, wohl aber das neue schöne Gebäude der Kantonsschule und das Gebäude, in dem der Bundestag der Republik seine Sitzungen hält, und wo zugleich die Waffen für die Landwehr aufgehoben werden. Kein einziger bewaffneter Soldat hält Wache vor diesem Gebäude, und in der ganzen Hauptstadt Chur steht kein Dutzend Soldaten, auch dann nicht, wenn der Bundestag der Republik versammelt ist. — Spione, die Kennzeichen schwacher Regierungen oder verdorbener Staaten, werden in dieser Hauptstadt des demokratischen Bundesstaates keine gehalten.

Die Reisenden wurden in das Casino geführt, wo Adeliche, gebildete Bürger von Chur und gebildete Landbewohner von allen Altern sich zu freundlicher Unterhaltung versammeln. Es ist in Chur der Unterschied der Stände nicht, welcher in der westlichen Schweiz, als Erbtheil unsittlicher Höfe, so kläglich die Bürgerschaften der Städte trennt, und den Gemeingeist oft an der Wurzel zu verderben droht. Handwerker, Adeliche und Landbewohner unterhielten sich dort offen, freundlich und lebhaft über vaterländische Gegenstände. Dieser Gemeingeist ist es, den der Bündensche Adel eher zu wecken und zu leiten, als zu bewachen und mißtrauisch zu unterdrücken sucht; und dieser ist es wohl, der das seltene Wunder der Vereinigung von drei, sonst von einander unabhängigen

*) Eine Fabrike für Bleischrot und eine für Zinkblech sind sehenswerth, um so mehr, da Blei und Zink in den Bündenschen Bergwerken gewonnen wird.

Eidsgenossenschaften *), und von fünfundsechzig eben so von einander unabhängigen Hochgerichten in ein harmonisches Ganzes bewirkt hat, obgleich in Bünden Bekenner von zwei Religionen wohnen, drei einander fremde Sprachen gesprochen werden, und die rhätischen Völkerschaften zum Theil durch hohe Bergketten von einander getrennt sind. Ach, wenn die Schweizer in den Tagen der Gefahr unbefangen an Bünden Lehre genommen hätten, wie viel stärker stände jetzt das Vaterland gegen äussere Feinde!

Der Zeitabschnitt von 1610 bis 1640 ist in der Geschichte Bündens so lehrreich, nicht nur für diese Republik selbst, sondern auch für die ganze Schweiz, daß die Ereignisse dieser Zeit in allen Schweizerischen Volksschulen gelehrt, und in allen Rathsstuben der zweiundzwanzig Republiken, mit grossen Buchstaben, auf grossen Tafeln geschrieben, warnend aufgehängt werden sollten.

In Mailand hatte der Fürst Galeazzo Visconti, um die Herrschaft an sich zu reissen, seinen Oheim Barnabas gefangen gesetzt, und dessen ganzes Geschlecht ermorden lassen **). Nur Mastino, des Oheims Sohn, entrann, flüchtete nach Chur zu dem Bischof und schenkte diesem aus Dankbarkeit für seinen Schutz die drei Landschaften Valtellina, Chiavenna und Bormio.

*) Bekanntlich der Obere, Gotteshaus- und Gerichtenbund, wo jeder in alten Zeiten sich besonders, und erst später mit den andern zur Behauptung der Freiheit und Unabhängigkeit verband.

**) Die italienische Geschichte wimmelt von entsetzlichen Zügen dieser Art. Die dortigen Fürsten wurden damals nicht von ihren Völkern, nicht von Sanden, oder Louvels, oder Jakobinern ermordet, sondern sie ermordeten der lieben Herrschaft wegen einander selbst.

Die Bündner eroberten später diese Landschaften in den italienischen Kriegen, und machten, für sich und den Bischof, Mastino's Schenkung geltend, und Bünden wurde der Besitz dieser Landschaften sowohl durch Maximilian Sforza, als durch das Haus Oesterreich förmlich zugesichert.

Aber die Herrschaft über Spanien und über die österreichischen Staaten fiel mit Mailand dem Hause Habsburg zu, und der Besitz jener Landschaften, die die Verbindung der spanischen und österreichischen Staaten trennten, war fortan das Augenmerk dieses Hauses, während Frankreich mit Venedig diese Verbindung fürchtete, und den Bündnern den Besitz der drei Landschaften zu sichern wünschte. Bald war Bünden in Parteien getheilt, und der Religionshaß, der von Oesterreich zu seinen politischen Absichten geweckt und genährt wurde, machte die Trennung unheilbar. Rudolph v. Planta war an der Spitze der Katholiken, seine Partei hieß die österreichische oder spanische. Herkules v. Salis war an der Spitze der protestantischen Partei, sie hieß die französische. Jede hieß sich selbst die Gutgesinnte, den Gegner bösgesinnt. Französisches und österreichisches Geld nährte die Flamme des Hasses. Von Frankreich und Venedig wurde ein Bündniß mit Bünden eben so eifrig gesucht, als vom Hause Oesterreich, um unter dem Titel des Bundesgenossen sich jener Landschaften leichter zu bemächtigen. Bald hatte die österreichische, bald die französische Partei die Oberhand. Bald wurden Katholiken, bald Protestanten eingekerkert, gefoltert, hingerichtet, verbannt, ihres Vermögens beraubt.

Im Engadin lagen die Parteien gegen einander im Felde, Augustin v. Travers, an der Spitze der Katholischen, sein Bruder Anton an der Spitze der

Protestanten. Schon hatte das Treffen den Anfang genommen, schon floß der Brüder Blut durch Brüder; da stürzten Weiber und Mädchen zwischen die Kämpfer und besänftigten die Wüthenden.

Aber das Gerücht von österreichischen Bestechungen regte die Erbitterung der Protestanten wieder auf. Rusca, ein katholischen Priester, wurde gefoltert und starb; Zambra, Landammann von Bregaglia, ein vierundsiebenzigjähriger Greis, wurde gefoltert und enthauptet: beide im Verdacht, österreichische Gelder empfangen zu haben. Die edelsten Männer Bündens, voll Gram über das Loos des Vaterlandes, traten muthig unter dem Namen der Neutralen in einen Bund zusammen, der die Häupter sowohl der österreichischen als der französischen Partei verbannte, aber nur kurze Zeit die Ruhe zu sichern vermochte.

Es stürzte der Berg Conto in Chiavenna und begrub einen blühenden Flecken, Plürs, das Dorf Cilano und über zweitausend Menschen; aber die Schrecken der Natur betäubten nicht den Haß der Menschen. Ruska's und Zambra's Blut und Leiden forderten Blut und Leiden der Protestanten. Da kam die Rache über die Unschuldigen. In ganz Valtellina wurden ohne Erbarmen Männer, Greise, Weiber und Kinder ermordet. Das Haupt des protestantischen Pfarrers von Tirano wurde auf die Kanzel genagelt. Um solchen Preis wurde die österreichische Partei Herr von Valtellina und Bormio.

Bern, durch das französische Interesse bewogen, oder zu hellsehend, des östlichen Bundesgenossen Erhaltung für gleichgültig zu halten, schickte den Obersten Niklaus v. Mülinen mit zweitausend Mann den Bündnern zu Hilfe. Aber die katholischen Kantone, zu kurzsichtig, um die Folgen des österreichischen

Besitzes von Valtellina für ihre eigene Sicherheit einzusehen, versperrten den Bernern den Weg, also, daß sie nur durch Umwege sich mit den Bündnern vereinigen konnten. Vor Tirano fielen Mülinen und Sprecher; die Bündner und die Berner zogen sich zurück: Baldiron und Feria, die feindlichen Heerführer, geführt von Planta, überschwemmten jetzt die drei Landschaften und den Gerichtenbund mit österreichischen und spanischen Völkern.

Uneingedenk der Zeiten Tells, verübten die Oesterreicher jede Grausamkeit und jede Kränkung des rohen Uebermuths. Da erhoben sich die Prättigauer und die Männer aus den Thälern des Gerichtenbundes, an ihrer Spitze Rudolph v. Salis, Guler und Enderlin, schlugen die Oesterreicher in harten Kämpfen, und trieben sie zum Lande hinaus; und, wie jetzt den Griechen Deutsche und Franzosen, so eilten freie Männer aus Appenzell und aus der übrigen Schweiz den Brüdern in Bünden zu Hilfe, fluchend der Staatskunst der Höfe, und der Uneinigkeit der Schweizerischen Herrscher, die Bünden in seiner Noth verliessen.

Noch den nämlichen Sommer brach Baldiron mit zehntausend Mann wieder in Bünden ein. Die Barbaren raubten und mordeten ärger als zuvor. Mit Heldenmuth focht das Häuflein der Bündner im letzten Treffen bei Aquasana. Dreißig Männer aus dem Prättigau blieben übrig, entschlossen, den Untergang des Vaterlandes nicht zu überleben; sie stürzten sich in die Haufen der Oesterreicher, fochten mit übermenschlicher Anstrengung und nahmen den Tod.

Die tapfern Männer des Gerichtenbundes wurden verlassen von den andern Bünden, verlassen von den Schweizern, losgerissen vom Vaterlande, Knechte der Oesterreicher.

Da rettete die französische Politik, was Treue, Klugheit und Muth der Eidsgenossen hätte retten sollen.

Ein französisches Heer zog durch die Kantone Bern und Zürich gegen die Oesterreicher in Bünden. Rudolph v. Salis und Jenatsch mit Bündenschen, Diesbach mit Bernischen und Schmid mit Zürchischen Heereshaufen zogen unter den französischen Heeren. Auch die Walliser, mehr eingedenk der Bundestreue als des Glaubenshasses, eilten den Bündnern zu Hilfe. Ganz Bünden erhob sich noch einmal. Die Oesterreicher flohen. Chiavenna, Valtellina und Bormio wurden wieder erobert.

Um die drei Landschaften Frankreich günstiger, den Oesterreichern abwendig zu machen, wurde von dem französischen Heerführer grössere Freiheiten für sie verlangt, und das Recht, ihre Obrigkeiten selbst zu wählen. Die Bündner, tapfer, aber so wenig staatsklug, als die Schweizer dieser Zeit, verblendet durch die Gier nach Aemtern und Unterthanen, liessen unbenutzt die Gelegenheit vorbeigehen, die Landschaften durch Grosmuth an die Republik zu fesseln. Sie zürnten; Frankreich schloß auf kurze Zeit Frieden; päpstliche Truppen besetzten Valtellina. Aber kaum ging der Waffenstillstand zu Ende, so drangen plötzlich vierzigtausend Oesterreicher in Bünden ein. Die drei italienischen Landschaften, der Gerichtenbund und Unter-Engadin wurden der Republik entrissen, ganz Bünden den Oesterreichern gehorsam.

Noch einmal erhoben sich die Bündner. Rohan, der französische Heerführer, drang mit sechstausend Bündenschen Männern, Jenatsch und die Suler an ihrer Spitze, gegen Veltlin, und überwältigte nach hartem Kampf die Oesterreicher und Spanier. Zum zweitenmale zauderten die Franzosen mit der Herausgabe der eroberten Landschaften an die Republik, die nun, auch betrogen von Frankreich, nur in dem Muthe der freien Männer Hoffnung fand.-

Ganz Bünden griff wieder zu den Waffen. Die Franzosen, überfallen und abgeschnitten von allen Seiten, mußten die eroberten Landschaften und ganz Bünden räumen. Glorreich, von Frankreich und Oesterreich geachtet, stand die Republik; feierliche Traktaten mit Oesterreich sicherten ihr Gebiet. Aber Chiavenna, Valtellina und Bormio blieben Unterthanenlande. Die verhängnißvolle Stunde schlug im Jahr 1797. Noch einmal schlug sie im Jahr 1813. Was haben die Traktaten geholfen? was das vor Tirano vergossene Blut der Sprecher und Mülinen? Der Enkel Selbstsucht und enge Staatsklugheit hat jene Verträge und jene Opfer fruchtlos gemacht, und die drei Landschaften sind der Schweiz und Bünden entrissen. Aber das Blut der Helden von Aquasana, der Salis, der Jenatsch, der Guler, der Enderlin, der Sprecher und Buol, und des ganzen Volkes hoher Muth und langes Leiden wirken segenbringend in der Freiheit der drei Bünde fort, und der Schweiz und Bünden bleibt die Lehre, daß Unterthanen-Verhältnisse sie nur schwächen, daß nur des Volkes Freiheit und des Volkes Selbstgefühl, das aus der Freiheit entspringt, sie gegen die Fremden dauernd sichern kann.

Die heutige Verfassung der Republik Graubünden ist nur wenig von derjenigen verschieden, die schon vor Jahrhunderten bestand. — Hier einige Grundzüge derselben:

Das Volk in den fünfundsechszig Hochgerichten, und die durch seine Wahl ernannten Räthe der Republik sind Souverain. Das Volk wählt seine Obrigkeiten in den Hochgerichten entweder unmittelbar, oder wählt das mit dieser Wahl beauftragte Wahlkorps. Die Obrigkeiten in den Hochgerichten verwalten die niedere Justiz und Polizei, so wie das Gemeinwesen, und ernennen die Mitglieder zum Bundesrath, die immer nur für ein Jahr erwählt werden, nach Verfluß dieser Zeit aber wieder wählbar sind. Dieser Bundesrath ist in Verwaltungs- und Landespolizei-Angelegenheiten die oberste Behörde. Allgemeine Gesetze, Staatsverträge, und Bündnisse der Schweizerischen Eidsgenossenschaft werden von ihm den Gemeinden zur Genehmigung oder Verwerfung vorgetragen. Er wählt die Beamten der Republik, läßt sich von dem kleinen Rathe Rechnung über die Verwaltung der Staatsgelder ablegen, und vertheilt die von den Gemeinden in den Hochgerichten bewilligten Auflagen. Er ist der oberste Richter in politischen Streitigkeiten der Gemeinden.

Der große Rath erwählt aus seiner Mitte, und aus jedem der drei Bünde der Republik, drei Mitglieder einer Standeskommission, die, ehe der große Rath sich versammelt, die Geschäfte vorberathet, und in dringenden Fällen, wo der große Rath nicht sogleich versammelt werden kann, in seine Stellung tritt.

Der große Rath wählt aus jedem Bunde frei unter allen Bürgern einen Bundes-Landammann. Diese drei Landammänner bilden den kleinen Rath; sie bleiben nur ein Jahr im Amte, sind aber nach Verfluß des zweiten nach der Amtsführung wieder wählbar. Sie beziehen keine Besoldung, sondern nur sehr geringe Sitzungsgelder.

Dem kleinen Rath ist die Vollziehung der Gesetze übertragen. Er verwaltet das Vermögen der Republik, ordnet die Landespolizei und den Volksunterricht, besorgt die Korrespondenz mit Eidsgenössischen Behörden, und ist Richter in Streitigkeiten zwischen Partikularen

12

oder Gemeinden gegen Gemeinden. Wenn in solchen Streitigkeiten in einem Hochgericht kein rechtlich unparteiischer Richter sich findet, so wählt der kleine Rath drei Obrigkeiten der benachbarten Hochgerichte zu Richtern. Jede Parrei verwirft dann eine dieser Obrigkeiten, und die übrigbleibende bleibt endlicher Richter über die Streitigkeit.

Der kleine Rath hat die Aufsicht auf die Zivil-Rechtspflege; von ihm kann der Rekurs an die Standes-Kommission genommen werden.

Er veranstaltet in Gemeinschaft mit dieser die Vollziehung, wenn Klagen über Nicht-Vollziehung von Zivil- oder Kriminal-Urtheilen anhängig gemacht werden.

Auf gleiche Art, wie die Bundes-Landammänner, werden auch ihre Suppleanten, die Bundesstatthalter in den drei Bünden, von dem grosen Rath erwählt.

Das Oberappellationsgericht der Republik besteht aus neun Mitgliedern, die, drei aus jedem Bunde, eben so wie die Mitglieder des kleinen Raths vom großen Rath erwählt werden. Dieses Gericht ist Richter über Staatsverbrechen und über Zivilfälle, die nicht von den Obrigkeiten der Hochgerichte beseitigt werden, und wo der Gegenstand des Streites über tausend Gulden beträgt.

In Rechtsansprachen gegen den Kanton ernennen die Ansprecher und die Regierung jeder Theil wenigstens zwei Schiedsrichter. Können diese über die Wahl des Obmanns oder Vorstehers des Schiedsgerichtes nicht einig werden, so ernennt ihn die Schweizerische Tagsatzung. Dieser mit den Schiedsrichtern entscheidet endlich und eidlich über die Ansprache.

Jeder unbescholtene Bündner ist an den Landesgemeinden im siebenzehnten Jahr stimmfähig, im einundzwanzigsten amtsfähig. Jeder kann sich im ganzen Kanton frei niederlassen und Industrie ausüben. Von den Aemtern der Republik sollen immer ein Drittel von Katholiken, und zwei Drittel von Reformirten bedient werden. Aenderungen in der Verfassung können nur dann Statt finden, wenn der große Rath und zwei Drittel der Gemeinden sie gutheißen.

Ein junger Mann hatte sich in Chur zu den Reisenden gesellt, die noch am Abend Reichenau zu erreichen wünschten. Seine Aeusserungen verriethen viele wissenschaftliche Bildung, Kenntniß des Landes und Liebe des Vaterlandes; er trug selbst einen Bündel mit Kleidungsstücken, und war im Begriff, seiner Familie, die noch drei Stunden weiter als Reichenau in einem Seitenthal wohnte, einen Besuch zu machen. Er selbst hielt sich wegen Regierungsgeschäften für einige Zeit in der Hauptstadt auf. Wie groß war die freudige Ueberraschung der Reisenden, da sie, nach dem Abschied von dem edeln, so anspruchlosen Manne, mit Gewißheit hörten, daß eine der ersten Magistratspersonen der Republik, der Bundesstatthalter . . . sie begleitet habe! So lange die vornehmen Bündner diese so edle Einfachheit der Sitten beibehalten, werden sie auch ohne Vorrecht des Adels immer einflußreich, und immer vom Volke geachtet und geliebt bleiben.

8.

Weg von Chur über die Ober-Alp nach Realp.

Reichenau. Flims. Lax. Schlöwis. Ilanz. Altensburg. Volkssage. Truns. Vegetation. Kapelle. Disentis. Serdun. Chiamut. Ober-Alp. Ansiedlungen auf den Alpen. Realp.

In der Gegend von Chur fielen uns die ersten Kleefelder auf, deren wir in keinem einzigen Thal von Unterseen bis hieher erblickt hatten. Der Klee sowohl als der Mais scheint hier sehr schön zu gedeihen. Bei Embs findet sich ein Kiefernwald auf der Thalfläche, auf der der nämliche Baum, der im Davoserthal bei sechstausend Fuß hoch den schönsten Wachsthum zeigt, nur elende Stämme bildet. Dort und hier ist der Boden kalkartig, aber bei Embs wurzelt der Baum in einem Gestein, das in alten Zeiten der Rhein hier aufgelagert hat. Bei Reichenau ist eine der schönsten hölzernen Brücken über den Rhein geführt. Der Plan und die Ausführung desselben verdankt der Ort einem schlichten Landmann dieser Gegend, der, ohne wissenschaftliche Studien, sich bloß durch eigenes Nachdenken zu einem der fähigsten Baumeister ausgebildet haben soll. In Reichenau werden die großen Gartenanlagen des Herrn v. Planta, die erst in der Entstehung sind, künftig dem Botaniker erwünschte Gelegenheit zu mannigfaltigen Beobachtungen gewähren.

Ein dichter Nebel hatte bei Anbruch des Tages sich tief im Thale gelagert, und verdeckte den Lauf der Flüsse, und die Mündung des schönen Domleschgerthales, aus dem der Hinter-Rhein hervorstürzt, sich mit dem wilden Namensbruder zu vereinigen. Nur auf kurze Zeit, als wir die Höhen von Tamins und Trims erreicht hatten, zertheilten sich die Nebel. Aus der Tiefe blinkten die Gewässer der beiden Rheine. Ueber beleuchtete Wiesen, zwischen dem hohen, von dunkeln Wäldern beschatteten Gebirge, fiel der Blick in die halbverhüllte Mündung des Tomliaskathals; über den Trümmern von Räzüns und Juvalta schwebten glänzende Nebelstreifen. Ungern trennten wir uns von dieser reizenden Fernsicht. Längs den Felsen, welche die grossen Burgruinen von Trims tragen, führt die Strasse in ein abgelegnes Thälchen, wo einsam eine Mühle mit wenigen Gebäuden, von Wiesen umgeben, steht, die durch sinnreiche Benutzung eines vorbeifliessenden Baches bewässert werden. Hoch an der senkrechten Fluh des Burgfelsens sind Bruchstücke eines hölzernen Gerüstes, über das in alten Zeiten eine Wasserleitung lief. Der kühne Bau dieses Aquädukts stimmt mit dem kühnen Bau der Burg zusammen. Ein grosses Felsstück, daß unter dieser liegt, ist vor kurzer Zeit vom Blitze heruntergestürzt worden.

Mehrere wasserreiche Bäche, die vom Gebirge hinter Flims herunterfallen, beleben das schöne Alpenthal. Ländliche Wohnungen auf den schönsten Wiesen umgeben die Häuser einiger Edelleute. Hoch über dem Dorfe liegt die alte Kirche, unten im Dorfe steht die neuerbaute. Kleine Hügel am Rande des Thälchens sind mit den schönsten Buchen bekleidet. Tiefer liegt ein See, umgeben von dem grossen Flimserwald, der vom Ufer hinweg auf Hügeln, die gegen Mittag steigen, sich erhebt, und von den dunkeln Gewässern jeden Lichtstrahl abzuschneiden scheint. Flims mag etwas höher liegen als Grindelwald. Hanf, Gerste und Roggen gedeihen auf den kleinen Aeckern, auf denen

oder Gemeinden gegen Gemeinden. Wenn in solchen Streitigkeiten in einem Hochgericht kein rechtlich unpartheiischer Richter sich findet, so wählt der kleine Rath drei Obrigkeiten der benachbarten Hochgerichte zu Richtern. Jede Partei verwirft dann eine dieser Obrigkeiten, und die übrigbleibende bleibt endlicher Richter über die Streitigkeit.

Der kleine Rath hat die Aufsicht auf die Zivil-Rechtspflege; von ihm kann der Rekurs an die Standes-Kommission genommen werden.

Er veranstaltet in Gemeinschaft mit dieser die Vollziehung, wenn Klagen über Nicht-Vollziehung von Zivil- oder Kriminal-Urtheilen anhängig gemacht werden.

Auf gleiche Art, wie die Bundes-Landammänner, werden auch ihre Suppleanten, die Bundesstatthalter in den drei Bünden, von dem großen Rath erwählt.

Das Oberappellationsgericht der Republik besteht aus neun Mitgliedern, die, drei aus jedem Bunde, eben so wie die Mitglieder des kleinen Raths vom großen Rath erwählt werden. Dieses Gericht ist Richter über Staatsverbrechen und über Zivilfälle, die nicht von den Obrigkeiten der Hochgerichte beseitigt werden, und wo der Gegenstand des Streites über tausend Gulden beträgt.

In Rechtsansprachen gegen den Kanton ernennen die Ansprecher und die Regierung jeder Theil wenigstens zwei Schiedsrichter. Können diese über die Wahl des Obmanns oder Vorstehers des Schiedsgerichtes nicht einig werden, so ernennt ihn die Schweizerische Tagsatzung. Dieser mit den Schiedsrichtern entscheidet endlich und eidlich über die Ansprache.

Jeder unbescholtene Bündner ist an den Landesgemeinden im siebenzehnten Jahr stimmfähig, im einundzwanzigsten amtsfähig. Jeder kann sich im ganzen Kanton frei niederlassen und Industrie ausüben. Von den Aemtern der Republik sollen immer ein Drittel von Katholiken, und zwei Drittel von Reformirten bedient werden. Aenderungen in der Verfassung können nur dann Statt finden, wenn der große Rath und zwei Drittel der Gemeinden sie gutheißen.

Ein junger Mann hatte sich in Chur zu den Reisenden gesellt, die noch am Abend Reichenau zu erreichen wünschten. Seine Aeusserungen verriethen viele wissenschaftliche Bildung, Kenntniß des Landes und Liebe des Vaterlandes; er trug selbst einen Bündel mit Kleidungsstücken, und war im Begriff, seiner Familie, die noch drei Stunden weiter als Reichenau in einem Seitenthal wohnte, einen Besuch zu machen. Er selbst hielt sich wegen Regierungsgeschäften für einige Zeit in der Hauptstadt auf. Wie groß war die freudige Ueberraschung der Reisenden, da sie, nach dem Abschied von dem edeln, so anspruchlosen Manne, mit Gewißheit hörten, daß eine der ersten Magistratspersonen der Republik, der Bundesstatthalter . . . sie begleitet habe! So lange die vornehmen Bündner diese so edle Einfachheit der Sitten beibehalten, werden sie auch ohne Vorrecht des Adels immer einflußreich, und immer vom Volke geachtet und geliebt bleiben.

8.

Weg von Chur über die Ober-Alp nach Realp.

Reichenau. Flims. Lax. Schlöwis. Ilanz. Altensburg. Volkssage. Truns. Vegetation. Kapelle. Disentis. Serdun. Chiamut. Ober-Alp. Ansiedlungen auf den Alpen. Realp.

In der Gegend von Chur fielen uns die ersten Kleefelder auf, deren wir in keinem einzigen Thal von Untersee n bis hieher erblickt hatten. Der Klee sowohl als der Mais scheint hier sehr schön zu gedeihen. Bei Embs findet sich ein Kiefernwald auf der Thalfläche, auf der der nämliche Baum, der im Davoserthal bei sechstausend Fuß hoch den schönsten Wachsthum zeigt, nur elende Stämme bildet. Dort und hier ist der Boden kalkartig, aber bei Embs wurzelt der Baum in einem Gestein, das in alten Zeiten der Rhein hier aufgelagert hat. Bei Reichenau ist eine der schönsten hölzernen Brücken über den Rhein geführt. Der Plan und die Ausführung desselben verdankt der Ort einem schlichten Landmann dieser Gegend, der, ohne wissenschaftliche Studien, sich bloß durch eigenes Nachdenken zu einem der fähigsten Baumeister ausgebildet haben soll. In Reichenau werden die großen Gartenanlagen des Herrn v. Planta, die erst in der Entstehung sind, künftig dem Botaniker erwünschte Gelegenheit zu mannigfaltigen Beobachtungen gewähren.

Ein dichter Nebel hatte bei Anbruch des Tages sich tief im Thale gelagert, und verdeckte den Lauf der Flüsse, und die Mündung des schönen Domleschgerthales, aus dem der Hinter-Rhein hervorstürzt, sich mit dem wilden Namensbruder zu vereinigen. Nur auf kurze Zeit, als wir die Höhen von Tamins und Trims erreicht hatten, zertheilten sich die Nebel. Aus der Tiefe blinkten die Gewässer der beiden Rheine. Ueber beleuchtete Wiesen, zwischen dem hohen, von dunkeln Wäldern beschatteten Gebirge, fiel der Blick in die halbverhüllte Mündung des Tomliaskathals; über den Trümmern von Räzüns und Juvalta schwebten glänzende Nebelstreifen. Ungern trennten wir uns von dieser reizenden Fernsicht. Längs den Felsen, welche die großen Burgruinen von Trims tragen, führt die Straße in ein abgelegnes Thälchen, wo einsam eine Mühle mit wenigen Gebäuden, von Wiesen umgeben, steht, die durch sinnreiche Benutzung eines vorbeifliessenden Baches bewässert werden. Hoch an der senkrechten Fluh des Burgfelsens sind Bruchstücke eines hölzernen Gerüstes, über das in alten Zeiten eine Wasserleitung lief. Der kühne Bau dieses Aquädukts stimmt mit dem kühnen Bau der Burg zusammen. Ein großes Felsstück, daß unter dieser liegt, ist vor kurzer Zeit vom Blitze heruntergestürzt worden.

Mehrere wasserreiche Bäche, die vom Gebirge hinter Flims herunterfallen, beleben das schöne Alpenthal. Ländliche Wohnungen auf den schönsten Wiesen umgeben die Häuser einiger Edelleute. Hoch über dem Dorfe liegt die alte Kirche, unten im Dorfe steht die neuerbaute. Kleine Hügel am Rande des Thälchens sind mit den schönsten Buchen bekleidet. Tiefer liegt ein See, umgeben von dem großen Flimserwald, der vom Ufer hinweg auf Hügeln, die gegen Mittag steigen, sich erhebt, und von den dunkeln Gewässern jeden Lichtstrahl abzuschneiden scheint. Flims mag etwas höher liegen als Grindelwald. Hanf, Gerste und Roggen gedeihen auf den kleinen Aeckern, auf denen immer drei Jahre lang Getreide gebaut wird, und nachher von selbst sich wieder natürlicher Graswuchs bildet. An dürren, gegen Mittag gewandten Halden nach Laax hinunter steht zwischen Wachholdergesträuchen eine Menge Schwedischer Lüzerne *), drei bis vier Fuß hoch in üppigem Wuchs, auf dem magersten Kalkgestein. Es kommt diese Pflanze auf den Bernischen Alpen in gleicher Höhe mit Flims selten vor. Ohne Zweifel würde sie künstlich in Alpengegenden vermehrt werden können, wo sie jetzt sich noch nicht findet; kaum wird sie rauhe Lagen fürchten. Die Genügsamkeit der Pflanze auf dem dürrsten Boden macht sie empfehlenswerth und wichtig. Dem Nachtheil der holzigen Stengel, wäre wohl durch frühen und öftern Schnitt zu begegnen.

Schon auf der Höhe von Tamins, eine Stunde höher als Reichenau, wird keine Spur von Maisbau mehr gefunden. Die Heinzen zum Dörren des Heues, die durch Davos und Prättigau herunter überall vorkommen, und im Rheinthal bei Chur nicht mehr zu sehen sind, finden sich auch auf den Felsterrassen von Tamins bis Flims nicht vor. Dörrgerüste für das Getreide, so häufig im Livinerthal, verschwinden schon in Misocco und zeigen sich weder im Schamser- noch im Davoser-, Prättigau- oder Rheinthal bis über Flanz hinauf wieder. Aber bei Trims werden die Korngarben in einer Art auf den Feldern aufgeschichtet, die das Auswachsen der Körner bei regnerischer Witterung eben so sicher, als die Dörrgerüste der Liviner, verhüten kann. Eine Garbe wird nämlich näher gegen die Aehren, die andre näher gegen das Wurzelende der Halme gebunden. Jene wird aufrecht auf die Halme

*) Medicago falcata.

gestellt, diese, die Aehren gegen die Erde gerichtet, als Dach über die erstere verbreitet.

Die Gebirgshalden bei Flims sind vormals sehr den Erdbrüchen ausgesetzt gewesen; seitdem aber die Gemeinde auf der oberhalb dem Dorfe liegenden Alp Sura Gräben zur Ableitung der häufigen Quellen gemacht hat, sind die Erdbrüche selten geworden. Unter Lax ist das Gebirg fürchterlich durch Erd- und Felsbrüche zerrissen. Ein ungeheurer Schlund, noch größer und tiefer als der Schlund hinter Schwanden am Brienzersee, öffnet sich gegen den Rhein, und droht einst den Fluß mit dem aufgelöseten Berge aufzudämmen. Ob die Gewässer des Flimsersees durch unterirdisches Aufweichen diese Erdbrüche bewirken können, wie der Lüscherse zwischen Savien und Domleschg die Brüche an der Nolla, darüber erlaubte die schnelle Reise keine Untersuchung. Unweit dem Dorfe Lax war eine durch Brüche von Rasen entblößte steile Halde von den Landleuten mit jungen auf die Erde gelegten und durch Querhölzer verbundenen Tannen, und mit Reisig, ohne Zweifel in der Absicht bedeckt worden, der Oberfläche der entblößten Erde Festigkeit und den hingeworfenen Grassamen Halt zu geben, um einen neuen Rasen zu bilden.

Von Lax hinunter bis Schlöwis und Jlanz zieht sich ein öder Berghang bis ins Rheinthal hinunter, der fast nur mit einzelnen Wachholdersträuchern besetzt ist, und gänzlich ohne Abtrag liegt. Einige wenige Kiefern und Lärchen, die zufällig auf diese Wüste angeflogen, zeigen einen schönen Wuchs. Wenn die Gemeinden Schlöwis oder Jlanz ihre Kinder anleiten liessen, die Samen der Schwedischen Lüzerne, die höher auf gleichem Boden so schön wächst, oder Kiefer- und Lärchensamen zu sammeln, und jede Woche einen Tag hier auszustreuen oder einzuhacken: es könnte, ohne einen Bluzger dafür auszugeben, diese Wüstenei in einen schönen Wald oder Heuberg verwandelt werden.

Schon bei Schlöwis *) verändert sich die Vegetation, und Nußbäume erscheinen wieder mit Mais, Buchweizen und Hirs. Noch eine halbe Stunde von Flanz finden sich kleine Pflanzungen von Mais. Aber höher hinauf am Rheine wird das Thal enger und schattiger, und die Wälder reichen an vielen Orten bis an die Ufer des Flusses. Kirchen und Dörfchen stehen einzeln auf Terrassen des Gebirges, und blicken, das dunkle Thal belebend, durch die Säume der Wälder. Oft überrascht eine Burgruine in der Einsamkeit. Bei Waltensburg scheint am Fuß der hohen und nackten Felswand ein andrer Fels zu stehen. Bei näherer Betrachtung fallen Fenster- und Thores-Oeffnungen in die Augen, und der Fels wird zur grosen Burgruine, von der die Volkssage die folgende Geschichte meldet:

Der alte Twingherr bedrückte ohne Erbarmen das Volk; er war darum misstrauisch, verließ die starke Feste selten, und ließ eine lederne Brücke verfertigen, die von dem hohen Baü bis an den Pfad der gegenüberstehenden Felswand reichte, und von dem Herrn zurück in das Schloß gezogen wurde, wenn er darinnen schlief. Da erhob sich das Volk gegen den Unterdrükker, belagerte die Veste und zwang den Herrn durch Hunger zur Uebergabe. Der Freiherr sollte sich als Gefangener stellen, und bedingte nur, daß seine Frau mit dem Rest der Lebensmittel in einem Korbe frei aus der Veste ziehen möge. Es wurde von den Land-

*) Beiläufig 2300 Fuß hoch. Die Höhe von Ilanz ist im Neuen Sammler zu 2177 Fuß Höhe über das Meer angegeben.

leuten das Beding gutgeheißen; die Freifrau zog ungehindert mit einem großen Korbe ab. Die Sieger zogen in die Veste, aber der Freiherr war nirgendwo zu finden. Er hatte in dem Korbe gelegen, und mit sich alle Dokumente der Herrschaft gerettet. Diese Dokumente wurden, da er in fremden Ländern war, von ihm geltend gemacht; und die Landleute, des Herrn Rechte ehrend, zahlten ihm und allen seinen Erben die schuldigen Steuern. Nur gegen Willkühr hatten sie Krieg geführt, nicht gegen das Recht.

Noch wird in Truns, das ungefähr in gleicher Höhe mit Lauterbrunnen liegen mag *), Hirs gebaut, der aber in diesem Jahre kaum reifen wird. Trauben reifen da noch in guten Jahren an Spalieren. So wie im Prättigau alle Theile der Güter nach und nach aufgebrochen und abwechselnd mit Kartoffeln und Getreidearten angebaut werden, ehe der Acker wieder zum natürlichen Graswuchs ausgeschlagen wird, so werden auch hier die Wiesen in vier bis fünf Schläge getheilt, von denen einer mit Kartoffeln, und zwei mit Getreide bestellt werden. Die oben beschriebene Engadiner Methode, den Winterroggen im Frühjahr mit Sommergerste zu säen, ist hier aber eben so unbekannt, als der Anbau künstlicher Futterkräuter. Das Brennen des Rasens bei dem Aufbruch ist ebenfalls hier nicht üblich, sondern das Wiesenstück wird gedüngt, der Dünger mit dem Rasen untergepflügt, das erste Jahr gewöhnlich Sommerweizen, das zweite Kartoffeln, und das dritte Winteroggen gebaut, nach dessen Aernte ein Schnitt der Stoppeln und des nachgewach-

*) Die Höhe ist im Neuen Sammler zu 3661 Fuß über das Meer angegeben. Eine Barometer-Beobachtung des Verfassers gab 2701 Fuß.

Und Sklaverey verloren
Sobald die Häupter drey
Zusammen hatten gschworen
Es brauchte Heldenmuet
U Unzertrennlich G'spanen
Zue wagen Leib u Blut
Es bruchte Unsre Ahnen
Von Ihrem Freiheitsbund
Sind wir in warem Gnuß
Wies sunst mit Uns noch stund
Mach jeder selbst den Schluß. —

Offenbar sind die Reime und das Gemälde von viel späterm Ursprung, als der Graue Bund selbst, und Poesie sowohl als Malerei irren historisch, wenn sie den Abt von Pontaningen, einen Freiherrn von Räzüns und einen Freiherrn v. Sax als Stifter des Bundes darzustellen scheinen. Es waren Landleute, die edelsten und muthigsten der Thäler, die zuerst bei Nacht im Walde von Truns sich Treue schwuren, und die Befreiung des Vaterlandes gelobten. Der Abt und die edeln Freiherrn, die später sich mit den Landleuten verbanden, fühlten wohl, daß durch Unterdrückung des Volkes ihre eigne Sicherheit und Macht nicht gewinnen könne. Ohne Zweifel war damals das Volk kein Haufe von Bettlern, wie jezt in vielen Ländern, und unter dem Volke, das bei Truns und im Grütli sich verband, war mehr natürliches Gefühl für Recht und Sittlichkeit, und mehr uneigennützige Liebe des Vaterlandes: um so mehr war dieses Volk der Freundschaft und des Zutrauens der Geistlichkeit und des Adels würdig. Das mögen die bedenken, die unbedachtsam und gewaltthätig heutige Völker und sich selbst durch ihre Hilfe von drückenden Verfassungen befreien wollen. Aber auch unser Adel und unsere Geistlichkeit sollten bedenken, daß unter jenen Verfassungen das heutige Volk in vielen Ländern die uneigennützige Liebe des Vaterlandes und das sittliche Gefühl verloren hat, daß solche Verfassungen verewigen, die Verdorbenheit verewigen heißt; daß unter einem knechtisch gewöhnten, verdorbenen, arm und unwissend erhaltenen Volk für keine Verfassung, für keinen Adel und keine Geistlichkeit Sicherheit ist *).

Disentis liegt noch etwas tiefer als Klosters im Prättigau **), aber der Getreidebau ist hier reicher als dort. Es wird in Disentis nur Sommerroggen und Sommergerste, und, wegen des Druckes von spätem und frühem Schnee, nur wenig Hanf gebaut; desto mehr hingegen Flachs, der hier vorzüglich gut zu gedeihen scheint. Alle Jahre wird ein neuer Bezirk der Wiese aufgebrochen, stark gedüngt und mit Kartoffeln bepflanzt; das folgende Jahr wird Gerste oder Roggen ohne Dünger, das dritte mit Dünger Flachs gebaut. Nach dem Flachse trägt der Acker während mehrern Jahren wieder natürliches Gras ohne Düngung, und ist das Wiesenstück erschöpft, so wird es wieder aufgebrochen, und wie gesagt bestellt.

Im Thale bei Disentis sind wenige Kirschbäume, aber die wenigen sind gesund. Aepfel-, Birnen- und

*) Der König von Neapel wurde von *seinem Lazzaroni-Volke* eben so schlecht gegen die (damals) *bösgesinnten Franzosen* vertheidigt, als später sein Land gegen die *gutgesinnten Oesterreicher*. Dieses einzige historische Faktum, das unserer Betrachtung so nahe liegt, sollte gewisse Restaurations-Schreier zur Vernunft bringen können, wenn überhaupt (demagogische oder royalistische) Schreier vernünftig sein konnten.

**) Die Höhe von Disentis ist im Neuen Sammler zu 3650 Fuß über dem Meere, auf der Kellerschen Karte zu 3900 Fuß — wohl etwas zu hoch — angegeben.

Zwetschenbäume haben hier noch vor der Verbrennung des Fleckens gestanden, und in guten Jahren Früchte gereift; seither sind keine Bäume nachgepflanzt worden. Eschen stehen sehr schöne an den Wiesen, Ulmen und Ahorne finden sich seltener. Rothtannen machen den Hauptbestand der Wälder aus; sie steigen zwischen Disentis und Serdun wohl über zweitausend Fuß höher als die Thalfläche. Ueberall sind in diesen Wäldern große kahle Schläge für das Eisenwerk in Truns geführt worden, und so holzreich, so ausgedehnt auch in diesem Theile des Rheinthals die Wälder sind, so können sie doch nicht auf lange Zeiten den Bedarf der Eisenhütten decken, wenn man sie so behandelt, wie hier. Im rauhen Gebirge sollen die Schläge erst dunkel, dann licht, wie in Eichenwäldern der mildern Klimate, geführt werden: das ist wohl die wesentlichste Regel der Alpenforstwirthschaft.

Der Palast der Abtei von Disentis ist im Jahre 1799 von den Franzosen mit vielen Häusern des Fleckens verbrannt worden. Die Bündenschen Landleute hatten die Franzosen hier überfallen, einige Hundert derselben gefangen, und dann niedergemetzelt. Ohngeachtet des tapfersten Widerstandes wurden aber die Landleute durch ein zur Hilfe und Rache herbeieilendes französisches Korps auseinander gesprengt, und Disentis zur Sühne der Ermordeten niedergebrannt. Noch steht der größte Theil der Mauern unversehrt, und bezeugen die Pracht der ehemaligen fürstlichen Wohnung. Solche Paläste hat glücklicherweise Bünden wenige aufzuweisen, und, wie sehr auch das Mitleid und der Unwille bei solchen Denkmälern barbarischer Wuth der Unterdrücker aufgeregt wird, so liegt doch ein besänftigendes Gefühl in der Betrachtung, daß das in dem wilden Thal, unter anspruchlosen ländlichen Wohnunzen von Geistlichen aufgeführte Prachtgebäude noch nicht wieder hergestellt ist. Welcher Abstand zwischen dem Bethäuslein, das der fromme Siegbert oder Kolumban im siebenten Jahrhundert hier errichtete, und dem Palast der Aebte von Disentis! Welcher Abstand zwischen jenen ersten Verkündigern der Gottheit und christlicher Liebe, und dem Abte Sebastian, der im Jahre 1620 dem Mord der Protestanten im Veltlin Beifall gab!

Von ferne fällt unweit dem Flecken Disentis ein großes steinernes Gebäude in die Augen. Ein edler Greis, von Kastelberg, bewohnt es, und bringt hier, entfernt von Städten, unter Landleuten, die langen Winter in diesem wilden Thale zu. Ehre solchem Adel, und solchem Volke!

Disentis liegt im Winkel des Thales von Medels und Tavetsch, des Mittel- und des Vorderrheins. Der Wunsch, die hohen Wohnungen von Santa Maria in jenem Thale zu besuchen, blieb mit Bedauern unerfüllt. Nichts ist belehrender für den Forscher der Kultur des Hochgebirgs, als so hoch liegende Wohnungen; denn selten finden sich deren, wo nicht ein Bewohner von irgend einem Versuche, von irgend einer Erfahrung Kenntniß hätte, über Eigenschaften von Alpenpflanzen, und über das Gedeihen von Pflanzen milderer Klimate auf dem rauhen Gebirg. Der Wunsch einer höhern Benutzung unserer unermeßlichen Weidgründe und Wüsteneien auf dem Alpengebirg wird am leichtesten in jenen Wohnungen Belehrung und Bürgschaft für die Verwirklichung finden.

Die Pfarre Serdun im Tavetscherthal mag bei 4400 Fuß über dem Meere liegen *). Wie überraschend

*) Das Barometer stand den dritten Herbstmonat hier um

ist es, in dieser Höhe ziemlich grosse Aecker, und Dörrgerüste mit Heinzen wiederzufinden. Roggen, Gerste, Hafer, Flachs, Kartoffeln und Möhren, werden hier noch gebaut; nur nicht Wintergetreide, und nicht Hanf. Auf den Berghängen über Serdun ziehen sich Weißellern mit Haselsträuchern und Traubenkirschen noch hoch hinauf. Unten im Thale stehen einige gesunde Kirschbäume; auch für die Esche ist hier das Klima nicht zu rauh. Ahorne und Ulmen sind nicht zu sehen. Selbst in Selva und Chiamut, die wohl vier bis sechshundert Fuß höher als Serdun liegen mögen, gedeiht noch Gerste und Flachs. Die Rothtannenwälder ziehen sich über diesen Dörfern noch tausend bis fünfzehnhundert Fuß an den Berghängen hinauf. Das sind die letzten Wälder an der Grenze Bündens gegen das Urserenthal. — Neben dem letzten Rothtannenwald über dem Dörfchen Chiamut ist der Berghang noch etwa 500 Fuß höher mit Droseln bewachsen, und dieser Droselbestand reicht gegen Selva hinaus noch unter Bestände von Rothtannen. Hier also berühren sich die Vegetationsgrenzen dieser Holzpflanzen nicht, und hier, wie noch anderswo im Hochgebirg, wäre der Schluß irrig: daß, wo nur Droseln vorkommen, keine Rothtannen gedeihen könnten.

Etwas Grausen Erregendes hat in Serdun und in andern Dörfchen dieses wilden Thales die Sitte, das gesalzene Fleisch des Schlachtviehs und eine Menge Würste vor den kleinen Fenstern der Häuser hängend, in der dünnen Luft und an den Sonnenstrahlen trocknen zu sehen. Es wurde uns versichert, daß die Bergamasker Schafhirten, die in Bünden viele Schafalpen

Mittag auf 23, 8, 9, das Thermometer im Schatten auf 8 Grad Reaumur.

pachten, wenn ihnen ein Schaf sterbe, dem Thiere das Fell ausziehen, die Knochen brechen, dann die Glieder und den Leib durch hineingestoßene hölzerne Sprossen ausdehnen, und in der dünnen Luft, die die Verdünstung befördert, und die Fäulniß verzögert, austrocknen lassen. Solche Thier-Mumien sollen dann in Italien von dem gemeinen Manne gern gekauft und gegessen werden.

Wie der Blick auf das Urserenthal von der Höhe der Oberalp hinab so sonderbare Eindrücke zurückläßt! Hier im Rückblick das so waldreiche Bündensche Gebirg, und dort gegen Urseren hin die kahlen Berge, das so öde Thal! Der Paß über die Oberalp wird bei 6300 Fuß über das Meer liegen *).

So hoch und höher fanden wir in den Thälern, die wir durchwandert hatten, Arven, Lärchtannen und Rothtannen, und nun hier, so weit der Blick seitwärts auf das Unteralpthal, und gerade über das Oberalpthal, über Urseren gegen die Furka, war kein Baum zu erblicken. Die Straße gegen Urseren hinab, die nächste Verbindung zwischen Uri und Bünden, übersteigt alle Begriffe von Abscheulichkeit. Warum hat doch seiner Zeit der Abt von Disentis, statt den üppigen Palast zu bauen, nicht lieber eine Verbindungsstraße von Bünden nach Uri erbaut! Die Zölle würden nun der Abtei zufliessen, die Bündner und Urner würden sein Andenken segnen, und die Trümmer seines Palastes würden jetzt nicht von seiner Thorheit Zeugniß geben. Wahrlich, die reichen Klöster und Abteien unserer Zeit wissen selten was sie thun.

Vom Oberalpsee hinweg zieht sich mit sanft grün-

*) Die Höhe des Sees auf der Westseite des Passes ist zu 6224 Fuß über das Meer bestimmt worden.

13

deten Rändern das Thälchen anderthalb Stunden weit über große, meist fruchtbare aber wüste Weidgründe gegen Andermatt hinunter, und auf dem ganzen Wege fällt keine Spur von landwirthschaftlicher Industrie in die Augen. So ist es auf den Alpen der Bündner, der italienischen Schweizer und der Urner, wo überall die Beweidung den Anfang und das Ende ihrer Industrie bezeichnet. So weit hat es auch der Lappe im Norden gebracht, der mit eben so vieler Kunst auf den mit isländischem Moos bewachsenen Steppen die Rennthierheerden weiden läßt, und ihre Milch, die Häute und das Fleisch benutzt. Wie die Gammen *) der Rennthierlappen aussehen, so mögen die Sennhütten auf den Gemeinalpen aussehen: so wenig als diese haben jene Nordländer ihrem Boden noch durch Kunst einen höhern Ertrag abzugewinnen versucht. Und doch, wie viel mehr wären unsere mit würzhaften Kräutern und mit fruchtbarer Erde bedeckten Alpengründe des Versuches werth, als jene wüsten Flächen, die nur Lichenen tragen! Warum könnten auf sehr vielen unserer Gemeinalpen nicht Dörfer stehen, wie auf Mürren, Avers, Erosa, Santa Maria und Selvaplana?! Welch kräftiger Schlag von Menschen könnte da gedeihen! Welch unüberwindliches, durch die Freiheit veredeltes Volk! Welche Produkten-Menge würde da gewonnen! Welch unermeßliches Feld nützlicher Thätigkeit eröffnet, für die ganze Bevölkerung des helvetischen Hochlandes!

Wenn wir einen Theil unserer Bevölkerung zusammengedrängt in Städten und Dörfern siechen sehen; wenn aus Mangel an Ländereien und Gegenständen des Erwerbs die Verarmung in einigen Thälern so sehr

*) So heißen die Hütten der Lappen.

steigt, daß die Tellen den Wohlhabenden erschöpfen, ohne dem Armen zu helfen *): wenn Täuschungen und Betrug so viele in entfernte Welttheile locken, die Noth sie in jene Wüsteneien treibt, wo sie mit ungewohnten Plagen und Hindernissen kämpfen; wenn endlich die Kunde ihrer Leiden zu uns gelangt: da glauben wir wieder mit Steuern und Geld das Mitleid abzufertigen, und vergessen so schnell wieder die großen Wüsten auf dem vaterländischen Gebirg, auf denen Alle, die nun ihr Heil in den brasilianischen Wüsten vergeblich gesucht, und alle Armen im Hochgebirge Beschäftigung und Erwerb, Nahrung und Kleidung finden würden.

Daß Geldsteuern einer verarmenden Bevölkerung nie dauernd helfen, daß sie das Uebel noch vermehren, das ist in der Theorie schon allgemein anerkannt, und eben so die Wahrheit: daß nur die Auffindung von Gegenständen der Industrie, die einen großen Theil der Bevölkerung dauernd in Erzeugung von Nahrungs- und Kleidungsstoffen beschäftigen, dieser Verarmung Schranken setzen können. Die weiten Flächen auf unserm Alpengebirge, die, wenn nicht alle, doch in hinreichender Ausdehnung des Anbaus so gut fähig wären, als die Wiesen um Mürren, Selvaplana und Realp, machen das Aufsuchen solcher Gegenstände der Volks-Industrie den Gebirgsschweizern überflüssig.

Das Dörfchen Realp mag bei 4700 Fuß über dem Meere liegen. Im Garten der Kapuziner gedeihen noch Möhren, Rüben, Kartoffeln und Kabis, der letztere

*) Die Armensteuern sind in einigen Gemeinden des Bernischen Emmenthals seit dreißig Jahren von einem Batzen auf dreißig (von jedem Kührecht auf den Alpen) gestiegen, und haben so wenig, als alle erlassenen Armenreglemente das Vorwärtsschreiten der Verarmung aufhalten können.

doch ohne feste Köpfe zu bilden. Kartoffeln reifen noch fast alle Jahre, obgleich sie auch hier sehr dicht gepflanzt werden; selbst die Sommergerste gedeiht noch in Realp; Flachs wird keiner gebaut, weil früher Schnee ihm nachtheilig werde. In Mürren aber, das noch etwas höher als Realp und rauher (nämlich auf einem Gebirgsrücken, nicht wie Realp in einem Thalgrunde) liegt, gedeiht der Flachs noch schön, wo doch keine Kartoffeln und keine Gerste mehr reifen; und es mag also der Zweifel an dem Gelingen des Flachsbaus hier im Urserenthal voreilig, etwa auf einen einzelnen mißlungenen Versuch gestützt, sich eingewurzelt haben. Die einzigen Baumarten, die noch bei Realp hochstämmig wachsen, sind einige Weidenarten *), die bei zwanzig Fuß hoch mit einem Durchmesser von fünf Zoll sich erheben. An dem Gebirge auf der Schattenseite des Thales bekleiden noch etwa fünfhundert Fuß höher, als das Dörfchen, Droseln- und Vogelbeer-Stockausschläge die Hänge in unbedeutender Ausdehnung, während gegenüber und neben hinauf das Gebirg ganz kahl steht. Nur allein die Kapuziner haben das Vorrecht, in diesen ärmlichen Schlaghölzern ihr Brennholz fällen zu lassen. Die Landleute von Realp aber, die zu entfernt von der Brennholz-Zufuhr aus der Schöllenen sind, müssen eine bis zwei Stunden weit auf dem Gebirg herum Vaccinien- und Erica-Gesträuch schneiden, und als einziges Feuerungsmittel nach Hause schleppen.

Auch den Geistlichen im Hospital steht ein gleiches Vorrecht auf das Gesträuch ihrer Gegend zu, und wenn auf der einen Seite eine solche Resignation der Landleute zu Gunsten ihrer Seelenhirten wirklich rührend

*) Daphnoides bicolor?

ist: so mag es hingegen diesen Geistlichen doch zu einigem Vorwurf gereichen, daß nicht sie, denen es kaum an Einfluß, Muße oder Geld fehlt, den Versuch machen, durch Saaten oder Pflanzungen einige wüste Berghänge mit Baumwuchs zu bekleiden.

Daß die Landleute in Realp nicht, wie die Lappen, oder die Thalbewohner von Ferrera, den Kühmist als Brennmaterial verbrauchen, bezeugen die schönen Wiesen, die das Dorf umgeben. Welche Folgen aber das mühsame Zusammenschleppen des Brennmaterials für Bergbewohner haben müsse, deren Wälder verschwunden sind, und die, wie die Leute von Realp, auf fernen Bergen für die harten und langen Winter ein kurzes Gesträuch als einziges Feuerungsmittel suchen müssen: das bezeugt der Ausdruck der tiefen Armuth in diesem Dörfchen, dem der Handel nicht, wie den Bewohnern von Andermatt und Hospital, die Mittel gibt, ihr Brennholz in der Ferne zu kaufen. Wenn eines der nothwendigsten, ein alle Tage wiederkehrendes Bedürfniß mit solchem Zeitaufwand gesucht werden muß, so kann der Mensch sich nie aus tiefer Armuth, nie aus der Geistesniedrigkeit erheben.

9.

Weg von Realp über die Furka und Grimsel nach Meyringen.

Die Garschen-Alp. Urseren-Käse. Fußbekleidung und Häuserbau der Ober-Walliser, Urner und Bündner Hirten. Der Furka-Paß. Bühl-, Saas- und Rhone-Gletscher. Die Meyenwand. Hospiz des Grimsels. Lauteraar-Gletscher. Zinkenstock. Kristall-Höhle. Oberaar-Alp. Reißender-Lauf der Aar. Sittenzug. Ziegenkäse. Ziegenbutter. Das Aarthal. Kulturen in Guttannen.

Auf den Wiesen bei Realp kommt die Schlauche*) so häufig vor, daß ganze Flächen mit ihren Blüthen bedeckt schienen. Es ist diese Pflanze so hoch und so häufig, wie hier, auf dem Bernischen Gebirge nicht zu finden; sie wirkt vortheilhaft auf die Milchabsonderung bei den Kühen und wird gern gefressen, aber so wenig als andere Alpenpflanzen irgendwo künstlich vermehrt. Höher hinauf gegen die Furka finden sich nun auf den Alpen der Realper die gewürzhaftesten Alpenkräuter in großer Menge, und scheinen mit den trefflichen Urserenkäsen, die hier bereitet werden, in Beziehung zu stehen. Folgendes ist das Eigenthümliche der Bereitungsart dieser Urserenkäse, so weit dasselbe während einem kurzen Halt auf der Garschen-Alp am Furka-Paß beobachtet oder vernommen werden konnte.

Die Kälbermagen, die zur Scheidung der käsichten Theile der Milch dienen, werden gespalten, und eine Handvoll Salz hinein gethan, um Würmer entfernt zu halten. Zwei derselben werden auf einmal genommen, in ein Gefäß gethan, auf den Boden desselben mit hölzernen Stäbchen befestigt, und Molke darüber ge-

*) Polygonum bistorta.

schütte:, bis sie über den Magen zusammenläuft; so bleiben die Magen drei Tage lang eingeweicht. So viel als von dieser Flüssigkeit zur Käsebereitung gebraucht wird, wird wieder an frischer Molke zugegossen.

Auf der Garschen-Alp, wo zweiundsiebenzig Kühe vom zwanzigsten Brachmonat hinweg bis zum achtundzwanzigsten Herbstmonat zur Weide gehen, dienen zwei so eingeweichte Kälbermagen acht Tage lang zur Käsescheidung. Der Käsekessel der Alp wird etwa vier und einen halben Zentner Milch enthalten, zu deren Scheidung zwei Eßlöffel voll von jenem Lab hinreichend sind.

Da die Alp gänzlich von allem Baumwuchs entblößt ist, so wird bloß mit kleinem Gesträuch von Heidelbeeren und Heide unter den Kessel gefeuert. Die Milch wird, sobald sie gemolken ist, in den Kessel gegossen. Der Wärmegrad, der durch den Ausdruck kühwarm bezeichnet ist, wird, während des Zugiessens der frisch gemolkenen Milch, durch gelindes Feuern unterhalten, und dann, wenn alle Kühe gemolken sind, der Lab in den Kessel gegossen.

Die Scheidung der käsigen Theile durch den Lab geht in Zeit von zehn bis fünfzehn Minuten vor sich. Ehe sie nicht vollständig erfolgt ist, wird nicht stärker gefeuert, und, ehe stärker gefeuert wird, die Käsemasse in dem Kessel so umgewendet, daß die auf dem Boden des Kessels gestandenen Theile, mit den Unreinlichkeiten, die allfällig sich da aus der Milch abgesetzt haben, nach der Oberfläche kommen und hier abgeschöpft werden können. Nach dem Umwenden und nach der Reinigung der Käsemasse wird ganz allmälig stärker gefeuert, bis zu einem Wärmegrad, da kaum der Senn seine Hände im Kessel halten kann: sodann wird die vor dem Umwenden in große Stücke zerschnittene Käsemasse durch den Brecher rasch im Kessel herumgetrieben, und dadurch klein gemacht. Der Kessel wird jetzt von dem Feuer gedreht, und die zu Boden sinkende Käsemasse zehn Minuten lang ruhig auf dem Boden des Kessels stehen gelassen. Dann wird der Kessel wieder über das Feuer gestoßen, und wieder rasch mit dem Brecher gerührt, bis die Käsetheile die Größe eines Reiskorns haben, und so elastisch sind, daß sie, wie der Senn sich ausdrückte, auf der Hand herumtanzen, wenn er diese in dem Kessel herumführt, um die Käsetheile zu prüfen.

Der Hitzegrad, der bei dem ersten Brechen bewirkt wurde, wird unterdessen durch vorsichtiges Feuern beibehalten. Haben die Käsetheile jene Größe und Elastizität erreicht, so wird der Kessel wieder vom Feuer abgedreht, und wenn die Käsetheile sich gänzlich auf dem Boden des Kessels niedergeschlagen haben, der Käse durch die bekannten Handgriffe aus dem Kessel gehoben, und in eine sechszehn Zoll hohe Jerbe gedrückt. Um die Käsemilch aus dem Käseteig zu treiben, wird derselbe nicht, wie auf den Alpen anderer Bergkantone, durch besondere Vorrichtungen gepreßt, sondern der Zweck der Reinigung von der Käsemilch durch eine andere Behandlung, wie es scheint vollständiger, erreicht. Es wird nämlich der Käse, sobald er in die Jerbe gedrückt ist, mit einer Menge unten zugespitzter, etwa sechs Linien dicker, zwanzig Zoll langer hölzerner Sprossen von oben bis unten durchgestochen, und zwar zuerst längs dem Umkreis, dann allmälig gegen den Mittelpunkt zu. So wie die Sprossen ausgezogen werden, drückt der Senn mit den Händen die Sirte zu den durch die Sprossen entstandenen Löchern hinaus, und diese Operation wird wiederholt, bis keine Sirte mehr zu den Löchern herausquillt; dann wird der Käse umgewandt, und das Durchstechen auch in entgegengesetzter Richtung mit den Sprossen verrichtet. Ist das Durchstechen zu Ende gebracht, so wird der Käse aus der Jerbe auf das Brühbrett gelegt, und da nach aller Kraft des Sennen mit den Händen gedrückt und geknetet; dann kommt er mit einem Tuch umschlungen wieder in die Jerbe, und wird in den Käsespeicher gebracht, wo er nach acht Tagen, und zwar erst dann gesalzen wird, wenn er in der Sprache der Hirten fett, d. h. auf der Oberfläche weich ist. Der am Morgen gemachte Käse kommt schon am Abend in eine Form von Tannenrinde, und wird dann alle Tage umgewendet. Bei dem Salzen wird er aus dieser Form genommen. Das Salzen geschieht alle zwei Tage oben und unten und auf den Seiten des Käses.

Die Urserenkäse gelten gewöhnlich ein Viertel bis ein Drittheil mehr, als die beßten Käse des Bernischen Oberlandes, und sie haben einen ungleich sicherern Absatz als diese. Sie gehören zu den weichen Käsen, wie schon die laue Bereitung es mit sich bringt, und halten sich kaum zwei Jahre lang. Ohne Zweifel würden die Bernischen und auch die Freiburgischen Käse, wenn sie nach der Verfertigung acht Tage lang nicht gesalzen würden, in Gährung kommen und verderben; und dieses schnelle Gähren wird bei den Urserenkäsen durch sorgfältigeres Austreiben der Sirte vermittelst der hölzernen Sprossen verhindert, da vorzüglich die im Käseteig zurückbleibende Sirte oder Käsemilch es ist, die die Gährung desselben beschleunigt, und diese Gährung bei den Bernerkäsen nur durch das Salzen verhindert oder gemildert wird.

Die Hirten auf der Garschen-Alp rechnen, daß vier Maas Milch ein Pfund fetten Käse geben. Das ist etwas weniger, als auf den Berner Alpen gerechnet wird *), und es stimmt mit den Erfolgen der lauen Käsebereitung überein, bei der wohl in der Regel weniger Ziegertheile sich von der Milch abscheiden, als wenn der Niederschlag der käsichten Theile aus heisser Milch erfolgt: da hingegen bei dieser weniger Zieger als bei jener durch die zweite Scheidung gewonnen wird. Auf den Urner Alpen scheinen auch, um gleiche Massen Milch zur Scheidung zu bringen, kleinere Quantitäten Lab, als auf den Berner Alpen, gebraucht zu werden. Vielleicht daß auch bei dieser geringen Beimengung des Scheidungsmittels weniger Ziegertheile mit den käsichten sich niederschlagen.

Ein Senn aus dem Berner Oberland hatte den Verfasser auf die Urseren-Alpen begleitet, und zum erstenmal hier eine andere Bereitung des Käses, als in seiner Heimath, gesehen. Der Urner suchte den Berner zu belehren; dieser aber, der Anfangs lächelnd, wie seiner Kunstüberlegenheit bewußt, und stillschweigend zugehört hatte, fing nun an, gereizt durch den etwas vornehmer werdenden Ton des Urners, spöttische Einwendungen zu machen, die des Gegners Offenheit unterbrachen, und den Verfasser einer genauern Belehrung beraubten. Der höhere Preis und der sicherere Absatz der Urserenkäse reicht ohne Zweifel diesen die Palme vor den Bernischen. Kein Fabrikat ist überhaupt, dessen Verfertigung auf so wenig bestimmte Regeln gebracht worden, wie das der Käse; keines, das in der Schweiz und in den angrenzenden Gebirgen

*) Die Urner Maas ist in ihrem Kubikgehalt gegen die Bernische — 91½:84¼; demnach würde nach dieser Bereitungsart von hundert Berner Pfunden Milch nur sieben Pfund Käse erfolgen, während auf den Berner Alpen von hundert Pfund Milch gewöhnlich acht bis zehn Pfund Käse erhalten werden.

so chinesisch auf der gleichen Stufe der Vollkommenheit geblieben wäre. Wie jetzt der Urserenkäse bereitet wird, so wurde er vor einem Jahrhundert bereitet; und so ist es auch mit dem Brienzer und mit den Greyerzer Käsen. Der Reiz der Neuheit gilt doch oft in Sachen des Zungengeschmacks wie in Sachen des ästhetischen, und Fabrikate überhaupt, die sich immer gleich bleiben, räumen früher oder später solchen, die durch Aenderung zu gewinnen suchen, in der Handelskonkurrenz gewiß das Feld. Wenn der Greyerzer Käse besser ist, als der Bernische, und theurer bezahlt wird, warum hat der Berner noch nie versucht, Greyerzer Käse zu machen? Wenn der Parmesankäse, der aus magerer Milch gemacht wird *), eben so theuer bezahlt wird, als der fette Urserenkäse, warum macht der Urner keine Butter und keinen Parmesankäse? Warum machen die Bündner, die meistens Butter auf ihren Alpen verfertigen, nicht nach der Butter noch Parmesankäse? Freilich ist die Einwendung von Gewicht: daß nicht auf allen Alpen gleiche Kräuter wachsen, und die Art der Bereitung in jedem Alpenrevier verschieden sei. Aber läßt sich der schlechtere Kräuterwuchs auf einer Alp nicht durch Ansaat der bessern verbessern? Läßt nicht jede Bereitungsart sich lernen, und, da jede Bereitungsart vor Zeiten neu gewesen, läßt sich denn nie eine neue erfinden, die besser als die alte sei?

Die Fußbekleidung der ersten Oberwalliser Hirten, denen wir im Aufsteigen der Furka-Gipfel begegneten, machten uns die Familienähnlichkeit dieses helvetischen Stammes mit dem Bündenschen und dem Urnischen noch in die Augen fallender.

*) S. Feuilles d'agriculture du Canton de Vaud, P. III. Nr. 47, 48.

Die Hirten in diesen Gebirgen tragen nämlich alle Holzschuhe, die aber bloß aus konkav gehöhlten Sohlen bestehen, und durch Lederriemen über den Fuß geschlungen, befestigt werden. Diese Sohle hat keine Gelenke, und ist unten mit starken eisernen Stiften versehen, die statt der Fußeisen dienen. In solchen Schuhen schreitet der Hirt mit ausserordentlicher Sicherheit an den steilsten Berghalden. Diese Fußbekleidung ist wohl so alt, als die Völkerschaften selbst, und die wohlfeilste und einfachste, die sich gedenken läßt. Die drei Völkerschaften scheinen noch eine andre Eigenheit in dem Bau ihrer Häuser mit einander gemein zu haben. In den höchsten Thälern ihrer Gebirge sind nämlich die Fensteröffnungen ihrer Wohnhäuser so klein, daß kaum das Licht des Tages in die Kammern dringen kann, und ganz unmöglich ist darin zu schreiben oder zu lesen. Das ist nicht so bei den Hirten der Kantone Bern, Luzern und Freiburg, die selbst auf den Alpen köstlichere Schuhe tragen, gar nicht, oder selten, wie jene, mit nackten Beinen gehn, und große Fenster in schönen Häusern haben.

Billig ist's, daß die Berner, Luzerner und Freiburger Bauern für ein köstliches Gut, das sie im vorigen Jahrhundert ganz verloren haben, Entschädigung fanden. Wir lieben Strümpfe, und bequeme Schuhe an den Beinen, und große Fenster an den Häusern sehr, schätzen aber doch die Freiheit noch viel höher.

Die Bühl- und Lani-Gletscher auf der Sonnen- und Schattenseite des Furkapasses waren noch im Vorwärtsrücken. Der Wachsthum von jenem beweiset, daß die Lage gegen die Sonne nicht immer den frühern Rückzug bestimmt, wie dies aus dem Rückzug des gegen Mittag gewandten Rhonegletschers zu vermuthen wäre, der mit dem vorrückenden Triftgletscher auf der entgegenstehenden Schattenseite in Verbindung steht. Noch fanden sich Schneelasten an der bei 7493 Fuß hohen Wasserscheide des Passes. Vor dem Jahre 1816 schmolz der Schnee auf dieser Höhe im Sommer allezeit weg, nachher bis zum Jahre 1821 ist er niemals ganz weggeschmolzen.

Droseln und Bergrosen fanden sich bald am Gebirge der Furka wieder auf den Berghängen ein, die gegen Oberwallis gewandt sind, und der erste Blick in das hohe Rhonethal gab die Ueberzeugung, daß hier die Berge, wie die Rhätischen, mit Baumwuchs bekleidet seien, und der böse Zauber, der im Urner Gebiet die Bäume verdorben, jenseits der Furka nicht gewirkt habe. Beide Sträucher bleiben noch an der Grimselkette herrschend, und zwischen ihnen grünen bald hier bald dort noch Birken, Vogelbeer, Lärchen, Fichten und Arven. Eilend, den Grimselspital noch vor Einbruch der Nacht zu erreichen, konnten wir dem prachtvollen Gletscher und den Ufern des jugendlichen Rhodans nicht nach Wunsche unsere Aufmerksamkeit weihen, und klimmten ohne Aufschub an der Meyenwand hinauf. Ein Mann hatte das Pferd am Zaum, ein anderer es am Schwanz gefaßt: langsam und ermüdet folgten wir nach. Eben an der gefährlichsten Stelle, wo der Fußpfad schmal sich am Abgrunde windet, fanden wir diesen Fußpfad wie muthwillig verdorben. Das Pferd mußte auf einem Umweg oben zwischen Klippen durchgeführt werden, und nicht ohne Grauen gelangten wir über diese Stelle. Nachher versicherte uns der Urner Führer, der Wirth von Obergestelen im Wallis habe absichtlich die gefährliche Stelle mit Schaufel und Hacke noch gefährlicher gemacht, um die Reisenden, die von der Furka nach der Grimsel gehen, zu nöthigen, über Obergestelen dahin zu kommen *). Ein solcher Banditenstreich, verübt von einem Wirthe, von einem Manne also, der unter Garantie der Regierung heilige Pflichten der Gastfreundschaft gegen die Fremden zu erfüllen hätte, — solch ein Banditenstreich ist kaum glaublich.

Im Hospiz des Grimsels saßen zwei Engländer, die ohne Führer, der deutschen Sprache unkundig, sich aus Italien hieher gefunden hatten. Ein französisch sprechender Kapuziner, der aus dem Wallis sich auf die Grimsel durchgebettelt hatte, und nun den Hausgenossen des Spitalmeisters, den Säumern und Hirten eine Predigt hielt, brachte vieles Leben in die Gesellschaft. Die mehrsten Zuhörer verstanden von seinen Reden nichts, aber die Augen, die Gesichtsmuskeln, die Bewegung der Arme, all das fanatische Gebehrdenspiel des Mannes fesselte so sehr die Aufmerksamkeit der Zuhörer und der Zuschauer, daß der Kapuziner diese Aufmerksamkeit für Wirkung seiner Beredsamkeit hielt, immer eifriger deklamirte und, in steigendem Affekte, gereizt durch einige muthwillige Einwendungen der jungen Engländer, ganz zu rasen anfing, bis die Erschöpfung ihn endlich zum Schweigen brachte. Der Text der gehaltenen Predigt war Napoleon und die Philosophen. Jener wurde als Satanas und Antichrist aufgeführt, diese als Diener seiner Finsterniß. Alles Böse, was auf diesem Erdenrund geschah, geschieht, und geschehen wird, wurde jenem Meister und diesen Gesellen zugeschrieben. Einer der Engländer fragte

*) Ein Wirth von Obergestelen war es, der vor 40 Jahren sich an dem kranken, unvergeßlichen Saussure versündigte. Hoffentlich ist dieser Wirth nun gestorben, und hat nicht am Fußpfad der Meyenwand ein zweites Denkmal seiner Humanität gesetzt. Siehe Voyage dans les Alpes par de Saussure, III. 479.

mit komischem Ernst den Prediger, eben als das heilige Delirium in der Krise der Erschöpfung lag, ob er nicht etwa ein reisender Redaktor der weißen Fahne sei*)? Der Kapuziner schloß die Augen. Bald aber ermannte er sich, und — — — bettelte.

Das Gärtchen des 5887 Fuß über das Meer erhöhten Hospizes **) wurde besucht. Es gedeihen da nur weiße Rüben und Salat. Kartoffeln sind selbst in guten Jahren nicht reif geworden. Möhren, oder andre landwirthschaftliche oder Gartengewächse sind nicht versucht worden anzupflanzen. Von Bäumen ist die Gegend weit in der Runde gänzlich entblößt, und nur etwas tiefer, in den geschützten Schründen, gedeihen Droseln-, Bergrosen- und Vogelbeergebüsche. Das beständige Strömen kalter Winde in dem Winkel, wo das Aarthal von Guttannen, und das Lauteraarthal von den großen Gletschern bei dem Hospiz zusammenstoßen, hat ohne Zweifel in diesen Gegenden das Gedeihen junger Bäume verhindert, nachdem die alten, von denen sich so häufige Spuren in der Erde finden, für die Bedürfnisse des Hospizes gefällt waren. Weiter hinein gegen die Lauteraar-Gletscher hin finden sich wieder Arven, Lärchtannen, Fichten und Birken, sobald das Wehen der Nordwinde durch das Guttannenthal hinauf nicht mehr fühlbar ist.

*) Le Drapeau blanc. Eine französische Zeitschrift, die kürzlich die Schweizerischen Regierungen sammt und sonders für illegitim erklärt hat.

**) In den Bemerkungen über die Wälder und Alpen des Bernischen Hochgebirges steht als ungerügter Druckfehler eine größere Höhe. Jene hier angegebene steht in Uebereinstimmung mit der von Saussure beobachteten. Siehe Voyage dans les Alpes III. 442.

Das Aarbodenthal, das die Aar durchströmt, in dessen Hintergrund die Mündung des Lauteraargletschers und die Quellen dieses Flusses sind, streicht ganz westlich vom Hospize hinweg, beinahe mit wagrechtem Grunde, gegen den Gletscher hinan. Auf dem Thalgrunde, der etwa anderthalb Stunden lang sich bis zum Gletscher ausdehnt, und auf den Berghängen, die das Thal einschliessen, finden fünfundzwanzig Kühe und vierhundert Schafe drei Monate lang hinreichende und milchreiche Weide, und diese ganze Alp, die Walliser Privatleuten gehört, ist um den Preis von hundert Louisd'or feil; und dieser Preis einer Thalfläche von einer Quadratstunde, und der Weide für eine große Schafheerde, gibt einen niedrigen Maasstab, nicht so wohl für die Wirthbarkeit des Klimas, als für die Betriebsamkeit, so ausgedehnte Ländereien zu benutzen.

Nach der Menge des Arvenholzes zu schliessen, die hier aus dem Thalboden gegraben wird, mag das ganze Thal in der Vorzeit von einem Arvenwald bedeckt gewesen sein. Noch jetzt stehen sowohl am Siedelhorn an der Schattenseite, als an den gegenüberstehenden Hängen alte Arven wohl 500 Fuß höher, als das Hospiz. Rothtannen, Lärchen, Birken und Kiefern finden sich an diesen Felswänden noch etwa 200 Fuß tiefer als die höchsten Arven. Die Kiefern stehen da aufrecht, aber unzugänglich, so daß die Zapfen nicht mit den Zapfen der Legfohren verglichen werden konnten.

Ueber der Mündung des Gletschers findet sich noch ein Waldsaum von Rothtannen und Arven an der Sonnenseite, gegenüber den steilen Felswänden des Zinkenstocks. Wir fanden diese Bäume, die ziemlich hoch über den Eismassen des Lauteraargletschers stehen, im

Hinaufsteigen des Gletschers immer so gut vegetirend, als diejenigen, die fern von dem Gletscher in gleicher Höhe mit jenen stehen, und diese Bäume beweisen wohl, so wie der Garten auf der Felseninsel des Talafre-Gletschers *), daß die Eismassen der Gletscher durch die Kälte, welche sie der Luft mittheilen, dem Pflanzenleben nicht nachtheilig werden.

Die Käsefabrikation auf der Aarboden-Alp geschieht zum Theil in einer Felsenhöhle, zum Theil gegen den Gletscher zu in Hütten von grauem Alterthum. Die Gebäude sind von Granitstücken aufgeführt, nur das Dach ist durch Hilfe von Balken getragen, die auf dicken Säulen von Arvenholz ruh'n. Keine der hier herum noch vegetirenden Arven würde solche Säulen liefern können. Einige Dachbalken in der einen Hütte waren von Birkenholz, an dem die Rinde und das Holz noch keine Spur von Fäulniß zeigte. Nach der Versicherung des Sennen war die Hütte gewiß über hundert Jahre alt, und die Dachhölzer waren noch nie erneuert worden: das wäre ein neuer Beweis, wie sehr eine verdünnte Luft der Fäulniß widersteht; denn Birkenholz, das in unsern tiefen Wäldern gefällt und in der Rinde gelassen wird, fault in kurzer Zeit.

Die Schwierigkeit, auf Alpen, wie der Aarboden, Gebäude zu errichten, ist freilich ein Hinderniß der bessern Benutzungsart. Daß aber der Mangel an Wäldern nicht die bessere Bewirthschaftung und nicht Ansiedlungen gänzlich hindere, beweisen schon die Realper, die ohne den Dünger zu verbrennen, wie die Lappländer und die Thalbewohner von Ferrera, sich mit niedrigem Gesträuche vor der Winterkälte schützen.

*) Der sogenannte Courtil (jardin), den Saussure beschreibt. Siehe dessen Voyage dans les Alpes I. 32.

14

Sehr wünschenswerth würde es sein, über die beste Art des Pisebaues auf dem Gebirge Versuche anzustellen. Wenn diese Bauart auf dem Hochgebirge eingeführt werden könnte, sie würde nicht nur die Reste unserer Alpenwälder retten helfen, sondern auch für die höhere Benutzung der Alpen selbst von höchster Wichtigkeit werden. Durch den Pisebau könnte selbst auf vielen Schafalpen der landwirthschaftlichen Industrie ein neues Feld eröffnet werden. Das abwechselnde Gefrieren und Aufthauen würde ohne Zweifel leichter auf dem Alpengebirg als anderswo den Bauten mit gestampfter Erde verderblich werden; allein es könnte vielleicht eine Mischungsart der Erde mit Kuhhaaren, Kuhmist, oder mit vegetabilischen Substanzen gefunden werden, welche die Wirkung jener Witterungszufälle auf die Erdbauten aufheben würde.

Wir hatten gewünscht, die Kristallhöhle am Zinkenstock zu besuchen, und von dieser Höhe hinunter den Gletscher und das Aarbodenthal zu betrachten. Unser Führer, der Knecht des Spitalmeisters, hatte versichert, daß die Reise ohne Gefahr unternommen werden könne. Den Felswänden über dem linken Ufer der Aar entlang gelangten wir auf den Gletscher, der, immer noch vorrückend, an seiner Mündung ganz mit Felstrümmern von Granit bedeckt war, über deren scharfe Kanten der Weg beschwerlich weiter ging. Ein Theil des Gletschers war unlängst eingestürzt. Die Ränder des entstandenen Schrundes blinkten mit hellblauem Eise unter der schwarzen Bedeckung von Felstrümmern und Sand hervor, und das Geräusch des Wassers unter unsern Füßen ließ leicht vermuthen, daß der Fluß durch Auflösung des Eises auf seinem verborgenen Wege den Einsturz verursacht habe. Desto sicherer schritten wir hinüber, da auf dieser Stelle keine fernern Einstürze zu besorgen waren, und gelangten bald an das jenseitige Ufer des Gletschers, an die Felsen des Zinkenstocks nämlich, über die ein Gemsjäger-Pfad fast senkrecht hinan zu der Höhle führt.

Schneelawinen hatten an einigen Stellen den Fußpfad durch Losreissen von Felsstücken beschädigt, und die beruhigende Versicherung des Führers fand sich durch die That widerlegt. Wer an steilen Felsen nur irgend hoch geklommen ist, klimmt, ehe er vor gefährlichen Stellen umwendet, lieber noch höher, weil so oft die Gefahr des Abwärtskletterns noch größer scheint, als die des Hinaufklimmens, und so gelangten wir endlich nicht ohne Bangigkeit zu der berühmten Felsenhöhle, die vor hundert Jahren für 30,000 Thaler Kristalle an Ausbeute den Entdeckern gegeben haben soll *).

Wir krochen in die Felshöhle, und waren überrascht, eine wohlverschlossene Flasche da zu finden; sie wurde geöffnet, und enthielt auf einer zusammengerollten Karte den Namen eines Reisenden **), dem wir die unsrigen mit freundlichen Wünschen für den Wanderer beifügten, der künftig die Flasche mit eben so angenehmen Empfindungen finden und eröffnen möge!

In der Höhle ist keine Spur mehr von Kristallen, aber die Wände schimmern noch überall von hellem Quarz; sie liegt wohl 150 Fuß über dem Gletscher. Von den Umständen ihrer Entdeckung wurde uns Folgendes erzählt: Mehrere Männer von Oberhasle hatten etwa fünfzig Fuß weit von dieser Höhle Kristalle ge-

*) Noch jetzt sind ihre Nachkommen im Dorfe Geisholz bei Meyringen in ehrenhaftem Wohlstand.

**) Ein Pariser, dessen Namen der Verfasser in seiner Schreibtafel unkenntlich verwischt fand.

sucht, und mit Pulver den harten Granit gesprengt. Einer der Arbeiter, der, um vor der Wirkung eines Schusses sicher zu sein, sich in die Gegend der verborgenen Höhle gestellt hatte, bemerkte, daß aus einer Felsritze jedesmal, wenn dort gesprengt wurde, ein feiner Wasserstrahl hervorspritzte; durch diesen geleitet, wurden nun die Bohrlöcher bei der Felsenritze angelegt. Die Höhle ergoß die gefangenen Gewässer durch die zerrissenen Wände, und die entdeckten Schätze blinkten den Ueberglücklichen entgegen.

Die Aussicht von der Höhle hinweg, ist eine der fürchterlichsten. Unten im Abgrund die Gletscherwüste, deren Ende das müde Auge vergeblich sucht; im Westen die steile Masse des Lauteraarhorns, mehr nördlich die Kuhtriften, ostwärts das Siedelhorn, und überall auf den leblosen Felsen die leblose Decke des Schnees. Auch die Aar, der einzige Puls des Lebens in dieser Schöpfung, floß verborgen in der Oede. Das mächtige „Werde"! des Schöpfers schien nicht hieher gereicht zu haben: die tiefe Stille gab nur Bilder der Vernichtung.

Vor der Rückkehr über den Gletscher graute uns, da wir der eingestürzten Gewölber gedachten; wir suchten längs den Felswänden des Zinkenstocks die Mündung des Oberaarthals zu gewinnen, in dessen Grunde wohl eine der rauhsten Kuh-Alpen liegen mag. Die Walliser, in deren Gebiet diese sowohl, als die Aarboden-Alp liegt, fahren gewöhnlich mit ihren Kühheerden vom Rhonethal über die Kette des Siedelhorns auf die Alp, da der Weg über die Grimsel viel länger ist. Ein Abhang gegen das Oberaarthal, der auf ihrem Wege liegt, ist dann gewöhnlich zur Zeit der Alpfahrt mit Schnee bedeckt, und senkt sich ziemlich steil gegen den Thalgrund in eine Vertiefung, in der der Schnee weich aufgehäuft ist. Die Kühe werden schüchtern, sobald sie oben auf den Stand des Abhangs kommen, und dürfen nicht hinunter. Dann wird eine nach der andern den Kopf nach oben gewandt. Ein Hirt stemmt sich an den Schwanz, andere an den Kopf, und suchen das Thier zum Gleiten zu bringen: sie glitschen hinunter; der Schnee am Fuße des Abhangs fängt sie auf, selten nimmt eine Schaden.

Wir befanden uns in der Mündung des Oberaarthals, aber zwischen den beiden Flüssen der Oberaar und der Lauteraar gefangen. Der Knecht, ein baumstarker, junger Mann zog sich aus, um eine seichte Stelle zum Durchgang zu suchen; aber der wildreissende Strom vereitelte jeden Versuch, obgleich das Wasser dem Manne kaum über die Knie reichte. Es blieb nun kein Ausweg, als in etwas gewagten Sprüngen über die weniger breite, aber noch reissendere Oberaar zu kommen, in deren Bett hervorragende Felsen das Gelingen des Uebergangs erleichterten. Am Feuer der Enzianbrenner trockneten wir die durchnäßten Kleider.

Woher denn wohl auf der fast wagerechten Fläche des Aarbodenthals, der so wenig tiefe Fluß den reissenden Lauf genommen haben mag, da der Fuß des Gletschers, aus dem er zu quellen scheint, nicht über die Thalfläche erhöht ist? Ohne Zweifel erhöht sich der Thalgrund auf dem der Gletscher ruht, steil gegen das Lauteraarhorn; die Gewässer fliessen mit starkem Gefälle unter den ausgehöhlten Eismassen zusammen, werden da gepreßt, und quillen deswegen mit Gewalt unter dem Gletscher hervor. Dieser Druck der gepreßten, im Eis verborgenen Gewässer trägt gewiß vieles zu ihrem Vorrücken und ihren Zerklüftungen bei.

Die große Heerde von Ziegen, die der wackere

Wirth im Spital hält, und wohl jeder Wirth vor ihm hier gehalten haben mag, erklärt zum Theil auch die Armuth an Holzpflanzen, die in den Umgebungen des Spitals herrscht. Die Ziegenheerde gab Anlaß, über die Produkte der Ziegenmilch Erkundigungen einzuziehen. Der Käsekessel des Spitalmeisters hielt bei 160 Pfund Milch, diese gaben fünfzehn bis sechszehn pfündige Ziegenkäse. Da der Rahm in der Ziegenmilch sich, wegen innigerer Verbindung mit der Milch, nicht wie bei der Kuhmilch auf die Oberfläche zieht, so kann die Ziegenbutter nicht wie die Butter der Kuhmilch gewonnen werden, und sie scheidet sich erst nach dem Niederschlag der käsigen Theile. Sobald der Käse nämlich aus dem Kessel gehoben ist, so wird stärker, bis zur Siedhitze, gefeuert; dann erst erheben sich die Buttertheile auf die Oberfläche der Käsemilch, und werden da zu Verfertigung der Ziegenbutter abgeschöpft. Jene 160 Pfund Ziegenmilch geben, nach dem der Käse aus dem Kessel genommen ist, zwei Pfund Ziegenbutter, und nachher noch zwei Pfund magern Zieger.

Der Kapuziner hatte den Weitern genommen. Die Engländer waren von einem vergeblichen Versuch auf der steilsten Seite über Schneefelder, ohne Führer, die Spitze des Siedelhorns zu erreichen, zurückgekehrt. Zwei schöne Mädchen ordneten ruhig in der Wirthschaft und in der Küche: sie gaben Stoff zu mancherlei Betrachtungen über die Bildung wohlhabender Bernischer Landmädchen. Die eine war schlicht, einfach und gefällig; sie sprach nur die Sprache des Landes; ihr lag Tragen und Heben, Waschen und Räumen ob. Die Andere hatte den Ehrenplatz in der Küche, und war zu Erlernung der französischen Sprache in der Waadt gewesen: sie war geziert, gebieterisch, schnippisch, und that sich offenbar auf einige französische

Lieblingsphrasen viel zu gut. Der Geißhirt rief ihr in die Küche: er sehe Fremde kommen; sie blickte zum Fenster hinaus, und bemerkte vornehm: „Das ist nur Lumpenpack, sie tragen ja ihren Bündel selbst!"

Welch reichhaltiger Stoff zu wehthuenden Betrachtungen liegt in diesen Worten des Mädchens, das in früherer Zeit selbst Bündel getragen hatte, den Vater und die Schwester tragen sah, und nun kurzweg alle Bündeltragenden mit dem Worte Lumpenpack bezeichnete! Welche unselige Verkehrtheit, die so häufig bei Landleuten der westlichen Schweiz, so selten bei denjenigen der östlichen Kantone gefunden wird. Jener adeliche und edle Bündner, der von Chur hinweg mehrere Stunden weit seinen Bündel trug, bildet einen schneidenden Kontrast mit dem Berner-Landmädchen. Die Adelsthorheiten sind in der östlichen Schweiz viel seltener, ohne Zweifel aus dem Grunde, weil da keine Hauptstädte sind, die vormals dem französischen Hofe dienstbar waren, und seine Verkehrtheiten in ihre Sitten aufnahmen. In den östlichen Städten ist auch das Vorurtheil seltener, das, statt die Kenntniß der französischen Sprache nur als ein Bildungsmittel anzusehen, diese Kenntniß gar als Bildung selbst betrachtet, und über der Nahrung, die sie der Eitelkeit gibt, die Bildung des Geistes versäumt. Dieses Vorurtheil hat sich unglücklicher Weise auch in die Begriffe der Landleute des deutschen Theils des Kantons Bern verpflanzt. Hier, wo die Landschulen ohnehin, bis ganz vor Kurzem erst, größtentheils so elend waren, sendet nun bald jeder wohlhabende Landmann seine unwissenden Kinder zur Erlernung der französischen Sprache und zur Abrichtung in der Höflichkeit in die Waadt, aus der sie gewöhnlich ganz unwissend, aber anmaßender, zur Arbeit untüchtiger, und als Zerrbilder feiner Sitte zurückkommen. Der Unterschied zwischen der Höflichkeit der Humanität, und der Höflichkeit der Hofleute, ist so groß, als der zwischen einem in der Farbe der Gesundheit blühenden, starken, sittlichen und gefühlvollen Jüngling, und einer verbuhlten und geschminkten Schauspielerin. Jene fließt von selbst aus einer reinen Quelle, und wird nie durch Abrichtung gewonnen, wie diese. Die Höflichkeit der Humanität ist überall zu Hause, wo gute und edelmüthige Menschen wohnen; die Höflichkeit der Hofleute herrscht in der sogenannten großen Welt, und in sehr vielen der Pensionsanstalten, in welche die deutschen Schweizer ihre Kinder senden. Die Höflichkeit der Humanität macht wahrhaft und fromm; die Höflichkeit der Hofleute macht oft nur falsch und heuchlerisch. Jene schöpft die Regeln des Anstandes aus dem sittlichen Gefühle; diese aus der Mode, aus Worten und Gebehrden, aus den — Kleiderformen, und aus dem Schnitt der Haare. Mit der Hälfte der Summen, welche die deutschen Schweizer in den Hauptstädten und auf den Landschaften anwenden, um ihre Kinder die französische Sprache und sogenannte Lebensart lernen zu lassen, könnten sie zu Hause die vollkommensten Bildungsanstalten für Städter und Landleute errichten, und, was köstlicher ist als erspartes Geld, die Sitte ihrer Kinder einfacher und — vaterländischer bewahren.

Noch tiefer, als das Hospiz, an der Aar hinunter dauert die Entblößung von Bäumen in einer absoluten Höhe fort, in der in Bünden die schönsten Wälder stehen, und dieser Theil des Aarthales ruft das nackte Gotthardgebirge wieder ins Gedächtniß. Die ersten Holzgewächse vom Hospiz gegen Guttannen hinunter sind Bergrosen, Droseln, Vogelbeersträucher, dann einzelne elende Birken, und der Traubenhollunder. Lichte Waldbestände von Arven, Kiefern, Lärchtannen und Rothtannen erscheinen erst unter dem Kessel von Röderichsboden, wo die Grenzen zwischen der Legfohre, und der Kiefer zu sein scheinen, da höher selten dieser Baum einen aufrechten Wuchs zeigt. Doch zeigen sich auch bisweilen Legfohren über den Boden gestreckt in der Nachbarschaft aufrechter Kiefern, und aufrechte Kiefern an Abhängen, die sonst ganz mit kriechenden Legfohren besetzt sind. Zwischen dem Röderichsboden und der Handeck fiel dem Verfasser auf einem Felsstück, das aus dem Berghang vorragte, eine einzelne aufrechte Kiefer auf, wo rings um dieses Felsstück ein ganz reiner Bestand von Legfohren den Abhang bedeckte. Die Wirkung der Windstürme, welche die Schneelasten in bestimmten Richtungen über die Gebirge wehen, mögen auf den kriechenden Wuchs grossen Einfluss haben, da die einzelnen Legfohren in einem mit dieser Holzart bestandenen Bezirk meistens alle nach der gleicher Gegend hin über den Boden gestreckt sind, und selten durcheinander ranken. Die Benennung Legfohre sollte daher aus der deutschen Nomenklatur verbannt werden, da, wie mehrere Erfahrungen beweisen, die Legfohren auch aufrecht wachsen können, ohne jemals sich über den Boden zu legen, und mithin der Name Bergkiefer viel passender dieses sonderbare Gewächs bezeichnen würde.

Das Aarthal von Guttannen hinweg bis Meyringen ist beinahe so hoch in absoluter Höhe, als das Thal des Tessins von Airolo hinweg bis Faido *). Welche Kontraste aber nicht nur in der Vegetation, sondern auch in den Formen der Gebirge! Bis Grund hinunter hat das Aarthal fast ununterbrochen die

*) Guttannen 3297, Meyringen, 1898, Airolo 3534, Faido 2237. Die erstern Bestimmungen sind nach Frey. Saussure's Barometer-Beobachtungen geben für Guttannen 3198, für Meyringen 1818 Fuß.

Wildheit des Reußthales in der Schöllenen: nur daß hier nackte Felsen das Thal einfassen, im Aarthal hingegen zwischen den wild zerrissenen Felsen die Berghänge mehr mit Wald bekleidet, aber fürchterlich von Schneelawinen verwüstet sind. Weder die Bündenschen, noch die Urner Gebirge, und noch weniger die des Kantons Tessin scheinen den Lawinen so sehr ausgesetzt zu sein, als die Thäler des Bernischen Oberlandes.

Im Thalgrund von Guttannen gedeihen alle gewöhnlichen Sommergetreide-Arten, und, ehe der Kartoffelbau üblich war, wurden zum Hausgebrauch der Thalbewohner hinreichende Kornärnten gewonnen. Seit langer Zeit sind nun Kartoffeln das gewöhnlichste Nahrungsmittel geworden; Brod wird zum Gebrauch der Thalleute nur aus einer Mischung von Kartoffeln- und Gerstenmehl gebacken. In den Gärten gedeihen noch Möhren, weiße Rüben, Erbsen und Ackerbohnen alle Jahre, nur in günstigen aber Kabis, Blumenkohl und Schlingbohnen. Kirschbäume sind die einzigen Fruchtbäume; Birnen- und Aepfelbäume werden keine mehr zu pflanzen versucht, da der Fön, der mit fürchterlicher Gewalt von der Grimsel durch das Thal herunter dringt, die Blüthen meistens verderbt. Hanf hat eine einzige Haushaltung seit einigen Jahren mit Erfolg gepflanzt; im tiefer liegenden Dörfchen Imboden wird keiner mehr gebaut. Vielleicht, daß hier, wo das Thal sich sehr verengt, der Hanf öfter durch Stürme mit frühem oder spätem Schnee Schaden nimmt; oder daß die Leute in Imboden, wie in Guttannen durch das Mißlingen einiger Hanfsaaten in den verflossenen ungünstigen Jahren dieser Kultur abhold geworden sind. Flachs gedeiht sicherer und schön; er wird in ziemlicher Menge gebaut, und das Garn mit Vortheil nach Unterwalden, Luzern und Zürich verkauft.

II.

Versuche von Alpenkulturen

und

Vergleichung des Ertrags der Bündenschen mit dem Ertrag der Bernischen Alpen.

1.

Das Brennen des Rasens, das im Bernischen Oberlande und im Emmenthale fast überall angewandt wird, wo ohne Düngeraufwand Kartoffel- und Getreidearten auf wüstem, mit Unkräutern, Sträuchern, Moos oder schlechtem Grasfilz überzogenem Boden in Kultur gesetzt werden sollen, scheint weder in Bünden noch im Kanton Tessin oder Uri üblich zu sein. Im Kanton Bern wird diese Operation, die auch in der Waadt und in Frankreich unter dem Namen des écobuage öfter vorgenommen wird, auf folgende Art verrichtet: Nachdem der Rasen und das Flechtwerk der Wurzeln auf dem Weide- oder dem Wiesenplatze mit breiten, besonders zu diesem Zwecke dienenden Hacken, in so viel möglich zusammenhängenden Stücken geschält, und ebenfalls mit Hacken acht bis zehn Zoll aufgerissen worden, wird eine von Baumzweigen geschnittene Gabel mit ihrem zugespitzten Fuß so in die Erde getrieben, daß die Gabel etwa einen Fuß hoch vom Boden stehe, und ein anderer Baumzweig von sechs bis acht Fuß Länge mit dem einen Ende in die Gabel erhöht, mit dem andern auf die Erde als Axe des Brennhaufens zu liegen komme. Die Gabel wird nach der Seite eingesteckt, wo der Windzug herkommt, damit, wenn hier eingefeuert wird, der Windzug, der Richtung des Baumzweigs folgend, den Rasenhaufen in seiner ganzen

Länge entzünden könne. Auf den in der Gabel liegenden Baumzweig werden nun dürres Reisig, dann Zweige, wo möglich von Fichten, dachförmig gelegt, und dann mit den losgeschälten Rasenstücken, die vorher an der Sonne mehrere Tage ausgebreitet gewesen, bedeckt. Die Brennhaufen, wenn sie aufgerichtet stehen, werden acht bis zehn Fuß lang, drei Fuß hoch und eben so breit sein. Dann wird in dem Scheuerloch bei der Gabel Feuer angelegt, wenn keine regnerische Witterung zu befürchten ist, und so lange das Brennen vor sich geht, das je nach der Witterung vier bis sechs Tage dauern kann, dahin gesehen, das Ausbrechen der Flamme zu verhindern; wo sich Oeffnungen in der Rasendecke zeigen, werden sie mit Erde oder Rasenstücken zugemacht. Die Brennhaufen werden nach ihrem Erlöschen auseinander geworfen, die halbverkohlten Rasenstücke da eingegraben, wo die Kartoffeln gepflanzt werden, und die erhaltene Brennerde als Dünger über die Kartoffeln gehäuft. Fast immer wird die Kultur des neuen, so behandelten Aufbruchs mit Kartoffelsaat begonnen. Nach der Kartoffelärnte wird noch zweimal, immer ohne Dünger, gesäet, und dann, wenn nach drei Jahren der Boden erschöpft ist, entweder mit reichlicher Düngung wieder Kartoffelbau vorgenommen, auf den Getreidesaaten folgen, oder der ausgemagerte Aufbruch wüste gelassen, und andre Weidbezirke auf gleiche Weise durch Brennen gedüngt, und wieder erschöpft liegen gelassen. Die letztere Raubwirthschaft wird gewöhnlich von armen Leuten befolgt, die auf wüsten Almenden Land genug für Pflanzung von Lebensmitteln erhalten, aber keinen Dünger entübrigen können, um die durch das Brennen erschöpften Aecker wieder in fruchtbaren Stand zu bringen, oder Kartoffelpflanzungen so hoch an den Bergen und so entfernt von den Stallungen anlegen, daß sie keinen Dünger hintragen könnten.

Auf die Art, wie die Brennhaufen im Oberlande behandelt werden, wird weder eine große Menge Asche erzeugt, da die Flamme nicht zum Ausbruch kommt, noch hat eine vollständige Verkohlung der Rasenstücke Statt, da die Bedeckung der Brennhaufen der Luft ungleich mehrern Zutritt läßt, als die Bedeckung der gewöhnlichen Kohlen-Meiler. Auf dem Theil der Oberfläche, wo der Brennhaufen gestanden hat, zeigt sich immer eine erstaunliche Vegetation, wenn gleich nach dem Brande alle Brennerde und alle Asche fortgenommen wird; und wenn die Rasenstücke, die zur Bedeckung des Brennhaufens gedient haben, eingegraben werden, so wachsen über diesen Rasenstücken auch die Saaten besser, als auf Rasenstücken, die eingegraben werden, ohne, wie eben bemerkt wurde, als Decke des Brennhaufens gedient zu haben. Es läßt sich aus diesen Erfahrungen also wohl schliessen, daß nicht nur die Asche, die bei dem Brennen entsteht, und nicht nur die Kohle, sondern daß die Gasarten, die sich dabei entwickeln, und sowohl unterwärts durch Reaktion wirken, als aufwärts die Rasendecke imprägniren, ein vorzügliches Beförderungsmittel der Fruchtbarkeit werden. Es haben sich gegen diese Art Urbarmachung wüsten Landes durch das Brennen des abgeschälten Rasens ungünstige Urtheile, selbst an denjenigen Orten zum Theil festgesetzt, wo diese Methode seit langer Zeit eingeführt ist; da z. B. behauptet wird, die Düngung durch die Branderde nehme, wie Kalk und Gipsdüngung, gleichsam antizipationsweise die Fruchtbarkeit des Bodens auf Kosten der künftigen Bestellungen in Anspruch, und Land, das ohne Brennen, bloß durch die untergebrachten geschälten Rasenstücke gedüngt werde, bleibe länger fruchtbar, wenn es gleich im ersten Jahre des Aufbruches viel geringere Aernten gebe, als durch Branderde gedüngtes Land, das immer bald erschöpft werde. Erfahrungen, die der Verfasser auf dem Abendberg gemacht, scheinen aber bis dahin diese Besorgnisse zu widerlegen, und zu der Annahme zu führen, daß, wenn nur das Jahr nach dem Brennen die Erde wieder mit animalischem, oder grünem vegetabilischem Dünger wieder in Kraft gesetzt wird, die gefürchtete Erschöpfung nicht erfolgt, und also immer das Brennen den bedeutenden Vortheil gewährt, ohne Schwächung der Dungvorräthe wüste Weidbezirke in Kultur zu setzen. Es ist äusserst merkwürdig, wie verschieden die Kapazität der verschiedenen landwirthschaftlichen Pflanzen ist, jene durch das Brennen entwickelten Gasarten, oder fruchtbarmachenden Elemente aufzunehmen, da das Wachsthum der einen durch die Brennerde ausserordentlich, das Wachsthum anderer hingegen durch diese Düngungsart gar nicht begünstigt wird.

Weiße Rüben gedeihen in dieser Brennerde ganz ohne andre Düngung sehr schön; auf dem nämlichen Lehmboden aber, wo diese Rüben gedeihen, sind alle Versuche, Rutabagen in bloßer Brennerde gedeihen zu machen, vergeblich gewesen. Kartoffeln haben darin ohne allen Dünger einen ungleich größern Ertrag gegeben, als auf der nämlichen Alpweide, wenn sie ohne Brennerde mit den untergebrachten, frisch geschälten Rasenstücken, und dazu mit animalischem Dünger reichlich gedüngt wurden. Der gewöhnliche Wiesenklee hat ohne Dünger in der Branderde eine überraschende Entwicklung gezeigt, wo hingegen die Lüzerne und die Esparsette, bald nach dem Aufgehen aus dem Samen, entweder gelb wurden, oder ganz im Wachsthum zurückblieben und endlich ausgingen. Gramineen und Cerealien scheinen meistens in der Branderde zu gedeihen, und wo der Alpenboden ganz mit Erica- und Vaccinien-Arten oder mit Bergrosen und Droseln überzogen ist, läßt sich ohne andern Düngeraufwand ein nutzbarer Rasen von milchreichen Kräutern oder Gräsern, oder ein Kleefeld schaffen. Es ist schon oben bemerkt worden, daß auf Branderde nach einer reichlichen Kartoffelärnte auch noch ohne andere Düngung eine Getreideärnte gedeiht: aber Wiesenklee, ein Jahr nach der Kartoffelkultur statt des Getreides gesäet, ergab nur einen geringen Kleeraub, obgleich aller Dünger von den auf der Alp im Stalle gefütterten Kartoffeln auf das Kleefeld verwandt wurde, und nach dem Schnitt des ebenfalls im Stalle grün gefütterten Klees das kleine Kleefeld mit der bei dieser Fütterung gewonnenen Gülle begossen wurde. Eine andere kleine Kleesaat hingegen, die neben jener, aber unmittelbar, ohne vorhergehende Kartoffelkultur, auf die Brennerde gemacht wurde, gab noch im dritten Jahre schöne Schnitte, während der auf die Kartoffeln folgende Klee schon im zweiten Jahre sehr abgenommen hatte *).

*) Die kleinen Versuche, von denen hier Meldung geschieht, sind an dem Abendberg, auf einer gegen Nordosten gerichteten Weide gemacht worden, die in absoluter Höhe nicht über 3500 Fuß hoch liegt, aber so sehr von rauhen Winden bestrichen wird, daß in den höhern Theilen die Kirschbäume nicht mehr gedeihen, die sonst an geschütztern Orten über viertausend Fuß hoch in den Alpenthälern steigen. Der Boden besteht aus ziemlich zähem Lehm, ohne merkbare Beimischung von Kalk: er ist bei dem Anfange dieser Kulturversuche im Zustand der höchsten Erschöpfung gewesen, da die Weiden als Voralpen gedient hatten, und gewöhnlich die Hälfte, oft das Ganze des Heuertrags ins Thal heruntergeschleift wurde. Große Bezirke waren mit Droseln, Germeren, Bergrosen, Haide-

15

Der Kartoffelbau scheint auf unsern Alpen noch auf Höhen von 4500 Fuß gedeihen zu können; wahrscheinlich noch höher, wenn die Pflanzung weniger dicht, als in den Alpenthälern üblich ist, vorgenommen wird. Liegen die Pflanzungen auf Bergrücken oder in einer Lage, wo Windströmungen über den Boden ungehindert ziehen können, so schaden die Fröste oft ihrem Gedeihen viel weniger, als in der Tiefe milder Thäler. Die harten Fröste vom Ende Mai's und Anfang Juni des Jahrs 1821, die selbst im Thale von Interlachen einem großen Theil der Kartoffelpflanzungen Verderben brachten, haben den Kartoffelpflanzungen auf dem Abendberge nicht den geringsten Nachtheil gebracht, obgleich den ersten Tag Brachmonats das Wasser in dem Brunnentrog unweit den Pflanzungen mehrere Linien dick mit Eis bedeckt war. Es scheint, daß, ganz unabhängig von den Kältegraden, der Reif an und für sich den Pflanzen tödtlich wird.

Auf dem Gebirge des Bernischen Oberlandes ist die weiße Frühkartoffel, die in der Provinzial-Benennung Brienzkartoffel heißt, diejenige Art, die in den hohen Bergdörfern am sichersten gedeiht, und am reichlichsten Früchte ansetzt. Auf dem Abendberge sind in bloßer Branderde, ohne Dünger, in Abständen von drei Fuß gepflanzt, auf der Juchart etwa hundert und fünfzig Zentner geärntet worden. Die russischen, die langen rothen, die blauen und die peruvianischen Frühkartoffeln, die der Verfasser im Jahr 1821 den dritten Mai zur Probe auf dem Abendberg in gut gedüngte Erde pflanzte, haben einen nur sehr mittelmäßigen Ertrag gegeben. Merkwürdig ist, daß die Kartoffeln,

---

und Vacciniengesträuche überzogen; und auf diesem wüsten Lande wurden ausschließlich die Kulturversuche angestellt.

die in die Branderde und in Thonboden gepflanzt werden, oft einen so bittern Geschmack annehmen, daß sie zur Nahrung für den Menschen nicht mehr taugen. Auch dieser Umstand macht es wahrscheinlich, daß die Brennerde nicht bloß durch die Asche und den Kohlenstoff das Wachsthum der Kartoffeln beschleunige.

Wo die Kartoffel nicht mehr gedeiht, da gedeiht noch die weiße Rübe bis zu Höhen von 5000 bis 5500 Fuß, wenn sie sogleich nach dem Schmelzen des Schnees auf Branderde gesäet wird. Die gelbe Abart, deren Samen der Bruder des Verfassers aus Schottland ins Aargau gebracht hat, gedeiht da vorzüglich gut; sie ist schmackhafter als die weiße, und überwintert sich leicht im Freien, da hingegen die weiße verfault; sie hat aber auf dem Abendberg einen viel geringern Wuchs auf Branderde gezeigt, als die weiße. Diese würde auf den mehrsten Alpen noch mit Vortheil angebaut werden; sie erschöpft den Boden nicht so sehr wie die Kartoffel. Würde die weiße Rübe auf Neubruch und in Brennerde gesäet, so würde sie dem Vieh in den Alpstallungen gerade in der Zeit eine milchreiche Nahrung darbieten, wenn nach dem Sommer das Alpengras welk zu werden anfängt, und die Kühe sehr nachtheilig für den Aelpler im Milchertrag beträchtlich abnehmen. Da auf Weiden, die neu aufgebrochen werden, selten der Boden überall gleichförmig fruchtbar ist, so können auf solchen Stellen die Rüben mit Vortheil als grüner Dünger untergehackt werden, da sie eine sehr düngende Kraft besitzen.

Die Rutabagen, die tief im Norden mit Vortheil angepflanzt werden, haben dem Verfasser auf dem Abendberg weder in Brennerde, noch mit reichlicher, animalischer Düngung einen so reichlichen Ertrag als die Kartoffeln gegeben. Es bildeten sich freilich Rüben

werden kann, nur diejenigen Bezirke für das Gedeihen Hoffnung geben können, wo die Erde nicht zu seicht auf den Felsen liegt.

Die schwedische Lüzerne nimmt mit so dürrem, steinichtem Boden vorlieb, und findet sich bisweilen im Hochgebirge so hoch, daß ihre künstliche Vermehrung auf Sonnenseiten der Alpen vielleicht von großem Vortheil wäre.

Mit der gewöhnlichen kultivirten Esparsette *) sind auf dem Abendberg in Branderde Versuche gemacht worden, die keinen guten Erfolg hatten, obgleich die Erde zugleich mit etwas Kalk gedüngt, und die schlecht aufgegangene Esparsette mit Gülle zu beleben versucht wurde. Das folgende Jahr war keine einzige Esparsette-Pflanze zu finden. Neben dieser kultivirten Esparsette wurde eine kleine Probesaat mit der wilden Abart vorgenommen, die, obgleich sie sehr dünn aufging, dennoch besser als die kultivirte ausdauerte. Es wächst diese wilde Esparsette oft über fünftausend Fuß hoch in dem dürrsten Kalkgestein; ihre Blüthen zeigen nicht merkliche Abweichungen von den Blüthen der kultivirten, aber ihr Wuchs ist bis dahin etwas niedergedrückter gewesen, als der Wuchs von jener. Es ist dem Verfasser nicht bekannt, daß irgendwo auf unsern Alpen mit einer dieser Arten Versuche der Ansaat wären gemacht worden. Ohne Zweifel würden sie auf kalkartigem, der Sonne ausgesetztem Boden besser, als auf dem Abendberg gelingen. Die wilde Esparsette wenigstens verspricht auf solchen Alpen große Vortheile.

Mit dem Inkarnatklee, der den für die Alpen-Vegetation wesentlichen Vortheil einer schnellen Entwickelung hat, ist eine kleine Saat auf dem höchsten

*) Hedysarum onobrychis.

und rauhesten Theile der Abendbergweiden, erst den dritten Heumonat 1821 in der Absicht gemacht worden, für das Frühjahr 1822 einen frühen Schnitt und eine zweite Aernte von Rüben, oder nach diesem Kleeschnitt die Saat von Wintergetreide zu versuchen. Der Klee ist gut aufgegangen, und vor dem Schnee nicht in Blüthen gestiegen. Wie oben in den Bemerkungen über die Landwirthschaft von Davos gesagt worden ist, so wird in diesem rauhen Thale, und auch in dem noch rauhern Ober-Engadin im Frühjahr Winterroggen mit Sommergerste zugleich gesäet. Wenn der Inkarnatklee sich gut durchwintert und früh geschnitten werden kann, so wird ohne Zweifel der Winterroggen, der nach dem Kleeschnitt sogleich gesäet würde, im folgenden Jahre einen reichlichern Ertrag geben, als wenn eine Gerstenärnte vorhergeht. Der Dünger, der durch die Fütterung des Kleeschnitts gewonnen würde, könnte sogleich auf bessere Düngung des Winterroggens verwendet werden.

Alle kleine Saaten von Gerstenarten sind bis dahin auf dem Abendberg durch die Verheerung der weissen und der gewöhnlichen Hasen missglückt. Es ist sonderbar, wie sehr diese Thiere das Kraut der Gerste jedem andern vorziehn. Habersaaten und selbst die Blätter der Rutabagen sind ihrem Fraß ungleich weniger ausgesetzt. In der Mitte Mai's 1821 sind kleine Saaten von sibirischem Sommerweizen, Reißdinkel, Pfauengerste und Frühhafer gemacht worden; aber keine dieser Getreidearten hat ihre Körner zur Reife gebracht; während hingegen in Bünden in dem nämlichen Jahre und nach eben so später Saat, wohl tausend Fuß höher, aber in Thalgründen, mehrere Arten von Sommergetreide reife Aernten gaben: dies möge für die rauhe Lage des kleinen Versuchplatzes auf dem Abendberg den Maasstab geben.

Es wäre aus dem Mißlingen der Getreidesaaten auf unsern rauhen Alpen kein Schluß über die Unthunlichkeit oder gegen die Vortheile der Alpenkulturen im Allgemeinen abzuziehen. Der Betrieb der Landwirthschaft in unserm Hochgebirge wird immer der Natur des Landes nach auf den Betrieb der Viehzucht und den Handel mit ihren Produkten gegründet bleiben müssen. Der Brodbedarf ist ungleich geringer, als in andern Ländern; zum eigenen Bedarf reichen die Thäler hin, und für die Getreideausfuhr würden unsere Nachbarn uns immer den Vorzug geringerer Preise abgewinnen. Auf dem Hochgebirge ist überdies das Gedeihen der Getreidesorten von zu vielen Witterungszufällen abhängig, die hingegen dem Gedeihen der Fütterungspflanzen für das Vieh in viel geringerm Verhältnisse gefährlich sind. Auf Höhen von viertausend Fuß über dem Meere werden Getreidesaaten nur dann rathsam sein, wenn sie die grüne Fütterung vor der Blüthe, und den Wechsel mit den Futterkräutern der Papilionaceen zum Zweck haben.

Topinamburknollen *), die in der Mitte Maimonats 1821 gesteckt wurden, haben nur sehr geringe Stengel und Blätter, und keine Blüthen gebildet; der italienische und gewöhnliche Lolch, der Fromental und das Knaulgras **), die zu Bildung eines neuen Rasens nach dem Schälen und Verbrennen des Heidekrauts auf einer wüsten Halde ohne Düngung ausgesäet wurden, haben diesem Zweck sehr gut entsprochen. Das Knaulgras hat aber bekanntlich den Nachtheil, daß es nur ein hartes, wenig milchreiches Futter gibt, wenn es

*) Helianthus tuberosus.

**) Lolium perenne und italicum. Avena elatior und Dactylis glomerata.

nicht ganz jung, also mit Verlust an Masse, geschnitten wird. Fioringras hat auf dem Abendberg keinen empfehlenden Wuchs gezeigt; doch mag das Mißlingen der gemachten Saat eher seiner Unverträglichkeit mit zäher Erde, als mit dem Alpenklima zuzuschreiben sein.

Mohnsamen sind im Jahre 1820 auf Brennerde, die mit Gülle begossen wurde, im Anfange Mai's gesäet worden, und die Köpfe haben beinahe ihre Reife erreicht. Ohne Zweifel würde diese Pflanze, wenn sie im Herbste gesäet würde, in dem darauf folgenden Jahre vollkommen ihre Samen reifen, und also auch in rauhen Berggegenden angebaut werden können.

Wie oben bemerkt worden, gedeihen Möhren, wenn sie gleich nach dem Schmelzen des Schnees gesäet werden, in viel beträchtlichern Höhen, als die Weiden auf dem Abendberg liegen, sehr gut. Es soll versucht werden, auf Alpenland sie mit dem Flachs auszusäen, und, nach der Aernte von diesem, sie bis zum Herbste des folgenden Jahrs im Boden zu lassen. Der Verfasser hat nicht in Erfahrung bringen können, ob irgendwo bei den Bergdörfern Möhren im Herbste vor dem Fall des Winterschnees gesäet worden sind.

Kabis hat im Jahr 1821 auf dem Abendberg keine Köpfe gebildet. Blumenkohl, Acker- und Zuckererbsen und Kohlraben *) haben da den schönsten Wachsthum gezeigt.

Der tartarische Buchweizen, von dem eine kleine Saat auf dem Abendberg gemacht wurde, zeigte gegen die Kälte die größte Unempfindlichkeit. Er war eben aufgegangen und die Samenlappen bloß, als ein heftiger Frost eintrat, und der Boden hart gefror; demohngeachtet litt die Pflanze nicht das geringste, und

*) Brassica ganglyoides.

reifte reichlichen Samen. Ob wegen des Körnerertrags auf den Alpen der Anbau empfohlen werden könne, müssen noch mehrere Erfahrungen entscheiden. Die Schlauche, die auf hohen Gebirgen im Simmenthal bisweilen in der Region der Arven vorkommt, und ein so beliebtes Viehfutter gibt, würde vielleicht gleichfalls durch ihre Körner nutzbar werden können, und nach der Körnerärnte durch ihre Blätter noch zur grünen Fütterung dienen.

Samen des Thaumantels sind leicht aufgegangen, und haben in dem lehmigten Boden sich sehr stark verbreitet; diese Erdart scheint dieser Pflanze besonders gut zuzusagen, und sie verdrängt darin durch ihre buschigen Haarwurzeln leicht andere Pflanzen. Auf den Bernischen Alpen ist nicht leicht eine Pflanze, welcher in Absicht auf Milchabsonderung so ungetheiltes Lob von den Hirten ertheilt wird; um so auffallender war dem Verfasser die Versicherung, daß sie auf dem Juragebirg, wo sie oft zur Ungebühr sich verbreitet, nicht gern von den Kühen gefressen werde. Das ist aber mit mehrern Pflanzen so, die fast launenhaft von den Kühen bald gesucht und bald gemieden werden: so z. B. verschmähen einige Kühe den lanzetförmigen Plantago, den andere hingegen gern fressen; und so verschmähen unsere Kühe oft den weißen kriechenden Klee, der in England so gern als gute Weidepflanze künstlich vermehrt wird.

Mutteren, die vermischt mit einigem Thaumantelsamen gesäet wurden, waren schon im zweiten Jahre von diesem verdrängt. Auf Lehmboden weicht überhaupt die Mutteren, wie es scheint, leicht andern Pflanzen, und bleibt nur gering, da sie hingegen vorzüglich auf kiesigem, aus zersetztem Thonschiefer oder Kalk bestehendem, lockerm Boden schöner als der Thaumantel gedeiht, und oft auf einem Grunde einen Fuß hoch wächst, wo nie Dünger hingekommen ist. Mutterensaaten sind immer besser aufgegangen, wenn sie im Herbst, als wenn sie im Frühjahr gemacht wurden; und viele Samenkörner, die im Frühjahr gesäet wurden, gingen erst ein Jahr nachher auf. Auf dem Abendberg, und unten im Thal, in einem Garten zu Unterseen, wurden im Herbst von 1820 auf den gleichen Tag an beiden Orten Mutterensamen ausgesäet. Dort auf der Alpweide ging aber im darauffolgenden Frühjahr dieser Same fast zwei Wochen früher auf, als der im Thale, aus dem natürlichen Grunde, weil nach dem geschmolzenen Schnee eine anhaltende Trockniß im Thale das Keimen sehr lange aufgehalten hatte, während auf der Alp die Schneedecke des Winters dem Keimen günstig war, und hier die trocknenden Winde keinen Einfluß auf die Erde hatten; aber auf dem leichten, aus lauter verwittertem Kalkstein bestehenden Boden des Thalgrundes wuchs bald die aufgegangene Mutteren viermal höher, als auf dem zähen Lehmboden der Alp, wo kein Begiessen mit Gülle ihr einen so üppigen Wachsthum zu geben vermochte.

Das Adelgras findet sich, wie oben bemerkt, mit der Romeyen auf dem dürrsten Granitsande, auf fest getretenen Straßen der Alpenpässe sogar, und beide scheinen auch auf dem Lehmboden des Abendbergs kein erfreuliches Gedeihen zu versprechen. Zum Eingrasen und zur Stallfütterung werden weder das Adelgras, noch die Mutteren große Vortheile gewähren, es müßte denn die reiche Milchabsonderung, welche beide köstlichen Kräuter bei den Kühen bewirken, den Nachtheil der geringern Fütterungsmasse ersetzen. Wo der Klee gedeiht, da wird seine Ansaat auf Alpen, die mit Stallungen versehen sind, besser lohnen, als die Saat der Mutteren und des Adelgrases. Der Thaumantel, die Romeyen und die Schlauche versprechen mit ähnlichem Einflusse auf die Milcherzeugung eine größere Fütterungsmasse. Zu Verbesserung von solchen Alpenflächen, die den Stallungen zu entlegen, oder von Halden, die keine mühsame Bearbeitung lohnen, und von gutem Graswuchs entblößt sind, würde das Adelgras und die Mutteren oft die besten Dienste leisten. Wo Gemeinalpen sind, da könnten von Schulkindern der Gemeinde, wenn sie die Samen dieser Weidekräuter kennen, sammeln und aussäen lernten, große und wüste Flächen in den besten Graswuchs gesetzt werden.

Die Kosten des Schälens, des Aufbruchs mit der Hacke, des Brennens und des Verbreitens haben auf dem Abendberg auf die Juchart von 40,000 Quadrat-Fuß zwischen neunzig und hundert Taglöhnen betragen, wovon etwa siebenzig auf das Schälen und Hacken des Bodens, und auf das Ausrotten des Gesträuchs, die übrigen auf die Operation des Brennens und Düngens mit der Branderde zu rechnen sind. Natürlich hängen die Kosten von der Beschaffenheit des Erdreichs, von der Menge der vorhandenen Sträucher, die ausgerottet werden müssen, und von der Entfernung der Waldungen, oder mit Sträuchern bewachsener Halden ab, aus denen das Brennreisig hergeschleppt werden muß. Wo die Oberfläche der Alpweiden zu sehr mit Felsstücken bedeckt ist, da werden solche Bezirke meistens lieber zu Beweidung bestimmt bleiben; es sei denn, daß die Steine leicht geräumt, und zur Einfriedung von Pflanzplätzen mit trockenen Mauern verwendet werden könnten, und daß unter diesen nur auf der Oberfläche liegenden Steinen sich fruchtbare Erde in hinreichender Menge finde. Die obigen Arbeiten des Aufbruchs von wüstem Alpenland sind bloß durch Handarbeit, also sehr theuer, gemacht werden; und wo Spälpflüge und Ackerpflüge, durch Kühe gezogen, angewandt werden könnten, da dürften die Kosten der Urbarmachung um die Hälfte vermindert werden.

Der so äusserst geringe Preis des Alpenlandes erleichtert die Kosten der Urbarmachung einzelner Theile, da die Zinse, die der Pächter oder der Besitzer von dem Kapitalwerth des Bodens in Rechnung zu bringen hat, so unbedeutend sind, wenn nur eine kleine Anzahl von Jucharten zu künstlichen Kulturen bestimmt werden. Die übermäßigen Preise alles Landes in den Thälern, das zur Heunutzung dienen kann, verglichen mit dem verhältnißmäßigen Unwerth alles Landes, das nur zur Weide während des Sommers dient, sind auffallend, und führen zu Betrachtungen, die hier ausführlicher darzustellen sind.

In der Nähe der Dörfer des Bernischen Oberlandes wird die Berner-Juchart von Wiesenland, zu 40,000 Quadratfuß, oft zu hundert bis hundert und fünfzig Louisd'or bezahlt, und dieses Land trägt kaum vierzig Zentner Heu von natürlichem Gräswuchs ab, da in diesem Theile des Schweizerischen Hochgebirgs nirgendwo die Wiesen gewässert werden. Höher hinauf an den Bergen, auf den Voralpen, wo Heu geärntet und in Ställen verfüttert, oder in die Dörfer geschleift werden kann, wo aber weniger als in den Thalgründen einige künstliche Kultur des Bodens Statt findet, wird die Juchart dieses Landes für sechs bis zehn Louisd'or gekauft. Noch höher auf den Kühalpen mag die Juchart Weideland in den besten Alpenrevieren nicht mehr als vier bis fünf Louisd'or werth sein. Diese Mißverhältnisse in den Landpreisen der höhern und tiefern Bergregionen rühren durchaus nicht von einem so großen Mißverhältnisse in den Produktenmassen des Heues auf gleichen Flächen ab, da eine gut behandelte Juchart guten Landes auf den Voralpen wohl etwas weniger, aber besseres Heu, als auf den Thalgründen, ertragen kann, und eben so das Gras auf fruchtbaren Theilen der Kühalpen im Fütterungswerthe fast so viel höher über dem Werth des Thalheues stehen würde, als es in Ansehung der Massenproduktion auf gleichen Flächen darunter fallen könnte. Nun läßt sich mit Grund einwenden, daß auf den Voralpen ein großer, auf den Alpen ein noch größerer Theil des Landes nicht als Wiesenland, oder nicht als künstlicher Kultur empfängliches Land betrachtet werden dürfe, und daß mithin der Landeswerth in den drei Bergregionen, nach dem Mittel der Juchartenzahl des fruchtbaren Landes berechnet, nicht so auffallend im Mißverhältniß stehen könne. Gesetzt also, auf den Voralpen sei nur die Hälfte des Landes geeignet, als Wiese behandelt zu werden; gesetzt, auf den Kühalpen könne nur ein Drittheil aller Weidegründe einer solchen Kulturerhöhung empfänglich sein, und als Wiesenland dienen: so würde der komparative Werth einer Juchart des besten Landes in der Thalregion, in der Voralpen- und in der Kühalpen-Region sich ungefähr verhalten wie 100 : 20 : 15, oder wie 20 : 5 : 3.

Nehmen wir aber Rücksicht auf den Werth des Landes, das auf den Voralpen und auf den Kühalpen bloß zur Weide dienen kann, und immerhin auch den Werth des bessern damit verbundenen Landes erhöht, so geht aus dieser Vergleichung hervor, daß auf den Voralpen eine Juchart des besten Landes einen fünfmal geringern, und eine Juchart des besten Landes auf den Kühalpen einen zehnmal geringern Werth bei dermaliger Benutzung habe, als eine Juchart Wiesenland im Grunde der Thäler, und dieses große Mißverhältniß ist weit entfernt, durch die Verschiedenheit der Produktionsfähigkeit des Landes in den verschiedenen Alpenregionen erklärt zu werden.

Ohne Zweifel ist die in den Thalgründen zusammengehäufte Bevölkerung, die Zerstückelung der Ländereien in den Dorfmarchen, die daher entstehende große Konkurrenz bei Landverkäufen und der dringende Bedarf der Winterfütterung Ursache der abnormen Landpreise in den Thalgründen; so wie die Entlegenheit der Wohnungen von den Voralpen und Alpen, die so unvollkommene Benutzungsart des Bodens, und die (geglaubte) Unmöglichkeit, dem Alpenboden neben der Beweidung eine höhere Benutzung und Fütterungsmittel für den Winter abzugewinnen, Ursache des geringen Werths des Alpenbodens ist. Es entsteht nun die Frage: ob durch künstliche Kulturen der Werth des Alpenbodens nicht erhöht, ob auf den mehrsten Kühalpen nicht Ansiedelungen möglich wären, nicht Winterwohnungen erbaut, nicht neben der gewöhnlichen Beweidung noch Winterfutter für das Vieh, Nahrungs-, Kleidungs- und Industriestoffe gewonnen werden könnten?

Können diese Fragen bejahend beantwortet werden, — und sie sind es zum Theil schon durch die angeführten Beobachtungen, — so haben wir auf einem großen Theil unserer Alpen Land, Nahrung, Beschäftigung und Erwerb genug für unsere müßige Bevölkerung, und, statt nach Brasilien, könnten wir unsere Auswanderer auf die vaterländischen Berge richten, wenn nur einmal durch eine weise administrative Gesetzgebung die Hindernisse der bessern Benutzung der Kommun-Alpen gehoben wären, und die Besitzer von Privat-Alpen durch allmälige Einführung einer bessern Bewirthschaftung belehrende Beispiele aufstellen, ihre Zeit und ihr Geld auf ihren Alpen anzuwenden sich entschliessen können, statt beides in den Städten oft unnütz zu verzehren.

Wie viele Arme würden auf den Privatalpen Beschäftigung finden, wenn die Besitzer selbst, unbeschadet dem Interesse des Weidpächters, nur alle Jahre einige Jucharten in Kultur zu setzen versuchten? Im obern Engadin, in Davos, in Tavetsch und in andern rauhen Alpenthälern wohnt der Bündensche Adel das ganze Jahr ehrenhaft, haushälterisch, ächt schweizerisch, mehr als viertausend Fuß hoch über dem Meer. Warum ehen wir denn nie, auch nicht einmal im Sommer, unsere Städter auf ihren Alpen wohnen?

Die folgende Thatsache möge als Beispiel dienen, wie viel mehr unser Alpenland durch Hilfe der Kultur abtragen könnte, als durch die allgemein eingeführte Weidewirthschaft geschehen kann.

In dem milden Alpenrevier des Emmenthals muß für die Zeit der Sömmerung einer Kuh eine Weidefläche von sechs bis sieben Berner Jucharten gerechnet werden; auf den rauhen und felsichtern Alpen müssen zehn Jucharten Weideland für eine Kuh gerechnet werden. Nun hält die Alpenweide auf dem Abendberg nicht mehr als zweiundzwanzig Jucharten, die zum vierten Theil in steilen und wenig fruchtbaren Halden bestehen, und auf dieser kleinen Weide sind, in dem für die Alpenvegetation fast beispiellos ungünstigen Jahr 1821, die Hälfte der Alpzeit vier, die andere Hälfte fünf Kühe gesömmert, und überdies hundert Zentner Heu und fünfunddreißig Zentner Kartoffeln gewonnen worden. Eine halbe Juchart von dem schlechtern aber weniger steilen Lande blieb, wegen ihrer Bestimmung zu kleinen Versuchen zu dienen, ohne bedeutenden Ertrag, und lieferte nur kleine Quantitäten weiße Rüben,

Rutabagen, Flachs, Möhren, Erbsen, Kohl u. s. w. Die Klee-, Hafer- und Wickensaaten zu grüner Fütterung die auf nur einer Juchart von dem aufgebrochenen, ganz schlechten Weideland waren gemacht worden, hatten jene Heuärnte zugleich mit der Sömmerung möglich gemacht. Nach diesem Verhältniß würde eine Alp in den mildern Alpenregionen, die zu hundert Kühen geseiet wäre, und demnach wenigstens sechshundert Jucharten Landes enthielte, statt wie bisher nur die Nutzung der Sommerweide für diese Kühzahl zu geben, noch darüber aus wenigstens fünfhundert Zentner Heu, zweihundert Zentner Kartoffeln, und an Flachs, Möhren, weißen Rüben, Erbsen und Kohl so viel ertragen, als zum Lebensbedarf einer zahlreichen Haushaltung während des langen Winters nöthig wäre, wenn die Küherfamilien die Winter auf den tiefern oder mildern Alpen mit einem Theil ihrer Kühe zubringen würden.

Bei der Berechnung des Ertrags der kleinen Alpenweide auf dem Abendberg ist noch der Umstand anzuführen, daß, in Folge einer irrigen Voraussetzung des sicherern Ertrags der rothen, Aargauischen Frühkartoffel, beinahe nur diese, und nur wenige Quadratklafter mit der weißen Frühkartoffel bepflanzt wurden, die dann wohl nach Verhältniß einen zweimal größern Ertrag als jene rothe gab. Die Kartoffeln waren überdies zu Ende Maimonats lange unter dem Schnee vergraben, und die so äusserst nachtheilige Witterung hatte so sehr den Wachsthum des Grases gehemmt, daß zwei Jucharten im rauhsten Theil der Weide weder abgeweidet, noch gemähet werden konnten.

Es ist hier ein Einwurf zu berühren, der gegen die Alpenkulturen überhaupt und gegen die Gewinnung des Winterfütterungsbedarfs durch dieselben gemacht werden könnte.

In einem grossen Theil der alpinischen Schweiz nämlich gründet sich der landwirthschaftliche Betrieb der grossen Güter auf das Verhältniß des Kühers, der nur Kühe, aber gar kein oder nicht genug Land in den Thalgründen besitzt, um diese Kühe den Winter hindurch bis zur Alpfahrt zu ernähren, und daher genöthigt ist, von dem grossen Gutsbesitzer in den Winterungen das Heu zu hohen Preisen zu kaufen. So lange die Ausfuhr unserer Käse nicht durch die benachbarten Staaten beschränkt war, so lange die Preise dieser Käse hoch blieben, konnte dieses Verhältniß zum grossen Vortheil des Gutsbesitzers fortdauern, und der Küher konnte den grossen Nachtheil dieser Heuankäufe ertragen, da der Gewinn auf den Alpenprodukten und der überhaupt geringe Preis der Alpen-Pachtzinse den Verlust der Winterung deckte, der in Jahren, wo der Käse und die Butter im Mittelpreise stehen, doch immer ein bis zwei Louisd'or auf jede Kuh betragen mag. Nun sind durch die unterdrückenden Maasregeln der französischen und österreichischen Finanzminister gegen unsern Handel schon wirklich die alten Verhältnisse des Kühers zu dem Gutsbesitzer gewaltsam verrückt, und unsern grössern Gütern in der Nähe der Hauptstädte und in der Tiefe der Thäler steht daher ein noch grösseres Sinken der Preise bevor, als schon wirklich in Folge der allgemeinen Stockung des Handels eingetreten ist, da nicht leicht und nicht in kurzer Zeit eine vortheilhaftere Produktion, als die des Heues war, allgemein werden, und dieses Sinken der Güterpreise wird verhindern können. Nun möchte gefürchtet werden, daß eine beträchtliche Heuproduktion auf unsern Alpen selbst die Heuvorräthe auf den grossen Gütern in den Winterungen der Thäler ohne Käufer lassen, und den Werth dieser Güter noch tiefer zum grossen Nachtheil des vaterländischen Wohlstandes herunter setzen könnte.

Es ist aber dieses Verhältniß, das bisher zwischen den Kühern und den Gutsbesitzern bestanden, auf den wüsten Zustand der mehrsten Alpengründe, und auf die Unvollkommenheit der Alpenwirthschaft gegründet, und eben deswegen nicht für dauerhaft anzusehen, da die wachsende Armuth und die Bevölkerung in den Hochgebirgen bald dahin führen muß, die unermeßlichen Flächen auf dem Gebirge, die zu einer bessern Bewirthschaftung sich eignen, zur Produktion von Heu und von Lebensmitteln für den Winter zu benutzen. Gesetzt aber auch, die wirklichen und die drohenden Handelsbeschränkungen unserer Nachbarn fallen weg, die Butter- und Käsepreise, die Heupreise und folglich die Güterpreise ziehen unerwartet wieder an, so haben dennoch die Heuverkäufer in den Winterungen die Nachtheile nicht in dem Maase zu erwarten, die sie befürchten könnten, aus einer beträchtlichen Heuproduktion auf den Alpen für sie hervorgehen zu sehen. Der Alpenbesitzer oder der Alpenpächter, der auf den Alpen Heu, Kartoffeln, Möhren, Klee, Flachs produzirt, würde nach Verhältniß eine größere Anzahl Kühe auf den Sömmerungen halten, und die Heustöcke, die er nichts destoweniger in den Winterungen suchen müßte, wenn nicht zu höhern Preisen ankaufen, doch leichter und sicherer bezahlen.

2.

Es sind über den Ertrag der Kühalpen, an Milchprodukten und an Geldeswerth, und über die Kosten der Alpenwirthschaft in den verschiedenen Gebirgskantonen noch wenige Rechnungen und Vergleichungen zur öffentlichen Kenntniß gekommen, obgleich solche Berechnungen zur Beurtheilung der ökonomischen Verhältnisse des Landes, der Industrie eines großen Theils der Schweizerischen Völkerschaften, und ihrer kommerziellen Lage von großer Wichtigkeit wären. Die beigefügten Tabellen, mit den unterfolgenden Erläuterungen und Berechnungen, werden über diesen Gegenstand einiges Licht verbreiten, und Schweizerischen Landwirthen sowohl, als Landwirthen in andern, mit der Schweiz in klimatischer Uebereinstimmung stehenden Ländern ein praktisches Interesse gewähren *).

Die Bündenschen Alpen, die hier zuerst zur Vergleichung ihres Ertrags mit dem Ertrag der Bernischen zur Uebersicht gebracht werden, haben dem Verfasser während seines kurzen Aufenthalts auf den dortigen Gebirgen nicht so bekannt werden können, als er gewünscht hätte, um mit hinreichender Lokalkenntniß diejenigen Abweichungen aufzuklären, die in der Vergleichung mit den Berner Alpen in die Augen fallen, und wohl nur von Bündenschen Landwirthen befriedigend erörtert werden können.

Die physikalische Verschiedenheit zwischen den Bün-

*) Der Verfasser verdankt die Berechnung der Ertrags-Tabelle über die Bündenschen Alpen, die Mittheilung der Tabelle über den Ertrag der Berner-Alpen, und die mehrsten der dieser mühevollen Arbeit hier beigefügten arithmetischen und ökonomischen Daten und Bemerkungen der Gefälligkeit seines verehrten Freundes, des Herrn Alt-Rathsherrn Koch in Thun, der mit seltener Thätigkeit und Einsicht über unsre Alpenwirthschaft eine Menge der wichtigsten Erfahrungen gesammelt hat. Die Tabelle über die Bündenschen Alpen ist aus Angaben des Neuen Sammlers für Bünden, aus dem zweiten Jahrgang Seite 263 bis 280 (nach der Bearbetung von Herrn Bansi) entworfen.

denschen und Bernischen Alpen erklärt wohl, warum die Zeit der Alpfahrt auf jenen überhaupt kürzer ist, warum also der Kapitalwerth der Bündner Alpen geringer, als der Kapitalwerth der Berner Alpen sein müßte; aber mit dieser Erläuterung ist noch nicht erklärt, warum die Milchproduktion einer Kuh, auf einen Tag der Alpfahrt im Durchschnitt berechnet, tiefer als auf den der Berner Alpen steht. Im allgemeinen scheinen in physikalischer und wirthschaftlicher Hinsicht sich die Bündner Alpen von den oberländischen Berner Alpen in folgenden Punkten zu unterscheiden:

Da die Thäler im Rhätischen Gebirge viel höher, als im Bernischen Hochgebirge streichen, so liegen auch die Bündenschen Kuhalpen in größerer absoluter Höhe, und aus diesem Grunde ist auch die Dauer der Alpfahrt, wie aus der Bündenschen Alpentabelle erhellt, überhaupt etwas kürzer, als auf den Berner Alpen. Die Kühe auf jenen werden daher öfter von Witterungszufällen leiden, um so mehr da auf den Bündner-Alpen das Vieh, wegen mangelhafter Stalleinrichtungen, selten Obdach, und noch seltener Heuvorräthe in Ställen findet *).

Da auf den Bündenschen Alpen viel seltner, als auf den Bernischen das Weideland gedüngt wird, so mag in der Regel das Gras auf den Bündner Alpen aus diesem Grunde weniger milchreich, als auf den Bernischen sein, selbst dann, wenn dort, wie hier, gleich gute Gräser und in gleich großer Menge wachsen sollten.

*) Die Bündenschen Kuhalpen, deren Ertrag auf der beigefügten Tabelle enthalten ist, mögen im Durchschnitt 1500 Fuß höher, als die Bernischen, auf der zweiten benannten Tabelle, liegen.

Ueberhaupt hat dem Verfasser auf den wenigen Bündner Alpen, über die seine Reise ihn geführt, das Gras kürzer geschienen, und eben so schien dieses Gras nicht in so günstigem Verhältnisse mit denjenigen Alpenkräutern gemischt zu sein, welchen der größte Einfluß auf die Milchabsonderung bei den Kühen zugeschrieben wird. Eine so günstige Gras-Vegetation, wie sich z. B. auf vielen Simmenthalischen Alpen findet, ist dem Verfasser auf den Bündenschen Alpen nicht vorgekommen: indessen ist leicht möglich, daß dem Verfasser zufällig nur Bündensche Alpen von geringerer Vegetation vor Augen gewesen sind. Auf alle Fälle aber würden durch Dünganstalten und durch künstliche Vermehrung besserer Futterkräuter die Bündenschen Alpen um so eher in bessere Vegetation und auf höhere Milchproduktion gebracht werden können, da die Bündenschen Berge viel weniger steile Halden, und wohl überhaupt noch tiefer auf den Felsen liegende fruchtbare Erdschichten enthalten, als die Bernischen, wie auch zum Theil die günstigere Baum-Vegetation auf dem Bündenschen Gebirge zu beweisen scheint.

In wirthschaftlicher Hinsicht unterscheiden sich gleichfalls die Bündenschen von den Bernischen Alpen. Auf diesen nämlich ist es Ausnahme von der Regel, wenn Butter, und nicht fette Käse gemacht werden, während das Gegentheil auf den Bündenschen Alpen Ausnahme von der Regel ist. Die Käsefabrikation ist in Bünden zu keinem hohen Grade von Vollkommenheit gediehen, und obgleich die Butter, wegen leichtern und vortheilhaften Absatzes nach Italien, besser als im Bernischen bezahlt wird, so scheint die bessere Fabrikation des fetten Käses auf dem Berner Gebirge dem Alpenpächter größere Gewinnste zu sichern. Auf den Kommun-Alpen der Bernischen Oberämter Oberhasle,

Interlachen und Saanen ist zwar die nämliche mangelhafte Einrichtung der Stallungen, und es werden hier so wenig als in Bünden die gelegenern Weidgründe gedüngt. In den Simmenthalischen Oberämtern und auf vielen Alpen des Kanderthals hingegen sind sowohl auf den vielen Privat-Alpen, als auch auf Gemein-Alpen, die Düngungsanstalten so vollkommen gediehen, als nur irgend mit der uneingeschränkten Weidewirthschäft verträglich ist. Auf den Bündenschen Gebirgen sind überdies sehr wenige Privat-Alpen, und die Gesetze der Thalschaften und Hochgerichte gestatten keine Theilungen der Kommun-Alpen. Auch der Stand der Alpenpächter oder Küher, die im Kanton Bern, oft ohne selbst Land in den Winterungen zu besitzen, große Kühheerden eigenthümlich führen, — dieser Stand, dem wir die bessere Benutzung unserer Privat-Alpen, und die vollkommenere Bereitung der Milchfabrikate schuldig sind, kann in Bünden wegen der Gemeinweidigkeit der mehrsten Alpen nicht bestehen; der Landbesitzer in den Winterungen verfüttert also seine Heuvorräthe meistens selbst, und treibt sein eigenes Vieh auf die Alpen, auf denen er berechtigt ist. Nur die Bergamasker Schafhirten bilden einen Stand, der mit dem Stande der Küher in den Kantonen Bern, Freiburg und Waadt in ähnlichen Verhältnissen steht. Es ist dem Verfasser nicht bekannt, daß Küh-Alpen in Bünden, wie die dortigen Schaf-Alpen, von den Bergamaskern, oder wie die Privat-Alpen in den letztern Kantonen, von Kühern gepachtet, und auf fette große Käse benutzt worden seien. Diese allgemeinen Bemerkungen mögen einige Eigenheiten und Unvollkommenheiten in der Benutzungsart der Bündenschen Alpen erklären, und als Einleitung zu der nähern Betrachtung der Ertrags-Tabellen dienen.

In der Bündenschen Ertrags-Tabelle sind die wichtigsten Resultate aus den Nummern I, II, III, IV und VI der Tabellen, die in dem angeführten Sammler für Bünden enthalten sind, ausgehoben, und mit Reduktion auf die Berner, und helvetischen Gewichte, Maase und Münzen zur leichten Uebersicht auf ein einziges Blatt gebracht *).

Die sechs ersten Rubriken der Tabelle bedürfen keiner Erklärung. Die Sternchen bezeichnen Angaben von Ober-Engadinschen Alpen. Das Milchmaas von allen Kühen einer Alp enthält die Angaben der Milchmenge, welche an den gesetzten Meßtagen von der ganzen Heerde erhalten worden. Auf den einen Alpen wird die Milch nur einmal während der Alpfahrt gemessen, und zwar gewöhnlich wenn vermuthet wird, daß der Milchertrag am höchsten gestiegen sei, und in diesem Fall gibt begreiflich das erhaltene Maas nicht den täglichen Durchschnittsertrag einer Kuh.

Im Ober-Engadin wird billiger acht Tage nach der Alpfahrt und vierzehn Tage vor der Abfahrt nach den Thälern gemessen, und der Durchschnitt beider Maase als Norm der Abrechnung genommen. Die

*) Folgende Verhältnisse haben diesen Reduktionen zur Grundlage gedient: Im Kanton Bern gilt der französische Louisd'or 16 Franken, in Bünden 12 3/5 Fl.; 10 Batzen Berner Geld sind gleich 51 Bündner Kreuzern. Ein Bener (Milchmaas) in Bünden hält 4 Krinnen, eine Krinne 1 1/2 Pfund, oder 48 Loth leichtes Churer Gewicht. Im Ober-Engadin hält ein Cov Milch 3 Pfund Engadiner Gewicht. Die Krinne zu 48 Loth Churer Gewicht hält 13060 französische Gran; 32 Loth oder 1 Pfund Churer Gewicht halten 8707 franz. Gran; das Pfund von Ober-Engadin zu 32 Loth beträgt 8160 französische Gran, das Berner Pfund von 32 Loth ist gleich 9792 franz. Gran.

erstere Messung gibt gewöhnlich doppelt, oft dreimal mehr Milch als die zweite Messung: dies zeigt sich auffallend bei der Milchmessung auf Sußetta-Alp (Rechnung Nr. 11), die vermuthlich in den ersten sechszehn Tagen der Alpfahrt gemacht worden, wo die Kühe wenigstens fünfzehn Pfund Berner Gewicht gegeben haben müssen, um den Molkenertrag zu liefern, der in der Tabelle des Sammlers Nr. II Lit. F ausgesetzt ist. Da in dieser Tabelle weder die Zahl der Tage, noch die Gesammtmenge des Milchertrags ausgesetzt ist, und jene sich nur aus der Rechnung Nr. 11 Tabelle IV vermuthen läßt, so wird keine Produktberechnung ausgesetzt.

Bei der Alp Spinas ist Gleiches zu bemerken, und aus ähnlichen Gründen sind die Produkte der neunundsechszig und fünfundsiebenzig Tage der Alpfahrt von Spina und Sußetta kleiner, als sie sein sollten.

Wie schon bemerkt, kann das Maas auf den Engadiner Alpen als Mittel des Milchertrags angesehen werden, da hingegen das Maas auf den sieben andern Bündner Alpen, über deren Messungszeit der Sammler nicht Auskunft gibt, bloß eine Theilungs-Norm für die Molkenprodukte ist.

Der Geldertrag einer Sennerei hängt natürlich nicht einzig von der Menge der erhaltenen Milch, sondern auch von dem Ertrag an den aus dieser Milch erhaltenen Produkten ab; da aber, wie sich aus den im Sammler enthaltenen Berichten ergibt, bei dem Geschäfte der Scheidung der Milch viele Unregelmäßigkeit und Willkühr unter den dortigen Alpknechten obwaltet: so kann diese Rubrik der Tabelle nicht über den innern Werth der Milch entscheiden, sondern nur anzeigen, was dem Berechtigten an Molkenerzeugnissen von jedem hundert Krinnen Milch abgeliefert werde. Daß in der Bündenschen Alpenwirthschaft nicht die strengste Ordnung herrsche, beweiset auch der Umstand, daß die mehrsten stärkern Milchmaase einen kleinern Molkenabtrag, und umgekehrt die geringern Milchmaase eine größere Molkenaustheilung darbieten.

Da in den Abhandlungen des Sammlers der Werth der Schotte nirgendwo angeschlagen ist, so hat derselbe auch nicht in die allgemeine Tabelle gebracht werden können. Obgleich die Kosten der Alpenwirthschaft in den Rechnungen der Tabelle IV des Sammlers nicht von dem Ertrag einer Kuh in Geld abgezogen worden, so mag doch auf den Alpen selbst Milch, Rahm, Butter, Käse und Zieger verzehrt, und hiedurch das Milchmaas oder die Milchprodukte vermindert worden sein.

Bei Verfertigung der Tabelle über den Ertrag der Berner Alpen sind unter vielen Angaben nur aus drei Gegenden des Bernischen Alpenreviers bestimmte Wirthschafts-Resultate zu Rathe gezogen, und zwar zu diesem Zwecke Angaben von eigenthümlichen und von Kommun-Alpen, von Sennen von Beruf und von Bauern, von auserlesenen Sennthümern und von Kühen, wie sie, ohne auserlesen zu sein, bei den Alpenberechtigten angetroffen werden, gewählt worden; hingegen ist nicht für jede Art von Milchverwendung eine eigene Rechnung entworfen, sondern es sind die Alpenrechnungen gewählt, welche in den Käsen vom ersten und zweiten Rang den größten und den kleinsten Milchertrag zeigen.

Die gedrängte Schilderung der Alpenwirthschaft des Kantons Bern beginne mit kurzer Angabe der Ursachen, die auf den größern oder geringern Milchertrag auf den sieben Alpen, die in der Tabelle bezeichnet sind, eingewirkt haben mögen. Lit. A, die Alp Vorder-Mänigen ist Privat-Eigenthum, mit den nöthigen wirthschaftlichen Einrichtungen versehen, an einen der geschicktesten Sennen verpachtet, der nur gut genährte Kühe hält, und deswegen und wegen des guten Graswuchses auf der Alp und auf den Vorweiden, den höchsten Milchertrag erreicht hat, der von Bernischen Alpen noch bekannt worden ist.

Lit. B, die Scheidegg-Alp, über welche der Weg von Grindelwald nach Meyringen führt, Lit. F, die Holzmatt-Alp, und Lit. G, die Grindel-Alp, sind alle drei Kommun-Alpen in günstiger Lage gegen Mittag, und mit gutem Graswuchs, auf denen das Weidrecht unzertrennlich mit dem Eigenthum der Thalwiesen in der Gemeinde Grindelwald verbunden ist. Die nöthigen Stallungen fehlen auf diesen Alpen, wie auf den mehrsten sogenannten Gemein-Alpen. Eine Anzahl Guts- und Alpbesitzer haben sich hier in eine Groß-Sennerei zu Verfertigung großer Käse vereiniget. Die Wirthschaft wird durch die Angesehensten unter ihnen geleitet, und durch die nöthige Anzahl gedungener Rechthaber oder Knechte geführt. Wenn gleich die Oekonomie nicht vollkommen ist, so könnte sie doch für andre Kommun-Alpen zu nachahmungswürdigem Beispiel dienen. Die Kühe sind nicht auserlesen, werden aber im Winter mit einer Sparsamkeit gefüttert, die dann nachtheilig auf den Milchertrag während des Sommers einwirkt, wie das in den Oberämtern Interlachen und Oberhasle wegen größerer Theurung des Winterfutters und in andern Thälern sonst noch nur zu oft geschieht.

Lit. C, die Hinter-Gurbs-Alp, im Nieder-Simmenthal. Das Eigenthum ist unter viele große und kleine Rechthaber vertheilt, von den Thalgütern aber ganz unabhängig. Das Gras der Vorweiden ist so gut, als auf Mäningen, das der Alp noch besser, obgleich vieler Dünger, wie gewöhnlich auf Gemein-Alpen, unbenutzt verloren geht. Die nöthigsten Stallgebäude sind vorhanden. Der Besitzer der meisten Alprechte verpachtete seinen Antheil der Weide einem Sennen von Beruf, der nur ein Drittel eigene gut gehaltene, und zwei Drittel gemiethete, mittelmäßig gehaltene Kühe hatte. Ohngeachtet der milden Lage der Alp wird sie zu spät, nämlich erst am dritten Heumonat, befahren, wo dann das Gras weniger milchreich ist. Dies die Ursache, warum hier weniger Milch als auf der Alp A gewonnen worden.

Lit. D, der Gehrenberg im Kanderthal, ist Privateigenthum, mit Stallungen versehen, hat einen guten Graswuchs und wird unter unmittelbarer Leitung der Besitzer, zweier wohlhabender Landleute, bewirthschaftet, die eigene gute Kühe halten. Der Milchertrag ist nach A der höchste, obgleich der Graswuchs nicht so günstig als auf C ist.

Lit. E, der Hahnenmoosberg, in der Thalschaft Adelboden, über den der Weg nach dem Obersimmenthalschen Dorfe Lenk geht, ist gleichfalls Privateigenthum. Die Lage und der Graswuchs sind sehr gut; die Alp ist mit zweckmäßigen Gebäuden versehen. Da die meisten Kühe gemiethet, und im Winter daher nur mittelmäßig gehalten werden, so ist der Milchertrag, ohngeachtet der sorgfältigen Wirthschaft und der vorzüglichen Weide, noch geringer, als auf der folgenden Kommun-Alp F gewesen. Es ergibt sich aus diesen Angaben der Schluß, daß, unter übrigens gleichen Umständen, die Verschiedenheit in der Qualität der Kühe auf den Milchertrag der Alpen mehr einwirke, als selbst die Verschiedenheit der guten und weniger guten Weide. Als wesentliche Erfordernisse der Kühheerden müssen angenommen werden: daß die Thiere von guter Art, daß sie im Winter wohl gefüttert worden, so nahe an der Bergfahrt als möglich, und nicht vor dem Hornung gekalbet haben, und daß sie in den Vorweiden oder Winterungen nur allmälig an die grüne Fütterung gewöhnt worden seien. Eine so gehaltene Kühheerde verzehrt aber in der Winterung mehr, als der Milchertrag, den sie in dieser Zeit gibt, vergüten kann. Der Verlust auf einer solchen Winterung läßt sich im Durchschnitt immer auf dreißig Franken für jede Kuh ansetzen, und für den Zins des Kapitalwerths der Kuh, für Unfälle und für die Kosten der Nachzucht der Heerde, müssen noch zehn Franken zu jenem Verluste hinzugerechnet werden. Es muß also der Milchertrag jeder Kuh während der Alpfahrt wenigstens jene Summe von vierzig Franken vergüten, wenn der Besitzer, der sie gewintert hat, nicht Verlust leiden soll. Nun erfordert die Nutzung der Alpweiden im Kanton Bern eine größere Zahl von Kühen, als von dem Heuertrag der Thalwiesen im Winter ernährt werden können, und daher müssen die Sennen in dem Revier der Vorberge, oder des anstoßenden Flachlandes eine beträchtliche Anzahl Kühe zur Alpfahrt miethen (dingen). Die dafür von dem Eigenthümer bedungene Vergütung heißt der Kuhzins.

In Jahren, wo die Preise des Käses sehr hoch standen, wurden fünfundvierzig bis fünfzig Franken Kuhzins bezahlt; jetzt, wo dieser Preis um einen Drittel gesunken ist, wird der Zins um fünfundzwanzig bis dreißig Franken bedungen. Die Natur des Kuhzinses bringt mit sich, daß auch der Alppächter oder Küher, der nur eigene und keine gemietheten Kühe sömmert, in seinen Wirthschaftsrechnungen diesen Kuhzins in Anschlag bringe, und daß keine Alpenwirthschaft einen reinen Ertrag gibt, die nicht mehr als diesen Kuhzins ersetzt.

In den Berechnungen des Bündenschen Alpenertrags ist von dieser Auslage des Kuhzinses keine Rede; da sie aber im Kanton Bern auf dem täglichen Geldertrag einer Kuh einen Abzug von drei bis viertehalb Batzen fordert, so ist eine Erklärung nöthig geworden, da, um die Vergleichung der beiden beigefügten Tabellen zu erleichtern, der Abzug des Kuhzinses in der Ertragstabelle über die Bernischen Alpen nicht gemacht werden konnte.

Ueber die Rubrik des totalen Käseertrags ist zu bemerken, daß er als endliches Produktresultat einen zuverlässigern Maasstab der wirthschaftlichen Einnahme gibt, als die meist zufälligen oder willkührlichen Milchmaase an den Meßtagen auf den Bündenschen Alpen, und daß die Resultate der Alpenprodukte in etwas durch Rahmverspeisung oder durch Butterkonsumtion auf den Alpen geschwächt worden.

Die Größe der Käse mußte für den Kanton Bern angegeben werden, da sie die Grundlage für den Käsepreis ausmacht. Es versteht sich, daß nicht alle Laibs das gleiche Gewicht haben. Gewöhnlich wiegen die größten das Doppelte der kleinsten. Erstere sind also um ein Drittel schwerer, letztere um so viel leichter, als der angegebene Gewichtsdurchschnitt.

In der Alpenwirthschaft des Kantons Bern liefert kein Molkenertrag so abnorme Resultate, als der Buttertrag. Schon die Menge des in der Milch enthaltenen Rahms ist sehr abweichend und zufällig. Folgendes sind in dieser Beziehung die Resultate mehrjähriger Beobachtungen: Es gibt Kühe, die viele, aber sehr schlechte Milch geben; jedoch auch solche, wo Güte und Menge verbunden ist: umgekehrt finden sich

Kühe, die wenig Milch geben, in welcher bald viel bald mehr Rahmgehalt gefunden wird. Einzelne Erfahrungen dürfen daher nicht zur Regel erhoben werden, bis gewöhnliche und ungewöhnliche Ergebnisse unterschieden werden können. Im Allgemeinen dürfte als Durchschnitt des Rahmgehalts der Milch in den verschiedenen Zeitabständen des Kalbens der Kühe angenommen werden, daß die Milch von neugemelkten Kühen zehn vom Hundert, die Milch von altmelken aber zwanzig Prozent Rahm, mithin im Durchschnitt fünfzehn vom Hundert enthalte. Die Milch, die während der Winterfütterung gewonnen wird, zeigt keinen verschiedenen Rahmgehalt von derjenigen, die auf den Sommerweiden gewonnen wird, und die Art der Ernährung der Kühe scheint mehr auf die Menge der Milcherzeugung, als auf ihren Rahmgehalt einzufließen. Gesunde Kühe, reines Milchgeschirr, und eine Temperatur von acht bis zwölf Graden Reaumur, sind zur Rahmgewinnung wesentlich. Bei einem Thermometerstand von + sechs konzentriert sich der Rahm nicht, obgleich er sich nach der Oberfläche der Milch erhebt; bei sehr warmer Witterung, besonders bei Südwind, wird die Milch zuweilen dick, ohne daß sich der Rahm abscheidet.

Der Buttertrag von einem gewissen Maas Rahm ist eben so schwankend, als die Menge Rahm, die aus einem gewissen Maas Milch gewonnen wird. Es wird geglaubt, daß nicht jedes Futter, von dem sich die Kühe nähren, gleich butterreichen Rahm liefere. Gewiß aber fliessen die Art des Abnehmens der Milch, das Verfahren bei dem Buttern selbst, die Witterung, und andre noch nicht genug erörterte Umstände, mehr als die Fütterung auf die Gewinnung einer größern oder geringern Buttermenge aus einem gegebenen Maase von Rahm ein, und es wird aus dieser Ursache begreiflich, warum die Angaben des Butterertrags von ¼ bis ½ des Rahmverhältnisses variiren können. Auf alle Fälle kann indessen angenommen werden, daß die Milch von 10 bis 20 Prozent Rahm liefert, und daß 4 Pfund Rahm 1 bis 1½ Pfund Butter geben können; und so würde das Minimum des Butterertrags auf 2½ Pfund, das Maximum auf 7½ Pfund von hundert Pfund Milch zu setzen sein. Nimmt man aber den mittlern Ertrag von 15 vom 100 Rahm, und auf 3 Pfund Rahm 1 Pfund Butter an, so kommt ein Mittelertrag von 5 Pfund Butter auf 100 Pfund Milch hervor, was für Berechnungen der Alpen-Oekonomie den natürlichen Verhältnissen nahe kommen wird.

Allein dieses Verhältniß stimmt weder mit den Resultaten der Bündenschen, noch der Bernischen Tabellen-Angaben über den Ertrag der Verfertigung magerer Käse überein, da das Maximum in der Bündenschen Tabelle kaum 3½ vom Hundert erreicht, und bei uns nur zu 3 Prozent berechnet wird. Im Kanton Bern zehrt bei der Kleinküherei, bei welcher Butter verfertigt wird, gewöhnlich eine ganze Haushaltung von dem Milchertrag weniger Kühe, und dieser Umstand vermindert ohne Zweifel gleichfalls die Angaben des Butterertrags auf den Bündenschen Alpen, auf welchen diese Kleinküherei, durch die Berechtigten selbst besorgt, noch öfter als im Kanton Bern Statt findet. Da nun die Bündenschen Rechnungen die Resultate des Butterertrags, so wie sie Statt finden, nicht wie sie sein könnten, angeben, so mußte in der Bernischen Tabelle zur Vergleichung mit der Bündenschen das übereinstimmende System befolgt werden, und es ist daher der Butterertrag von halbfetter Käsung auf 1½ Prozent, von ganz magerer Käsung aber auf 3 Prozent gesetzt worden. Noch ist beizufügen, daß Käse, aus Milch verfertigt, von welcher der Rahm 24 Stunden nach dem Melken abgeschöpft worden, im Kanton Bern für magere Käse gehalten würden. Halbfette Käse werden bei uns die genannt, welche aus Milch verfertigt werden, wovon der am Abend gemolkene Theil den folgenden Morgen abgerahmt, der andre Theil aber aus der am Morgen gemolkenen besteht, die unabgerahmt mit jener vermischt wird.

Weniger schwankend, als die Angaben des Buttertrags, sind diejenigen des Käseertrags, obgleich auch diese nicht zu ganz bestimmten Schlüssen über das Verhältniß der Käsetheile in der Milch berechtigen können.

Es läßt sich die allgemein unter den Sennen angenommene Wahrheit nicht bezweifeln, daß nicht nur die Güte der Weide in Hinsicht ihres Graswuchses, sondern auch ihre Lage gegen die Sonne auf das Verhältniß des Käsegehaltes einwirke, der aus einem gewissen Maaße Milch durch die nämlichen Scheidungsmittel niedergeschlagen werden kann; abgesehen aber von der Reichhaltigkeit der Milch an käsigten Theilen, muß doch immer der Käseertrag nach der Geschicklichkeit modifizirt werden, die der Senne besitzt, den Käsestoff vollständig, und rein, ohne Beimischung von Ziegertheilen, aus der Milch scheiden zu können. Weder das allgemein übliche Scheidungsmittel ist seiner Natur nach gründlich bekannt *), noch der Scheidungsprozeß selbst auf bestimmte, auf chemischen Grundsätzen be-

*) Herr Koch hat sich in Verbindung mit einem geschickten Chemiker viele Mühe gegeben, die Natur des Labs und seine chemischen Verhältnisse genauer zu entdecken. Ihre Bemühungen haben noch nicht den erwünschten Erfolg gehabt. Kaum wird für die Oekonomie der Bergkantone

ruhende Regeln gebracht, und die Kunst der Käseverfertigung, die wichtigste im Alpengebirge, gründet sich auf Uebungen, praktische Ueberlieferungen ohne Kenntniß der Gründe, und auf Gewohnheiten, die fast in jedem Thale, und in jedem Alpenreviere verschieden sind.

Bei Verfertigung der ganz fetten und weichen Emmenthaler oder Greyerzer Käse rechnet man, daß die Milch von Kühen, die frisch gekalbt haben oder neumelk sind, neun, und die Milch von Kühen, die seit längerer Zeit gekalbt haben, eilf vom Hundert, also im Durchschnitt zehn vom Hundert Käse enthalte, und zwar in dem Zustand von Trockenheit, wie die Käse im Spätjahr den Großhändlern eingewogen werden.

Die kleinen fetten und harten sogenannten Oberländer, Saanen- oder Brienzer Käse, unter welchem Namen sie in Italien bekannt sind, liefern nur etwa 8⅓ Pfund vom Hundert, weil sie stärker gesotten und trockener gehalten werden müssen, als die Käse, die nach Art der Greyerzer gemacht werden.

Das Produkt-Verhältniß an magern und halbfetten Käsen, die meistens halbweich sind, beruhet auf der Volkssage, daß die Milch, die drei Pfund Butter gebe, das Doppelte, nämlich sechs Pfund an magerm Käse geben solle. Wenn nun mit dem Halbfetten die Hälfte der Butter vereinigt bleibt, so muß der Ertrag an halbfettem Käse 7½ Pfund auf 100 Pfund fette Milch

---

eine wichtigere Aufgabe gedacht werden können, als die wissenschaftliche Bestimmung der Regeln der Käsebereitung, die dann mit der chemischen Untersuchung des Labs beginnen müßte. Eine Belohnung von mehrern tausend Franken sollte von den Regierungen jener Kantone für die beste Lösung der so wichtigen Aufgabe ausgesetzt werden.

betragen. Würden die Bündenschen Produktangaben aus richtigem Milchmaase entspringen, so könnte das Verhältniß des Käseertrags auf einigen Alpen für stärker, als das Verhältniß auf Bernischen Alpen, oder die Angaben für diese letztern zu gering gehalten werden; allein bei der Ungewißheit, wie die Milch in Bünden gemessen worden, läßt sich hierüber kein folgerechter Schluß ziehen.

Der Ertrag an Zieger ist in der Alpenwirthschaft nicht von bedeutendem Belang; das Gewicht desselben ist in der Tabelle für die Berner Alpen angenommen, wenn der Zieger frisch, aber so gut als möglich, durch Abtropfen der Schotte, rein ist. Da man auf 100 Pfund Käse 40 Pfund fetten Zieger *) rechnet, so ergibt sich das Verhältniß der fetten Milch zum Ziegergehalt = 100: 4. In wie fern der Ziegerertrag bei halbfetter oder magerer Käsung geringer, als bei ganz fetter ausfalle, kann nicht mit Sicherheit angegeben werden. Oft wird kein magerer Zieger gemacht, sondern die Käsemilch nach dem Ausheben des magern Käses mit größerm Vortheil den Schweinen gegeben, da der magere Zieger weniger geschätzt ist, als der fette. Auch die Bündenschen Tabellen geben über die Verhältnisse des magern Ziegers keine Auskunft, und stehen in Angabe seines Ertrags gegen die Bernischen Angaben vielleicht aus dem Grunde zurück, weil die Gewichtsangaben in jenen sich auf einen trocknern Zustand des Ziegers beziehen.

Der Total-Molkenertrag, der in der Bernischen Tabelle berechnet ist, steigt um drei vom Hundert der fetten Milch höher, als in der Bündenschen angesetzt

*) Fetter Zieger erfolgt nach fetter Käsung, magerer nach dem Abrahmen und nach der magern Käsung der Milch.

ist. Dieses für die Berner Alpen günstige Resultat berechtigt aber noch nicht zu dem Schlusse, daß bei uns bessere Milch, als auf den Bündenschen Alpen gewonnen werde, sondern es muß dieses Resultat vorzüglich dem Umstande zugeschrieben werden, daß auf den genannten Berner Alpen die Bereitung der Milchprodukte ganz durch Sennen von Beruf und durch Hirten geschehe, die unter sorgfältiger Aufsicht gestanden haben: ein Vortheil, der den Bündenschen Alpen nicht, oder nicht in dem Maase, wie den Bernischen, zu gut kommt. Die Messungsresultate sind hingegen auf diesen letztern eher zu gering, als zu hoch angenommen, während sie in Bünden weniger bestimmt und sicher zu sein scheinen.

Die Preise der Butter sind in Bünden höher, als sie in der Bernischen Tabelle angesetzt werden konnten. Die Bündensche Butter, die überhaupt nicht so sorgfältig, wie auf den Bernischen Alpen bereitet wird, kann doch für 5 Bz. 6⅒ Rpp. im Mittelpreis abgesetzt werden, während für Bern der mittlere Butterpreis höchstens zu 5 Bz. geschätzt werden darf.

Die im Jahre 1804 Statt gefundenen Käsepreise im Kanton Bern sind zuverlässig, und ihre Anwendung auf den Käseertrag von 1818 und 1820 entstellt das wirthschaftliche Geldresultat keineswegs, da die hohen Preise von 1804 so wenig von verminderter Käseproduktion abhingen, als das Sinken dieser Preise im Jahre 1820 von vermehrter Produktion, sondern beide von dem Maase der Nachfrage des Auslandes. Der angeschriebene, höhere Käsepreis kann also richtig auch für Jahre der Wohlfeilheit angesetzt werden, und er ist hingegen auffallend zu Gunsten der Berner Alpenwirthschaft, und zwar der höchste um 13, der niedrigste um 3½ Rpp. das Pfund; ein Unterschied, der mehr als der höhere Molkenertrag auf höhern Gelderlös einfließt. Die Ziegerpreise stehen, besonders die des magern, im Kanton Bern bedeutend niedriger, als in Bünden; doch mag hier der höhere Preis die geringere Menge nicht ersetzen.

Aus dem in der Berner Tabelle beigefügten Preise der Milch im Klein- und Großverkauf, wie ersterer in Bern und Thun, letzterer in den Bergthälern Statt hat, wird ersichtlich, in wie fern durch Fabrikation aus der Milch etwas gewonnen werden kann.

In Bern wird die Milchmaas zu 4 Pfund um 15 Rpp., in Thun die gewöhnliche Maas von 3⅓ Pfund Berner Gewicht, und 84¼ französischen Kubik-Zollen zu 12½ Rpp. verkauft. Beide Verhältnisse stellen den Preis von 1 Pfund Berner Gewicht auf 3¾ Rpp.

Im Großverkauf wird die Milch dem Guts- oder Kuhbesitzer von dem Sennen, die gemeine Bern-Maas von 3⅓ Pfund zu 1 Bz. abgenommen, welches den Preis von 1 Pfund auf 3 Rappen setzt. Im Simmenthal, wo die Wiesen viel wohlfeiler, als in den Aemtern Interlachen und Oberhasle stehen, wird geglaubt, der Gutsbesitzer könne mit guten Milchkühen bei diesem Preise bestehen; doch sind die über solchen Milchverkauf geschlossenen Kontrakte meistens von Grundeigenthümern, und nicht von Sennen aufgegeben worden, und dieser Preis, von 3 Rpp. das Pfund Milch, wird für den niedrigsten angesehen, den bei dermaligen Güterpreisen im Simmen- und Saanenthal der Gutsbesitzer ohne Verlust halten könne. Im Kanderthal muß wegen der höhern Landpreise der Milchpreis auch höher stehen; im Interlachen- und Oberhaslethal noch höher.

Der Durchschnitt des täglichen Milchertrags einer Kuh, wie er in der Tabelle für den Kanton Bern ante. Dieses für die Berner Alpen günstige Resultat berechtigt aber noch nicht zu dem Schlusse, daß bei uns bessere Milch, als auf den Bündenschen Alpen gewonnen werde, sondern es muß dieses Resultat vorzüglich dem Umstande zugeschrieben werden, daß auf den genannten Berner Alpen die Bereitung der Milchprodukte ganz durch Sennen von Beruf und durch Hirten geschehe, die unter sorgfältiger Aufsicht gestanden haben: ein Vortheil, der den Bündenschen Alpen nicht, oder nicht in dem Maase, wie den Bernischen, zu gut kommt. Die Messungsresultate sind hingegen auf diesen letztern eher zu gering, als zu hoch angenommen, während sie in Bünden weniger bestimmt und sicher zu sein scheinen.

Die Preise der Butter sind in Bünden höher, als sie in der Bernischen Tabelle angesetzt werden konnten. Die Bündensche Butter, die überhaupt nicht so sorgfältig, wie auf den Bernischen Alpen bereitet wird, kann doch für 5 Bz. 6⅒ Rpp. im Mittelpreis abgesetzt werden, während für Bern der mittlere Butterpreis höchstens zu 5 Bz. geschätzt werden darf.

Die im Jahre 1804 Statt gefundenen Käsepreise im Kanton Bern sind zuverlässig, und ihre Anwendung auf den Käseertrag von 1818 und 1820 entstellt das wirthschaftliche Geldresultat keineswegs, da die hohen Preise von 1804 so wenig von verminderter Käseproduktion abhingen, als das Sinken dieser Preise im Jahre 1820 von vermehrter Produktion, sondern beide von dem Maase der Nachfrage des Auslandes. Der angeschriebene, höhere Käsepreis kann also richtig auch für Jahre der Wohlfeilheit angesetzt werden, und er ist hingegen auffallend zu Gunsten der Berner Alpenwirthschaft, und zwar der höchste um 13, der niedrigste um 3½ Rpp. das Pfund; ein Unterschied, der mehr als der höhere Molkenertrag auf höhern Gelderlös einfließt. Die Ziegerpreise stehen, besonders die des magern, im Kanton Bern bedeutend niedriger, als in Bünden; doch mag hier der höhere Preis die geringere Menge nicht ersetzen.

Aus dem in der Berner Tabelle beigefügten Preise der Milch im Klein- und Großverkauf, wie ersterer in Bern und Thun, letzterer in den Bergthälern Statt hat, wird ersichtlich, in wie fern durch Fabrikation aus der Milch etwas gewonnen werden kann.

In Bern wird die Milchmaas zu 4 Pfund um 15 Rpp., in Thun die gewöhnliche Maas von 3⅓ Pfund Berner Gewicht, und 84¼ französischen Kubik-Zollen zu 12½ Rpp. verkauft. Beide Verhältnisse stellen den Preis von 1 Pfund Berner Gewicht auf 3¾ Rpp.

Im Großverkauf wird die Milch dem Guts- oder Kuhbesitzer von dem Sennen, die gemeine Bern-Maas von 3⅓ Pfund zu 1 Bz. abgenommen, welches den Preis von 1 Pfund auf 3 Rappen setzt. Im Simmenthal, wo die Wiesen viel wohlfeiler, als in den Aemtern Interlachen und Oberhasle stehen, wird geglaubt, der Gutsbesitzer könne mit guten Milchkühen bei diesem Preise bestehen; doch sind die über solchen Milchverkauf geschlossenen Kontrakte meistens von Grundeigenthümern, und nicht von Sennen aufgegeben worden, und dieser Preis, von 3 Rpp. das Pfund Milch, wird für den niedrigsten angesehen, den bei dermaligen Güterpreisen im Simmen- und Saanenthal der Gutsbesitzer ohne Verlust halten könne. Im Kanderthal muß wegen der höhern Landpreise der Milchpreis auch höher stehen; im Interlachen- und Oberhaslethal noch höher.

Der Durchschnitt des täglichen Milchertrags einer Kuh, wie er in der Tabelle für den Kanton Bern angegeben worden, ist nicht, wie in den Bündenschen Rechnungen, auf unmittelbare Messung der Milch gegründet, nach welcher die Molkenprodukte der Alpberechtigten abgeliefert werden, sondern dieser Durchschnitt ist aus dem Total-Käseertrag nach angegebenen Verhältnissen abgeleitetes Resultat, und die darauf sich beziehende Rubrik ist deswegen in der Bernischen Tabelle versetzt worden.

Es wird glaubwürdig versichert, daß es bei uns Kühe gebe, die in der Zeit der höchsten Milchproduktion täglich bis 50 Pfund Milch geben; ein so reichlicher Ertrag ist aber immer seltene Ausnahme, und darf nie als Regel, weder für Schätzung der Milchprodukte einer ganzen Heerde, noch für die ganze Dauer einer Alpzeit angenommen werden. Die Angaben in der Bernischen Ertrags-Tabelle können daher wohl als mäßig, aber nicht als zu niedrig betrachtet werden. Das höchste Resultat von Schweizerischer Alpenwirthschaft, das uns bekannt geworden, ist dasjenige der Weitlauer Alp im Kanton Luzern, wo während einer Sömmerung von zwanzig Wochen von einer Kuh im Durchschnitt dreihundert Pfund Käse gewonnen worden sein sollen: ein Ertrag, der auf eine Mittelproduktion von 21 ½ Pfund Milch auf die Kuh schliessen läßt. Es ist zu vermuthen, daß diese ausserordentliche Produktion die Folge einer sehr gut gelegenen und reichen Weide, und einer sorgfältigen Auswahl der Kühe zuzuschreiben sei. Gewiß ist, daß für diese Sennerei in großen Entfernungen Kühe für 75 bis 80 Franken Sommerzins gemiethet werden. Auf den Berner Alpen ist der höchste bekannte Käseertrag auf der Alp Mänigen gemacht worden.

Die Sennen auf den Berner Alpen sind zufrieden, wenn sie auf zwanzig Wochen Alpzeit täglich von der Kuh im Durchschnitt 15 Pfund Milch oder 200 Pfund

Emmenthaler oder Greyerzer Käse gewinnen. Würden die oben gegebenen Regeln, in Rücksicht der Auswahl, Haltung und Fütterung der Kühe, genau befolgt, so könnten 250 Pfund Käse während der Alpfahrt von einer Kuh, oder täglich 18 Pfund Milch erhalten werden. Wird dies als Maximum, als Minimum aber 9 Pfund Milch angenommen, so wäre der mittlere Milchertrag einer Kuh während der Alpfahrt auf 13½ Pfund Milch zu setzen. Zu wünschen wäre, daß in den Bergkantonen nicht nur die Anzucht schönen Viehs, sondern auch die Anzucht und Racen-Erhaltung guter Milchkühe durch grose Prämien begünstigt werden könnte. Bei Auswahl der Stiere wird immer nur die Farbe und die Gestalt berücksichtiget, und doch würde die Erhaltung der Racen, die sich durch vorzügliche Milchproduktion der Kühe auszeichnen, wesentlich auch von der Auswahl der Zuchtstiere abhängen.

Soll der tägliche Milchertrag auf den Bündenschen Alpen mit dem täglichen der Berner Alpen verglichen werden, so ist das Mittelmaas der Ober-Engadin-Alpen als zuverlässig vorausgesetzt, für Cassana Lit. E, das höchste Resultat . . . . Pfund 13. 44.
und für Soglio Compasch Lit. O
das kleinste . . . . „ 7. 33.

Der Mittelertrag also . . . . . . Pfund 10. 33.
mithin kleiner, als auf den Berner
Alpen um . . . . „ 3. 16.

Da die Art und Zeit der Messung der Milch auf den andern Bündenschen Alpen ungewiß ist, so kann ihr Ertrag auch nicht gehörig mit dem Ertrag der Berner Alpen verglichen werden.

Der tägliche Ertragsdurchschnitt einer Kuh in Geld ergibt sich, wenn 100 Pfund Milch zu den angesetzten Produktenpreisen berechnet, dieser Werth mit dem täglichen Milchgewicht einer Kuh (hier $16^{34}/_{100}$) multiplizirt, und dieses Geldprodukt durch 100 dividirt wird.

Vergleicht man nun den täglichen Geldertrag einer Kuh in den verschiedenen Milchverwendungsarten, so liegt die Ursache bald am Tage, warum unsre Sennen nur im Winter Butter und magern Käse machen. Im Winter bedarf es des ganzen (viel kleinern) Milchertrags um die Butter- und Rahm-Nachfrage zu befriedigen, und der gewonnene magere Käse reicht dann zum Bedarf der ärmern Volksmasse hin. Würden im Sommer, bei viel größerer Milchproduktion, Butter und magere Käse, statt fetter Käse, bereitet; so müßten die Preise von jenen noch tiefer gehen, da diese Molkenfabrikate bis jetzt im Ausland noch keinen regelmäßigen Absatz gefunden haben. Der Alpwirth, der seinen Vortheil versteht, und dessen Verhältnisse es zulassen, wird sich daher immer zur Großküherei einzurichten und so große Käse zu machen suchen, als es ihm möglich ist, und dem Landwirthe des flächern Landes und den Kleinkühern die Verfertigung der Butter während der Alpzeit überlassen.

Aus der Vergleichung der Ertrags-Tabellen beider Kantone geht für die Berner Alpen ein Mehrwerth von 3 Bz. 9 Rpp., und von 1 Bz. 7 Rpp. des täglichen Geldertrags einer Kuh hervor, wenn dort das Maximum des Unterschieds, hier das Minimum berechnet wird. Dieser Unterschied aber zeigt nur, wie viel mehr die Berner Alpenweiden an Metallwerth, als die Bündner Alpenweiden (beide in unbestimmten Ausdehnungen) abgeworfen haben, und aus diesen Vergleichungs-Resultaten erhellet noch nicht, wie groß die Kosten der Alpenwirthschaft für die Alpfahrt und Abfahrt, für die Nahrung und den Lohn der Knechte, das Salz, das Lab u. s. w. betragen, und auch der Ertragswerth der Schotte ist noch nicht ausgemittelt. Die folgenden Angaben werden beitragen, diesen Theil der Alpen-Oekonomie zu beleuchten.

Die Nachfrage und die Preise des Schottenzuckers steigen nur im Verhältniß mit den Preisen des Rohrzuckers; sind diese gering, so lohnet die Schottenzucker-Fabrikation um so weniger, als sich auf den Alpen weniger der Wirthschaft entbehrliches Holz vorfindet. In Zeiten gewöhnlicher Rohrzuckerpreise wird es um so vortheilhafter sein, die Schotte zur Schweinemastung zu verwenden, als die Folgen der Entblößung der Alpen von Holz groß sein können. Es wird gerechnet, daß wenn das Pfund Schottenzucker nicht 7 ½ Rappen gelte, dann die Schweinemastung vortheilhafter, als das Zuckersieden sei. Bei dieser Rechnung ist aber auch auf den Werth des konsumirten Brennholzes keine Rücksicht genommen.

Auf der Tschingel-Alp im Kanderthal, wo der tägliche Milchertrag der Kühe im Durchschnitt sechszehn Pfund beträgt, wurden, wenn nicht Zucker gesotten wurde, auf sechszig Kühe zwanzig Schweine gehalten, und während der Alpfahrt von der Schotte genährt. Wurde hingegen Zucker gesotten, so erhielt der Küher wöchentlich anderthalb bis zwei Zentner geläuterten Zucker, und hielt dann nur zehn Schweine, die von dem Rückstand der Schotteverdickung und der Läuterung des Zuckers genährt wurden.

Der Ertragswerth der Schotte, so wenig bedeutend er auch angeschlagen werden kann, wird doch im Durchschnitt für hinreichend erachtet, mit dem Erlös aus dem Zieger, die Kosten der Alpenwirthschaft, mit Ausnahme des Kraut- oder Alpzinses und des Kuhzinses, daraus bestreiten zu können.

Aus hundert Pfund Milch erfolgen nach obigen Angaben vier Pfund Zieger zu 7 ½ Rpp., also 3 Bz. Von dieser Milch bleiben dann noch etwa achtzig Pfund Schotten übrig, die, nach der Schätzung praktischer Kenner der Zentner zu 3 ⅓ Bz. gerechnet, 2 ⅔ Rpp. werth sein mögen. Die hundert Pfund Milch geben also an Zieger und Schottenerlös 3 Bz. 2 ⅔ Rpp. und aus dem Mittel-Milchertrag einer Kuh von dreizehn Pfund werden täglich 4 ¼ Rpp. an Zieger- und Schottenwerth erhalten.

Der Kuh-Miethzins mag, für sehr gute Kühe, wie sie für den Ertrag der Bernischen Alpen Lit. A vorausgesetzt werden müssen, als Maximum auf 4 Bz., und für Kühe, wie sie auf Kommun-Alpen wie B und G vorkommen, als Minimum 2 ½ Bz. an täglichem Zins angeschlagen werden. Zieht man nun in der Wirthschaftsberechnung für die Alp Lit. A von dem täglichen Geldertrag von . . . . . 7 Bz. 9 Rpp.
die Wirthschaftskosten (an Zieger und Schottenäquivalent) mit — Bz. 5 Rpp.
und für den Kuhzins . 4 - — -

zusammen also . 4 - 5 -

ab, so bleiben täglich . . . . 3 - 4 -
für den Alpbesitzer und den Senn übrig. Wird endlich der Kraut- oder Bergzins zu 33 Frk. 5 Bz. von der Kuh angeschlagen, so betrifft es täglich für die Kuh 2 Bz. 4 Rpp., und der Senn behält für sich von der Kuh täglich einen Batzen an reinem Gewinn, wenn er sie gemiethet, und zwei Batzen, wenn er sie selbst gehalten. Der Eigenthümer der Alp aber bezieht, den Krautzins zu vier Prozent kapitalisirt (nach Abzug von Staats- und Gemeindesteuern und der Kosten für den

Unterhalt der Gebäude), den Zins von 750 bis 800 Frk. Kapitalwerth.

Der Ertrag der Alp Lit. G., der aus der Milchverwendung zu Butter und zu magerm Käse erfolgt, wirft nach Abzug des Ziegerwerths ab 2 Bz. 9 Rpp.
nach fernerm Abzug des kleinen Kuhzinses von . . . . 2 - 5 -
bleibt dem Senn und dem Alpbesitzer nur . . . . — - 4 -
so daß der Zins von dieser sonst fruchtbaren Alp von der Kuh täglich nur vier Rappen beträgt, der Senn nichts für sich behält, und der Alpenbesitzer den Kapitalwerth des Weiderechts für eine Kuh nur zu hundert Franken schätzen kann. In diesem Falle werden die mehrsten Kommun-Alpen des Bernischen Oberlandes sein. Wenn auf diesen acht Jucharten Weideland zur Sömmerung einer Kuh nöthig sind, so trägt die Juchart nur einen reinen jährlichen Ertrag von fünf Batzen ab. Es gibt aber im Kanton Bern auch Alpen, und ohne Zweifel noch mehr in Bünden, deren Benutzung sogar den Kuhzins nicht zu vergüten vermag, und die mithin keinen reinen Ertrag abwerfen: dies ist aber wohl selten oder nie die Folge von schlechter Vegetation, sondern bloß die Folge fehlerhafter Einrichtungen, übel gehaltener Kühe, schlechter Racen, und unwissender oder nachlässiger Verarbeitung der Milchprodukte. Auch im Kanton Bern, nicht nur in Bünden, wären also die Gemeinalpen sehr großer Verbesserungen empfänglich, selbst da, wo erwiesen werden könnte, daß eine größere Erhöhung über das Meer die Beibehaltung der unbedingten Weidewirthschaft nothwendig, und die Anwendung jeder künstlichen Kultur unthunlich machen sollte.

Der Kapitalwerth der Bündenschen Alpen kann,

wegen Mangel an sichern und umständlichen Angaben, nicht mit dem Kapitalwerthe der Bernischen verglichen werden, da die ökonomischen Abhandlungen in dem Neuen Sammler über diesen Kapitalwerth nicht die nöthige Auskunft geben, und nur den Geldertrag der Alpenkühe während der Sömmerung anzeigen. Auf den schönen Heinzenberg-Alpen bei Thusis soll das Alprecht für eine Kuh nur zu fünfundzwanzig bis dreißig Gulden angekauft werden können. Dieser Kapitalwerth steht aber in grellem Mißverhältniß mit den im Sammler enthaltenen und in unsere Tabelle aufgenommenen Ertragsangaben. Wahrscheinlich muß von diesem Ertrag noch der Miethzins der Kühe abgezogen werden. Im vierten Jahrgang des Sammlers, Seite 223, ist der Miethzins einer Kuh auf einer Engadiner Alp zu dreizehn und einem halben Gulden angegeben; wird dieser nebst den Wirthschaftskosten zu anderthalb bis drei Batzen täglich von dem täglichen Ertrag einer Kuh abgezogen, so wird jenes Mißverhältniß zwischen dem Kapitalwerth und dem Ertrag der Alpen weniger auffallend. Ueberhaupt scheint der Kuhzins in Bünden geringer als im Kanton Bern zu sein, und dieser Umstand sowohl als die niedrigen Kapitalwerthe der Alpen, und die, in Vergleichung mit den Bernischen, geringern Ertrags-Resultate weisen auf größere Mängel in der Bündenschen Alpenwirthschaft, als die größere Erhöhung der Kühberge in Bünden und ihre Gemeinweidigkeit erklären kann.

Der Verfasser wird sich bemühen, diese Mängel und Eigenheiten gemeinschaftlich mit seinem Freunde Koch künftig umständlicher und befriedigender auseinander zu setzen.

III.

Betrachtungen

über die

Veränderungen

in dem

Klima des Alpengebirgs.

Beiträge

zur Beantwortung der von der Schweizerischen Gesellschaft für die Naturwissenschaften aufgeworfenen Frage:

»Ist es wahr, daß die hohen Schweizerischen Alpen seit einer Reihe von Jahren wirklich rauher und kälter geworden sind?«

Da diese Frage nicht anders als nach wirklichen Thatsachen entschieden werden kann, so verlangt die Gesellschaft von denen, die sie zu beantworten unternehmen:

1) Eine möglichst vollständige Zusammenstellung der alten und neuern Zeugnisse, welche die Verödung und Verlassung ehemaliger Weidplätze in den hohen Alpen beurkunden können;

2) Eine kritische Prüfung der Aechtheit und Zuverlässigkeit dieser Zeugnisse;

3) Eine genaue Unterscheidung und Absonderung aller derjenigen Fälle, wo alte Weideplätze durch andere Ursachen, als durch die Wirkung der Kälte unfruchtbar geworden sind, wie z. B. durch Verwitterung der umherstehenden Felsenmassen, durch Bergfälle, Schneelawinen u. s. w.;

4) Eine Untersuchung der historischen Zeugnisse und der natürlichen Spuren, welche beweisen sollen, daß der Baumwuchs sich bis zu einer größern Höhe hinauf erstreckt habe, als heut zu Tage.

18

5) Eine Sammlung einer möglichst großen Anzahl von Beobachtungen in Beziehung auf die Höhe der Schneelinie und auf den Zeitpunkt, wo das Vieh in den verschiedenen Jahren die hohen Alpen verlassen mußte;

6) Eine Sammlung durch eine Reihe von Jahren fortgesetzter Beobachtungen über die theilweise Vergrößerung oder Verminderung der Gletscher in den Querthälern, über ihr Ansetzen oder Verschwinden in den hohen Gegenden;

7) Endlich die Aufsuchung und Bestimmung der alten Grenzen gewisser Gletscher, welche durch die Steintrümmer, die sie vor sich herstoßen, angezeigt werden.

Die gründliche Beantwortung dieser Frage in der Allgemeinheit, wie sie von der Gesellschaft aufgestellt worden, setzt einen großen Reichthum von Erfahrungen und Kenntnissen über die Natur unsers Gebirgs, und meteorologischer darauf einwirkender Einflüsse voraus, und es kann auch diese gründliche Beantwortung nur auf genauer Bekanntschaft mit der alpinischen Vegetation und mit der Kultur unserer Alpen beruhen. Der Verfasser der gegenwärtigen Schrift kann diesen Erfordernissen nur unvollständig Genüge leisten. Seine Beobachtungen, beschränkt auf einen engern Kreis unsers Alpengebirgs, durch Amtsgeschäfte und durch die für Beantwortung der umfassenden Aufgabe wohl zu kurz gesetzte Frist, diese Beobachtungen machen bloß auf das Verdienst getreuer Darstellung Anspruch, und sollen in der Hoffnung hinreichende Belohnung finden, Naturforschern und Freunden vaterländischer Kultur, die künftig, mit mehrern Hilfsmitteln zu gründlicher Untersuchung ausgerüstet, eine genügende Lösung der Aufgabe versuchen dürften, zu diesem Zweck einige willkommene Beiträge zu liefern.

Ist es wahr, daß die hohen Schweizerischen Alpen seit einer Reihe von Jahren wirklich rauher und kälter geworden? Diese Frage leitet natürlich zuerst auf die Untersuchung physikalischer Einflüsse, die auf unserm Hochgebirge die Temperatur des umgebenden Luftkreises bestimmen, und sie leitet demnächst auf die Betrachtung des Pflanzenlebens, das, bedingt und modifizirt durch diese Temperatur, in den Verschiedenheiten seines Vorkommens allein einen festen Punkt der Vergleichung darzubieten scheint.

Die Erscheinungen also in dem Luftkreis der hohen Alpen, ihre Wirkung auf die Beschaffenheit unsers Gebirgs, des Standorts der Pflanzen, die Wirkungen dann atmosphärischer Phänomene auf das Pflanzenleben, und dieses Pflanzenlebens hinwieder auf Erdarten, Gebirgsformen und Luftkreis: diese Betrachtungen werden den ersten Theil dieses Versuchs ausmachen. Der zweite Theil wird den Thatsachen gewidmet sein, die über die Verwilderung (degradation) unsers Hochgebirgs Licht verbreiten können; der dritte Theil endlich wird sich mit den Folgerungen aus jenen Thatsachen und den Hilfsmitteln befassen, die menschlicher Kraft noch zu Gebote stehen, um dieser Verwilderung Grenzen zu setzen.

1.

Es ist also hier weniger um eine Darstellung der Meteorologie in unsern Gebirgen zu thun, als aus den Untersuchungen der Physiker, die die Natur der höhern Luftregionen zum Gegenstand ihrer Forschungen gemacht haben, diejenigen Thatsachen auszuheben, die in den nächsten Beziehungen mit den Phänomenen stehen, die sichtbar auf die Ausbreitung des Pflanzenlebens und die Bildung oder Zersetzung unsers Alpengebirgs einwirken.

Unsere Kenntnisse von den höhern Luftregionen haben durch die Bemühungen besonders der unvergeßlichen Genferischen Naturforscher Fortschritte gewonnen, die zu der Hoffnung wichtiger Aufschlüsse über so viele Erscheinungen berechtigen, deren Entstehung und Zusammenhang noch mit dem Schleier des Geheimnisses bedeckt ist; und so haben auch die Bemühungen verdienter Naturforscher über den Bau der Erde im Innern des Alpengebirgs und über das Leben und die Ausbreitung der Pflanzen auf den Hochgebirgen der Erde Licht verbreitet. Noch bleibt uns aber zu wünschen übrig, daß genauere Höhenbestimmungen nicht nur einzelner, sondern aller Gipfel des vaterländischen Gebirgs, und so auch mathematische Bestimmungen der Ausbreitung und Grenzen der Gletscher und des ewigen Schnees, der Weide-, Wald- und Thal-Regionen in allen den verschiedenen Gebirgszügen als feste Punkte einer Grundlage dienen würden, auf die die vereinzelten physikalischen Beobachtungen als auf einen bestimmten Maasstab vergleichend zusammengestellt und die Veränderungen beurtheilt werden könnten, die im Lauf der Zeiten in der Ausbreitung des Pflanzenlebens und der Kultur des Hochgebirgs sich ergeben sollten.

Michely du Crêt, der, wie nach ihm Condorcet, mit freiem Geist in Kerkerbanden, sein Leben dem Erforschen der Natur weihte, suchte zuerst die Höhe der vaterländischen Gebirge zu bestimmen, aber, getäuscht durch die Irrthümer, die der Standort seines

Gefängnisses ihm zu vermeiden unmöglich machte, blieb seine Arbeit unvollkommen.

Das Auffinden algebraischer Formeln zu sicherer Bestimmung der Berghöhen durch das Barometer gab leichtere Mittel an die Hand, diese Messungen zu vervielfältigen, und auch hier förderten Genferische Naturforscher die Kenntniß des Alpengebirgs. Tralles Werk bereicherte schon in seinen Anfängen die vaterländische Naturkunde, und destomehr war die Unterbrechung des Unternehmens zu beklagen, als der verdienstvolle Mann der Schweiz entzogen wurde; v. Buch, v. Humbold und Wahlenberg haben über die Ausdehnung des Pflanzenlebens und die Grenzen der Schnee-Regionen in den nordischen Gebirgen und auf den Anden Beobachtungen angestellt und auf die Natur der Atmosphäre ein neues Licht verbreitet. In jedem Thal aber im Alpengebirg, in jeder Richtung sogar des nämlichen Thals, und in jeder Abstufung der Regionen der Vegetation und der Grenzlinien der Gletscher und des ewigen Schnees würden genaue mathematische und physikalische Bestimmungen aus ferner Vergangenheit vorausgesetzt werden müssen, wenn schon jetzt die Frage, deren Auflösung hier versucht wird, gründlich und mit gehöriger Unterscheidung aller Lokalbeziehungen erörtert werden sollte.

Möchten nur die in verschiedenen Kantonen mit gemeinnützigem Sinn und von verdienstvollen Männern unternommenen Messungen nicht bloß auf mathematische Daten beschränkt bleiben, die, wo es um genauere Kenntniß und Beurtheilung der Kultur unserer Alpen zu thun ist, eher Mittel als Zweck sein müssen, wenn aus ihren Resultaten für den Naturforscher und Staatswirth die möglichst großen Vortheile hervorgehen sollen. Am mehrsten ohne Zweifel würden Basreliefs unsere

Gebirgskenntnisse fördern, wenn sie jede Abstufung der Gebirgs- und Pflanzen-Regionen einzelner Thäler mit hinreichender Genauigkeit bezeichnen könnten.

Je größer die Entfernung der Luftschichten von der Oberfläche des Erdbodens, desto geringer ist auch ihre Dichtigkeit und ihre Elastizität; die nächsten Folgen dieser verminderten Dichtigkeit sind: schnellere Verdünstung, größere Trockenheit mithin der Luftschichten, die auf unserm Hochgebirg ruhen, und ihre geringere Erwärmung, Anhäufung der Wolken, deren Elektrizität nur unvollkommene Ableiter findet, Anhäufung der Schnee- und Gletscher-Massen und die Entstehung heftiger Orkane und beständiger Windströmungen.

Ein verminderter atmosphärischer Druck von sechs bis neun Zollen der Quecksilbersäule, den unsere höhern Gebirge, so weit noch das Pflanzenleben oder ihre beschneiten Gipfel reichen, vergleichend mit den Flächen an ihrem Fuße erleiden, muß nicht bloß auf die atmosphärischen Erscheinungen, sondern eben so sehr auf die Vegetation einwirken; es ist nicht nur die Abnahme der Wärme in den höhern Regionen, die hier den geringern Wachsthum und das entartete Vorkommen vieler Gewächse hervorbringt. Sehr viele Bäume, die Schwarzeller z. B., die deutsche Pappel, die Hagebuche und andere, die sich gegen die stärksten Fröste in unsern Tiefen unempfindlich zeigen, steigen an dem Gebirge nie zu beträchtlichen Höhen und bleiben weit unter den Rothtannen z. B. zurück, die nicht selten von Frösten in tiefen Thälern beschädigt werden; mit Grund können wir daher vermuthen, daß auch die verminderte Dichtigkeit der Luft, abgesehen von der Abnahme der Wärme, dem Leben vieler Pflanzen hinderlich werde.

Auch in der Zusammensetzung der höhern Luftschichten zeigt sich eine Verschiedenheit in Vergleichung der tiefern Luftregionen. Auf dem Mittagborn der Pyrenäen fanden spanische Naturforscher ein Viertel weniger Sauerstoffgas; auf dem Gipfel des Montblanc fand Saussure ein Drittel weniger; auf dem tiefern Col du Géant 0,0125 weniger, als in Chamouny. Auf einer Höhe von 3500 Klaftern aber fand der Luftschiffer Gay Lussac das Verhältniß des Sauerstoff- zu dem Stickstoff-Gas=0,210 : 0,787. Die Kalkwasserprobe, die Saussure auf dem Gipfel des Montblanc vornahm, bewies, daß hier die Luft beträchtlich weniger kohlensaures Gas enthielt, als sie am Meeresufer enthält; und es läßt sich mithin annehmen, was auch schon die größere spezifische Schwere beider Luftarten erklären würde, daß diese beiden Prinzipe des Pflanzenlebens auf unsern höhern Gebirgszonen weniger wirksam und hier die Fruchtbarkeit geringer sein müsse, wo die Erdschichten sich den belebenden und ernährenden Sauerstoff und Kohlenstoff weniger aneignen können.

Als Leiter der Wolken und Nebel sind unsere Alpen häufigen Gewittern und Regengüssen ausgesetzt, die in der dünnern Luft schwerer und verderblicher für die Erdbekleidung der Felsen niederfallen. Aber die Feuchtigkeit des Luftkreises hängt nicht von dem Maaße des gefallenen Regens, sondern von dem Maaße der Ausdünstung und der vollkommenen oder unvollkommenen Auflösung der wässerigen Flüssigkeiten in der Luft ab, und daher läßt es sich erklären, warum auf Bergen, in einer von Wolken reinen Luft, der Hygrometer einen sechsmal geringern Feuchtigkeitsgrad zeigte, als zu gleicher Zeit im Grunde der Alpenthäler beobachtet wurde.

Watsons Versuche beweisen, daß auf einem Morgen dicht mit Gras bewachsenen Landes, dessen untenliegende Erdschichten durch lange Trockenheit der Witterung von Feuchtigkeit erschöpft schienen, noch in Zeit von vierundzwanzig Stunden 6400 Quart Wasser ausgedünstet wurden. Die Trockenheit der Luftschichten, die auf unsern von Pflanzen sich entblößenden Bergrücken liegen, erklärt sich leicht aus dieser Thatsache, und diese Trockenheit der Alpenluft in ihrem von Nebeln reinen Zustande vermindert ihre Leitungsfähigkeit gegen die elektrische Flüssigkeit und schwächt die Kraft der Vegetation.

Tief unter der Schneedecke des Winters wachsen viele Pflanzen grünend fort; ein Beweis, daß der Schnee den Sauerstoff beigemischt enthalte, und sehr viele Erscheinungen erweisen uns, wenn nicht die Identität des Sauerstoffs mit der elektrischen Materie, doch die Identität seiner Wirkungen, und auch in dieser Beziehung folglich würde die Elektrizität für das Pflanzenleben wichtig sein, und das überhaupt geringere Verhältniß derselben auf dem Gebirg auf die Vegetation einwirken.

Metalle werden in Wasserstoffgas durch elektrische Funken gesäuert, der Schnee entfärbt die Lakmustinktur, und die regelmäßigen Formen der Flocken begründen die Annahme, daß bei seiner Bildung die Elektrizität vorzüglich einfließe. Die elektrische Flüssigkeit, Odem unsers Planeten, der im Feuer der Vulkane, im Leuchten der Gewitterwolken sich offenbart, die elektrische Flüssigkeit ist Bestandtheil der Dünste, die von der Erde sich in den höhern Luftkreis erheben, und, wenn dieser Bestandtheil abgeleitet wird, durch Gewitterregen und Thau der Erde wieder zufliessen. Nackte und trockne Felsen, dürre Erdschichten, Schnee- und Eisfelder sind unvollkommene Leiter der elektrischen Materie. Unter Bäumen steht immer der Elektrometer auf 0; die Bäume vorzüglich, besonders die Pinusarten, leiten belebend und befruchtend sie wieder der

Erde zu. Durch elektrische Schläge verlieren die reizbaren Pflanzen ihre Erregbarkeit; durch elektrische Strömungen wird der Saftfluß zerschnittener Pflanzen unterbrochen.

Das Licht wirkt, wie bekannt, durch Entwickelung der für die Oekonomie des thierischen und vegetabilischen Lebens wichtigen Luftarten; auf hohen Bergen wirkt es überdies nicht bloß als Entbindungsmittel der Wärme, da die Intensität seiner Wirkung in hohen Luftregionen größer ist, wo die Wärme geringer wird; es wirkt hier lähmend auf die Lebensfunktionen des thierischen Körpers, und ohne Zweifel in seiner höhern Intensität auf dem Hochgebirg auch störend auf die Vegetation; je höher das Gebirg, desto wohlthätiger wird auch in dieser Beziehung für das Pflanzenleben der Schatten der Bäume.

Die ungleiche Erwärmung und Dichtigkeit der Luftschichten, die vom Grunde der Thäler bis auf die Rücken unsers Hochgebirgs aufeinander folgen, das elektrische Abstoßen und Anziehen dann vermuthlich gleichartiger und entgegengesetzter elektrischer Anhäufungen in Gewitterwolken: diese Ursachen, verbunden mit den expansiven Kräften der von den Gletscher-Regionen aufsteigenden Dünste, stören immerfort das Gleichgewicht und die Ruhe in dem Luftkreise des Hochgebirgs; und dieses fortdauernde Weben der Lüfte fließt auf Erniedrigung der Temperatur noch bedeutender ein, als die Entbindung des geringern Maases von Wärmestoff aus der verdünnten Luft.

Die Luft selbst ist im ruhigen Zustande ein sehr unvollkommener Leiter der Wärme. Auf den weiten Eis- und Schneewüsten des Hochgebirgs fühlt der Wanderer oft bei jeder, auf kurze Zeitmomente eintretenden Windstille des Sommers die drückendste Hitze. Am Fuße der

Gletscher und hoch über die gewöhnliche Grenze des Pflanzenlebens hinauf, auf geschützten Inselfelsen des Gletschermeeres, wachsen und blühen Pflanzen üppig fort, und nur da erstarrt das Leben in den höchsten Zonen des Gebirgs, wo kein Schutz vor den kältenden Winden ist, die über Schneewüsten wehen.

In Ländern, die noch wenig bewohnt, dicht in zusammenhängenden Massen mit den alten Wäldern der Vorzeit bedeckt sind, werden diese Wälder, durch deren dunkeln Schatten kein Sonnenstrahl erwärmend eindringt, die wärmenden Seewinden oder ihren Strömungen über bebaute Flächen sich entgegenstellen, Ursache größerer Kälte; und die nämliche Folge, die hier aus dem Uebermaaße, die geht auch aus der Entblößung unsers Gebirgs von Wäldern hervor, die höher nirgendwo, tiefer immer seltener und schwächer das kältende Wehen zu brechen vermögen. Bäume überhaupt kühlen durch die Dünste, die ihrer Belaubung entsteigen, die Luft, und vermindern auch, begünstigend die Fruchtbarkeit, die Trockenheit des Luftkreises. Im Winter aber wirken die Bäume nicht bloß durch Hemmung kältender Winde, sondern auch durch ihr organisches Leben auf Erhöhung der Temperatur. Unter den Kronen alter Eichen und Buchen des Waldes bleiben den Winter hindurch die Samen dieser Bäume von der Kälte unversehrt und mit ungeschwächter Keimungskraft, während sie, mit Laub gedeckt, im Innern der Gebäude aufbewahrt, sehr oft in der Winterkälte verderben. Mit den lauen Winden des Frühlings schmilzt zuerst die Schneedecke des Bodens rings um den Stamm und unter den Kronen der Bäume, und zwar nicht, weil ihrem Wehen durch sie ein Hinderniß gesetzt, ihre Wirkung auf den Schmelz des Schnees vergrößert wird, da am Fuße von vereinzelten Felsstücken der frühere Schmelz des Schnees nicht in diesem Maase, wie unter den Wipfeln der Bäume, beobachtet wird. An der Grenze auch unserer höchsten Waldzonen erliegen die jungen Holzpflanzen nur da der Kälte, wo sie des Schutzes hoher Bäume beraubt sind, den vereinzelte Felsen nicht zu leisten vermögen. So lange die Temperatur der Erdschichten, in welchen die Wurzeln der Bäume streichen, nicht unter den Gefrierpunkt fällt, bleibt ihre Lebensthätigkeit ununterbrochen und äussert sich durch Entwickelung der Haarwurzeln und durch Entbindung von Wärme um so leichter, da die dicke Decke des Schnees, der durch beigemengten Sauerstoff die Organe der Wurzel reizt, sie gegen die höchste Kälte des höhern Luftkreises verwahrt.

Die obersten Zonen des Gebirgs an der Grenze des ewigen Schnees nehmen auf dem Alpengebirg, wie auf andern hohen Gebirgen, die Nadelholzarten ein, die mehrsten auch im Winter belaubt, mit Blättern, die, darin verschieden von andern Baumarten, auf jeder Fläche Poren enthalten, zu mehrerm Einsaugen und Verdünsten der Flüssigkeiten und Gasarten geeignet: die Lärchtanne, die im Winter blätterlos und höher noch, als die Rothtanne, am Gebirge steht, und unter ihrer Traufe den Rasen eher schützt und düngt, als verdrängt, widersteht mit entlaubten Zweigen den Orkanen und Lawinenstürmen besser, als jene, und höher noch, als diese Lärchtanne, trotzt die Arve der tödtlichen Kälte der höhern Gebirgsregion; mit biegsamen, dichtbelaubten Zweigen, eingekeilt in Felsenrisse mit mächtigen Wurzeln, widersteht sie oft noch sechstausend fünfhundert Fuß hoch am Gebirg, auf Wüsten, wo kaum noch unempfindliche Flechten des fliehenden Lebens Spur bezeichnen.

Noch sind die dem Hochgebirg eigenen Strömungen

des Windes, deren Ursachen oben berührt worden, näher in ihrem Einflusse auf das Pflanzenleben zu beobachten.

Jeder Baum, der ohne Schutz vor herrschenden, gewöhnlich und heftig wehenden Winden steht, wird in Lebenskraft und Wachsthum geschwächt; auch die Vegetation niedriger Pflanzen leidet in beständigen Windzügen, wenn auch nicht in gleichem Maase, weil, je näher der Erdoberfläche, je mehr sich die Gegenstände vermehren, an denen der Zug des Windes sich bricht. Dieser Nachtheil der Windströmungen hat auch dann noch, und oft in noch größerm Verhältnisse, Statt, wenn — wie von unserm Fön oder Sirokko — die Temperatur des Luftkreises durch sie erhöht wird. Auf dem Hochgebirge bildet sich überhaupt weniger Dammerde, weil künstlich da nicht gedüngt wird, und in dem Verhältniß, als das Pflanzenleben auf den Höhen geschwächt wird oder schwindet, durch die Fäulniß weniger Elemente der Nahrung erzeugt werden und die Fäulniß vegetabilischer Körper selbst in der verdünnten und erkälteten Luft langsamer wirkt und weniger Stoffe zu Vermehrung der fruchtbaren Erdschichten zurückläßt.

Es ist überdies bekannt, wie leicht die Dammerde vertrocknet und durch Ausdünstung sich verliert, und es ist klar, daß auf dem Hochgebirg aller Orten, wo die Strömungen des Windes nicht durch Holzwuchs oder schützende Vorsprünge von Bergwänden und Felsen gehemmt werden, sich weniger Dammerde erzeugen kann, und die wenige, die gebildet wird, sich leichter verliert. Je reicher aber überhaupt an Humus die Erdschichten sind, in denen die Pflanzen wurzeln, desto leichter überstehen sie die Wirkungen der Kälte; je ärmer an Dammerde, desto eher werden sie das Opfer der Fröste. Warum an den Grenzen der Waldregionen oder auf nackten Bergrücken die jungen Fichten seit einiger Zeit so häufig im Gipfel absterben, wenn sie kaum die Höhe einiger Fuß erreicht haben, während unfern von ihnen die Reste von gewaltigen Stämmen ihres Geschlechts das kräftigere Pflanzenleben der Vorzeit beweisen: diese Thatsache wäre vielleicht schon hinreichend aus der Darstellung abnehmender Erzeugung der Dammerde erklärt.

Die Blätter der Pflanzen sind öfter mit den thierischen Lungen verglichen worden, aber in den Lebensfunktionen der Blätter scheint Respiration und Nutrition ein gleichbedeutender Ausdruck. Die Blätter sind Luftwurzeln, und jede Pflanze gedeiht in dem Maase, als aus dem Boden und aus der die Blätter umgebenden Luft] die Elemente der Nahrung ungestört von den dazu bestimmten Organen aufgenommen werden können.

Jede anhaltende Windströmung aber, indem sie aus dem Luftkreise der Pflanzen die nährenden Bestandtheile entführt, schwächt darum die Fruchtbarkeit, vorzüglich auf dem Hochgebirg, wo so selten Windstille ist und die Strömungen nach Verhältniß anhaltender und heftiger werden, als der Baumwuchs von den Höhen schwindet. Von den nachtheiligen Folgen des lange anhaltenden Süd- oder Fönwindes auf die Pflanzen, und durch die Pflanzen selbst auf die Milcherzeugung, weiß jeder Bewohner des Hochgebirgs und jeder Hirt besonders zu erzählen. Das Eis und der Schnee dünsten selbst dann noch bedeutend aus, wenn die Temperatur der Luftströme, die darüber wehen, unter dem Gefrierpunkt steht. In wenigen Tagen aber, wenn dieser Wind anhaltend und heftig weht, verschwinden, aufgelöset, so ungeheure Schnee- und Eismassen von den Halden und Höhen des Gebirgs, daß unsre tiefsten Thäler damit erfüllt werden könnten.

Diese Thatsachen führen zu dem einfachen Schlusse, daß die Jahre, wo die Gletschermasse auf den höchsten Gebirgen am meisten schwindet und die Linie des ewigen Schnees am höchsten steht, am meisten beitragen können, das Pflanzenleben auf dem Hochgebirg zu schwächen und die Vegetationsgrenze überhaupt zu vertiefen. Wir werden in der Untersuchung des Wachsthums der Gletscher und der Erkältung unserer Alpen auf diese Folgerung zurückkommen.

Die gegenwärtigen Grenzen der Vegetation überhaupt und einzelner Pflanzengeschlechter insbesondere lassen sich nicht vergleichend mit diesen Grenzen in längstverflossenen Zeiten mit mathematischer Bestimmtheit zusammenstellen, um für oder wider das Dasein einer progressiven Abnahme der Vegetationskraft zu folgern, weil die Messungen, die in den vaterländischen Gebirgen gemacht worden, theils zu neu sind, theils zu wenig auf physikalische und botanische Bestimmungen Rücksicht genommen haben. Es ist überdies nicht die absolute Höhe der Berge, welche die Lebensgrenze der Pflanzen allein bezeichnet; mehr noch werden diese Grenzen durch die relative Höhe der Berge über die Thäler, die an ihrem Fuße liegen, durch die Richtung, Breite oder Verengung und die Kultur und Beschaffenheit dieser Thäler, durch die Lage der Berghänge, ihre Steilheit, durch die Gebirgsart, auf welcher die Erdschichten ruhen, und endlich durch die Nähe oder Entfernung, Ausdehnung und Masse der Schnee- und Eisflächen bestimmt. Aus diesem Grunde wäre die genauere Messung einzelner Thäler oder Berghänge der höchsten Alpen nach jenen Rücksichten und nach der Ausdehnung ihrer verschiedenen Pflanzen- und Kultur-Regionen so wünschenswerth. Die Zusammenstellung vieler einzelner solcher speziellen Gebirgsmessungen würde eine gründliche Auflösung der Frage, die uns beschäftigt, in entfernterer Zukunft möglich machen und dem Naturforscher, wie dem Staatswirth, die folgenreichsten Entwickelungen darbieten.

Was von den Einflüssen auf die Vegetationsgrenzen an dem Alpengebirg eben bemerkt worden ist, das findet auch seine Anwendung, wenn die Bestimmung der Schneegrenze gesucht wird, die eben so wenig als die Vegetationsgrenze nur von der absoluten Erhöhung des Gebirgs über das Meer abhangen kann. Das Verschwinden oder die Schwächung des Baumwuchses von den hohen Alpen, das oben in den Folgen auf die Vegetation und auf den Schmelz der Schnee- und Gletschermassen betrachtet worden ist, hat, wenn es in den Thälern statt findet, nicht weniger beachtenswerthe Folgen. Je mehr nämlich der Holzwuchs auf den Abhängen der Thäler, die am Fuße der hohen Alpen streichen, geschwächt wird, je mehr durch die Folgen dieser Schwächung die nackten Felsen zu Tage kommen, oder der Rasen nach verschwundenem Schutze zerstört wird, desto mehr steigt während der Sommermonate die Temperatur der Thäler, besonders wenn sie von Osten gegen Westen streichen, desto mehr fällt sie, wenn diese Thäler den kältenden Nordwinden offen stehen. In jenem Falle also wird die Schneelinie überhaupt hinauf, in diesem herunter rücken; in beiden Fällen aber werden die Strömungen der Winde häufiger und heftiger, die Winter kälter werden; und auch hier fällt die Möglichkeit in die Augen, daß die Zerstörung des Holzwuchses in den Thälern, wie auf den hohen Alpen, obgleich durch sie die mittlere Lokal-Temperatur erniedrigt werden kann, die Erhöhung der Schneelinie und zu gleicher Zeit das Sinken der Vegetationsgrenze einzelner Pflanzengeschlechter zur Folge haben könne. Das Gedeihen der Bäume auf den Alpen und der niedrigen Alpenpflanzen unterliegt überdies verschiedenen Gesetzen. Windströmungen und die mittlere Temperatur mehrerer Jahre entscheiden über das Gedeihen der Bäume; dem Gedeihen aber der Alpenkräuter sind die Windströmungen weniger hinderlich, und die mittlere Temperatur der Sommermonate während eines oder weniger Jahre setzt überhaupt ihrem Leben die Grenze. Auf dem nämlichen Gebirge kann die Vegetationslinie der Alpenkräuter im Laufe von Jahren steigen, die Vegetationsgrenze der Bäume in der gleichen Zeit fallen: es ist aus diesem Grunde und aus den oben angebrachten Bemerkungen über die Grenze der Schneelinie klar, daß diese letztere sich nicht in festen Punkten auf entfernte Zeitabstände bestimmen läßt, und daß der Abstand von derselben nicht unbedingt einen sichern Maasstab für die Grenze der Vegetation überhaupt geben kann. Auf den Gebirgen, auf welche die gegenwärtigen Bemerkungen vorzüglich sich beschränken, scheint die Grenzlinie des ewigen Schnees zwischen acht- bis neuntausend Fuß der Höhe gezogen werden zu können. Das Siedelhorn in der Gebirgskette der Grimsel hat der Verfasser bei zweimaligem Besteigen auf dessen 8643 Fuß erhöhtem Gipfel ganz schneelos, sowohl auf der Schattenseite, als auf der Sonnenseite, gefunden. Die Schwalmeren zeigte im Jahr 1811 noch Schneeflecke auf dem Gipfel, der, nach trigonometrischen Messungen, 8427 Fuß hoch sich erhebt. Auf dem 8020 Fuß hohen Gipfel des Faulhorns bleibt selten im Sommer Schnee; auf dem 8900 Fuß hohen Wildgerste schmilzt er niemals fort. Nach Saussure's Annahme ist die Schneegrenze 8400 Fuß hoch auf isolirten Berggipfeln; auf höhern Alpenketten, wo größere Gletschermassen erkältend niederwärts gegen die Thäler wirken, läuft nach dem nämlichen Naturforscher die Schneegrenze nur auf einer Linie von 7800 Fuß Erhöhung. Auf die Höhe der Schneegrenze wirkt nicht nur die Menge des fallenden Schnees, die Massen der beschneiten Zone, die darüber wegzieht, und die Temperatur der Jahre: es wirkt auch die Richtung der unter ihr streichenden Thäler, die Kultur und Bewaldung derselben, auf ihren Stand, der auch deswegen nie genau in einer absoluten Erhöhung sich angeben läßt, weil so oft der Schnee auf hohen Halden oder Gipfeln mehr oder weniger die Natur der Gletscher annimmt, also langsamer verdünstet und wie die Gletscher abwärts rückt; selten läßt sich überdies unterscheiden, wie viel irgend eine Art von Lawinen auf die Anhäufung der Schneemassen und auf ihr Sinken auf einer Berghalde gewirkt habe. Die Steilheit selbst der Berghänge und die Farbe der unterliegenden Erd- und Felsschichten kann vermuthlich auch bedeutend auf das Sinken und die Erhöhung der Schneelinie einwirken, und wo den Winter hindurch heftige Stürme die Schneedecke entführen, da werden oft die diesen Orkanen am mehrsten ausgesetzten Berggipfel den Sommer hindurch, der größer Erhöhung ungeachtet, von Schnee entblößt erscheinen. Saussure fand am Montblanc 10,680 Fuß hoch, auf Stellen ohne Zweifel, die den Schmelz des Schnees beförderten, und den kalten Windzügen nicht ausgesetzt waren, wie Herr Meyer an einer Sonnenseite des Finsteraarhorns auf 10,330 Fuß Erhöhung, die Silene acaulis; auf dem Montrose zu 10,500 Fuß Erhöhung die Aretia helvetica und Ranunculus glacialis, und es läßt sich mithin annehmen, daß weder die Schneelinie nothwendig in ihrer Erhöhung sich auf dem nämlichen Gebirgszuge gleich bleiben, noch die oberste Grenze des Pflanzenlebens in die unterste Grenze der Schneeregion fallen müsse.

Der Mechanismus der Gletscher, der ihrem Vorrücken zum Grunde liegt, ist so befriedigend von Saussure und Kuhn erklärt worden, daß hier die Darstellung desselben überflüssig wird; die Schneelawinen aber, die zum Theil auf die Bildung der Gletschermassen wirken, ehe sie durch die Querthäler ihren Ausfluß nehmen, sind näherer Betrachtung werth.

Gewöhnlich stellt man sich Schneelawinen als große Massen Schnees vor, die, unbedeutend in ihrem Beginnen, auf den höchsten Kanten beschneiter Felsen ihre Entstehung nehmen, in rollendem, beschleunigtem Falle über steile, mit tiefem Schnee bedeckte Abhänge sich vergrößern, und wie Berge, von Titanen geschleudert, in den Grund der Thäler stürzen. Diese Erklärung aber ist nicht ganz der Natur dieses Phänomens gemäß. Die Schneelawinen können, ihrer verschiedenen Entstehung und Wirkung nach, unter mehrere Abtheilungen gebracht werden, die nicht mit einander verwechselt werden dürfen, wenn in Beurtheilung ihres Einflusses und der Hemmnisse ihrer Entstehung und Zerstörungen nicht Irrthümer Platz finden sollen; sie sind nämlich Staublawinen, Grundlawinen, Gletscherlawinen und Rutschlawinen.

Wenn die Menge des gefallenen Schnees groß und der Berghang, wo er aufliegt, schief genug ist, so entsteht eine Lawine; zerstiebt die losreissende Last im Falle, so heißt sie Staublawine, und dann wird sie durch die Federkraft der Luft, die unter der schnell fallenden Last gepreßt wird, fürchterlich, und wird es weniger durch die Masse des Schnees. Zerstäubt die losgleitende Last nicht, sondern fällt die ganze Schneedecke des weniger steilen Abhangs, mehr oder weniger noch zusammenhängend, herunter, so heißt sie Grundlawine und wird weniger durch Luftdruck, als durch ihre ganze Masse gefährlich. Gletscherlawinen entstehen bloß, wenn im Vorrücken der Gletscher auf uneben felsichter, schiefer Unterlage, oder wenn auch nur durch die Schwere der Eismassen Gletscher-Fragmente bersten und im Fallen zersplittert herunterstürzen. Rutschlawinen endlich entstehen, wenn die Schneedecke auf weniger schiefer, aber schlüpfriger Fläche des Bodens nicht zum Fallen kommt, sondern stoßweise auf der Erde abwärts rutscht, und hinter jedem Gegenstand, welcher der bewegten Masse widersteht, sich anhäuft, bis er vom Drucke weicht oder der Schnee sich an ihm zertheilt.

Staublawinen entstehen meistens im Winter, wenn anhaltend und tief gefallener, nur locker zusammenhängender Schnee sich anhäuft auf hochliegenden Hängen, die nicht zu steil sind, um der Schneedecke in großen Massen bei windstiller Witterung einen schwachen Halt zu geben, zu steil aber, um diesen Halt bei Windstößen zu gewähren; die Schneelasten die auf diese Weise von hohen Bergwänden auf tiefere stürzen, reissen von diesen dann gewöhnlich noch mehrere Schneelasten los, und die Staublawine vergrößert sich auf diese Weise, nie aber durch Aufrollen tieferer Schneelager. Für die Waldungen sind die Staublawinen die zerstörendsten.

Die Grundlawinen entstehen selten im Winter, sondern gewöhnlich erst beim Antritt des Frühjahrs, auf weniger steilen Abhängen, als die Staublawinen, wenn der Schnee auf den Höhen und auf vorspringenden, der Sonnenwärme ausgesetzten Felsen zu schmelzen beginnt und das Schneewasser, das von den Höhen rinnt, den Zusammenhang der Schneedecke mit der Unterlage des Bodens auflöset und diese schlüpfrig macht. Das auf der Fläche des Abhangs unter den Schnee rinnende Wasser fließt dann immer den einspringenden Winkeln oder Schründen der Berghalden, den sogenannten Lawinen-Zügen, zu, in denen meistens daher die Grundlawinen entstehen.

Da der Fall der Grundlawinen selten, in Vergleichung des Falls der Staublawinen, beträchtlich hoch ist, und die Zeit ihres Losgleitens sowohl, als ihre Richtung sich mit einiger Sicherheit vorausbestimmen läßt, so bringen sie dem Leben, den Gebäuden und den Waldungen weniger Gefahr, als jene. Es ist klar, daß, wenn der Fall der Grundlawinen beträchlich hoch wäre, sie leicht zu Staublawinen werden könnten. Im Frühjahr aber, wo der Schnee zu schmelzen beginnt, kalte Nächte oft mit warmen Tagen abwechseln, der innere Zusammenhang des Schnees stärker wird, und eine Eiskruste seine Oberfläche zusammenhält, wird auch die Masse desselben, wenn sie auf weniger steilem Abhang in Bewegung kommt, eher zum Abgleiten über die schlüpfrige Unterlage, als zum Abstürzen geneigt sein.

Die Grundlawine reißt gewöhnlich von dem erweichten Abhange, auf den sie zu fallen kommt, Steine und Erde mit; nicht so die Staublawine, die nur im Winter entsteht, wenn ihre Erd-Unterlage gefroren ist.

Die Staublawine wirkt doppelt nachtheilig auf die Vegetation; einmal, indem durch ihre Entstehung während der heftigen Kälte die Felshänge, oder die mit Rasen bekleideten Halden von der schützenden Schneedecke entblößt werden, der felsige Hang der Zersetzung und den Steinfällen ausgesetzt, der Rasen aber der Zerstörung preisgegeben wird, die dann auch die Auflösung und Abwaschung der Erdschichten, und endlich gleichfalls die Zersetzung der dadurch entblößten Felslagen zur nothwendigen Folge hat; dann wirkt die Staublawine auch zerstörend auf den ganzen Baumwuchs aller Berghalden, die von den fürchterlichen, von ihr ausgehenden Orkanen bestrichen werden. Die Staublawinen entstehen bisweilen in der Vegetationsgrenze der Arven, meistens aber höher, möglicherweise aber aller Orten, wo bald hier, bald dort von Wirbelwinden große Massen lockern Schnees auf Halden zusammengetrieben werden, deren Senkungsgrad ihre Entstehung begünstigt; nur scheint eine gewisse Höhe des Falles und eine gewisse Ausdehnung der abstürzenden Masse zur Hervorbringung der fürchterlichen Kraft nöthig zu sein, die Felsstücke losbricht, ganze Wälder mit der Wurzel aus dem Boden reißt, und Häuser wie Spreu durch die Lüfte wirft. Aus diesem Grunde auch entstehen die Staublawinen meistens nur in den Thälern der höchsten Alpen, wo die Beschaffenheit des höhern, von Wald entblößten Gebirgs ihr Anhäufen und ihren Sturz begünstigt; sie entstehen auch nicht alle Jahre, da hingegen die Grundlawinen fast jährlich in den höhern Thälern sowohl, als auf den Hängen der mildern Thäler, freilich mit ungleichen Massen und ungleicher Wirkung, je nach der Jahreswitterung, entstehen. Gletscherlawinen sind selten den Waldungen oder der Sicherheit gefährlich, wenn nicht größere Massen von Gletschern sich von Felswänden losreissen, die über tiefere Thäler oder Alpen vorragen. Indessen sind die Windstöße, die von Gletscherlawinen herkommen, der Vegetation nachtheilig, wie der Baumwuchs oben auf der Oberhaslischen Scheidegg z. B. beweiset, wo die Fichten sichtbar zurückgedrängt sind und kümmerund wachsen, der Rasen meist verschwunden ist, so weit der Abhang von Stürmen der Gletscherlawinen bestrichen wird, die häufig vom Fuß des Wetterhorns herunterstürzen.

Die Rutschlawinen oder Snoggilawinen entstehen meistens auf Sonnenseiten von Abhängen von Osten gegen Westen streichender, milderer Thäler, wo ein schneller Schmelz des Schnees im Frühjahr das Gleiten desselben auf Halden befördert, die nicht steil genug zum Absturz sind; ihre Wirkung ist selten ausgedehnt; oft werden einzeln auf dem Abhange stehende junge Fichten durch diese Lawinen aus dem Boden gerissen, der Rasen zerstört und Hütten und Zäunungen verschoben.

Staublawinen und Grundlawinen sind in den höchsten Alpenthälern bedeutende Ursachen größerer Anhäufung der Gletschermassen, der nachtheiligsten Einflüsse auf das Pflanzenleben und Ursache auch der Zersetzung des Gebirgs; sie sind sehr oft Folge der Zerstörung des Baumwuchses in höhern, und zugleich Ursache seiner Zerstörung in den tiefern Regionen.

Wo Waldungen stehen, entstehen nie weder Staub-, noch Grund-, noch Rutsch-Lawinen. Zu große Ausdehnung der Alpenwälder hat in der Vorzeit ohne Zweifel die Anhäufung der Schneemassen befördert und eine größere Kälte hervorgebracht. Die Folgen zu großer Schwächung dieser Wälder sind eben betrachtet worden, und werden unten noch überzeugender dargestellt werden. Daß auf bewaldeten Berghängen oder Bergrücken, die dem Wehen des Föns ausgesetzt sind, die Schneelasten nur allmälig schmelzen und zum Theil unschädlich verdünsten, während sie auf nackten Hängen jäh in Wassergüsse verwandelt, zerstörend nach den Thälern stürzen, ist hier noch beizufügen.

Wenn auf Schattenseiten der Berge in kältern Sommern oder in Vertiefungen der Bergrücken die

Schneedecke nach schneereichen Wintern nicht zu schmelzen vermag, so ist nach Jahresfrist der unten liegende Rasen zerstört, die Dammerde bald von Winden oder Schlagregen fortgeführt, der unten liegende Fels durch Auswaschen der Erdschicht bald entblößt und dann zersetzt. Auf den höchsten Bergrücken unserer Alpen, wo sie noch unter der Schneelinie liegen, sind ausgebreitete Flächen auf solche Weise von Rasen entblößt und, je nachdem der Abhang steil oder den Windstößen ausgesetzt ist, für immer oder auf kürzere Zeit jeder Benutzung entrissen worden. Die Alpenkräuter, fast überall jeden Sommer abgeweidet, reifen nicht hinreichend Samen, um, ehe der Einfluß der rauhen Lüfte die entblößte Erde ganz unfruchtbar macht, einen neuen Rasen zu bilden.

Steinfälle, die sowohl die Fruchtbarkeit hoher Alpen vermindern, als dem Holzwuchs auf den Thalhängen verderblich sind, entspringen ursprünglich öfter von dieser Zerstörung des Rasens her. Wo die Felsschichten aber steil und steigend gegen die Thäler zu Tag ausgehen, dringt auf Sonnenseiten besonders das Schneewasser leicht in die Fugen der entblößten Felsen und sprengt sie im Gefrieren nach und nach in Bruchstücken auseinander. Lawinen und Druck der Gletscher befördern die Zersetzungen, die zu hemmen menschlichen Kräften nicht gegeben ist.

2.

Es werden in diesem Abschnitt diejenigen Thatsachen anzuführen sein, die über die Bewegungen und Anhäufungen der Gletscher, über ihre Ausbreitung unter die Grenze des Pflanzenlebens, über diese Grenze selbst, über die Verödung der Weideplätze, und über die Schwächung der Vegetationskraft auf den hohen Alpen

Auskunft geben können. Die Folgerungen, die sich aus der Zusammenstellung dieser Thatsachen ergeben, werden der Auflösung der Aufgabe, so weit sie aus beschränktem Standpunkt des Verfassers versucht werden kann, näher führen, und, in Verbindung mit dem ersten Theile der Abhandlung, dem Vorschlag der möglichen Hemmnisse der Verwilderung der hohen Alpen zur Begründung dienen.

In Ermangelung alter schriftlicher Urkunden und mündlicher bestimmter Ueberlieferungen über das abwechselnde Vorrücken und den Rückzug der Gletscher an ihren Mündungen in tiefere Thäler, geben die Erd- und Steinwälle, oder die sogenannten Gandecken, welche bei dem Vorrücken die Gletscher längs ihren Mündungen vorschieben, und nach ihrem Rückzuge hinterlassen, den einzigen Größen-Maasstab dieser Bewegungen. Die Furchen, welche die Gletschermassen aus den Felswänden stoßen, durch die im Vorrücken durch Querthäler sie sich drängen, weisen auf den höchsten Stand der Gletscher in der Vorzeit. Aber genaue Zeit- und Maas-Angaben des Wachsthums und der Abnahme verschiedener Gletscher und der verschiedenen Gletschermündungen des nämlichen Eisfeldes in verflossenen Zeiten, in Verbindung mit den Witterungszufällen, die diesen Bewegungen vorangegangen, fehlen der vaterländischen Naturgeschichte.

Mehr oder weniger bestimmte mündliche Ueberlieferungen der Thalbewohner und Angaben von Schriftstellern aus der Hälfte des vorigen Jahrhunderts, die ohne Zweifel sich auf jene Ueberlieferungen gründen, bezeichnen folgende Daten über die Ab- und Zunahme der Gletscher von Grindelwald.

Im Jahr 1540 sollen die Grindelwaldgletscher, so weit sie sich zwischen den nördlichen Abhängen des Wetterhorns, des Mettenbergs und des Eigers in das bewohnte Thal ergossen, ganz weggeschmolzen sein.

Im Jahr 1600 sollen diese Gletscher, und so überhaupt die schweizerischen und tirolischen Gletscher, den höchsten Stand des Vorrückens erreicht haben.

Im Jahr 1620 war, nach alten Dokumenten, der obere Grindelwald-Gletscher noch unweit der ältesten Sandecke. Nach Merians Karte zu schliessen, war die Gletschermasse noch im Jahr 1660 beträchtlich.

Von 1660 bis 1686 schienen die Gletscher sehr abgenommen zu haben.

Im Jahr 1703 war ihr Vorrücken wieder sehr beträchtlich. Auf die Abnahme von 1723 folgte die Zunahme von 1743, auf diese die Abnahme von 1750. Von 1770 bis 1778 trat wieder ein beständiges Vorrücken, nachher langsamer Rückzug ein.

Das letzte Vorrücken von 1818 und 1819 hat wirklich noch nicht gänzlich die ältesten Sandecken erreicht.

Im Jahr 1600 und auch 1777 scheint der untere Gletscher weiter als der obere vorgerückt zu sein, während sonst gewöhnlich das Vorrücken beider Gletscher in umgekehrtem Verhältniß statt gefunden.

Im Jahr 1561 war der Paß vom Grindelwald noch offen. Reformirte Walliser kamen noch zur Traunng nach Grindelwald herüber. Im Jahr 1578 wurden Kinder zur Taufe aus dem Wallis ins Grindelwald getragen.

Die Petronellen-Kapelle, die vermuthlich im Anfange des siebenzehnten Jahrhunderts von dem vorrückenden Gletscher fortgeschoben oder bedeckt wurde, stand hart am Rande des Felsens, an dem der untere Gletscher sich nun ins bewohnte Thal drängt. Die Jahrzahl der wiedergefundenen Kapellenglocke ist 1044.

Die Kapelle steht noch auf der Landkarte von Schopf von 1570 abgebildet.

Im Jahr 1712 endlich flüchteten sich drei Grindelwalder, wegen der Religionsverfolgungen damaliger Zeit, aus dem Wallis ins Grindelwald, und brachten auf der gefahrvollen Reise drei Tage zu. Seither hat nie ein Mensch diesen Weg zurückgelegt.

Im Jahr 1777 war, nach Bessons Zeugniß, der Rhonegletscher im Oberwallis (der im Jahre 1819 seine entferntesten Gandecken noch nicht erreicht hat) über siebenhundert Fuß von den ältesten Gandecken entfernt, und damals, nach dem Zeugniß der Hirten, seit zwanzig Jahren im Rückzug.

Es ist beachtenswerth, daß dieser Rückzug des Rhonegletschers auf den Zeitpunkt des beträchtlichen Vorrückens der Grindelwaldgletscher fällt. Auch im Jahr 1820 rückte der Grindelwaldgletscher noch vor, da schon im Jahr 1819 der Rhonegletscher anfing sich zurückzuziehen, der mit diesem zusammenhängende, nördlich auslaufende Trifftgletscher hingegen noch im Vorrücken war.

Der Gleretgletscher, der sich vom Montvelan nach dem Bernhard senkt, war 1767, wo der Grindelwaldgletscher sich zurückzog, im höchsten Vorrücken, und 1777 ganz zurückgezogen, als hingegen das höchste Vorrücken der Grindelwaldgletscher statt fand.

Saussure bemerkt gleichfalls, daß (1778) der Gletscher des Bois und der Gletscher von Mont dolent (auf den jenseitigen Alpen) sich zurückgezogen habe, während zu gleicher Zeit der unweit davon befindliche Gletscher von Triolet vorgerückt sei. Die entferntesten Gandecken bewiesen, daß dieser Gletscher ehemals zweihundert Fuß höher gewesen.

Zwischen dem Tschingelhorn und der Buttlassen im

Lauterbrunnenthal ging in vorigen Zeiten ein Weg nach dem Wallis, der im Jahr 1783 zum letztenmale von Bergknappen in Trachsellaui zurückgelegt wurde und nun vergletschert ist.

Auf dem Grunde, auf dem nun der Renftengletscher im Urbachthal ruht, war vor etwa zweihundert Jahren eine zu vierzig Kühen gesetzte Alpweide. Die Jahrzahl ist nicht genau zu bestimmen, wann der Gletscher in das Thal gedrungen; die obige Setzung von vierzig Kühen aber ist allgemeine, vom Vater auf den Sohn übertragene - Sage in der Gemeinde Geisholz, welcher die Alpweide gehörte. Der Rest der Alpweide, den der Gletscher übrigliess, wurde im Jahr 1569 der Gemeinde Grund verkauft, und war damals nur noch zu acht Kühen gesetzt.

Der Renftengletscher, der mit dem Gauligletscher zusammenhängt, ist nun wirklich neben dem Tossenhorn weiter, als nie, in das Urbachthal gedrungen, und hat sich im verflossenen Sommer (1819) über einen Rand des Felsens stückweise mit abgestürzten Eismassen über die schöne Weide am Ilmenstein verbreitet, die nun, wie vormals die Renftenalpweide, zu vergletschern droht.

Der Renftengletscher hat vor einigen Jahren ein Stück Holz von einem Fichtenstamm ins Thal geschoben, auf dem eingehauene Buchstaben (wahrscheinlich das Namenszeiche ndes Eigenthümers, der den Baum gefällt und behauen hat) sichtbar waren. Der Grund des Renftengletschers, wo ehemals diese Tannen gestanden haben müssen, kann aber in absoluter Erhöhung nicht über sechstausend Fuss hoch, mithin nicht über der möglichen Vegetation der Rothtannen liegen.

Unweit dem schwarzen Brett, auf der Höhe des untern Grindelwaldgletschers, sollen noch zur Zeit, als Grunner die dortigen Eisgebirge beschrieb, abgestorbene Lärchtannen im Gletscher-Eis sichtbar gewesen sein. Auch hier aber kann der Gletschergrund nicht höher als die Vegetationsgrenze der Lärchtanne liegen, die nach Herrn von Buch über Bernina sich noch 6970 Fuß hoch finden. Auch das Thal, das nun der Gauligletscher ausfüllt, soll vormals Alpweide gewesen sein. Das Nämliche versichern alte Sagen von den Thälern, die nun der Vorderaar- und die Grindelwald-Gletscher mit Eis erfüllt haben, und die in ihrer Erhöhung über das Meer nicht höher als die wirkliche Vegetationgrenze der Alpenkräuter reichen.

In Mitte des Gelmerengletschers, auf dem rechten Aarufer bei Handeck, wurden vormals an einem vereinzelten Felsen, der sonst hundert und fünfzig bis zweihundert Fuß aus dem Gletscher hervorragte, Kristalle gegraben. Jetzt ist dieser Fels unter dem angewachsenen Gletscher verschwunden, der seine ältesten Gandecken erreicht hat.

Der Vorderaargletscher unweit dem Grimselspital, der in alten Zeiten durch sein Vorrücken eine Alpenweide bedeckt haben soll, ist nun mehrere hundert Fuß weiter als die älteste Gandecke gerückt; an den Felsenwänden, durch welche die Gletschermasse sich in ihrer Mündung drängt, sind die höchsten Spuren der vom Gletscher ausgestoßenen Furchen unter dem Eise begraben. Mehrere der alten Arven, die hier noch auf der Sonnenseite seit vielen Jahrhunderten ohne Spuren des Verderbens gestanden, haben schon vor den rauhen Jahren von 1816 und 1817 zu verdorren angefangen.

Unter dem Schwarzhorn, das auf seiner höchsten Spitze den Sommer über Schneeflecke behält, mithin bei achttausend Fuß hoch sein mag, liegt nordwärts in einer Vertiefung der blaue Gletscher ausser aller Verbindung mit andern Gletschern. Der sechsundsiebenzigjährige Georg Baumann von Grindelwald hat ausgesagt, sein Großvater habe ihm erzählt, der Anfang dieses Gletschers sei wenig Lawinenschnee gewesen, der im Sommer nicht fortgeschmolzen. Der Gletscher, dessen Abfluß nun den Reichenbach und den Gießbach vergrößert, hat sich in den Jahren 1816 und 1817 beträchtlich vermehrt, und die beiden warmen Jahre von 1818 und 1819 haben die Gletscher und Schneeanhäufungen von 1816 und 1817 noch nicht wegzuschmelzen vermocht; doch ist die entfernteste Gandecke des Gletschers noch nicht gänzlich erreicht gewesen.

Der Tschingelgletscher im Grund des Gasterenthales hatte im Jahr 1808, nach der Entfernung der ältesten Gandecken und den Auskerbungen an seinen Felsenufern zu schliessen, bei hundert Fuß in der Höhe und bei zweitausend Fuß in der Länge abgenommen. Im Jahr 1785 war sein stärkstes Vorrücken in der letzten Hälfte des vorigen Jahrhunderts; noch zu Ende des Herbstes 1819 war die Gandecke von 1785 nicht erreicht, von welcher letztern die entfernteste Gandecke noch etwa vierhundert Schritte entfernt ist.

Der Lötschenthalgletscher hingegen, der mit dem Tschingelgletscher in Verbindung steht, aber jenseits ins Wallis ausläuft, hatte im Jahr 1819 sich beträchtlich weiter als die älteste Gandecke vorgeschoben.

Die zu Gasteren gehörige Hochwydenalp war ehemals, nach allgemeiner Sage, deren Glaubwürdigkeit die Untersuchung des Alpengrundes leicht verbürgt, zu hundert Kühe geseyet; nun werden da deren nicht mehr als siebenundzwanzig gesömmert. Die Verwilderung wird den Steintrümmern zugeschrieben, die, von den schroffen Felshängen abstürzend, einen grossen Theil des Alpbodens bedeckt haben.

Im Dörfchen Gasteren, 4300 Fuß hoch über das Meer, blieben vor 1787 gewöhnlich den Winter über zehn Haushaltungen, seither keins mehr, aus Furcht wegen der häufiger gewordenen Schneelawinen.

Der Gletscher, der vom Altels sich gegen Gasteren senkt, ist weiter als nie vorgerückt. Der Wildelsig-Schafberg ist im Jahr 1819 durch sein Vorrücken ganz unzugänglich geworden.

Der Gygligletscher, der vormals unbedeutend gegen die Grimselstraße zu Tage ging, ist nun über hundert Fuß höher und (1819) einige hundert Fuß weiter, als nie, gegen die Aar vorgerückt. Die unweit demselben liegende Gyglialp war noch vor zwanzig Jahren zu zwanzig Kühen geseyet. Jetzt werden nur noch zehn Kühe und Schafe da gesömmert. Würden nach der alten Sey wieder zwanzig Kühe hingetrieben, sie würden nicht mehr die Hälfte der Sömmerungszeit da verweilen können. Die Verwilderung der Alp wird von den Alpbesitzern der Wirkung häufiger fallender Lawinen, Steinfällen und dem sichtbar sich verschlimmernden Graswuchs, dieser aber einmüthig den rauhen Lüften zugeschrieben.

Der Engstlengletscher, an der unterwaldischen Grenze, hat im Herbst 1819 die ältesten Gandecken überschritten. Unweit diesem Gletscher liegt die Scharmattalp auf der noch Kolosse alter und gesunder Arven, aber zwischen denselben nirgendwo junge Bäume dieser Art stehen. Vor dreißig bis vierzig Jahren trugen diese Arven im Uebermaas Früchte, seither keine oder wenige; selbst im Jahre 1818, das im tirolischen Hochgebirg sich durch eine reiche Arvenärnte auszeichnete, war auf der Scharmattalp diese Aernte nur mittelmäßig.

Auch auf den grindelwaldischen Alpen reiften vor

dreissig bis vierzig Jahren die Früchte der Arven in ausserordentlicher Menge, seither nie reichlich. Durch frühe, harte Fröste im Herbst und durch späte Frühjahrsfröste sind seit jener Zeit bald die Früchte, bald die Blüthen verdorben. Dieses Mißlingen der Arvenärnten kann nicht von Ausrottung alter Arven herrühren, da auf der Itrammen- und Wargistahl-Alp sich noch häufig gesunde alte und jüngere Arven finden. Den rauher werdenden Lüften schreiben einstimmig die Thalbewohner und Hirten diese Erscheinung zu.

An der Gadmenfluh auf einem nordwärts gegen Engstlenalp sich senkenden Abhange, wo sonst gewöhnlich der Schnee liegen bleibt, hat dieser im Jahr 1819 die Natur der Gletscher angenommen, in Schründe zu spalten und vorzurücken angefangen.

Der Wendengletscher, seitwärts dem Gadmenthal, hat die ältesten Gandecken noch nicht, wohl aber die Gandecke von 1770 erreicht; der Rufesteingletscher, der Schmadrigletscher und der Gletscher der Jungfrau gegen die Wengerenalp hatten im Jahr 1819 die ältesten Gandecken überschritten.

Der Steinengletscher an der Alp, über die die neue Straße durch das Gadmenthal nach dem Gotthard führt, hat im Herbst 1819 die älteste Gandecke in seinem Vorrücken, jedoch noch nicht die Höhe dieser Gandecke erreicht.

Neben diesem Gletscher, an der Schattenseite des Berghangs, auf der sogenannten Kuhbergli- und Umpohl-Weide, fanden vor etwa sechszig Jahren zwanzig Kühe reiche Weide; jetzt taugt dieser Grund kaum mehr zur Schafweide. Es sind nicht Steinfälle und nicht das Vorrücken des Gletschers oder Lawinen, sondern, wie die Hirten versichern, die rauhern Lüfte, welche diese Verschlimmerung der Weide verursacht haben.

Der Geltengletscher im Grunde des Lawinenthals war schon im Jahr 1818 bei tausend Fuß weit über die ältesten Sandecken vorgerückt.

Das von Osten gegen Westen streichende, bei viertausend Fuß über das Meer erhöhte Gadmenthal, verengt sich bei der sogenannten Schafftelen gegen das anstoßende, etwas mehr nördlich fallende Nessenthal. Von Süden her läuft die Mündung des engen und hohen Trifftthales, in dessen Grunde der Trifftgletscher mit dem Rhonegletscher in Verbindung steht. In der Verengung des Thales liefen dichte Fichtenwaldungen, der Sohleckwald und Oergetliwald, an den steilen Berghängen bis in den Grund des Thales. Vor dreißig bis vierzig Jahren wurden diese Waldungen von der damaligen Bergwerks-Verwaltung kahl niedergehauen; seither ist der Berghang theils wegen Mangel der Besamung, theils wegen der Ziegenweide kahl geblieben, und es ist, nach allgemeiner, übereinstimmender Sage der Bewohner, das Gadmenthal rauher geworden. Es wird geklagt, daß vordem die Schneelawinen nie so häufig, die Nordwest- und Südwest-Winde nie so heftig gewesen, daß mehrere Gartengewächse nicht mehr, wie vormals, gedeihen, und daß z. B. der Kabis selten mehr Köpfe bilde. Im Jahr 1768 haben, nach der Versicherung bejahrter, glaubwürdiger Männer, auf den Wiesen des Dorfes noch bei dreißig Fuß hohe und acht bis zehn Zoll starke Kirschbäume gestanden, die bisweilen Kirschen reiften. Seit etwa fünfunddreißig Jahren haben da nie mehr Kirschen gereift; die alten Kirschbäume, von denen dem Verfasser noch Stöcke vorgewiesen wurden, sind zu Grunde gegangen, und die jungen, die nachzupflanzen versucht wurden, sind verdorben, wenn sie kaum die Höhe von acht Fuß erreicht hatten.

Das Dörfchen Anderek im Gadmenthal hatte in vorigen Zeiten wenig von Schneelawinen zu leiden, und es war vor zwölf Jahren kein Beispiel bekannt, daß durch Schneelawinen Häuser daselbst zerstört worden wären. Hoch über dem Dörfchen auf dem südlichen Berghange liegt der kleine, aber tiefe Gadelanisee unter einem Felshange, von dem von Zeit zu Zeit Staub- und Grundlawinen gegen den See stürzen. In ehemaligen Zeiten fror den Winter über der See immer zu, aber nie so fest, daß nicht jedesmal die Eisdecke von den niederfallenden Lawinen durchbrochen worden wäre. Die Gewalt der Lawine wurde dann durch das Wasser des Sees gebrochen, und nur Wasser mit durchnäßtem Schnee ohne Schaden über den Berghang gegen das Dörfchen getrieben. Nun ist in den letzten Jahren der See so fest gefroren, daß die darauf niederschlagende Lawine, ohne die Eisdecke durchbrechen zu können, überschlug, den Wald des Thalhanges niederwarf und drei Häuser des Dörfchens mit den Bewohnern zerschmetterte.

Das bei 3300 Fuß über das Meer erhöhte Dorf Guttannen liegt in dem südlich gegen den Grimsel steigenden Thal; tiefer in dem nämlichen Thal liegt das Dörfchen Jmboden in einer Thalverengung. Seitdem nach wiederholten Feuersbrünsten zu Wiedererbauung des Dorfes die Wälder von Guttannen entweder kahl, oder doch sehr licht gehauen worden sind, weht der Fön häufiger und heftiger das Thal herunter. Vor der Einäscherung des Dorfes Guttannen wurde sowohl auf den dortigen Wiesen, als bei Jmboden, häufig Hanf gebaut; seither wegen früher eintretendem Schnee niemals mehr.

Zu Guttannen sowohl, als in Imboden, wurde vor Zeiten viel Kirschwasser gebrannt; seit langer Zeit nicht mehr, weil die noch vorhandenen Kirschbäume nichts mehr Früchte tragen.

Obenher der Heusteinalp, gegenüber dem Dörfchen Imboden, liegt ein Wildheumaad, das einem Zwalder Menk (Melchior Zwalder) gehörte, der vor vierzig Jahren gestorben ist. Alte Leute im Dorfe Imboden erinnern sich noch wohl, daß dieser Melchior auf dem Wildheumaad zwanzig Bürden Heu ärntete; jetzt werden auf dem nämlichen Maad, das weder den Schneelawinen, noch dem Bergletschern, noch Steinfällen ausgesetzt ist, in den besten Heujahren nicht mehr als zehn Bürden Wildheu geärntet.

Auf der großen Engstligenalp in Oberhasli war ehemals der Tag der Auffahrt mit den Kühheerden gewöhnlich auf den längsten Tag (den 21 Juni) festgesetzt; seit dreißig bis vierzig Jahren aber wird gewöhnlich acht bis zehn Tage später auf die Alp gefahren. Die Abfahrt von der Alp war ehemals gewöhnlich auf Alt-Michelstag (nach altem Kalender) oder auf den 12 Oktober; seit eben so langer Zeit fällt die Abfahrt gewöhnlich auf den Neu-Michelstag, d. h. auf den 30 Sept. Ueberhaupt war der Tag des Haslimarkts vor Zeiten der gewöhnliche Abfahrtstag für die meisten oberhaslischen Alpen, jetzt ist dieser Tag der Abfahrt gewöhnlich acht Tage früher, und zwar weniger aus dem Grunde, weil die Steinfälle nach und nach mehr Weidegrund bedecken, sondern mehr noch, weil auf den hohen Alpen der Graswuchs auf den Gräten, besonders auf Schattenseiten, immer schlechter wird, und an dem Platze saftiger Kräuter Flechtenarten (Lichenes) und Faz (Nardus strictus) den ausgemagerten Grund überziehen.

Auf Gimelwald (4090 Fuß über dem Meer) hat

der alte Hans Fenz vor dreißig Jahren auf drei schönen Kirschbäumen öfter reife Kirschen geärntet. Der Käufer der Wiese, auf welcher sie gestanden, hat sie vor einigen Jahren niedergehauen, weil sie nie mehr Früchte zeitigten. Junge Kirschbäume werden auf Gimelwald keine mehr gepflanzt, weil sie nach gemachten Erfahrungen nicht mehr gedeihen.

Auf der zur Sefinenalp gehörigen Voganggenweide, hinter dem Horn, wurden ehemals viele Pferde gesömmert, wie der vor fünfundzwanzig Jahren verstorbene vierundsiebenzig Jahre alt gewordene Christen Fenz auf Mürren seinem Sohne oft erzählt hat. Jetzt werden wegen des verschlimmerten Graswuchses keine Pferde mehr dahin getrieben, und nur wenige Kühe zu kurzen Tagweiden, die da ärmliche Nahrung finden; auch hier sind weder Steinfälle, noch Lawinen oder Gletscher die Ursache der Verwilderung.

Auf der nämlichen Alpweide ist in den höchsten Bezirken der Rasen gänzlich verschwunden, wo vormals gute Alpenkräuter wuchsen. Dieses Verderben des Rasens rührt daher, daß hier in den Jahren 1816 und 1817 der Schnee auf demselben liegen blieb. Im Jahr 1818 war der mehrste Schnee hier wieder fortgeschmolzen, der Rasen aber im Herbst 1819 noch nicht hergestellt, sondern die gute Erde sichtbar vermindert.

Auf der Lawinenvoralp im Gentelthal, auf der eine Menge alter, großer Ahornen stehen, hat Melchior Dennler von Wyler vor zehn Jahren viele aus dem Samen im Freien aufgegangene Stämmchen dieser Holzart, in der Hoffnung, sie groß zu ziehen, sorgfältig gegen das Vieh verwahrt; sie blieben sechs Jahre lang vegetirend, wuchsen in dieser Zeit etwa drei Zoll hoch, und gingen dann alle zu Grunde. Auch im Gadmenthal, wo alte Ahornen von sechs Fuß im Durchmesser stehen, wird geklagt, daß die wenigen jungen Ahornen nicht mehr kräftig wachsen wollen.

In dem Gasterenthälchen, das bei 4300 Fuß hoch, aber vor den Nordwinden geschützt ist, hat vor dreißig Jahren der Jagdaufseher Peter Künzi zum letztenmal von einem Kirschbaume reife Früchte gepflückt, der seither verdorben ist. Die noch übrigen Kirschbäume sterben nach und nach gleichfalls ab.

Des Jagdaufsehers Laueners Vater hat auf den Sandweiden bei Lauterbrunnen vor vierzig Jahren zwanzig Kirschbäume gepflanzt; nun sind, mit Ausnahme von vier in geschützter Vertiefung stehender, alle zu Grunde gegangen; keiner hat einen Fuß im Durchmesser erreicht; unweit denselben stehen noch Stöcke von alten Kirschbäumen, die beweisen, daß diese Baumart in vergangenen Zeiten hier freudiger gedieh.

Auf einer großen, zur Neßlerenalp gehörigen, gegen Mitternacht fallenden und von Wald entblößten Berghalde war vor siebenzig Jahren, laut allgemeiner, von alten Männern herrührender Sage, die schönste Kuhweide; jetzt ist die ganze Halde von Steintrümmern bedeckt, von Schneelawinen her, die hier vormals selten niederfielen. Wo die Lawinen entstehen, war der Abhang sonst mit Rasen überzogen; jetzt ist aller Rasen verschwunden und nichts als Steingeriesel an dessen Platz. Der siebenzigjährige Landsvenner Egger, der vor zehn Jahren verstorben, hat erzählt, daß in seiner Jugend auf dieser Berghalde kein Stein hätte gefunden werden können, einer Kuh nachzuwerfen. In den verwitterten Steinen oder Steingeriesel wachsen hier vereinzelt noch am liebsten Mutteren und Gemswurzeln, Phellandrium mutellina und Arnica montana.

Vor etwa fünfundfünfzig Jahren ist die Wengeren-alp (zwischen Lauterbrunnen und Grindelwald) um zwanzig Kühe tiefer gesetzet worden, und zwar wegen Abnahme des Graswuchses, da die Alp weder den Steinfällen, noch den Lawinen bedeutend unterworfen ist. Auf der Scheidegglegi, dem obersten Grat dieser Alp, ist der Rasen meistens verschwunden, und es finden sich da nur kleine Büschel der magern Grasart, die die Oberländer Hirten Fax nennen, zwischen diesen Büscheln zerbröckeltes Gestein, aus dem die Dammerde fortgeschwemmt oder durch Winde fortgeführt wurde. Der alte Konrad Lauener, der vor fünfundvierzig Jahren verstorben, fragte seinen Knecht, der von der Alp nach dem Dorfe zurückkam: Nicht wahr, es ist droben auf der Legi nicht mehr, wie zu meiner Zeit? Als Bub' habe ich dort oft mit der Sichel Gras gemäht und das Heu zum Lager in die Sennhütte getragen; jetzt ist da nichts mehr zu mähen.

Die Sausalp liegt in einem Thälchen, das, zwischen der Schwalmeren und dem Schildhorn und Schwarzhorn gegen Osten fallend, ins Lauterbrunnenthal ausläuft. In alten Zeiten sömmerten auf dieser Alp fünfhundert dreiundsechszig Kühe, und auf den obersten Gräten der Alp bei tausend Schafe, die auf dem eine Stunde langen Weidebezirk, vom Schwarzhorn bis an die Kirchfluh, hinreichende Nahrung fanden. Tiefer, unter dem Schwarzengrat, vom weißen Gebirg hinweg bis unter die nämliche Kilchegg, hoch über dermaliger Grenze der Wälder, gingen auf diesem, ehemals weder dem Eis, noch Steinfällen oder Lawinen ausgesetzten Bezirk fünfhundert Kühe fünfzehn Tage lang zur Tagweide, wo jetzt selten eine Kuh mehr hingeht, aller Rasen beinahe verschwunden ist und nur verwittertes, zerbröckeltes Gestein zum Vorschein kommt.

Nach und nach verschlimmerte sich der Graswuchs auf diesen hohen Weiden und die Steinfälle und Lawinen mehrten sich so sehr, daß im Jahr 1750 die Alp tiefer geseyet und für jede Kuhweide anderthalb Bergrechte aufgewiesen werden mußten. Jetzt weideten da noch im Jahre 1819 zweihundert fünfundsechszig Kühe, sieben Pferde, fünfzig ein- und zweijährige Rinder und fünfzig jüngere Kälber; und auf dem ehemaligen Schafberge weidet kein einziges Schaf mehr. Der achtzigjährige, vor fünfzig Jahren verstorbene Ulli Brunner hat dem dreiundsiebenzigjährigen Christen Wyß, gegenwärtigem Obmann auf Isenfluh, oft erzählt, daß in seiner (des Ulli's) Jugend, da er selbst Schafhirt auf Saus gewesen, in dem genannten, nun verwilderten Schafberge mehr als tausend Schafe zur Weide gegangen seien.

Diese Verwilderung rührt theils von Steinfällen vom Schwarzhorngrat, theils von Eisfällen und häufiger gewordenen kalten Winden her. Der Schwarzhorngrat, der sich immer mehr schichtenweise zersetzt, besteht aus dem im Oberland so geheißenen Eisenstein, einem Kalkstein mit Thon und eisenhaltiger Bindung, der an sich sehr hart, aber leicht in Blätter voneinander löset. Der Schildhorngletscher, der, ganz ohne Verbindung mit andern Gletschern, sich nur auf der Mitternachtseite angesetzt hat, da im Sommer auf der Sonnenseite aller Schnee wegschmilzt, war in vorigen Zeiten noch weit von dem Absturz der Felsen gegen die Sausalp entfernt, und im Herbst 1819 auf die Kante dieser Felsen, weiter als nie vorher, vorgerückt, so daß nun kein Mensch zwischen dem Felshang und dem Gletscher vorbeigehen kann. Noch vor dem Jahre 1780 war auf den Felsterrassen des Schwarzhorns und des Schildhorns einiger Graswuchs und es weideten da häufig Gemsen. Jezt ist aller Graswuchs verschwunden und selten erblicken hier die Hirten eine versprengte Gemse. Alter Ahornen waren vordem viele im Grunde des Sausalpthals, wie noch Stöcke und Wurzeln beweisen; jezt steht kein Ahorn mehr da. Die Sage geht, daß ehemals auf der Alp auf den noch sogenannten Sausmatten ein Dorf gestanden; noch heißt hier ein Bach der Mühlebach, und urkundlich gewiß ist, daß die Antheilhaber der Alp in alten Zeiten einen Mühlenzins an die Obrigkeit entrichtet haben.

Auf der Sonnenseite der Sausalp, im sogenannten Färrichwald, war vormals sehr schöner Rothtannenwald. Der Vater des alten obengenannten Christen Wyß hat hier einen drei Fuß im Durchmesser haltenden Stamm zur Verfertigung eines Brunnentrogs gefällt, der noch wirklich bei der Sennhütte ist. Jezt ist da kein hoher Baum mehr, und die herumstehenden Rothtannen verderben alle im Wipfel, wenn sie vier bis zehn Fuß Höhe erreicht haben. Auf der Schattenseite der Alp hat ehemals eine halbe Stunde höher, als der gegenwärtige oberste Waldsaum, ein Arvenwald gestanden, wo noch jezt der Bezirk das Arvj heißt, aber kein Baum mehr zu finden ist. Noch sieht man hier zwei Fuß dicke Arvenstöcke, deren Wurzeln nacktes Gestein umspannen, von dem die Erde fortgespült ist. Im obersten Waldsaum unter diesem Bezirk reifen die Rothtannen keinen Samen mehr.

Auf der zur nämlichen Sausalp gehörigen Kienegg, wo die Weide noch jezt den Namen der schlechten Matten trägt, ist der Schnee einige Jahre lang liegen geblieben. Im Jahr 1818 schmolz derselbe fort, aber aller Rasen war zerstört. Im Jahr 1819 fand da der Jagdaufseher Lauener noch kein Gras, sondern Stauberde, ein Spiel der Winde.

Auf den Wiesen des Dörfchens Saxeten (beiläufig 3400 Fuß hoch) finden sich, z. B. auf der Gieselmatten, alte Kirschbäume von 2¼ Fuß im Durchmesser, die vormals sehr viele Früchte getragen. Der sechsundsiebenzigjährige Jakob Roth in Saxeten versichert, daß in seiner Jugend hier die Kirschen alle Jahre gerathen seien, da sie hingegen, so weit sein fünfunddreißigjähriger Sohn sich zu erinnern weiß, nie mehr reichlich und seit vielen Jahren gar nicht mehr gerathen seien. Dieser letztere Sohn von Jakob Roth hat seit zwanzig Jahren über fünfzig junge Kirschbäume auf die Dorfwiesen gepflanzt, von denen kein einziger gut gewachsen und die mehrsten zu Grunde gegangen sind. In den Rothtannenwäldern, die im Saxetenthal hoch über dem Dörfchen an den Berghängen steigen, finden sich hingegen noch gut wachsende Kirschbäume, die aber, wenn sie auf die Wiesen des Dorfes herunter ins Freie verpflanzt werden, alle verderben. Der Graswuchs auf diesen Wiesen hat sich nicht verschlimmert, da zweihundertjährige Scheunen in den letzten Jahren wieder mit Heu angefüllt worden sind.

Auf der Schwalmeren, einem Gebirg im Grunde des Saxetenthals, dessen Gipfel in die Region des ewigen Schnees reicht, war, laut den Zeugnissen des alten Roth und anderer bejahrter Männer, vor Zeiten auf den obersten Halden der Sonnenseite überall Graswuchs. Seit vielen Jahren, besonders seit 1817, ist nun aller Rasen verdorben, und auf dem Gipfel des Berges war im Jahr 1819, nach zwei sehr heissen Sommern, da viel mehr Schnee, als im Jahr 1814 vor den kalten Sommern von 1816 und 1817.

Auf der Schattenseite der Suleck, etwa 6200 Fuß hoch, wo vormals Schafweide war, ging der Rasen bis auf den Gipfel; seit vierzig bis fünfzig Jahren ist nach und nach der Rasen verschwunden, und es zeigt sich jetzt nichts als zerbröckeltes Gestein (Geriesel). Der alte Roth ist überzeugt, daß hier, selbst wenn noch viele der Fruchtbarkeit so günstige Jahre, wie 1818 und 1819, erfolgen sollten, der Rasen doch nicht mehr sich herstellen könnte, weil durch Regengüsse die Erde weggespült oder während der Trockniß vom Winde fortgetragen worden sei.

Am Gerstenhorn, auf einer Schafweide hinter der Tschingelfeldalp, die gegen Mittag abhängig ist und bei tausend Fuß hoch über der gegenwärtigen Waldgrenze liegt, wird seit mehrern Jahren die Schneedecke von Windstürmen fortgeführt, der Rasen, hierdurch seiner Winterbekleidung beraubt, verschwindet immer tiefer hinab und läßt nur unfruchtbares Gestein zurück.

Auch auf dem Tschingelfelder Schafberg verdirbt sichtbar der Rasen und die Schafweide wird schlechter, obgleich, wie überhaupt (wegen der theuern Winterung) auf den meisten oberländischen Schafalpen, seit langer Zeit bei weitem nicht für den Betrag der ganzen alten Seyung Schafe aufgetrieben werden.

Auf der Axalp, am Brienzersee, die seit alten Zeiten für zweihundert und vierzig Kühe geseyet ist, weidet noch immer die nämliche Anzahl. Vor etwa vierzig Jahren aber dauerte gewöhnlich die Alpfahrt dreizehn Wochen; seither, selbst in den fruchtbaren Jahren von 1818 und 1819, hat die Sömmerung nie mehr volle dreizehn Wochen gedauert, obgleich seit sechs Jahren die um die Sennhütten liegenden Läger im Gemeinwerk von den Alpgenossen gedüngt werden.

Die Agalp ist in dem obersten Läger nicht über die Region der Arven erhöht; sie ist oben abgeplattet, ohne steile Abhänge, und weder im Bereich der Schneelawinen, noch der Gletscher, von denen die Verwilderung der schönen Alp herrühren könnte; aber auf ihrem höchsten Rücken fängt sichtbar an der Rasen dünner zu werden, und von der Ebnenfluh, die zu der höhern Tschingelfeldalp gehört, stürzen, was vor vierzig Jahren noch selten geschah, häufig Felstrümmer nach der Agalp. Auf dieser Ebnenfluh fanden noch vor vierzig Jahren die Kühe von Tschingelfeld gute Weide; jetzt weiden da nur Schafe, die, nach dem Ausdruck der Hirten, das kurze Gras kaum mehr ergreifen können.

Auf der Schattenseite der Agalp blieb im obersten Läger im Jahr 1817 Schnee liegen, unter dem der Rasen verdarb, aber da der Boden nicht steil und das Erdreich tief aufliegt, so hat im Jahr 1819 der Rasen sich wieder zu bilden angefangen.

Auf dem 6834 Fuß hohen Gipfel des Hohgants, zwischen dem Tschangnau- und Habcheren-Thal, fanden in alten Zeiten Kühe reichlichen Graswuchs. Der neunzigjährige, vor mehrern Jahren verstorbene Weibel Imboden zu Unterseen hat oft erzählt, daß er in seiner Jugend mit seinen Kühen da geweidet und gutes Gras gefunden habe. Vor fünfundzwanzig Jahren weideten da keine Kühe mehr, hingegen noch sechshundert Schafe. Gegenwärtig finden zweihundert Schafe auf der gleichen Weide nur karge Nahrung, weil der Rasen zum Theil zerstört ist, zum Theil immer dünner wird, und die Winde alle entblößte gute Erde entführen.

Auf den über Beatenberg auf Sonnenseiten liegenden Gemmen- und Burgfeld-Alpen, wovon diese

diese vormals siebenzig, jene hundert und fünfzig Kühe sömmerten, ist die Seyung gegenwärtig für Burgfeld auf ein Drittel, für Gemmenalp auf ein Viertel des vormaligen Bestandes reduzirt worden.

Auf den Voralpen der äusserstien Gemeinde (Bäurt) von Beatenberg wurden vor dreißig Jahren auf jedes Gemeinderecht anderthalb Kühe Besaß gerechnet (wo dann je zwei Rechte drei Kühe treiben konnten); jeßt wird auf jedes Recht nur eine Kuh zugelassen. Diese Einschränkung ist nicht die Folge gestiegener Bevölkerung (da diese, wegen häufiger Auswanderungen der Beatenberger in andere Gemeinden, seit jenen dreißig Jahren nur von fünfundsiebenzig auf achtzig Haushaltungen gestiegen ist), sondern es rührt die Herabsetzung der Seyung bestimmt von geschwächtem Graswuchse her, da große Bezirke der Voralpen (die über den Grenzen der gegenwärtigen Waldung, aber unter den Grenzen des Fichtenwachsthums liegen), die vormals gutes Gras getragen, nun mit isländischem Moos und Fax überzogen sind, ohne daß hier Schneelawinen, Steinfälle oder Gletscher mitgewirkt haben können. Noch vor fünfzehn Jahren war die Abfahrt von Burgfeld gewöhnlich auf Michelstag (den 11 Oktober) gefallen; seither ist sie gewöhnlich auf heil. Kreuztag (den 3 Oktober). Die Alpen auf Beatenberg liegen, wie gesagt, auf südlich fallenden Abhängen, sind aber nichtsdestoweniger den Nordwinden sehr ausgesetzt, die aus dem an ihrem Fuße sich öffnenden Habcherenthal gegen das Längenthal von Interlachen häufig und heftig wehen.

Auf Beatenberg stehen bei 3600 Fuß hoch noch Kirschbäume von anderthalb Fuß Durchmesser, die freilich eine Menge dürrer Aeste zeigen; junge Kirschbäume, so viel auch deren zu pflanzen versucht worden, gedeihen nicht mehr und verderben in wenigen Jahren.

Auf dem Giesenberg, einer zu zweihundert Kühen geseyeten Alp, unweit Kandersteg, ist in den höchsten, etwa 1500 Fuß über der gegenwärtigen Waldgrenze liegenden Bezirken der Rasen von beträchtlichen Strecken ganz verschwunden. Seit dreißig bis vierzig Jahren ist dieses Verderben des Graswuchses am auffallendsten bemerkt worden, und die Kühe ziehen seither auch acht Tage früher von der Alp, als vorher geschehen. Diese Verschlimmerung des Graswuchses kann weder Steinfällen noch Gletschern, sondern muß allein den rauhen oder öfter wehenden Lüften zugeschrieben werden.

Beinahe alle Alpen des Lauinenthals sind seit fünfzehn bis zwanzig Jahren in ihrer Seyung heruntergesetzt worden. Der Geltenberg trägt nur noch zwei Drittel seiner vormaligen Seyung; nicht viel mehr der Feißeberg. Die beiden Teutlisberge, das Blatti, der Beuschen und der Tossenberg sind um ein Neuntel der alten Seyung heruntergesetzt worden.

Unter dem bei siebentausend Fuß hohen Steinschlaghorn, das mit der Niesenkette das Simmenthal vom Kanderthal söndert, liegt, etwa fünfhundert Fuß tiefer als der Gipfel, ein kleiner See, an dessen Ufern torfartiger Grund, unter dem noch unlängst fast unversehrte Rothtannenstämme und Tannzapfen ausgegraben worden sind.

Auf gleicher Höhe mit diesem See findet sich an diesen Gebirgen kein Baum mehr von einiger Stärke; etwa dreihundert Fuß tiefer stehen noch einzelne kleine Rothtannen, die aber sämmtlich im Gipfel dürr sind, und obgleich nur anderthalb Zoll im Durchmesser, doch bei fünfzig Jahrringe zählen. Die gegenwärtige Grenze des darunter stehenden geschlossenen Rothtannenwaldes geht hier nicht höher als etwa 4800 Fuß.

Unter dem 7250. Fuß hohen Rothhorn, über Brienz, liegt der oberste Saum der gegenwärtigen Rothtannenwaldung nicht höher, als etwa 5200 Fuß über das Meer, und in diesem obersten Saum stehen die Rothtannen nur buschartig, höchstens zehn Fuß hoch, alle wipfeldürr. Wohl tausend Fuß höher am Berggrat stehen noch Spuren von einen Fuß starken Rothtannenstöcken und Baumwurzeln im Erdreich.

Auf dem nämlichen Gebirgsrücken im Stollisbrawen, der zu der Planalp gehört, hat vor zwanzig Jahren der alte, nun blinde Peter Hohlenweger von Brienz eine Stunde höher, als der gegenwärtige oberste Waldsaum, noch grosse Baumwurzeln zum Käsen aus dem Boden gegraben.

Am Schwarzhorn, das westlich von Brienz etwa sechstausend Fuß sich über das Meer erhebt, hat sich vor zehn Jahren eine Schneelawine gebildet, die gegen das Dorf Wyler fiel und den ganzen Fichtenwald, der auf dem Abhange über diesem Dorfe war, niederwarf. Im obersten Saume dieses Waldes, etwa 4600 Fuß über das Meer, blieb seitwärts dem Lawinenzug eine fünf Fuß im Durchmesser haltende Rothtanne stehen, von der die Wiederbesamung des durch die Lawine entblößten Waldbodens gehofft wurde. Höchstens dreihundert Fuß höher, als dieser Fichtenkoloß, stehen auf einer von Bäumen sonst ganz entblößten, gegen Mittag gewandten Berghalde eine Menge kaum zwölf Fuß hoher Fichten, die alle ohne Ausnahme wipfeldürr sind. Die grosse Fichte am Lawinenzug, der merkwürdigste Beweis nun seltener Vegetationskraft in verflossenen Zeiten, wurde in kaum glaublicher Unwissenheit durch den obrigkeitlichen, über jene

Waldungen bestellten Bannwart oder Waldhüter gefällt. Unter dem Schutz dieses Baumes war sichtbar der Wachsthum des darunter liegenden Waldstreifens begünstigt, und höher, als dieser oberste Waldsaum, wo kein Schutz gegen die über den Berggrat dringenden Nordwinde, war baumlose Wildniß.

Auf dem nämlichen Berghange fütterte als Knabe der nun fünfzigjährige Jakob Gusset von Brienz den Winter hindurch mit Kühen in der Hütte seiner Voralp. Unweit dieser Hütte war ein kleiner Bezirk junger, gesunder Rothtannen. Ein ungewöhnlich heftiger und kalter Wind, erzählt Gusset, sei über den Berg gedrungen, und im darauf folgenden Frühjahr habe er alle diese jungen Rothtannen wipfeldürr gefunden; sein sechsundachtzigjähriger Vater bezeugt, daß zu seiner Zeit die kalten Bergwinde nie so häufig und heftig gewesen seien.

Auf der Alp Tschingelfeld, auf dem jenseitigen Gebirgsrücken, war ehemals schöner Rothtannenwald, der nach und nach von den Hirten niedergehauen wurde; noch finden sich da dritthalb Fuß im Durchmesser haltende Stöcke, aber keine junge Rothtanne mehr. Die dermalige Waldgrenze ist nun eine halbe Stunde unter diesem Walde, und das Holz, das ehemals über den Sennhütten an einem nun ebenfalls von Holz entblößten Berghange gehauen und heruntergestürzt wurde, muß nun eine halbe Stunde weit hinaufgetragen werden. Den Beweis dieser Thatsache geben einige alte Sennhütten, die zur Unterlage so große Schwellhölzer enthalten, wie nirgendwo auf dem ganzen Berge sich mehr finden, und die wegen ihrer Schwere unmöglich hätten hinaufgetragen werden können.

Auf der Hohmatt, zuoberst an einem bis an das Ufer der Aar mit Tannenwald bekleideten Berghang, über dem Dörfchen Imboden, der durch seine Lage vor den Nordwinden geschützt ist, stehen auf einer Höhe, die durch trigonometrische Messung zu 6392 Fuß über das Meer bestimmt worden ist, noch verkrüppelte Fichten und etwas gesündere Arven. Rings um das Grimsel-Hospital, bei sechstausend Fuß hoch, finden sich weder Arven noch Rothtannen mehr; vergeblich war ein Versuch des verstorbenen Spitalmeisters von Bergen im Garten des Spitals, aus Samen wieder Arven zu erziehen. In geringer Höhe über diesem, in einer Vertiefung des Felsens, ist ein kleines Torfmoos, aus dem vor dreißig Jahren noch ein Arvenstamm von beträchtlicher Stärke, und kürzlich noch Wurzeln alter Arven ausgegraben worden sind. Das heftige Wehen des Windes im Winkel des Thales, das dem Fluß entlang gegen Mitternacht fällt, hat, begünstigt durch Ausrottung und Schwächung der schützenden Wälder, hier die Lebenskraft der Pflanzen geschwächt.

Im Röderischboden, eine Stunde unter dem Grimselspital, heißt ein Bezirk der Alpenweide in alten Urkunden „bei den hohen Lärchen." Es erinnern sich noch viele bejahrte Männer, dieses Lärchtannenwäldchen gesehen zu haben. Jetzt stehen da weder junge noch alte Bäume mehr, aber häufig werden auch hier noch Arvenstöcke im Boden gefunden.

Vom Grimselspital westwärts gegen den Gletscher des Lauteraars zieht sich anderthalb Stunden lang, von der Aar durchströmt, das Aarbodenthal, dessen Grund bei sechstausend Fuß über dem Meere liegt. Südlich und nördlich ist das Thal von hohen Granitfelsen, westlich von Gletschern eingeschlossen. Auf den tiefsten Vorsprüngen der Felswände stehen noch einige wenige Rothtannen, Lärchtannen, Birken und Arven, deren ärmlicher Wuchs die nahe Grenze ihrer Vegetation bezeichnet. Junge Arven zeigen sich da nirgendwo. Vor wenigen Jahren stürzte ein Theil des Gletschers ein, unter dem die Aar hervorquillt, die ihre Richtung nun veränderte und den alten Runs trocken ließ, in dem der Spitalmeister bald nachher Spuren von Arvenstämmen fand. Hierdurch ermuthigt, wurde nun von den Bewohnern des Spitals nicht nur in dem alten Flußbett, sondern auch seitwärts in moosichtem Grund (zum Bedarf des Spitals in der baumlosen Wildniß), nach unterirdischem Holze gegraben, und eine Menge liegender Stämme, Wurzeln und Stöcke, sogar Arvenzapfen gefunden. Der Verfasser fand hier selbst im Sommer 1820 zwei bis vier Fuß unter Granittrümmern und Flußsand oder in moosichtem Grund Baumstöcke von vier Fuß Durchmesser, ohne Spur der Fäulniß an dem röthlichen, nur auf seiner Oberfläche veränderten Holze, das noch immer (vielleicht nach tausend Jahren) in seinem Innern den eigenthümlichen Geruch des Arvenholzes auffallend zu erkennen gab. Auf dem Querdurchschnitt waren die Jahrringe leicht sichtbar und gaben in ihrem Abstand den sprechendsten Beweis des kräftigern Lebens des Baumes in längst verflossenen Zeiten. Oefter hat der Verfasser in den Waldungen des Grindelwald-, Gadmen- und Gasteren-Thals, fünfzehnhundert bis zweitausend Fuß tiefer, als dort, Stöcke unlängst gefällter Arvenstämme untersucht, die Jahrringe mit Mühe gezählt, und noch nie, selbst auf gutem Boden nicht, das schnelle Wachsthum gefunden, das jene unterirdischen Bäume der Vorwelt zeigen.

Auf der zu Saxeten gehörigen Schlüpfwängenalp, unter der Suleck, stehen in den Bergmädern bei der Rechtensägeßenweid noch dritthalb Fuß dicke Stöcke von Arven, aber weit herum kein lebender

Baum dieser Holzart und auch keine Rothtanne. Einen Gemsschuß tiefer ist der Wald, in dessen obersten Säumen die Rothtannen, wenn sie sechs Fuß Höhe erreicht haben, wipfeldürr werden.

Auf der Künzlenalp, einem nordwärts fallenden Berghange am Brienzersee, stehen in den sogenannten Leichenbritteren, wo der oberste Waldsaum zu Ende geht, eine Menge drei Fuß hoher Rothtannen, die wipfeldürr sind, dazwischen viele über zwei Fuß dicke Stöcke von Rothtannen, die in vorigen Zeiten gehauen worden. Ueber Schwächung des Graswuchses wird auf dieser Alp nicht geklagt. Es stehen noch mehrere alte, abgelebte Arven auf derselben, aber kein einziger junger Stamm dieser Holzart.

Auf der Scharmatt-Alp, zunächst unter dem Blackiboden, waren auf einem Grat des Berghangs noch vor vierzig Jahren eine Menge der schönsten Rothtannen von drei bis vier Fuß Durchmesser. Seit dreißig Jahren fingen dieselben zu verdorren an, und wurden dann allmälig von den Hirten gefällt; jetzt steht auf diesem Berggrat keine einzige, weder alte noch junge Rothtanne. Zwischen dem Roßboden und dem Engstlensee wird in dem obersten Waldsaum das nämliche Absterben der alten Rothtannen bemerkt; fünfhundert Fuß höher, als dieser Waldsaum, stehen noch alte, große Arven, an denen im Jahr 1819 zum erstenmal ein ähnliches Dürrewerden der Nadeln bemerkt worden ist.

Auf dem Oberhorn, einem westlich vom Schmadri-Gletscher liegenden, zum Steinberg gehörenden Schafberg, auf dessen Gipfel weder lebende Arven noch Rothtannen sich mehr finden, sind von den Bergwassern und durch Erdbrüche unter dem Boden vergrabene Arvenstöcke von drei Fuß Durchmesser abgedeckt

21

worden. Die gegenwärtige Vegetationsgrenze der Arven und Rothtannen steht viel tiefer; nur Legfohren, Droseln und Gürmsche (Pinus montana, Betula alnus viridis und Sorbus aucuparia) dauern aus, wo die Stöcke gefunden worden.

Ueber den obersten Hütten auf Wengrenalp ist unweit dem Grat, bei 6100 Fuß hoch, vor wenigen Jahren eine Menge Stammholz und Wurzeln aus dem Boden gegraben worden; der oberste Saum der Wälder, aus denen nun nach den Sennhütten das Holz hinaufgetragen werden muß, ist nun drei Viertelstunden tiefer, als jene Stelle.

Von Andermatt gegen Realp, am Fuße der Furka, zieht sich das Urserenthal zwischen 4000 bis 5500 Fuß Erhöhung über das Meer. Ueberall ist das Gebirg in dieser Ausdehnung von Bäumen entblößt; nur der kleine Bannwald bei Andermatt steht als trauriger Ueberrest belehrend für die Bewohner da. Unter der Erde aber, sowohl in der Thalfläche, als an den Thalhängen, werden überall Spuren von Waldungen der Vorzeit gefunden. Es geht die Sage bei den Bewohnern von Realp, daß die ehemaligen Bewohner des Thales, in der Absicht, einer Menge von Bären und Raubthieren ihre Schlupfwinkel zu zerstören, unvorsichtig die Wälder ausgerottet hätten und daß seither die Bäume nicht mehr gedeihen wollen.

Zur Feuerung während der harten und langen Winter müssen die Bewohner von Realp zwei Stunden weit auf den Alpen herum sich mit der Sichel elendes Gesträuche von Heide (Erica vulgaris) mühsam sammeln. Nur auf den Berghängen bei Realp wächst Gesträuche von Sorbus aucuparia (hier Wülesche genannt), das nach dem Hieb, zu dem allein die Kapuziner berechtigt sind, wieder aus Stock und Wurzel ausschlägt. Der Verfasser zählte sechsunddreißig Jahrringe auf den Durchschnitt eines einen Zoll dicken Triebes dieser Holzart. Auf viel beträchtlicherer Höhe zeigt dieser Sorbus überall einen ungleich schnellern Wuchs, wo er unter dem Schutze von Wäldern wächst; nur wenig tiefer im Bannwald von Andermatt zeigen dahin verpflanzte Stämme des nämlichen Baums einen schnellen und üppigen Wuchs.

3.

Wenn die Thatsachen, die aus einem kleinen Theil des Alpengebirgs angeführt worden, allgemeine Schlüsse rechtfertigen können, so dürften für die Gletscher hier einige Folgerungen daraus hergeleitet werden.

Die Ansicht unserer Thäler führt uns auf die Ueberzeugung, daß in der Vorzeit die Gebirgsströme höher geflossen, daß von ihrem Ursprung hinweg die Gewässer in stufenweise tiefer liegenden Becken oder Seen sich verbreitet, später durch fortgerissenen Schutt der höhern Gebirge allmälig diese Becken erhöht und ausgefüllt, und, als durch Erdbeben oder durch die Reibung im Wasser Jahrtausende lang fortgerissener Felsstücke ihre Scheidewände zerspalten, dann erst die Thalgründe des Hochgebirgs ihre gegenwärtige Gestaltung erhalten haben.

Auf ähnliche Art dürfen wir vielleicht die Verbreitung des Eises von den höchsten Thälern des Gebirgs in die tiefern uns erklären.

Die höchsten Kolosse des Alpengebirgs entladen sich der Schneelasten, die der lange Winter auf ihren Gipfeln und Halden aufhäuft, durch Lawinen in die an ihrem Fuße liegenden Becken; die höhern Eisthäler in die tiefern, die tiefern über beblümte Alpweiden in bewohnte Thäler. Nicht regungslos ist die erstarrte Eismasse, die immer einstürzt, wenn die schmelzenden Gewässer auf ihren felsichten Unterlagen sie aushöhlen, und immer im Winter mit neuen Lasten sich erhebt, um wieder einzustürzen.

Mit ungeheurer Gewalt zerstoßen so seit längerer Zeit, als menschliche Urkunden oder Sagen reichen, die in eine Wucht gefrornen Wassermassen ihre Felsenufer, die dem zermalmenden Drucke weichen oder brechen müssen, in einem oder in mehrern Jahrtausenden.

Daß aber die Gewalt der Lawinen und dieser Stoß der Gletschermassen unabläßig dahin gewirkt und ferner dahin wirke, die Felsenufer der einzelnen Eisbecken zu zertrümmern und die Eisthäler, die stufenweise übereinander liegen, in Verbindung zu setzen: das ist aus der Natur der Gletscherbewegungen und aus der Wirkung der Schneelawinen klar. Auch die Felsunterlagen der Eisfelder können sich nicht in langen Zeiträumen gleich bleiben, da die schiefen Flächen, auf denen die Gletscher abwärts dringen, immer mehr sich verflächen müssen, wo der gewaltige Stoß der bewegten Masse unabläßig jede Unebenheit zu zertrümmern strebt. Aus diesem Grunde, wenn auch die Menge des angehäuften Eises im Laufe von Jahrhunderten sich gleich bleiben mag, kann nie die Ausbreitung der Eisfelder von den höchsten Behältern nach den tiefern sich gleich bleiben.

Nicht nur die Menge des gefallenen Schnees, die Zahl und Masse der Lawinen vorhergehender und die höhere Temperatur nachfolgender Jahre, die den Schmelz des Schnees und die Aushöhlungen der untersten Schichten der Gletscher begünstigt, bestimmen ihr Vorrücken. Herrschende, bald in einer Richtung anhaltende, bald wechselnde Windströmungen, die, oft unabhängig von der Temperatur, bald in dieser, bald in anderer Richtung, die Schneelasten anhäufen, die Lawinen befördern; Klüfte, die unter den Eisfeldern entstehen; jähes Zertrümmern der Felswände, die, bald unsichtbar unter den Gletschern, bald vorragend aus denselben, die Eisbecken trennten, die sie begrenzen; diese Umstände wirken vielleicht noch mehr, als jene, auf die Bewegung und die Ausbreitung der Gletscher, die auf alle Fälle keinen sichern Maasstab steigender oder abnehmender Temperatur des Hochgebirgs geben kann.

Wenn der Felsenriff, der, von der Blümlisalp nach der Buttlassen zu, das Eisthal des Tschingels von dem Kienthal scheidet, dem Stoße des Gletschers weicht oder die sogenannte Gamchikrinne (Gletscherkerbe) sich vertieft und erweitert; wenn zwischen dem Renfer- und dem Tossenhorn der Gletscher des Gaulis sich tiefere Bahn in seinem Felsenbette bricht; wenn von Erdbeben oder nach tausend Jahre fortgesetzten Stößen der Gletschermassen des Aletschs, die Felsenwand vom Mönch bis zu den Walcherhörnern weicht, so wird das Kienthal, das Urbachthal, das Grindelwaldthal noch mehr, als jetzt, mit Eis erfüllt werden, wenn auch nie vorher so schneereiche Winter, wie wir in den letzten Jahren erlebt, sich wiederholen sollten.

Die geringe Höhe und Zahl der Wälle oder Sandecken, die die Mündungen der Gletscher in die Querthäler umgeben, ist als Beweis angeführt worden, daß seit der Bildung der Gebirge der Erde kein so langer Zeitraum verflossen, als gewöhnliche Vermuthungen und Ueberlieferungen angenommen. Wer aber zählt, wie lange die Gletschermassen in den höhern Eisthälern eingeschränkt blieben, ehe sie durch die Querthäler sich Bahn gebrochen? und wer zählt, wie lange und wie hoch die Gletscher sich aufthürmten, ehe ihr Stoß und ihre Reibung die Felsenabstürze nach den tiefsten Thälern verflächt hatte? Sandecken entstehen wohl nur da, wo der Druck zusammenhängender, vorrückender Gletschermassen die Felstrümmer an ihrem Fuße anhäuft, nicht wo die Gletscher die Höhe der Felskämme, die von tiefern Thälern trennen, erreichen und über diese als Eislawinen abstürzen.

Wenn hier vorausgesetzt worden, daß die Wirkung der Lawinen und der Stoß der Gletscher nach und nach in weit entfernter Folge der Zeiten dahin wirken müsse, größere Massen des Eises der höhern Thäler den tiefern zuzuführen; wenn die Wahrscheinlichkeit am Tage liegt, daß in kommenden Jahrhunderten die Zahl mit Eis überführter Thalgründe und Alpweiden sich vermehren werde, so wird eben diese Wirkung der Lawinen dieses langsame, aber unablässige Wirken der Eislaßen in noch spätern Zeiten die Ursache allgemeinern Rückzuges der Gletscher aus den tiefern Thälern werden, wenn die Kolosse, die jetzt noch mehrere tausend Fuß hoch sich aus den Gletschern erheben, zertrümmert sind und nicht mehr durch Lawinen die höhern Eisthäler erfüllen.

Ein französischer Naturforscher, Beobachter der Pyrenäen, vermuthet, daß ein Jahrhundert hinreiche, die nackten Gipfel der höchsten Felsen um einen Fuß zu erniedrigen.

Doch nicht von Zertrümmerung im Laufe von Jahrtausenden gebührt uns zu sprechen im Angesicht dieser Kolosse, die aufrecht blieben, als wiederholt die Grundfesten der Erde erbebten und in dem einbrechenden Ozean die Schöpfungen belebter Wesen untergingen; — vor diesen Kolossen, die vielleicht auch dereinst das

Menschengeschlecht verschwinden sehen, das umsonst sich anstrengt, das Räthsel des Weltenbaues zu lösen.

Beinahe in allen Alpenthälern melden alte Sagen von Blümlisalpen, die vormals grüne Weiden gewesen und nun von Gletschern bedeckt sind.

Die Gleichheit der Benennung für so verschiedene, entfernt von einander liegende Thalgründe und für mehrere Gebirge, die hoch über der gegenwärtigen Grenze des Pflanzenlebens stehen, beweiset das Alterthum der Sagen, und der allgemeine Volksglaube die Wahrheit der Thatsache, daß die Gletscher sich ausdehnen, wenn gleich dieser allgemeine Glaube vielleicht oft die einzelnen Sagen selbst erzeugt, diese Sagen also mehr im unbestimmten Glauben, als in treuen Ueberlieferungen den Ursprung genommen. Es liegt auch in der Natur des Menschen, der so leicht das Uebel, das vorübergegangen, vergißt, auf den die Gegenwart drückt und dem die Zukunft das Bessere nicht verspricht, im Rückblick der Geschichte oder des eigenen Lebens, getäuscht durch seine Sehnsucht, auch da beblümte Flächen zu sehen, wo immer auf leblosem Gestein die Eisdecke gelegen. Aber wenn je vor dem letzten Rückzug der Meere die Blümlisalpen des Räzlibergs, des Kienthals, des Lauteraars und so viele andere, von denen die Sagen sprechen, grünende Weiden gewesen sind, so liegt die Zeit ihrer Verwandlung wohl hinter allen menschlichen Ueberlieferungen zurück.

Mehr als die alten Sagen von Alpen, die jetzt mit Gletschern bedeckt, aber wohl immer über der Grenze der Vegetation oder unter Lawinenzügen gelegen, beweisen die Verbindungswege, die ehemals zwischen den Eisthälern offen und nun mit Eis bedeckt sind. Würde die Ausbreitung der Gletscher und ihr abwechselnder

Rückzug nur von den Schneelasten einiger Winter und der Hitze darauf folgender Jahre abhängen, die durch jene geschlossene Verbindung hätte sich mit dieser wieder geöffnet, so wie von den entferntesten Sandecken die Gletscher sich bisher immer wieder zurückgezogen. Aber jene Straßen sind und bleiben seit zwei Jahrhunderten geschlossen, nicht durch Anhäufung der Eismassen überhaupt, sondern durch Zertrümmern und Zerklüften der höchsten Eisbecken, die, je mehr und je tiefer ihre Ränder ausgekerbt werden, je höher die tiefern Eisthäler sich füllen, je gewaltiger auch hier der Stoß der Gletscher gegen die Felswände erfolgen muß, längs denen vormals die Verbindungsstraßen zogen.

Die Masse der Gletscher im Mittel auf einander folgender Jahrhunderte, wenn die Vergleichung möglich wäre, könnte der Maasstab steigender oder fallender Temperatur auf den hohen Alpen sein, nie aber, wie schon bemerkt, die Verbreitung dieser Gletschermasse. Daß die Päſſe gegen Wallis und Italien seit Jahrhunderten, zum Theil seit Jahrtausenden offen stehen, beweiset nicht nothwendig, daß hier eben so lange die Temperatur sich gleich geblieben, so wie, wenn aus den angrenzenden Eisthälern die Gletscher sich in die Alpenpässe gezogen und sie verschlossen hätten, nicht die Erniedrigung der Temperatur sich aus dieser Ausbreitung der Gletscher folgern liesse. Die größten Verbindungsstraßen zwischen der Schweiz und Italien laufen durch vertiefte Einschnitte der Längenthäler, deren Felsenhänge (wie meistens in Querthälern) zu steil sind, um vielen und großen Lawinen Halt zu geben und die Entstehung großer Gletscher hier zu begünstigen.

Aus den oben über die Ausbreitung der Gletscher

in die tiefern Thäler angeführten Thatsachen erhellet, daß, ungeachtet der so ausserordentlich schneereichen Winter von 1816 und 1817 und der darauf gefolgten so heißen Jahre von 1818 und 1819, dennoch mehrere Gletscher nicht ihre ältesten und entferntesten Sandecken erreicht haben. Wenn nun in diesem Versuch angenommen worden, daß die Ausbreitung der Gletscher vorzüglich dem Zertrümmern ihrer Scheidewände zwischen den höchsten und den tiefern Eisthälern und dem Verflächen ihrer felsichten Unterlagen zuzuschreiben sei, so scheint diese Erklärung mit jener Thatsache im Widerspruch zu stehen, da seit dem Zeitpunkte, wo die Gletscher sich von ihren entferntesten Sandecken zurückgezogen, das Zertrümmern dieser Scheidewände gewiß vorwärts gegangen, die Ausbreitung der Eismassen mithin auch in Progression erfolgt und die Gletscher die entferntesten Sandecken in jenen so schneereichen Jahren überschritten haben müßten.

Ohne Zweifel ist aber in den verflossenen Jahrhunderten die Menge des gefallenen Schnees überhaupt größer, als in den letztvergangenen Zeiten gewesen, da in waldreichen Ländern die Menge des Regens und des Schnees immer größer ist, als unter gleichen Umständen in Ländern, die von Wäldern entblößt worden. Wie sehr nun auf unserm Hochgebirg die alten Wälder sich vermindert, ist eben so aus den Thatsachen klar, die oben dargestellt worden sind. Der trockner gewordene Luftkreis, die Folge der Waldentblößung, wirkt auf den Alpen der Ausbreitung der Gletscher, jedoch überhaupt in geringerm Maase, entgegen, als hingegen das Zertrümmern der Felsenufer der Gletscher diese Ausbreitung begünstigt.

Oben ist bemerkt worden, daß ein Mühlenzins auf einer Alp gehaftet; öfter auch werden noch Mühlensteine auf dem Gebirg auf Höhen gefunden, wo nun kein Korn mehr gebaut wird. Bekannt ist auch, daß der Vogt v. Landenberg dem Melchthaler seine Ochsen vom Pflug nehmen ließ, in einem Thale, wo nun sich kein Pflug, oder doch kein Kornbau von Bedeutung mehr findet. Diese Thatsachen aber beweisen nicht, daß durch Erkältung unser Gebirg zum Kornbau unfähig geworden; es sind die veränderten landwirthschaftlichen und merkantilischen Verhältnisse des Hochgebirgs, die hier den Kornbau weniger vortheilhaft und also unbedeutender gemacht haben.

Die flüchtige Betrachtung unserer Gebirgshänge zeigt, daß die mehrsten aus Schutthalden der Vorzeit bestehen, die fast überall, wo sie nicht mit Wäldern bewachsen, mit Rasen bekleidet sind. Auch jetzt noch überwachsen häufig Schutthalden, die unter unsern Augen entstanden, allmälig mit Rasen, sobald der Schutt zum Stillstand gekommen, besonders in der Region der Wälder, oder an Halden, wo durch herablaufende Felsvorsprünge größerer Schutz vor Winden ist, und die Gräser, sicher vor dem weidenden Vieh, leichter ihre Samen reifen, und diese Samen durch Windstöße leichter auf die entblößten Schutthalden getragen werden können. Auf hohen Bergrücken aber und an Halden, die über der Waldregion schutzlos gegen die Stürme stehen, ist die Wiederbesamung schwieriger, und der Rasen stellt sich, unter Umständen, die oben bezeichnet sind, gar nicht oder nur nach langen Zeiträumen wieder her.

Das Verschwinden des Graswuchses und die Verbreitung der Lichenen an dessen Statt, welches fast allgemein auf den höchsten Alpweiden beobachtet wird, müßte vorzüglich auf den Schaf-Alpen auffallend werden, die höher, als die Kühweiden, sich über die Grenze des Holzwuchses, und öfters höher als die Eisfelder sich erheben; allein obgleich allgemein von den Schafhirten geklagt wird, daß der Graswuchs sich verschlimmere, so ist doch vielleicht diese Abnahme des Pflanzenwachsthums auf den Schaf-Alpen nicht im Verhältniß derjenigen, die auf den höchsten Kühalpen beobachtet wird. Die hohen Käse- und Heu-Preise haben überhaupt der Vermehrung der Schafzucht in den Alpenthälern, die dem Verfasser nahe liegen, entgegengewirkt, und in dem Verhältniß, als die Zerstückelung des Landes in den Thalgründen vor sich geht, muß auch die Schafzucht abnehmen. Es werden daher seit langer Zeit die mehrsten Schaf-Alpen mit einer weit geringern Anzahl von Schafen betrieben, als die Seyung und ihre Ausdehnung es gestatten würde. Dieser Umstand hat für die Erhaltung der Vegetation einen günstigen Einfluß, und hebt den Nachtheil zum Theil auf, den die Weide der Schafe überhaupt für den Kräuterwuchs auf jenen unwirthbaren Höhen mit sich bringt, da die Art dieser Thiere, das Gras dicht auf der Wurzel zu fassen und abzuweiden, nicht nur die Stärke des Wuchses einzelner Pflanzen schwächt, sondern öfter zur Folge hat, daß Kräuter mit den Wurzeln aus der Erde gerissen werden, und so der Rasen auf Bergrücken, wo er ohnedies schon dünn aufliegt, vollends zerstört wird.

Wo die Schaf-Alpen niederwärts an die Kühalpen grenzen und mit diesen den nämlichen Besitzern gehören, weiden die Schafe noch eine Zeit lang auf den Kühalpen, sobald hier die Sennen abgefahren sind, und tragen zur Schwächung des Graswuchses von diesen bei.

Die Schwächung des Graswuchses auf den Kühalpen dann ist aus dem Grunde noch nicht allgemein so fühlbar geworden, weil auf den tiefern Bergrücken, wo noch jetzt der Waldwuchs reicher ist, die Rothtannen ausgerottet wurden, wo nur irgend Hoffnung war, dadurch die Weiden zu vergrößern, ohne die Alp ganz von Holz zu entblößen, und diese theilweisen Umwandlungen der Waldgründe in Weiden sind auf vielen Alpen Ursache gewesen, daß, ungeachtet der geschwächten Vegetation in den höhern Regionen, die Seiung noch nicht tiefer gesetzt werden mußte.

Wenn überhaupt nach den angeführten Thatsachen die Degradation der höhern Alpen, und besonders die Schwächung ihrer Vegetation, nicht bezweifelt werden kann, so fragt es sich, ob diese Schwächung in steter Progression nun vorschreite, oder ob sie vielleicht in Folge kosmischer, auf eine Reihe von Jahren wirkender, dann aber vorübergehender Einflüsse Statt finde.

Daß die Zertrümmerung der hohen Felsen der Alpen, wie jedes andern Hochgebirgs, vorschreitend und in Folge von Ursachen geschehe, die unter unsern Augen wirken, und daß der Einfluß dieser Zertrümmerungen auf das Pflanzenleben nicht vorübergehend sein könne, das liegt am Tage. Aber wird auch das Pflanzenleben auf jenen Höhen sich wieder herstellen, das, wo weder Gletscher, noch Lawinen, noch Steinfälle hinreichen, doch so sichtbar von den Alpen schwindet? Werden Jahre, wie die von 1818 und 1819, wenn sie sich noch öfter in dem begonnenen Jahrhundert wiederholen, wenn nie hingegen die Jahre von 1816 und 1817 wiederkehren, — werden so günstige Einflüsse nicht die geschwächte Lebenskraft der Pflanzen wieder herzustellen vermögen?

Ein verdienter Schriftsteller, dem wir die genauere Kenntniß der nordischen Natur verdanken, spricht von Erscheinungen veränderten Klima's in Norwegen, ähnlich derjenigen, die wir oben geschildert haben. Bei Drontheim, in Helgeland, in Senjen ist die Säezeit in der alten Leute Jugend gewöhnlich von der jetzigen um acht Tage, ja bis vierzehn Tage verschieden. Bei Drontheim wurden sonst Früchte gewonnen; jetzt (1809) schon seit langer Zeit nicht mehr. In Hardanger zeigt man an einigen Bergen des hohen Folgefonden kleine, anfangende Gletscher, von denen vor mehrern Jahren keine Spur war, und jetzt vergrößern sie sich sichtlich. Die Bergspitzen am Tielesund waren sonst alle Jahre schneeleer; nun seit vielen Jahren verlieren sie den Schnee niemals mehr u. s. w.

Aber schon vor Jahrhunderten hatten ähnliche Erscheinungen statt, ohne daß die Erkaltung des Klima angehalten. Unter Harald Graafelds Regierung im Jahr 960 lag der Schnee über das ganze Land Norwegen bis tief in den Sommer hinein, und in ganz Helgeland war an keine Aernte zu denken. Der Dichter Evind Skaldaspiller ergoß sich in Klagen über die veränderte Natur, da er in Mitte des Sommers aus seinem Hause den tiefen Schnee betrat. Doch es kehrten die guten Jahre zurück und die Aernten reiften wieder wie gewöhnlich u. s. w.

Auch in unsern Alpenthälern werden wieder Reihen milder Jahre auf die rauhen folgen, die nun vielleicht vorübergegangen sind. Oft werden noch die Gletscher sich zurückziehen und hier und dort auf rauhen Gebirgsrücken wird der Rasen sich wieder herstellen, der unter ungewöhnlichen Schneelasten verdarb; auch Bäume mögen auf tiefern Halden oder in geschützten Thalgründen wieder üppiger wachsen, die nun seit langer Zeit nicht mehr gediehen. Aber wo nach Zerstörung der schützenden Wälder die kältenden Winde oder der heftige Südwind herrschen, wo die fruchtbare Erde von abstürzenden Gewässern oder von Orkanen fortgeführt worden; wo kein Baumblatt und kein Pflanzenkörper mehr, in Fäulniß übergehend, die Pflanzenerde herstellt, kein Same mehr reift, oder immer durch Windeswehen nach den Tiefen getragen wird, wo kein Baum mehr gedeihen will zum Schutze der geschwächten Lebenskraft; wo immer häufiger die Schneelawinen niederstürzen — da mögen Jahrtausende vorbeifließen, ehe auf dem alternden Gebirg der alte Frühling wiederkehrt.

Doch es ist Zeit, die Schlüsse, die sich aus den angeführten Thatsachen und Betrachtungen zu ergeben scheinen, noch auszuheben und zu ordnen, ehe wir noch zum Schlusse dieser Darstellung die Hilfsmittel berühren, die menschlichen Kräften sich noch darbieten mögen, um diesen Zerstörungen unserer hohen Alpen Grenzen zu setzen.

1. Es ist wenig Uebereinstimmung in dem Vorrücken und dem Rückzug der einzelnen Gletschermündungen in die tiefern Thäler.

2. Die Gletscher wachsen nicht nur in Folge schneereicher Jahre und darauf folgender heißer Sommer; sie wachsen auch in Folge der allmäligen Zertrümmerung ihrer Becken, und diese theilweisen Zertrümmerungen sind, nebst der Unregelmäßigkeit der Schneeanhäufungen durch Lawinen, die Ursache der unregelmäßigen Gletscher-Bewegungen.

3. Es ist kein Beweis da, daß überhaupt die Gletschermassen seit Jahrtausenden auf den hohen Alpen sich vermehrt haben; aber es ist Thatsache, daß diese Gletschermassen sich tiefer und weiter ausgebreitet haben. Diese Ausbreitung der Gletscher aber beweiset nichts für die Abnahme der Temperatur.

4. Es läßt sich nicht beweisen, daß die Schneelinie überhaupt an den hohen Alpen tiefer ziehe, als vor Jahrhunderten. Die Schneelinie kann in einem oder in wenigen Jahren an einzelnen Berghängen oder Gebirgszügen steigen, und zugleich kann hier die Vegetationsgrenze fallen. Die Schneelinie läßt sich nicht allgemein bestimmen; sie steigt oder fällt durch Lokal-Einflüsse.

5. Die Schneelawinen entstehen nie auf Berghalden, die mit Wald bewachsen sind; sie sind in den Regionen der Baumvegetation, im Verhältniß größerer Zerstörung der Alpenwälder, häufiger und verderblicher geworden, beweisen hier aber nichts für die Abnahme der Temperatur. Daß über die Vegetationsgrenze unserer Pinusarten die Schneelawinen häufiger oder an Masse größer geworden, hat keine Wahrscheinlichkeit für sich.

6. Die Schwächung des Graswuchses auf den hohen Alpen ist Thatsache; der Rasen verschwindet und nach ihm die fruchtbare Erde, selbst da, wo weder Gletscher, noch Lawinen oder Felstrümmer diese Schwächung verursachen können. Sie ist vorzüglich auf den Alpen eingetreten, die hoch über der Waldregion liegen.

7. Der Rasen verschwindet vorzüglich da, wo nach schneereichen Wintern der Schnee im darauf folgenden Sommer nicht fortschmelzt; aber er verschwindet auch da, wo kältende Windströmungen oder auch das Wehen des Südwindes häufiger und heftiger wird.

8. Die Waldungen haben sich vorzeiten überhaupt beträchtlich höher, als jetzt, am Alpengebirg hinaufgezogen, und selbst im höchsten Saum der gegenwärtigen Waldgrenzen ist die Abnahme der Vegetationskraft sichtbar. Die Bäume werden hier nicht so groß, als sie vormals geworden; aber es ist kein Beweis da,

daß die ehemalige höchste Grenze der Wälder höher gestanden, als jetzt noch ihre mögliche Grenze steht, wo Lokalumstände das Fortkommen der Bäume begünstigen.

9. Die Windströmungen sind da heftiger, wo die Waldungen geschwächt oder verschwunden sind, und diese Windströmungen und Windstöße entführen die fruchtbare Erde, die von Rasen entblößt worden.

10. Es kann nicht bewiesen werden, daß die Temperatur der hohen Alpen niedriger, als vormals stehe, selbst da nicht, wo die Vegetationskraft sichtbar schwächer geworden. Es ist eher anzunehmen, daß die häufigern und heftigern Winde auf den hohen Alpen nicht allein durch Erkältung nachtheilig auf die Pflanzen wirken, sondern mehr noch durch Verflüchtigung des Humus und Entführung der Elemente der Pflanzennahrung, die in den untersten Schichten des Luftkreises der Gebirge je weniger sich anhäufen, je entblößter von Baumwuchs sie sich finden.

Die Hilfsmittel, der Verwilderung des Alpengebirgs und seiner lokalen Erkältung entgegen zu wirken, beschränken sich auf Erhaltung und Herstellung des Rasens der höchsten Alpenweiden und auf Erhaltung und Herstellung der Alpenwälder. Ueber Beides ist anderswo schon ausführlicher gesprochen worden, und es wird hier nur so viel über diesen Gegenstand nachzutragen sein, als der Zusammenhang und die Uebersicht der Darstellung erfordert.

Die Wichtigkeit der Erhaltung des vorhandenen und die schnelle Herstellung des zerstörten Rasens auf den höchsten Alpen ist deswegen von der höchsten Wichtigkeit, weil auf hohen Bergrücken und auf steilen Halden das Verschwinden der Dammerde und aller fruchtbaren Erdschichten, die Entstehung mehrerer Lawinen und

Erdbrüche, die Vermehrung der Steinfälle und gefährlicher Ueberschwemmungen in den Thälern, so wie das Verschwinden und die Abnahme der Alpenwälder häufig die unmittelbare oder entferntere Folge der Zerstörung des Rasens ist.

Würden die Samen derjenigen Alpenpflanzen, die in den höchsten Regionen ausdauern, in hinreichender Menge gesammelt und ohne Zeitverlust da ausgesäet, wo unter dem Schnee der Rasen verdorben, so würde in den mehrsten Fällen, wo die Abhänge nicht zu steil, dieser hergestellt werden können. Wo der Rasen nicht durch den Schnee, sondern durch rauhe Lüfte und Mangel an nährenden Bestandtheilen der Luft und des Bodens, dünner wird und durch Lichenen verdrängt zu werden beginnt, da wird der Rasen durch Begiessen mit Mistjauche, oder durch Dünger, wo es sein kann, leicht wieder belebt. Wenn nach verdorbenem Rasen auch die lockere, darunterliegende Erdschicht verschwunden, und nun nur zerbröckeltes, halbverwittertes Gestein die Felsen bedeckt, so wachsen auf diesem leicht die beiden köstlichsten Alpenkräuter, das Adelgras und die Mutteren, auf den rauhesten und wildesten Halden, unweit der Schneeregion, genügsam, wenn der magere Grund nicht zu dürr bleibt und durch sinterndes Quell- oder Schneewasser befeuchtet wird. Aber sowohl die Saaten der Alpenkräuter, als das Düngen des aussterbenden Rasens setzt Fortschritte in der Kultur der Alpen voraus, die einstweilen noch zu den frommen Wünschen gehören. Wo im Taglohn die Samen der Alpenkräuter zu jenem Zweck gesammelt werden müßten, würden freilich die Verbesserungen zu kostbar; aber wie leicht ernährt der Senn nicht seine Kinder auf den Alpen, wie leicht könnten nicht die Samen durch diese Kinder eingesammelt werden; in unsern

22

Gebirgsgegenden um so eher, wo der Mangel zweckgemäßer Gegenstände der Industrie sehr oft für Entschuldigung der Trägheit dient. Das Düngen der höchsten Alpregionen, wo der Rasen zu verderben beginnt, hat größere Schwierigkeiten in der Abwesenheit oder in der Entfernung der Stallungen.

Der Emir Fakr-el-din pflanzte jenseits Barut in Syrien einen Pignolenwald, in der Absicht, das Klima dieser Stadt zu verbessern.

Wir sind, scheint es, im vaterländischen Gebirg von der Kenntniß des höhern Zieles der Forstwirthschaft noch weiter zurück, als dieser Türke war; denn zu ähnlichem Zweck ist auf den hohen Alpen seit Jahrhunderten noch kein Wald gepflanzt, aber Hunderte von Wäldern, die zur Verbesserung des Klima unserer Alpweiden dienten, sind zerstört worden. Ueberhaupt scheint von dieser Seite die Waldkultur in der Schweiz noch zu wenig beobachtet worden zu sein. Keine Alp und kein Thal unsers Hochgebirgs, und selbst kein grösserer Bauernhof in den tiefern Thälern ist, dessen Kultur und Erzeugnisse nicht gewinnen müßten, wenn auf der Seite und auf dem Standort Wälder oder Bäume angezogen würden, die den der Vegetation ungünstigsten Winden entgegenstehen. In Gebirgsländern, wo gewöhnlich die niedrigen Holzpreise keinen Waldbau lohnen, wäre es besonders von Wichtigkeit, wenn die Betriebsamkeit des Landmanns für jene so wichtige Bestimmung erregt werden könnte; für ein Land, dessen ökonomisches Bestehen auf der Viehzucht beruht, wird auch der Waldbau, selbst ohne die grossen Zwecke der Klimatisirung und der Erzeugung des Brenn- und Baumaterials, von grösserer Wichtigkeit, weil, wo mit

Auswahl Bäume gepflanzt werden, der vermehrte Futter- und Streu-Ertrag durch den Gewinn der Blätter den Vortheil elender Weiden aufwiegt, und Baumpflanzungen in gewissem Maase auf Berghalden, die den rauhen Lüften oder zu großer Sonnenhitze ausgesetzt sind, die Weide oft verbessern. Für unsern Brenn- und Bauholzbedarf haben wir überhaupt noch Bäume genug im Alpengebirg, wenn die Kunst des Holzsparens hier allgemeiner ausgeübt wird; aber sie stehen nicht da, wo sie stehen sollten, und unsere Alpenwälder bestehen nicht aus denjenigen Baumarten, die uns den größten Vortheil bringen würden. Freilich wird die Pflege und Herstellung des Rasens auf den hohen Alpen, und die Pflege und Herstellung der Alpenwälder sehr durch die Schwierigkeit beschränkt, den Rasen von Zeit zu Zeit, die jungen Wälder so lange vor Weide sicher zu stellen, bis sie dem Zahn der Heerden entwachsen sind; und die Nothwendigkeit der Einfristungen fällt mit ihrer Schwierigkeit zugleich in die Augen. Allein auf den höchsten Alpen sind nur Schafe dem Rasen gefährlich, und nur da, wo Mangel an Weide ist, oder diese Thiere in Uebermaas auf die Weiden getrieben werden. Dies aber ist auf unsern Schaf-Alpen selten der Fall, und ohnehin wird, wo die Schaf-Alpen hoch über der Waldregion liegen und nicht etwa trockne Mauern zum Schutz einzelner Weide-Bezirke errichtet werden können, das Nachdenken über die Einfristungen überflüssig.

Was von der Nothwendigkeit der Erhaltung des Rasens gesagt ist, steht nicht im Widerspruch mit der Darstellung der Vortheile des Aufbruchs. Auf steilen Halden soll der Rasen nie aufgebrochen werden, auf weniger steilen oder auf abgerundeten Gebirgsrücken, oder Verflächungen ist aber oft der Aufbruch des übriggebliebenen Rasens das Beding seiner Herstellung, wenn sogleich nach dem Aufbruch gedüngt und Gräser- und Kräutersamen auf die entblößte Erde gestreut werden können.

Der Mangel dieser Samen, die auf offenen Weiden immer vor der Reife abgeweidet werden, ist vorzüglich mitwirkende Ursache der Verschlimmerung vieler rauher Alpen und der Folgen gewesen, die gewöhnlich aus der Zerstörung des Rasens entstehen.

Wichtiger werden die Einfristungen für die Erhaltung und Herstellung der Alpenwälder. Auf der Möglichkeit dieser Einfristungen auf den Alpen beruht überhaupt nicht nur jene Erhaltung; es beruht auf ihr die Möglichkeit der Verbesserung der Alpenwirthschaft, des ökonomischen und also auch des sittlichen Bestehens der Alpenbewohner, und sie ist das erste Beding, ohne welches nie der Verwilderung und Erkältung der Alpen da, wo sie wirklich Statt findet, einige Grenzen gesetzt werden können. Die Vermehrung von todten Zäunungen auf den Alpen aber würde die alten Wälder zerstören, um junge mit vermehrten Schwierigkeiten zu erziehen; alle Versuche, die zum Ziel haben, für Errichtung der Lebhäge auf dem Hochgebirg die passendsten Holzarten aufzufinden, sind demnach von der höchsten Gemeinnützigkeit.

Wo die Alpweiden mit Bruchstücken der Felsen bedeckt sind, werden trockene Mauern oft andere Einfristungen entbehrlich machen und, wie diese, den Luftzug brechen, der nachtheilig auf den Graswuchs wirkt.

Die wesentlichsten und einfachsten Regeln der Forstwissenschaft, die in unserm Gebirg noch überall ausser Acht gelassen sind, und deren Anwendbarkeit und Nutzen dem schlichtesten Hirten begreiflich gemacht werden könnte, würden in folgenden bestehen:

1. Die obersten Säume aller Alpenwälder und die über den Waldgrenzen stehenden vereinzelten alten Bäume mit dem Hau zu verschonen.

2. Wenn von Alter abgestorbene, schadhafte oder noch gesunde Bäume in den höhern Regionen oder auf steilen Halden tieferer Alpen für Bauten gefällt werden müssen, die Stämme so hoch zu hauen, daß der bleibende Stock noch einige Fuß Höhe behalte, damit unter dessen Schutz wieder Bäume gesäet oder gepflanzt werden können und der Schnee auf steilen Halden durch diese Stöcke Halt gewinne, bis die jungen Bäume wieder herangewachsen sind.

3. Unter dem Schutz der höchsten, vereinzelt stehenden Schirmtannen, oder Arven, junge Arven da zu pflanzen oder zu säen, wo sie von dem alten Stamme gegen die heftigsten Winde gesichert sind, die kleinen Pflanzungen oder Saaten aber durch kurze, in den Boden geschlagene Pfähle von starken Tannenzweigen vor dem Zertreten des Viehes zu sichern.

4. Die Vermehrung der Arven möglichst zu befördern, da dieser Baum den Windstürmen am besten widersteht, die Windzüge am besten bricht, höher am Gebirge, als jeder andere Baum, wächst, und nie oder selten von dem Vieh benagt wird.

5. Auf steilen Halden der höchsten Bergregionen, wo ohne Gefahr die Kühe nicht weiden und Schneelawinen losgleiten könnten, die Alpenerle und den Girmsch auf Schattenseiten, den Alpenwachholder auf Sonnenseiten durch Saaten zu vermehren, und dann, wenn diese Halden nicht über sechstausend Fuß hoch sind, unter dem Schutze der Gesträuche auf Schattenseiten die Arve, auf Sonnenseiten die Lärchtanne durch Saat oder Pflanzung anzuziehen.

6. Durch Pflanzung der Arven, Lärch- und Roth-

tannen in doppelten Reihen und durch Vervielfältigung der Lebhäge oder trocknen Mauern hohen Alpen einen künstlichen Schutz gegen die Winde, besonders gegen die Nord- und Westseiten, zu verschaffen.

7. Keinen Alpenwald kahl abzuhauen, vor Allem aus immer die Säume stehen zu lassen, und im Innern des Waldes, wenn derselbe auf Halden liegt, allen Holzwuchs auf Felsvorsprüngen und Felsgräten, die die Fläche herabziehend unterbrechen, mit dem Hau zu verschonen.

8. Auf jeder Alp Saatschulen für die passendsten Holzarten zur Erziehung von Pflänzlingen anzulegen.

Die Lebhäge und die Baumpflanzungen, die nicht eingefristet werden können, werden in den ersten Jahren der Anlage immer dem Zahn des Viehes ausgesetzt sein und leicht dadurch verderben. Am sichersten schützt sie dann das fleißige Bespritzen mit gegohrner Jauche, die aus den Stallungen geflossen. Nach den ersten Jahren werden die Setzstangen der Lebhäge und die Pflänzlinge hinreichend Wurzeln getrieben haben, um später ohne Lebensgefahr Beschädigungen von dem weidenden Vieh auszudauern.

Es ist offenbar, daß alle Vorkehrungen, die vorgeschlagen wurden, der Verwilderung der hohen Alpen Grenzen zu setzen, nur von langsamer Wirksamkeit sein werden; daß sie in der Gemeinweidigkeit vieler Alpen große Hindernisse finden müssen; daß sie von keinen Behörden durch zwingende Maasregeln durchgesetzt werden können, und daß, da sie gegen Trägheit und Vorurtheile verstoßen und dem Eigennutz selten in kurzen Zeiträumen zusagen, nur erst dann allgemein anwendbar sein werden, wenn der Sinn im Gebirg herrschend wird, der in der Liebe für das Gesammtwohl die Kraft und Lust für eigene kleine Entbehrungen findet. Die Waldungen besonders werden immerfort noch von den Hirten aus Unverstand und in fühlloser Selbstsucht da zerstört werden, wo ihre Erhaltung auch nur die kleinste Beschränkung der Weide fordert, die heute Genuß gibt, während jede Verordnung und jede Aufforderung für die Walderhaltung, für den Waldbau und für die Baumkultur, die erst in entfernterer Zeit Vortheil versprechen, dem Alpenbewohner lästig scheint.

Hier möge am Schlusse der Abhandlung über die Gebirgsverwilderung billig ein Wort über den Mangel des gemeinnützigen Sinnes und über die Industrielosigkeit einiger Hirtenvölker Platz finden, da diese Mängel in vielen Punkten zu der Verwilderung des Gebirgs im Verhältniß der Ursache zu der Wirkung stehen. Thatsachen werden auch hier am schicklichsten zur Einleitung dienen.

Unweit dem Brienzersee, auf einer Schutthalde von einem Bergfall der Vorzeit her, hatte vor etwa zwanzig Jahren einer der schönsten Buchwälder gestanden, dessen Eigenthum dem Staat, das Benutzungsrecht der Gemeinde am Fuß des Berghangs gehörte. Der Wald wurde in der Besorgniß, ihn für den Staatsbedarf fällen zu sehen, von der Gemeinde kahl niedergehauen und nach und nach der entblößte steile Abhang zur Schaf- und Ziegenweide bestimmt. Der erste Versuch von Waldkulturen, der je in diesem Gebirg gemacht worden, wurde nun hier von dem Forstamt vorgenommen und den Gemeindsgenossen in freundlichen Vorstellungen der Zweck der Anlage und ihre künftigen Vortheile auseinandergesetzt. Unten an dem Berghange wurden Kastanien, höher Eschen und Ahornen, noch höher Lärchtannen, und in den obersten Bezirken Arven ausgesäet. Kaum war die Saat vollendet, der Aufseher und die Arbeiter fern, so zog die Dorfjugend den Saaten zu und holte sich jubelnd, nicht ohne Beifalllächeln der Erwachsenen, die Kastanien- und Arvensamen zur Speise aus der Erde ... Die Ahornen gingen grünend wie ein Kleefeld auf und dienten bald den Ziegen- und Schafheerden der Gemeinde zur Fütterung. Von vielen tausend Stämmchen ist keines übrig geblieben. Die Eschen hatten das nämliche Schicksal; nur die Lärchtannen haben das Nagen überstanden und wachsen nun endlich, da sie dem Zahn der Ziegen entronnen, zum Erstaunen der alten und jungen Gemeindsbewohner, üppig in die Höhe.

Im Wangwald, der über Brienz das große Dorf vor Lawinen schützt, und seit Jahrhunderten den Bewohnern heilig, aber durch Alter, Windstürme und Beweidung gänzlich in Abgang gerathen ist, wurden Saaten von Lärchtannen auf den Blößen unternommen, die sich im Walde befinden. Da, der geheiligten Bestimmung des Waldes ungeachtet, die Dorfbewohner immer ihre Ziegen dahin zur Weide treiben, so wurde die Aussaat sorgfältig eingezäunt und der Wald, zu noch größerer Vorsorge, mit dem Weidbann belegt. Die Lärchtannen gingen hoffnungsvoll auf; aber das im Einschlag nun bald üppiger wachsende Gras war zu große Lockung. Die Zäunung wurde jedes Jahr wieder niedergerissen, so oft sie hergestellt war; der Wald, wie zuvor, mit Ziegen betrieben, die Lärchtannen verdorben. Nie ist ein Weidfrevel dem Richter angezeigt worden.

Der nutzbarste Baum des Alpengebirgs, der wichtigste, abgesehen auch von Holz und Früchten, ist ohne Zweifel die Arve. Ueberall sind Spuren, daß dieser Baum auf dem Gebirg zwischen Bern und Wallis in vorigen Zeiten häufig gewesen und grosse Wälder gebildet habe. Noch jetzt stehen auf den Oberhaslischen und Grindelwaldischen Gebirgen in Höhen von sechstausend Fuß Arven, die vier Fuß im Durchmesser halten und vielleicht tausend Jahre zählen. Kein Hirt des Hochgebirgs ist, bei dem dieser so seltene und zugleich so nützliche Baum nicht in hoher Achtung stände, und doch ist dem Verfasser, ungeachtet beständigen Nachforschens, kein Beispiel bekannt geworden, daß jemals ein Landmann des Hochgebirgs diesen Baum durch Saat zu vermehren gesucht hätte.

Was das Schicksal der ersten im Gebirg unternommenen Arvensaat gewesen, ist oben erzählt worden. Auf dem Grindelwaldischen Gebirg wurde der zweite Saatversuch gemacht, in mehrerer Hoffnung des Gedeihens, da jeder Hirt hier diesen Baum schätzt und Sorgfalt für die Saat erwartet wurde. Eine Blöße in Mitte der Itrammen-Alpenwaldungen wurde mit Arven und Lärchtannen, unter Aufsicht der obrigkeitlichen Bannwarte, angesäet und sorgfältig eingezäunt. Die obrigkeitlichen Förster oder Bannwarte hatten ungläubig bei der Saat den Kopf geschüttelt und mit einiger Zuversicht behauptet, daß die Arve nicht durch Samen fortgepflanzt werden könne. Ein Jahr hernach wurde dem Beamten, der die Saat befohlen, triumphirend angezeigt, daß kein einziges Korn, weder von Arven, noch von Lärchtannen, aufgegangen sei. Demungeachtet wurde die Erhaltung der Einfristung befohlen, im dem unangenehmen Gefühl vereitelter Hoffnung aber und in der Besorgniß, der Unwissenheit gegenüber verspottet zu stehen, etwas kleinmüthig die Besichtigung der mißglückten Saat verabsäumt. Zwei Jahre hernach wurde, als eine Reise ins Gebirg zufällig dahin geführt hatte, der Saatplatz untersucht. Die Einfristung fand sich zerrissen auf der Erde zerstreut, eine Menge Lärchtannen, die aufgegangen waren, verkrüppelt durch den Zahn des Viehes, und die jungen Arven von den Klauen der Kühe in den Boden gestampft; das Mehrste verdorben. — Zum dritten Mal wurde die Arvensaat versucht, aber zu diesem Zweck ein Stück einer Voralp von dem Eigenthümer gepachtet, und das Versprechen gegeben, bei sorgfältiger Hut der Arvensaat und fleißigem Unterhalt der Zäunung jährlich dem Eigenthümer und seinen Kindern Belohnungen zu geben. Die Arven sind gut aufgegangen, werden sorgfältig gepflegt und nach einigen Jahren den Landleuten zum Verpflanzen ausgetheilt werden.

Von der Lärchtanne, die auf einigen hohen Alpen noch höher, als auf andern die Arve vorkommt, und durch Ausdauer gegen Stürme und Lawinen und durch große Nutzbarkeit des Holzes und der Rinde sich empfiehlt, ist Aehnliches wie von der Arve zu bemerken. Die Esche und die Ulme (Fraxinus excelsior und Ulmus campestris), so wichtig durch die Blätterbenutzung für die Fütterung des Viehes, sind eben so wenig jemals, als die Arve, weder durch Saat, noch durch Pflanzung auf den hohen Alpen, von denen hier die Rede ist, vermehrt worden.

Nach einstimmigem Zeugniß der Hirten übertrifft kein Futterkraut der Alpen die Mutteren, das Adelgras, die Romeyen und den Thaumantel (Phellandrium mutellina, Plantago alpina, Poa alpina vivipara, Alchemilla vulgaris) an Nutzbarkeit auf hohen Alpenweiden. Diese Kräuter, besonders die Mutteren und das Adelgras, haben, wie oben bemerkt, den großen Vortheil, auf Bergrücken, von denen nach Zerstörung des Rasens die bessere Erdschicht verschwunden, in lauter Steingeriesel, das der Sonne nicht zu sehr ausgesetzt ist, zu wachsen. Nie aber hat auf den hohen Alpen, von denen hier die Rede ist, ein Landmann oder Hirt versucht, diese oder andere kostbare Weidepflanzen künstlich zu vermehren.

Es wird unnöthig sein, die Zahl dieser Thatsachen durch mehrere Beispiele zu vermehren, und die Folgerungen, die sich daraus ergeben, umständlicher auseinander zu setzen.

Die Ueberzeugung geht vorzüglich aus jenen Thatsachen und aus der Betrachtung der Kultur unsers Hochgebirgs und der Bildungsstufe seiner Bewohner hervor: daß Verordnungen der Regierungen nicht hinreichen können, bei diesen Hirtenvölkern den Geist der Gemeinnützigkeit zu schaffen, der nur von früher Jugend her durch Beispiel und Erziehung wieder geweckt werden kann. Dieser Geist, dessen Verlust wir beklagen, hat in frühern Zeiten die Gebirgsvölker beseelt; denn die Liebe des Vaterlandes ist eins mit ihm, da sie auf der Kraft des Entbehrens zum Vortheil des gemeinen Wohls beruht und jener Geist und diese Liebe gleich im Eigennutze untergeht.

Die Geschichte dieser Völker ist in ihrem Beginnen ihren Katarakten ähnlich gewesen. Die Begeisterung für die Freiheit hat sie erhoben, als rings um ihre Felsen die Nachbarvölker in Knechtschaft erniedrigt lagen. Bedürfnisse hatten sie wenig; die Berge gaben mehr als jetzt und mehr als sie bedurften; geringer war die Bevölkerung, die Ländereien weniger zerstückelt; die fremde Sitte, der fremde Dienst, die fremden Gelder, die Sklaverei des Luxus, die zuerst die Hauptstädte erniedrigt, waren noch nicht in diese Thäler gedrungen. Aber der Strom der glänzenden Geschichte ging bald in stillen Fluthen, und bald in regungslosem, stockendem Gewässer unter, auf dem im schweren Gang von zwei Jahrhunderten nur Wellen schlugen, wenn der Nachbar Goldklumpen hineinwarf oder von Rom her der Sirokko darüber wehte. Begeisterung für gemeines Wohl wurde nach und nach gefährlich; die Selbstsucht herrschend; einheimisch die Trägheit.

Wie sehr haben nun seither mit der Bevölkerung und mit den neuen Sitten die Bedürfnisse sich vermehrt, wie sehr durch Handelsdruck und durch die Zerstückelung der Ländereien die Hilfsmittel sich vermindert! Keine Begeisterung hebt mehr, wie in jenen Zeiten, und erweitert des Volkes Leben und Thätigkeit und in der wachsenden Armuth verderben die edeln Triebe. Die Bewegungen der Völker rings um unsere Felseninsel haben uns kaum berührt; ihre Kämpfe haben ihnen Uebung, neue Lebenskraft und Selbstgefühl, uns vielleicht den alten Schlummer wiedergebracht, den bei äusserm Frieden nur die größere Regsamkeit des innern Lebens in Kunst und Wissenschaft und in dem Anbau unsers Landes mit seinen bösen Folgen zu entfernen vermag.

Wie oft ist der Mangel an Industrie und Thätigkeit im vaterländischen Gebirg beklagt worden! Was aber ist Industrie, als Bildung durch Kenntnisse, Künste und Fertigkeiten in Thätigkeit auf Mittel des Erwerbs gerichtet? Wie können wir Industrie bei Völkerschaften zu erwecken hoffen, wo jene Bildung nicht vorhergegangen? wo dieser beklagenswerthe, der Schweiz unwürdige Zustand der Volksschulen seit Jahrhunderten unverbessert fortbesteht?

Kein heller, für das Gute reger Sinn des Regenten ersetzt den Mangel jener Bildung bei dem Volke. Jede, auch die weiseste Verwaltung steht schwankend auf die Spitze gestellt und schwach gegen den Andrang der Zeiten, wo sie nicht auf der Bildung und auf der Liebe zum gemeinen Wohl als breiter Unterlage ruht; und wenn auch ein Volk an den Gehorsam gewöhnt werden könnte, der aus der Furcht, nicht aus der Einsicht, hervorgeht, an die Ruhe, die nicht Gleichgewicht, sondern Abwesenheit der Kräfte ist: es würde dieses Volk die Empfänglichkeit für das Gute und die Fähigkeit der Begeisterung verlieren, ohne die es früher oder später ruhm- und achtungslos zu Grunde geht.

Jede Zeit hat ihren guten Geist, der in stufenweisen Entwickelungen das menschliche Geschlecht dem fernen Ziele näher führt. Auch wir wollen den Geist unserer Zeit segnen, der durch den Druck vergangener Jahre den Wunsch gesetzmäßiger Freiheit und das Licht der Wissenschaften uns gebracht, die, indem sie der Selbstsucht entgegenwirken, die Liebe des Vaterlandes zeugen und ernähren, die über Alles uns Bedürfniß ist, die allein dieses zertrümmerte Gebirg unter diesen Gletschern und Lawinen uns theuer und heilig machen kann.

Unsere Geschichtschreiber haben gesprochen; Pestalozzi hat unter uns gelebt; die Armenschule in Hofwyl steht unter unsern Augen gegründet......

Mit stillen Wünschen schließt der Verfasser.

Inhalts-Verzeichniß.

Seite

Seite

23

Verbesserungen.

Seite	Zeile	
11	1 u. 2 v. u.	statt „da-durch", l. da durch.
24	6	statt „Moosen", l. Mooren.
24	11	statt „von ihr", l. vor ihr.
29	12 v. u.	statt „Marschall Sylben", l. Marschall Sylden .....
42	11	hinter „würden." ist ein Absatz zu machen.
45	10	statt „Heinzen", l. Wiesen.
50	14	statt „hundert", l. tausend.
52	5	statt „nun", l. um.
65	16 v. u.	statt „Gotthardkette Feudoberg", l. Gotthardkette vom Feudoberg.
71	5	statt „horizental", l. horizontal.
72	4 v. u.	statt „die zwischen", l. die wie zwischen.
77	13	statt „daß", l. da.
78	16	statt „fortgesetzt", l. festgesetzt.
85		in der zweiten Note statt „von", l. vor.
94	4 v. u.	statt „nassem", l. feuchtem.
111	3	statt "Bergruine", l. Burgruine.
126	5	statt „langer" l. lange.
127	13	statt „etwas", l. etwa.
138	25	statt „Weidennutzung", l. Weidenutzung.
147	18	statt „über dem", l. über den.
150	4	statt „festes", l. fettes.
152	11 v. u.	statt „des Anbaus, nichts werth", l. des Anbaus nicht werth.
156	15 v. u.	statt „an den Lärchtannen, auf in einander gefügten Hölzern", l. an den Lärchtannen, aufeinander gefügten Hölzern.
158		erste Note statt „Kalkgrund", l. Talkgrund.
167	9	statt „die gepflanzten ein Jahr nach der Pflanzung", l. die gepflanzten nach der Pflanzung.
186	10	statt „sechs Fuß lange Stamm", l. sechs Fuß dicke Stamm.
196		Note statt „Daphnoidas bicolor?" l. Daphnoides, bicolor?
209	4	statt „Calafre", l. Talefre.
—	7	statt „nicht nachtheilig", l. nicht unbedingt nachtheilig.

Seite Zeile
213 2 statt „den Stand", l. den Rand.
214 10 v. u. statt „ruhig" l. rührig.
222 13 v. u. statt „gesäet", l. Getreide gesäet.
227 6 v. u. ist beizufügen: Die Rüben müssen dann aber erst im Frühjahr untergehackt werden, weil sie, im Herbst eingehackt, im Frühjahr wieder ausschlagen.
229 11. v. u. Der Frühhafer, der auf dem Klee ebenfalls ohne Dünger gesäet worden, gedeiht sehr schön.
230 7 v. u. Der wilde Klee blüht nur im Jahre der Saat später als der kultivierte Klee; das zweite Jahr blüht er früher und bildet dann eben so saftige und hohe Blätter.
233 7 Der Inkarnatklee hat auf dem Abendberg den Winter nicht ausgedauert.
239 7 statt „Spälpfluge", l. Schälpfluge.
242 12 statt „eben", sehen.
247 in der Note, statt „1500", l. 1000 bis 1500.
256 13 Es besteht im Handel ein günstiges Vorurtheil für die größern Käse, so daß sie leicht 10 Prozent mehr als die kleinern gelten.
264 5 statt „ist aus", l. ist ein aus.
266 1 statt „$163/100$", l. $168^{4}/100$.
267 7 v. u. Das hier angeführte Verhältniß des Milchzuckers gründet sich auf falsche Angaben des Kühers. Die folgende Berechnung wird der Wahrheit näher kommen: Die 60 Kühe geben wöchentlich 6720 Pfund Milch. Von 100 Pfund Milch bleiben 80 Pfund Schotten, also 5376 Pfund Schotten. Die 100 Pfund Schotten werden etwa 30 Maas betragen, von denen hundert 15 Pfund Zuckersand geben. Die obigen 5376 Pfund Schotten geben 242 Pfund Zuckersand, und 100 Pfund von diesem etwa 55 Pfund geläuterten Zucker; die obigen 242 Pfund Zuckersand geben mithin 133 Pfund geläuterten Milchzucker.
268 13 u. 14 v. u. statt „Zieger- und Schottenäquivalent", l. Ziegeräquivalent.
293 2 v. u. statt „der Rasen", l. und der Rasen.
305 11 v. u. l. erhöhte.

Ueberall wo „Nessenthal" steht, soll es heißen: Nesselthal.

I.

...abellen, von ... Berner Gewicht;

... Sammlers f...

... an Milch p... ...00 Krinnen Mi...	Täglicher Ertrag einer Kuh in Geld.	Art der ...

A.	Wäningen,	wie	4	—	13
G.	Grindel,	„	4	—	13
A.	Wäningen,	wie	4	—	13
G.	Grindel,	„	4	—	13
A.	Wäningen,	wie	—	—	—
G.	Grindel,	„	—	—	—
A.	Wäningen,	wie	—	—	—
G.	Grindel,	„	—	—	—

· nach den

her Ertrags- chschnitt von ner Kuh			Art der Milchverwendung.
lch.	in Geld.		
¹/₁₀₀	Bz.	Rp.	
84	7	9	Fette, weiche Käse nach Greyerz-Art erste Größe.
92	5	—	
83	5	8	
25	6	6	Wie oben zweite Größe.
94	5	6	
14	5	6	
71	4	6	
84	6	8	Wie oben dritte Größe.
71	4	3	
84	6	4	Wie oben vierte Größe.
71	4	1	
84	6	4	Fette, harte und kleine Käse.
71	4	1	

Bemerkungen

auf einer

Alpen-Reise

über den

Brünig, Bragel, Kirenzenberg,

und über die

Flüela, den Maloya und Splügen.

Von

Karl Kasthofer,

Oberförster, Mitglied der Gesellschaft der Schweizerischen Naturforscher, der Gemeinnützigen Schweizerischen Gesellschaft, der Oekonomischen des Kantons Bern, der Naturforschenden von Sankt Gallen, der Sachsen-Meinungschen Gesellschaft der Forstkunde; korrespondirendes Mitglied der Königl. Zentral-Ackerbau-Gesellschaft von Frankreich, der Kaiserl. Königl. Landwirthschafts-Gesellschaft von Steiermark, und des Landwirthschaftlichen Vereins von Baiern.

Bern, 1825.

Bei Chr. Albr. Jenni, Buchhändler.

Vorbericht.

So wie eine frühere Berufsreise über den Gotthard und Bernardin, und über die Furka und Grimsel zu den Bemerkungen Gelegenheit gegeben, die vor drei Jahren im Druck erschienen sind; eben so hat eine zweite Geschäftsreise nach den Bündenschen Gebirgen dem Verfasser Anlaß gegeben, Beobachtungen über die Natur der Thäler des östlichen Alpengebirgs, über die Landwirthschaft, die Sitten und die Geschichte ihrer Bewohner niederzuschreiben.

Auch diese Reise, die größtentheils im Sommer 1822 Statt gefunden, ist in Eile zurückgelegt worden, da ein Umkreis von beinahe zweihundert Stunden Weges in weniger als sechs Wochen hat durchlaufen werden müssen. Manches mag daher einseitig oder unvollständig untersucht, manches übersehen worden seyn, und bei der Redaktion dieser Schrift selbst haben so viele Geschäfte des Beamten, des Lehrers und des Landbesitzers Unterbrechungen verursacht, daß der Verfasser für Nachläßigkeiten, Lücken und Wiederholungen in seinem Vortrage sich die Nachsicht gebildeter Leser erbitten muß.

Wie in der vorigen Reisebeschreibung, so sind auch in dieser die landwirthschaftlichen Verhältnisse, auf denen der

Wohlstand und auch die Sittlichkeit der Bewohner unsers Hochgebirgs beruht, die Forstwirthschaft in ihren allgemeinen Beziehungen auf die Landeskultur, und die Möglichkeit des Anbau's und der Bewohnung oder der bessern Benutzung der hohen Alpenregionen, das vorzüglichste Ziel der Beobachtung und des Nachdenkens gewesen. Was in irgend einer, wenn auch entfernten Beziehung auf diese so wichtigen Gegenstände dem Verfasser zu stehen schien, das hofft er auch hier mit der Wärme für Gutes und Nützliches aufgenommen zu haben, die allein Gutes und Nützliches begründen kann; mit dem Streben nach Wahrheit, das so gerne den Irrthum in der eigenen Ansicht anerkennen, bei andern mit Erfolg bekämpfen möchte.

Nur Weniges wird hier als Uebersicht des Wesentlichen der gegenwärtigen Schrift, als Erläuterung des Inhalts und als Verständigung persönlicher Verhältnisse des Verfassers zu bemerken seyn.

Die erste Abtheilung, die Darstellung einiger Hauptursachen der Armuth des Berner Oberlandes, wird einer Erklärung mehr bedürfen, als die übrigen Abschnitte, die größtentheils als Fortsetzung und bestimmtere Auseinandersetzung derjenigen Ideen angesehen werden können, welche in dem Vorbericht zu der Reisebeschreibung über den Gotthard und Bernardin bezeichnet worden sind. Was die steigende Verarmung eines großen Theils sowohl der Schweiz überhaupt, als im Besondern des Kantons Bern ansieht, so ist sie eine so anerkannte Thatsache, daß die Regierung dieses Kantons in väterlicher Besorgniß die Aufdeckung der Ursachen derselben zum Gegenstand einer Preisfrage gemacht hat. So viel dem Verfasser bekannt, hat kein Bewohner des Oberländischen Gebirgslandes die Lösung der Aufgabe versucht, und nur die Schrift des, seinen Freunden und dem Vaterlande zu früh entrissenen Koch hat sich mit gründlicher Untersuchung des landwirthschaftlichen Zustandes des Hochlandes befaßt, um in diesem die Ursache der Armuth des Volkes nachzuweisen. Es sind diese landwirthschaftlichen Rücksichten besonders, welche der Verfasser, vielleicht vielseitiger als noch geschehen, darzustellen versucht hat, und für die er desto leichter sich die öffentliche Theilnahme zu gewinnen hoffen darf, da diese nämlichen Ursachen nicht nur im Bernerschen, sondern im ganzen übrigen Alpengebirge mehr oder weniger nachtheilig auf den Wohlstand des Volkes gewirkt haben, und diese Verhältnisse weder hinreichend erkannt, noch als Quelle der Verarmung und der Unsittlichkeit gehörig gewürdigt worden sind.

Wenn wir unbefangen den Quellen der Armuth, der Unwissenheit und der Unsittlichkeit unter den civilisirten Völkern, wenn wir den Ursachen der bürgerlichen Zerrüttungen unter ihnen nachforschen, so werden wir in letzter Auflösung erkennen, daß in dem Stand der Landwirthschaft, in der Art der Vertheilung der Ländereien, in den Rechtsverhältnissen, welche das Eigenthum und die Nutzung dieser Ländereien auf Jahrhunderte unauflöslich befestigt haben: daß in diesen Verhältnissen und in den Uebungen und Verordnungen, welche den freien Anbau des Landes beschränken, den freien Verkehr mit den Landeserzeugnissen binden, eine der größten Quellen der Armuth, des Elendes und der Verbrechen liegen. Was hat denn wohl das Volk Italiens seit vielen Jahrhunderten erniedrigt, den Fremden dienstbar, und den großen Garten, den es bewohnt, zum ewigen Schauplatz der Kämpfe fremder Eroberer gemacht? Es ist wohl weniger das Verhältniß kleiner Höfe zu den fremden Mächten, als das Verhältniß der Besitzer unermeßlicher Ländereien zu dem Landmann, der nirgendwo freier Eigenthümer des Landes ist, das er bebaut, und dem daher das Verhältniß zu den Landbesitzern beinahe Alles, das Verhältniß zu dem Vaterlande ein Begriff ohne Bedeutung ist. Was hat die Armuth, die langen Leiden, den Haß und das Blutvergießen unter die unglücklichen Irländer gebracht? Es ist nicht der Kultus und die Begünstigung der Protestanten allein, sondern es ist jenes landwirthschaftliche Verhältniß die grössere Quelle eines Elendes, das nur der einmüthige Wille, die Menschlichkeit und die Selbstüberwindung der grossen Landbesitzer von dem unglücklichen Volke abzuwenden vermöchte. Die frühern und die vor wenigen Jahren verübten Ermordungen der Protestanten in Frankreich, die Gräuel der Revolution und die gegenwärtigen Gräuel in Spanien: sie wären kaum geschehen, wenn der müßige Pöbel in den Städten, wenn der Pöbel, der sich in Faulheit vor den Thüren der Klöster nährt, auf den wüsten Ländereien des Adels und der Geistlichkeit sich hätte ansiedeln, und eigenes oder auf Erbpacht hingegebenes Land ungestört hätte verbessern und benutzen können. Und was hat denn endlich im Gegensatz mit jenen Ländern das wundervolle Aufblühen der Nordamerikaner bewirkt, als der freie Landbesitz, der freie Anbau und die freie Benutzung der Ländereien?

Glücklicherweise ist aus unserm Vaterlande das Lehensystem mit seinen traurigen Folgen verschwunden, und darum das Loos jener Völker von dieser Seite her für uns nicht zu besorgen: dennoch sind vielleicht die geringern Uebel, die aus unsern fehlerhaften landwirthschaftlichen Verhältnissen entspringen, nicht weniger beunruhigend, weil bei geringern Hülfsmitteln auch der geringere Grad der Armuth die grössern Uebel zur Folge hat. Im Emmenthal und im Oberlande des Kantons Bern sehen wir deutlich in einer Bevölkerung, die entweder ohne Landbesitz fast nur von Armensteuern lebt, oder zusammengedrängt auf zu kleinem urbaren Raum verarmt, den Anfang einer Volksnoth herbeigeführt, die im Süden Irlands auf verzweiflungsvollen Grad gestiegen ist; und wer bedenkt, wie viel schwerer in unsern Republiken die Abhülfe allgemeiner, im Leben des Volkes haftender Uebel als in Monarchien ist, der wird auch in diesem Umstand einen Grund zu Besorgnissen finden.

Bei aller Uebereinstimmung der Natur, des Bodens und

der Sitten in den Thälern des Berner Hochgebirgs, ist dennoch, wenn einzelne Thalschaften und selbst einzelne Gemeinden in den nämlichen Thälern mit einander verglichen werden, eine große Mannigfaltigkeit in dem ökonomischen Zustand, in dem Verhältniß des Anwachses der Bevölkerung, und in der Benutzungsweise der Alpweiden; so daß, wer das Armenwesen in seiner Tiefe und in seinem Umfange beschreiben wollte, auch alle jene Verhältnisse von Gemeinde zu Gemeinde seit entfernten Zeiten bis auf die heutigen aus einander setzen müßte. Eine solche Arbeit, die der Verfasser später vorzunehmen hofft, hätte mit der Form einer Reisebeschreibung sich nicht vertragen, und es ist daher, mit beständiger Berücksichtigung der landwirthschaftlichen Eigenheiten, nur in allgemeinen Zügen dargestellt worden, was auf das Ganze mehr oder weniger passend seyn mag. Dabei ist das Steigen der Bevölkerung bei fast gänzlichem Mangel der Industrie, die Zerstückelung der Ländereien, die bebaut und bewohnt sind, und der wüste Zustand der Alpenweiden oder ihre unvollkommene Benutzung — Thatsachen, die der Beurtheilung des Armenwesens vorangehen sollen — als bekannt vorausgesetzt.

Auf allen Wanderungen durch das Alpengebirg ist der Verfasser vorzüglich bemüht gewesen, Thatsachen in Erfahrung zu bringen, die seine Behauptung bekräftigen könnten: daß das Klima auf den Höhen unserer unbewohnten Bergrücken und Thalgründe einem bessern Anbau derselben nicht hinderlich sey, und daß unsere überfließende, in den mildern Thälern zusammengedrängte, müßige, verarmende und also unsittliche Bevölkerung in der Region der Voralpen und der Alpen sich ansiedeln könne. In dieser Absicht hat er die am höchsten liegenden Dörfer und die rauhsten unter den bewohnten Thälern am liebsten besucht; die Thäler am Inn und am Davoserstrom, die zwischen vier bis sechstausend Fuß über dem Meere liegen, haben am meisten ihn angezogen, und ihr Ackerbau, und ihre Viehzucht haben den Gegenstand ausführlicher Darstellungen in dieser Schrift gemacht. Wer noch zweifeln könnte, ob die Voralpen und ein Theil der Alpen der Berner bewohnt, und zum Theil angebaut werden könnten, ob auf denselben das Volk durch Landwirthschaft und Industrie sich nähren und wohlhabend werden könne; der besichtige jene beträchtlich höher liegenden Thäler und Dörfer im rhätischen Gebirg, wo schon zu Drusus Zeiten ein zahlreiches Volk sich durch die Landwirthschaft ernährte, und auch jezt, ohngeachtet der Sperrung seines Handels, durch Landwirthschaft und Industrie sich vor der Verarmung zu schützen weiß.

Viele Thatsachen, die in der Betrachtung der Engadinischen Landwirthschaft angeführt worden, sind dem Bündenschen ältern und neuern Sammler enthoben; Zeitschriften, die zuerst in der Schweiz durch vortreffliche Darstellungen auf die Nothwendigkeit der Verbesserung der Landeskultur im Schweizerischen Hochgebirg die Aufmerksamkeit rege zu machen, den Sinn für alles dem Vaterlande Nützliche zu erwecken gesucht haben. Mit welchem Erfolge das geschehen sey, erhellet aus der beklagenswerthen Erscheinung, daß der ältere ökonomische Sammler wegen Mangel an Absatz als Makulatur verkauft und zerrissen worden, daß der neue ökonomische Sammler für Bünden kaum noch in der Hauptstadt Chur zu finden ist, und daß im rhätischen Gebirg die Bemühungen der ausgezeichnetsten Männer Bündens die Verbesserung der Alpenwirthschaft noch um keinen Punkt weiter gebracht haben, als sie schon vor Jahrhunderten gewesen. Dick's, vor fünfzig Jahren von der ökonomischen Gesellschaft von Bern gekrönte, Preisschrift über die Verbesserung der Alpenwirthschaft im Bernergebirg hat eben so hier nicht die geringste nützliche Wirkung hervorgebracht, und ist wohl nie in den Oberländischen Thälern bekannt geworden. Diese und andere wenig tröstliche Erfahrungen hätten wohl den Verfasser in seinen Bestrebungen muthlos machen müssen, wenn nicht die Bedrängnisse der Zeit, der Anblick der steigenden Armuth in diesen Gebirgen, der Beifall seiner Mitbürger, und die Kenntniß eines großen Beispiels in dem entfernten Alpengebirg *), seine Beharrlichkeit in der Zeit gestärkt hätte, als der Schmerz nahe am Ziele vereitelter Hoffnungen am schwersten auf ihm lastete, da in der kurzen Frist eines Jahres der einzige Gehülfe **), und die Stütze seines ganzen Lebens ***) dem Verfasser entrissen wurden.

Wenn wirthschaftliche oder industrielle Unternehmungen, welche für den Wohlstand eines Landes wichtig zu werden versprechen, auf Ideen beruhen, die in der Wahrheit gegründet, von richtiger Beobachtung der Natur dieses Landes und seiner Bedürfnisse ausgegangen sind, dann werden — gleichviel ob während dem Leben des Unternehmers oder nach dessen Tode — diese Ideen sich früh oder spät verwirklichen. Sehr natürlich ist aber hier der Wunsch, daß ihm das Glück noch zu Theil werden möchte, begüterte und gebildete Alpbesitzer in irgend einem Theil des vaterländischen Gebirgs mit Eifer und Wärme für das Gemeinwohl, und mit Beharrlichkeit und Selbstverläugnung fortführen zu sehen, was er begonnen;

*) Seine Kaiserl. Hoheit, der Erzherzog Johann von Oesterreich, Präsident der Kaiserl. Königl. Landwirthschaftlichen Gesellschaft von Steyermark, dessen Name von den Freunden der Gebirgsnatur und der Wissenschaften verehrt wird, hat auf großen Besitzungen in den Steyermärkischen Alpen unter Leitung des Herrn Johann Zahlbruckner wichtige Kulturversuche anstellen lassen.

**) Friedrich Koch, gew. Rathsherr, der als Besitzer einer großen Alp im Simmenthal, ausgerüstet mit den schätzbarsten praktischen Kenntnissen in unserer Alpenwirthschaft, im Großen die Versuche anzustellen im Begriff war, die der Verfasser mit zu beschränkten Hülfsmitteln nicht vollführen konnte.

***) Rudolf Kasthofer, gew. Kanzler des Kantons Aargau, Bruder und Erzieher des Verfassers.

und möchte eine Armenschule, im Geiste derjenigen von Hofwyl und an der Linth, unter den Bewohnern dieses Hochgebirgs nach und nach jene Volksbildung bewirken können, welche eine durchgreifende Verbesserung ihres sittlichen und ökonomischen Zustandes begründen muß!

Die Darstellung des allgemeinen Verhältnisses der Forstwirthschaft zu der Landwirthschaft, welche im eilften Abschnitte dieser Schrift enthalten ist, wird Widersprüche erregen, die vorausgesehen, aber hier nicht beseitigt werden konnten. Offenbar haben die Wälder in den am meisten bevölkerten Europäischen Staaten für die Nationalökonomie bei Weitem nicht den Vortheil gebracht, den die ungeheure Ausdehnung des mit Holz bewachsenen, zum Theil sehr fruchtbaren Bodens hätte bringen können, und von mehrern Seiten haben wir in den neuesten Zeiten die Forstadministrationen wegen dieses Mißverhältnisses anfechten, und das einseitige Feststellen eines einzelnen Produktionszweiges rügen hören, der in der That nie selbständig, sondern in Unterordnung oder doch in größerer Harmonie mit den Forderungen der Landwirthschaft und der Volksökonomie angesehen und betrieben werden sollte. In der Schweiz zumal, wo im Verhältniß des angebauten Bodens die Bevölkerung größer, als in keinem andern Lande ist, wo ohnehin die Quellen und Hülfsmittel des Nationalwohlstandes geringer sind, wo die Natur und die Landwirthschaft, auf diese Natur gegründet, sich so sehr von der Natur anderer Länder unterscheidet: in der Schweiz besonders entsprechen die Wälder durch ihren Ertragwerth zu wenig unsern Nationalbedürfnissen. So wie die Schweiz in ihrer Landwirthschaft sich durchaus unterscheiden muß von andern benachbarten Staaten, so sollte ihre Forstwirthschaft sich unterscheiden von Deutscher und Französischer Forstwirthschaft, und zwar nicht nur in physikalischen, sondern auch in allgemeinen staatswirthschaftlichen, aus den Eigenheiten ihrer besondern Volksökonomie hervorgehenden Beziehungen. Der

Verfasser hat versucht, diese Grundzüge einer Nationalwirthschaft in einigen Umrissen zu entwerfen. Ein Volksbuch des Waldbau's für Schweizerische Landleute wird, wenn Leben und Gesundheit ihm vergönnt seyn werden, diese Grundzüge ausführlicher darstellen. Daß eine solche Forstwirthschaft, wie sie in dieser Schrift gedacht worden, nur unter Gebirgsbewohnern verwiklicht werden könnte, die gebildet und mit den wesentlichen Wahrheiten der Forstwirthschaft bekannt wären, und daß eine unüberlegte und voreilige Umwandlung der bisherigen Waldwirthschaft in die vorgeschlagene die größten Nachtheile bringen könnte, wird kaum nöthig zu erinnern seyn.

Was in der Vorrede zu der Reise über den Gotthard und Bernardin über die Höhebestimmungen durch das Barometer bemerkt worden ist, findet auch bei den Bestimmungen seine Anwendung, welche auf dieser Reise über den Splügen versucht worden. Die Berechnungen sind nach Benzenbergs Anleitung, und nach der in dieser Anleitung enthaltenen Logarithmentabelle gemacht worden. Die Höhe der Quecksilbersäule ist jedesmal nach dem Stande des freistehenden Thermometers korrigiert angegeben. Ein Freund des Verfassers *) hat das korrespondierende Barometer in Bern auf einem Standort beobachtet, der nach Vergleichungen mit dem Standort des Berner Observatoriums 1708 Fuß über das Meer erhöht ist. Auch auf dieser lezten Reise glaubt der Verfasser bemerkt zu haben, daß, wo zwei Standorte der Beobachtung durch hohe Gebirgsketten und große Entfernungen getrennt sind, die Veränderungen in dem Druck der Luft nicht immer gleichzeitig, und nicht immer an beiden Standorten fühlbar werden. Ein Unterschied von 200 Fuß in der absoluten Erhöhung zweier Orte hat indessen auf die Vege-

*) Herr Emanuel Fueter, der sich seit vielen Jahren durch sorgfältige metereologische Beobachtungen verdient gemacht.

tation keinen merklichen Einfluß, und da die Resultate der in dieser Schrift enthaltenen Höhenberechnungen mit den Berechnungen geübter und geschickter Beobachter nirgendwo um 200 Fuß abweichen, oft aber in Uebereinstimmung stehen, so können diese Bestimmungen mit einigem Zutrauen bekannt gemacht werden; sehr genaue Messungen konnten ohnehin weder im Zwecke des Verfassers noch in seinen Hülfsmitteln auf der schnellen Reise liegen.

Wer in der Landeskultur oder in örtlichen Einrichtungen Mängel zu erblicken glaubt, die nachtheilig auf das Volkswohl wirken, und dabei selbst thätig und eifrig diesen Mängeln abzuhelfen sucht, der setzt sich leicht dem Vorwurfe der Tadelsucht und der Liebe zu Neuerungen aus. In der That ist es nicht möglich über irgend eine Verbesserung zu sprechen, ohne die Fehler des Bestehenden anzudeuten; sonst könnte ja keine Verbesserung vorgeschlagen werden. Allein von irgend einer Regierung fordern, sie solle rasch und rücksichtslos verändern, was im Laufe von Jahrhunderten sich im Staate gebildet, und in das Leben eines ganzen Volkes, oder in das Daseyn eines Theils dieses Volkes eingewurzelt hat, das hieße sich großer Unklugheit und großer Ungerechtigkeit schuldig machen. Der menschliche Geist hat in den letzten fünfzig Jahren einen Schwung, eine Bildung und Richtung genommen, wie nie vorher, so lange als die Geschichte die Schicksale und Thaten der Völker niedergeschrieben. In diesen Gährungen und Reibungen der jüngsten Geschichtsepochen haben sich die Sitten, die Bedürfnisse, die Ansichten und Forderungen der Menschheit verändert, und der ganze Verkehr unter den Völkern muß nach dem Bruch der alten Axen den neuen Gesetzen der Bewegung folgen, die nie ein Gesetzgeber der Vorzeit gekannt. Aber die Armuth, die Rohheit, die Unsittlichkeit der heutigen Völker auf Rechnung der heutigen Staatsverwaltungen setzen, wäre eben so folgerecht, als Joseph dem Zweiten vorzuwerfen, daß zu seiner Zeit noch Klöster bestanden.

Namentlich wünscht der Verfasser sehnlich, daß nirgendwo ein ungerechter Vorwurf gegen die Regierung von Bern aus seinen Darstellungen hergeleitet werde. Die öffentlichen Anstalten Berns, die aus frühern Zeiten stammen, und im Bernerschen Oberlande namentlich das Werk des Kanderdurchbruchs und die Wasserdämme bei Meiringen und Unterseen beweisen, daß die alte Regierung von Bern eingesehen und ausgeführt hat, was damals das Bedürfniß des Volkes zu fordern schien, und daß sie nicht hinter dem guten Geiste der damaligen Zeit zurückgeblieben ist, da sie mehr für des Landes Wohlfahrt gethan, als größere und reichere Staaten ihres Zeitalters. Daß die gegenwärtige Regierung Berns eben so wenig hinter dem guten Geiste unserer Zeit zurückbleiben oder die heutigen Bedürfnisse des Volkes unbefriedigt lassen will, beweisen die Ermunterungen, die der Volksunterricht im Berner Oberlande in der jüngsten Zeit empfangen, und es beweisen dieß die kostbaren und schönen Straßenbauten gegen den Gotthard und im Simmenthal, die Wasserbauten an der Aare und im Seeland, und die zahlreichen Versuche, die Industrie in dem Gebirge aufzumuntern. Wenn endlich die Verfassung des alten Berns neben so vielem unläugbaren Guten die so nachtheilige Folge gehabt hat, die Geistesthätigkeit der Bewohner der Landschaften und der kleinern Landstädte zu lähmen, so hat dieses nur aus den Ergebnissen von Jahrhunderten, und nur durch die Ereignisse unserer Zeit sichtbar werden können, und die Verbesserungen in der Verfassung und den Gesetzbüchern, die wir unserer Regierung verdanken, streben zuverläßig auch von ihrer Seite dahin, jene Folgen nach und nach auszurotten, und uns für die Zukunft davor sicher zu stellen.

Schließend soll der Verfasser noch den Herren Landammännern Hans Hitz und Baptista von Salis-Soglio, seinen Begleitern auf einem großen Theil seiner Reise, welchen er so vielen Genuß der Freundschaft und so manche

Belehrung schuldig ist, hier seinen herzlichen Dank bezeugen. Mögen beide treffliche Männer in ihren gemeinnützigen Bemühungen für Bünden nie ermüden, und der Dank ihrer Mitbürger sie lohnen für alle Opfer, die sie schon dem Vaterlande gebracht!

Unterseen, den 15. Brachmonat 1825.

Ankündigung.

Die in frühern Zeiten eröffnete Lehranstalt für Schweizerische Forstwirthschaft hat wegen unerwarteten Hindernissen keinen Fortgang nehmen können. Seitherige Erfahrungen haben mich überzeugt, daß, da die mehrsten und größten Wälder der Schweiz in den Händen von Gemeinheiten und Partikularen sind, der Mangel an Kenntniß der wesentlichsten praktischen Wahrheiten der Forstwirthschaft, sowohl bei den Gemeindsverwaltungen und Aufsehern der Gemeindswälder, als bei den Privatwaldbesitzern, die Ursache des geringen Ertragwerths und des schlechten Zustandes der mehrsten Waldungen in unserm Vaterlande sey. Diesem Bedürfniß abzuhelfen, so viel in seinen Kräften steht, erbietet sich der Unterschriebene, in viermonatlichen Kursen vom Weinmonat bis im Hornung, oder von da bis im Maimonat, Landbesitzern, die zugleich Waldbesitzer sind, oder Aufsehern von Gemeindswäldern, welche von Gemeindsbehörden dazu ausersehen werden sollten, die wesentlichsten Lehren der praktischen Forstwirthschaft vorzüglich in Bezug auf die Landwirthschaft privatim vorzutragen, und auf kleinen Waldreisen anschaulich zu machen. Nähere Auskunft über diese Lehrkurse, wenn sie in frankirten Briefen von mir verlangt wird, bin ich jederzeit zu ertheilen bereit.

Unterseen, den 22. Juni 1826.

Kasthofer,
Oberförster.

1.

Brienz. Das Oberland.

Lage von Brienz. Gesang. Volkslieder. Volksfeste. Gymnastik, als Grundlage der Militärübungen. Landwirthschaftliche Verhältnisse von Brienz und vom Berner-Oberland. Verschuldung. Hypothekenwesen. Armen-Gesetze. Armen-Spitäler. Kolonien auf Voralpen und Alpen. Schafzucht. Die Wälder, als Hülfsmittel der Landwirthschaft. Cachemir-Ziegen. Handelsdruck. Niederlassungen industrieloser Fremder. Armenpflege.

Nicht leicht wird ein Reisender die Ufer des See's bei Brienz betreten, ohne mit Wohlgefallen den Blick auf den Umgebungen des Dorfes und auf der Fernsicht ruhen zu lassen, die von dem neuen Wirthshause bei Tracht, dem gewöhnlichen Landungsplatz, in allen Schattirungen von dem Anmuthigen zum Erhabenen sich darbietet. Im Abendlichte besonders, wenn die fernen Eisgebirge des Oberhasle's an den Marchen von Unterwalden und Uri über dem schwarzen Rand des Ballenbergs und anderer waldichter Vorgebirge vergoldet erscheinen; wenn in stillem Lichte der See leuchtet, und jenseits aus dem Dunkel des Fichtenwaldes der weiße Schaum des stürzenden Gießbachs mit der glühenden Wasserfläche verschmilzt; wenn aus den vorübergleitenden Schiffchen Gesänge ertönen, und Bilder des Frohsinns und der Unschuld sich traulich nähern, aus manchem sinnvollen Auge und aus den regen zarten Zügen einer muntern Jugend ein schöneres Leben sich zu spiegeln scheint: dann steigt der Wunsch, hier länger zu verweilen, in der bewegten Seele des Wanderers auf, der selten ohne Rückblick auf das reizende Gemälde, und selten ohne anziehende Erinnerungen Brienz verlassen wird.

So wie jenseits Tracht die einförmigen Berge des See-Gestades mannigfaltigere Formen zeigen, und in dem weiten Thale, das die Aare durchströmt, die Gegend in Milde sich zu ändern scheint: so steht auch das Völkchen in Brienz eigenthümlich in seinem Karakter, der durch mehrere Sanftheit, Frohsinn und Offenheit von dem derbern, oft unfreundlichen, bisweilen auf Trotz und Verschlossenheit deutenden Wesen des Oberhaslers sich abzuschneiden scheint. Auch die eigenthümlichen Sprachlaute des Brienzers bilden mit den Accenten des benachbarten Oberhaslers auffallende Kontraste. Die Aussprache des Brienzers ist sanft gedehnt, oft singend, und auf die Bildung der Stimmorgane muß diese Aussprache vortheilhaft wirken, da seit langer Zeit die Brienzer sich immer durch schöne Singstimmen ausgezeichnet haben, und der Gesang der Mädchen von Brienz besonders berühmt geworden ist. Im Dorfe Iseltwald gegenüber Brienz, am jenseitigen See-Ufer, ist die Aussprache rauher als in Brienz, und so auch in den nahen Dörfern Ebligen, Hoffstetten, Schwanden und Wyler, und in diesen Dörfern sowohl als im Oberhasle ist eine schöne Singstimme unter die Seltenheiten zu rechnen.

Wie schade, daß nirgendwo in diesen Gebirgsdörfern der Gesang, der in Harmonie mit der Lebensart dieses Volks und mit der idyllischen Natur seines Landes zu fließen scheint, so wenig in den Schulen des Volkes gelernt, so wenig überhaupt veredelt wird! Ein französisches Sprichwort sagt: traue dem Menschen der lacht! *) und wenn unter dem Lachen der Ausdruck reiner Freude verstanden wird, so ist das Sprichwort gewiß aus tiefer Menschenkenntniß geschöpft. Aber noch mit mehrerem Rechte könnten wir sagen: traue dem Menschen der singt, wenn aus seinem Gesange die harmlose Zufriedenheit spricht! Freilich kann nur aus reinem Gemüthe diese Zufriedenheit, dieser Gesang hervorgehen; aber wenn jene

*) Un homme, qui rit, ne sera jamais dangereux.

auf diesen wirkt, so wirkt umgekehrt dieser auch auf jene, und wo ein Volk zum Gesang gewöhnt werden kann, da wird es zufrieden, da wird es besser werden. Der gute König Heinrich, der jedem seiner Bauern ein Huhn in die Schüssel wünschte, hat diese Wahrheit gewiß empfunden, der große Ludwig seinen hungernden Bauern die leeren Schüsseln weder füllen, noch troz aller Machtvollkommenheit sie zum Singen bringen können.

Warum denn nur im Dorfe Brienz die schönen Stimmen sich finden, und in den Dörfern rings herum so selten gehört werden? Auch in den Simmenthälern wird selten und noch seltner schön gesungen, und unter Thun und Bern, im ganzen nördlichen Theil des Kantons Bern, wird die Aussprache immer rauher, und wenn jemal mitunter hier Gesänge ertönen, so sind sie schleppend, ohne Leben noch Wohllaut, und die Nasen der Singenden behaupten wie der Mund das Recht gehört zu werden. Wenn es schwer ist, diesen Erscheinungen auf den Grund zu kommen, so ist es vielleicht leichter Gründe anzugeben, warum denn bei den Völkerschaften der Schweiz und besonders des Hochgebirgs so wenig eigentliche Nationalgesänge gehört werden. *) Im deutschen Berner-Gebiet hat das Volk in dem verflossenen Jahrhunderte wohl nichts als Psalmen und einige langweilige Liebeslieder gesungen: noch jezt stemmen sich viele Gemeinden im Oberland gegen die Einführung des Gesanges der Gellertschen Lieder, die in andern Gemeinden vor nicht gar langer Zeit mit Mühe neben den Psalmenbüchern einen Plaz

*) Der frömmelnde, harte Fanatismus, der auf die Reformation folgte, erklärt Vieles. Wie im Sanenthal die Volksfreuden, Volksgesänge und Volksspiele mit Strick, Schwert und Feuer bedrohet wurden, darüber geben uns von Bonstettens Schriften, und über den ebendahin zielenden Fanatismus der Genferischen Geistlichkeit, giebt Simonds Reisebeschreibung betrübendes Licht.

1 *

gewannen. *) Lieder aus der alten Heldengeschichte der Schweizer sind erstorben. Von Lavaters Schweizerliedern, die der traurigen Leerheit abzuhelfen gesucht, wird nur das Tellenlied bisweilen abgesungen. Einige Tiroler Liebeslieder, und neuere dieser Art in Fülle, haben die kleine Zahl der Volksgesänge dürftig vermehrt, und wer mit Geld und Wein die Freude gehörig bezahlt, hört in Unterseen und Brienz mit süßer Täuschung Lieder von Hölty, Schiller und Körner von spekulirenden, schönen Mädchen singen. Wyßen's schönes Lied: „Heil dir Helvetia rc.", will hier herum nicht Volkslied werden, während das ältere schwesterliche Lied mit der nämlichen Melodie, die jenes von ihm geborgt, aber mit weniger poetischer Kraft, als Volksgesang in England bei jedem Erguß der Freude ertönt, und vaterländische Gesinnungen weckt, und nährt, und steigert. Dagegen ist Kuhn's Lied des Kilters sogleich nach seinem Erscheinen Volkslied im Berner-Oberland geworden, und wird es bleiben, weil es eine, wenn auch nicht löbliche, Volkssitte angesprochen. Hat doch selbst der Zauber der Töne wie bekannt auf gefangene Elephanten gewirkt; warum sollte denn nicht die Musik im Volk edlere Triebe in's Leben rufen können. **) Aber kaum werden historische Gesänge hier Volksgesänge werden, bis dieses Volk die vergessene Geschichte seiner Altvordern in ihren schönsten und folgenreichsten Momenten kennen und würdigen lernt.

An den zwei Hirtenfesten, die bei Unspunnen von vaterländisch fühlenden Männern dem Volke dieses Gebirgs gegeben

---

*) Vor einigen Jahren wurde ein Pfarrer im Berner-Oberland vor seiner Gemeinde ausgehöhnt, weil er versucht hatte, am Neujahrstage statt der Psalmen in der Kirche die Gellertschen Lieder von den Schulkindern absingen zu lassen.

**) Im Dorfe Frutigen ist in der neusten Zeit eine Singschule durch die Bemühungen verdienter Geistlicher errichtet worden, die nicht nur durch Entwicklung der Kunstanlagen der Jugend, sondern auch auf ihre Sittlichkeit sehr wohlthätig wirkt.

wurden, sind die besten Sänger und Sängerinnen vor der frohen theilnehmenden Menge der Zuschauer bekränzt worden. Daß doch solche Feste öfter und regelmäßig in weniger langen Zwischenräumen der Zeit wiederkehren, und daß der Saame, den sie ausstreuten, auf besser bereitetes, fruchtbareres Erdreich fallen könnte! Jedes Volksfest, das zum Zweck oder zur Folge hat, Sitten des Volks wieder zu wecken und zu beleben, die, entsprungen aus Eigenthümlichkeit und Geschichte, im Lauf der Zeiten, und unter fremdartigen Einwirkungen zu verschwinden drohen; jedes solche Fest muß vortheilhaft auf die Moralität eines Volkes wirken, nicht nur darum, weil Sitten und Sittlichkeit nicht ohne Wechselwirkung gedacht werden können; noch mehr darum, weil solche Feste das so beschränkte Dorf- und Thalleben vereinzelter Bergbewohner unterbrechen, weil der Einzelne, aus dem engen Bande der Selbstsucht gehoben, sich als Theil des Ganzen, dem Ganzen sich verwandt fühlt; und wo das Fest geregelte Leibesübungen und die Erinnerung an große und edle Thaten der Väter in bildlichen Darstellungen in seine Feier aufnehmen würde, da müßte allmälig wohl die rohe Lust an den geistlosen Spielen, die Gier nach Trunk und Befriedigung thierischer Triebe sich mindern. Die Dorfeten auf unsern Alpen erfreuen den Zuschauer wohl, der in dem frohen Leben der kräftigen Jugend ein Volk erblickt, das immerhin in seiner Art so glücklich ist, und welcher Schweizer, welcher Fremde, der Zeuge war, wie unter der Gewalt und unter Druck so viele Völker seufzen oder kriechen, wird ohne Wonne das freudige, freiere Volksleben auf unsern Bergen schauen? Aber wenn wir dieser Freude unsers Volks uns auch freuen, sollen wir darum weniger wünschen, daß sie höher und edler werden möchte? Was ist denn die fast alleinige Würze dieser Dorfeten? Es ist Wein und Tanz. Was ist die Würze unserer militärischen Musterungen? Es ist Wein und Tanz! — Die Griechen hatten ihre olympischen Spiele; sie, das kleine Volk, hatten

Perser zu bekämpfen, wie die alten Schweitzer Oesterreicher und Franzosen bekämpften; sie, ein Bundesstaat wie wir, schwach wie Bundesstaaten sind, fanden Stärke in jenen Spielen und in der Gesinnung, die diese Spiele ordnete. Wir kennen diesen Geist aus ihrer Geschichte, aus den Büchern ihrer Weisen und Helden; warum denn kann kein ähnlicher Geist uns durchdringen!

Eine wahrhaft väterliche Preisfrage der Regierung des Kantons Bern hat Licht gesucht über die Ursachen der steigenden Armuth unter unserm Volke, die so sichtbar sich unsern Augen darstellt, und unter den Ursachen der steigenden Armuth hat Mancher den Hang zum Trunk, den Verlust der Einfachheit und Reinheit der Sitten, die Entweihung der Sonn- und Feiertage durch wildes, wüstes Leben genannt, und wahr mag immer diese Ansicht seyn, wenn auch oft von den Hirten das Zeichen der Krankheit, die in der Heerde wüthet, irrig für die Krankheit selbst gehalten wird. Ist denn wirklich die Entweihung der religiösen Feiertage immer Ursache, ist sie nicht meistens Zeichen schon vorhandener Unsittlichkeit? Und wenn es irgend einer Staatspolizei gelingen sollte, das ganze Volk an den Sonntagen so ruhig zu halten wie Trappisten, wenn sie ihr Grab graben; wenn die Wirthshäuser an solchen Tagen, und alle Weinfässer und wüste Häuser zu Stadt und Land versiegelt wären: würde wohl dann dieses so ruhig gewöhnte Volk in dieser Ruhe fromm, mäßig und keusch seyn? Um Gotteswillen, liebe junge Leute! sprach im Eifer ein frommer, in der Gemeinde beliebter Pfarrer, zu dem jungen Volke, das nach der Predigt die gewohnten wilden Spiele beginnen wollte; um Gotteswillen, denket doch an die Heiligkeit des Tages, denket doch an euer Seelenheil! Ach lieber Herr, entgegnete ein muntrer, offner Junge aus dem Haufen, Euch zu Gefallen würden wir ja gern den ganzen Tag stille sitzen, und sitzend denken, wenn wir nur wüßten, was! Wir sterben vor Langeweile, wenn wir nicht trinken und nicht tanzen dürfen!

Ein altes Sprichwort hat den Müßiggang den Vater aller Laster genannt; aber des bösen Vaters bösern Kindes, der Langeweile nicht gedacht, und diese ist es doch, die Schuld an so mancher Sünde der Verschwendung, und des unmäßigen bloß sinnlichen Genusses, und eine der vielen Ursachen der Verarmung des Volkes ist. Das beste Mittel, daß das Volk nichts Böses lerne, ist nicht, wenn es nichts, sondern wenn es Gutes und Nützliches lernt. Ein gut gedüngter, lange rein gehaltener Acker, auf den nur ein Jahr lang keine nützlichen Pflanzen gesäet werden, wird bald mit Disteln und Dornen überwachsen; so auch unter einem gesunden, aber müßigen und unwissenden Volk wuchert üppig das Laster. Volksspiele und Volksfeste, die den Körper entwickelten und stärkten, und die Kräfte der Seele zu höherer Wirksamkeit erregten; Volksfeste, denen eine begeisternde Idee in der vaterländischen Geschichte zum Grunde läge, und in jedem Thale dieses Gebirgs gymnastische Uebungen, in Harmonie mit jener Idee gesetzt, müßten die Gier nach thierischen Genüssen mäßigen, das Volk nüchterner, und also reicher machen.

Die Behauptung, daß vaterländische Volksspiele und Feste in jenem Geiste, daß gymnastische Uebungen, die zur Volkssitte geworden, der Armuth entgegenwirken; diese Behauptung kann nicht auffallen, wenn die tiefer liegenden Ursachen der Verarmung unserer Gebirgsvölker ergründet werden. Unsere Produktion und unser Handel leiden jetzt gewiß nicht bloß deßwegen, weil unsere Nachbarn mit Mauthlinien uns umgeben, weil der alte Irrthum der Staatsbilanzen, der in dem Flor des Nachbarlandes den Feind des eigenen erblickt, in Frankreich und in Oesterreich allmächtig geworden; sondern unser Nationalwohlstand leidet wohl auch deswegen, weil die Fremden uns nicht mehr sehen, wie unsere Väter waren, nicht mehr in festem Vertrauen und trotzend auf die Stärke und das vaterländische Leben unseres Volkes, nicht mehr wie sonst kriegslustig, zum Krieg geübt, nicht mehr bereit, sogar für die Ehre unserer Plappart-Münzen auszuziehen! *)

Zwar haben verdienstvolle Männer die Feier von Hirtenfesten in diesen Bergen begonnen, an denen, was von alter Gymnastik unter dem Volke noch übrig war, belebt und ermuntert werden sollte; Andere haben in der Hauptstadt der Jugend die Lust an körperliche Uebungen einzuflößen gesucht; haben in Laupen das Vaterland und die Zeit und die Ursachen seiner Größe festlich wieder in Erinnerung gebracht; diesen und auch jenen Schweizern danken wir, die in regem Eifer, Wissenschaft und Kunst zu erhöhen, und für das gemeinsame Vaterland fruchtbringend zu machen, Schweizer aus allen Gauen zu freundlicher Genossenschaft (den Vorstehern der Kantone zum schönen Vorbilde der Harmonie) vereinigt haben, und was seit Jahrhunderten nie hätte versäumt werden sollen, das haben wir in den letzten Jahren mit freudigen Hoffnungen für die Zukunft gesehen: — die Waffenübungen von vereinten Schaaren der Kantone nämlich, und die Vereinigungen der Offiziere, die nicht das enge Band der Kantone, sondern das größere, erhebende und stärkende Band der Eidgenossenschaft zusammenhielt. Aber noch haben wir bei diesem Wiederaufleben der Volksfeste nicht versucht, die Gymnastik, die den Städter stark und männlich macht, und der müßigen, entnervenden Empfindelei, den geisttödtenden Lüsten entreißt, auch in das Leben des Volkes, in seine Spiele, in seine Waffenübungen einzuführen.

In der Zeit unserer Größe, als gegen die fremden Heere für die Freiheit gekämpft und gesiegt wurde, waren Schriftsteller selten; mehr in den Sagen als in den Schriften

---

*) Zu Konstanz weigerte sich ein Konstanzer-Herr von einem Luzerner einen Berner-Plappart anzunehmen, und nannte die Münze verächtlich einen Kuh-Plappart. Da brachen viertausend Eidgenossen, den Schimpf zu rächen, gegen Konstanz auf.

pflanzte sich die Erinnerung an jene Thaten unter dem Landvolke auf die Enkel fort, bis diese auf den Lorbeeren der Väter in langem Winterschlaf der verflossenen zwei Jahrhunderte sie ganz vergaßen. In den alten Chroniken jener Zeit des Wachens und der Kämpfe werden einfach, nur in allgemeinen Zügen, diese Kämpfe erzählt; aber sie verschweigen, als wenn von Bekanntem langweilig zu sprechen wäre, welche Kriegsordnung in allen Einzelnheiten die Schaaren zusammenhielt, wie für Stoß und Widerstand sie sich bewegten, wie vom Heerführer bis auf den Troßbuben hinab, an der Leiter des Rangs, die Befehle herunterliefen, und den Gehorsam in Einheit regelten; und sie gedenken eben so wenig der Kriegsmaschinen oder der Verhältnisse der Waffenarten, noch der kriegerischen Volksübungen und der Waffenspiele in der Zeit der Rast oder des kurzen Friedens. In heutiger Zeit, wo eigne und die harten Schicksale benachbarter Völker uns besorgt für das gemacht, was wir zu verlieren hatten, hat unser Wehrstand sich verbessert, aber diese Verbesserungen ruhen immer noch nicht auf der Grundlage die unsere Kriegsgeschichte, die Eigenthümlichkeit unsers Volks und seines Bodens fordert. Unsere Musterungen, unsere Uebungslager und unsere Kasernen zeichnen sich nicht so von österreichischen oder französischen aus, wie unser Volk sich von Oesterreichern und Franzosen auszeichnen soll. All unser Bestreben beinahe scheint dahin zu gehen, unsern Wehrstand zu bilden, wie jene ihn für sich und ihre Kriege bilden. Nimmermehr aber werden wir mit Erfolg jene Feinde mit ihren Waffen, mit ihren Kriegsordnungen bekämpfen, weil nie Milizen so mechanisch vollkommen wie stehende Truppen eingeübt werden können, noch jemal die Anzahl unserer Streiter der Menge österreichischer und französischer gleichkommen kann. *) Nur

*) Siehe die trefflichen Betrachtungen des Obersten Koch über nationale Bewaffnung und nationale Kriegseinrichtungen. Bern,

Schweizerische Volksfeste, die den Geist bilden könnten, der die Altvordern zum Siege geführt, den Geist, der den fremden Heeren nicht inwohnen kann; nur eine Gymnastik, passend auf die Natur des Landes, verwandt mit alter Sitte, hervorgehend aus dem ursprünglichen reinen, von allem Fremden geschiedenen Volkskarakter; nur eine solche Gymnastik sollte zur Grundlage unserer kriegerischen Uebungen und Einrichtungen dienen.

Daß wir doch in jedem Dorfe unsers Gebirges, an Festtagen und nach dem Gottesdienst, Chöre von Sängern und Sängerinnen vaterländischer Thaten und vaterländischer Natur hören möchten! daß wir die Jünglinge an Tagen der Muße, an Sonntagen und an Volksfesten in jedem Thale im Wetteifer kriegerischer Uebungen erblicken könnten! Schwingen, bewaffnet klettern, wettlaufen über steile Felsen und Gebirgshänge, springen über Schründe und Gräben mit angehängten Waffen; Steinstoßen und Steinwerfen; Uebung in jeder Art der Schuß- und Stich- und Hiebwaffen, und dann die Volksfeste, die regelmäßig jedes Schweizerherz belebend wiederkehrten; Volksfeste, die jenen Uebungen vor der frohen Menge des Volkes Kränze, Ehrenzeichen und Ehrenwaffen bieten würden: — — — so, nur so, nicht in unsern Kasernen, nicht auf seelenlosen Musterungen können schweizerische Krieger gebildet werden; nur so können wir hoffen, den wüsten Volkslüsten, den rohen unsittlichen Ausschweifungen, dem wilden Trunk und Tanz, dem tiefern Versinken des öffentlichen Geistes entgegen zu wirken.

Wo der Geist des Volkes brach liegt, da ist die Unsittlichkeit, und, wo diese steigt, da wird die Armuth nicht fern seyn, wenn gleich in der Unsittlichkeit nur eine der vielen Quellen der Verarmung liegt.

bei Walthard, 1823; und Raoul Rochette's Betrachtungen im letzten Briefe seiner Reisebeschreibung.

Eine umständlichere Darstellung der ökonomischen und landwirthschaftlichen Verhältnisse der großen Dorfschaft Brienz wird über den wichtigen Gegenstand vielleicht noch einiges Licht verbreiten, da, was in Brienz den Wohlstand hindert, die Armuth vermehrt, wegen ähnlichen Verhältnissen auch in einem großen Theil des Schweizerischen, und besonders des Bernischen Hochgebirgs die nämlichen Wirkungen hervorbringt.

Bei fünfzehnhundert Menschen bewohnen das Dorf. Die dazu gehörenden Wiesen liegen auf dem schmalen Erdstrich, der fünf Viertelstunden lang sich am Seeufer hinzieht, und allmälig steigend gegen die steilen Abstürze der Planalp und der Rotschalp gegen die Vorsassen oder Voralpen der Brienzer sich verlieren. Dem Nordwind ist beinahe der Zugang verschlossen, und die Abhänge, alte Schuttkegel der kalkartigen Felsen, die mit fruchtbarem Erdreich gegen Mittag fallen, fassen die Sonnenstrahlen fast senkrecht auf. Der Nußbaum wächst da mit seltner Ueppigkeit; einzelne Buchsbäume und einige Feigenbäume, die unbedeckt harte Winter ausgedauert, bezeugen die milde Temperatur. *) Alte Männer sprechen von einem alten Kastanienbaum, der unweit dem Ballenberge lange Zeit gute Früchte getragen. Mandelbäume würden da vorzüglich gedeihen, und ohne Zweifel auch die Seidenzucht: doch ist hier noch nie jener nützliche Baum, und noch nie der weiße Maulbeerbaum gepflanzt worden. **)

---

*) Die Temperatur nur wenig von einander entfernter Gegenden zeigt in unsern Thälern oft eine sehr große Verschiedenheit. So liegt, z. B., Gsteig auf der nämlichen Horizontalfläche des Thales mit Unterseen, und im Winter von 1822 — 23 war hier der niedrigste Stand des Reaumürschen Thermometers = — 8°, in Gsteig = — 10½, in Bern zu gleicher Zeit = — 16°. Wie wichtige Folgerungen würden sich aus dieser Erscheinung für die landwirthschaftliche Produktion ergeben!

**) Eine der edelmüthigsten Frauen, die in Bern so viele menschenfreundliche Anstalten in stiller Wirksamkeit gegründet, hat bei

Keine Wiesen werden aufgebrochen; Lebensmittel und Webepflanzen werden nur auf der Allmend gepflanzt, wo das Dorf Kienholz durch Erdbrüche verschwunden, und das öde Gestein durch aufgetragenen Flußschlamm fruchtbar gemacht worden.

Auf den Voralpen der Brienzer, auf denen eben so wenig als auf den tiefern Wiesen Aufbrüche statt finden, hat die Frühjahrsweide Platz, dann folgt die Heuärnte, und endlich noch die Herbstweide als dritte Nutzung. Alles Heu, das in den Scheunen der Voralpen eingelegt wird, dient nebst dem Heu der Wiesen zur Fütterung des Viehes im Winterhalbjahr. Die nächsten Voralpen auf der Seite der Planalp liegen eine Stunde hoch über dem Dorfe, die entfernteren sind jenseits des See's, zum Theil zwei Stunden weit von Brienz, hoch über den Stürzen des Gießbachs, in einem abgelegenen, lachenden Thale, das dieser Strom durchfließt, zum Theil auf den Felsterrassen der Axalp und auf den Felsen, die das Becken des See's einschließen. Alle Tage nun schiffen nach der Mittagsstunde die Besitzer der Voralpen, ihre Söhne, Töchter, Mägde oder Knechte bei jeden Witterung über den See, legen den eine starke Stunde langen Weg vom Ufer hinweg nach dem Gießbachthal zurück, füttern und melken ihr Vieh, bringen die Nacht in den kleinen Hütten? ihrer Voralpen zu, füttern und melken bei Tagesanbruch, und tragen die Milch den nämlichen Weg über den See nach dem Dorfe. Nach Mittag kehren sie wieder nach den Vor-

Interlachen weiße Maulbeerbäume pflanzen lassen, und mit gutem Erfolg die Seidenzucht in Gang gebracht. — Bei diesem Anlasse machen wir uns auch ein Vergnügen daraus, zu bemerken, daß neulich in Gsteig eine Näh- und Spitzen-Schule für Mädchen entstanden ist, wozu die Regierung und ein, durch seine Wohlthätigkeit allgemein bekanntes, Mitglied derselben bedeutend beygesteuert haben. Durch die unermüdete Thätigkeit und Sorgfalt des gegenwärtigen Hhrn. Ober-Amtmanns und einiger benachbarten Pfarrherren scheint dieselbe recht gut zu gedeihen.

alpen zurück, um da mit dem nämlichen Zeitaufwande das kleine Geschäft mit so vieler Mühe wieder anzufangen, bis das eingesammelte Heu verfüttert ist. So wird auch auf den übrigen Voralpen das Heu, wenn nicht mit so großem, doch immer mit großem Zeitverlust benutzt.

Der Kapitalwerth einer Voralp, die etwa 50 Zentner Heu, (den nothdürftigen Unterhalt einer Kuh während der Winterzeit) trägt, beträgt im Durchschnitt achthundert Franken oder fünfzig Louisdor; der Kapitalwerth hingegen einer Wiese in der Nähe des Dorfes, welche die nämliche Futtermasse trägt, muß wenigstens doppelt höher gerechnet werden, und sehr oft wird ein Stück Wiesenland bei Brienz, das für eine Kuh das Winterfutter trägt, für mehr als das Dreifache verkauft. Ein Stück Wiese also, das ein Klafter Heu zu 10 Zentnern trägt, würde folglich wenigstens dreihundert und zwanzig Franken, ein Stück Voralp von gleicher Ertragbarkeit bei hundert und sechszig Franken kosten. Ohne Staats- und Gemeindsabgaben, und ohne Arbeitslöhne oder Produktionskosten in Anschlag zu bringen, würden also nach obigem Preisverhältniß 10 Zentner Heu den Wiesenbesitzer in Brienz nur an Kapitalzins bei zwölf Franken, den Voralpbesitzer etwa sechs Franken kosten. Die nothwendigen, sehr wichtigen Folgen dieses Mißverhältnisses sind:

1) Der Landbesitz in der Nähe des Dorfes ist zum verderblichen Luxus geworden. Jeder Bauer, der hier sich Land kauft, oder in Erbschaften für die üblichen Preise übernimmt, büßt zwei Drittheile oder doch die Hälfte des Kapitalzinses ein.

2) Es kann kein Kapitalbesitzer hier ohne beträchtliche Einbuße an seinem Einkommen große Güter kaufen; es kann folglich kein großer, Maschinerie und Bauten erfordernder, landwirthschaftlicher Betrieb, kein vollkommener Landbau hier Statt finden, und es können nicht leicht Fabriken gedeihen, deren Betrieb einen irgend beträchtlichen Landbesitz erheischt.

3) Die fast ausschliessende Thätigkeit eines grossen Theils der Bevölkerung wird während der Dauer des Winters ganz für die Benutzung des Ertrags kleiner Stücke Land in Anspruch genommen. Ein Bauer, der auf seinen Voralpen zwei Kühe nur die Hälfte des Winters oder etwa hundert Tage lang, und eben so lange von dem Wiesenheu im Dorfe füttert, müßte mithin hundert Zentner Heu, welche diese Fütterung fordert, zu 135 Franken nur an Zinsen des Landpreises berechnen, und zu dieser schon so grossen Summe müssen noch wenigstens 120 Tagelöhne hinzugefügt werden, welche nur allein die Fütterung der zwei Kühe (das Hirten) während des Winters fordert. Rechnen wir den Taglohn nur zu vier Batzen, so kömmt im Dorfe Brienz die Winterung von zweien Kühen auf wenigstens 180 Franken nur an Landrente und Taglöhnen der Fütterung zu stehen.

4) Es ist nicht möglich, daß diejenigen Landleute von Brienz welche Vorsassen besitzen, so lange sie diese ihre Grundstücke selbst benutzen, irgend einem andern Industriezweig mit Erfolg obliegen, und diese beständigen Wanderungen in Gegenden, die von ihrer Wohnung entfernt sind, machen sie jeder industriösen Beschäftigung abgeneigt, die beharrliche, anstrengende Thätigkeit und Aufmerksamkeit erheischt.

5) Die im Winterhalbjahr gewöhnlich mit Schnee bedeckten Voralpen geben den Besitzern nie Gelegenheit zum Nachdenken über landwirthschaftliche Einrichtungen und Benutzungen. Jede Zeit der Muße während der langen Abende, und jede Stunde des Wachens während der langen Nächte gehört, da die Sorge für das Vieh nur wenig beschäftigt, entweder gedankenlosem Müßiggang, oder muthwilligen, nicht selten unsittlichen Spielen der Jugend. Die Schlauheit ist die einzige Seelenkraft, die bei dieser Lebensart geübt wird, und viele, wenig erfreuliche Züge in dem Karakter der Völkerschaften unseres Hochgebirgs haben in dieser Benutzungsart der Voralpen ihre Quelle.

6) So wie die Benutzung der Voralpen im Winter Ursache eines großen Zeitverlusts für die Bevölkerung ist, so wird die Entfernung derselben von den Dörfern die Ursache ihrer gänzlichen wirthschaftlichen Vernachläßigung. Die Allmendpflanzungen, die Alpen, die Wiesen in der Nähe des Dorfes, die fremden Lustwandler und ihre Bedienung beschäftigen dann die ganze Bevölkerung, und — mit Ausnahme des kurzen Zeitraums der Heuärnte — sind dann alle Voralpen menschenleer.

Ob bei solchen landwirthschaftlichen Verhältnissen der Wohlstand dieser Thäler groß seyn könne, ist eine Frage, die sich weniger dem Beobachter aufdrängt, als die Frage: warum denn unter solchen Umständen die Armuth nicht größer oder doch nicht auffallender sei, um so mehr, da keinerlei Gewerbsfleiß eine so nachtheilige Oekonomie in's Gleichgewicht setzt? Das Räthsel läßt sich nur lösen, wenn wir den Ertrag der Alpen der Brienzer jenem Ertrag der Wiesen und Voralpen vergleichend gegenüberstellen. Jener Bauer nämlich, dessen Wiesenbau und Voralpwirthschaft ihn zu Boden drücken müßte, kann seine zwei Kühe während hundert und dreißig Tagen fast ohne Kosten an reicher Weide auf den Gemeinalpen halten. Besitzt er da nicht selbst Alprechte, so findet er leicht Alpgenossen, die dieses Recht um geringen Preis (6 — 10 Franken für eine Kuh) ihm überlassen, da immer Alprechtbesitzer sich finden, die keine Kühe zu wintern vermögen, oder in andern Gemeinden sich niedergelassen haben, oder endlich die überwinterten Kühe auf andere, insonderheit auf Luzerner Alpen, für den Sommerzins vermiethen.

Diese letztere Uebung, die als Versuch merkwürdig ist, für den Verlust auf der Winterung der Kühe, oder mit andern Worten, für den Verlust auf dem Wiesen- und Voralpenbetrieb schadlos zu halten, diese Uebung scheint mit jener für Gewißheit geltenden Annahme in Widerspruch zu stehen: daß in den Dörfern und bewohnten Thälern die

Vorräthe an Winterfutter im Mißverhältniß stehen mit den Futterungsmitteln auf den Alpen, oder daß wegen Heumangel in den Dörfern nicht so viel Vieh überwintert, als auf den Alpweiden gesömmert werden könne. Der Widerspruch ist aber nur scheinbar. Auf die Alpen des Hochgebirgs wird von Kühern eine große Menge von Kühen geführt, die nicht im Hochgebirg, sondern in den untern Landschaften überwintert werden, wo Kornbau abwechselnd mit Futterkräuterbau statt findet. Die Menge also der Kühe, die aus der Winterung in den untern Landschaften auf die hohen Alpen zur Weide getrieben werden, mag die Menge derjenigen, die in diesen Hochthälern gewintert und zur Sömmerung auf Luzernische oder andere entfernte Alpen getrieben werden, wohl aufwiegen, und es läßt sich noch zur Erklärung der Möglichkeit, so viele Kühe in den Hochthälern zu wintern, die auf entfernte Alpen zur Sömmerung getrieben werden, der Umstand anführen, daß solche Kühe gewöhnlich viel schlechter gefüttert werden, also verhältnißmäßig eine viel geringere Menge Winterfutter verzehren, als solche, die in den untern Landschaften von dem nämlichen Küher gewintert werden, der ihren Milchertrag auf den Oberländer-Alpen selbst zu nutzen hat, und also nie wie der Oberländer Bauer darauf bedacht seyn kann, aus Eigennutz die Kühe im Winter schlecht zu nähren.

Wie wenig Gewinn dem oberländischen Bauer übrigens aus dem Vermiethen seiner theuer überwinterten Kühe an Sommerküher zufließen könne, wird leicht aus den Angaben der Winterungskosten und ihrer Vergleichung mit den Miethzinsen von Milchkühen erhellen. Diese Miethzinse betrugen, da der Zentner fetten Käses mit 50 Franken bezahlt wurde, höchstens 55 Franken, nun da der Zentner fetten Käses nur 25 bis 30 Franken gilt, bezieht auch der Bauer nur 25 bis 35 Franken Sommerzins für seine Kühe, während der Verlust auf der Winterung derselben wenigstens eben so viel

beträgt.

beträgt, mithin der Bauer von seinen Wiesen und Vorsassen gar keinen oder doch nur den kleinsten Zins bezieht, und als Einnahme verrechnen kann, wenn er seinen selbstverdienten Taglöhnen keinen Werth giebt. Nehmen wir an, daß der Bauer die überwinterten Kühe zur Sömmerung auf seine Gemeinalp treibe, so können wir den reinen Ertrag dieser Alpenweide doch nie höher als zu dem Werthe von 1 bis 1½ Zentner Käse anschlagen, der ebenfalls den Verlurst auf der Winterung selten decken kann *).

Ein Bauer im Oberamte Interlachen, von dem der Verfasser einst sich eine Erklärung erbat, wie es noch Bauern geben könne, die ihre theuer überwinterten Kühe in die Sömmerung vermiethen, da doch der Miethzins kaum den Verlurst an der Winterung decken könne? gab diese Erklärung dahin: Wir kaufen unsre Wiesen nur zum kleinern Theil, wir erben oder erheirathen sie, und rechnen also den Werth des Winterfutters um so geringer; wir erhalten den Winter hindurch doch einige Butter und Milch, und von dem Küher baares Geld. . . . Das ist freilich ein genügsamer Trost, der aber unsre Besorgniß über die Folgen eines so nachtheiligen, landwirthschaftlichen Verhältnisses nicht zu heben vermag.

Die Verschuldung der Oberländischen Thäler, ihre Ursache und ihr Maaß, ist noch nie ganz zur öffentlichen Kenntniß gekommen. Die landwirthschaftlichen Mängel, die eben in Kürze angedeutet worden sind, erklären sie zum Theil, und die Zerstückelung der Wiesen in den bewohnten Thalgründen, die anderswo schon geschildert worden, ist wohl noch früher, als das Mißverhältniß in den Preisen dieser Wiesen, Ursache der drückenden Verpfändungen gewesen. Im ganzen Oberamte Oberhasle, im Grindelwald und Lau-

*) Vergleiche die wirthschaftlichen Berechnungen in der Reise über den Gotthard und Bernardin! Aarau bey Sauerländer 1822, S. 268.

terbrunnenthal, und so auch in einem großen Theil des Obersimmenthals, ist wohl der vierte Theil aller Wiesen und Vorsassen, und zwar meistens an Private und Corporationen der Hauptstadt, verpfändet. Für je vier Batzen ihrer Einnahmen müssen also die Landleute, welche die verpfändeten Grundstücke besitzen (den fast unmöglichen Fall vorausgesetzt, daß ein 1000 Franken geschätztes Grundstück 40 Franken Zins trüge), einen Batzen an Kapitalzinsen von ihren Schulden bezahlen, und bey dem so geringen Ertrag der Wiesen, den wir schon oben berechnet haben, scheint die Abgabe schon unerschwinglich groß: sie zeigt sich aber noch größer, wenn die Art, wie die Gültbriefe gefertiget und verzinset werden, bedacht wird.

Die Güterschatzungen, welche den Hypothekverschreibungen vorhergehen, sind meistens zu hoch, besonders aus dem Grunde, weil die meisten Hypothekarschulden zu einer Zeit kontrahiert worden sind, wo die Güter im Gebirge doppelt höher als jetzt im Preise standen; selten wird daher ein Grundstück, das gerichtlich zu 1000 Franken geschätzt worden, an Gantsteigerungen mehr als die Hälfte gelten, wenn es nicht sehr bequem liegt, und von den wenigen Begüterten des Dorfes gesucht ist. Da bey Gelddarlehen des Kapitalisten immer dreifaches Unterpfand gefordert wird, so empfängt der Bauer auf Treu und Glauben der Schatzungstitel nicht nur dreyhundert, sondern vier- bis fünfhundert Franken, die er zu vier bis fünf vom Hundert verzinsen soll, während er von seinem Grundstück selten in guten Jahren zwei, in nachtheiligen Jahren, d. h. wenn Käse und Vieh sehr wohlfeil sind, kaum eins vom Hundert beziehen kann; oder mit anderen Worten, der Bauer, der sein Grundstück für den dritten Theil seines Preises verpfändet, kann den Zins der eingegangenen Hypothekarschuld nicht aus dem Ertrag des ganzen, verpfändeten Grundstücks bestreiten, und der Gläubiger, der endlich an Gantsteigerungen für sein Kapital und die aufgelaufenen Zinse sein Unterpfand ersteht, setzt sich durch dessen Besitz in den Fall, um jeden Preis beynahe dasselbe wieder losschlagen zu müssen.

Freilich sind diese für den Gläubiger so nachtheiligen Verhältnisse so offenkundig geworden, daß nicht leicht mehr in der Hauptstadt Darlehen auf Hypotheken im Oberlande gemacht werden, und gewissenlose Schatzungen sind nicht mehr so häufig, als sie im vorigen Jahrhundert Statt fanden; aber dennoch gründet sich der gegenwärtige Schuldenzustand der oberländischen Thäler auf jene Verhältnisse, und wenn gleich jetzt die Schatzungen der Hypotheken wesentlich nicht zu hoch gemacht werden, so bleibt nichts destoweniger der geringe Preis der Produkte der hiesigen Landwirthschaft, und der zu hohe Preis des Heulandes, eine fortdauernde Ursache der Verarmung und des sinkenden ökonomischen Kredits der Oberländischen Landschaften, deren Wohlstand unter solchen Umständen unmöglich steigen kann.

Es sind oben, bey Angabe der gewöhnlichen Kaufpreise des Wiesenlandes, Summen zum Maaßstab angenommen worden, die wohl für die am meisten bevölkerten, im Hauptthale liegenden Gemeinden, aber nicht für die Simmen-, Kander- und Sanethäler, und auch nicht für die Seitenthäler der Oberämter Oberhasle und Interlachen als Regel anzusehen sind. In diesen und in jenen Hauptthälern ist der Preis der Wiesen und Voralpen wenigstens ein Drittel, sehr oft doppelt geringer als im Hauptthale der Aare, von der Mündung des Flusses in den Thunersee hinweg bis zum Thälchen von Grund, jenseits Meyringen, und, wenn hier der Zentner Winterfutter im Durchschnitt auf zwölf Batzen (an Zins von der Kaufsumme des Heulandes) gerechnet werden muß, so wird ein Zentner Winterfutter in den genannten Thälern, wo die Winter- und Voralpenpreise niedriger sind, nur etwa zu sieben Batzen angesetzt werden können; ein Preis, der immerhin noch so hoch ist, daß kaum der Kuhzins für

2*

die Sommernutzung die Konsumtion an Heu für die Winterung ersetzen mag, und folglich für den Bauer jeder Vortheil seiner Wiesen- und Voralpenwirthschaft dahin fällt.

Das mildere Klima des grosen Thales von Interlachen und Oberhasle erklärt nicht hinlänglich, warum hier die Preise des Heulandes so viel höher stehen. Freilich mag in der Regel im grosen Aarenthal, in den Gränzen, die wir oben bezeichnet haben, wegen des günstigern Klima's die Frühjahrsweide auf den Winteralpen und auf einem grosen Theil der Vorsassen zwei Wochen früher, die Herbstweide eben so viel später, als in den übrigen Thälern des Oberlandes Statt finden können; allein diese höhere Fruchtbarkeit reicht noch nicht hin, den so grosen Unterschied in den Preisen des Heulandes zu erklären. Es mögen die folgenden Betrachtungen vielleicht die Ursache jenes Unterschieds besser beleuchten.

Das mildere Klima, der leichte und wohlfeilere Verkehr vermittelst der Schiffahrt auf den beyden See'n, die Lage dieses Hauptthals, in dem die Mündungen so vieler bevölkerter Seitenthäler zusammenkommen; dann die Päße von Wallis, Uri, Unterwalden und Luzern, die ebenfalls in dieses Thal auslaufen; diese Umstände haben gewiß auf ein grösseres Steigen der Bevölkerung gewirkt. Da die See'n das Wiesenland auf kleinere Räume beschränken, so mußten die Häuser, deren Anzahl schneller zunahm, enger zusammengebaut werden, und eine grössere Konkurrenz für den Ankauf nahe und bequem liegender Wiesen und Vorsassen eintreten. Die Allmenden zwischen den beyden See'n, zum Theil auch an den Ufern des Flusses und der See'n, sind fruchtbarer und besser gelegen, als in den übrigen Thälern; sie wurden früher und zu größern Theilen bepflanzt, und wurden früher, nebst der Ziegenweide, Ursache einer schneller wachsenden Bevölkerung, mithin eines größern Bedarfs des Landbesitzes und höherer Preise. In den Kander-, Simmen- und Sanethälern finden sich ungleich weniger Staatswälder, als in dem Aaren- oder

Sexthal; hier haben die Ziegenbesitzer größere Weidmarchen, weil diese Weide von den Privatwaldbesitzern gewöhnlich nicht geduldet, in den Staatswäldern aber seit mehrern Jahrhunderten immer ungehindert ausgeübt worden ist; und diese Ziegenzucht hat nicht nur auf den ökonomischen, sondern auch auf den sittlichen Zustand unserer Thalbewohner so tief gewirkt, daß wir nicht umhin können, diesen Gegenstand noch ausführlicher zu behandeln.

Während im benachbarten Emmenthale, in dem überhaupt neben großer Armuth großer Reichthum und viele Wohlhabenheit sich findet; während hier in den verflossenen Jahren des Mißwachses und der Hungersnoth, die Armensteuern die Begüterten fast erschöpften, ohne der Verzweiflung der Armen vorbeugen zu können, war hingegen zu gleicher Zeit in den Oberländischen Thälern, wenn gleich großer Mangel, doch die Hungersnoth sehr ferne, und die Steuern zur Erleichterung der Armen in Vergleichung mit den Emmenthalischen ganz unbedeutend. Diese Lage des Oberlandes, tröstlich in jenen Hungersjahren, so beruhigend in ähnlichen Zeiten allgemeinen Mißwachses, wenn diese künftig wiederkehren sollten; diese Lage ist allein die Folge der Allmendvertheilungen, und der im Uebermaaß getriebenen Ziegenzucht.

In den Emmenthälern, die nur durch eine Bergkette von 4 — 5000 Fuß Erhöhung von dem Bernischen Oberlande geschieden sind, haben nämlich landwirthschaftliche Verhältnisse Statt, die sich durchaus von denjenigen unterscheiden, die in den Oberländischen Thälern vorkommen. In den Emmenthälern werden die großen Bauernhöfe nicht verstückelt, sondern fallen unvertheilt dem jüngsten Sohne zu. Zwischen diesen Höfen lebt eine zahlreiche Bevölkerung, die entweder Taglöhnerdienste bey den Hofbesitzern verrichtet, und die Wohnung und einiges Pflanzland gewöhnlich von denselben pachtet, oder durch Spinnen und Weben von Flachs und Hanf, oder andere Gewerbe ihren Lebensunterhalt zu verdienen sucht. Da sich im Emmenthal weder Allmenden noch Staatswälder, wie im Oberlande, vorfinden, so kann diese Bevölkerung weder durch Geissenzucht, noch durch Allmendantheile unabhängig von den Hofbesitzern, oder von Fabrikerwerb sich durchbringen, und sobald der Leinwandhandel stockt, und Mißwachs eintritt, fällt es ihr schwer oder unmöglich, dem Hofbesitzer Zinse zu bezahlen, oder sich Lebensmittel zu verschaffen.

Es ist also die große Geissenzucht, die auf Kosten der großen Staatswälder überall im Oberlande, besonders aber in den Oberämtern Interlachen und Oberhasle in einem Grade Statt findet, wie sie sonst nirgendwo im Kanton Bern, und vielleicht in keinem andern kultivierten Lande Platz haben kann: es ist diese Ziegenzucht, verbunden mit den großen Kulturen auf den Gemeindsallmenden, welche die Armen im Bernischen Oberlande, in der Zeit des allgemeinen Mißwachses vor den Gefahren der Hungersnoth gesichert, den Begüterten lästige Steuren erspart hat. Wir müssen das Gute solcher landwirthschaftlichen Verhältnisse erkennen: es ist schon etwas gewonnen, wenn eine unverhältnißmäßige Bevölkerung sich nähren, und vor dem Elend gesichert werden kann, das die ganze Macht und aller Reichthum Britanniens nicht von dem unglücklichen Irland abzuwenden vermag. Aber die Anerkennung dieser Vortheile soll uns nicht der Verpflichtung überheben, zugleich die nachtheiligen Folgen und den Einfluß darzustellen, den sowohl die Geissenzucht, als die Allmendvertheilungen auf den ökonomischen und sittlichen Zustand des Volkes ausüben.

Wenn ein großer Theil des Volkes eine Beschäftigungs- und Erwerbsart gewählt hat, die keiner Vervollkommnung empfänglich ist, und jeden Tag in Anspruch nimmt, ohne doch die ganze Tageszeit auszufüllen; wenn diese Beschäftigungsart keine Stoffe zu fernerer Veredlung, Thätigkeit und fernerem

Erwerb liefert, sondern bloß der Menge des Volkes Nahrungsmittel, aber keine andern Hülfsmittel schafft, durch welche der Landmann sich und die Seinigen kleiden, reinlich halten, für Krankheitsfälle einen Nothpfenning auf die Seite legen, seine Kinder unterrichten kann; wenn die Menge des Volkes, die so ärmlich sich nährt, aber ausser der Nahrung nichts sich erwirbt, immer steigt, während die Menge der Gutsbesitzer oder wohlhabenden Landleute in gleichem Verhältniß abnimmt: so muß ein solches Volk immer unsittlicher werden, und in seinem ökonomischen Bestehen einer Krisis sich nähern, welcher zuvorzukommen wohl unser ernstliches Bestreben seyn soll. Viele Thatsachen beweisen, daß die Oberämter Interlachen und Oberhasle wirklich in diesem bedenklichen Verhältniß stehen. Wir dürfen annehmen, daß auch die übrigen Oberämter in diesem Hochgebirg mehr oder weniger sich in ähnlicher Lage befinden. Eine einzige Thatsache möge über die Vertheilung des angebauten Landes, und über die Oekonomie und den Wohlstand der hiesigen Gebirgsbewohner, in Bekräftigung des Gesagten noch mehr Licht verbreiten!

In der Gemeinde Aarmühle, Oberamt Interlachen, die in der Wohlhabenheit das Mittel unter den Oberländischen Gemeinden halten, oder noch eher unter die vermögendern gezählt werden mag; in der Gemeinde Aarmühle, deren Ländereien auf einem fruchtbaren Thalgrund liegen, werden auf 120 Haushaltungen 31 gezählt, die gar kein eigenes Land besitzen, und kein Vieh halten können, sondern nur Allmendstücke benutzen; 17 Haushaltungen, die nur 1 bis 2 Ziegen halten, also weniger als 1 Juchart Land besitzen; 28 Haushaltungen, die nur 1 Kuh zu nähren vermögen, und also nicht mehr als eine Juchart Wiesenland besitzen; es sind nur 16 Haushaltungen, die 2 Kühe, 14 die 3 Kühe, 2 die 4 Kühe, und nur eine, die 9 Kühe zu halten vermag. Kleine Getreidfelder von 1/10 bis 1/4 Juchart Größe finden sich nur auf den Allmendstücken. In Brienz ist dieses Verhältniß nicht viel günstiger, in vielen Oberhasleschen Gemeinden, im Lütschenthal, und im Lauterbrunnenthal ist es noch nachtheiliger, und im ganzen Bernerschen Oberland sind kaum 12 Landbesitzer, die zur Winterung von 20 Kühen hinreichend Wiesen, oder die 20 Jucharten angebautes Land besäßen. In der Oberhasleschen Gemeinde Guttannen, die zu den ärmern gehört, finden sich auf 76 Haushaltungen 7, die gar kein Vieh zu halten vermögen, 14 die nur Ziegen halten, 33 die nur eine Kuh halten können, 10 die 2, 5 die 3, 3 bis 4, 3 die 5, und nur eine, welche die höchste Zahl, oder 7 Kühe zu wintern vermag. In Matten, einer der wohlhabendsten Gemeinden des Oberlandes, die etwa 150 Haushaltungen zählt, sind 32, die gar kein Land besitzen, oder nur 1 bis 2 Ziegen zu erhalten vermögen, 59 die 1 bis 2 Kühe, 34 die 3 bis 4, 11 die 5 bis 6, 3 die 7 bis 8, und 2 die 10 bis 13 halten können u. s. w.

Mit der steigenden Bevölkerung, und mit den immer sich vermehrenden Landvertheilungen wird nach und nach die Zahl der wohlhabendern Wiesenbesitzer, oder die Zahl der sogenannten Kühbauern in dem Maaße abnehmen müssen, als die Zahl der kleinen Wiesenbesitzer, oder der Geißbauern zunimmt. Die Ziegenzucht wird daher, wenn die bestehenden Verhältnisse fortdauern, sich künftig immer mehr erweitern, die Kühezucht sich vermindern; und im nämlichen Verhältniß, wie die Ziegenzahl zunimmt, muß auch die Zahl der Schafe die gewintert werden, abnehmen, weil der Bauer, der keine Kühe mehr zu wintern vermag, wegen des dringenden Milch- und Düngerbedarfs sich immer Ziegen, und nicht Schafe, statt der Kühe anschaffen wird. Da ein großer Theil der Ziegen auch den Sommer hindurch auf den Allmenden und in den Staatswäldern weidet, und des Abends nach den Dörfern getrieben wird, so ist es mehr der Dünger der Ziegen, als der Schafe (die den ganzen Sommer alle auf den hohen Alpen weiden), der den ärmern Landleuten zur Pflanzung von Lebensmitteln auf den Allmenden dienen muß.

In den übrigen Gemeinden der beiden Oberländischen Oberämter Interlachen und Oberhasle, haben mehr oder weniger ähnliche Verhältnisse, wie in Brienz, statt. Es wäre äusserst belehrend zu vernehmen, in welcher Zeitperiode ungefähr in unserem Hochgebirg die Bevölkerung so beschleunigend zu wachsen anfieng, wie groß vor etwa hundert und fünfzig Jahren *) die Zahl der Kühe, Schafe, Ziegen in irgend einem Thale gewesen sey; wie viel Bauern die zehn, wie viel die zwei, wie viel die keine Juchart Wiesenlandes besessen ꝛc. Allein unsere Bevölkerungs- und Viehstandstabellen reichen weder so weit zurück, noch sind sie zu staatswirthschaftlicher Belehrung in jener Rücksicht ausführlich genug eingerichtet, und die wenigen, von Oberländischen Landleuten geschriebenen, alten Chroniken sind so arm an ökonomischen, als an historischen Daten. Nach ungefähren Zählungen **) ist die Volksmenge im Kanton Bern überhaupt (ohne das ehemalige Bisthum Basel), vom Jahr 1810 bis 1819 um 15, die Zahl der Kühe um 7½ vom Hundert gestiegen; die Ziegen haben in dieser Zeit sich um 15,504 vermehrt, die Schafe hingegen sich um 15,325 Stück vermindert. Diese Angaben über die Abnahme der Schafzucht, und die nach gleichem Verhältniß wachsende Ziegenzucht erwahren die Erklärung, die wir oben und anderswo.***) über diese letztere gegeben haben. Die Vermehrung der Kühe, die sich in Berechnungen über den ganzen Kanton ergiebt, muß aus dem bessern Anbau größerer Güter in den untern Land-

*) Oder mit andern Worten: vor Einführung des Kartoffelbaues.

**) Der Verfasser verdankt sie seinem verewigten Freunde Koch.

***) Siehe die Bemerkungen des Verf. über die Wälder und Alpen des Bernerischen Hochgebirgs! S. 93 e. s. Aarau bey Sauerländer 1818.

schaften hergeleitet werden; in den Oberländischen Landschaften aber vermehrt sich überhaupt die Anzahl der Kühe nicht, sondern muß sich in der Folgezeit vermindern, wie die oben angeführten landwirthschaftlichen Verhältnisse schon mit sich bringen, die allgemeine Volkssage und folgende Thatsachen es bestätigen.

Im Grindelwaldthal ist dem Verfasser von mehrern glaubwürdigen, bejahrten Männern einstimmig versichert worden, daß vor 50 bis 60 Jahren über 200 Kühe mehr als jetzt im Thale gewintert worden seyen *). In Matten, einem Dorfe, das etwa 150 Haushaltungen zählt, sollen, wie alte Männer erzählen, zur Zeit ihrer Jugend zwanzig Zeitstieren **) bey dem Dorfbrunnen zur Tränke gekommen seyn, da jetzt hingegen nur 4 Stieren von Wiesenbauern gehalten werden. Mit andern Worten sind also im Dorfe Matten vor etwa 60 Jahren 20 Bauern gewesen, die kleine Heerden Kühe hielten, während gegenwärtig deren nur 4 im Dorfe wohnen, die ihr Vieh auf eignen Wiesen wintern; und so gilt in vielen Dörfern dieses Gebirges als Regel, daß die Anzahl der Kühbauern ab-, die Zahl der Geißbauern hingegen zunimmt.

Die große Verminderung der Kühe im Grindelwaldthal hat indessen eine Ursache, die (wenn auch nicht allein und immer, doch in neuerer Zeit vorzüglich) abgesehen von den Folgen der Landzerstückelungen auf den Viehstand nachtheilig

*) Mit diesen Volkssagen stimmen die folgenden Angaben zusammen: Im Jahre 1776 wurden im Grindelwaldthal 1712 Kühe, 545 Rinder, 109 Pferde, 300 Kälber, 1108 Ziegen, 1237 Schafe und 412 Schweine gezählt; im Jahre 1812 nur 1354 Kühe, 417 Rinder, 40 Pferde, 413 Kälber, 1731 Ziegen, 456 Schweine rc. Vergleiche Meisters statistisches Lexikon von der Schweiz, S. 469, und Wyßen's Reise in das Berner Oberland, II, S. 622.

**) Zuchtfarren.

gewirkt hat. Das Grindelwaldthal nämlich ist mit dem Oberhaslethal wohl mehr als kein anderes Thal des Hochgebirgs verschuldet *), und um die lästigen Zinse an die Gläubiger zu bezahlen, und die Bedürfnisse des Lebens befriedigen zu können, haben die Grindelwalder seit ziemlich langer Zeit einen großen Theil ihrer Heuvorräthe, so oft theure Preise im Hauptthale von Interlachen sie dazu locken, dahin verkauft, sich selbst also der beßten Verbesserungsmittel der Heimgüter und der wesentlichsten Grundlage einer blühenden Viehzucht beraubt. Freilich, wenn immer die Heuvorräthe zu guten Preisen verkauft, der Düngerabgang durch Wildheusammeln, wie es versucht wird, ersetzt, die Alpen dann an Großküher verpachtet werden könnten, so müßte die Einnahme ungleich größer ausfallen, der Wohlstand des Thales mithin höher steigen, als unter den gegenwärtigen landwirthschaftlichen Verhältnissen. Allein ein solcher Heuverkauf kann ohne Erschöpfung der Wiesenkultur nicht lange Statt finden, die fleißigste Gewinnung des Wildheus kann den Nachtheil nicht aufwiegen, der aus der großen Ausfuhr des Wiesenheues dem Thale erwächst, und die Grindelwalder können sich dieses verzweifelten Nothbehelfs nicht länger und nicht besser getrösten, als ein Pflanzer, der arm und unvermögend wäre, und, um in herbem Winter sich Holz zur Feuerung zu verschaffen, seine Fruchtbäume niederhiebe, weil ohnehin das Obst nur zu wohlfeilen Preisen verkauft werden könnte.

Die verhältnißmäßig geringen Preise des Heues, das in den verschuldeten Thälern oder von verschuldeten Bauern gekauft wird, sind Ursache geworden, daß in einzelnen Dörfern eine größere Anzahl von Kühen gehalten werden kann,

*) Die Wiesen des Thales Grindelwald mögen zwischen 2000 bis 2500 Jucharten enthalten, die mit den dazu gehörigen Alpen für mehr als eine halbe Million Franken, pfandweise, größtentheils nach der Hauptstadt verschuldet seyn sollen.

als die Größe und Fruchtbarkeit der Wiesen in solchen Dorfmarchen es mit sich bringt, und auch die Vertheilung eines größern Theils der fruchtbaren und ausgedehnten Allmenden hat in einigen Gemeinden, wie Matten, Wilderswyl, Bönigen ꝛc. beigetragen, wenn nicht bedeutend die Anzahl der Kühe zu vermehren, doch der Schwächung des Viehstandes durch die Gütervertheilung entgegen zu wirken.

Die Schuldenlast, die auf mehrern Thälern, und selbst auf ganzen Landschaften des Oberlandes so drückend haftet, erregt wohl gegründete Besorgnisse nicht nur für diese Gegenden, sondern auch für den Wohlstand der Hauptstadt, welcher größtentheils die verschuldeten Güter verpfändet sind; es muß also schon in dieser Rücksicht eine der dringendsten Sorgen für die Stadt Bern seyn, daß für das Oberland neue Quellen des Erwerbs eröffnet, daß die Land- und Alpenwirthschaft im Hochgebirg, und daß die Volkserziehung dem sittlichen und ökonomischen Bedarf der Gebirgsbewohner gemäß verbessert werde, wenn nicht die größten Verlürste die Hauptstadt treffen sollen, wenn nicht endlich eine Volksmasse hier sich bilden soll, die jeder Verführung aus Noth empfänglich, am Ende kein Vaterland mehr kennt, wenn dieses Vaterland ihr nichts mehr bietet; die jeder Neuerung dann hoffend entgegensehen würde, weil weder der Ruhm vergangner Zeit, noch der Friede der Gegenwart die Last der Schulden, den Druck des Elends von ihr nehmen könnte.

Die Zeit, in welcher die Verpfändung der Ländereien an die Hauptstadt in solchem Mißverhältniß zu seinen Hülfsmitteln ihren Anfang nahm, ist nicht sehr ferne. Auf die Pestverheerungen im Anfange des siebenzehnten Jahrhunderts *) mag die Volksvermehrung beträchtlich gestiegen seyn, wie immer geschieht, wenn der Ertrag vieler fruchtbarer Lände-

*) Der große Tod 1611, der kleine Tod 1629; sie rafften einen Drittel beinahe der ganzen Bevölkerung weg.

reien einer kleinern Zahl von Anbauern zufällt, wenn, wie im Kanton Bern damals, die Abgabe gering, die Staatsverwaltung gerecht und milde ist, und ein langer Friede den Verkehr und den Anbau des Landes begünstiget. Vor jener Epoche ansteckender Krankheiten waren die Allmenden noch nicht vertheilt, die Ziegenzucht gering; die Schafzucht, die weniger, als jene, der Volksvermehrung günstig ist, war im Gedeihen, wie die bedeutenden Tuchfabriken damaliger Zeit beweisen *), die Kartoffeln noch nicht als allgemeine Volksnahrung angebaut. Das Aufhören pestartiger Krankheiten im Anfange des achtzehnten Jahrhunderts, der Kartoffelbau, und jene Umstände, deren Wirkung früher schon eingetreten, beförderten die Volksvermehrung, deren Zuwachs die Landzerstückelungen in dem Maaße herbeyführte, das wir geschildert haben.

Sobald der Landbesitzer aus dem Ertrag seiner zu kleinen Landstücke, die ihm durch Theilung zufallen, nicht sich nähren und kleiden, die Kosten des Baues seiner Wohnung, der Scheuer und Stallung, des landwirthschaftlichen Geräthes bestreiten, oder nach und nach wieder ersetzen kann, so muß die Verpfändung und Verschuldung ihren Anfang nehmen, wenn nicht die Zuflüsse irgend einer andern, von der Landwirthschaft des Bauern unabhängigen, hier so seltnen Erwerbsquelle, ihn des gefährlichen Hülfsmittels überhebt. Es ist der Mangel an Industrie dann auch Ursache, daß die Kinder die Landstücke immerfort theilen, und daß so selten einer der Erben die unvertheilten Landstücke vermittelst Auskauf der Miterben übernimmt, weil der Mangel an baarem Geld in den meisten Fällen solche Auskäufe unmöglich macht. Findet dann der Bauer ohne Mühe Geld auf Pfandscheine,

*) In Freiburg wurden jährlich bey 20,000 Stäbe Wolltuch verfertigt; auch in Bern war damals die Tuchfabrikation bedeutend.

so ist die Versuchung zu Verschuldungen um so grösser, der Antrieb um so kleiner, durch Anstrengung und Betriebsamkeit sich und die Seinigen von Schulden frei zu bewahren. Ein den Bewohnern dieses Hochgebirgs Unheil bringendes Verhältniß hat gewollt, daß die Hauptstadt diese Versuchung vermehrte, weil eben die Zeit ihres größten Geldreichthums in die Zeit fiel, wo das Bedürfniß der Verpfändungen im Oberlande dringend sich zu äussern begann.

So wie in Freiburg Handel und Gewerbe sanken, nachdem die Aemter durch Eroberung der waadtländischen Landschaften gewinnreicher, und nach Befestigung der Militärverhältnisse mit Frankreich der fremde Söldnerdienst von den gebildetsten und angesehensten Geschlechtern der Hauptstadt gesucht wurde; so wie die alten Sitten den neuen kostbarern, der alte Erwerbsfleiß der Liebe zur Bequemlichkeit und zu glänzender Lebensart geopfert wurde: so ging in Bern aus dem nämlichen Grunde eine Veränderung in seinen Sitten und in seinen ökonomischen Verhältnissen vor. Die Staatskassen füllten sich während der langen Friedenszeit durch musterhafte Ordnung in der Verwaltung der Finanzen; die Zuflüsse an Private aus jenen Quellen, der Reichthum der Korporationen und Stiftungen stieg immer höher, und ein großer Theil der Gelder, die vorhin fruchtbringend von der Industrie und dem Gewerbsfleiß in der Hauptstadt eingesogen wurden, flossen nun den fremden Finanzministern zu, oder wurden ohne Bedenken und Sorge den Oberländischen Landleuten auf Hypotheken anvertraut, und alle oder doch die meisten dieser Darlehen dienten also nicht etwa zur Belebung irgend eines Industriezweiges, zu wirthschaftlichen Verbesserungen, zu gemeinnützigen Anstalten, zu Urbarmachung wüsten Landes: sie dienten zur unzulänglichen Stütze einer Oekonomie, die, fehlerhaft und wankend in ihren Grundlagen, keiner dauernden Befestigung empfänglich war.

Wie schon gezeigt worden, so hat die Geissenzucht und

die Vertheilung eines Theils der Allmenden den Oberländischen Gemeinden die Last von drückenden Armensteuern erspart. Von Bettlern wimmeln freilich einige Gemeinden, aber selten findet sich unter den (gesunden) Bettlern einer, der nicht entweder durch Pflanzarbeiten auf den Allmenden, oder durch andere wirthschaftliche Dienstverrichtungen sich die tägliche Nahrung verdienen könnte. Der größte Theil der Bettler besteht aus Kindern beiderlei Geschlechts, deren Müßiggang, Benehmen und Bildung bald den Beobachter von dem Mangel industriöser Beschäftigung sowohl, als von dem Mangel der Volkserziehung und der Armenpflege überzeugen.

Ob es Pflicht des Staats sei und der Gemeinheiten, für Altersschwache oder des Erwerbs durch Krankheit oder Blödsinn unfähige Arme zu sorgen, das ist noch nicht in Abrede gestellt worden, und solche Bedürftige werden unter allen Völkern die zur Humanität gebildet sind, immer Unterstützung finden, wenn auch noch so bündig auf algebraische Sätze gestützt, die Pflicht der Armenbesteuerungen bestritten, und die Wahrheit des Satzes dargethan werden könnte: daß nie die Fortschritte der Industrie und der produktiven Gewerbe mit dem Zuwachs der Bevölkerung und den Fortschritten der Verarmung Schritt halten, nie die Bedürfnisse von dieser der Erzeugnisse von jener sich zu getrösten hätten. Die Gebildeten alle und alle Besitzenden *) mehrerer europäischer Völker sehen sich bald der Masse der Bedürftigen gegenüber im Zustande der Nothwehr, und es scheint ihnen nur die Wahl zu bleiben, ob sie offnen Krieg gegen die furchtbar wachsende Menge derjenigen führen wollen, die nichts zu verlieren haben, die keine bürgerliche noch sittliche Tugend beseelt, die Neid und rohe Gier mit Raublust gegen die Reichen treibt, die nach dem Umsturz jeder Verfassung **)

*) Possidenti.

**) In Frankreich von 1789 — 1794. In Spanien von 1823 bis ... In Irland bis ....

bei der Ohnmacht jedes Gesetzes in ihrer Menge Sicherheit und Straflosigkeit nach jeder Unthat sieht: — — nur diese Wahl haben sie, die Gebildeten, die Besitzenden unter diesen Völkern, oder aber die: rastlos, so viel an ihnen, zu helfen, daß die Gesittung sich verbreite unter die niedern Pöbelmassen, und was dem Wilden wie dem Gesitteten verständlich, Künste und Wissenschaften, Nützliches und Bildendes zu Tag gebracht, in der Sprache der Einfalt zu den tiefen Schichten der Gesellschaft dringe, und die Barbaren erleuchte und zähme: daß jeder Erwerbsfleiß ermuntert, die wüsten Ländereien vertheilt, und besser benutzt, der Handelsverkehr unter den Völkern von den Fesseln befreit werde, die er trägt; daß die Legionen Bettler nicht bloß gefüttert, die Jugend, wo das Alter keine Hoffnung mehr giebt, zu reiner Menschlichkeit gebildet werde. . . . . .

Wenn diese Worte in Beziehung stehen auf den Zustand mehrerer Völker, deren Schicksal in unsern Tagen jeder Edle beweint, so sind sie freilich noch nicht passend auf den wirklichen Zustand unserer Gebirgsvölker. Aber auch bei uns sind Armengesetze für unsere Sicherheit und zur Behauptung unserer Selbstständigkeit nöthig, und, wenn die Armuth hier noch nicht auf den Grad wie bei jenen Völkern gestiegen, so ist es dennoch um so dringender, auf das Beginnen und auf die Gefahren derselben die öffentliche Aufmerksamkeit zu leiten, damit geschehe, was jetzt noch in unsern Kräften steht, ehe, wie dort, das Uebel in seiner ganzen fürchterlichen Größe sich der Gesellschaft entgegen stellt. Welche Bevölkerung die Klöster durch Almosengeben und durch Fütterung der niedrigen Volksklassen erzogen haben, das zeigt die Tagsgeschichte; daß die Armengesetze, wenn sie wirksam und wohlthätig seyn sollen, den Quellen der Armuth, und nicht den Zeichen und Wirkungen derselben begegnen müssen, diese Wahrheit, die über allen Zweifel erhaben, wird der Beurtheilung jedes Armengesetzes und besonders der Beurtheilung der Armen-

gesetze

gesetze des Kantons Bern vorangestellt werden müssen. Wir versuchen diese Gesetze und die in Folge derselben entstandene und noch bestehende Armenpflege in den Oberländischen Landschaften in ihren wesentlichen Eigenheiten zu bezeichnen *).

Die ersten bei uns erlassenen Armengesetze von 1643, 1676, 1690 scheinen in Nachahmung der englischen Armengesetze des 17ten Jahrhunderts erlassen worden zu seyn. Der Bettel wird in diesen englischen Gesetzen verboten, die Städte, Flecken, Parochien, Dörfer, Hundreds aufgefordert, den ihnen zugehörigen Armen mit solchen freiwilligen und milden Gaben beizuspringen, daß diese Armen nicht genöthigt seyen zu betteln. Dann wurde den Geistlichen zur Pflicht gemacht, bei jeder Gelegenheit ihre Gemeinden zur Mildthätigkeit und zum christlichen Erbarmen zu ermahnen. Aus dem Betrag der Armensteuern sollte den Armen Wohnung und Materialien zu den ihnen noch möglichen Arbeiten verschafft werden. Die Vermögenden durften, kraft obrigkeitlichen Ansehens, zu Beiträgen verbunden werden, wenn die Ermahnungen der Geistlichen nichts fruchteten, und endlich wurde unter der Regierung der Königin Elisabeth jeder Hausvater einer jeden Parochie zu einem bestimmten jährlichen Beitrag für die Armen verpflichtet. Von Austheilung wüster Ländereien an die Armen, oder von Aufforderung an den englischen Adel, von seinen ungeheuern wüste liegenden Ländereien etwas den Armen als kleine Pachtstücke auszutheilen: von dem ist in den englischen Gesetzen keine Spur, und was diese Verordnungen bewirkt haben, bezeugt der Zustand Irlands, und das fürchterliche Steigen der Armentaxen in England **).

---

*) Der Verfasser bittet sehr, bei Lesung der folgenden und jeder in dieser Schrift vorkommenden Rüge bestehender Einrichtungen, die Worte der Vorrede nicht zu vergessen, die den Gesichtspunkt des Tadels überhaupt bezeichnen.

**) S. Dr. Burns Auszug aus den engl. Armengesetzen, in John Macfarlans Untersuchung über die Ursachen der Armuth, übers. von Ch. Garve. Leipzig 1785.

Die Bernischen frühern Verordnungen, und die erneuerte Verordnung von 1807 beruhen auf keinen andern Grundsätzen, als die englischen; nur sucht besonders die letztere schärfer zu bestimmen, welche Arme der Besteuerung würdig seyen. Die Verordnung von 1690 sagt — merkwürdig genug nach den großen Pestverheerungen — daß die Spitäler und Klöster erschöpft seyen, und daß der Landmann durch die Bettler zu Grund gerichtet werde.

Zu der Zeit dieser Bernischen Armenverordnung waren die Allmenden noch nicht vertheilt, die Ziegenzucht hatte noch nicht überhand genommen, der Kartoffelbau war noch nicht allgemein, und nirgends von großer Bedeutung; der Handel war gegen unsere Nachbaren nicht gesperrt, die Ländereien waren ungleich weniger zerstückelt, die Pocken wirkten repressiv auf die ohnehin geringere Volksvermehrung. Wir müssen beunruhigt fragen: was sollen uns unsere Armeneinrichtungen, wenn einst die Allmenden vertheilt sind, die Ziegenzucht und der Kartoffelbau keiner Ausdehnung mehr empfänglich seyn wird, nun da unser Handel von den Nachbarstaaten gelähmt ist, da seit Einführung der Kuhpocken die Bevölkerung in beschleunigtem Wachsthum steigt?

Der Anwachs der Bettler und das Uebermaaß der Armensteuern, worüber die Verordnung von 1690 klagt, rührte ohne Zweifel von den Anstrengungen und von der Erschöpfung der Schweiz nach den Aufständen der Landleute, und von der Erschöpfung nach dem ersten Villmergenkrieg her, und ohne Zweifel hat auch der dreißigjährige Krieg mittelbar sehr nachtheilig auf den Wohlstand der Schweiz gewirkt, da unvermeidlich der ökonomische Ruin eines Staats (bei der Verkettung kommerzieller Verhältnisse unter allen zivilisirten Staaten) auch für den Wohlstand des Nachbarstaates verderblich wird. Der Schluß mithin: daß auch für unsern gegenwärtigen Armenzustand sich leicht in der Zukunft die Milderung finden werde, wie nach dem Jahre 1690 sie sich von selbst gefunden, dieser Schluß wird uns nicht beruhigen können.

Das nämliche Gesetz von 1690 enthält die merkwürdige Bestimmung, daß Eheleute, die mittellos und leichtsinnig in die Ehe getreten seyen, des Dorfrechts und der Ansprache auf Unterstützung verlustig seyn sollen. Also vor hundert und dreißig Jahren, wo die Bevölkerung des Kantons Bern vielleicht doppelt, gewiß beträchtlich geringer war, als jetzt: sah sich die Regierung in dem Falle, in der Besorgniß der Zunahme der Verarmung, die Verminderung der Ehen unter den Landleuten zu wünschen. Wie viel mehr hat unsere Zeit diese Besorgniß vermehrt!

Den Lazedämonischen Männern war erst im dreißigsten Jahre des Alters die Heirath vergönnt. In diesem Maaße den Naturtrieb unsers Volks unter Staatszwecke zu beugen, würde wohl ein mißliches Unternehmen seyn. Aber auch ohne so schneidende Verordnungen könnte doch mittelbar dahin gewirkt werden, die frühen Heirathen mittelloser Leute zu verhindern. Noch jetzt erhalten die jungen Männer in vielen Gemeinden Pflanzland, sobald sie sich verheirathen, während die Unverheiratheten weder diese Vergünstigung, noch andere Nutzungsrechte der Gemeinde genießen. Schon diese Einrichtung befördert frühe Heirathen unter den Mittellosen, die ohnehin, der Ziegen und der Allmenden sich getröstend, nur zu leicht frühe eheliche Verbindungen eingehen. Vor unsrer Staatsumwälzung durfte kein Jüngling getraut werden, der nicht eigenthümliche Waffen und Uniform besaß; diese Verordnung hätte als ein Vorbeugungsmittel früher Heirathen unter den Bedürftigen in Kraft bleiben sollen, und wo, wie bei uns, die Volksbewaffnung nicht dem Unterdrückungsgeiste, sondern der Vertheidigung des heimathlichen Herdes dienen soll, da ist es gut, daß wann das heiligste häusliche Band sich knüpft, dem Manne und dem Weibe die

3 *

ernste Waffenpflicht für das Vaterland an heiliger Stätte vergegenwärtigt werde.

Ohne Zweifel hat jeder Mensch, auch der ärmste, ein Recht zur Ehe. Ob aber auch zu früher Ehe? zur Ehe auch dann, wenn weder sein Körper noch seine Verstandeskräfte reif geworden, wenn weder der Mann noch das Weib die erzeugten Kinder zu nähren, zu kleiden, menschlich zu bilden vermag? Und wenn auch dem Aermsten dieses Recht zugegeben werden mag, wird die Ausübung desselben nicht bedingt seyn durch das Recht des Reichen oder Arbeitsamen, der wohl zu Armensteuern angehalten werden, aber auch fordern kann: daß seine Steuern nicht zur Fütterung der Arbeitsscheuen, und nicht zur Vermehrung der Bettler dienen!

Wer frühe Ehen hindern wollte, würde die frühe Zeugung unehelicher Kinder statt ehelicher bewirken, ist öfter eingewendet worden. Diese Einwendung wird leicht durch die Naturgeschichte des Weibes widerlegt. Gewiß werden in der Hauptstadt, wo in der Regel späte Ehen geschlossen werden, vor der Ehe nicht so viel uneheliche Kinder gezeugt, als in diesen Thälern in früher Ehe eheliche!

Es ist eine bekannte Thatsache, die auch unter diesem Gebirgsvolke beobachtet wird, daß die Ehen der Bedürftigen fruchtbarer sind, als die Ehen der Begüterten. Da diese ihre Kinder nicht bloß füttern, sondern auch reinlich kleiden, und durch Erziehung bilden wollen, so bewirkt dieser Wunsch die Mäßigung, die wir meistens von dem Armen vergeblich erwarten. Nie wäre es der Fall gewesen, in den Städten dem zu schnellen Anwachs der Burgerschaften und der Begüterten Schranken zu setzen, während hingegen die Anhäufung der Volksklassen, die auf dem Lande ohne Güterbesitz, auf kleinem Raum zusammengedrängt, ohne Industrie wohnen, immer durch Gesetze verhütet werden sollte, die mittelbar streben würden, die Volksvermehrung in Schranken zu halten. Es wird freilich für bekannt angenommen, daß die mittelbar oder unmittelbar bewirkte Verhinderung früher und unbedachtsamer Heirathen nachtheilig auf die Sittlichkeit wirken, und daß sie die Heiligkeit des Ehebandes schwächen würde: aber was kann am Ende nachtheiliger, als die Armuth auf die Sittlichkeit des Volks wirken, und wie können wir ergreifender gegen die Unsittlichkeit zu Werke gehen, als wenn wir der wirksamsten Ursache der Armuth zuvorzukommen suchen, der Volksvermehrung nämlich, die mit den produktiven Kräften des Landes, das dieses Volk bewohnt und baut, oder vielmehr mit der industriellen Entwicklung dieses Volkes im Mißverhältniß steigt!

Die Verordnung von 1690, welche Eheleute, die sich leichtsinnig verbunden, straft, hob durch diese Strafe weder die Ehe noch ihre Folgen auf, und es fiel unvermeidlich ein Theil der Strafe auf die unschuldigen Kinder. Wenn kein Paar getraut würde, wo nicht der Bräutigam eine vollständige und bezahlte Kriegsrüstung aufweisen könnte; wenn Männer, die vor dem zwanzigsten Jahre sich verheirathen würden, eine größere, solche die nach dem fünf und zwanzigsten oder vor dem dreißigsten Jahre sich ehelich verbinden wollten, eine geringere Abgabe an die Armenkasse zu bezahlen hätten; wenn den Unverheiratheten nach dem fünf und zwanzigsten Jahre der Genuß der Gemeindsrechte, den Verheiratheten dieser Genuß ebenfalls erst nach dem fünf und zwanzigsten Jahre gestattet würde: es müßte eine solche Feststellung den Zweck gewisser erreichen.

Das nämliche Gesetz schließt, wie gewöhnlich unsere Armengesetze thun, diejenigen von der Unterstützung aus, die arbeiten können, und in der That eine größere Ungerechtigkeit kann gegen denjenigen nicht ausgeübt werden, der durch Fleiß und Industrie sich Vermögen erworben, oder so Erworbenes ererbt hat, als wenn dieser Begüterte sich durch Steuern, zur Fütterung von Müßiggängern von ihm expreßt, erschöpfen muß. Aber so leicht es ist, den Armen zur Arbeitsamkeit aufzufordern, so schwer ist es nicht selten, den Stoff zu dieser Arbeit ihm zu schaffen. Fabriken, wo keine sind, werden nicht so leicht gegründet und in Thätigkeit gebracht, und wo dem Armen nicht ödes Land zu Ansiedlungen und zum Anbau angewiesen werden kann, wo er hingegen immerfort von Almosen und von Armensteuern zehren darf, da werden die Verordnungen, die den Müßigen Arbeitsamkeit befehlen, nie die gewünschte Wirkung haben.

Die Armenverordnung von 1807 hat eine Lücke der vorhergegangenen Verordnungen ausgefüllt, indem sie befiehlt, den Armen auf den Allmenden Pflanzland anzuweisen. Wo Allmenden in hinreichender Ausdehnung sich vorfinden, und diese Verordnung vollzogen wird, da werden die Armen zur Arbeit angehalten, dem Bettel kann Einhalt gethan, und die drückendsten Armensteuern werden vermindert werden können. Im Hochgebirge haben die Allmendpflanzungen freilich seit langer Zeit den Druck der Armensteuern in vielen Gemeinden erleichtert, aber dennoch weder der Verarmung, die in den allgemeinen landwirthschaftlichen Verhältnissen ihre Quelle hat, abzuhelfen, noch der Vermehrung derjenigen Volksklasse Schranken zu setzen vermocht, die, ohne noch zu den Bettlern zu gehören, doch am Rande des Uebergangs steht, und nur zu oft mit den Lastern der Bettler keine Tugend des Wohlhabenden zeigt. Im Emmenthal, wo die Noth der Armensteuern am höchsten ist, finden sich keine Allmenden, und das Pflanzland, das die Hofbesitzer an öden Berghalden den Armen für einige Jahre überlassen, ist noch weniger im Stande, der Armuth und der Verschuldung abzuhelfen, als die Allmendpflanzungen der Oberländer.

Im Oberlande hat nur allein die Thalschaft Grindelwald versucht, in der Erbauung eines Armenspitals eine Zuflucht der Armenpflege zu finden; im Emmenthal hingegen haben viele Gemeinden theils große Gebäude zu diesem Zweck errichtet, theils solche mit bedeutenden Ländereien angekauft. Die Erfahrung anderer Länder, die Natur solcher Unternehmungen, und wohl auch unsere eigene Erfahrung erregen gegründete Zweifel, ob durch diese kostbaren Stiftungen jemals die Absicht der Gründer, die Verminderung der Armuth oder der Besteuerungen auf die Dauer erzielt worden sey. Die Kosten der Verwaltung und die noch größere Schwierigkeit, in dem Verwalter einen Mann zu finden, der uneigennütziger Menschenfreund, zugleich Menschenkenner, verständiger und thätiger Landwirth, Fabrikkenner, Buchhalter, der fest und sanft, gerecht und strenge, gütig und ernst sey: an dieser Schwierigkeit werden viele dieser Anstalten scheitern, und welche Gemeindeverwaltung wird dann muthig genug seyn, noch einmal zu versuchen, den Stein des Sisyphus mit geschwächter Kraft wieder bergan zu wälzen?

Ein großer Irrthum hat oft der Stiftung solcher Armenhäuser zum Grunde gelegen. Die Armenhäuser können nicht Fabriken seyn, wie gehofft worden ist. Nie werden Fabrikate in solchen Anstalten mit der Sorgfalt, mit der Kenntniß des Stoffs und des Mechanismus, mit der Kunst verfertigt, wie der Privatunternehmer sie zu seinem ausschließlichen Vortheil auf sein Fabrikat verwenden wird; und wenn auch der Absatz der Fabrikate von Armenhäusern so sicher wäre, als der Absatz der Fabrikate aus Privatwerkstätten, so würde das Gedeihen von diesen zu Gunsten der Armenhäuser gefährdet, und der Fabrikstand ärmer gemacht, um der Armenstiftung wahrscheinlich nur vorübergehend zu helfen. Wie, wenn die Gemeinden Sumiswald, Langnau und so viele andere, die ihren Armen so große Opfer gebracht haben, die Hunderttausende, die sie auf den Bau der Armenhäuser und der theuren Ländereien verwendet haben, dazu bestimmt hätten, Privatalpen im Emmenthal, im Kanton Luzern, oder in Bünden zu kaufen, und auf diesen Armenkolonien zu errichten? Hätten da nicht den Armen Weiden, und zu Wiesen und Pflanzungen tüchtiges

Land erbpachtweise, in den ersten sechs Jahren ohne Zins, dann später zu mäßigen Zinsen angewiesen werden können!

Wir dürfen nicht vergessen, daß nichts so sehr den wilden wie den verwilderten Armen sittiget, der Ordnung und dem Gesetze geneigt, der Unordnung und den Umwälzungen abgeneigt macht, als der Besitz und der Anbau von Landstücken, die, der Verbesserung empfänglich, die Arbeit lohnen, und den nöthigsten Bedarf des Lebens dem Fleißigen verschaffen können. Der Irrthum, daß wir im Hochgebirge weder die Voralpen, noch die mildern Alpen der Kultur und Bewohnung fähig hielten, hat wesentlich zur Verarmung vieler Gebirgsgegenden und zur Verschlimmerung der Sitten beigetragen. Es giebt Gemeinden im Emmenthal, die hunderttausend Franken auf die Bauten und Einrichtungen ihrer Armenhäuser verwendet haben, und nun in Gefahr stehen, den Zweck so großer Opfer verfehlt zu sehen. Für hunderttausend Franken hätten aber wohl fünfzehnhundert Jucharten Land auf den Emmenthalischen oder Luzernischen milden Alpen angekauft, und vielleicht hundert Haushaltungen der Armen für immer versorgt werden können. Wer die Schwierigkeit des Häuserbaus, der Feuerung, das unwirthbare Klima endlich einwendet, der denke an die Erdhütten der Nordländer, an die Feuerungsmittel der Bewohner von Avers und Realp *), an die blühenden Wiesen und die Wohlhabenheit so vieler Bergdörfer im Alpengebirge, die höher als die Emmenthalischen oder Luzernischen Alpen liegen; und wer bezweifelt, ob durch langen Müßiggang und durch Armuth erniedrigte Menschen in geselligen Verbindungen gedeihen können, der gedenke der Geschichte von Botany-Bay, wo durch Landbesitz die rohesten Verbrecher zur gesetzlichen Ordnung und zur Sittlichkeit zurückgeführt wurden.

*) Siehe die Reise des Verf. über den Gotthard und Bernardin. Seite 197.

Bei der Anlage unserer Armenhäuser scheint besonders die Wahl des Lokals getadelt werden zu können. In der Nähe unserer wohlhabenden, selbst luxuriosen Städte, Flecken oder Dörfer, wird der Sinn der Genügsamkeit und der Sinn der Einfachheit, ohne den keine Armenanstalt gedeihen kann, weder leicht geweckt noch genährt, und wer eine Armenstiftung mit fruchtbaren Ländereien dotirt, und auf so fruchtbare, statt auf unbebaute Ländereien das Armenhaus erbaut, der beraubt zum Voraus die Anstalt des wichtigsten Gegenstandes der Beschäftigung, der Landverbesserung nämlich, die größern und sichern Vortheil, als keine Fabrik gewährt.

Welche Fabrikarbeiten in unsern Armenhäusern, welche überhaupt in unsern Gebirgen gedeihen könnten? diese Aufgabe ist schon oft gegeben, aber noch nicht befriedigend gelöst worden. Es ist wohl dringend, einer armen, gar nicht, oder nicht hinreichend beschäftigten Bevölkerung durch Fabrikanstalten diese Beschäftigung zu verschaffen; und doch scheint es noch dringender, unsere Landwirthschaft und unsere Forstwirthschaft auf denjenigen Grad der Vollkommenheit und Ausdehnung zu erheben, welcher sie in jedem Landestheil nach seiner Natür empfänglich ist. Der Nationalwohlstand wird wohl sicherer und höher begründet, wo der Flor der Fabrikation auf den höhern Flor der Landwirthschaft und der Viehzucht gegründet ist, als wo umgekehrt die Vervollkommnung von dieser erst von dem Gedeihen und der Wirkung der Fabrikation erwartet werden soll. Jeder Zeit indessen werden, neben den Produkten der Viehzucht, Wollfabriken und Gerbereien, und es werden die Fabriken, die Holz als rohen Stoff verarbeiten, der Natur und den landwirthschaftlichen Verhältnissen unserer Gebirgsgegenden am besten zusagen, wenn auch schon gegenwärtig im Hochgebirge keine einzige Wollfabrik besteht, die Tücher für die Ausfuhr liefert, wenn wir gleich den Franzosen jetzt noch feine Tücher und Leder, den Deutschen sogar hölzerne Schachteln abkaufen. Warum

Bern und Freiburg, die einst die blühendsten Lederfabriken besaßen, nun französisches, deutsches und russisches Leder kaufen, das könnte der Gegenstand einer Preisfrage werden, deren Lösung von hohem vaterländischem Interesse wäre *). Wir versuchen hier nur einige Ursachen des Verfalls unserer Schafzucht anzuführen, da dieser Gegenstand mit den wirthschaftlichen Verhältnissen des Hochgebirges, und mit den Ursachen der Armuth, die wir erforschen, in näherer Beziehung steht. Angenommen auch, daß unsere Schafe von den gewöhnlichen Racen in einem jeden Tag der Winterung nur drei Pfund Heu, mithin während zweihundert Tagen sechs Zentner verzehren, so kann, bei der Theurung des Heulandes und bei den gewöhnlichen Heupreisen, wenig Gewinn bei der Schafzucht, sondern es muß oft Verlust herauskommen, wenn der Zins der Sömmerung, der Hirtenlohn, die Gefahren der Sömmerung und andere Ausgaben der Winterung gegen den Werth der Schur und des Lammes abgewogen werden. Es werden keine Kartoffeln oder Wurzelgewächse, und noch weniger Stroh den Schafen verfüttert; sie werden nicht gemolken, und können also von den Armen nicht so leicht gehalten werden, die der Ziegenmilch noch mehr als der Wolle bedürfen: es sei denn der Fall, daß die Schafe wohlfeiler, als durch die Heufütterung geschehen kann, den Winter über genährt werden könnten. Diesen Vortheil wohlfeiler Winterung gewährt nun die Fütterung mit Baumblättern, und es haben sich in einigen Thälern, wo die zur Fütterung dienenden Blätter in großer Menge zu haben sind, nicht nur die Ziegen, sondern auch die Schafe vermehrt, obgleich da die Anzahl der Kühe sich zu gleicher Zeit nicht vermehrt, sondern vermindert hat. Die Lauterbrunnen- und Lütschenthäler sind in diesem der Schafzucht günstigen Fall, weil in diesen Thälern die steilen Berg-

*) Diese Preisfrage ist wirklich von der ökonomischen Gesellschaft von Bern ausgeschrieben worden.

hänge fast im Ueberfluß vorhanden sind, wo wegen Felsen und Steintrümmern weder Aufbrüche zur Pflanzung von Lebensmitteln, noch die Weide, noch ohne zu viele Mühe das Mähen des da wachsenden Grases statt haben kann, und wo daher die Halden bald von selbst mit mehr oder weniger nützlichen Sträuchern überwachsen. Wir führen einige nicht unwichtige Erfahrungen dortiger Landleute über die Fütterung mit Baumblättern an.

Von dem Laub und den zarten Zweigen der Rothtannen werden öfters die Schafe gefüttert, ohne daß nachtheilige Folgen von dieser Fütterung verspürt werden. Die Zweige und Blätter der Weißtannen werden sowohl von den Schafen als den Ziegen den Rothtannen vorgezogen, allein die Fütterung mit Weißtannenblättern hat bei den Ziegen den Nachtheil, daß ihre Milch davon einen unangenehmen Beigeschmack erhält, und daß, wenn trächtige Schafe oder Ziegen zu freigebig damit gefüttert werden, dann leicht zu frühe Geburten erfolgen. Das Buchenlaub und die jungen Zweige dieses Baums geben, so lange sie noch zart sind, bis in den Brachmonat ein vorzügliches Futter für Schafe, Ziegen und Kühe. Wenn im Frühjahr die Kühe auf die Wiesen zur Weide getrieben werden, so soll die Gefahr des Blähens, die in dem jungen Gras so oft eintritt, vermieden werden, wenn, ehe des Morgens die Kühe den Stall verlassen, denselben ein Büschel junges Buchenlaub gegeben wird. Die Butter erhält einen vorzüglichen Geschmack und eine gelbe Farbe, wenn die Kühe im Frühjahr mit Buchenlaub gefüttert werden, und diese Fütterung ist auch eine der zuträglichsten für Schafe und Ziegen. In einem einzigen Bergdorfe ist dem Verfasser versichert worden, daß wenn im Frühjahr auf der Weide die Kühe zu viel Buchenlaub geniessen, sie zwar sehr reichlich Milch geben, aber dann leicht von einer Krankheit befallen werden, die der Oberländer Landmann mit dem Namen:

„weidsiech“ bezeichnet, und die sich durch Abnahme der Kräfte und der Milch äussere, aber nicht gefährlich sey.

Weißellern, die an den Gebirgsströmen und auf Bergschutt so häufig wachsen, geben den Schafen durch ihre Blätter eine reichliche Nahrung; jedoch dürfen sie nicht zu reichlich damit gefüttert werden, weil bei dieser Fütterung die Schafe leicht von der Egelkrankheit befallen werden sollen. Da die Ellern aber häufig auf feuchtem Erdreich vorkommen, so mag für Wirkung der Blätter gehalten worden seyn, was Wirkung genossener Sumpfpflanzen war. Zweige und Blätter von Ulmen, Linden, Eschen, Haseln, Ahornen, Pappeln, Vogelbeerbäumen und Weiden geben ebenfalls ein gutes Futter für die Schafe. Alle Landleute in dem hiesigen Gebirge wissen das, und doch hat noch keiner auf den ausgedehnten, wüsten Berghalden, wo nichts sonst nutzbar gedeihen könnte, diese Gewächse durch Saat oder Pflanzung zu vermehren gesucht. Ein Vater, der zwei 8 bis 12 Jahr alte Kinder hätte, könnte das ganze Frühjahr hindurch diese Kinder mit dem Einsammeln des Laubfutters beschäftigen, und leicht auf diese Art ohne Kosten mehrere Schafe durchwintern. Freilich beschäftigt während eines Theils der guten Jahrszeit das Herbeischaffen des Brennholzes die Kinder fleißiger Hausväter, und wegen des dringenden Bedarfs der Streue von Blättern für die Winterung des Viehs, dürfen auch die mit Sträuchern oder einzelnen Futterbäumen bewachsenen, wüsten Berghalden nicht ganz für den Bedarf der Fütterung benutzt werden; allein eben aus diesem Umstand ergiebt sich die Nothwendigkeit und der Vortheil der künstlichen Vermehrung solcher Gewächse auf Standorten, wo der Boden durch keine andern Kulturen benutzt werden könnte. Im Berner Oberland werden oft von Kindern ganze Ladungen von Epheublättern zur Fütterung der Schafe und Ziegen während des Winters gesammelt, und dieser Strauch, der so wenig Erde und fast kein nutzbares Land fordert, der seine

Nahrung so zu sagen aus nackten Felsen zieht, könnte also, wenn er künstlich angezogen würde, alle unsre nackten Felsen in den milden Thälern bekleiden, und wenn alles mit Schnee bedeckt wäre, den Schafen grüne Fütterung gewähren. Gewiß ist es nicht die Natur, die uns Gaben in diesen Gebirgen verweigert; es ist die Schläfrigkeit und Geistesarmuth des Volkes, die sein Elend verschuldet.

Von der Möglichkeit, im Hochgebirg einen grossen Theil der Waldungen mit solchen Holzarten in Bestand zu setzen, die nicht bloß zu Befriedigung des Holzbedürfnisses, sondern auch zum Fütterungs- und Düngungsbedarf der Thäler dienen, und von der Möglichkeit, auch den gegenwärtigen Bestand dieser Wälder jenem Zwecke gemäß zu behandeln, wird bei einer andern Gelegenheit noch ausführlicher, als schon geschehen *), gesprochen werden, und es wird nun, da wir von Vermehrung wohlfeiler Fütterungsmittel für die Winterung der Schafe gesprochen haben, noch einiges über die inländischen oder einheimisch gewordenen Schafracen, und über unsre Schafalpen zu bemerken seyn.

Die am allgemeinsten in diesem Gebirg verbreiteten Schafracen, das gewöhnliche und das große sogenannte Frutigschaf, tragen nur grobe Wolle, von welcher das Pfund gewaschen nicht mehr als 8 bis 9 Batzen gilt; das Flämsche**) Schaf hingegen, das einzige bei uns noch einheimisch gewordene, trägt feine Wolle, die den doppelten Werth im Handel hat. Das Flämsche Schaf erträgt das Klima auf unsern Alpen immer so gut, als das rauhhäärige, einheimische Schaf, und der Grund, warum demungeachtet die Vermehrung von jenem nicht mehr begünstigt wird, ist nur allein darin zu suchen, weil von den hiesigen Landleuten gar nicht auf Veredlung der Racen gesehen, und auf den Schafalpen

*) Siehe die Reise über den Gotthard und Bernardin, S. 133.

**) Flamändische?

keine Veranstaltung getroffen wird, die Reinheit der bessern zu erhalten, oder die zufälligen Vermischungen zu verhüten. Dann hat auch unser einheimisches, rauhhääriges Schaf, dessen Fleisch und Felle überdieß besser sind, die Eigenschaft, schlechtes Futter leichter ohne Nachtheil für seine Gesundheit zu vertragen, und es hält auch die eingeschlossene, dumpfige Luft der gewöhnlichen Kuhställe besser aus, als das Flämsche, das, insonderheit im ersten Jahr seines Lebens, in diesen ungesunden Ställen und bei schlechtem Futter sehr leicht verdirbt. Dieser Umstand wird immer die Vermehrung der Flämschen, und wird auch immer die Vermehrung der Spanischen Race in unserm Hochgebirg verhindern, da nach gemachten Erfahrungen die Spanischen Schafe eben so sehr, als die Flämschen, in der dumpfen Luft unserer Dorfstallungen leiden, und, besonders wenn sie zur unrechten Zeit geschoren, und bald nach der Schur auf den Bergen Gewitterregen ausgesetzt werden, haufenweise verderben. Da von den hiesigen Landleuten die Schafe den Winter hindurch nie in eigenen, sondern immer in den niedrigen, erdrückend heissen Kuhställen gehalten werden, wo sie zum Theil von den Abfällen des Futters der Kühe sich nähren; so müßten zuerst die Stallungen anders eingerichtet, und die Schafe nur während der Fütterung der Kühe in die Kuhställe gelassen werden, die dann bei jedesmaliger Fütterung dem Zutritt frischer Luft geöffnet werden müßten. Es ist Volksgewohnheit, im Winter in drückend heissen Zimmern zu wohnen, und zum Nachtheil der Viehzucht, besonders der Schafzucht, wird diese Gewohnheit als eingebildetes Bedürfniß auf die Stallungen des Viehes übergetragen. Die fremden Schafe, die während des Sommers auf unsern hohen Alpen immer in freier Luft, und Tag und Nacht jeder Witterung ausgesetzt bleiben müßten, würden diese raschen Uebergänge um so weniger vertragen.

Die Art, wie unsre Schafalpen benutzt werden, bringt

ebenfalls unsrer Schafzucht die größten Nachtheile. Daß bei uns eine Schafalp verbessert, zugänglicher gemacht, und künstlich mit Schutz und Obdach für die Schafheerden versehen werden könne: daran hat kaum noch einer unsrer Landleute gedacht. Es giebt noch seltner Privat-Schafalpen, als Privat-Kühalpen, und nie wird der Besitzer einer Schafheerde selbst mit dieser, sey es auch nur auf kurze Zeit, die Alp beziehen. Dem Lohnhirten ist es gleichgültig, ob die seiner Hut anvertrauten Schafe fein- oder rauhhäärig seyen, ob sie unter spätem oder frühem Schnee zu Grunde gehen, ob die Schafalp an Fruchtbarkeit gewinne oder verwildere: er hat die Schafe nur vor wilden Thieren zu sichern, und diese sind nicht die gefährlichsten Feinde unserer Schafzucht. Wir werden im Verlaufe dieser Schrift die Schafalpen der Bündner, die von den Bergamaskern gepachtet werden, mit den Schafalpen unsers Gebirgs vergleichen, und zu zeigen uns bemühen, daß die Art, wie die Alpen der Bündner benutzt werden, die Verbesserung der Schafzucht ungleich mehr begünstigen, und vortheilhafter für den Besitzer seyn müsse, als die Art, wie die Schafalpen in unserm Gebirg benutzt werden. Mit Recht ist oft beklagt worden, daß ein Industriezweig, welcher der Natur unsers Landes so angemessen wäre, die Wollfabrikation nämlich, so sehr darniederliegt; ein Industriezweig, der andre Völker bereichert, die nie so wohlfeil, wie wir, wenn wir wollten, die Wolle erzeugen könnten; ein Industriezweig endlich, dessen Fabrikate immer Bedürfniß, also immer von der Mode und von den Handelsverhältnissen unabhängig wären, dessen Vernachlässigung uns jährlich nicht zu berechnenden Nachtheil bringt, und durch dessen Aufblühen eine ungeheure Ausdehnung Landes in unserm Gebirge einen höhern Werth erhalten könnte.

Die Einführung der feinhäärigen Ziegen von Thibet würde, nebst der Veredlung und Verbesserung der Schafzucht, den Bewohnern unserer Hochgebirge die wichtigsten Vortheile versprechen. Unsre Ziegen gewähren der armen Bevölkerung eine Erleichterung, die wir nicht verkennen, vielmehr gewürdiget haben; die Thibetanischen Ziegen würden aber ähnliche gewähren, und überdieß rohe Stoffe zur Begründung einer Fabrikation liefern, die in der Natur unsers Landes, und in einem dauernden Bedürfniß die Bürgschaft des Gedeihens fände. Wir stützen unsre Ueberzeugung auf folgende Thatsachen, die zugleich den Zweifel der Verträglichkeit dieser Thiere mit dem Klima unsers Hochgebirgs widerlegen mögen *).

1) Die Thibetanische oder Kachemirziege nährt sich auf hohen Gebirgen ihres Stammlandes eben so leicht, als unsre Ziege; sie ist dazu weniger naschhaft, mithin nicht so verderblich für den Baumwuchs; sie setzt nicht so gerne über Zäune und Einfristungen, und hält sich auf der Weide, wie die Schafe, in gedrängtem Trupp zusammen, kann also leichter, als die unsrige, gehütet, und von jungem Baumwuchs entfernt gehalten werden.

2) In den Asiatischen Gebirgen gedeihen diese Ziegen besser in kalten und rauhen Gegenden, und gewinnen da ein feineres Haar, als in wärmern. In Gebirgsgegenden, wo das Reaumürische Thermometer im Winter auf 20 Grade unter 0 stand,

*) Diese Angaben sind aus gütigen, mündlichen Mittheilungen des Herrn Amedee Jaubert, gewesenen Französischen Gesandten in Persien, entnommen, der seinem Vaterland durch Einführung der Kachemirziegen eine große Wohlthat erwiesen; sie sind zum Theil auch in der folgenden, merkwürdigen Schrift enthalten: Notices sur les Chèvres de Cachemir par Mr. Polonceau. Paris 1824.

Die Regierung des Kantons Bern hat wirklich eine kleine Heerde Thibetanischer Ziegen angekauft, um die Einführung derselben im Hochgebirg zu versuchen. Die HH. Rathsherr und Major von Lerber haben zuerst dieses hoffnungsvolle Unternehmen in Anregung gebracht.

stand, fand Herr Jaubert die schönste Ziegenzucht. Die Kachemirziegen, die nach Indien in warme Klimate geführt wurden, bekamen Hautkrankheiten, und verdarben.

3) Die Kachemirziegen können jede des Jahrs bis auf ein halbes Pfund seidenartige Wolle geben, die den Thieren ausgekämmt, und zu den bekannten so feinen und köstlichen Geweben verarbeitet wird. Ausser dieser feinen Wolle können die gröbern langen Haare (Jarre), welche die feinere Bekleidung decken, zu gröbern Geweben dienen.

4) Die Milch der Kachemirziegen ist nutzbar, wie die Milch unsrer einheimischen; sie sollen freilich nicht so viel, als diese geben, weil, wo die Kachemirziegen zu Hause sind, mehr auf die Nutzung der Haare, als der Milch gesehen wird; durch Kreuzung mit den unsrigen könnte wahrscheinlich eine reichlichere Milchabsonderung, und zugleich der feine Haarwuchs bewirkt werden.

5) Die Kachemirziegen sind bereits in grossen Heerden auf die Französischen Pyrenäen versetzt worden, wo sie gut gedeihen, und wirklich zu Verfertigung der köstbaren Gewebe den rohen Stoff liefern.

Bestimmtere Erfahrungen würden immerhin zeigen müssen, welche Vortheile für unser Hochgebirg sich von der Einführung dieser nutzbaren Thiere ergeben könnten, und in wiefern neben oder an dem Platz der Schafe die Zucht der Kachemirziegen zu begünstigen wäre. Unsre so großen Schafalpen und Wälder bieten für die Sömmerung, unser Waldboden für die Blätterfütterung im Winter so vielen Vorschub dar, daß wir uns der Hoffnung hingeben dürfen, aus der Einführung dieser Ziegenart unserm Vaterland eine Quelle des Wohlstandes entstehen zu sehn.

Die inländische Schafzucht zu verbessern, die Wollfabrikation in Thätigkeit zu bringen, der Verarmung vieler tausend Gebirgsbewohner dadurch Schranken zu setzen, dafür wäre ein einfaches Mittel in unsern Händen. Die Bewohner des

4

Thales Frutigen, sagen alte Chroniken, beschlossen einmüthig, so lange kein Fleisch zu verzehren, bis sie sich durch Ersparnisse von lästigen Steuern frei kaufen könnten, und, wie die Sage lautet, hielten sie beharrlich Wort, und erlangten durch Entsagung zu Gunsten ihrer Nachkommen die Steuerfreiheit. Wenn in unsern Hauptstädten und Landschaften die Reichen und Vermögenden die Liebe für das Vaterland walten liessen, die jene Hirten für ihr Thal belebte; wenn sie in vaterländischem Stolz den Entschluss fassen könnten, so lange, als die Handelssperrungen dauern, kein französisches Tuch mehr zu gebrauchen; wenn dieses Beispiel von den Landstädten und von den wohlhabenden Landleuten nachgeahmt werden könnte: es würde ohne Zweifel ein solcher Entschluss jene wichtigen Zwecke befördern, und wo eine solche vaterländische Gesinnung auch auf andre Gegenstände des Verkehrs mit unsern, im Friedenszustand so unfreundlich gegen uns handelnden Nachbaren angewendet werden könnte, da würden keine kostbaren Sperranstalten nöthig seyn, und unser inländische Handel sich wieder beleben.

Man hat oft Berechnungen gemacht, wie grosse Summen durch den Verbrauch der Kolonialwaaren für die Belebung der inländischen Produktion verloren gehen *). Dagegen ist

*) Es möge hier die ungefähre Berechnung von dem Verbrauch der Kolonialwaaren, und der wesentlichsten Gegenstände der jährlichen Konsumtion in den Bernerschen Oberämtern Interlacken und Oberhasle stehen, da dieser Verbrauch, in Verbindung mit der Schilderung des Zustandes der Landwirthschaft in diesem Hirtenlande, über die Ursachen seiner Verarmung Licht verbreitet.

Im Jahre 1822 sind folgende Produkte von Thun hinauf zu Schiffe nach dem Oberlande geführt worden:

An Tabak	45,904	Pfund.
An Oehl (meistens Brennöhl) .	18,166	-
An Kaffee	21,501	-

oft, und nicht ganz ohne Grund, bemerkt worden, daß das Kaffeegetränk für den Armen nährend und wohlfeil zugleich

---

An Zucker	12,111	Pfund.
» Leder	10,348	»
» Seife	6,572	»
» Kerzen (von Unschlitt) . .	2,926	»
» Cichorien	2,170	»
» Tüchern, Garn und Wolle .	4,300	»
» unverarbeitetem Eisen . .	22,841	»
» Honig	914	»
» Getreide (mit Inbegriff von 154,650 Pfund Mehl) . .	510,000	»
» Salz	374,000	»
» Wein (ohne den Wein zu rechnen, der an den Ufern des Thunersees wächst)	91,100	Maaß.
» Branntwein	2,7[illegible]	»

Wenn wir annehmen, daß die fremden Reisenden $1/4$ des verbrauchten Weins, $1/10$ des verbrauchten Getreides, Kaffee's, Zuckers rc. verzehren, so wird der Rest [illegible] auf unbedeutende Ausnahmen von den Oberländern selbst verzehrt. Ueber den Susten und den Brünig geht kein Waarentransit; eben so wenig wird nach andern Oberämtern durchgeführt. Ueber den Grimsel gieng vormals nach Wallis etwas Tabak, Kaffee, Zucker; seit den veränderten Handelsverhältnissen nicht mehr. Was den Tabak anbetrifft, so besteht im Wallis seit mehrern Jahren die merkwürdige, obrigkeitliche Verordnung, daß kein Walliser vor dem 25. Jahre seines Alters rauchen darf. Die Angabe des konsumierten Weins ist noch unter der Wirklichkeit, weil eine ziemliche Quantität aus dem Italienischen Ossolathal über den Grimsel eingeführt wird, die hier nicht geschätzt worden ist.

Es ist wohl kein Ländchen, in dem jede Aus- und Einfuhr so sicher, wie in diesen beiden, durch den See und durch hohe Bergketten abgeschlossenen, Oberämtern bekannt werden könnte, und wer über den Irrthum der sogenannten Handelsbilanzen sich Gewißheit, und über seine Folgen in Bezug auf Hemmung des Völkerverkehrs sich Licht verschaffen wollte, würde hier reichen Stoff zur Belehrung und zum Nachdenken finden. Unter jenen

4*

sey. Aber wenn der Arme nur immer Land zu Kartoffelpflanzungen hätte, wenn er dann das Geld, das er sonst auf den Ankauf des Kaffee's verwandte, auf den Ankauf von Butter und Milch verwenden würde: es wäre gleich für seine Ernährung gesorgt; und wo der Städter, oder wenigstens die städtische Jugend (das Alter läßt nicht von Gewohnheiten), wieder wie ehemals ohne die indischen Produkte sich nähren könnte: es würden solche Entbehrungen nach Art der alten Frutiger, wenn sie allgemeiner werden könnten, den Produkten unserer Landwirthschaft einen höhern Werth, einen sichern Absatz geben, das allgemeine Sinken des Landpreises verhüten, und mächtig auf die Belebung und Erhöhung des innern Verkehrs und Wohlstandes wirken. Die Schweiz zählt so viele Gesellschaften von Männern, die Liebe zu den Wissenschaften und Liebe zu dem Vaterland vereinte. Wie, wenn alle Mitglieder dieser Gesellschaften einmüthig sich verbinden würden, die Waaren desjenigen Nachbarlandes zu verschmähen, das am feindlichsten gegen unsern Handel verfährt; wenn jeder in seinem Kanton, in seinem engern Kreise sich bestrebte, durch sein Beispiel zur Nachahmung zu bewegen? Ist denn der vaterländische Wohlstand weniger wichtig, ist sein Gedeihen weniger erfreulich für edle Männer, als die Harmonie der Töne, als die Bildungen und Fortschritte der Künste, als das Erforschen der Kräfte der Natur in den Vereinen der Eidgenossen? Und wenn die Sprecher der Kantone

---

mitgetheilten Angaben des Verbrauchs ist nichts begriffen, was in den Waarenhäusern als „Krämerwaar", und unter der Aufschrift „divers" eingeschrieben ist. In wiefern Produkte eingeschwärzt worden, die auf keine Kontrolle kommen, können wir nicht beurtheilen. Jede der obigen Angaben des Verbrauchs giebt übrigens einen reichhaltigen Text zu Betrachtungen über das Bedürfniß und die Industrie dieser Thäler. Die Bevölkerung der beiden Oberämter mag zu 17,000 Seelen geschätzt werden.

an ihrem Bundestag, wenn sie, die Ersten und Mächtigsten, deren Beispiel am sichersten wirkt, mit ähnlicher Entsagung voranzugehen sich verpflichteten *)?

Der Mangel an Fabriken in hiesigem Gebirg, besonders der Wollfabriken, findet, wie oben bemerkt worden ist, seine Erklärung zum Theil in den landwirthschaftlichen Verhältnissen. Industriose Fremde, die durch Kapitalbesitz unabhängig wären von diesen Verhältnissen, oder von den Vorurtheilen und Gewohnheiten, die so fest in die Natur abgeschlossener Bergvölker verwachsen, solche Fremde siedeln sich in diesem Gebirg keine an. Daß keine Unterwaldner sich hier an den Seeufern niederlassen, daß zwei kleine, stammverwandte, verbündete, so nahe benachbarte Völkerschaften, wie die Unterwaldner und Berner Oberländer, sich so fremd geblieben sind, daß kein einziger Oberländer jenseits, kein Unterwaldner diesseits des Brünigs sich jemals [illegible] langer Zeit niedergelassen, daß eben so lange nie sich He[illegible]en zwischen beiden gemacht haben, ist nur zum Theil durch den verschiedenen Kultus erklärt; auch Glar[illegible], die sonst die ganze Welt durchwandern, siedeln hier sich nicht an, und eben so wenig Berner aus den untern Landschaften, die doch mit diesen Oberländern des nämlichen religiösen Glaubens sind. Daß — die Geistlichen ausgenommen — keine Städter

*) Die Schrift des Herrn Karl von Wattenwyl: „über freiwillige Verzichtleistung auf unnütze Bedürfnisse ꝛc.,“ hat mit tiefem Gefühl und herzlich eine ähnliche Ansicht ausgesprochen. Die entgegengesetzte Ansicht, in Folge welcher nur durch gegenseitig ungehinderten Handelsverkehr zwischen den Staaten jemals sich ergeben kann, welche Produkte und Fabrikate der Natur des Bodens, der physischen Lage eines jeden, und den Anlagen ihrer Bewohner entsprechen, und also am wohlfeilsten und vortheilhaftesten erzielt werden können: diese Ansicht soll hier nicht mit einem Vorschlag bestritten seyn, der nur durch besondere Umstände Geltung erhalten hat, und veranlaßt worden ist.

hier sich angesiedelt oder angekauft haben, ist als auffallende Thatsache schon bemerkt worden, und eben so der gänzliche Mangel an bildender Erziehung, die nie, auch nicht den Söhnen der wohlhabenden Oberländer, zu Theil wird. Fahrbare Strassen längs den Ufern der beiden See'n, über den Grimsel und den Susten, könnten vielleicht allein industriose Schweizer aus andern Kantonen, oder Städter und Fremde anlocken, sich in diesem Gebirg niederzulassen, und den armen Gedankenkreis dieses Völkchens mit neuen Ideen der Betriebsamkeit bereichern; und wenn wir hier den Wunsch solcher neuer Ansiedelungen aussprechen, so steht derselbe in keinem Widerspruch mit der Behauptung, daß die Bevölkerung in diesen Bergthälern im Mißverhältniß mit ihren Erzeugnissen zunehme. Es ist das Hochgebirg nicht in Bezug auf die absolute, sondern in Bezug auf die relative, produktive Fähigkeit des Landes und seiner Bewohner überbevölkert zu nennen, und es steigt die Bevölkerung mehr im Mißverhältniß mit dem wirklich bewohnten und angebauten Lande, und mit der industriellen Bildung und Thätigkeit seiner Bewohner, als im Mißverhältniß mit den produktiven Kräften des bewohnten und unbewohnten Landes, und den Bildungsanlagen des Volkes. Wenn wir also zeigen können, daß die unbewohnten und unangebauten Voralpen, daß ein Theil der unbewohnten und unbebauten Hochalpen des Anbaus und der Bewohnung fähig sind, daß Fabrikationszweige in diesen Thälern blühen könnten, so würde unsre Sorge bei dem Anblick der steigenden, verarmenden Bevölkerung wenigstens für die Zukunft gemildert, und der Fremde, der hier mit Kapitalien, oder mit Erwerbssinn und Thätigkeit sich in diesen Dörfern niederlassen würde, müßte uns willkommen seyn.

Die Voralpen der Brienzer z. B., und so auch die meisten Voralpen in den Thälern des Bernerschen Hochgebirgs, liegen noch unter der Vegetationsgränze des Kirschbaums, oder doch der Buche, und auf allen könnte mithin Kartoffelbau, der Anbau mehrerer Cerealien, Kleebau, Flachsbau, und so auch der Anbau einiger Oehlgewächse mit Vortheil Platz finden. Dunkle Sagen schon führen zu der Vermuthung, daß in längst verflossenen Zeiten auf den Vorsassen der Berner, und namentlich bei Brienz, unter der Axalp z. B. und unter der Planalp, bewohnte Dörfer gestanden, und einige Lokalbenennungen, wie z. B. die Kapellen-Matten, die Hausstätte ꝛc., hoch an den Abhängen der Planalp, geben der Sage noch mehr Gewicht, daß hier ein bewohntes Dorf gestanden, das durch die sogenannte Ramserenlauinen zu Grund gerichtet worden. Das Geschlecht der Ab Planalp, das noch jetzt in Brienz verbreitet ist, soll von einem Kinde abstammen, das allein lebend aus dem Lawineschnee gezogen, und nach dem Dorfe benannt wurde, da es zu jung war, um über seinen Geschlechtsnamen Auskunft zu geben. Der Name von Ottmarschwendi, alten Lehengütern, die nun als Voralpen benutzt werden, deutet auf alte Ansiedelungen, [illegible] unweit Ottmarschwendi, auf den Voralpen des Teuffenthals, haben alte Männer von Brienz noch unter dem Dache eines vor Alter zusammenfallenden Hauses Bruchstücke eines Pfluges gesehen. Aehnliche Beispiele zeigen, daß auch in andern Thälern des Bernischen Oberlandes in alten Zeiten die Voralpen bewohnt gewesen, und wo, wie in diesen Thälern, die Bevölkerung auf einem zu kleinen Raume in die Dörfer zusammengedrängt ist, wo aus dieser Uebervölkerung so viele und so große Nachtheile entstehen, da würden Ansiedelungen auf den Vorsassen wohl wünschenswerth zu nennen seyn.

Für Brienz und andre Dörfer in ähnlicher Lage hätten unläugbar solche Ansiedelungen auf den Voralpen den großen Vortheil, daß sehr ausgedehnte Ländereien besser benutzt, daß eine größere Menge von Lebensmitteln und rohen Fabrikstoffen erzeugt würde, daß das große Mißverhältniß in den Preisen des Wiesenlandes bei den Dörfern vermindert, die Vereinigung größerer Güter in einer Hand und in die nämlichen Einschläge erleichtert würde; daß durch Ansiedlung der Besitzer auf den Vorsassen ein nicht zu berechnender Zeitgewinn für sie Statt fände; daß endlich nun erst an Fabriken gedacht, und auf Verbesserung der Sitten eingewirkt werden könnte.

Wie aber könnte die Umänderung von landwirthschaftlichen Verhältnissen, von Lebensgewohnheiten, die nun seit Jahrhunderten eingewurzelt sind, bewirkt werden? Die Regierungen können das Wenigste thun, und sie haben das Mehrste gethan, wo sie Hindernisse des Bessern aus dem Wege räumen; aber das Volk, das nun seit so langer Zeit so wenig Neues in der Bewirthschaftung seines Landes aus eignem Antrieb unternommen hat, wird noch lange nichts aus eignem Antrieb unternehmen. Es fehlt wohl an fahrbaren Verbindungsstraßen, die das Landvolk des Bernischen Oberlandes mit den angrenzenden Kantonen, mit den Landschaften des eignen Kantons, und mit Italien in Verbindung setzen; aber selbst dann, wenn diese Verbindungsstraßen ausgeführt wären, so fehlen noch unternehmende, fleißige Ansiedler, die, angezogen von unsern menschenfreundlichen Einrichtungen, sich in diesen Landschaften niederlassen würden.

Wir können, da wir so Vieles über die Ursachen der Verarmung unserer Gebirgsbewohner gesprochen, nun nicht umhin, der Armenpflege in diesen Thälern zu gedenken, die hier und anderswo so selten der Armuth entgegenwirkt, so oft ihre Vermehrung begünstigt.

Die ältern Armenverordnungen, besonders die von 1676, setzen eine gleichmäßige Vertheilung der Armen auf die Gemeinden fest, und diese Vertheilung hatte in jener Zeit noch weniger Schwierigkeiten, da die Armengüter in einzelnen Gemeinden noch nicht wie jetzt gebildet, die Dorf-Bürgerrechte noch nicht wie gegenwärtig geschlossen waren. Das Gesetz von 1807 legt nun jeder einzelnen Dorfgemeinde besonders die Verpflichtung auf, für die in ihr verburgerten Armen zu sorgen, und in der That würde, da jede Gemeinde bald grössere, bald geringere eigene Armengüter, bald mehr, bald weniger Allmenden, Wälder, oder andere bürgerliche Nutzungsrechte zu geniessen hat, die gleichmäßige, gerechte Vertheilung der Armen auf alle Gemeinden eines Oberamtes, oder auch nur auf alle Dorfgemeinden eines Kirchspiels den grössten Schwierigkeiten unterliegen. Das Gesetz von 1807, das die Armenpflege den bestehenden Einrichtungen anzupassen suchte, hat aber eben aus diesem Grunde dem kläglichen Zustande des hiesigen Armenwesens nicht abhelfen können, das einer radikalen Reform bedarf, wenn je die humanen Absichten unsrer Regierung, und die vernünftigen Forderungen der Armenpflege erfüllt werden sollen. Da jede, auch die kleinste Dorfgemeinde, die Verpflichtung auf sich hat, für ihre Armen zu sorgen, so müßten auch in jedem kleinsten Gebirgsdorfe Vorgesetzte gefunden werden, die zwischen verdienter und unverdienter Besteuerung, zwischen Fütterung der Armen und Bildung zum Erwerb, zwischen menschenfreundlicher und vernünftiger Unterstützung der Armuth und Aufmunterung des Müssiggangs unterscheiden, und fest, milde und gerecht gegen jeden die Verwendung der Armensteuern und den Ertrag der Armengüter leiten und verwenden könnten. Wie ist das aber in unsern kleinen Dorfgemeinden zu hoffen, wo von diesen Erfordernissen einer guten Armenpflege oft keine Spur gefunden wird!

Ueberall ist in den Oberländischen Dörfern die Armenpflege ganz in den Händen der Vorgesetzten, und ausser der Korrespondenz und der Entrichtung von Steuren, die in einzelnen Unglücksfällen immer mildthätig aus der Staatskasse fliessen, ist den Pfarrern keine Befugniß, weder in Bestimmung der Steuern, noch in Verwendung des Armengutes gegeben. Kranke oder alte, ganz zur Arbeit untüchtige Arme werden jährlich mit 1, 2 bis 3 Louisd'or unterstützt; Kinder der Armen, die nach dem Tode ihrer Eltern der Gemeinde zur Last fallen, werden nie zu irgend einem Beruf oder Handwerk gehörig ausgebildet, sondern gewöhnlich solchen Landleuten an die Kost gegeben, welche für die Ernährung und Kleidung der Waisen die geringste Summe fordern. Wo diese Art von Versteigerung der Waisen nicht Statt findet, muß jeder Hausvater in der Reihe sie nähren und kleiden *), und bei jenem Unternehmen sowohl, als bei diesem gezwungnen Armenpflegen, wird in der Regel den Waisen nur harte Arbeit, selten gesunde Nahrung, reinliche Kleidung, und noch seltner ein bildender Unterricht zu Theil. Waisen, die unter solchem Druck aufgewachsen sind, sehnen sich natürlich, diesen Stand der Dienstbarkeit zu verlassen, und da den Unverheiratheten in der Regel nie, den Verheiratheten hingegen gewöhnlich nach ihrer ehelichen Verbindung Allmendland angewiesen wird, so scheint dem Armen oft in der Heirath das Ende der Knechtschaft zu liegen, und die Folge solcher Heirathen ist fast unvermeidlich, daß nach kurzer Täuschung die Eltern für immer sich ausser Stand gesetzt sehen, sich aus der Armuth zu erheben, und daß in den Früchten dieser Ehe die Zahl der Dürftigen immer vermehrt wird.

Wer längere Zeit die Thäler des Hochgebirgs bewohnt, bemerkt bald äusserst unangenehm den fast gänzlichen Mangel geschickter Handwerker. Dieser Mangel ist zum Theil durch die unvollkommene Verbindung mit industriosern Landschaften, durch die so einfache Betriebsart der Landwirthschaft, durch die zu kleinen Güter, und durch den Mangel an Fabriken erklärt. Allein die fehlerhafte Armenpflege trägt an diesem Uebel noch größere Schuld. Die kleinen Dorfgemeinden haben zu kleine Armengüter, um aus dem Ertrag derselben für Waisen, für ihre Lehrzeit und die Kost bei entfernten,

*) Diese Art der Armenverpflegung heißt in unserm Kanton der Umgang. Eine neuere Verordnung unserer Regierung, deren strenge Vollziehung sehr zu wünschen wäre, hat diesem Gebrauch Schranken gesetzt.

geschickten Handwerkern zu bezahlen, und wo bloß auf wohlfeile Pflege der Waisen gesehen wird, da sind in der That jene Mittel der Fütterung in den Augen der Dorfbewohner empfehlender.

Ueber Fabrikanstalten, die für unsre Gebirge am passendsten und heilsamsten seyn könnten, über Fabrikate, deren Absatz immer sicher wäre, und unsern Armen Erwerb und Wohlhabenheit verschaffen könnte; über diesen für uns so wichtigen Gegenstand haben Viele nachgedacht und gesprochen. Aber wie der Arme selbst — es sey der Ausdruck einstweilen uns erlaubt — als Waare veredelt, Gegenstand der Nachfrage fremder Unternehmer, ohne Kosten in ferne Länder gebracht werden könnte; wie er aus diesen wohlhabend wieder in diese Berge versetzt werden, und hier durch Kapitale, Beispiele und Lehre den Wohlstand der Heimath vermehren, ihre Vorurtheile bekämpfen könnte: eine solche Veredlung des Armen, besser als jede Veredlung roher Stoffe zur Ausfuhr, ist noch zu wenig in's Auge gefaßt worden. Handwerksschulen und Schulen für landwirthschaftliche Arbeiter, deren Zöglinge von Besitzern wüster Ländereien in Rußland, in Schweden, in Italien, in dem unermeßlichen, nun für den freien Anbau gewonnenen Amerika gesucht und besoldet würden; deren Zöglinge bei uns selbst die Kultur und die Industrie beleben könnten: das ist es, was mehr und dauernder, als Baumwollen- und Strohfabriken, der Verarmung in unserm Gebirg entgegenwirken könnte. Wir werden unten, bei Betrachtung der Betriebsamkeit des Bündischen Engadins, auf diesen Gegenstand zurückkommen, und zeigen, daß Auswanderungen von der Art, wie wir sie eben bezeichnet haben, auf den Wohlstand unserer Gebirgsbewohner bedeutend und tiefgreifend wirken dürften.

So wie aber die Armenpflege gegenwärtig in diesen Thälern eingerichtet ist, können niemals Armenschulen jenen Erfordernissen entsprechend eingerichtet werden. Wenn die

Armenpflege den einzelnen Dörfern abgenommen, und unter Leitung gebildeter, über Dorfrücksichten erhabener, von Dorf-Matadoren unabhängiger, Männer gebracht werden könnte; wenn die Zinse der Armengüter einzelner Gemeinheiten von einem oder wenigen Oberämtern, nebst dem Ertrag der milden Klosterstiftungen, in eine Kasse fliessen, die Verwendung dieser Gelder, und die Verwaltung derselben einem Kollegium von Pfarrgeistlichen und ausgezeichneten Vorgesetzten anvertraut, die Verpflichtung für ihre Armen zu sorgen den einzelnen Dorfgemeinden dann abgenommen, der Armenkasse durch eine auf frühe Heirathen gelegte Gebühr, durch Einkaufsgelder von Fremden, durch Gebühren endlich Hülfsmittel verschafft würden, die bei Landtheilungen unter einem gewissen geometrischen Maaß auferlegt würden: es könnten diese Armenkassen leicht in Stand gesetzt werden, Vorsassen oder mildere Alpen anzukaufen, Armenschulen auf denselben zu errichten, Kost und Lehre bei geschickten Handwerkern für Waisenkinder zu bezahlen, und kranke oder hülflose, bejahrte Bedürftige mit Menschenliebe zu verpflegen.

Die Armenpflege eines Staats kann nie in ihren Einzelnheiten von einer obersten Regierungsbehörde verwaltet werden, und nur die oberste Leitung derselben nach Grundsätzen, die in der Natur der Sache, in der Natur des Landes, und in den ökonomischen Verhältnissen seiner Bewohner liegen, wäre die Aufgabe der Staatsbehörden, deren Lösung die Armengesetze bezwecken. Einer jeden Armendirektion würde ein Landbezirk angewiesen, der groß genug seyn müßte, um eine hinreichende Anzahl gebildeter Armenpfleger in demselben zu finden; nicht zu groß aber, damit diese Pflege mit Sorgfalt und hinreichender Personen- und Landeskenntniß geführt werden könnte. Wie die Lehrer für Armenschulen gebildet, und in welchen Fächern des praktischen Wissens sie zu unterrichten wären: darüber hat uns die Armenschule in Hofwyl hinreichende Auskunft gegeben.

Die Grundzüge einer Armenverwaltung, die hier nur in einigen Umrissen angedeutet worden, sind wirklich im Kanton Aargau seit geraumer Zeit mit den heilsamsten Folgen in Wirklichkeit getreten, und es hat dieser Kanton nicht nur in der Hauptstadt, sondern überall auf dem Lande eine Armenpflege aufzuweisen, wie sie in keinem andern Kanton, vielleicht in keinem andern Lande ausgeführt worden. Während ein grosser Theil der Bevölkerung des Aargaus durch Einführung der Baumwollen-Spinnmaschienen das fast allgemein gewordne Erwerbsmittel der Handspinnerei verlor, während in den Kriegsjahren von 1799, 1813, 1814 und 1815 diesem Kanton die größten Opfer auffielen, und mehrere Bezirke desselben an den Folgen einer übermäßigen Volksvermehrung zu leiden haben; so sind dessenungeachtet neue Hülfsquellen für die Armuth eröffnet, und dem Kanton ein Kapitalfond geschaffen worden, der die Armenpflege sichert, ohne die Wohlhabendern durch Armensteuern zu erschöpfen. Die humanen Grundsätze der Hamburgischen Armenanstalten, die vor unserer Revolution auch in der Stadt Bern durch die Bemühungen edler Menschenfreunde in Wirklichkeit getreten waren, haben den Armeneinrichtungen des Kantons Aargau zur Grundlage gedient. Noch jetzt besteht in der Stadt Bern die damals gestiftete Armenpflege. Möchte nur ihr Geist in ähnlichen Einrichtungen sich auf die Landschaften des Kantons fortpflanzen *)!

*) Die Aargauischen Armeneinrichtungen sind vorzüglich durch die menschenfreundliche Thätigkeit eines Mannes gestiftet worden, der früher in Bern mit seinen würdigen Freunden die Armenpflege in's Leben gerufen, welche das Elend so vieler Hülflosen erleichtert hat, und noch jetzt erleichtert. Den zu frühen Tod des Edlen beweinen alle, die ihn gekannt, und mit inniger Liebe und Dankbarkeit nennt ihn der Verfasser, ihn, seinen Bruder und geliebtesten Freund.

2.

Weg von Brienz über den Brünig nach Sarnen.

Granitblock auf dem Ballenberg. Heidenlöcher. Dorf Schwanden. Ueberschwemmungen. Dorf Wyler. Kleidertracht. Verschwundene Burg. Brünigpaß. Vegetation. Aussicht. Obwalden. Sittenzüge. Das Lungernthal. Landwirthschaft. Volksbildung. Fahrbarmachung der Brünigstraße. Gyswyl. Ausgetrockneter Seegrund. Sachseln. Fest des Heiligen Nikolaus. Volksschriften. Kerns. Des Bildhauers Abhard Werkstätte. Sarnen. Aussicht auf dem Landenberg. Sankt Jakob Kapelle. Schlachtfeld.

Der Ballenberg scheidet wie ein Vorgebirg die wagrechte Thalfläche des Oberhaslis von der Fläche der beiden See'n, sanft ansteigend gegen die Kette des Brünigs, steil abgeschnitten gegen die Ufer der Aare, und an den entblößten Durchschnitten des Kalkfelsens zeigen sich hier die sonderbarsten Windungen der Schichten. Auf dem Rücken des Ballenbergs, der nur einige hundert Fuß über dem Wasserspiegel liegt, findet sich ein großer Granitblock lose auf dem Kalkfels liegend, und diese Erscheinung scheint um so merkwürdiger, da im Grunde des Thales Blöcke des Urgebirgs von dieser Größe so selten sind. Daß die Gewässer des Brienzersee's, der Aare und des Thunersee's in der Vorzeit beträchtlich höher gestanden, beweisen die hohen Auswaschungen an den Uferfelsen des Thunersee's, die Rollsteine, die bei Aeppigen auf der Höhe des Kirchhets, und die Flötze von Süßwasserschnecken, die auf der Höhe der Hügel von Strätlingen am Ufer des Thunersee's gefunden werden. Haben vielleicht mehrere auf einander folgende Wasserfluthen die Granitblöcke aus dem großen Thale gegen die Juraflächen gerissen? Hat vielleicht die letzte nicht über den Rücken des Ballenbergs gereicht?

Unter diesem Granitblock an dem südlichen Absturz des Felsens, sind einige Aushöhlungen, die „Heidenlöcher“ heissen. Von diesen sogenannten Heidenlöchern und Heidengräbern kommen in diesem Gebirg so viele vor, daß wohl nicht ohne Grund auch aus diesen Sagen vermuthet werden kann, es mögen Flüchtlinge des ältern Volksstammes lange scheu und wild die Höhen der Felsen und Berge bewohnt haben, ehe und nachdem die Horden der nordischen und östlichen Eroberer sich in den Thälern ansiedelten.

Der Weg gegen den Brünigpaß führt über die Ländereien der Dörfer Schwanden und Hoffstetten in das grössere und schönere Dorf von Wyler, immer über den Schutt von Kalkfelsen, mit dem die hier so fürchterlichen Bergwasser wohl öfter Wiesen und Pflanzungen von mehr als einer Generation bedeckt haben, und gewiß wiederholt noch bedecken werden. Die hölzernen Häuser von Schwanden sind vor fünf und zwanzig Jahren tiefer unten beinahe unter solchem Bergschutt vergraben gewesen, und dorthin, wo sie jetzt stehen, versetzt worden. Kein bejahrter Hausvater und keine bejahrte Hausmutter lebt da, die nicht den Kindern und den Enkeln von dem Tage des Schreckens erzählen wird, wo die Schleusen des Himmels sich über dem Dörfchen öffneten, und unter Krachen des Donners die losgerissenen Felsen mit dem breiten Schlammstrom sich zwischen die Häuser und über Wiesen und Gärten der armen Bewohner wälzten, welche in wenig Stunden das Erbtheil der Väter und die Früchte des eigenen Fleisses verloren sahen. Die Leute von Schwanden sind seither nicht klüger und nicht thätiger geworden, dem Verderben, das noch einmal kommen kann, zu steuern. Nach, wie vor, verwüsten sie die schützenden Wälder auf der Höhe des Gebirges, oder lassen sie durch ihre Ziegen verwüsten, und nach, wie vor, denken sie wenig nach über die Natur und die Kraft der Gewässer, wenn sie Schwellen bauen sollen. Tadeln wir jedoch die guten Leute nicht! Freilich die Chronik des Dorfes Schwanden, die hätte seinen Bewohnern so wichtig und belehrend und warnend seyn sollen, wie die Bücher der Menschengeschichte ganzen Völkern. Aber auch die Grossen dieser Erde in den grossen Städten Rom, Karthago, Peking, Konstantinopel, Delhi und Madrid sind durch Unglück nicht viel weiser geworden, als die Leute von Schwanden. Oder haben sie wirklich immer die Geschichtbücher der Menschheit zu Rathe gezogen, wenn es darum zu thun war, Schwellen zu bauen? — Die armen Schwander!

In Wyler am Brünig, das nach Brienz pfarrgenössig ist, kleiden sich die Bewohner des grossen Dorfes nach der Landestracht von Oberhasle; auch die Mundart von Wyler geht in die Oberhaslesche über, und hat mit der Mundart der Brienzer nichts gemein. Wie bedeutsam ist doch dieses Verharren bei alten Sitten! Alle Sonntage finden sich die Frauen und Mädchen von Wyler mit den Frauen und Mädchen von Ebligen, Oberried, Schwanden, Hofstetten und Brienz in der Kirche zu Brienz, und nach der Predigt im Wirthshause ein; sie, die Frauen und Mädchen von Wyler, machen die geringere Zahl aus, und haben seit Jahrhunderten auch nicht einmal die Kleiderform von der Mehrzahl angenommen. So blieben in der Landschaft Seeland die sogenannten Hupergemeinden Jahrhunderte lang der alten Schweizertracht getreu, und so die Guggisberger, wenn auch die Tracht des ganzen Landes rings um ihre Dörfer sich veränderte. Wahrlich in den Sitten der Schweizer lag Vieles, das wichtiger als Kleidertrachten war, und schöne Reste sind uns geblieben, die wir getreuer noch und entschlossner, als die Frauen von Wyler ihre faltenreichen Röcke, als die Huper ihre Plumphosen,

hosen, bewahren sollten. Und weil so fest im Sinne des Volkes wurzelt, was einmal da gekeimt und sich entfaltet hat, so sollen wir desto eifriger uns in den Volksschulen nach gutem Saamen guter Pflanzen umsehen.

Nicht unbedeutend für die Geschichte dieser Gegend ist der Umstand, daß ein Platz bey den äussersten Häusern des Dorfes „bei dem Schloß" heißt. Johann von Herblingen, der im Jahr 1416 dem Kloster Interlachen einen Sechstheil des Dorfes Wyler mit voller Herrschaft verkaufte, mag hier gewohnt haben, obgleich sich da keine Spur von Ruinen findet. Für die Erhaltung geschichtlicher Denkmäler war in dieser Gegend lange kein Sinn geweckt. Ein Theil der Burg von Ringgenberg wurde zerstört, um aus den Trümmern das landvögtliche Schloß von Interlachen zu bauen; und aus Trümmern des Schlosses Unspunnen sind die mehrsten alten Keller des Dorfes Wilderswyl erbaut worden.

Von Wyler hinweg geht der Fußweg über den Brünig zum Theil großen Halden entlang, wo Trümmer von Kalksteinfelsen aufgehäuft sind, zwischen denen kein Stäubchen von Dammerde zu liegen, und die senkrecht auffallende Sonne jedes Gräschen zu versengen scheint, und doch halten hier in diesem zur Sommerszeit fast glühenden Steingerölle die Buchen noch freudig aus, wo hingegen die Kiefer, die sonst in heissem Sandboden gedeiht, nur elend wächst. Ueberhaupt ist dieses Kalkgebirg, und besonders die Höhe des Brünigpasses, mit den schönsten Buchen geziert, und wo hier wüste Halden öde und nutzlos sich ausdehnen, da sind die Ziegenheerden und der Mangel an wirthschaftlicher Pflege Schuld. Alte Buchen stehen da vereinzelt umher, und werden wegen des Bedarfs der Streue nicht gefällt; Ansaaten von Buchen, selbst wenn sie vor den Ziegen gesichert wären, würden nicht einmal gerne gesehen, weil die jungen Stämmchen das Zusammenwischen der Streue für das Vieh hindern würden, und so, während der kurzsichtige Eigennutz die alten Bäume

5

verschont, verhindert dieser nämliche Eigennutz die Vermehrung der jungen Bäume. Auf den dürren, von der Sonne fast verbrannten Schutthalden von Kalkgestein, wo der Buchenanwachs verschwunden ist, wachsen häufig die klebrige Salbey, die gemeine Asclepie, und der Berberizenstrauch *), und das üppige Wachsthum dieser Pflanzen zeigt, daß selbst ein solcher Boden erzeugende Kräfte hat, die wirthschaftlich benutzt werden könnten. Die Asclepie soll als Webepflanze dienen können; der Berberizenstrauch würde auf solchem Boden und in dieser Lage, wenn er da häufiger angezogen würde, bessern Holzarten nicht nur Schutz gegen die Sonnenhitze in der Zeit ihrer ersten Jugend gewähren, sondern auch als Schutzpflanze gegen das weidende Vieh dienen, das die scharfen Dornen dieses Strauches scheut. Von der klebrigen Salbey wird in einigen Gegenden des Oberlandes ein Gebrauch gemacht, der für das häusliche Leben nicht ohne Werth ist: es werden nämlich diese Pflanzen in Menge unter die Betten gelegt, oder in Besen gebunden, und die Stubenboden gelinde damit gewischt, wo dann die quälenden Insekten auf den haarigen und klebrichten Blättern und Stengeln wie Vögel auf Leimruthen sitzen bleiben und verderben.

Die Aussicht von dem Abhang des Brünigs auf den Lauf der Aare, auf das Haslethal, und auf das ferne Gebirg, ist eine der schönsten, die dem Wanderer in diesen Gegenden zu Theil werden mag. Aus der Ferne blicken die Gletscher, und die schroffen, mit Eis bedeckten Hörner des Titlis, des Thierbergs und des Sustenhorns; näher und erhabner die große Kette des Schreckhorns; in der Tiefe glänzt der Spiegel des Brienzersee's, und so weit das Auge längs der Thalfläche aufwärts reicht, die wilde Aare. Gebüsche und Lustwäldchen von Ellern, ziehen sich überall in sanften Krümmungen, wie sorglich schützend, den bedrohten Ufern

*) Salvia glutinosa, Asclepias vincetoxicum, Berberis vulgaris.

nach, und überall fliehen aus den Regionen des Winters die Bäche, und stürzen freudig dem blühenden Thale zu. Oben gegen das Wachthaus hin, wo unerwartet in einem kleinen, abgeschiednen Thälchen das Dörfchen Brünigen erscheint, wird das Gemälde noch erfreulicher, da selbst die schönste Fernsicht in dem Gemüth eine drückende Leerheit zurückläßt, wenn nicht die Nähe menschlicher Wohnungen die wohlthuende Vorstellung von befreundeten, mitfühlenden Wesen weckt.

Bei dem Dörfchen Brünigen gedeiht noch der Hanf gut, und hier ist wohl die Gränze seines Gedeihens, oder vielmehr seiner Kultur im Bernergebirg. Das Dörfchen mag bei 3000 Fuß über dem Meere liegen *), und höher ist wohl der Hanf in diesem Gebirg nicht mit dauerndem Erfolg angepflanzt worden. Kirschbäume wachsen noch üppig hier, nicht aber Obstbäume, denen wohl nicht die Höhe, aber die kalten Winde, die von Norden her über den Paß streichen, an ihrem guten Fortkommen hinderlich sind. Von der Höhe des Passes fließt ein Bach neben den Wiesen von Brünigen herunter, der so wenig, als andre Quellen im Bernischen Oberland, zu Wässerungen benutzt wird.

Auf dem Wege nach Lungern trafen wir mehrere Oberhasleſche Weiber und Mädchen, leicht an ihrer Tracht kenntlich, an, die alle — nicht trotzig, sondern mit sanften, scheinheiligen Mienen — Almosen forderten, während auf beiden Seiten des Weges überall Obwaldner Landleute mit Weibern und Kindern fleißig mit der Heuerndte sich beschäftigten, ohne daß wir ein einziges Mal von diesen um ein Almosen angegangen wurden. Im Wirthshause von Lungern fanden wir Gelegenheit, einen andern Zug in dem Benehmen der Obwaldischen Landleute zu bemerken, der diese eben so vortheilhaft von den benachbarten Bernischen Landleuten aus-

*) Das Wachthaus am Brünigpaß steht ungefähr 3080 Fuß über dem Meer; das Dörfchen Brünigen nur wenig tiefer.

zuzeichnen schien. Die Wirthsstube war nämlich mit Landleuten angefüllt, die Karte spielten, und zwar ohne Wein dabei zu trinken, und ohne daß ein einziges Mal die Spieler uneins geworden, oder durch Lärm und Flüche Leidenschaft verrathen hätten. So sanft und sittsam blieben die Spieler den ganzen Abend, als wenn ihr würdiger Pfarrer in der Wirthsstube zugegen gewesen, und mitgespielt hätte. So wird im Bernischen Oberlande nicht gespielt. Woher denn ein solcher Unterschied in den Sitten zweier benachbarten Völkerschaften? Wer scharfsichtig und wahrheitsliebend diese und jene Erscheinung erklären könnte, würde eine Quelle des Sittenverderbnisses aufdecken. Ein Handelsmann, der uns über den Brünig nach Lungern begleitete, versicherte, daß für gleiche Kost, Nachtlager und Bedienung, im Bernischen Oberlande in der Regel ein Viertel oder ein Drittel mehr, als in Obwalden in den Wirthshäusern gefordert werde. Auch dieser Zug stimmt mit jenen Wahrnehmungen zusammen, und wo die grössere Sittenreinheit sey, ist auch aus andern Gründen zu vermuthen. Die Verschiedenheit des Kultus erklärt hier nichts. Im reformierten, ausserrhodischen Appenzell sollen, wie von unbefangnen und glaubwürdigen Beobachtern versichert wird, die Sitten reiner, als im katholischen Innerrhoden seyn, und wer in dem sehr katholischen Madrid auf grosse Reinheit der Sitten rechnen wollte, würde ohne Zweifel irren.

Im Thälchen von Lungern, das bey 400 Haushaltungen zählt, finden sich nur zwei Personen, die sich durch Bettel ernähren, und nur etwa dreissig, die besteuert werden; kaum ist irgendwo in der Schweiz ein Gemeinwesen, wo ein so erfreuliches Verhältniß Statt fände. Solche Bedürftige werden dann von Haus zu Haus — es sind keine Armengüter da — mit Speise und Almosen versehen; Kinder erhalten Unterstützung, bis sie auf dem Allmendland an den Pflanzungen arbeiten können.

Die Gemeinalpen gehören zu den Gütern, und so viele Kühe oder Ziegen ein Landmann hier auf seinem Lande wintern kann, so viele ist er berechtigt zur Sömmerung auf die Alpen zu treiben, die nicht vertheilt werden dürfen. Die Ziegen weiden auch auf den Allmenden und in den Gemeinds- und Privatwäldern des Thales, aber Gemeinweide auf den Privatgütern darf nicht Statt finden, wie auf dem benachbarten Bernischen Hasliberg, wo die Ziegen und Schafe bis 9. April auf allen Privatwiesen weiden. Auf den Alpen von Lungern sind geräumige Stallungen, wo in schlimmer Witterung das Vieh Schutz findet, und auch in diesem Punkt ist die Vergleichung mit den jenseitigen Oberländischen zum Vortheil der Obwaldischen, da auf allen Alpen im Oberhasle, und auf den meisten im Oberamte Interlachen, die Kühe Tag und Nacht ohne Obdach jeder Witterung bloß gegeben werden. Wenn der Pisebau auf den Küh- und Schafalpen im Schweizerischen Gebirg, wie kaum zu zweifeln, anwendbar ist, und eingeführt werden könnte, es würde derselbe besser, als keine Waldverordnungen und Waldkulturen, die Reste unsrer Alpenwälder vor der Zerstörung sichern, für die Viehzucht wohlthätig werden, und eine so große Masse von Düngmitteln gewähren, daß die Verbesserung der Alpen dadurch sehr bedeutend gewinnen müßte. Es besitzen so viele wohlhabende Private in Bern, in der Waadt, in Freiburg, in Luzern ꝛc. beträchtliche Alpen, daß wir nicht umhin können, den Wunsch auszudrücken: es möchte einer derselben über die wohlfeilste und am meisten holzsparende Bauart der Sennhütten, unter seiner Aufsicht von Sachkundigen Versuche anstellen, und namentlich über die Anwendbarkeit des Pisebaus sich Erfahrungen sammeln, und gemeinnützig bekannt machen.

Wie gesagt, so gehören in Lungern die Alprechte zu den Gütern; sie sind unzertrennlich damit verbunden, und in dem etwas engen Thale mögen auch die natürlichen Wiesen keine größere Kühezahl im Winter ernähren, als die Alpen

2.

Weg von Brienz über den Brünig nach Sarnen.

Granitblock auf dem Ballenberg. Heidenlöcher. Dorf Schwanden. Ueberschwemmungen. Dorf Wyler. Kleidertracht. Verschwundene Burg. Brünigpaß. Vegetation. Aussicht. Obwalden. Sittenzüge. Das Lungernthal. Landwirthschaft. Volksbildung. Fahrbarmachung der Brünigstraße. Gyswyl. Ausgetrockneter Seegrund. Sachseln. Fest des Heiligen Nikolaus. Volksschriften. Kerns. Des Bildhauers Abhard Werkstätte. Sarnen. Aussicht auf dem Landenberg. Sankt Jakob Kapelle. Schlachtfeld.

Der Ballenberg scheidet wie ein Vorgebirg die wagrechte Thalfläche des Oberhaslis von der Fläche der beiden See'n, sanft ansteigend gegen die Kette des Brünigs, steil abgeschnitten gegen die Ufer der Aare, und an den entblößten Durchschnitten des Kalkfelsens zeigen sich hier die sonderbarsten Windungen der Schichten. Auf dem Rücken des Ballenbergs, der nur einige hundert Fuß über dem Wasserspiegel liegt, findet sich ein großer Granitblock lose auf dem Kalkfels liegend, und diese Erscheinung scheint um so merkwürdiger, da im Grunde des Thales Blöcke des Urgebirgs von dieser Größe so selten sind. Daß die Gewässer des Brienzersee's, der Aare und des Thunersee's in der Vorzeit beträchtlich höher gestanden, beweisen die hohen Auswaschungen an den Uferfelsen des Thunersee's, die Rollsteine, die bei Aeppigen auf der Höhe des Kirchbets, und die Flötze von Süßwasserschnecken, die auf der Höhe der Hügel von Strätlingen am Ufer des Thunersee's gefunden werden. Haben vielleicht mehrere auf einander folgende Wasserfluthen die Granitblöcke aus dem grossen Thale gegen die Juraflächen gerissen? Hat vielleicht die letzte nicht über den Rücken des Ballenbergs gereicht?

Unter diesem Granitblock an dem südlichen Absturz des Felsens, sind einige Aushöhlungen, die „Heidenlöcher" heissen. Von diesen sogenannten Heidenlöchern und Heidengräbern kommen in diesem Gebirg so viele vor, daß wohl nicht ohne Grund auch aus diesen Sagen vermuthet werden kann, es mögen Flüchtlinge des ältern Volksstammes lange scheu und wild die Höhen der Felsen und Berge bewohnt haben, ehe und nachdem die Horden der nordischen und östlichen Eroberer sich in den Thälern ansiedelten.

Der Weg gegen den Brünigpaß führt über die Ländereien der Dörfer Schwanden und Hofstetten in das grössere und schönere Dorf von Wyler, immer über den Schutt von Kalkfelsen, mit dem die hier so fürchterlichen Bergwasser wohl öfter Wiesen und Pflanzungen von mehr als einer Generation bedeckt haben, und gewiß wiederholt noch bedecken werden. Die hölzernen Häuser von Schwanden sind vor fünf und zwanzig Jahren tiefer unten beinahe unter solchem Bergschutt vergraben gewesen, und dorthin, wo sie jetzt stehen, versetzt worden. Kein bejahrter Hausvater und keine bejahrte Hausmutter lebt da, die nicht den Kindern und den Enkeln von dem Tage des Schreckens erzählen wird, wo die Schleusen des Himmels sich über dem Dörfchen öffneten, und unter Krachen des Donners die losgerissenen Felsen mit dem breiten Schlammstrom sich zwischen die Häuser und über Wiesen und Gärten der armen Bewohner wälzten, welche in wenig Stunden das Erbtheil der Väter und die Früchte des eigenen Fleisses verloren sahen. Die Leute von Schwanden sind seither nicht klüger und nicht thätiger geworden, dem Verderben, das noch einmal kommen kann, zu steuern. Nach, wie vor, verwüsten sie die schützenden Wälder auf der Höhe des Gebirges, oder lassen sie durch ihre Ziegen verwüsten, und nach, wie vor, denken sie wenig nach über die Natur und die Kraft der Gewässer, wenn sie Schwellen bauen sollen. Tadeln wir jedoch die guten Leute nicht! Freilich die Chronik des Dorfes Schwanden, die hätte seinen Bewohnern so wichtig und belehrend und warnend seyn sollen, wie die Bücher der Menschengeschichte ganzen Völkern. Aber auch die Großen dieser Erde in den großen Städten Rom, Karthago, Peking, Konstantinopel, Delhi und Madrid sind durch Unglück nicht viel weiser geworden, als die Leute von Schwanden. Oder haben sie wirklich immer die Geschichtbücher der Menschheit zu Rathe gezogen, wenn es darum zu thun war, Schwellen zu bauen? — Die armen Schwander!

In Wyler am Brünig, das nach Brienz pfarrgenössig ist, kleiden sich die Bewohner des großen Dorfes nach der Landestracht von Oberhasle; auch die Mundart von Wyler geht in die Oberhaslesche über, und hat mit der Mundart der Brienzer nichts gemein. Wie bedeutsam ist doch dieses Verharren bei alten Sitten! Alle Sonntage finden sich die Frauen und Mädchen von Wyler mit den Frauen und Mädchen von Ebligen, Oberried, Schwanden, Hofstetten und Brienz in der Kirche zu Brienz, und nach der Predigt im Wirthshause ein; sie, die Frauen und Mädchen von Wyler, machen die geringere Zahl aus, und haben seit Jahrhunderten auch nicht einmal die Kleiderform von der Mehrzahl angenommen. So blieben in der Landschaft Seeland die sogenannten Hupergemeinden Jahrhunderte lang der alten Schweizertracht getreu, und so die Guggisberger, wenn auch die Tracht des ganzen Landes rings um ihre Dörfer sich veränderte. Wahrlich in den Sitten der Schweizer lag Vieles, das wichtiger als Kleidertrachten war, und schöne Reste sind uns geblieben, die wir getreuer noch und entschloßner, als die Frauen von Wyler ihre faltenreichen Röcke, als die Huper ihre Plumphosen, hofen, bewahren sollten. Und weil so fest im Sinne des Volkes wurzelt, was einmal da gekeimt und sich entfaltet hat, so sollen wir desto eifriger uns in den Volksschulen nach gutem Saamen guter Pflanzen umsehen.

Nicht unbedeutend für die Geschichte dieser Gegend ist der Umstand, daß ein Platz bey den äussersten Häusern des Dorfes „bei dem Schloß“ heißt. Johann von Herblingen, der im Jahr 1416 dem Kloster Interlachen einen Sechstheil des Dorfes Wyler mit voller Herrschaft verkaufte, mag hier gewohnt haben, obgleich sich da keine Spur von Ruinen findet. Für die Erhaltung geschichtlicher Denkmäler war in dieser Gegend lange kein Sinn geweckt. Ein Theil der Burg von Ringgenberg wurde zerstört, um aus den Trümmern das landvögtliche Schloß von Interlachen zu bauen; und aus Trümmern des Schlosses Unspunnen sind die mehrsten alten Keller des Dorfes Wilderswyl erbaut worden.

Von Wyler hinweg geht der Fußweg über den Brünig zum Theil großen Halden entlang, wo Trümmer von Kalksteinfelsen aufgehäuft sind, zwischen denen kein Stäubchen von Dammerde zu liegen, und die senkrecht auffallende Sonne jedes Gräschen zu versengen scheint, und doch halten hier in diesem zur Sommerszeit fast glühenden Steingerölle die Buchen noch freudig aus, wo hingegen die Kiefer, die sonst in heissem Sandboden gedeiht, nur elend wächst. Ueberhaupt ist dieses Kalkgebirg, und besonders die Höhe des Brünigpasses, mit den schönsten Buchen geziert, und wo hier wüste Halden öde und nutzlos sich ausdehnen, da sind die Ziegenheerden und der Mangel an wirthschaftlicher Pflege Schuld. Alte Buchen stehen da vereinzelt umher, und werden wegen des Bedarfs der Streue nicht gefällt; Ansaaten von Buchen, selbst wenn sie vor den Ziegen gesichert wären, würden nicht einmal gerne gesehen, weil die jungen Stämmchen das Zusammenwischen der Streue für das Vieh hindern würden, und so, während der kurzsichtige Eigennutz die alten Bäume

5

verschaut, verhindert dieser nämliche Eigennutz die Vermehrung der jungen Bäume. Auf den dürren, von der Sonne fast verbrannten Schutthalden von Kalkgestein, wo der Buchenanwachs verschwunden ist, wachsen häufig die klebrige Salbey, die gemeine Asclepie, und der Berberizenstrauch *), und das üppige Wachsthum dieser Pflanzen zeigt, daß selbst ein solcher Boden erzeugende Kräfte hat, die wirthschaftlich benutzt werden könnten. Die Asclepie soll als Webepflanze dienen können; der Berberizenstrauch würde auf solchem Boden und in dieser Lage, wenn er da häufiger angezogen würde, bessern Holzarten nicht nur Schutz gegen die Sonnenhitze in der Zeit ihrer ersten Jugend gewähren, sondern auch als Schutzpflanze gegen das weidende Vieh dienen, das die scharfen Dornen dieses Strauches scheut. Von der klebrigen Salbey wird in einigen Gegenden des Oberlandes ein Gebrauch gemacht, der für das häusliche Leben nicht ohne Werth ist: es werden nämlich diese Pflanzen in Menge unter die Betten gelegt, oder in Besen gebunden, und die Stubenboden gelinde damit gewischt, wo dann die quälenden Insekten auf den haarigen und klebrichten Blättern und Stengeln wie Vögel auf Leimruthen sitzen bleiben und verderben.

Die Aussicht von dem Abhang des Brünigs auf den Lauf der Aare, auf das Haslethal, und auf das ferne Gebirg, ist eine der schönsten, die dem Wanderer in diesen Gegenden zu Theil werden mag. Aus der Ferne blicken die Gletscher, und die schroffen, mit Eis bedeckten Hörner des Titlis, des Thierbergs und des Sustenhorns; näher und erhabner die große Kette des Schreckhorns; in der Tiefe glänzt der Spiegel des Brienzersee's, und so weit das Auge längs der Thalfläche aufwärts reicht, die wilde Aare. Gebüsche und Lustwäldchen von Ellern ziehen sich überall in sanften Krümmungen, wie sorglich schützend, den bedrohten Ufern

*) Salvia glutinosa, Asclepias vincetoxicum, Berberis vulgaris.

nach, und überall fliehen aus den Regionen des Winters die Bäche, und stürzen freudig dem blühenden Thale zu. Oben gegen das Wachthaus hin, wo unerwartet in einem kleinen, abgeschiednen Thälchen das Dörfchen Brünigen erscheint, wird das Gemälde noch erfreulicher, da selbst die schönste Fernsicht in dem Gemüth eine drückende Leerheit zurückläßt, wenn nicht die Nähe menschlicher Wohnungen die wohlthuende Vorstellung von befreundeten, mitfühlenden Wesen weckt.

Bei dem Dörfchen Brünigen gedeiht noch der Hanf gut, und hier ist wohl die Gränze seines Gedeihens, oder vielmehr seiner Kultur im Bernergebirg. Das Dörfchen mag bei 3000 Fuß über dem Meere liegen *), und höher ist wohl der Hanf in diesem Gebirg nicht mit dauerndem Erfolg angepflanzt worden. Kirschbäume wachsen noch üppig hier, nicht aber Obstbäume, denen wohl nicht die Höhe, aber die kalten Winde, die von Norden her über den Paß streichen, an ihrem guten Fortkommen hinderlich sind. Von der Höhe des Passes fließt ein Bach neben den Wiesen von Brünigen herunter, der so wenig, als andre Quellen im Bernischen Oberland, zu Wässerungen benutzt wird.

Auf dem Wege nach Lungern trafen wir mehrere Oberhaslesche Weiber und Mädchen, leicht an ihrer Tracht kenntlich, an, die alle — nicht trotzig, sondern mit sanften, scheinheiligen Mienen — Almosen forderten, während auf beiden Seiten des Weges überall Obwaldner Landleute mit Weibern und Kindern fleißig mit der Heuerndte sich beschäftigten, ohne daß wir ein einziges Mal von diesen um ein Almosen angegangen wurden. Im Wirthshause von Lungern fanden wir Gelegenheit, einen andern Zug in dem Benehmen der Obwaldischen Landleute zu bemerken, der diese eben so vortheilhaft von den benachbarten Bernischen Landleuten aus-

*) Das Wachthaus am Brünigpaß steht ungefähr 3080 Fuß über dem Meer; das Dörfchen Brünigen nur wenig tiefer.

zuzeichnen schien. Die Wirthsstube war nämlich mit Landleuten angefüllt, die Karte spielten, und zwar ohne Wein dabei zu trinken, und ohne daß ein einziges Mal die Spieler uneins geworden, oder durch Lärm und Flüche Leidenschaft verrathen hätten. So sanft und sittsam blieben die Spieler den ganzen Abend, als wenn ihr würdiger Pfarrer in der Wirthsstube zugegen gewesen, und mitgespielt hätte. So wird im Bernischen Oberlande nicht gespielt. Woher denn ein solcher Unterschied in den Sitten zweier benachbarten Völkerschaften? Wer scharfsichtig und wahrheitsliebend diese und jene Erscheinung erklären könnte, würde eine Quelle des Sittenverderbnisses aufdecken. Ein Handelsmann, der uns über den Brünig nach Lungern begleitete, versicherte, daß für gleiche Kost, Nachtlager und Bedienung, im Bernischen Oberlande in der Regel ein Viertel oder ein Drittel mehr, als in Obwalden in den Wirthshäusern gefordert werde. Auch dieser Zug stimmt mit jenen Wahrnehmungen zusammen, und wo die größere Sittenreinheit sey, ist auch aus andern Gründen zu vermuthen. Die Verschiedenheit des Kultus erklärt hier nichts. Im reformierten, ausserrhodischen Appenzell sollen, wie von unbefangnen und glaubwürdigen Beobachtern versichert wird, die Sitten reiner, als im katholischen Innerrhoden seyn, und wer in dem sehr katholischen Madrid auf große Reinheit der Sitten rechnen wollte, würde ohne Zweifel irren.

Im Thälchen von Lungern, das bey 400 Haushaltungen zählt, finden sich nur zwei Personen, die sich durch Bettel ernähren, und nur etwa dreißig, die besteuert werden; kaum ist irgendwo in der Schweiz ein Gemeinwesen, wo ein so erfreuliches Verhältniß Statt fände. Solche Bedürftige werden dann von Haus zu Haus — es sind keine Armengüter da — mit Speise und Almosen versehen; Kinder erhalten Unterstützung, bis sie auf dem Allmendland an den Pflanzungen arbeiten können.

Die Gemeinalpen gehören zu den Gütern, und so viele Kühe oder Ziegen ein Landmann hier auf seinem Lande wintern kann, so viele ist er berechtigt zur Sömmerung auf die Alpen zu treiben, die nicht vertheilt werden dürfen. Die Ziegen weiden auch auf den Allmenden und in den Gemeinds- und Privatwäldern des Thales, aber Gemeinweide auf den Privatgütern darf nicht Statt finden, wie auf dem benachbarten Bernischen Hasliberg, wo die Ziegen und Schafe bis 9. April auf allen Privatwiesen weiden. Auf den Alpen von Lungern sind geräumige Stallungen, wo in schlimmer Witterung das Vieh Schutz findet, und auch in diesem Punkt ist die Vergleichung mit den jenseitigen Oberländischen zum Vortheil der Obwaldischen, da auf allen Alpen im Oberhasle, und auf den meisten im Oberamte Interlachen, die Kühe Tag und Nacht ohne Obdach jeder Witterung bloß gegeben werden. Wenn der Pisebau auf den Küh- und Schafalpen im Schweizerischen Gebirg, wie kaum zu zweifeln, anwendbar ist, und eingeführt werden könnte, es würde derselbe besser, als keine Waldverordnungen und Waldkulturen, die Reste unsrer Alpenwälder vor der Zerstörung sichern, für die Viehzucht wohlthätig werden, und eine so grosse Masse von Düngmitteln gewähren, daß die Verbesserung der Alpen dadurch sehr bedeutend gewinnen müßte. Es besitzen so viele wohlhabende Private in Bern, in der Waadt, in Freiburg, in Luzern ꝛc. beträchtliche Alpen, daß wir nicht umhin können, den Wunsch auszudrücken: es möchte einer derselben über die wohlfeilste und am meisten holzsparende Bauart der Sennhütten, unter seiner Aufsicht von Sachkundigen Versuche anstellen, und namentlich über die Anwendbarkeit des Pisebaus sich Erfahrungen sammeln, und gemeinnützig bekannt machen.

Wie gesagt, so gehören in Lungern die Alprechte zu den Gütern; sie sind unzertrennlich damit verbunden, und in dem etwas engen Thale mögen auch die natürlichen Wiesen keine größere Kühezahl im Winter ernähren, als die Alpen sömmern mögen. In den untern Landestheilen von Obwalden, wo die natürlichen Wiesen mit der Thalfläche sich vergrößern, hat ein anderes Verhältniß in der Benutzung der Alpen Statt. Es werden da nämlich den Alpgenossen durch das Loos eine bestimmte Anzahl von Kührechten zugetheilt, so daß ein Gemeindsmann auf 4 Jahre z. B. 6 Kührechte von der Gemeinde pachtet, und dafür 8 bis 10 Louisd'ors bezahlt. Nach Verfluß dieser Pachtzeit tritt der Pächter von der Alpnutzung aus, verkauft sein Vieh, und ein anderer pachtet im Kehr auf gleiche Weise. Fremde, d. h. Landleute aus andern Kantonen oder aus andern Gemeinden, dürfen nicht pachten, und dieser Ausschluß Fremder von der Alpnutzung ist fast überall im Alpengebirg, wo Gemeinalpen sind, Gesetz. Das ist eines der vielen Beispiele, wo die Eifersucht gegen die Fremden blind für den eigenen Vortheil macht. Der Landmann, der Alprechte besitzt, und diese nur an seine Gemeindsgenossen verpachten darf, wird geringere Pachtzinse beziehen, als wenn der Küher aus jedem Kanton, und aus jeder Gemeinde die Alprechte pachten dürfte.

In der Gemeinde Lungern haben die Wiesen wegen der Verbindung mit den Alprechten einen höhern Werth, und die Kinder beiderlei Geschlechts erben da gleiche Landtheile; in den untern Obwaldischen Gemeinden, wo die Alpen verpachtet werden, werden die Töchter öfter für ihre Landtheile ausgekauft, und die Wiesen sind daher größer als in Lungern.

Die ganze landwirthschaftliche Industrie in diesem Thälchen beschränkt sich beinahe bloß auf die Heuerndte. Viele Kühe zu wintern, damit viele auf die Alpen getrieben werden können, ist das höchste Bestreben der hiesigen Landleute. Da sie mit dem Kulturwechsel, mit den künstlichen Futterkräutern, und mit der Benutzung der Kartoffeln zur Fütterung des Viehes kaum bekannt sind, so wird so wenig Wiesen- oder Weideland aufgebrochen als möglich, und wenig Kartoffeln, kein Getreide, wenig Hanf, etwas mehr Flachs gebaut.

Schulen sind in Lungern zwei, von denen die eine durch den Kaplan, die andre durch einen Schulmeister gehalten wird, der bei 200 Gulden Gehalt beziehen soll. Die Kinder werden im Katechismus, im Lesen, Schreiben, Rechnen, und in schriftlichen Aufsätzen geübt, also ungleich besser als an vielen andern Orten unterrichtet, aber von der vaterländischen Geschichte hören sie diesseits des Brünigs eben so wenig als jenseits. Kaum hat wohl je ein Römischer Pabst der alten Schweizergeschichte Geschmack abgewonnen *). Singen wird in der Schule zu Lungern nicht gelehrt. Das stillere, ernstere Wesen der Obwaldner, im Gegensatz ihrer Nachbaren im Oberlande, mag darin eine Erklärung finden.

Das Thälchen von Lungern ist wohl eines der freundlichsten im Alpengebirge. Die hohen Berge, die es von dem Berner Oberlande scheiden, sind überall mit Tannwäldern bekränzt, deren dunkle Schatten in den Höhen das hellere Grün der Alpenweiden, tiefer der weiße Schaum eines Wasserfalls angenehm unterbricht. Keine zerrißne, senkrechte, oder überhängende Felsen drohen, und von den sanfter fallenden, mit Wald bekleideten, Halden brechen selten Schneelawinen los. Schöne Wiesen schliessen die klaren Gewässer des See's ein, und hoch gewölbte Buchen auf kleinen Erhabenheiten und Vorsprüngen des Ufers, bergen malerische Buchten und ländliche Wohnungen, bald hell beleuchtet, bald beschattet von üppig wachsenden Bäumen. Die Leute in dem Thälchen, so frei und so abgeschlossen von der großen Welt; die Berge, so hoch und doch so ohne Schrecken der

*) Von der Landsgemeinde von Uri oder Appenzell, die erklärte: „nicht in dem Ding seyn zu wollen", da ein Pabst sie in den Bann that; von diesem Schluß der Landsgemeinde wird wohl heutzutage in jenen Landschulen nichts gesprochen werden.

trägt den offnen Sarg und das Bildniß des Heiligen mit zusammengefaltenen Händen, alles kunstreich in Marmor gehauen. Zwischen dem Bilde und dem vertieften Grabe ist Raum für wenige Betende; dieser Raum blieb niemals leer, und ohne Drang noch Unordnung lösten die sehnsüchtigen Frommen sich auf der heiligen Stätte ab. Ein Greis mit einem jungen Mädchen und einem Jüngling betete lange knieend auf dem Grabe, und inbrünstig das Haupt auf ihren gefalteten Händen an den Sarg des Heiligen gelehnt, und wie die rührende Gruppe sich erhob, so hätte ein Guido die Seelenruhe auf dem Antlitz des Greisen, den reinen Glauben der Unschuld im Blick des Mädchens und des Jünglings malen sollen. Wie offen und zugänglich ist doch das Gemüth des einfachen und unverdorbenen Menschen im Glauben an das Ueberirdische! Wehe denen, die den Saamen der Lüge und des Unkrauts in Herzen streuen, die so wie diese betenden Kinder der Wahrheit empfänglich sind!

Eine Krämerbude unweit der Kirche, wo eine Menge gedruckter Legenden und Heiligenbilder zum Verkauf ausgestellt waren, erregte unsre Aufmerksamkeit, und wir kauften der hocherfreuten Krämerinn alle Büchelchen und Bilder ab, die über den religiösen Volksunterricht uns Auskunft zu geben versprachen. Eine kleinere Schrift, feilgeboten um wenige Kreuzer, schien für die ärmern Landleute bestimmt, und war eine, mit Gutheissen der Obern in Einsiedlen im Jahr 1822 gedruckte, Lebensbeschreibung des weitberühmten und wunderthätigen Einsiedlers und Landmanns Nikolaus von Flüe. Das erste Kapitel handelt von Nikolai Geburt, und unter der Aufschrift: „Der selige Nikolaus wird schon im Mutterleibe mit himmlischen Erscheinungen erleuchtet," erzählt es: „Gott „zeiget ihm im Mutterleibe den Himmel voller Sternen, „darunter einen großen, der die ganze Welt erleuchtet. Item „[alles im Mutterleibe] ein hoher Felsen, der sich bis an „den Himmel erhebet. Item [auch das wird Nikolao im

„Mutterleibe vorgezeigt] das heilige Oel, mit welchem die „Sterbenden gesalbet werden.“

„In der heiligen Taufe, die er in der Pfarrkirche Kerns „empfangen, kannte er den Priester und seine Taufpathen.“

„Hohe angetragene Ehren und Aemter hat er allezeit „sehr geflohen.“

„In einem Gerichtshandel sah er aus dem Munde der „Richter schweflige Feuersflammen anstatt der Worte hervor„brechen: dieß verleidete ihm die hohen Aemter.“

„Als er [Nikolaus] einmal durch Stauden und Stöck „vom Satan geworfen, und von seinem [Nikolai] Sohn blu„tig und zerrissen aufgehebt war, sprach er: recht und wohl, „im Namen des Herrn ꝛc. ꝛc.“

„Von derselben Zeit an fürchtete er den höllischen Hund „nicht mehr, und sagte: er kann wohl bellen, aber nicht „beissen, und wann er schon schaden will, so hat er doch die „Gewalt nicht ꝛc. ꝛc.“

„Einem unkeuschen Menschen zeigte er die Strafe zwoer „unreiner Seelen, die aus dem Bach ganz feurig hervor„kamen, und in der Luft mit großem Gewalt sich zusammen „geschlagen; bald aber wieder zugleich in das Wasser, und „wieder heraus, mit großem Heulen und Geschrei, getrieben „wurden, und dieß öfter, bis sie verschwunden.“

„Von einem angefochtenen Knaben trieb er von weitem „den bösen Geist mit dem Zeichen des heiligen Kreuzes.“

Von den Prophezeiungen und Wundern des Heiligen wird Folgendes in dem Volksbüchelchen erzählt:

„Die Annehmung der beiden Städte Freyburg und So„lothurn in den Eidgenössischen Bund, sagte er, werde mit „der Zeit den katholischen Eidsgenossen sehr ersprießlich „seyn.“

„Eine große Feuersbrunst zu Sarnen löscht er von wei„tem mit dem Zeichen des heiligen Kreuzes.“

ꝛc. ꝛc. ꝛc. ꝛc. ꝛc.

Das Büchelchen sagt kein Wort davon, daß der fromme Mann den Ausbruch des Bürgerkriegs durch seine Beredsamkeit in Stans verhindert, enthält aber am Schlusse ein kräftiges Gebet zur allerseligsten Jungfrau Maria, und um den Werth dieses Gebetes zu erhöhen, die folgenden Worte:

„Ablaß.“

„Alle und jede Christglaubige, welche beigesetztes Gebeth „vor der Bildniß des gottseligen Bruders Klaus von der Flühe „andächtig, und so füglich es seyn mag, mit gebogenen „Knieen bethen, erlangen 360 Tage Ablaß. Welcher Ablaß „von Seiner Hochwürden Gnaden, Herrn Johann Baptist „von Bärnis, Erzbischoff zu Edessen, und päbstlicher Both„schafter zu Luzern, den 14. Augstmonath 1632 gnädigst ist „verliehen worden.“

In dem größeren, mit Kupfern gezierten Büchelchen, betitelt: Die Lebensgeschichte des seligen Bruder Claus, gedruckt 1822 in Luzern bei Anich, — werden ebenfalls die Erscheinungen, die der Fromme im Mutterleib gehabt, erzählt, und daß derselbe bei der Taufe [wenige Wochen nach seiner Geburt] den Priester, die Pathen und alle Anwesenden [nur einen schon grauen Mann ausgenommen] gesehen, und von diesem Augenblick an gekennet, und von Anderen unterschieden habe: das wird von dem Verfasser ganz ernsthaft versichert, welcher der Sprache nach zu schliessen, zu den Gebildeten gehört, und seine Schrift wohl für gebildetere Katholiken geschrieben hat. Das heilige Geschäft des Friedensstifters wird einfach, herzlich und mit vaterländischem Gefühl erzählt. Das Sendschreiben des frommen Bruders an Schultheiß und Rath der Stadt Bern, welches des Siedlers Dank für die von Bern erhaltenen Gaben ausspricht, ist in dieser Lebensbeschreibung abgedruckt: . . . „Und danke „üch erstlich und vast — üwer fründlichen Gab, dann ich „erkenne darburch üwer vätterliche Liebe, die mich bas frü„wet, dann die Gaab: und ihr sond wüßen, daß ich ein groß

„benügen han, und wäre sie noch zu halben minder, so be-
„nügte ich mich vast wol ꝛc. ꝛc.“

Indeß, wie diese nämliche Schrift bezeugt, lebte Niklaus in seiner Siedelei im Melchthal neunzehn und ein halbes Jahr lang ohne leibliche Speise, und diese Umstände möchten wohl jenem Schreiben zum Theil seine historische Glaubwürdigkeit benehmen!

Ein Kupferstich, den wir ebenfalls in der Bude kauften, stellt den entseelten Christus am Fuße des Kreutzes in den Armen seiner heiligen Mutter vor. Auf beiden Seiten des Bildes ist ein Gebet an die Himmelsköniginn gedruckt, dessen Anfang also lautet: „Sey gegrüßet viel Millionen tausend-
„mal, du demüthigste und schmerzhafteste, ja blutschwitzende
„Mutter Jesu! Du Braut des heiligen Geistes, du Königinn
„aller Engeln, du Fürstinn zu Jerusalem, du Markgräfinn
„zu Loretto! ꝛc. ꝛc.“

Ferner: ... „O Maria! .. Ich bin ein Abgrund aller
„Sünden; meine arme Seele ist gleichsam ganz erstickt in
„Schwefel und Pech der höllischen Flammen ꝛc. ꝛc.“

Die Aufschrift des Bildes ist: „Gebeth von [vor] dem
„wunderthätigen Mirakelbild Maria zu Dettelbach, in Fran-
„ken, unweit Würzburg.“

Unter dem Bilde: „Wer es alle Wochen einmal bethet,
„erlanget 100 sage [hundert] Jahre Ablaß, und wird im
„Leben und Sterben große Gnaden erhalten.“

Der Druckort ist: Zug bey J. M. A. Blunschi.

Es möchte uns übel gedeutet werden, wenn wir, mehr als schon geschehen, den Vertrieb der Bude in Sachselen zur öffentlichen Kenntniß bringen würden; und wahrlich, es liegt dieser Mittheilung des Wenigen kein unduldsamer Vorsatz zum Grunde. Die heilige Schrift sagt mit tiefem und zartem Sinn: „Wenn ihr nicht werdet, wie diese (Kinder), so werdet ihr nicht in's Himmelreich kommen,“ und wir wissen, es giebt, wenn gleich selten, der einzelnen Menschen, und es giebt auch der einzelnen Völker, die, jene ihr Lebenlang, diese viele Jahrhunderte, in der Kindheit des Glaubens verharren, ohne jemals von dem Baume der Erkenntniß Früchte zu geniessen, oder ohne aus dem Gefühl zur Vernunft zu erwachen; und wundern und freuen müssen wir uns zugleich über die unzerstörbare Macht des Guten in diesem Volke, das mit felsenfestem Glauben an die Kraft des Ablasses, an die so leichte, ewige Vergebung *) aller Sünden, dennoch so wenig sündigt, und unter solchen Einflüssen dennoch so christlich blieb. Aber dieses Verharren bei der Unschuld der Kindheit, diese heilige Unschuld — sollten wir sie ohne Bangen betrachten — müßte sich dann nicht nur in den Hütten der Hirten, sie müßte sich auch in den Häusern der Reichen, in den Häusern der Führer der Hirten finden, und nie zu selbstischen Zwecken, zu irdischen Gelüsten mißbraucht werden können.

Warum ist doch unter allen vielen, um ihr Vaterland so hoch verdienten, Schweizern, keinem, als dem Siedler vom Melchthal, eine Kapelle erbaut worden? Spricht denn unsre herrliche Volksgeschichte von keinem, als von jenem? Es giebt eine Heiligsprechung, zu der jedes Volk berechtigt ist, eine Heiligsprechung, mit der die Römischen Bischöffe sich nicht befassen, und die nur in den Geschichtbüchern der Völker geschrieben steht. Haben denn nur die Katholiken ihre Heiligen? Sind nicht unter jedem Volke jedes Glaubens Männer erstanden, die, sich selbst vergessend, nur der Menschheit in ihrem Volke lebten? die muthig und ruhig unter dem Wüthen der Unreinen und der Bethörten, für die Wahrheit und für die Freiheit starben, ohne welche keine Wahrheit ist?

*) Zu Straußfurt befindet sich an der Kirche eine Passionstafel: „Wer vor dieser 4 Vater Unser und 4 Ave Maria betet, dem hat Pabst Sixtus V. 42,000 (zwei und vierzigtausend) Jahre Ablaß zugesichert.“ S. Olearii Syntagm. rer. Thuring., 2ter Thl. S. 223.

Sind denn solche Männer nicht die Retter ihres Volkes, nicht seine Heilige? Warum bauen denn die Unterwaldner ihrem Winkelried keine neue Kapelle, und warten auf den Pabst, der diesen Heiligen heilig spreche? Warum haben die Urner ihrem Walther Fürst, die Unterwaldner ihrem Arnold von Melchthal noch keine Kapelle erbaut? Ehren die Luzerner die Treue an dem fremden, frommen König mehr, als die Treue ihres Gundoldingen? Werden die Berner ihrem von Erlach, ihrem Hallwyl und Bubenberg nie ein würdiges, erhebendes Denkmal in ihrer Kirche errichten? Werden sie keine Kapelle erbauen auf der Stelle, wo Greyers das Banner rettete, wo Wendschatz starb, wo Steiger der Greis mit zitternden Armen, aber mit starker Jünglingsseele für das Vaterland gegen die fremden Unterdrücker focht *)?

Die Bauart der Kirche in Kerns ist schön, und diese Bauart wenigstens huldigt noch der Kunst, und verstößt nichts gegen sie, wie das Innere dieser und anderer Kirchen der katholischen Gläubigen, wo Vergoldungen und Flitter eher an menschliche Thorheiten, als an das Daseyn des Göttlichen erinnern.

Zu St. Antonien, einem Dörfchen über Kerns, wohnt der Bildhauer Abhard, der durch seine zarten und sinnigen Schnitzwerke in Holz sich die Achtung der vaterländischen Künstler erworben. Wir giengen über die schönsten Wiesen, zwischen Wäldchen von Fruchtbäumen hindurch, nach seiner hölzernen Wohnung, und fanden diese ganz mit geschnitzten Engeln und Heiligenbildern umstellt, die hier unter dem

*) Er tadelte die Verfassung der Schweiz, und wünschte mit allen Gebildeten ihre Verbesserung; *aber er focht gegen die Fremden, die, um diese Verfassung zu stürzen, uns mit Krieg überzogen.* Welche Lehre für unsre Zeit! Möchten wir sie nicht mehr vergessen, das Bestehende treu und muthig gegen die Fremden behaupten, aber friedlich, gerecht und klug verbessern, was zu verbessern ist!

Vorschirm des Daches austrocknen sollten, wahrscheinlich um dann schön gemalt, und an den Flügeln und Heiligenscheinen vergoldet zu werden. Wir fanden in dem Künstler einen ernsten, einfachen, anspruchslosen Mann, den es wohl drücken mochte, wegen der dringenden Pflichtlieferungen an hölzernen geflügelten Engeln, uns keine andern Bildungen seiner höhern Kunst vorweisen zu können. Wir hatten gewünscht, von seinem Meissel gefertiget das Bild von Winkelried in seiner Todesweihe zu erhalten, wie der Held die Spiesse des Adels mit starken Armen umfangen, in seine Brust drückt, den Seinen die Gasse in die Schlachtordnung der Feinde zu öffnen. Aber der gute Mann lehnte in düsterm Ton alle Bestellungen ab, da er immer vor Allem für Kirchen und Klöster arbeiten müsse. Ein junger Schwyzer, Schüler von Abhard, geleitete uns freundlich und gefällig nach Kerns zurück. Möge der Jüngling den Meister einst erreichen, und, wenn er für Klöster und Kirchen bildnen soll, dann von den Vorstehern einer hohen Würdigung seiner Kunst sich freuen können!

Auf der Höhe von Kerns waren uns merkwürdige Stämme des Spindel- oder Pfaffenhütchenstrauchs *) aufgefallen. In den Einfriedungen jenseits des Brünigs kömmt derselbe immer als niedriger Strauch, hier kömmt er als schuhdicker Baum vor, dessen Holz Abhard wegen seiner größern Feinheit und Härte noch lieber, als das Holz des Maßholders zu seinen Schnitzwerken gebraucht. Auch der Haselnußstrauch kömmt hier herum als 2 Fuß im Durchmesser haltender Baum vor.

Eine Schaar von Bauernjungen hatte uns unweit Kerns angefallen mit Ungestüm und Geschrei, und Geld von uns gefordert. Unser Begleiter wandte sich gegen sie, und fragte in barschem Ton: Seyd ihr denn Bettler, oder freie Obwaldner? Die Jungen verstummten plötzlich, und zogen sich

beschämt

*) Evonymus europæus.

beschämt von uns zurück. Die Noth treibt wohl oft zum Bettel, und auch der Müssiggang mit Geldgier verbunden; aber wo das Ehrgefühl noch nicht verloren ist, da wird der Bettel und die Armuth uns keine Besorgnisse erwecken.

Vom Landenberg bei Sarnen, wo in der Vorzeit die Burg eines österreichischen Vogts gestanden, ist die Aussicht auf den großen Garten von Obwalden entzückend schön. Der liebliche Sarnensee glänzt mit seinen malerischen Ufern im Vordergrunde, und jenseits ruht der Blick auf den schwarzen Wäldern und auf dem hohen Bernergebirg; am Fuße des Burgberges liegt Sarnen mit seinen freundlichen Häusern; nördlich fließt die Aa durch den weiten lachenden Thalgrund dem Luzernersee zu, und über den dunkeln Kernwald hin erscheint das Ufergebirg des See's, wo jeder Gipfel einen Namen zu rufen scheint, den die Geschichte geheiligt hat. Auf dem Burgberge, wo ehemals der rohe Bedränger geherrscht, versammelt sich nun die Landsgemeinde von Obwalden unter freiem Himmel; die reihenweise über einander zu Sitzen für das rathschlagende und entscheidende Volk gebauten Steine, sind von den Thürmen und den Mauern der gebrochenen Veste genommen. Neben ist das Zeughaus und das Schützenhaus erbaut, in dem der Saal mit Gemälden geziert ist, die Arnold von Melchthals und Wilhelm Tells Geschichte vorstellen. Welche Erinnerungen, und welche Vergleichungen! Schauenburgs Rotten haben diese Erinnerungen im Herzen dieses Volkes nicht auszulöschen vermocht: daß sie fortdauern, so lange als diese Berge stehen, und daß sie so lange das Volk in diesen Alpen lebt, den Haß gegen die Unterdrückung nähren mögen!

Der Kernwald, der Obwalden von Unterwalden scheidet, gehört zu den wenigen Waldungen, die auf den Thalgründen im Alpengebirg, und nicht an den steilen Berghalden stehen, und unter dem Walde ziehen sich sumpfichte Ländereien gegen die Schlucht des Rotzlochs zu. Ueberall sonst hat die wachsende Bevölkerung in den Hauptthälern die Thalgründe sorgfältiger angebaut, und die Wälder auf die Höhen der Alpen, auf die steilen Hänge zurückgedrängt. Dieser Kernwald, und auch das Sumpfland bei Rudenz und gegen Alpnach hin, zeigt, daß die guten, frommen Unterwaldner auch in der Land- und Forstwirthschaft noch Kinder sind.

Wir hatten die Anhöhen hinter der Kapelle von St. Jakob erstiegen, um die Aussicht auf den Luzernersee und auf das blühende Thal von Stanz zu geniessen, und den Schauplatz der blutigen Gefechte uns zu vergegenwärtigen, die im Herbstmonat 1798 hier geliefert wurden, und nach dem heldenmüthigsten Kampfe der Hirten von Nidwalden den Untergang ihrer alten Freiheit zur Folge hatten. Unter uns war die Anhöhe von Ried, wo, gegen den Kernwald gewandt, die Nidwaldner sechs Kanonen auf den Feind gerichtet hatten; hinter uns die Aecherli-Alp und die Höhe von Rüti, über welche die Bürger von Obwalden her die Nidwaldner umgangen hatten; gegenüber lag das Rotzloch; Stanzstad und der Bürgenberg vor uns: alles Orte, von woher die von Luzern anrückenden Feinde den fünfzehnhundert Hirten in den Rücken fielen, die schlecht bewaffnet, des Kriegs ungewohnt, zertheilt und ohne Anführer, acht Stunden lang gegen einen zehnmal stärkern, sieggewohnten Heerhaufen kämpften. Der Führer zeigte in der Ferne die Stelle, wo ein Knabe, der sich standhaft geweigert hatte, dem Feinde als Führer über die Höhen zu dienen, von den Barbaren erschossen wurde; die Kapelle von Winkelried, wo achtzehn Jungfrauen kämpfend für das Vaterland starben; Stanzstad und Stanz, wo, nach dem Sieg der Schaaren der Hölle über die Unschuldigen, Greise, Weiber und Kinder an den Altären niedergemetzelt wurden.

Wer wird, wenn er seine Augen von dem Schauplatz des Mordes abwendet, wenn er über der Kapelle von St. Jakob die vielen Grabhügel der Märtyrer erblickt, ohne Unwillen und Wehmuth des Volkes gedenken, das seit fünf und dreißig Jahren die Erde mit Blut gedüngt, so viel Gutes zerstört, so wenig die Menschheit Erhebendes dauernd zu gründen gewußt hat! Ist es das nämliche Volk, das aus langer, niedriger Knechtschaft sich zu erheben schien, als die Morgenröthe der Freiheit auf wenige Tage ihm leuchtete? Das bald in Sklavensinn die reine Göttin verkannt, und blind dem untergeschobenen Götzenbild so viele tausend Menschenopfer gebracht? Das seines Königs Blut im Namen der Freiheit, und bald hernach der freien Hirten Blut in unserm Gebirg vergossen! Das für Gold und Ordensbänder Napoleon die Freiheit verkaufte, für Gold und Ordensbänder ihm Könige und Völker zu Füßen legte! Das seine Priester im Namen der Denkfreiheit auf Schaffoten bluten ließ, und wenige Jahre nachher den Dienern des Aberglaubens und des Geistesdrucks im Nachbarlande den Dolch der Rache in die Hand gab!

Doch wir sollen keinem Volke fluchen! Werkzeuge sind sie alle in höherer Hand, sie mögen nun in Wuth des Gesetzes Dämme durchbrechen, und wie Lavenströme über blühende Gelände, über friedliche Hütten sich wälzen, oder in blindem Gehorsam auf den Wink der Eroberer die Zerstörung über den Erdball tragen. Was in der Körperwelt die großen Gährungsmittel sind, das ist dieses Volk in der geistigen Welt für die Menschengeschichte gewesen. Die gährende Masse wird sich klären, der Giftqualm wird zum Aether werden, und schönere Bildungen werden sprossen aus dem Niederschlag. Das ist Gesetz der Natur, und Geistesentwicklung durch Gährungen, nicht Ruhe, nicht träger Genuß, ist die Bestimmung unsers Geschlechts, und dieser Bestimmung wird es sich nähern, wenn auch alle Nationen und alle Mächtigen der Erde sich dagegen verschwören sollten! Nie würden die Flotten Englands einen Sturm erregen oder stillen, nie ein zweiter Xerxes die Wuth des Meeres durch Ruthenstreiche dämpfen können.

6 *

3.

Weg von Schwyz über den Bragel an die Linth und nach Pfäffers.

Schwyz. Fremdenpolizei. Ansicht des Fleckens. Geßlers falsche Politik. Das Muottathal. Die Toderbrücke. Das Kloster. Der Bragelpaß. Das Klönthal. Geßners Denkmal. Waldverwüstungen am Glärnisch. Milchkammern. Schabzieger. Vergleichungen. Abschaffung der Gemeinweide auf einer Alp. Waldwirthschaft. Volksbegriffe. Entführung von Kindern. Mollis. Die Linth. Escher. Kaiser Alexander. Näfels. Prozessionen der Katholiken. Der Kirenzenberg. Der Wallensee. Veredeln des Kastanienbaums. Sargans. Der Rhein. Die Schollbergstraße. Ragaz. Das Pfäfersbad. Flußkorrektionen als vaterländische Aufgabe.

Wir hatten gewünscht, in Schwyz die Kirche zu besuchen und nach schönen Gemälden zu spähen, aber eine Verordnung der Polizeibehörde, die an den Wänden des Gasthauses klebte, schreckte uns von dem Besuche ab. Die Verordnung (vom 21. July 1821) rügt im Eingang das ungebührliche Betragen der Fremden während des Gottesdienstes, und verbietet deßwegen denselben alles Umherspazieren in der Kirche, Rückwärtsschauen, Umherschauen, Sitzen zur unschicklichen Zeit, Aufrechtstehen während des Segens und der Prozessionen ꝛc. Die Polizeibehörden sind ohne Zweifel verdienstliche Behörden, aber sie geben sich oft ganz umsonst gewaltige Mühe. Viel kürzer wäre es doch hier in diesem Fall gewesen, den Fremden schlechtweg die Kirche während des Gottesdiensts zu verbieten, als Aufseher zu bestellen, die darauf wachen müssen, (also nicht andächtig seyn können) daß von Fremden nicht gegen die Andacht gefehlt werde.

Die Lage des Fleckens Schwyz ist einzig schön. Die malerischen Formen der Felsen, das fruchtbare weite Thal mit üppigen Bäumen geziert, die schönen Wiesen und die sanft gegen den See fallenden Ufer, die stattlichen Häuser, ein schöner freundlicher Schlag der Menschen: alles scheint zu längerm Verweilen einzuladen. Die Häuser tragen das Gepräge von Wohlhabenheit, und die Wiesen, da hier gewöhnlich der jüngste Sohn unvertheilt das Gut des Vaters übernimmt, sind größer, als irgendwo jenseits des Brünigs, und größer als in Unterwalden. Nur selten aber und nur höher an den Abhängen hinauf sind kleine Pflanzungen von Kartoffeln, aber weder künstliche Futterkräuter, noch Wässerungen, noch bedeutende Kulturen von Webepflanzen zu erblicken. Seit Jahrhunderten sind die Schwyzer in ihrem Getreidebedürfniß abhängig von dem Kanton Zürich, und litten in den Zeiten der Zerwürfnisse zwischen beiden Kantonen von Kornsperren der Zürcher, ohne deßwegen in dem fruchtbaren Thale den Kornbau zu versuchen. Wie überall im Hochgebirg, so ist auch in der Nähe des schönen wohlhabenden Schwyz keine Spur von Forstwirthschaft; ringsum fallen Waldverwüstungen in die Augen. An der Mythe sind Spuren eines Waldbrandes; am Urmiberg soll vor 150 Jahren ein großer Wald verbrannt seyn; noch jetzt ist der Berghang öde, und weder hier noch am Urmiberg haben die Schwyzer ein Samenkorn hingeworfen, um die wüsten Hänge wieder mit Baumwuchs zu bekleiden.

Welche Quelle des Wohlstandes ist denn hier geflossen, wo so schöne, zum Theil prunkende Häuser gebaut worden sind? Der Handel ist nicht von Bedeutung, und Industrie ist wenig da, die hier wie in Appenzell und Glaris Palläste auf dürre Felsen oder kleine Wieschen gezaubert hätte. Wie oft tönen die Namen von spanischen und französischen Offizieren dem Fragenden, der die Lösung des Räthsels sucht. Ach, das ist nicht erfreulich; fallen denn die großen Staaten nicht, wenn der Geist von ihnen weicht, der ihre Gründung bewirkt hat? und diese Wahrheit, gilt sie nicht auch für kleine Staaten? Wird aber dieser alte Geist der Schwyzer in Spanien und in Frankreich genährt?

Als Geßler, der Oesterreicher, vor Stauffachers neuem Hause im Dorfe Steinen vorbeiritt, sprach er höhnisch: „können wir dulden, daß das Bauernvolk so schön baue?“ Hoffentlich kehrt kein Geßler mehr als Vogt in diese Berge zurück, um neidisch zu zürnen über die Wohlhabenheit der freien Schwyzerbauern. Hätte damals der Hofmann Rudolf der Harras den rohen Vogt begleitet, er hätte ohne Zweifel besänftigend und warnend folgende Worte zu Geßler gesprochen: „Herr Landvogt, ich beschwöre Euch, reizt diese stolzen, kräftigen Bauern nicht mit solchen Worten; wenn Ihr in gerechtem Unwillen über ihren Trotz nicht von Herzen mild seyn könnet, so werdet mild aus Klugheit! Gedenkt der großen Plane König Albrechts, unsers Herrn! Laßt erst mit Umsicht uns mächtiger werden, und schont einstweilen dieses starke Volk, damit es nicht zur Unzeit uns zu schaffen gebe! Glaubt mir, Herr Vogt, es giebt ein Mittel dieses stolze Volk zu zähmen, ein Mittel, das uns kein Blut und wenig Geld kostet! Laßt sie doch bauen, die Uebermüthigen, je schöner, desto besser für uns! Weckt ihre Eitelkeit, damit sie uns die Mühe und die Kosten spare, diesen Freiheitsstolz zu bekämpfen! Lockt sie an Albrechts Hof, laßt sie Freude finden an Sammt, an feinem Tuch, an feurigen, fremden Weinen, und feilen, willfährigen Frauen! Gebt ihnen Gnadenkettlein und Geld, aber sorgt, daß sie immer mehr des Geldes brauchen lernen, als sie von uns empfangen! Macht sie lüstern nach Genüssen, die diese Berge ihnen versagen! Hört mich, Herr Vogt, wenn Ihr so handelt, so wird in wenig Jahren dieses verhaßte Volk in Gehorsam sich vor uns bücken!“ *)

*) Siehe Tacitus, Agricola 21.

Nein, auch des Harras Künsten wäre damals die Unterjochung dieses Volkes nicht gelungen: — das haben die Tage von Rothenthurn, Morgarten und Schindellegi bewiesen! Aber wenn früher die Schwyzer ihre muthigste Jugend dem Tirannen Karl von Anjou, dem Mörder Konradins und Friedrichs, oder Peter dem Grausamen von Kastilien in Sold gegeben hätten, wenn in Neapel und an Peters Hof die einfachen Schwyzer, so wie der Harras wollte, verführt worden wären, und ihre Verderbniß und ihre Lüste in die Thäler am Vierwaldstättersee verpflanzt hätten?

Wir eilten noch vor einbrechender Nacht das Muottathal zu erreichen, und hatten die Freude, im Wirthshause des Dörfchen's mit einer frohen, blühenden Schaar von Zöglingen von Hofwyl und ihrem wackern und gebildeten Lehrer zusammenzutreffen. Der Eingang in das Muottathal, wo steil und eng die Felsen beinahe dem wilden Strom den Ausfluß verwehren, hat etwas Schauerliches, besonders auf der Brücke, die hoch über der dunkeln Tiefe schwebt. Von dieser Brücke stürzten im fürchterlichen Gedränge ganze Schaaren Franzosen, als Suwarows Armee, eingeschlossen von Molitor jenseits dem Bragel, und angegriffen von Mortier und Loison, die von Schwyz her auf ihn drangen, den Kampf auf Tod und Leben kämpfte *). Bekanntlich wurden hier die Franzosen zurückgeschlagen, und Suwarow, der über den Bragel drang, rettete sich und seine Armee vor Molitor durch das Sernftthal über den Schnee der rhätischen Alpen. Landleute von Muotta, die uns begleiteten, erzählten, daß im Abgrunde unter der Brücke der Strom von Hügeln französischer Leichname aufgestauet gewesen, und blutroth seine Gewässer aus dem Thal geflossen seyen. Was mögen in dieser fürchterlichen Zeit die Bewohner dieses Thales, und die Bewohner der Reuß-, der Linth-, der Rheinthäler gelitten haben! Kein

*) Den 1. Weinmonat 1799.

Krieg, den ein Volk für eigne Interessen führt, ist so verderblich, als wenn dieses Volk in sich zerspalten, sein Land von fremden Heeren, die sich bekämpfen, verwüsten sieht, von keinem dieser Heere geschont und von keinem geachtet. Möge der Himmel vor solcher Neutralität uns künftig immer bewahren!

Der Grund des Muottenthals liegt nicht viel höher über dem Meere, als der Vierwaldstättersee *); indessen ist ohngeacht der geringen Erhöhung doch das Pflanzenleben schon verändert. Noch stehen einige Nußbäume unweit dem Dörfchen, aber der Ahorn, einheimisch in der Alpennatur, der bei Schwyz nicht zu sehen war, findet sich häufiger, sein Recht gegen den Fremdling behauptend; Obstbäume zeigen sich noch, und mit dem Flachs wird auch der zärtere Hanf gebaut; aber Getreide wolle nicht gedeihen, behaupten die Landleute von Muotta. Vielleicht daß die Abneigung der Schwyzer gegen den Kornbau, oder daß die Wirkung der spätern oder frühern Beschattung im engen, vom hohen Gebirg umschlossenen Thal von dem Getreidebau abwendig gemacht hat. Bei Landtheilungen erben hier die Söhne gleich, die Mädchen aber werden gewöhnlich ausgekauft. Auf die Gemeinalpen treibt jeder so viel Vieh, als er auf eigenen Wiesen zu wintern vermag; das ist auch Regel im übrigen Kanton.

Mit Tagesanbruch verreiseten wir, zufrieden mit der mäßigen Zeche, die Vergleichungen mit Oberländischen und Tessinischen Forderungen nicht zum Vortheil von diesen bei unsern Reisegefährten weckten. Das Ansteigen gegen den Bragel ist anfangs steil und felsicht, und unser Pferd, obschon

*) Das Barometer stand den 12. August Abends 7 Uhr auf 26. 1. 8, das Thermometer im Schatten auf 12°. Es würde dieser Stand des Quecksilbers auf 1980 — 2000 Fuß der Höhe weisen, da in Bern das korrespondirende Barometer zu gleicher Zeit auf ohngefähr 26. 4. 7. Z. stand.

gewöhnt an's Klettern, stürzte gefährlich, jedoch ohne sich zu verwunden. Das ist also der nächste Verbindungsweg zwischen dem industriosen Glaris und dem wohlhabenden Schwyz! Die Kantone würden wohl gerne zwischen sich in vergangenen Zeiten der Partheiung chinesische Mauern erbaut haben, wenn sie nur die Kosten solcher Scheidungs-Wehren hätten bestreiten können. Wir wollen gerne annehmen, daß das Mißtrauen und jede Feindschaft für immer ein Ende genommen, aber chinesische Mauern wie der Bragel und der Brünig, und so viele andere sind, stehen noch viele da, und trennen wie feindlich wirkend den Verkehr und die innigere Gemeinschaft zwischen den Eidgenossen. Möchte der Geist der Eintracht bewirken, was der Geist des Eroberers am Simplon bewirkte!

Von der Anhöhe hinter dem Dörfchen genießt der Reisende gern noch einmal den Rückblick auf die schönen Wiesen und die friedlichen Wohnungen des einsamen, wie von der Welt geschiedenen Thales, und mit Theilnahme verweilt der Blick auf den großen Gebäuden des Frauenklosters vun St. Joseph, das, sich erhebend unter den niedern Hütten, das kleine Thälchen zu beherrschen scheint. Die Stiftung dieses Frauenklosters soll sehr alt seyn. Wer hat alle die Seufzer gehört, die hier seit Jahrhunderten aus den unbefriedigten Herzen gestiegen! Und wie viel leichter mag den in Mauern verschlossenen Jungfrauen die Herrschaft über das Thal geworden seyn, als über ihr eigenes Gefühl? Aber wenn höher am Bragelberg hinauf der Blick hinaus in der finstern Schlucht des Thales späht, wenn dem sinnenden Wandrer dann die Todesbrücke vorschwebt, die vor fünf und zwanzig Jahren von Strömen Blutes trof, und der finstre Abgrund, in dem die Leichen sich thürmten: dann glaubt er die Furie der Herrschsucht, die unersättlich Menschenopfer sucht, aus der Finsterniß auftauchen, aber vor dem Engel des Lichts wieder in die Tiefe fliehen zu sehen, der über das Kloster die Friedenspalme neigt.

Auf der Höhe des Passes, der bei 5100 *) Fuß über dem Meere liegen mag, stehen noch Rothtannen auf einem Boden, der stellenweise sumpficht ist. Seitwärts zieht sich dieser Baum noch etwa 500 Fuß höher, und auch in diesem Gebirg hält also die Fichte nicht in gleicher Höhe aus, wie in der rhätischen Kette, aus dem Grunde wohl, weil der Thalgrund der Linth, von Muotta und Klönthal beträchtlich tiefer als die Höhe des Passes liegt, und tiefer eingeschnittene Thäler immer erkältend auf die begrenzenden Berggipfel wirken **).

Nach dem Hinabsteigen von den unfreundlichen Wildnissen des Bragels erfreut die Aussicht auf die schönen Weiden des Klönthals und die Wanderung längs den Ufern des lieblichen See's um so mehr. Am Fuße des Glärnischberges steht ein Denkmal, das dem Andenken unsers Geßners von einigen seiner Verehrer errichtet worden, und in der That wohl nirgendwo im Alpengebirg in so romantischer Umgebung der Natur hätte errichtet werden können. Nur Schade, daß das Denkmal von keinen Wohnungen zufrieden und einfach lebender Hirten umgeben ist! Einsam, verlassen und unbegriffen steht es hier, und erinnert unwillkührlich an die Stimme des Weisen in der Wüste. Die Hirtensöhne von Glarus und von Schwyz, und die Jünglinge aus den Schweizerischen Städten kennen den Dichter der Natur und einfacher Sitte nicht, und die ihn kennen, lesen seine Gemälde auf seidenen Polstern. Geßners verlornes Paradies, wenn sie auch es suchten, werden sie weder in Paris noch in Madrid wieder finden.

*) Bei der tiefer liegenden obersten Sennhütte hielt sich den 18. August um 11 Uhr im Nebel und während kalten Windstößen das Barometer auf 23. 6. 6., das Thermometer auf 11 über 0. In Bern stand das Barometer zu gleicher Zeit ohngefähr auf 26. 5. 9., das Thermometer auf 15. Demnach wäre die Höhe der obersten Sennhütte etwa 4750 Fuß.

**) Vergleiche des Verfassers Reise über den Bernardin, S. 145.

Das Klönthal wird als Voralp benutzt, und auf dem weiten Grunde des anmuthigsten Thales sind weder Ansiedlungen, noch Versuche der Kultur sichtbar. Auf einer ausgedehnten Weide steht ein großes Gebäude, das aber nur kurze Zeit von Hirten bewohnt wird. Wie viele Bergvillen könnten hier stehen, und wie viele Verbesserungen des Bodens hier gedeihen! Aber wie überall, so wird auch hier der Aermere nichts Neues versuchen, und die Industrie des reichern Glarners wird nicht von der Landwirthschaft, sondern vom Handel und den Fabriken angesprochen, die größere, wenn gleich nicht so sichere Gewinnste geben. An den Bergen rings herum, besonders an dem Hange des Glärnisch, fallen zerstörte Waldungen unangenehm in die Augen, und so sind auch tiefer im Linththal, über Glarus und Enneda, die verwüstlichsten Holzschläge sichtbar. Wie uns Landleute versicherten, so ist auch hier noch nie ein Samenkorn von Waldbäumen auf die gedankenlos kahl gehauenen Berghänge ausgestreut worden. Hat wohl der Zug der Russen durch diese Thäler ihrem Wohlstand so großes Verderben gebracht, als eine solche Wirthschaft auf diesen Bergen bringen kann? Wie verdient würde sich ein wohlhabender, oder eine Gesellschaft wohlhabender Glarner um ihren Kanton machen, die auf eigne Kosten auf jedem Berghang, der aus Unwissenheit oder Eigennutz kahl gehauen wird, passende Holzarten hinpflanzen, oder ihre Samen sammeln und einhacken ließe, und die Ziegenhirten durch einige Geschenke zur Schonung der jungen Pflanzungen oder Saaten vermögen würde!

Die sogenannten Milchkammern auf den Alpenweiden des Klönthals sind für jeden Landwirth sehenswerth, da sie durch die einfachste Einrichtung für die Buttergewinnung große Vortheile gewähren, und für die Verfertigung der sogenannten Schabziegerkäse wichtig sind. Wo eine Quelle reinen Wassers aus dem Erdreich sprudelt, wird die Milchkammer so hingebaut, daß das Quellwasser auf Grand oder

Felsgrund so hoch auf dem Boden der Hütte aufgeschwellt werden kann, daß die mit Milch erfüllten hölzernen Geschirre bis an den Rand von dem kalten Wasser umgeben stehen können. Die Milch bleibt dann etwa fünf Tage in den Geschirren, in der nämlichen Temperatur der Quelle *), während der schwülsten Witterung frisch, und es scheiden sich alle Buttertheile daraus im Rahme ab. Nachdem die Milch ganz abgerahmt worden, wird sie nicht durch Lab, sondern durch Sauer **) zum Scheiden gebracht, der gewonnene Zieger in Säcke gestossen, mit Steinen stark belastet, ausgetrocknet, dann im Herbst in Glarus auf einfachen Mühlen fein gerieben, gesalzen, und mit dem blauen Klee ***) vermischt. Die vollständige Scheidung der Buttertheile aus der Milch scheint wesentlich zu seyn, und wird eben durch die beschriebene Benutzung der Alpenquellen bewirkt.

Wie sonderbar, daß die Verfertigung des Schabziegers, dessen Bestandtheile allgemein bekannt sind, seit so langer Zeit auf so kleinen Raum beschränkt geblieben ist! Auf den Gebirgen von Schwyz, von Bündten, von Bern ꝛc. wachsen die nämlichen Kräuter, es ist da sonst die Kunst der Fabrikation von Milchprodukten auf keiner niedrigern Stuffe, der blaue Klee wächst selbst in rauhen Thälern leicht; und doch hat nur allein der Glarnerhirt dem Milchzieger durch so einfache, wenig kostspielige Veränderungen und Zuthaten einen fünffachen Werth zu geben gewußt †), und seit Jahrhunderten sich durch dieses Fabrikat in Wohlstand gesetzt. Wie sonderbar auch, daß unter den Tausenden von gewürzhaften Pflanzen, die bei uns freiwillig wachsen, oder verschrieben werden

*) Ungefähr 6 Grade des Reaumürschen Thermometers.

**) Sauer gewordene Milch.

***) Trifolium melilotus cærulea.

†) Der rohe Zieger gilt kaum 8 Kreuzer, der Schabzieger 4 bis 5 Batzen.

könnten, nur allein der blaue Klee dem Zieger, und noch keine dem Käse beigemischt worden ist, seinen Wohlgeschmack zu erhöhen! Der Vertrieb der Fabrikate, deren Absatz sich auf die Lüste des Gaumens gründet, ist immer der sicherste, und wenn wir es dahin bringen könnten, unsre wohlschmeckenden Zieger- und Käsearten zu vervielfältigen, und deren zu erfinden, die auf den Tafeln der fremden Finanzminister und ihrer Zoll- und Mauthbedienten Zutritt erlangten, so würde die Ausfuhr immer gesichert bleiben. Eine einzige Erfindung dieser Art könnte den Kapitalwerth unserer Alpen verdoppeln. Im Kanton Glarus stehen freilich die Alpenpreise, trotz dem Privilegium der Schabziegerfabrikation, nicht höher als bei uns; aber das rührt von der Gemeinweidigkeit der Alpen her, und auch davon, daß in diesem Kanton, wie in den übrigen Alpenkantonen, keine freie Konkurrenz in dem Kauf der Alprechte, und keine Möglichkeit ist, der Gemeinweidigkeit ein Ende zu machen. Der Glarnersenn steht sich auf alle Fälle durch die Schabziegerfabrikation besser, als der Berner- oder Bündnersenn.

Wer vom Klönthal hinunter in das große Linththal bei Glarus gelangt, nachdem er die Gebirge von Unterwalden und Schwyz verlassen, der glaubt sich in eine andere Natur versetzt. Hoch, schroff und wild ist der Glarnische Gebirgszug; mild und sanfter fallend das Gebirg in jenen Kantonen. Aber noch größer als zwischen den Gebirgsformen ist der Unterschied der Völkerschaften. Der reformierte Glarner soll schlau, erfinderisch, thätig, unternehmend, und gebildeter seyn, als der Unterwaldner und der Schwyzer. Diese vor Allem an alten Formen klebend, sind kindlich fromm und abergläubisch, nicht so thätig, und ohne Industrie und Erfindungsgeist. Woher denn dieser Unterscheid benachbarter, so nahe verwandter, seit Jahrhunderten enge verbündeter, Völkerschaften? Der Römische Einfluß erklärt Vieles; das sehen wir durch die Vergleichung der Glarner selbst, die nicht Glaubensgenossen sind, und wir sehen es, wenn wir die beiden Appenzellischen Rhoden, von denen der eine Rom, der andre nur eigenen Gesetzen gehorcht, vergleichen. Aber mit dem am Tage liegenden Einfluß ist noch nicht dieser Unterschied erklärt. Die Bevölkerung des Bernischen Oberlandes ist reformiert, wie der grössere Theil der Glarner, und wie die Appenzellischen Ausserrhodner, und die Glarner- und die Appenzellischen Gebirge stehen in klimatischer Uebereinstimmung; demungeachtet ist der Unterschied in dem Karakter, den Sitten und der Bildungsstufe dieser verwandten Völkerschaften ausserordentlich groß, am größten aber nicht zwischen dem gemeinen Mann, sondern zwischen den Wohlhabenden und Angesehenen, die das Berner Hochgebirg, und die Glarner- und Appenzellergebirge bewohnen. Die Thäler des Bernerschen Oberlandes enthalten beinahe so viele Einwohner, als die reformierten Theile von Appenzell, und mehr als der Kanton Glarus. Die Bernerschen Thäler haben unter einer Hauptstadt gestanden, die mit Recht durch ihre öffentlichen Anstalten, durch musterhafte Finanzverwaltung, durch milde Herrschaft und Wohlthätigkeit, durch gerechte Justiz berühmt geworden, und durch kluge Sparsamkeit sich einen Schatz auf Nothfälle bei Seite gelegt hat, wie wohl noch kein Staat von diesem Umfang ihn jemals besessen. An allen diesen Vortheilen, welche die Glarner und Appenzeller entweder gar nicht, oder in geringerm Maaße genossen, haben die Oberländer seit ihrer Vereinigung mit Bern Theil genommen; und doch ist in Glarus und in Appenzell ungleich mehr Wohlstand, als im Berner Hochgebirg, und ohne Vergleichung eine höhere Geistesentwicklung. Wie viele Glarner und wie viele Appenzeller haben sich in den Wissenschaften, in industriosen und in gemeinnützigen Unternehmungen, wie viele sich als Staatsmänner und als Krieger ausgezeichnet, während das Leben des Oberländischen Volksstammes unbemerkt sich in der Geschichte der Hauptstadt, wie ein wasserarmer

Bach im Rheinstrom, verloren hat, und kein Name eines Oberländers aus den zwei letzten Jahrhunderten, in dankbarem Angedenken des Vaterlandes fortlebt. Noch jetzt besteht in den Saanen-, Simmen-, See- und Aarethälern kein Fabrikationszweig von Bedeutung, und kein gemeinnütziges, groses, industrioses oder wirthschaftliches Unternehmen von den Landesbewohnern ausgeführt, und wer Trogen, Glarus, Mollis mit Unterseen, Meyringen ꝛc. vergleicht, dem muß der Abstand noch auffallender werden.

In der Nähe des Fleckens Glarus liegen grose Pflanzungen von den Tagwen-Mannen oder Burgern angelegt; sie bestehen meistens aus Kartoffeln, Flachs, Hanf, und wenigem Getreide. Weder bei Sarnen, noch bei Schwyz sind solche Pflanzungen. Der zu diesen Kulturen nöthige Dünger wird auf eine Weise erhalten, die wohl sonst nirgendwo im Alpengebirg in Ausübung gebracht worden ist. Es ist nämlich von den Burgern die Weide auf der Brandalp, die Gemeingut von Glarus ist, aufgegeben worden, um statt der Weidenutzung die ganze Alp auf Heu zu benutzen. Das Heu wird nun nach dem Flecken geschafft, und hier verfüttert, sowohl um im Herbst und Winter in der Nähe der Wohnungen Milch zu haben, als den nöthigen Dünger für jene Pflanzungen zu gewinnen. Es gewährt diese Einrichtung ohne Zweifel grose Vortheile. Wenn Gemeinalpen so benutzt werden, daß jeder Berechtigte auf denselben sein eigenes Vieh hält und sömmert, so ist mit dieser Nutzung ein so groser Zeitverlurst verbunden, daß eher Schaden als Vortheil für den Besitzer der Alprechte statt findet, es sey denn, daß dieser die bei dem Melken, bei dem Tragen der Milch, und bei dem Hin- und Hergehen nach und von der Alp verlorne Zeit in keinen Anschlag bringe, oder mit andern Worten: nur der Landmann kann die Gemeinalp nutzen, der Zeit zu verlieren, oder keine Industrie hat. In diesem Fall ist wohl der Hirt im Berner Oberland, in Schwyz

Unterwalden ꝛc., aber nicht in Glarus, wo Handel und Industrie blühen, und mithin Zeitverlurst als Geldverlurst angesehen wird. Durch den Düngergewinn könnte wüstes Land auf den Allmenden der Thalfläche in Abtrag gebracht, und mit Futterkräutern zum Behelf der Stallfütterung im Sommer in Bestand gesetzt werden. Dieser Futterkräuterbau ist freilich in dieser Gegend eben so wenig, als in andern des Hochgebirgs verbreitet; aber die Abschaffung der Gemeinweide auf den Alpen wird vermuthlich diese Kultur bald allgemeiner machen. Wären hier die Waldungen so behandelt, daß sie zur Düngervermehrung dienen könnten, so hätte wohl noch zu größerem Vortheil der Tagwenschaft von Glarus die Brandalp mit zweckmäßigen Stallungen versehen, verpachtet, und dennoch durch Futterkräuterbau im Thale und durch die Weidnutzung auf Dünger der Anbau der Allmendtheile statt finden können. Wir werden unten, bei Betrachtung der Landwirthschaft des Engadins, zeigen, daß die Wälder, unbeschadet ihrer Erhaltung, für einen bedeutenden Getreidebau den nöthigen Dünger liefern können, insofern sie mit den gehörigen Holzarten bestanden sind. Um so mehr wäre für Glarus eine solche Einrichtung zu wünschen, da bei der beschriebenen Nutzung der Brandalp sie bald an Heuertrag und an Fruchtbarkeit des Bodens einbüßen müssen, wenn die Heunutzung alle Jahre ohne Einschränkung statt haben sollte, und nicht abwechselnd einzelne Theile, um den Wachsthum des Grases wieder zu beleben, mit der Sichel verschont würden *).

Die

*) Siehe Bemerkungen über die Wälder und Alpen des Bernergebirgs, wo S. 192 die Behandlung der Wildheumäder beschrieben ist. Es ist merkwürdig, daß die Fruchtbarkeit des Rasens schon im darauf folgenden Jahre sich erhöht zeigt, nachdem der Graswuchs stehen gelassen wurde. In diesem Falle ist es nicht das einfaulende Gras, welches den Rasen düngen kann, da das

Die untern Zonen der hiesigen Gebirgswälder dienen ausschließlich den Tagwenleuten oder Gemeindsburgern, und jeder Burger kann hier Holz von der Gemeinde kaufen. Gewöhnlich wird ein Bezirk kahl abgehauen, an die Meistbietenden verkauft, und dann der abgeholzte Bezirk auf 10 Jahre für die Ziegen in Bann gelegt, die sonst überall ausser diesem Bezirk weiden dürfen. Wenn jedesmal nach dem kahlen Schlag passende Holzarten auf den entblößten Boden ausgesäet, und dann die jungen, aufgehenden Holzpflänzchen durch den Weidbann vor Beschädigung gesichert würden, so wäre ein solches Verfahren doch in einiger Uebereinstimmung mit wirthschaftlichen Regeln. Ohne künstliche Saat oder Pflanzung müssen aber diese Tagwenwälder, unerachtet dem Weidbann, immer schlechter werden. In den am höchsten liegenden Wäldern fällt jeder Holz, wo und soviel er mag, und daß auch hier die Wälder immer schlechter, und nie durch Kunst verbessert werden, zeigt schon der Anblick des Vorder- und des Hinter-Glärnischs und des Wiggisbergs. Wenn nur in jeder Gemeinde im Alpengebirg kleine Vorräthe von Lärch-, Rothtannen- und Ahornsamen angelegt, und dann von jedem, der Holz in den Gemeindswäldern fällt, an Platz der gefällten

---

kurze Gras in diesen Höhen bis zur nächsten Heuerndte nicht fault. Das stehen bleibende Gras vermindert die nachtheilige Wirkung der Windzüge auf die Oberfläche des Bodens, und scheint nur mittelbar auf den bessern Wachsthum des Rasens zu wirken. Ein dichtbestandnes Kleefeld, das gleich nach dem Schnitt des Klees umgebrochen wird, zeigt eine größere Fruchtbarkeit, als wenn das Umbrechen später geschieht: ein Beweis, daß der Wind, wenn er lange über die Oberfläche des Bodens ungehindert weht, düngende Bestandtheile entführt, die von den Pflanzen und von der Erdoberfläche aus dem Luftkreis angezogen werden. Jede Einfristung wirkt daher vortheilhaft auf den Wachsthum der Pflanzen, auf den Höhen der Berge besonders, wo selten Windstille, und zum Theil eben deßwegen eine geringere Vegetationskraft ist.

Stämme in die Erde gebracht würden; es wäre mit dieser einfachen, wenig kostspieligen, Verfügung schon vieles für die Erhaltung der Alpenwälder gewonnen. Freilich müßte vorher der Landmann überzeugt werden, daß die Waldbäume durch Samen fortgepflanzt werden können *).

Wenige Tage vor unserer Ankunft war im Linththal große Volksbewegung gewesen, von der wir noch auffallende Aeusserungen bemerkten. Ein Landmann erzählte uns auf dem Wege nach Mollis Folgendes: Ein reformierter Glarner hatte in den Niederlanden sich mit einer Katholikin verheirathet, und war nach einem ziemlich langen Aufenthalt in der Heimath seiner Frau, mit zweien, aus dieser Ehe entsprossenen, Söhnen in sein Vaterland nach Glaris zurückgekehrt. Hier wußte der Römische Priester sich in das Vertrauen der Glaubensgenossin einzuschleichen, und in dem abergläubischen Gemüthe die Angst für das Seelenheil ihrer Kinder zu erregen, die nach den Gesetzen im Glauben des Vaters unterrichtet werden sollten. Die Frau, auf Antrieb des Priesters, suchte den Vater nach seiner Ansicht zu stimmen, und drang endlich darauf, daß ihre Söhne im Römischen Glauben unterrichtet würden. Der Vater widersetzte sich standhaft: plötzlich verschwanden die Söhne. Alles Suchen und Forschen des bekümmerten Vaters, der heuchelnden Mutter, und der Freunde und Nachbarn des Hauses war mehrere Tage lang vergeblich. Der Verdacht der Entführung fiel auf den Priester, und verbreitete sich unter den Reformierten. Das Volk sammelte sich vor dessen Wohnung, und drohte Gewalt, die nur mit Mühe von angesehenen Refor-

*) Ein angesehener Vorgesetzter im Grindelwaldthal, dem der Verfasser Vorwürfe machte, daß die Grindelwalder seit Jahrhunderten die Samen der nützlichen Arve verzehren, ohne nur ein einziges Samenkorn der beinahe ausgerotteten Baumart ausgesäet zu haben, behauptete sehr ernsthaft: daß die Arve nicht aus dem Samen, sondern „aus der Natur der Berge“ wachse!

mierten abgewendet wurde. Nun erschienen die Söhne wieder freudig bei dem erfreuten Vater.

Das Linththal bei Glarus und Mollis wird nur wenig höher liegen, als das See- und Aarethal im Bernergebirg, und wenn auch ein blühender Obstwachs in diesem Theil des Linththals ist, so scheint es doch nicht so mild, als jenes Thal zu seyn, da der Nußbaum seltner vorkömmt, und nicht den schönen Wuchs, wie im Interlachenthale, zeigt. Daß dieser Baum Thäler meidet, die nördlich fallen, und bei sonst gleicher Erhöhung über dem Meere, und auf gleich fruchtbarem Boden einen vorzüglichern Wuchs in Thälern zeigt, die östlich steigen, würde aus dieser Vergleichung seines Vorkommens schon bestätigt, und noch mehr durch sein Vorkommen im Thale des Wallenstadtersee's, wo unweit Mollis, und fast in gleicher Höhe wie bei diesem Flecken, an nördlich fallenden Hängen bei Müllihorn, sehr schöne Nußbäume unter schönen Kastanienbäumen stehen.

Bei Nettstal und Mollis fängt das wilde, schroffe Gebirg an in sanftere Formen überzugehen. Die schönen Wiesen, und die schönen Gebäude zwischen den Lustwäldchen von Fruchtbäumen machen das Gelände bei Mollis äusserst lieblich, und noch mehr erfreuen diese Gebäude, da sie von Männern errichtet worden sind, die im Vaterlande durch ehrenhaften Handelsfleiß sich bereichert haben, und wie die Verwaltung der Armenschule auf dem abgetrockneten Sumpfboden zeigt, den armen und durch Armuth verwilderten Mitbürger mit der Liebe im Herzen tragen, die uns Christus gelehrt, und ohne die all unser Thun und unser Prunken mit dem Glauben nur eine tönende Schelle ist.

Im Hause des verehrten Zeugherrn Schindler, und in seiner liebenswürdigen Familie, genossen wir der edelsten Gastfreundschaft, und in ihrer Begleitung wurde uns der Genuß zu Theil, die Werke der Linthdämmung, und die

7*

auf dem entsumpften Boden errichtete Armenkolonie und Armenschule zu besuchen.

Die Höhe des sogenannten Bieberlikopfes, jenseits der Ziegelbrücke, gewährt am besten die Uebersicht auf die Dammarbeiten, über die Verbindung der Gewässer, und die Vergleichung ihres ehemaligen und gegenwärtigen Laufs, und zugleich bietet sich hier eine Fernsicht dar, die, wohlthuend für das Auge, auch durch den höhern Genuß der schönsten Erinnerungen das Gemüth erhebt. Im Vordergrund zeigt sich Näfels, am Fuße des Felsens, über den sich schäumend der Rautenbach stürzt; Näfels, wo Ambühl, nicht weniger heldenmüthig aber glücklicher als in den Thermopylen Leonidas, mit seinen Hunderten gegen die Tausende gefochten. Dann das Städtchen Wesen, das wie neu geschaffen sich mit blühenden Pflanzungen aus dem alten Sumpf erhebt, der Freiheit froh, gegen die seine Bürger in der Zeit des Sieges von Näfels blutigen Verrath für die Oesterreicher begangen. Weiter die Mag am Fuße des Bieberlikopfs, die aus dem Wallensee nun mit lebendigem Gewässer gegen den Zürichsee eilt; die Mag, die noch vor wenigen Jahren wie mit trägem Sklavensinn, gedrängt von dem übermächtigen, willkührlich wüthenden Bergstrom, sich in der Schilfwüste des großen Sumpfs verbarg. Hier der Thalgrund, trocken, aber noch zerrissen und gefurcht von der alten Linth, die jetzt in den neuen, starken Wehren nicht mehr trübe und zerstörend, wie zu der Zeit der rohen Kraft, sondern geregelt, klar und stark, wie die Gewalt des Herrschers zwischen den Dämmen der Verfassung, sich bewegt. Auf diesem Grunde schimmern die Gebäude der Armenschule gegen Niederurnen hin, wo an der Stelle, auf der vor kurzer Zeit nur giftige Nebel sich gelagert, nur das Gewürm der Moräste gelebt, nun eine muntere Jugend aus dem Schlamm der Unwissenheit zur Sittlichkeit, zur Menschenwürde, und zum nützlichen Wirken gebildet wird.

Der Abend hatte uns auf der Höhe des Biberlikopfs übernommen; noch glänzte gegen Schänis hin der schöne Fluß; der Grund des Thales wurde düster, aber in der Ferne glühte noch im Sonnenlichte der Gletscher des hohen Glärnischs. Wie oft hat hier Escher verweilt, dessen wir jetzt mit Liebe gedachten! Wie oft mag sein trauernder Blick geruht haben auf dem großen Moraste, auf den Dörfern, die in den steigenden Gewässern unterzugehen drohten, auf den leichenblassen Menschen, die, Bilder der Elends, über das verwüstete Erbtheil der Väter wandelten! Und hier, als das Werk der Rettung dem Edeln und seinen Eidgenossen gelungen, hier hat er sich des Gelingens gefreut, und hier vielleicht, wo sein Denkmal stehen soll, ist die Thräne der Freude seinem Auge entfallen!

Nur kurze Zeit war uns zur Besichtigung der Armenschule vergönnt, wo ein Schüler Fellenbergs und Wehrlis *) den Unterricht von sechs und dreißig Knaben besorgt. Unglücklicherweise war der Lehrer abwesend, dennoch konnten wir uns des muntern Aussehens der frohen thätigen Jugend, der Spuren väterlicher Aufsicht des Zeugherrn Schindlers, der Reinlichkeit im Innern des schönen Gebäudes, und der beginnenden, gedeihenden Kulturen auf dem abgetrockneten Sumpfboden erfreuen, der längs den Ufern der Linth der Anstalt zugegeben worden ist. An der Wand des Lehrsaales, den wir besichtigten, hieng ein verhülltes Gemälde, das Bild Kaiser Alexanders, das immer nur am Namenstage des großen Wohlthäters *) enthüllt, und mit Gefühlen der Dankbarkeit verehrt wird. Welche Lehren giebt dieses Bild des unumschränkten, mächtigsten Herrschers in diesem Lehrsaale, wo

---

*) Löntsch ist sein Name.

**) Bekanntlich hat Kaiser Alexander zur Gründung dieser Anstalt eine beträchtliche Summe geschenkt, die zur Errichtung dieser Gebäude verwendet wurde.

der industriose Sinn dem Volke bleibt, so wird es sich leichter zu helfen wissen, wenn schon die Mode oder Handlungsverhältnisse eine nationell gewordne Fabrikation zum Verfall bringen. Schade nur, daß diese Industrie sich auch in dem Glarnergebirg nicht auf die Verbesserung des Landes, auf Erzeugung roher Stoffe richtet. Der Flachs, der hier verarbeitet wird, ist meistens fremdes Produkt, und große Flachspflanzungen sind auch da selten, wo die lebhafteste Leinenfabrikation ist, und die Natur des Landes sich zu dessen Anbau eignen würde.

Die Uebersicht des tiefen Thales des Wallensee's von der Höhe von Kirenzen, ist schauerlich eher, als schön zu nennen. In der Ferne die zerrissenen Felskämme von Toggenburg, dann die schroffen Abstürze gegen das Ufer des See's, fast nackt, aber belebt durch die Seeren-, Beyer- und Ammonbäche, die schäumend über die Felsenwände sich in das tiefe Becken stürzen; dann, wie schwebend über dem Abgrund, die Häuser von Ammon und Sant Annen auf grünen, fruchtbaren Wiesengründen, wie abgeschieden von der Welt, und nur durch Jägerpfade mit Wesen und Quinten in Gemeinschaft, von denen die Bergdörfer Kolonien oder Zufluchtsörter drohender Gefahr von Krieg oder Wasserfluthen zu seyn scheinen *). Von Kirenzen an das südliche Seeufer bei Müllihorn herunter wird die Vegetation immer reicher: die schönsten Kastanienbäume stehen zwischen schönen Nußbäumen bei dem Dorfe Müllihorn, und jenseits dem See, bei dem Dorfe Quinten, zeigen sich die ersten Weinberge, die ohne Zweifel dort in dem Thale, das wir Kleinwallis nennen möchten, ein gutes Gewächs liefern werden. Müllihorn soll

*) Nach der Schlacht von Näfels flüchteten die Bürger von Wesen, die Rache der Sieger wegen ihrem Verrath fürchtend, hinauf in das Bergdorf Ammon, und sahen von da ihre Wohnungen in Flammen aufgehen.

schon für 100 Louisd'ors Kastanien in einem Jahre verkauft haben, wo die Erndte dieser Frucht reichlich ausfiel; doch werden deßwegen weder mehr Bäume auf die mit unnützem Gebüsch bedeckten Berghänge gepflanzt, noch sorgfältiger veredelt. Es würde der Mühe lohnen, in solchen Berggegenden, die eines so milden Klima's geniessen, nicht nur die Veredlung des Kastanienbaums auf mannigfaltige Art, sondern auch das Pfropfen der Kastanien auf unsre einheimischen Eichen zu versuchen, das nach neuerlich gemachten Erfahrungen nicht unschwer gelingen, und Vortheile gewähren soll *).

Von Wesen hinweg längs den Ufern des See's bis Wallenstadt, und gegen Sargans und Mels hin sind an den Berghängen überall kahle Waldschläge geführt worden, und nun bekleidet sie hoch hinauf niedriges Gesträuch, meistens aus geringen Buchen bestehend, unter denen sich sparsam Birken zeigen. Lärchtannen erscheinen erst über den Höhen von Ragatz, wo sie bis gegen die Höhe von Pfäffers hin zwischen dem Buchenstockausschlag in üppig gedeihender Vermischung stehen. Die Pfähle zu den Schranken an der neuen Schollbergstraße sind alle von Lärchtannen verfertigt, die mit großen Kosten aus Bünden dahin gebracht worden sind, denn hier, obgleich jedermann diesen Baum für nützlich hält, hat noch niemand ihn auf die öden Berghänge gepflanzt, oder gesäet. Der nahe vorbeifließende Rhein, welcher der Holzausfuhr so günstig ist, scheint mit dem nun wegen Holzmangel aufgegebnen Eisenbergwerk am Belfrisberg vieles zu den Waldverwüstungen beigetragen zu haben; aber so wenig hier, als im übrigen Schweizerischen Hochgebirg, hat der vortheilhafte Absatz des Holzes die Bewohner zur Forstwirthschaft ermuntern können.

Die Häuser des Städtchens Sargans sind meistens neu,

*) Nach gemachten Erfahrungen und gefälligen Mittheilungen unsers verehrten Ebels.

von Stein erbaut; der Ort scheint wohlhabend zu werden, und die Bewohner durch den Brand, der das Städtchen in den Revolutionskriegen verheerte, weniger eingebüßt, als durch grössere Sparsamkeit und Thätigkeit gewonnen zu haben. Bekanntlich wurde vor der Schweizerischen Staatsumwälzung Sargans von den acht alten Kantonen, mit einigen Vorrechten zu Gunsten Glarus, regiert, die alle zwei Jahre abwechselnd einen Landvogt hinsandten. Eine alte Frau, die uns nach dem zerfallenden Schlosse führte, sprach wehmüthig von den guten alten Zeiten, wo die Landvögte droben herrschten, und auf die Frage: was in jener alten Zeit denn vorzüglich sie erfreut habe? erwiderte sie, wie befremdet über die Frage: meine Kinder haben so oft dem Landvogt Erdbeeren gebracht, und er hat sie immer freundlich und gut bezahlt; nun zerfällt das Schloß, und niemand ist d'rinnen, der Armen was zu verdienen giebt! — Glückliche Vögte, die so leicht sich beliebt machen konnten! Gutes Volk, das so genügsam liebte!

Das alte, noch bewohnbare, aber ganz vernachläßigte und leere Schloß erscheint wie ein Mißton in dem reizenden Thale, und manche Erinnerung aus der Vorzeit, die rege wird auf dieser Burg, weiß in die fremd gewordene Gegenwart sich nicht zu finden. Hier also wohnten die edlen Frauen von Sargans, ohne die Bedürfnisse einer Hauptstadt zu vermissen, und unweit davon der biedre Graf von Werdenberg, der in Hirtenkleidern unter den Appenzellerhirten lebte, für sie und mit ihnen am Stoß den Kampf der Freiheit kämpfte. Das Schloß von Werdenberg ist öde, und Sargans wird unbewohnt zerfallen. Die Wohnungen des alten Adels sind nicht einmal den heutigen Bürgern bequem und glänzend genug.

So finster aber das Schloßgebäude, so erfreulich ist die Aussicht von der Höhe des Burgbergs, auf das Becken des Wallensee's, auf das weite Thal, das der Rhein durchströmt, auf die Mündung des Weißtannenthals, und auf die hohen Felsenhäupter des Grauhorns und der Falknis. Hier im Winkel des Rheinthals und des Thales des Wallensee's, ruht das Auge mit immer steigendem Interesse auf der Richtung der Thäler, auf den Formen des Gebirges, wenn die Betrachtung in den Zeiten sich verliert, wo die Gewässer des Rheins, hoch geschwellt von Trümmern einstürzender Berge, mit Gewalt durch die zersprengte Kette der Falknis und des Schellbergs sich Bahn gebrochen, und das alte Bett des Wallensee's verließen. In der That, von der Mündung der Landquart in den Rhein hinweg bis Wallenstadt, liegt das breite Thal, von keinem Felsdamm unterbrochen, in gerader Linie, in fast wagrechter Fläche, während der jetzige Lauf des Rheins, von jener Mündung der Landquart hinweg bis Balzers, auf der Oesterreichischen Rheinseite, stark gekrümmt erscheint, und durch zerrissene Felsen sich drängen muß. Gut, daß die Flußgötter nicht mehr leben, und daß der alte Rheingott noch nicht sein altes Recht auf das Gebiet des Wallen- und des Zürichsee's hat geltend machen können *)!

An der neuen Straße, die jetzt zwischen dem Felsenabhang des Schollbergs und dem linken Ufer des Rheins von der Regierung des Kantons St. Gallen angelegt worden, wurde wirklich gearbeitet, und mit Vergnügen besichtigten wir ein Werk, das seinen Unternehmern Ehre macht, und das für den innern Verkehr der östlichen Schweiz nicht ohne Bedeutsamkeit ist. Vormals gieng ein großer Waarenzug aus Baiern und Schwaben, und von St. Gallen längs dem Oesterreichischen rechten Rheinufer über Feldkirch durch das Lichtensteinische, und durch den Paß von Lichtenstein und Bünden nach Italien. Die Oesterreichischen harten Zölle bewirkten

*) Der Rhein strömte im Jahr 1816 bis in die Nähe von einer halben Viertelstunde von Sargans, und die Besorgniß war hier allgemein, daß der Fluß sich in den Wallensee werfen möchte.

aber, daß, ungeachtet der so schlechten alten Straße auf dem Schweizerischen Rheinufer, der Verkehr auf derselben Zuflucht suchte. Dieß bewog die Regierung von St. Gallen zu dem Unternehmen, und Pocchibelli, dem der Straßenbau über das Alpengebirg so vieles verdankt, übernahm die Vollziehung des Werkes. Wir fanden die schöne Straße in der Länge einer halben Stunde in die Felsenwände des Schollbergs eingeschnitten, und wandelten mit innigem Vergnügen über das Gelingen des vaterländischen Werks gegen Wartau hin. Auf einer Anhöhe, unweit diesem Orte, genossen wir der herrlichsten Aussicht auf das lachende Thal, den majestätisch fluthenden Rhein, die blühenden, mit Dörfern und Burgen gezierten Ufer. Balzers und Treissen, wo die Eidgenossen im Schwabenkriege siegten, lagen vor uns; in der Ferne leuchteten die Gipfel des Montafo's; wir gedachten der Helden Wolleb und Fontana, der Blutfelder von Frastenz und der Malserheide, und wie die gewaltigen, glänzenden Wasserfluthen vor unsern Blicken, so floß des freien Volks Geschichte vor unserm Geiste vorüber. Damals und jetzt — dießseits und jenseits! Der Rhein im Schweizerland, und der Rhein, wo er im Sumpfe des Flachlandes sich verliert! Welcher Schweizer wird hier an seinen Ufern ohne Rührung stehen, und ohne Sorgen für das Vaterland!

Die Schollbergstraße wird nicht nur für den Handelsverkehr mit Italien, sondern auch für den innern Verkehr der benachbarten Schweizerischen Landschaften wohlthätig werden. Es wurde von der Anlage einer Seitenstraße von Wildhaus im Toggenburg nach Grabs, Wattwyl, und nach dem Schollberg gesprochen, und diese Straße würde den nordöstlichen Schweizern, die nach Italien, oder nach Pfäffers und nach den Bündischen Heilquellen reisen, die gefährliche Fahrt auf dem Wallensee ersparen, und das Leben des Handels in ihre Gebirge leiten.

Bei Sargans ist das vorige Jahr (1822) der Mais nicht

reif geworden. Es wird da wenig Flachs und wenig Hanf gepflanzt, Kartoffeln beginnen hier gewöhnlich den Wechsel, und werden dann stark gedüngt; auf sie folgt Mais ohne Dünger; dann stark gedüngt Weitzen oder Wintergerste, und als zweite Aernte Buchweitzen: alles immer auf den nämlichen Aufbrüchen, bloß so viel als der Lebensbedarf für die Haushaltung des Landmanns fordert, und ohne Kultur von künstlichen Futterkräutern.

Der Anblick von Ragatz im Schatten des hohen Gebirgs und der hohen bis in den Thalgrund reichenden Wälder ist düster, und die Spuren der Verwüstungen des Tamins, die finstern Schründe, durch welche der wilde Strom sich nach dem Rheine drängt, die Ruinen der Burgen von Freudenberg, Nydberg und Wartenstein sind nicht geeignet, die Stimmung aufzuheitern, in der wohl jeder Reisende von dem Städtchen nach den berühmten Heilquellen von Pfäffers gelangt. Wir wählten, um dahin zu kommen, den Weg über Valens, der zum Theil im Schatten der schönsten Buchen und Lärchtannen mehr oder weniger steil in die Höhe führt, und einige Standpunkte darbietet, wo bald die Brandstätten des Bündenschen Dorfes Fläsch am jenseitigen Rheinufer, weiter das freundliche Mayenfeld, und dann das schöne Kloster auf sanft abgerundetem Hügel, umgeben von blühenden Wiesen halb verschleiert hinter Wäldchen und Gebüschen das Einerlei des Weges angenehm unterbrechen, bis unter Valens der Fußpfad gegen die Badgebäude führt, wo im Abgrund bei den Unterirdischen jede Aussicht und fast des Himmels Blau verschwindet.

Ein drückend schwüler Tag hatte uns ermüdet, und triefend von Schweiß langten wir in dem kalten Schrunde an. Umsonst baten wir um ein warmes Zimmer, und erhielten endlich nach langem Harren ein Bad in dem heissen Quellwasser. Das Kämmerchen war mit Dämpfen erfüllt, die niergend wo einen Ausgang fanden. Wir hatten vergeblich um einen Raum gebeten, die Kleider im Trocknen aufzuhängen, und mußten nun von aller Leinwand zum Trocknen entblößt uns in die vom Dampfe nassen Kleider werfen. Immer vergeblich baten wir um ein Zimmer, deren in der vorgerückten Jahrszeit viele ledig standen. Im Fieberfrost liefen wir durch die kalten, allen Windzügen ausgesetzten, Hallen des Gebäudes, und wurden endlich gastfreundlich im Zimmer des verehrten Hrn. Bundes-Landammann Sprecher v. Bernegg, aufgenommen, dessen Rath, sogleich in der Trinkstube im Uebermaaß von dem heissen Wasser der Heilquelle zu trinken, uns vielleicht vor einer gefährlichen Krankheit rettete.

Gern bezahlten wir das Mittagsmahl theuer, — wer wird in solcher Wildniß markten wollen! — aber unser Befremden konnten wir dem Pater Kellner nicht bergen, der eine nicht geringe Gabe für die Armen uns auf Rechnung setzte, und nichts weniger als liebreich auf die Bezahlung drang. Es giebt ein Zartgefühl, das den Werth des Almosengebens unendlich erhöht; aber es giebt auch ein Zartgefühl im Almosenfordern. Das Kloster, dem das Bad und die Heilquelle gehört, soll sehr reich seyn, sagt man, und daß es sehr wohlthätig seye, und deßwegen zu solchen Steuern von Fremden Zuflucht nehmen müsse, wollen wir gern glauben. Wie aber verträgt sich das fromme, ernste, stille, dem Irdischen abgewandte Leben der Klostergeistlichen mit dem Berufe des Wirthes und des Kellners, der jede kleine Pflicht der Gastfreundschaft und jede zarte Sorgfalt der Menschenliebe zu Geld berechnet, und sich bezahlen läßt! Hat wohl Christus Gaben genommen, wenn er Kranke heilte und Arme erquickte? Die Geistlichen in den Wüsten des Bernhardklosters und ihre heiligen, uneigennützigen Verrichtungen schweben uns hier bei dieser Frage vor. Wir haben nicht Ursache, ähnliche Tugenden bei den Geistlichen von Pfäffers zu bezweifeln, sondern Ursache sie zu achten, und wir begreifen, daß für die kostbaren Bauten und Anlagen das Kloster sich bezahlt machen muß, daß es die Heilquelle nicht umsonst benutzen lassen kann. Möchte es aber doch sich entschliessen können, das Bad und die Quelle an Wirthe von Handwerk zu verpachten, an Wirthe, die durch Eigennutz, wenn nicht durch Humanität bewogen, den Leidenden die Erleichterungen und die Annehmlichkeiten verschaffen würden, welche die Lage des Bades immer noch gestattet, die finstere Schlucht noch wünschenswerther macht! Möchten sie, die Geistlichen, dann sich nur darauf beschränken, den Pächter in jeder dahin zweckenden Anlage zu unterstützen, und als barmherzige Samariter den Kranken jeden Glaubens, die hier Linderung ihrer Leiden und neue Hoffnungen des Lebens suchen, jede Hülfe und jeden Trost zu bringen, den das Christenthum und die Menschenliebe sie lehrt, der Reichthum ihres Klosters ihnen gestattet!

Die Straße von Ragatz dem Rhein entlang bis zur Rheinbrücke, unweit welcher die verheerende Landquart sich in den Fluß wirft, ist an vielen Orten in weiten Strecken zerstört, und auf dem großen Felde der Verwüstung sind nur Schuttwände sichtbar, auf denen niedrige Gesträuche zu wurzeln versuchen, bis neue Fluthen sie wieder fortreissen, und ihrem dürftigen Ephemerenleben ein Ende machen. Immerfort wälzt der Tamin und die Landquart schweren Grand und Felsenstücke mit fast rechtwinklichter Strömung in den Rhein, und die Bäche von Flösch, Mayenfeld und Jenins reissen eben so von der hohen Felsenkette des Falknis Steine und Grand dem Flusse zu, und erhöhen sein Bett, das mit jedem Zoll Erhöhung gefährlicher die blühenden Thäler und Ufer der Senez, des Wallensee's, des Zürichsee's und der Limmat bis Aargau hinunter bedroht.

Hier an den Ufern des Rheins, wie im Bernischen Seeland an der Zihl, der Aare und der Emme, schweben dem Schweizer immer die Werke an der Linth vor, und der schöne Geist, der die Vollendung von diesen bewirkt. Das Beispiel wird nicht vereinzelt in dem Vaterlande stehen, und neue, eben so heilbringende Werke zur Wirklichkeit rufen. Es ist keine Zentralregierung, es ist keine Einheitsverfassung nöthig, wo jener Geist bei den Eidgenossen lebendig wird, und thätig schafft. Welcher Spiegel ist an der Linth den Reichen unter den Schweizern vorgehalten! Wie viele solcher, das Vaterland verherrlichender, Denkmäler könnten sie gründen, wenn sie die Ausgaben für ihre persönlichen Bedürfnisse beschränkten, um desto mehr zu vaterländischen Unternehmungen wie an der Linth beitragen zu können! Wie manche Brücke von Stein oder Eisendrath, wie manche Straße über das Gebirg, wie mancher Damm gegen die Gewässer wäre im Vaterlande zu bauen, wie viele Ländereien zu entsumpfen, wie viele Armenschulen zu errichten! Wann wird die goldene Zeit für unser Vaterland kommen, wo der reiche Zürcher im Kanton Bern, der reiche Berner im Kanton Zürich, der reiche Waadtländer, Genfer und Neuenburger im Wallis und in Bünden vaterländische gemeinnützige Unternehmungen befördern hilft; wo der Unglückliche aus jedem Kanton in jedem andern Hülfe findet, die Gefahr, die einem der Kantone droht, die Sorge eines jeden Schweizers weckt? In solchem Geist, nicht in den Verfassungen, nicht in den papiernen Verträgen, liegt unsre Sicherheit: in dem Geiste, der in den Werken an der Linth sich ausgesprochen, der am Rhein, an der Landquart und an der Aare sich ferner aussprechen möge!

4.

Weg von Chur über die Parpanheide nach Davos und in's hohe Prättigau.

Chur. Bildungsanstalt für Landschulmeister. Dämme von Erlenholz. Kleesaat auf einer Voralp. Das Thal der Plessur. Vortheile der Lärchtannenwälder. Malix. Churwalden. Die Parpanheide. Landwirthschaft. Filisur. Vegetation auf dem Gebirg. Vergleichung mit den Berneralpen. Wohlthätiges Gesetz der Bernerregierung über den Weidgang in den Wäldern. Davos. Schutzmittel gegen die Schneelawinen. Das Sertigthal. Schutzwälder zu Begünstigung des Getreidebaus. Die Alpen im hohen Prättigau. Wässerung und Pachtpreise der Montafuner Alpen. Die Verfassung von Klosters.

Wenige Stunden waren uns vergönnt in Chur zu verweilen. Wir genossen den belehrenden Umgang trefflicher Männer in einer Gesellschaft, in die wir von den verehrten Hrn. Bürgermeistern v. Albertini und v. Tscharner eingeführt wurden, und freuten uns der Ueberzeugung, die uns zu Theil ward, daß in dieser Hauptstadt eine Bildungsanstalt für Landschulmeister in gedeihliches Leben getreten, und dadurch einem tief gefühlten Bedürfniß des Kantons begegnet werde. Ein Spaziergang längs den Rheindämmen und auf die Höhe einer Voralp gab Gelegenheit zu einigen naturhistorischen Beobachtungen. An den mit Flußschlamm und Geschiebe bedeckten Ufern stehen Birken, die drei Fuß im Durchmesser halten, und bei Untersuchung der hölzernen Unterlagen der Schwellen sahen wir Weißellerstämme eingefügt, die Wurzeln getrieben und Zweige gebildet hatten. Auf der Voralp hatte ein Bauer auf einer, mit schlechten Unkräutern besetzten, magern Stelle mit der Hacke den Boden aufgerissen, die Unkräuter zerstört, und an deren Statt Kleesamen ausgestreut, der ziemlich gut aufgegangen war. Es ist dieses das einzige, dem Verfasser vorgekommene, Beispiel, daß ein Landmann auf Alpengrund irgend eine Kultur von Futterkräutern versucht hätte.

Wir folgten dem Laufe der Plessur, die bei Chur sich mit dem Rhein vereint. Der wilde Strom ist, wo er aus der Bergschlucht in die Fläche fließt, bis gegen das Rheinufer hin, in einem Bette gefangen gelegt, das aus auf einander gelegten Baumstämmen besteht, und diese Wehr sieht einem bergmännischen Stollen ähnlich, der zum Abfluß der Gewässer aus versoffenen Erzgruben wäre angelegt worden. Nahe bei der Stadt führt eine geschmackvoll, ganz aus Lärchtannenholz erbaute, unbedeckte Brücke über die Plessur, und auch zur Eindämmung des Stromes sind Stämme von dieser Holzart genommen worden. Bei solchen Bauten offenbart sich am besten der große Vorzug der Lärchtannenwälder im Hochgebirg: denn da das Lärchtannenholz, wenn der Baum auf Berghöhen erwachsen, in der Regel wenigstens eine viermal längere Dauer als Fichtenholz zeigt, das in gleicher Höhe erwachsen, so folgt daraus, daß ein Bergdorf oder ein Thal, das zu jährlicher Befriedigung seiner Bau-, Spalt- oder Nutzholz-Bedürfnisse hundert Jucharten Fichtenwaldes nöthig hätte, diese hundert Jucharten ausreuten, und in Weideland verwandeln, oder aber den Holzertrag dieser hundert Jucharten jährlich verkaufen könnte, wenn an deren Statt dieses Dorf oder dieses Thal nur fünf und zwanzig Jucharten Lärchtannenwald nach und nach angelegt hätte. Die Wichtigkeit forstwirthschaftlicher Pflege und der gehörigen auf Landesart und Lokalbedarf gegründeten Auswahl und Anzucht der Holzarten läßt sich nicht auffallender, als durch dieses einfache Beispiel darstellen.

Der Weg nach dem Septimer und dem Albula führt steil aber fahrbar von Chur gegen das Dorf Maliz hinan, und von der Höhe dieses Dorfes wird die Mühe des Steigens belohnt durch den Anblick der malerischen Burgruine von Strasberg, und die Fernsicht auf das Dorf Maladers, das am fernen Berghang über dem Abgrund der Plessur zu schweben scheint. Bei Churwalden, wo wir in einem ganz unansehnlichen Hause, aber in reinlichen Betten übernachteten, fällt die grose Ruine eines Klosters befremdend auf, das wohl in den Zeiten der Religionsverfolgungen während des Veltlinerkrieges zerstört worden seyn mag. Die Landleute, die wir darüber befragten, konnten uns darüber keine befriedigende Auskunft geben, und schienen in der vaterländischen Geschichte nicht besser einheimisch zu seyn, als Landleute in andern unserer Gebirgsthäler. Der reformirte Pfarrer hat sich in einem Theil der Klosterruine eingehaust, und mag wohl in seiner bescheidenen Zelle unter dem zerstörten Gemäuer öfter der Vergänglichkeit irdischer Herrlichkeiten und der Ueppigkeit der ehemaligen Seelenhirten gedenken.

Churwalden mag bei 3800 Fuß hoch über dem Meere liegen *), und dennoch gedeiht hier Hanf und Flachs, Sommergerste, bisweilen auch Winterroggen. Kirschen reifen noch selbst in ungünstigen Jahren; Aepfel- und Birnenbäume finden sich keine da, sind aber auch nicht zu pflanzen versucht worden. Selbst in dem für die Bergvegetation ungünstigen Jahr von 1821 ist hier die Sommergerste zur Reife gelangt. Bei Parpan, das 600 bis 700 Fuß höher als Churwalden liegen mag **), wird hingegen keine Getreideart mehr anzubauen versucht. Ein Kirschbaum soll da noch unlängst gestanden, und bisweilen Früchte zur Reife gebracht haben.

---

*) Nach Johann Scheuchzer (vergl. N. Sammler für Bünden, VI. 219) soll Churwalden 3964 Fuß hoch liegen. Unser Barometer stand den 19. August des Morgens um ½ 6 Uhr auf 24". 5'. 6., das Thermometer auf 8°. Annähernd mag das korresp. Barometer in Bern zu dieser Zeit auf 26. 4. 6. gestanden haben.

**) Im angeführten Sammler ist die Höhe von Parpan zu 4485 Fuß angegeben.

8 *

Bei Churwalden stehen italienische Pappeln, die einen Fuß im Durchmesser erreicht haben, und keine Spuren zu rauhen Klima's zeigen. Auch Eschen und Traubenkirschen (Prunus padus) wachsen gut bei Churwalden, die hingegen bei Parpan sich nicht mehr zeigen. Bei Parpan ist nur eine künstliche Kultur sichtbar, die der Blakten nämlich (Rumex alpin.) welche Pflanze in kleinen Einschlägen um die Häuser steht. Bei dem Einsammeln wird dieses Kraut nicht gemäht, abgeschnitten oder ausgerissen, sondern von Frauen jede Pflanze einzeln dicht an der Erde ergriffen, und dann mit einem eignen Kunstgriff gedrehet, bis sich das Zellgewebe tief an der Wurzel hinunter ablöset. Beinahe vor jedem Hause sind dann hölzerne Behälter zum Theil in der Erde angebracht, und in diese Behälter werden die gewonnenen Blakten dicht auf einander gelegt, mit etwas Salz bestreut, dann mit einem hölzernen Deckel bedeckt, der zwischen den Wänden des Behälters auf dem Kraute mit Steinen beschwert zu liegen kömmt. So wird das Kraut, wie bei uns das Weißkraut in Bottichen, aufbewahrt, und dann den Winter hindurch den Schweinen verfüttert, die davon sehr fett werden sollen. Der Anblick von dem Dorfe Parpan hat etwas Auffallendes. In solcher Gebirgshöhe und in solcher Wildniß wird kaum ein Reisender, der mit Bünden noch nicht bekannt geworden, schöne steinerne Häuser mit prunkenden Verzierungen erwarten. An einigen Häusern sind wirklich eiserne Balkone mit Vergoldungen angebracht, die hier nicht wenig befremden, wo eine karge Natur den Menschen Einfachheit und Anspruchlosigkeit zum ersten Gesetz zu machen scheint. Grelle Farben und Vergoldungen, die häufig in den an Italien grenzenden Schweizerischen Thälern angetroffen werden, sind von dort herübergekommen, wo der Luxus für manche Entbehrung Trost geben muß, den wir Schweizer nicht bedürften.

Von Parpan hinweg führt die Straße nach dem Albulathal wohl eine Stunde lang durch ein ödes, in die Gebirgsweite eingekerbtes, einförmiges Thal, das rings herum von sanft fallenden und abgerundeten Berghängen eingeschlossen, keine Wohnungen, keine Spur von landwirthschaftlicher Industrie, und auf kulturfähigem Boden nur magere Weidgründe zeigt. Welcher Abstand zwischen diesen elenden Weiden und den schönen Wiesen des Dörfchens Motta *), das aus der Ferne mit lebendigem Grün von dem Berghange glänzt, der zwischen dem Hinterrhein und der Albula noch höher als diese Lenzerheide sich erhebt! Hier könnten, wie dort, wie im Oberengadin ꝛc. manche Dörfer stehen, und blühende Wiesen sie umgeben. Es ist wahrlich nicht der Mangel an Ländereien, der die Bündner zu Auswanderungen verleitet.

Die Gemeinden Churwalden und Parpan besitzen sehr schöne Alpen auf diesen Gebirgsketten; ohngeachtet ihrer Fruchtbarkeit stehen sie jedoch in niedrigem Preise, da der Kapitalwerth jedes Weiderechtes für eine Kuh nur etwa 30 Franken gilt, und auf den schönen Voralpen oder Maisassen die Weide für eine Kuh nicht höher als hundert Bündner Gulden verkauft wird. Dieser Preis ist verhältnißmäßig vier bis fünf mal niedriger als in andern, mehr bevölkerten und besser angebauten, Gegenden im Alpengebirg. Daß Fremde, oder Bewohner aus andern Gemeinden nicht Kuhrechte miethen, oder sich kaufen können, erklärt zum Theil den niedrigen Preis der Alpen von Parpan und Churwalden, und es ist diese Beschränkung nebst der unbedingten Untheilbarkeit der Gemeinalpen in diesen Gemeinden, wie in andern, Ursache einer geringern landwirthschaftlichen Betriebsamkeit und eines geringern Wohlstandes der Bewohner. Nichts ist verderblicher für das Gemeinwohl als die kleinliche Eifersucht unserer Landgemeinden gegen Fremde oder andere Gemeinden. Kaum ist eine in unserm Alpengebirg, die nicht ängstlich, gierig, selbstsüchtig

*) Auf der Reise über den Bernhardin ist dieses Motta mit Mathon verwechselt worden. Siehe S. 126.

Allmenden, Alpen, Holzungen und jeden Vortheil ihres Gemeinwesens dem Aeussern oder sogenannten Hintersäß verschließt, und an den Vortheil solcher Beschränkungen wie an den Katechismus glaubt. Die Armen sehen gewöhnlich nicht ein, daß es dabei nur um den Vortheil der Reichen zu thun ist, die dann fast ohne Konkurrenz um die geringsten Preise die Rechte der Armen kaufen oder miethen; und die Reichen, blind in ihrer Habsucht, fühlen nicht, daß auch ihre eigenen großen Wiesen und Alprechte weniger gelten, wenn keine Freiheit des Verkaufs von jenen, und keine Freiheit der Niederlassungen Statt findet, wenn diese Alprechte weder von Aeussern gepachtet oder gekauft, noch frei benutzt werden können. Es ist dem Verfasser eine Thalschaft in unserm Hochgebirg bekannt, die noch unlängst die Verordnung gemacht hat, daß nie kein Heu aus ihren Marchen zum Verkauf geführt werden dürfe, wenn es im Thal selbst (den Vermögenden) nicht vorher angeboten worden sey.

Auf den nach Westen gewandten Berghängen, welche das Querthal der Lenzerheide einschließen, finden sich noch bei 1500 Fuß höher als die Thalfläche Rothtannen; auf den nach Osten gewandten Berghängen hingegen ist der Baumwuchs verschwunden, und es kommen da nur niedrige Alpenarten vor. Es ist oft der Fall, daß hohe Berghänge, die von der Morgensonne beschienen werden, für den Baumwuchs ungünstiger als solche sind, die gegen Westen gewandt stehen, weil dort die Fröste verderblicher auf das Leben der Bäume wirken; hier aber mag die Entblößung von Waldwuchs auch aus Sorglosigkeit und Zerstörungen, und dann noch von dem Umstand herkommen, daß an einem stark besuchten Paß die Maisassen höher hinauf, und mit weniger Schonung des Holzwuchses, gemähet werden, um für die größere Menge von Pferden das theure Futter zu gewinnen. Diese Ursache mag überall im Bereiche der Bündischen Päſſe gegen Italien mehr oder weniger nachtheilig auf den Waldbestand wirken.

Wir eilten über die schönen Wiesen von Lenz, Brienz und Alvenen nach Filisur zu kommen, um hier das Nachtquartier zu nehmen. Wir fanden reinliche und gefällige Bedienung, und in der Frühe des folgenden Morgens die Witterung günstig genug, die Bergkette, die dem Flecken gegen Süden liegt, zu besteigen. Wir gelangten über eine steile, mit Fichten, Arven und Lärchtannen bewachsene Berghalde nach einem beschwerlichen Marsch auf einen Berggipfel, der Bärenboden genannt wird. Der Berg besteht aus Kalkstein, und der Abhang, auf dem wir uns befanden, war ganz gegen Norden gewandt. Dennoch fanden wir hier auf einer Höhe von beiläufig 6225 Fuß über dem Meere *) noch ganz schlank gewachsene Lärchtannen von 1 ½ Fuß im Durchmesser und 60 Fuß Länge; auch Arven fanden sich hier mit wenigen Fichten vermischt in gutem Wachsthum, und wenigstens 600 Fuß über unserm Standort erblickten wir auf einem Felskopf noch einzelne Arven und Lärchtannen, die hier wohl auf der höchsten Grenze ihrer Vegetation stehen mögen. Die Bergkiefer fand sich da nicht, eben so wenig die Drosel oder Alpenerle, aber nur wenig tiefer zeigten sich noch Sträucher der wilden Mispel (chamæmespilus). Von dem allmäligen Absterben der Fichten, das an der Grenze ihres Wachsthums so häufig in den Berneralpen beobachtet wird, war hier keine Spur: die Fichten und Arven schienen gesund, und nur einige Lärchtannen trugen an ihren dürren Wipfeln die Spuren des Einflusses der hohen Lage.

Von der Höhe des Bärenbodens übersahen wir die Alpen,

---

*) Filisur mag bei 3200 Fuß hoch, die Höhe des Bärenbodens also um eben so viel größer seyn. Das Barometer hielt sich in Filisur den 20. August des Morgens um 6 Uhr auf 25. 1. 6., das Thermometer auf 6°. Auf der Höhe des Bärenbodens hielt sich eine Stunde vor Mittag das Barometer auf 22. 4. 1., das Thermometer auf 11°. In Bern stand das Barometer gleichen Tages um 8 Uhr Morgens auf 26. 6. 4. und eben so um Mittag.

die zwischen der Albula und dem Davoserstrom liegen, und hier fiel uns der Unterschied auf, der zwischen den Alpenweiden des Bernergebiets und denjenigen der Bündner in Hinsicht ihrer Erhöhung Statt findet: ein Unterschied, der dann auch den höhern Werth und die größere Ertragbarkeit von jenen erklären hilft. Die Höhe der Kühalpen, die vor uns lagen, mochte derjenigen des Bärenbodens gleich kommen, während die Dörfer Lätsch und Bergün auf den Berghängen an der Albula hinauf mit ihren Vorsassen schon beträchtlich höher, als die meisten Kühalpen im Bernergebiet liegen. Die Schafalpen der Berner sind in der Regel nicht höher, oft tiefer gelegen, als die Kühalpen der Bündner, und die Wiesen und Vorsassen der Bündenschen Bergdörfer liegen oft noch höher, selten tiefer als die Bernischen Kühalpen. In Bünden ist das Verhältniß der Wiesen zu den Sömmerungen in den meisten Thälern noch enger als in den Berneralpen, da in diesen nicht so oft als Regel dient, daß jeder Wiesenbesitzer so viel Kühe auf die Gemeinalpen zu treiben berechtigt ist, als er auf seinen Wiesen zu wintern vermag. Dieses Verhältniß hat zur nothwendigen Folge, daß der Landmann, der Sömmerungen benutzt, gewöhnlich schlecht im Winter füttert, von der Alpweide also geringern Nutzen zieht, daß die Heunutzung höher hinauf an den Bergen als bei uns gesucht wird, und daß auch höher hinauf die Beweidung mit Kühen Statt finden muß. Die Nähe der italienischen Päße macht den Viehhandel in Bünden lebhafter, und die große Menge von Pferden, die eben wegen des starken Transithandels gehalten werden, fließt auf die Heupreise, diese auf die unzureichende Fütterung im Winter, und diese mangelhafte Fütterung endlich auf den geringern Milchertrag der Kühe auf den Bündneralpen ein. Daß die Witterungszufälle auf vielen von diesen Alpen nachtheiliger auf die Kühe, als auf den Berneralpen wirken müssen, ergiebt sich um so mehr aus der größern Erhöhung, da in der Regel die Bündneralpen weniger als die Bernischen mit Gebäuden zum Schutz der Kühe versehen sind. Es erhellet aus diesen Betrachtungen, daß die Verbesserung der Wiesenkultur in den Bündenschen Thälern noch von grösserer Wichtigkeit, als in den Alpenthälern der westlichen Schweiz seyn müßte.

Die Höhe des Bärenbodens ist drei starke Stunden von Filisur entfernt: dennoch ist von den Bewohnern des Fleckens bis auf den Berggrat nach den Gemeinalpen hin längs dem Berghang ein Schlittweg angelegt worden, und zu unserm Erstaunen fanden wir die Landleute beschäftigt, mit mehrern Gespannen Ochsen Erde und Steine auf Schlitten an dem Berghang hinauf und herunter zu führen, um den Schlittweg da auszubessern, wo Regengüsse ihn verdorben oder ausgehöhlt hatten. Im Bernergebirg findet sich nirgendwo eine Straße nach den Alpenweiden, die mit dieser Bergstraße von Filisur zu vergleichen wäre, und mit solcher Anstrengung unterhalten werden müßte. Die Haupt- und Seitenstraßen im Bernergebirg sind meistens nachläßiger angelegt und unterhalten, als im Bündenschen, und in jenen finden sich ganze Gebirgsketten, wo nie die Anwohner versucht haben, bequemere Wege nach den Waldungen der Berghänge und nach den Alpenweiden, die auf der Höhe liegen, anzulegen. Es ist viel öfter der Fall in diesem Gebirg, als dort, daß das Holz, ohne auf Schlittwegen abgeführt werden zu können, aus den hochliegenden Waldungen zum öftern Verderben der untenstehenden nach den Tiefen gestürzt werden muß, und es hat auch der Mangel an diesen Abfuhrwegen aus den Wäldern, Voralpen und Alpen der Berner eine andere nachtheilige Folge, wenn nämlich, wie es hier geschieht, das Holz, das Wildheu, das Heu der Voralpen und die Käse nicht auf gebahnten, schief durch die Wälder laufenden Wegen abgeführt, sondern in gerader Linie auf sogenannten „Däschen" *) nach

*) So heißt im Berner Oberland eine Art von Schlitten, die aus jungen, etwa zehn Fuß langen, Fichtenstämmen gemacht werden,

den Thälern geschleift wird, so muß der Rasen auf diesen Schleifen bald durchschnitten, die Erde durch Regengüsse fortgespühlt, und endlich müssen tiefe Schründe und öfter Erdlawinen entstehen, die immer mehr oder weniger den untenliegenden Ländereien verderblich werden: ein Nachtheil, der bei gehörig angelegten Abfuhrwegen nicht Statt findet.

Filisur, sonst rauh und wild in tiefem Thalgrund gelegen, ist belebt durch den Verkehr über den Albulapaß, und die Ruine der Burg Greifenstein bietet an den wohl angebauten Ufern des reissenden Stromes einige malerische Ansichten dar. Es gedeiht hier noch schöner Hanf, noch leichter Flachs, und auch Winterroggen, der aber schon im August gesäet werden muß, und weiter an der Albula, nur eine Stunde höher hinauf, in Stulz, eben so wenig als Hanf gedeihen will. Der Winterroggen wird bei Filisur auf frisch aufgebrochenes, gut gedüngtes Land, wie gesagt im August, so früh als möglich gesäet. Da hier überall Frühjahrs- und Herbstweide auf den Gütern Statt findet: so frißt das weidende Vieh den aufgegangenen Roggen dann jedesmal im Herbst auf der Wurzel ab, der Körnerärnte im folgenden Sommer unbeschadet, wie die Leute hier versichern. Die Gemeinweide nimmt hier im Frühjahr den Anfang, sobald der Schnee geschmolzen ist, und wie lange sie dauern solle,

---

die neben einander gereiht, und durch Querhölzer verbunden werden. Die Käse der Alp, oder auch das Wildheu kömmt dann auf diese Stämme zu liegen, deren Zweige auf dem Boden schleiffen, und durch ihren Widerstand das zu schnelle Gleiten der aufgelegten Last verhindern. Ein Mann stellt sich dann vor das Däsch, und leitet mit bewunderungswürdiger Kraft und Gewandtheit die über den steilen Berghang ihm nachschießende Ladung. Da die Aelpler diese Schlitten nicht wieder nach der Alp tragen, so mußten ehemals für jeden neuen Transport neue — oft Tausende — Fichten gehauen werden. Viele Alpenwälder sind durch solche Däsche ruinirt worden.

wird an der Gemeinde durch Mehrheit der Stimmen entschieden. So wird die Roggensaat noch einmal, und gleichfalls ohne Nachtheil des Körnerertrags, wie behauptet wird, abgeweidet. Die Güter können wohl von der Weidpflicht durch Geld befreit werden, aber auch diese Befreiung kann nicht geschehen, wenn die versammelte Gemeinde sie nicht mit Stimmenmehrheit gutheißt. Aehnliche Beschränkungen des landwirthschaftlichen Betriebs durch die Gemeinweide sind fast in ganz Bünden zu Hause, und so lange sie bestehen, wird auch keine große Verbesserung der Landwirthschaft Platz gewinnen können. Ein sehr weises und wohlthätiges Gesetz der alten Bernerregierung hat in Betreff des Weidganges in den Waldungen festgesetzt, daß der Besitzer von Waldungen, die mit dem Weidrecht belastet sind, immer berechtigt seyn soll, jeweilen den Drittel seines Waldes dem Nutznießer zu verschließen. Diese Beschränkung reicht hin, die Wälder vor Verwüstungen des Weidviehes zu sichern, wenn der Waldbesitzer es versteht, die gefreiten Drittel forstwirthschaftlich zu behandeln; und wo dieses Gesetz in Kraft besteht, wird nie starrsinnig der Weidberechtigte sich weigern, in den Loskauf der Weidbeschwerde zu willigen. Ein späteres helvetisches Gesetz, das leider in der Schweiz in den meisten Kantonen nicht in Vollziehung gekommen, und jetzt in Vergessenheit gefallen ist, erklärte jede Weidbeschwerde für loskäuflich, und setzte für Bestimmung der Loskaufssumme Schiedsgerichte fest, die von dem Land- oder Waldbesitzer sowohl, als von dem Weidberechtigten unter Formen gewählt werden sollten, die gegen Partheilichkeiten und Willkühr gesichert hätten. Jenes Bernische Gesetz über die Beschränkung der Weidenutzung in den Wäldern würde ohne Zweifel auch auf Wiesen und Aecker angewendet werden können, und, in Verbindung mit dem helvetischen Gesetze, in den Kantonen, deren ökonomisches Bestehen auf der Viehzucht beruht, besonders aber für Bünden höchst wohlthätig werden. Sollten auch nur in einem Hochgerichte die Gemeinden diese Gesetze mit allfällig auf die Oertlichkeit passenden Veränderungen für bindend erklären, es würden den übrigen Hochgerichten bald die guten Folgen derselben als Beispiel dienen, und sie zur Nachahmung bewegen.

Auch in Wiesen, einem Dorfe auf südlich gewandtem Berghang über dem rechten Ufer des Davoserstroms, das bei 4400 Fuß hoch liegen mag *), reift noch bisweilen Winterroggen der im Sommer des der Aernte vorhergehenden Jahrs gesäet wird, und Hanf ist da nach der Versicherung eines Dorfbewohners nicht selten gerathen. Bei der Frauenkirche von Davos bemerkten wir in den Scheunen Vorrichtungen um die Gerstengarben, wenn das Korn nicht ganz reif geworden, aufzuhängen, und an der Luft austrocknen zu lassen; und an einigen Häusern Gemäuer, die in der Absicht errichtet sind: dieselben gegen Schneelawinen zu schützen. Es wird nämlich an die Wand des Hauses auf der Seite, von welcher die Lawine droht, in der Höhe des Daches eine Mauer in Form einer dreiseitigen Pyramide mit aufwärts stehender Kante, errichtet, deren Spitze am Boden gegen den Lawinenzug gerichtet ist. Im Fermel, einem Seitenthal des Simmenthals im Bernischen Oberlande, werden auf die nämliche Art die Häuser vor den Lawinen gesichert, und diesem so zum Schutze errichteten Gemäuer wird da von der Form der Name „Pfeil" gegeben. In den andern Thälern der Berneralpen scheint dieses Schutzmittel nicht bekannt, auch nicht im Gadmenthal, wo so viele Häuser durch Lawinen zertrümmert worden, und so viele Menschen ihr Leben verloren haben.

*) Die Barometerbeobachtung des vorigen Jahrs gab für Wiesen eine größere Höhe; die hier angegebene ist wahrscheinlicher. Das Barometer stand in Bern den 21. August 1822 um Mittag auf 26. 6. 1., das Thermometer auf 17°. In Wiesen hielt sich den nämlichen Tag aber um ½ 10 Uhr das Barometer auf 24. 0. 3. das Thermometer auf 14°.

Auf dem Schutt, den die Bergwasser von den Anhöhen über die Fläche des Thales geführt, sahen wir den da häufig wachsenden weißen Huflattich *) mähen, und als Heu eingeführt werden. In grünem Zustande liebt ihn das Vieh nicht; dürr sollen besonders die Ziegen und Schafe diese Pflanze gerne fressen. Da Flußgeschiebe im Hochgebirg, und die Oberfläche von Erdbrüchen, wo keine andern Pflanzen gut gedeihen, bald von selbst mit diesem Huflattich überwachsen, so könnte die Benutzung und Anzucht desselben auf so schlechtem Erdreich einige Vortheile gewähren.

Ein anhaltender Regen hatte uns im Bergwerke gefangen gehalten, wo wir dennoch geliebte Freunde, deren Umgang und Güte uns erfreut, ungerne verließen, um das Seitenthal von Sertig zu besuchen, das südlich von Davos gegen die Scalettagletscher steigt. Der Weg geht allmählig von der Frauenkirche von Davos, zwei Stunden lang längs einem wilden Bergstrom hinan, bis zur Kirche von Sertig, die auf einem flachen Wiesengrunde, von einem Dutzend Häuser umgeben, beiläufig 5650 Fuß hoch über der Meeresfläche steht **). In den kleinen Gärtchen, unweit der Kirche, fanden wir nur weiße Rüben, aber nirgendwo Kartoffelpflanzungen, noch Getreidebau. Nur etwa 200 Fuß tiefer, als die Kirche, wird hingegen unter dem Schutze eines Fichtenwaldes noch Gerste gebaut, die öfter reift, und sogar in dem, für die Alpenvegetation nachtheiligen, Jahre von 1821 eine gute Aerndte gegeben hat. Unter dem Schutze des nämlichen Waldes gedeihen auch Kartoffeln. Bei der Kirche, wo der Nordwind hinaufdringt, und der Wald keinen Schutz geben kann, gedeihen selbst Möhren nicht mehr, die sonst höher als Kar-

*) Tussilago alba.

**) Das Barometer hielt sich hier den 24. August um Mittag auf 22. 7. 3., das Thermometer auf 12°. In Bern stand das Barometer zu gleicher Zeit auf 26. 4. 7., das Thermometer auf 16°.

toffeln und Gerste gebaut werden können, und auch das Gedeihen der weißen Rüben ist da nur mittelmäßig. Unweit der Kirche blühte eben in einem Gärtchen der Schabziegerklee, den die Landleute hier ihrem gewöhnlichen Zieger, den Wohlgeschmack desselben zu erhöhen, beimischen, ohne dabei an eine Nachahmung des Glarner Schabziegers zu denken. Es soll diese Melilotusart in Böhmen, sogar in Lybien *) wild wachsen, und das Gedeihen der aus wärmern Klimaten stammenden Pflanze in so rauhem Alpenthale führte natürlich zu dem Gedanken, wie manche Pflanze wärmerer Erdstriche, wie manches andere nützliche Futterkraut aus der Ordnung der Papilionaceen, mit Vortheil künstlich im Alpengebirg angezogen werden könnte. Der lybische Klee am Fuße der Sealettagletscher, und die armenische Pflaume **) am Fuße der Grindelwaldgletscher; — wie viele Betrachtungen und Hoffnungen weckt diese Thatsache! Möchte unser Vaterland doch immer Haller und Decandolle besitzen und ehren, deren Scharfsinn die unermeßlichen Schätze des Pflanzenreichs zu erforschen, und für die Menschen fruchtbringend zu machen strebt. Wahrlich der Wohlstand und die Sittigung der Gesellschaft wird in kommenden Zeiten dem Pflanzenkenner die größten Fortschritte verdanken!

Der Fichtenwald in Sertig, der, wie wir oben bemerkten, über 5000 Fuß hoch über dem Meere das Gedeihen von Kartoffeln und Getreide möglich machte, gab uns eine neue Gelegenheit, über die Wichtigkeit der Walderhaltung im Hochgebirg Betrachtungen anzustellen. Wie oft ist uns auf unsern Wanderungen aufgefallen, wie jede Thalverengung durch Felsen, jeder Wald, der an den Berghängen auf vorspringenden Erhöhungen gegen den Thalgrund niedersteigt, auf das Pflanzenleben, auf größere Milde des Luftkreises

*) Nach Blackwell und Gärtner.

**) Prunus armeniaca, die Aprikose.

wirkt. Steht es denn nicht in den Händen der Menschen, diese natürlichen Schutzmittel gegen die Kälte sich selbst zu schaffen? Könnte denn in einem hohen Thale, das den Nordwinden offen liegt, nicht geflissentlich der Wald geschont werden, der den so nachtheiligen Windströmungen entgegensteht? Oder wenn dieser Wald von Natur sich da nicht findet, wo er stehen sollte, könnte er nicht künstlich geschaffen werden? Nur eine Schwierigkeit wäre bei solchen Forstanlagen zu besiegen, angenommen die Thalbewohner hätten sich von dem Nutzen der Anlage überzeugt, und diese Schwierigkeit ist die Selbstsucht eines jeden, der solche Waldanlagen auf und nahe bei seiner Weide, auf und nahe bei seiner Wiese nicht dulden würde, weil sie ihm, gerade ihm durch Beschattung für seine Heuärndte nachtheilig würde. Aber diese Schwierigkeit ist nicht für den Fall hinderlich, wo schon wirklich Gemeinwälder, wie in Sertig, auf Gemeinland und auf der Stelle stehen, wo sie den Nordwind zu brechen vermögen; und auch dann, wenn auf Privatland für diesen Zweck Wälder angelegt werden sollten, könnte ohne Beeinträchtigung des Privatnutzens in vielen Fällen die Anlage auf Privatland Statt finden: es dürften ja nur die Gemeinden oder Thalschaften Weiden oder Wiesen, auf denen die Waldung anzulegen wäre, sich ankaufen, dann in Weidbann setzen, und mit den dienlichsten Bäumen bepflanzen.

Gleich über dem Dörfchen sind unten die Berghänge ganz mit Bergrosen, Heidesträuchern und Droseln überzogen; weiter an den Bergen hinauf stehen auf der Ostseite wohl 1000 Fuß, auf der Westseite bei 1300 Fuß höher als die Kirche, noch einzelne starke und gesunde Arvenstämme. Welche Vortheile hätten die Besitzer von Sertig zu geniessen, wenn anstatt der unabsehbaren Wüsteneien, die mit nutzlosem Gesträuch von Heide, Bergrosen und Droseln besetzt sind, hier Arvenwälder stehen würden! Von Schneelawinen ist in Sertig wenig zu fürchten, und die Leute versicherten uns, daß im Winter die Kälte in Sertig oft geringer als in Davos sey. Die Güter im Thale werden zum Theil als Alpen, zum Theil als Maisassen behandelt; sind die Heuvorräthe aufgezehrt, so verlassen die Hirten das Thal, aber nicht aus Furcht vor den Schneelawinen. Wildheu auf den Gemeinalpen ersetzt den Futtermangel denjenigen, die im Thale auf ihren Gütern sömmern. Ansiedelungen und regelmäßige Wiesenkultur wäre auch hier möglich. Bünden könnte eine doppelte Menschenzahl ernähren, wenn seine Bewohner die Gaben, welche die Natur selbst hier in solchen Wildnissen nicht versagt, zu benutzen wüßten.

In Sertig gilt ein Stück Wiese, von dessen Ertrag eine Kuh gewintert werden kann, 400 Bündnergulden, in Davos etwa 100 Gulden mehr. Für das Weidrecht einer Kuh auf den Alpen wird nicht mehr als 50 Gulden bezahlt. Keiner kann Alprechte kaufen, der nicht zugleich verhältnißmäßig Güter im Thale kauft. Vormals übte hier jeder Einheimische ein unverjährbares Zugrecht gegen jeden Nichtbündner aus, der sich hier Ländereien kaufte, und dieses kläglich kurzsichtige Gesetz, das in einem großen Theil Bündens in Kraft bestand, verhinderte die Ansiedelung fremder Kapitalisten, drückte den Landwerth nieder, und setzte jeder größern landwirthschaftlichen Vervollkommnung Schranken. Jetzt kann dieses Zugrecht nur von Blutsverwandten des Verkäufers bis ins dritte Glied gegen Nichtschweizer ausgeübt werden, aber auch in dieser Beschränkung bleibt es nachtheilig für den Wohlstand des Landes.

Alle steilen Abhänge längs dem Lauf des Sertigstromes sind zu Kartoffeln- und Gerstekulturen aufgebrochen, und sobald die Ufer sanfter auslaufen, ist keine Nutzung des Landes, als auf Heu zu sehen. Auch hier also, wie in andern Alpenthälern Bündens, werden Weiden oder Wiesen nur da zur Pflanzung von Lebensmitteln für den Menschen aufgebrochen, wo sie wegen der Steilheit der Lage wenig

Vortheil für den Menschen aufgebrochen, wo sie wegen der Steilheit der Lage wenig Vortheil für das Vieh versprechen. Daß eben der Anbau des Getreides und der Wurzelgewächse für den Menschen in gehörigem Wechsel einen reichlichern Anbau von Gräsern und Kräutern für das Vieh begünstige: diese Wahrheit wird hier noch lange ohne praktische Anwendung bleiben. Es beruhet die Landwirthschaft in Bünden und in den alpinischen Thälern auf den einfachsten Verhältnissen der Kultur der natürlichen Wiesen und der Weidewirthschaft. Könnte sie folgerecht nur einen Schritt weiter gehen; würde die Waldkultur nur gehörig wirthschaftlich auf solchen Berghängen betrieben, wo weder Heu für das Vieh, noch Lebensmittel für den Menschen erzielt werden können; würden ferner wüste liegende, aber der landwirthschaftlichen Benutzung empfängliche Gründe durch das Brennen des Gesträuches, oder eines schlechten Rasens, oder durch Düngung mit Baumblättern in Abtrag gebracht; oder würden endlich solche wüste Ländereien, wenn sie wegen ihrer Steilheit, oder wegen der Beschaffenheit des Bodens, dieser Bearbeitung nicht empfänglich sind, nach und nach durch Bäume und Sträucher in Bestand gesetzt, die Nahrungsmittel für den Menschen oder für das Vieh, oder Düngungsstoffe gewähren: es würde den Bewohnern unserer Gebirge ein unermeßliches Feld der Thätigkeit, und eine neue, reiche Quelle des Wohlstandes eröffnet seyn.

Im Dorfe Sertig wird den Kühen in den Stallungen keine Streue gegeben, und der Dünger gewöhnlich so, wie er aus den Ställen geschafft wird, auf die Wiesen, oft über den Schnee verbreitet; nur den Kälbern wird Streue von Moos und Tannreisig gegeben. So ist es auch in den hohen Bergdörfern des Bernergebiets, wo das Tannreisig dann, dem Dünger beigemengt, vorzüglich zum Kartoffelbau dient, und bei dieser Kultur eine vorzüglich düngende Kraft zeigt; dieß ist auch der Fall mit den Nadeln der Kiefer und der Lärche,

9

Art, den Dünger zu Rathe zu ziehen, und die Fruchtbarkeit der Weidgründe zu erhöhen, fiel uns auf diesen Alpen auf; es werden nämlich die Melkhütten — Stallungen sind keine da — wo möglich in den Bereich von Bergbächen und auf sanft fallenden Abhängen gebaut. Hat sich der Dünger dann, gleich wie in Augiasställen, gehäuft, so wird der Bach hinter den Melkhütten aufgeschwemmt, und dann die Gewässer durch das Gebäude auf den Abhang unter der Melkhütte geleitet. Die Melkhütte wird auf diese Weise in der That ohne viele Mühe der Hirten rein gespühlt, und der so bewässerte Weidbezirk erhält eine seltne Fruchtbarkeit, die sich aber eben so sehr in üppiger Entwicklung von Unkräutern, als in dem bessern Wachsthum guter Weidekräuter äussert, und wohl nicht einen Emmenthaler- oder Simmenthaler-Alpwirthen zur Nachahmung dieser Wässerungsmethode anlocken dürfte.

Wie wir in Klosters hörten, hat auf den angrenzenden Alpen des Tyrolischen Montafo's eine Wässerung statt, die im Helvetischen Alpenrevier, soviel uns bekannt, nirgendwo üblich ist. Die Hirten leiten nämlich wo möglich Quellwasser auf Wildheumäder, die wegen ihrer Lage dem Vieh unzugänglich sind, und erhalten durch diese Wässerung einen viel größern Heuertrag. Solche Heumäder heissen da Blaisen. Auch in diesem Tyrolischen Gebirg sind die Alpenpachtzinse so niedrig, wie im Bündischen Gebirg. Eine Alp des Fermonts z. B., auf welcher 2000 Schafe, 200 Pferde, 200 Galtkühe und 30 Melkkühe gesömmert werden, soll für den Preis von 100 Thalern verpachtet werden. Solche niedrige Pachtpreise sind wohl Zeichen und Folge groser Mängel in der Landeskultur.

Das Hochgericht Klosters unterscheidet sich vortheilhaft in Sitte und Eigenthümlichkeit von den tiefern Hochgerichten des Prättigaues, und die Wahl der Obrigkeit geht in jenem mit einer so einfachen Feierlichkeit und mit einem Anstand vor sich, die bemerkenswerth sind. Die Volkswahlen geschehen nicht unmittelbar, sondern seit alten Zeiten durch sogenannte Besetzer oder Wahlmänner. Alle zwei Jahre, den ersten Sonntag des Maimonats, versammelt sich das Volk der drei Abtheilungen (Schnitzen), in welche Klosters getheilt ist, gleich nach gehaltenem Gottesdienst. Der erste Geschworne eröffnet die Besatzung, d. h. den Wahltag, mit einer kurzen Rede, in welcher der Wunsch, daß die bevorstehenden Wahlen zur Ehre Gottes, und dem Vaterlande zu Nutz und Frommen gereichen mögen, den immer reichhaltigen Text ausmacht. Jeder Geschworne ladet nun zwei der ältesten Männer aus jeder anwesenden Gemeinde ein, Vorschläge zu Wahlmännern zu machen. Diese sechs Greise treten je zwei zusammen beiseits, berathen sich in der Stille, und treten dann mit ihrem Vorschlag von zwei Wählern vor ihre Gemeinde, die durch Stimmenmehr den Vorschlag verwirft oder gut heißt. Sind auf diese Art sechs Wahlmänner erwählt, so versammeln sich diese auf dem Rathhaus, um zur Wahl eines Landammanns für die zwei folgenden Jahre zu schreiten, und allfällige Verbesserungen in Kirchen-, Schul- und Gemeindsangelegenheiten zu berathen. Diese Angelegenheiten werden dann dem Volke vorgetragen, und demselben aus jeder der drei Gemeinden ein Mann zu der Stelle des Landammanns vorgeschlagen. Die drei Vorgeschlagnen heissen die Dreier, und diese mit der alten Obrigkeit, den Wahlmännern, den Gemeindsvögten, Landweibeln, und dem ganzen versammelten Volk ziehen nun feierlich, mit Trommeln und Fahnen, nach dem Dorfplatz vor der Kirche. Hier angelangt steigen die Mitglieder der alten Obrigkeit auf einen erhöhten Platz; ihr gegenüber reihen sich die neuen Wahlmänner und die Fahnenträger; hinter diesen in einem großen Halbkreis das versammelte, erwartungsvolle Volk. Eine feierliche Stille tritt ein, und alle Anwesenden entblößen das Haupt. Der Präsident der Wahlmänner nimmt das Wort, ergießt seine vaterländischen Gefühle, und dankt der Vorsehung für die Erhaltung der Freiheit; dann übergiebt er die Verbesserungs- und Wahlvorschläge dem austretenden Landammann mit der Bitte, sie dem Volke vorzutragen, das sie durch Stimmenmehr genehmigt oder verwirft. Der Altlandammann legt nun Rechnung über seine Verwaltung ab, und hält eine Dankrede, nach deren Beendigung der ganze Zug wieder mit Fahnen und Trommeln nach dem Rathhaus zieht, wo sich die Wahlmänner unter Vorsitz des neuen Landammanns wieder versammeln, um die acht Mitglieder der neuen Obrigkeit für zwei Jahre lang zu erwählen. Nach der Wahl werden die Namen der Gewählten, und alle Beschlüsse, die an der Landsgemeinde genommen worden, dem Volke öffentlich von dem Gerichtschreiber aus dem Protokoll vorgelesen. Eine Mahlzeit, an der die austretende und neu erwählte Obrigkeit Theil nimmt, und Volksbelustigungen enden den Wahltag.

Ein einfaches, freies Hirtenvolk hat diese Verfassung, aber nicht diese Verfassung hat dieses Volk einfach und frei gemacht. Rousseau, der die Welt bald nach Paris, bald nach seinen Träumen beurtheilt, behauptete: um eine reine Demokratie zu begründen, müßte das Volk aus Engeln bestehen. Wie nahe oder ferne diesem seligen Zustande die Oberprättigauer sind, wollen wir nicht beurtheilen, aber doch zu versichern wagen, daß ein kluger Fürst in Zeiten der Noth sich getrost auf Männer, wie die freien Hirten von Klosters sind, verlassen könnte.

5.

Weg über den Flüelapaß nach Tarasp.

Das Thal und der Paß der Flüela. Käs. Landwirthschaft. Landpreise. Pachtzinse. Taglöhne. Verpachtung der Alpen. Vergleichung der Pachtpreise mit den Bernischen. Lavin. Zerfallene Wohnungen. Auswanderungen. Bevölkerung und Industrie des Unterengadins. Schneelawinen. Guarda. Schuls. Sittenzug. Wässerungen. Ziegenweide. Die alte Veste Tarasp. Der altrhätische Pflug.

Parallel mit den Seitenthälern von Sertig und Disma, zieht sich vom Hauptthale von Davos hinauf gegen die Kette des Scaletta's und Selvretta's ein enges Thal, durch welches ein Paß über die Flüela in's Unterengadin führt. Wir verließen mit Tagesanbruch Hoffnungsau, um zu Pferd, in Begleitung unserer Freunde, den nämlichen Tag über dieses Gebirg nach Guarda zu gelangen. Das Flüelathal ist eben so hoch und rauh als das Sertigthal, aber wie in diesem, so sind auch die Gebirge des Flüelathals, bis gegen die Gletscher hin, erst mit Wald, und höher hinauf mit Gebüsch und Kräutern bekleidet, und selten zeigen sich nackte und zerrissene Felsen, selten Felsstürze und Steintrümmer auf den sanfter fallenden Abhängen des Gebirgs. Auch hier, in so beträchtlichen Höhen, zeigt das östliche Alpengebirg den unterscheidenden Karakter von dem westlichen, wo die tiefer eingeschnittenen Seitenthäler von steilern und zerrissenern Bergketten begränzt sind.

Den ersten Halt, nach ermüdend einförmiger Reise durch das einsame Thal, machten wir bei einem geräumigen, ganz vereinzelt stehenden, Gebäude, das den Namen des Tschuggenwirthshauses trägt, und hier überraschend in einer Höhe von beinahe 5900 Fuß über das Meer *) Nahrung und Erfrischung, und erträgliche Herberge dem Reisenden darbietet. Auf der Höhe dieses Hauses, das auch im Winter bewohnt wird, ist keine eingefriedete Wiese, kein Gärtchen, und keine Spur einer andern landwirthschaftlichen Benutzung, als der Beweidung. Nur die Blakte **) wird hier, wie bei den mehrsten hoch liegenden Bündischen Dörfern gesammelt, und in hölzernen, neben dem Gebäude angebrachten Behältern für die Mastung der Schweine während des langen Winters eingemacht. Noch etwa 300 Fuß höher, als das Wirthshaus, stehen auf den westlich stehenden Abhängen noch schöne Arven und Lärchtannen, gegenüber schöne Arvenstämme. Die Arve trägt hier sogar öfter reife Früchte, die zu Anfang Weinmonats gebrochen werden.

Ein kleines, steinernes Gebäude ist auf der obersten Höhe des Passes zum Schutz gegen Zufälle der Witterung für Reisende erbaut, und hier fanden wir in einer Höhe von etwa 7400 Fuß über dem Meere allen Schnee fortgeschmolzen ***). Ueberall grünte zwischen den Felstrümmern von Hornblendeschiefer und Gneiß, auf dem unfruchtbar scheinenden Sandboden die Alpen-Poa mit den lieblichen Rispen †). Nicht selten sind dem Verfasser Pflanzen dieser Art vorgekommen,

*) Den 29. August hielt sich um 7¾ Uhr des Morgens das Thermometer auf 22 Zoll, 4 L. 3., das Thermometer auf 8 Graden Reaum. In Bern stand zu gleicher Zeit das Barometer auf 26. 3. 9., das Thermometer auf 14°.

**) Rumex alp.

***) Das Barometer hielt sich hier des Morgens um 10 Uhr auf 21. 1. 8., das Thermometer auf 9°. In Bern zu gleicher Zeit auf 26. 4. 0., das Thermometer auf 14°.

†) Poa alpina.

die auf der nämlichen Wurzel Halme mit Samen, und Halme mit zwiebelartigen Auswüchsen *) trugen; hier aber waren keine dieser lebendiggebährenden zu finden. Auf der Höhe des Passes steht kein Baum mehr, und schon beträchtlich tiefer gegen Davos hin hatten wir auf dem nördlichen Abhang die letzten Arven verlassen. Auf dem südlich fallenden Abhang der Flüela gegen das Innthal, zeigen sich zuerst Legfohren mit dem Alpenwachholder vermischt; nördlich hingegen sind die Bergrosen mit rostfarbenen Blättern die letzten Sträucher, die aber alle durch die vielen dürren Zweige den Einfluß des rauhen Klima's, und die größere Empfindlichkeit gegen die Kälte verrathen. Nur wenig tiefer als die Höhe des Passes zeigen sich auf dem mittäglichen Berghang, höher also als auf dem nördlichen, die ersten Lärchtannen und Arven in gutem Wachsthum, aber auch hier schon, in diesem unwirthbaren Gebirge, wo der Schutz der Wälder gegen Naturereignisse so wünschenswerth erscheint, Horste von Bäumen, die vorsetzlich von den Hirten angezündet worden, um auf der Stelle, wo sie mit versengten Zweigen noch aufrecht stehen, einige Handvoll Grases mehr zu gewinnen. Daß diese Wäldchen den Nordwind gebrochen, und südlich unter ihrem nun verlornen Schutze das Gras üppiger gewachsen; diese Rücksicht hat nicht vermocht, die Bäume zu retten, und auch nicht der Gedanke, daß die Natur Jahrhunderte auf die Bildung dieser Bäume verwandt, die der Brand in wenigen Minuten zerstörte.

Auch von der Höhe der Flüela, die höher als die Grimsel, so hoch als die Wasserscheide des Gotthards, in der Region der Gletscher zwischen so hohen Thälern sich erhebt, ist die Ansicht so wenig schreckend, die Gebirgsformen so milde, wie wohl sonst nirgendwo auf den Rücken der Berner-, der Walliser- und der Urner Alpenketten. Vom Schutzhause des

*) P. vivipara.

Passes hinweg gesehen, erscheinen ganz nahe südwestlich mit Gletschern umgürtet, mit ewigem Schnee bedeckt, mehrere wohl bei 11,000 Fuß hohe Felsenmassen, deren Namen wir umsonst mit Bestimmtheit zu vernehmen suchten *). Zu unsern Füßen lagen zwei kleine See'n, der eine trübe, der höhere mit klaren Gewässern, in denen die Firnen und die Häupter der umstehenden Gebirge sich ruhig spiegelten. Hinter uns lagen dunkel in Waldesschatten die Bergreihen von Davos; neben uns regungslos, ohne Hall der Lawinen, starrten die Gletschermassen; vor uns über die Alpen der Süsser dehnte sich breit und grünend, begränzt vom hohen, aber sanft fallenden Gebirge, die Schlucht des Innthals, und weiter gegen Süden hin blickten freundlich im hellern Strahl der Sonne die Bergeshöhen, die Bünden von Italien trennen.

Auf der Südseite, auf welcher sonst die Abstürze der Alpenkette gewöhnlich jäher sind, als auf der Nordseite, zeigen sich die Abhänge der Flüsla so wenig steil, daß wir nie von den Pferden steigen mußten, und ohne große Ermüdung Süß erreichen konnten. Der Anblick dieses Fleckens hat, so wie überhaupt der Anblick der Engadinischen, besonders der Unterengadinischen Flecken und Dörfer, für den Nordschweizer etwas Auffallendes. Die steinernen, blendend weiß übertünchten Häuser der Landleute, die grell bemalten Windladen und vergoldeten Balkone, die großen Portale, die nach den Wohnzimmern sowohl, als zu den Heubühnen und nach den Stallungen führen; dann die Wappenschilde, die oft über den Portalen, nicht selten mit gekrönten Helmen glänzen; die Kleidertracht der Frauen besonders, in der die schwarzen Mieder, die rothen Strümpfe und grünen Bänder herrschen: jene Bauart und diese Tracht sind so spanisch grell und prun-

*) Schwarzhorn? Scaletta? Die Bergspitzen der Rhätischen Alpen sind noch so wenig genau, weder nach Höhe, noch Lage, bestimmt.

lend *), daß der Reisende in diesem hohen Alpenthale wohl oft verlegen über den Ursprung so fremder Sitte nachgedacht hat. Die heraldische Eitelkeit vorzüglich scheint hier, unter Gletschern und Lawinen, in schneidendem Gegensatz mit alter Schweizersitte und mit der Verfassung, die auf politischer Gleichheit beruht, in voller Blüthe zu stehen. Meistens sind es Zuckerbäcker und Liqueurfabrikanten, die im Ausland sich Vermögen erwarben, und dann in der Heimath durch Bauten und gemalte Wappen ihre Rangerhöhung den Nachbarsleuten und Verwandten einleuchtend zu machen suchen. Wie tief liegt in den Menschen der Hang, sich auszuzeichnen, und den Vorrang vor Andern durch äußern Flitter zu gewinnen! Aber wahrlich, so unschädlich wie hier, hat dieser Hang wohl noch in keinem Staate Befriedigung gesucht.

Es war uns nur kurze Zeit vergönnt, des Umgangs des gebildeten Herrn Bundesstatthalter Moor, und anderer geachteter Männer in Süß uns zu erfreuen, die gastfreundlich uns entgegenkamen. Zu unsrer innigen Freude fanden wir die edelsten Bewohner des Fleckens in Thätigkeit, um Gaben des christlichen Mitleids für die unglücklichen Griechen zusammenzulegen, und mit Bedauern verließen wir den Ort, um über Lavin in dem hohen Guarda das Nachtquartier zu suchen, wo wir in der Abenddämmerung eintrafen, froh hier in einer Lage von beinahe 5200 Fuß über dem Meer **), die reinlichste und freundlichste Bewirthung, Bequemlichkeiten, und Muße zu finden, um über den zurückgelegten Weg einige Erinnerungen uns aufzuzeichnen.

*) Der Verfasser war erstaunt, in Chiavenna die Vornehmen mit dem spanischen Wörtlein „Don" betiteln zu hören.

**) Nach den Messungen, die im neuen Sammler enthalten sind, beträgt die Höhe von Guarda 5140 Fuß über das Meer. Die Berechnung einer bei schlechter Witterung gemachten Beobachtung, mit Vergleichung des ungefähren Standes des Barometers in Bern, gab 5179 Fuß für die Höhe von Guarda.

So weit von den Anhöhen des Flüelagebirges das Auge reicht, scheint der Inn unschädlich in Vertiefungen, und mit geregeltem, geradem Lauf durch das weite Thal zu fließen. Die Abhänge der Ufer sind mit Holzwuchs bekleidet, dann folgen, sanft gegen die Berge steigend, Terrassen, auf denen Gerste- und Roggenfelder fast bis an die untern Säume der Wälder reichen, und über welchen endlich die Region der Alpenweiden sich bis an die Gletscherwüsten ausdehnt. Der Graswuchs scheint hier auf vielen Wiesen nicht so üppig, als in andern Alpenthälern zu seyn, wenigstens ist die blassere Farbe dieser Wiesen auffallend, und auch leicht durch die Getreidefelder zu erklären, deren Größe wohl ausser Verhältniß mit dem Heulande steht, und kaum in irgend einem andern Alpenthal in diesem Maaße gefunden werden dürfte.

In der Gegend von Süß, so wie überhaupt in vielen Gemeinden des Unterengadins, wird immerfort Winterroggen abwechselnd mit Sommergerste auf den nämlichen Aeckern ausgesäet, ohne natürlichen Graswuchs oder künstliche Futterkräuter abwechselnd mit jenen Getreidarten anzubauen. In mehrern Dorfmarchen, und auch in der von Süß, ist in Ansehung der Kultur dieser Getreidarten und der Benutzung der Wiesen, durch Uebereinkunft der Besitzer seit alter Zeit eine Ordnung eingeführt, die Zeichen einer niedrigen Stufe der Landwirthschaft, und Hinderniß ihrer Verbesserung ist, aber einen Ausdruck von einfacher, patriarchalischer Sitte trägt, die wohl nirgendwo in unserm Gebirg mehr gefunden wird. Es werden nämlich die Getreidefelder in zwei Bezirke eingetheilt, von denen der eine mit Gerste, und, wie gesagt, der andre, mit diesem abwechselnd, mit Roggen gebaut wird *). Nun sind, wie gewöhnlich im Hochgebirg, die einzelnen Felder, die verschiedenen Besitzern gehören, selten groß; sie stießen in unregelmäßigen Ausdehnungen, ohne durch Zäu-

*) Contegu's heissen auf romanisch diese Feldabtheilungen.

nungen gesöndert zu seyn, gleichsam in einander über, und es laufen weder Fahr- noch Fußwege zwischen diesen Aeckern hin, um die Zu- und Abfuhr zu erleichtern. Damit nun die anstoßenden Besitzungen durch Pflügen, Fahren und Zertreten sich nicht gegenseitig an den Getreidesaaten schädigen, werden in ganzen Nachbarschaften die nämlichen Contegu's auf den gleichen Tag und die gleiche Stunde von allen Besitzern gepflügt, gesäet, geärndtet, und die Dorfglocken geben das Signal des Anfangs dieser Feldarbeiten. Aehnlich wie die Getreidefelder sind auch die Dorfwiesen, die Maisassen und die Wildheugüter *) in Zelgen eingetheilt, und wo die Heulandbesitzer in diesen verschiedenen Regionen mit ihren Gütern an einander stoßen, wird jede Munta von ihnen gemeinschaftlich zu gleicher Zeit gemähet, und das Heu eingeheimset. Die Vortheile dieser Einrichtung können nicht geläugnet werden, so lange Felder und Heugüter nicht anders, als auf diese althergebrachte Methode bewirthschaftet werden; aber die Landwirthschaft Bündens wird ohnehin durch so viele Fesseln und eingewurzelte Gebräuche niedergehalten, daß wohl jene Bearbeitung, nach einer Art von Gemeinwerk, eher zu beklagen, als zu beloben ist, da sie den bekannten Hindernissen höhern Aufblühens der Landwirthschaft ein neues beifügt.

In der Gegend von Süß, bei oder unweit dem Dorfe, gilt eine Ausdehnung von Heuland **), auf der ein Fuder Heu zu 30 Rupp ***) Gewicht produziert werden kann, etwa 212 Schweizerfranken, oder das Quadratklafter kömmt etwa auf 18 Bündnerbatzen (14 Bernbatzen) zu stehen. Dieser

---

*) Munta's auf romanisch.

**) Etwa 150 Quadratklafter, das Klafter ungefähr à 6½ Fuß rheinländisch.

***) Der Rupp zu 26 Pfund (zu 8160 Fr. Gran) berechnet. Dreißig Rupp machen 650 Pfund Berngewicht.

Preis ist beinahe eben so hoch, als der Wiesenpreis in den fruchtbarsten und bevölkertesten Thälern des Berner Oberlandes. Höher hinauf gegen die Alpen kostet ein Stück Wieseland, das 30 Rupp Heu giebt, etwa 53 Franken, und Wiesenland, das in mittlerer Höhe zwischen diesem letztern und dem Grunde des Innthals liegt, und eben so 30 Rupp Heu trägt, würde bei 70 Schweizerfranken kosten.

Auch hier im Engadin sind also die Landpreise in den verschiedenen Bergregionen in Mißverhältniß gegen einander, indem bei gleicher Produktionsfähigkeit an Heu, die respektiven Preise in dem Verhältniß von 212: 70: 30 stehen; auch hier also müssen wir die Ursache des geringen Landwerths der höhern Thalregionen in dem Umstand suchen, daß die wohlhabende Bevölkerung sich in den Dörfern zusammendrängt, die höhern Heugüter zu ferne von den Wohnungen der Besitzer liegen, und die höher liegenden Ländereien nicht bewohnt werden. Im Berner Oberland und in andern Gegenden des Hochgebirgs wäre Ueberfluß an Bevölkerung, und es könnten in der Region der Vorsassen Ansiedelungen ohne Schwierigkeit Statt finden; hier aber im Engadin ist ausser dem Mangel an landwirthschaftlicher Industrie, noch der Mangel an Bevölkerung an diesem so geringen Landwerth in den höhern Thalregionen Schuld.

Süß mag bei 4300 Fuß über dem Meeresspiegel liegen *); in solcher Höhe mag der Grummetertrag der Wiesen, oder der Werth der Herbstweide, wenn kein Grummet eingefahren wird, entweder ohne Werth, oder doch dreifach geringer seyn, als in dem Thale von Interlachen, und die Landpreise bei Süß, die scheinbar nicht höher als in diesem milden Thale stehen, erscheinen wirklich, wenn jener klimatische Unterschied berücksichtiget wird, ausserordentlich hoch, und

*) Den 29. August hielt sich hier um 1 Uhr das Barometer auf 23. Z. 7., das Thermometer auf 18°.

auch diese hohen Landpreise — eine Folge größtentheils der Konkurrenz wohlhabend zurückkehrender Auswanderer — sind ein Nachtheil für das Land, da aus diesen Wiesen bei den Dörfern sich eben so wenig, als im Bernischen Hochgebirg, der Zins des Ankaufkapitals erwarten läßt, und mithin der Besitz solcher Ländereien immer mit Verlurst verbunden ist. Der Pachtzins, den der Besitzer des Heulandes in der Gegend von Süß, und auch ungefähr im übrigen Unterengadin für ein Stück Land empfängt, das dreißig Rupp Heu trägt, steigt nicht höher, als auf 1 Gulden 36 Kreuzer für Land, das günstig in der Nähe der Wohnungen liegt, und 1 Gulden für entlegneres Heuland. Es bringt also das beste Wiesenland seinem Käufer nicht über 1 Procent Zins von seinem Ankaufskapital. Nur der Vortheil, den die Wiesenbesitzer auf der Alpenweide haben, die mit dem Besitz der Wiesen verbunden ist, kann ein solches Mißverhältniß mildern. Für 35 Quadratklafter Getreidefeld, die in gewöhnlichen Jahren 6 Stärs *) Gerste abtragen, wo dann 1 Stär Saat gerechnet wird, bezahlt der Pächter dreißig Bündnerkreuzer.

Mit diesem geringen Ertrag des Landes stehen die Arbeitslöhne dann in großem Mißverhältniß. Mit der Nahrung bekommen bei Süß die Weiber 5 Bündnerbatzen bei gewöhnlichen Arbeiten, die Männer 7½. Werden schwere Arbeiten von ihnen gefordert, z. B. das Holzfällen und Rüsten im Walde, so empfangen die Männer 17 — 18 Bündnerbatzen *) des Tags, und dazu noch reichlich Brod und Branntwein zum Frühstück. Im Oberengadin sind die Arbeitslöhne noch drückender für den Landbesitzer; wir werden unten auf dieses auffallende Mißverhältniß der Arbeitslöhne zu dem Landwerth zurückkommen.

---

*) Ein Stär schöne Gerste wiegt etwa 9 Engadiner- oder 7½ Bernpfunde.

**) Dreizehn bis vierzehn Bernbatzen.

Im ganzen Engadin, wie fast überall in den Bündischen Thälern, ist alles Land frei von Zehnden und Bodenzinsen, aber nur in wenigen Gemeinden, z. B. in Süß, ist die verderbliche Gemeinweide im Frühjahr auf den Thalgütern abgeschafft. Die Alpen gehören ausschließlich den Gemeinden, und soviel Vieh der Landbesitzer auf seinen Wiesen wintern kann, soviel ist er berechtigt auf die Alpenweiden zu treiben. Die nächste Folge dieser Einrichtung ist, daß während der so langen Winter die Kühe nicht gehörig gefüttert werden, und auf den hohen Alpen also den Milchertrag nicht geben können, den gut gewinterte Kühe geben.

Süß besitzt so viele Alpen, daß mehrere derselben verpachtet werden, da die Gemeinde ausser Stand ist, sie alle mit eignem Vieh zu besetzen. Eine dieser Alpen, Munttais, wird einem Bergamasker verpachtet, der auf dieser Alp während dreien Monaten 16 Kühe, 10 Pferde und Esel, und 350 Schafe und Ziegen zur Weide hält, und für diese Nutzung nicht mehr als 4½ Louisd'ors Pacht bezahlt. Nach gewöhnlicher Schatzung des Werthes der Pferd-, Schaf- und Ziegenweide, in Vergleichung der Kühweide, würden auf Munttais leicht 100 Kühe während dreien Monaten geweidet werden können *), und es würde mithin der Bergamaskerpächter hier jährlich nicht mehr als etwa 7½ Bernbatzen Krautzins von der Kuh bezahlen. Wenn wir diesen so äusserst geringen Krautzins mit dem so hohen der Berneralpen vergleichen, so sind wir in der That verlegen, eine Erscheinung zu erklären, welche die Alpenwirthschaft von Bünden in einem so äusserst nachtheiligen Lichte erscheinen läßt. Die folgenden Bemerkungen mögen beitragen, diese so niedrigen Preise der Alpenzinse in Bünden zu erklären.

Die

*) Bei dieser Schätzung ist zu bemerken, daß die Schafe von der Bergamasker-Race nicht selten 70 Pfund wiegen.

Die Munttaisalp mag wenigstens 1000 Fuß höher über dem Meeresspiegel liegen, als die höchsten Kühalpen des Bernergebiets, und eben wegen dieser größern Erhöhung dauert die Alpfahrt auf der Bündneralp einen Monat bis sechs Wochen kürzere Zeit als auf den Oberländischen Berneralpen, auf denen wenigstens sechszehn Wochen für die Dauer der Alpfahrt gerechnet werden können. Die für die Bündneralpen zu berechnende Pachtsumme müßte folglich, um die Pachtsumme für Berneralpen damit zu vergleichen, im Verhältniß von 12 : 18, oder von 2 : 3 erhöht werden, wenn wir annehmen, daß die Bündneralpen überhaupt im Durchschnitt eben so hoch als die Engadinischen liegen, und die Dauer der Alpzeit in der Regel nicht viel mehr als drei Monate betrage.

Wir könnten ferner annehmen, daß, nach Verhältniß größerer Erhöhung der Engadinischen Sömmerungen, der Bergamasker Pächter für sein aus milderem Klima stammendes Vieh größere Gefahr laufe, wenn er dasselbe auf so rauhen Bergen zur Weide treibt, und daß er folglich im Verhältniß dieser Gefahr ein kleineres Pachtgeld bezahlen könne, um so mehr, da auf den Bündneralpen sehr selten Hütten gebaut sind, wo das Vieh bei schlechter Witterung Schutz suchen kann, und, da die Bündner auf ihren Alpen keine Heuvorräthe sammeln, bei frühem oder spätem Schnee das Vieh der Bergamaskerpächter oft mehrere Tage lang hungernd im Schnee unter freiem Himmel aushalten muß. Diese Nachtheile, die zum Theil auch auf den hohen Gemeinalpen der Berner Statt finden, haben da in der That auch beigetragen die Alpzinse herunterzusetzen, aber doch lange nicht in solchem Maaße, daß wir annehmen könnten, durch diesen Umstand einen so äusserst niedrigen Alpzins, wie er auf den Engadineralpen bezahlt wird, erklärt zu haben.

Eine andere Einwendung könnte gegen die Vergleichung der Bündenschen Alpenpachtzinse mit den Bernischen gemacht

10

werden. Da nämlich die Engadineralpen beträchtlich höher und rauher als die hohen Berneralpen liegen, so dürfte die Zahl der Kühe, die auf denselben zur Weide gehen könnten, nicht nach Verhältniß der Schafe die wirklich da sömmern angeschlagen, und die Rechnung darnach gestellt, und mit der Rechnung der Krautzinse von Berneralpen, wo nur Kühe sömmern, verglichen werden. Es könnte behauptet werden, Bündneralpen, wo Bergamaskerpächter Schafe sömmern, dürften nur mit Schafalpen auf dem Berner Hochgebirg verglichen, und die Krautzinse von diesen mit den Zinsen jener zusammengestellt werden. Allein wie schon in der Reise über den Bernardin bemerkt worden *), und der Verfasser auch auf dieser Reise öfter zu bestätigen Gelegenheit gefunden, so sind überhaupt die Bündenschen Gebirgsrücken viel abgerundeter und zugänglicher, die Felsen weniger zerrissen als im Berner Hochgebirg, und auf den mehrsten Alpen, die von Bergamasker Schafhirten gepachtet werden, könnten ohne Gefahr Kühe gesömmert werden. Zudem bewirkt die größere Erhöhung der Bündenschen, besonders der Engadinischen Alpen nicht in dem Maaße, als geglaubt werden könnte, für die Gesundheit des Viehes nachtheilige Witterungszufälle, und fließt wohl mehr auf die Dauer, als auf die Temperatur während der Alpzeit ein, da die Bündenschen Thäler, vorzüglich aber das Innthal, so hoch streichen **), daß diese Höhe der Thalgründe nothwendig milderud auf die Temperatur der Berghöhen einfließen muß. Gesetzt aber auch jene Einwendungen gegen unsere Vergleichung werden als geltend angenommen, so finden wir dennoch die Alpenpachtzinse der Bergamasker im Engadin so ausserordentlich niedrig, daß wir diesen Stand der Pachtzinse für Bünden sehr be-

*) Vergleiche des Verfassers Reise über den Bernardin, S. 145.

**) Der Inn fließt von Silvaplana oder Sils im Oberengadin bis Martinas im Unterengadin von 5700 bis 4000 Fuß absoluter Höhe.

klagen, und nach andern Erklärungen seiner Ursachen als der gegebenen uns umsehen müssen.

Wir behalten immer die obgenannte Alp Munttais vor Augen, da sie, wie wir unten sehen werden, in ziemlich getreuem Maaßstab ein Musterbild des Ertragwerths anderer Bündner-, und vorzüglich anderer Engadineralpen geben kann, die wie Munttais verpachtet werden.

Im Berner Hochgebirg giebt es hohe Gemeinalpen, auf denen das Weidrecht für eine Kuh des Jahrs nur zu vier Franken verpachtet werden kann; hier stehen aber diese Krautzinse nur deßwegen so niedrig, weil die Alprechte bloß den Dorfgenossen und keinen Aeussern, d. h., keinen Landleuten aus andern Dörfern zur Benutzung überlassen werden dürfen. Es giebt ferner Schafberge im Berner Hochgebirg, wo die Schafweide während drei bis vier Monaten nur zu sechs Kreuzer Berngeld bezahlt wird, weil diese Alpen ausserordentlich felsicht, voll gefährlicher Abgründe, und den Gletscherlawinen ausgesetzt sind. Die schlechtesten Pferdweiden gelten doch acht Franken. Die Alp Munttais würde also nach diesem Maaßstab der schlechtesten Berneralpen den folgenden Pachtzins gelten:

1) 350 Schafe und Ziegen à 6 Kreuzer	Fr.	52	5 Bz.
2) 16 Kühe à 4 Fr.	—	64	— —
3) 10 Pferde und Esel nur zu 6 Fr. .	—	60	— —
ganzer Pachtzins	Fr.	176	5 Bz.

Wegen des angenommenen klimatischen Unterschieds zwischen den Bündner- und Berneralpen müßten aber die Berneralpen, wenn sie in der Höhe der Bündneralpen liegen würden, nach dem Verhältniß 3 : 2 weniger Pachtzins gelten, und jener Pachtzins von 176 würde also für Munttais nach den Bernerzinsen nur zu 118 Franken angeschlagen werden können. Es würde sich aus dieser Vergleichung mithin ergeben, daß die Pachtzinse der Berneralpen selbst unter den ungünstigsten Umständen zu den Alpzinsen der Bergamasker im Engadin im

10 *

Verhältniß von 118 : 72, oder ohngefähr wie 14 : 9 stehen. Es läßt sich wohl ein solches Mißverhältniß nur dadurch erklären, wenn wir annehmen, daß, bei dem Mangel eines Bündenschen, dem Bergamaskischen und dem Bernischen ähnlichen Küherstandes, die Bergamasker keine Konkurrenz für die Pachtungen der Bündneralpen finden, und die Engadiner, die nicht genug Vieh wintern, um ihre Gemeindalpen zu besetzen, mithin an diese Bergamasker gebunden sind, und seit langer Zeit mit den nämlichen geringen Pachtzinsen sich begnügen müssen.

Aehnliche Resultate wie die obstehenden giebt die Alp Fleß, die den Süssern gehört, und auf der Sonnseite des Gebirgs, günstig für die Vegetation, gegen das Fluelagebirg steigt. Es finden auf dieser schönen Alp hundert Kühe vom 1. Brachmonat hinweg bis Ende Herbstmonats hinlänglich Weide; sie ist verpachtet, und trägt nur 200 Bündnergulden Pachtzins *). Die lange Dauer der Alpzeit beweist, daß diese Alp unter milderm Klima als Munttais liegt, und es könnte also ohne oben berechneten, daherigen Abzug der Pachtzins für die Fleßalp mit den Pachtzinsen von ähnlichen Berneralpen unmittelbar verglichen werden, wo sich dann ein noch grösseres Mißverhältniß zum Nachtheil der Engadiner Alpwirthschaft erzeigen würde.

Süß und seine Umgebung, von der Höhe der Berghänge gesehen, bietet dem Reisenden angenehme Bilder dar. Freilich sind da nicht, wie an den Ufern des Luzerner-, Brienzer- und Thunersee's, Wäldchen von Fruchtbäumen, hinter denen halbversteckt malerische Wohnungen bei jeder Beugung der Fußpfade den Wanderer mit Zügen der Geselligkeit oder ländlicher Sitte erfreuen, und es stehen hier wie im übrigen Engadin die weiß betünchten, bemalten Häuser zu prunkend, vornehm und fremd in dem rauhen Hirtenthal. Aber das

*) 235 5/11 Schweizerfranken.

weite, von dem reissenden Inn unschädlich durchströmte Thal, der Farbenwechsel der Getreidefelder und Wiesen, die hohen und doch sanft gerundeten Berge hinter denen einige Eisfirnen *) glänzen, das lebhaftere Grün der Lärchtannen, das mildernd durch das Dunkel der Tannenwälder bricht, und dann die drei Hügel mit Spuren hoher alterthümlicher Ruinen: alle diese Gesichtspunkte söhnen bald das Auge mit den nackten blendenden Häusern aus.

In den Ruinen der alten Schlösser von Süß sollen in vorigen Zeiten römische Waffen und Münzen gefunden worden seyn, und hier ohne Zweifel haben nach Besiegung der alten wildfreien Rhätier die römischen Eroberer Festungswerke errichten lassen. Freie Völker mögen wohl leichter in Schlachten besiegt, als nach den gewonnenen Schlachten bezwungen werden. Das haben auch später die Rhätier gegen Oesterreich bewiesen. Süß ist der Geburtsort des Bündenschen Herodots, Ulrich Campel, der zugleich die Reformation in diesem Thal einführte, und dadurch seine Landsleute von der zweiten römischen Herrschaft befreite, die weniger blutig und nicht so schnell wie die römischen Kaiser, und die Geßler und Landenbergs späterer Zeit, aber desto sicherer die Völker zu unterjochen versteht.

In Lavin war uns der Pallast eines zurückgekehrten Auswanderers, eines reichen Zuckerbäckers, aufgefallen, der unweit verlassenen, einfallenden Wohnungen anderer Ausgewanderter steht, und durch Vergoldungen und grelle Farben mit blendendweißem Gemäuer verherrlichet, weithin erglänzt. In sehr vielen Bündenschen, vorzüglich aber in Engadinischen Dörfern finden sich solche Kontraste nahe beisammen: öde, einfallende Gebäude nämlich, und neue Bauten mit allen Merkzeichen eines durch keinen ästhetischen Sinn veredelten Luxus. Als hätte unlängst eine Schaar roher Feinde die

*) Piz Pisoc.

Dörfer rein ausgeplündert, und raubsüchtig oder in Zerstörungswuth Thüren und Fenster zerschmettert oder aus den Angeln gerissen; und als würde nur erst jetzt von den Dorfbewohnern der Schutt geräumt, und die halb zerstörten Gebäude nach und nach durch neue Bauten ersetzt: so sehen diese Dörfer in denjenigen Gegenden Bündens aus, deren Bewohner von der Sucht am meisten besessen sind, den väterlichen Herd, die heimathliche Wiese, das schöne Thal zu verlassen, um auf fremdem Boden, in städtischem Gemäuer einen Beruf auszuüben, der bisweilen zwar Reichthümer verschafft, aber dem Geiste so wenig Nahrung giebt, auf niedriger verwöhnter Sinnenlust beruht, und während mehreren Jahren der Entfernung von dem starken freien Hirtensohn die Verrichtungen gemeiner Dienstbarkeit verlangt.

In jeder großen Stadt Europa's beinahe giebt es einige oder viele Bündensche Kaffeewirthe, Pasteten- und Zuckerbäcken und Likörfabrikanten, die, wenn sie ihre Jugendzeit in Thätigkeit in diesen Industriezweigen verlebt haben, sich beeilen, das erworbene Geld dem Vater und den Basen und Nachbarn des heimathlichen Dorfes zu spiegeln, gewöhnlich zwecklose und geschmacklose, kostbare Bauten vollführen, und, da sie als Jünglinge ungebildet ihr Thal verließen, auch ungebildet mit städtischer Politur, mit verdorbenen Sitten, mit verlornem Sinn der Einfachheit, und mit allen Verkehrtheiten und Anmaßungen des Geldstolzes zurückkehren. Gewiß giebt es auch unter dieser Klasse der Auswanderer verdienstliche Männer, auf die dieses Gemälde nicht passen kann; aber die Behauptung, daß ein großer Theil der zurückgekehrten Auswanderer von dem erworbenen Wohlstand weder zu eigener Veredlung, noch zu Begünstigung oder Gründung gemeinnütziger vaterländischer Unternehmungen Gebrauch zu machen versteht; diese Behauptung wird durch jene Ausnahmen nicht entkräftet, eben so wenig als die Thatsache, daß eine Menge dieser Auswanderer entweder gar nicht, oder ärmer, verdorbener und zu ländlicher Arbeit untüchtiger zurückkehren, als sie waren, da sie als Glücksritter die Heimath verliessen *).

Daß die Auswanderungen der Bündenschen Landleute die Vermehrung der Volksmenge nicht nur niedergehalten, sondern seit anderthalb Jahrhunderten dieselbe beträchtlich vermindert haben, ist eine bekannte Thatsache, und das Engadin besonders liefert zu dieser Thatsache die auffallendsten Belege. Gegen das Ende des sechszehnten Jahrhunderts war das Unterengadin von Pontalto bis Finstermünz von etwa achthalbtausend Menschen bewohnt, und nun nach Verfluß von zweien Jahrhunderten hat sich nach annähernder Berechnung diese Zahl beinahe um Zweitausend vermindert **). Das einzige Bernersche, im Hochgebirg gelegene Oberamt Interlachen, dessen Inhalt nach geographischen Meilen wenigstens doppelt kleiner als derjenige des Unterengadins in der angegebenen Ausdehnung ist, das einzige Oberamt Interlachen enthält wohl doppelt so viel Einwohner. Freilich kann entgegnet werden, daß die mittlere Höhe des Hauptthales des Inns an den Ufern dieses Flußes wohl 4000 Fuß über den Meeresspiegel sich erhebt, während hingegen die Fläche des Brienzersee's oder des Hauptthales von Interlachen bei 2000 Fuß tiefer liegt; allein eben diese Fläche des Brienzersee's ist nebst einem Theil der Fläche des Thunersee's in dem fruchtbarsten Theil des Hauptthales mit beiläufig drei Quadratstunden von dem nutzbaren Lande in Abzug zu bringen; die Berghänge in diesem Oberamte sind so steil und so felsicht, der urbare Grund seiner Seitenthäler im Lauterbrunnen- und Lütschenthal ist so enge, daß wir das Innthal in seiner Pro-

*) Viele dieser Bemerkungen passen in noch grösserm Maaße auf das Oberengadin. Im Unterengadin beschäftigt der Landbau doch noch mehr Eingeborne als im Oberengadin.

**) Die obige Schätzung ist nach ungefähren Angaben Campels, die Schätzung der gegenwärtigen Volksmenge aus dem N. Sammler, I. 354.

duktionsfähigkeit, ohngeachtet seiner grössern absoluten Erhöhung, immerhin mit dem Interlachenthal selbst in gleicher Landaustheilung vergleichen, und annehmen dürfen, daß das Unterengadin beinahe die doppelte Menschenzahl ernähren könnte, um so leichter, da die Nachbarschaft Italiens, die eröffneten Bergpässe, die fahrbare Straße durch das ganze Innthal durch Finstermünz ins Tyrol, die fast gänzliche Befreiung von Abgaben, dem Engadin so viele kommerzielle, von dem Landbau unabhängige Vortheile zusichern: Vortheile, welche die Thäler des Bernerschen Hochgebirgs gar nicht, oder in geringerem Maaß zu geniessen haben.

Wie sonderbar und wie unglücklich zugleich, daß die industriose Thätigkeit dieses Hirtenvolks sich so fast ausschliessend auf die Fabrikation von Leckerbissen verwöhnter oder verweichlichter Städter gerichtet hat; daß der Engadiner Landmann, der nach der Heimath zurückkehrt, wohl Kuchen und starke Getränke zu verfertigen weiß, aber weder über Landwirthschaft noch Viehzucht, noch über irgend ein für die heimathliche Oekonomie wichtiges Handwerk sich vernünftige Begriffe, oder nützliche Fertigkeiten erworben hat! Im Engadin arbeiten nur fremde Maurer, Schlosser, Zimmerleute, und zwar so schlecht als nur möglich, da sie von den Einheimischen keine Konkurrenz zu fürchten haben. Die Engadiner haben nicht einmal Gerbereien, sondern verkaufen ihre rohen Häute den fremden Gerbern, und kaufen ihnen wieder das nöthige Leder ab. Hätte ihre Thätigkeit sich auf solche Industriezweige, hätte sie sich auf Veredlung der Schaf- und Rindviehracen, auf Verbesserung der heimathlichen Landwirthschaft gerichtet: wie wohlhabend könnte das schöne Thal seyn, welche große und glückliche Volksmenge könnte es ernähren!

Und doch liegt in den Erfolgen dieser unnatürlichen, so antinationalen Industrie eine wichtige Lehre für diejenigen Theile der Schweiz, wo wir eine übermäßige Bevölkerung in

Armuth und Erniedrigung anwachsen sehen, und an der Möglichkeit bisher verzweifelten, ihren Zustand zu verbessern. Wenn der Bündensche Zuckerbäcker überall sein Auskommen findet, weil überall in unsern zivilisirten Staaten seine Waare Käufer findet; wird denn nicht auch jeder geschickte Zimmermann, jeder geschickte Maurer, jeder geschickte Schlosser, jeder geschickte Küfer, Käsemacher und Landwirth auf jedem Erdfleck, wohin die Kultur sich erstreckt hat, sein Auskommen, und öfter Wohlhabenheit finden? Wird nicht der geschickte Landwirth, der im Ausland erst als Knecht Brod, dann als Pächter Wohlhabenheit oder Reichthum gefunden, wenn er mit dem Erworbnen ins Vaterland zurückkehrt, sein Glück befördern helfen? Und wenn der Bündner die Hauptstädte der Erde mit Zuckerbäckern versorgt, können wir Schweizer nicht die Länder der Erde mit geschickten Kühern, landwirthschaftlichen Knechten, oder Pächtern versehen, und so der Bevölkerung, die uns ängstigt, ohne Kosten, vielmehr zum künftigen Heil des verarmenden Vaterlandes Abfluß verschaffen? Wer fühlt denn nicht bei dieser Frage den Sinn und die Wichtigkeit der Volkserziehung, den Sinn und die Wichtigkeit der Hofwylischen Armenschulen?

An der Straße von Süß nach Lavin finden sich eine Menge von Steinen aufgemauerter Gewölbe, die zum Schutz der Reisenden an denjenigen Stellen erbaut sind, wo gewöhnlich Schneelawinen niederstürzen; eine erfreuliche, menschenfreundliche Vorsorge, die der Verfasser in den Alpenthälern, die er durchwanderte, sonst nirgendwo gefunden hat. Unter den Bernischen Hochthälern ist's nur allein das Fermelthal, das, wie wir oben bemerkten, sich durch eine ähnliche Vorsorge auszeichnet.

Im Thale von St. Antonien im Prättigau sollen die Bewohner noch auf eine einfachere Art ihre Wohnungen vor der Gewalt der Lawinen zu sichern verstehen. So wie nämlich im Fermelthal von Mauerwerk eine Pfeilspitze gegen den

Lawinenzug gebaut wird, so wird in St. Antönien von Schnee eine solche hinter den Wohnungen gebildet, die aufrechtliegende Schneide der Schneepyramide mit einem scharfen Holz bekleidet, und die Oberfläche mit Wasser begossen, damit sich eine Eiskruste bilde, die diesem Schutzbau einen festern Halt gebe. Ein solcher Schneekörper müßte freilich die Wohnung im Frühjahr wegen langsamem Schmelzen und dem abfließenden Wasser feucht und ungesund machen; allein wenn die von der Sonne beschienene Fläche der Pyramide mit schwarzer Erde oder mit Kohlenstaub überzogen wird, so wird der Schmelz des Schnee's sehr befördert, und eine erhöhte Abdachung des Bodens hinter der Wohnung leitet leicht das Schneewasser von dieser ab.

In Guarda soll beinahe ein Drittel der ganzen männlichen Bevölkerung auf gut Glück durch das Zuckerbäcker- und Destilliergewerbe ausgewandert seyn, und die vielen unbewohnten, zerfallenden steinernen Häuser geben dem sonst freundlich liegenden Dorfe ein recht trauriges, fast schauerliches Ansehen. Im Jahre 1780 lebten in diesem Dorfe 140 Einwohner männlichen, und 164 weiblichen Geschlechts in 93 meistens geräumigen Häusern, und nur 14 Männer waren ausgewandert; gegenwärtig ist die Bevölkerung noch bedeutend geringer, die Zahl der Ausgewanderten größer, und jedes Wohngebäude des Dorfes wird im Durchschnitt nicht mehr als zwei Menschen enthalten.

Fruchtbäume sind in Guarda keine zu pflanzen versucht worden, selbst nicht Kirschbäume. Auf dem Thalgrunde des Unterengadins werden überhaupt, wegen mangelnder Sicherheit der Obstärnte für die ersten Pflanzer, keine Fruchtbäume anzuziehen versucht, obgleich in geschützten Lagen sie ohne Zweifel gedeihen würden. Die Felder um das hohe Guarda herum zeigen wie günstig selbst in beträchtlicher absoluter Höhe vorstehende Wälder oder Bergwände auf die Vegetation wirken. Die Anhöhe von Guarda ist nämlich gegen die kalten

Nordostwinde geschützt, und diesem Schutze ohne Zweifel ist es zuzuschreiben, daß hier nicht nur Flachs sondern selbst Hanf mit Vortheil gedeiht, und daß Winterroggen, der im Anfange des Herbstmonats gesäet wird, so wie auch Gerste und Hafer, auf diesen Anhöhen gebaut werden kann. Der Hafer war eben jetzt *) ganz reif. Freilich trägt dann auch die Lage des gegen Mittag fallenden Berghangs, auf dem das Dorf steht, vieles bei, alle Saaten schneller zur Reife zu bringen. Wie viel günstiger aber für die Vegetation das rhätische Gebirg als das Bernische ist, zeigt am auffallendsten die Vergleichung von Guarda mit Mürren, da in diesem Dorfe, das noch etwas tiefer als Guarda aber ebenfalls auf einem Berghang liegt, weder Kartoffeln noch Gerste und noch weniger Hanf zu gedeihen vermag.

Den Morgen mußten wir, vom Regen gefangen gehalten, in Guarda zubringen, nach Mittag aber hatten wir die Freude die Wolken sich zertheilen, die Häupter der Berge, den Inn und das weite, von Wäldern halbverdunkelte, Thal zu unsern Füßen zu sehen. Ueber das alte Kastell von Tarasp gegen Piz Pizoc und die Kette des Münsterthals hin erscheint das Kalkgebirg auffallend zerrissener, als die Hornblendeschiefer und Gneißbildungen gegen Flüela und gegen das Oberengadin. Das ist wohl immerhin als Regel, wenn gleich mit Ausnahmen anzusehen, und aus diesem Grunde auch werden meistens Bergwasser, die in Thonschiefer- und Kalkgebirg strömen, gefährlicher für Güter und Anwohner seyn, als Bergströme die im Urgebirg fließen.

Die herrlichsten Sauerquellen sprudeln bei Schuls noch reicher aus dem Boden als bei St. Moriz, und verlieren sich fast unbenutzt wieder in dem Boden; auch die reichen Bittersalzquellen bei Tarasp fließen in den Inn, und dienen nur wenigen Landleuten als Heilmittel bei Unterleibsbeschwerden.

*) 29. August 1822.

Dem Bittersalz soll sich Kochsalz beigemischt finden, und diese Quellen sowohl als ähnliche Quellen bei Fettan könnten vielleicht zur Gewinnung des Kochsalzes benutzt werden. Welche Vortheile dürften dem Unterengadin und Schuls besonders durch gehörige Anstalten zu Benutzung so reicher Mineralquellen erwachsen!

Wir betraten den schönen Flecken Schuls, und verweilten den Bau eines sehr grossen steinernen Hauses betrachtend, dessen Thor- und Fenstereinfassungen von gehauenem Granit gefertigt wurden. Wir bemerkten einen Arbeiter von edlem, aber äusserst einfachem Aussehen, der ohne Kleider und Weste mit offnem Hemd, in schwarzen ledernen Beinkleidern äusserst thätig einen Steinblock zum neuen Bau behauen half. Einer unsrer Begleiter, der edle und angesehene Landammann **** faßt diesen Arbeiter in's Auge, eilt plötzlich auf ihn zu, und umarmt ihn mit dem Ausdruck der innigsten Freude. Der Arbeiter war Landammann des Hochgerichts, einer der reichsten Gutsbesitzer des Orts, und er war es, der als Eigenthümer den Bau des Pallastes im Schweiße seines Angesichts und durch die Arbeit seiner Hände vollführen half. Wie einfach und wie Schweizerisch! Ein solcher Luxus wird nie dem Vaterlande schaden, und solche Reiche werden nie für fremde Flitter das Vaterland vergessen. Wehe uns, wenn die Sitte, der Hände Arbeit, die ländliche Einfalt, den Handwerksmann und den Bauer zu verachten, der sich selbst achtet; wenn diese fremde Sitte in unsern Alpenthälern herrschend würde!

Bei Schuls und andern Ortschaften des Unterengadins wird die Wässerung der Wiesen mit vieler Sorgfalt und Industrie besorgt. Es wird hier das zu diesem Zweck taugliche Wasser wohl drei Stunden weit hergeleitet, und über die Wiesen geführt; jedes Gut hat dann bei Tag oder bei Nacht seine bestimmten Stunden oder Viertelstunden, während welchen der Besitzer die Gewässer benutzt. Es werden oft in den

Sommermonaten Nachtwächter gesetzt, um die Wässerordnung (Rotanka) aufrecht zu halten, und es sind Geldstrafen gegen die Uebertreter festgesetzt. Bis den 25. April ist auf allen Wiesen Gemeinweide der Ziegen, doch ist von der Weide hier alles Getreideland ausgenommen, und jeder Landmann ist berechtigt, so viel Wiesenland aufzubrechen und mit Getreide anzusäen, als er zu düngen vermag. Jeder Landmann von Schuls hält Ziegen so viel er will, aber aus den Waldungen sind diese Thiere durch Gemeinbeschluß verbannt worden. Im Sommer werden sie mit Tagesanbruch auf die Gemeinalpen getrieben, und jeden Abend wieder zurück nach dem Dorfe geführt. Im Winter weiden sie überall frei herum, und nähren sich zum Theil von Baumzweigen, die aus dem Schnee hervorragen, zum Theil von Wildheu, das ihnen in den Stallungen des Dorfes gereicht wird. Ein Gemeinbeschluß, der die Verminderung dieser Thiere bezweckte, legte jedem Landmann für jede zur Weide getriebene Ziege eine Auflage von vier Batzen auf; die Klagen der Armen wurden aber so dringend, daß die Verordnung ohne Vollziehung blieb.

Ueber Schuls löst sich von dem Berge Motta Nalluns*) jährlich im Frühjahr eine Schneelawine los, die dem Dorfe gefährlich werden könnte, hätten nicht die Bewohner sinnreich sich davor zu schützen gewußt. Es sind nämlich am Fuße der Bergwand, wo sie hinstürzt, tiefe und weite Gruben ausgegraben worden, die niederfallende Schneemasse preßt in diesen Gruben sich zusammen, und gewinnt dadurch einen Halt, der sie am Gleiten über die unten anstoßenden Halden hindert. Ueberall dürfte indessen dieses Mittel gegen das Losglciten der Schneelawinen nicht versucht werden, da leicht statt der Schneelawinen Erdlawinen durch solche Gruben entstehen könnten.

*) Nalluns ist der Name, Motta ist die romanische Benennung eines kleinen Berges.

Von Schuls hinweg über die Innbrücke und auf dem Wege gegen die Veste Tarasp sind überall Schuttkegel von Kalkfelstrümmern sichtbar, auf denen doch Lärchtannen recht gut gedeihen. Der hohe gewaltige Bau des Schlosses lockte uns, dasselbe zu besichtigen, und von der Höhe seiner Zinnen die Aussicht auf das Thal und auf die aus der Ferne glänzenden Ketten des Piz Pizoc im Süden und des Piz Linard im Norden zu genießen. Noch stehen Thürme und Mauern der Veste, und noch schirmen die Dächer das Gebäude vor der Witterung; doch deutet alles auf Verlassenheit und Verfall. Die Thüren im Innern des Gebäudes sind meistens zerschlagen, die Angel ausgerissen, alles Metall geraubt, sogar die Ofen niedergeworfen und die Fenster zersplitrert oder fortgetragen. Umsonst suchten wir nach bemalten Scheiben, Schnitzwerk, Gemälden oder geschichtlichen Denkmälern. Die tiefe Zisterne drohte den Einsturz, und sogar in der Kapelle, in der Nähe des gut katholischen Dorfes am Fuße des Schloßberges, herrschte Staub und Moder mit allen Zeichen der Gebrechlichkeit rings um die vergessenen Bilder der Heiligen. Im Innern der fürstlichen Burg *) tragen alle Zimmer noch den Ausdruck hoher Einfachheit; so einfach wohnte der hohe Adel im Alpengebirg in der Zeit seiner Kraft vor drei Jahrhunderten.

Die Säle und die mehrsten Zimmer der Veste Tarasp sind mit Arvenholz vertäfelt, das vor Jahrhunderten wie jetzt im Engadin den Reichen, wie anderswo die indischen Hölzer, zur Ausschmückung der Wohnungen diente. Der eigenthümliche angenehme Geruch des Arvenholzes duftet noch immer aus. Was mag denn das für ein Körper seyn, der aus dem Arvenholz Jahrhunderte lang ausdünstet, ohne daß dieses Holz durch den Verlust des duftenden Körpers von seinem Gewicht verliert?

*) Sie gehörte bis zum Frieden von Lüneville dem Fürsten von Dietrichstein.

Tarasp, so wie die alte Veste Räzüns in der Oeffnung des Domleschgerthals, gehörten bis vor nicht langer Zeit Oesterreich, gleichsam wie Pfähle im Fleisch von Bünden; und doch behaupten wir, nicht solche Pfähle und nicht solche Westen haben jemals die Unabhängigkeit der Republik am meisten gefährdet. Die Bündner wie die Schweizer hätten in der Zeit, als Tarasp, Räzüns und Hüningen zu fürchten war, diese Bollwerke immer leichter bezwungen, als jene Macht, die mitten im Frieden Staaten zu bezwingen versteht, und zu Gründung ihrer Herrschaft keiner Schlösser bedarf. Bundesstaaten haben dieser Macht von jeher nicht zu widerstehen gewußt.

Das Dorf Tarasp ist das einzige der Römischen Religion zugethane im Engadin; es sieht elend, nachläßig und schmutzig aus. Da die Einwohner nicht so, wie die reformierten Engadiner, auswandern, so ist die Bevölkerung da stärker, als wohl in keinem andern Engadinischen Dorfe: dennoch werden hier auf achtzig Häuser nur etwas über 300 Einwohner gerechnet, etwa 4 Menschen mithin auf jede Wohnung, während in den Dörfern im Bernerschen Hochgebirg, wenigstens 6 Bewohner auf jedes Haus eines Landmanns gerechnet werden können. Im Dorfe Tarasp sahen wir den einfachsten und rohsten Pflug, der uns noch jemal zu Gesicht gekommen: eine Wage zum Einspannen der Ochsen, eine Deichsel, an dieser ein hölzerner Hacke mit eisernem, gespitztem Ende, daran die Handhabe; aber kein Streichbrett, kein Pflugmesser, keine Vorrichtung, um den Winkel des Hackens zum Tief- oder Strichpflügen zu verändern, und keine Räder, um Regelmäßigkeit in die Bewegungen der Maschine zu bringen: so mag der Pflug zur Zeit der alten Rhätier gebildet gewesen seyn.

6.

Weg von Tarasp nach Sant Moritz.

Weg von Tarasp nach dem Thale Sant Karlos. Benutzung der Lärchtannenblätter zur Düngung der Aecker. Langsame Gährung des Düngers in hohen Thälern. Thal von Scarla. Baumvegetation. Dörfchen. Bergwerk. Landwirthschaft. Wässerungen. Gipfel der Berge. Baumvegetation. Ertrag der Alpen. Romanische Bücher. Cernetz. Zutz. Landwirthschaft. Pachtpreise der Alpen. Waldverwüstungen. Campobasso. An. Samaden. Landbau. Hohe Taglöhne. Benutzung der Arvennüßchen. Gletscherweide auf Roccosecco. Die Schafalpen der Bergamasker. Verwilderung der Schafe. Celerina. Die Heilquellen von Sant Moritz.

Wir verließen das alte Schloß und das Dorf mit wenig erfreulichen Eindrücken. Vor vier Jahrhunderten hätten die Ruinen eines Oesterreichischen Kastells, das auf Schweizerboden zerfällt, ganz andere Empfindungen hervorgerufen; nun sind Zeiten gekommen, wo das Heil der Schweiz nicht mehr aus zerstörten Schlössern hervorgehen kann. Eine Armenschule in Tarasp, eine Erziehungsanstalt, eine Wolltuchfabrike, die sich auf veredelte Bündische Schafzucht stützte, würden dieser Republik mehr nützen und frommen, als nie die Vesten äußerer Feinde ihr geschadet haben. Solche große und feste Gebäude, die unbenutzt zerfallen, deuten auf Mängel im Leben des Staates, deren wir noch lange gedachten, da wir den Weg nach dem Seitenthal von Scharl *) einschlugen,

*) Sant Karlos.

gen, das gegen Münsterthal an die Tyrolische Grenze südlich vom Inn sich hinaufzieht.

Wir ritten eine steile, aber dennoch zur Noth fahrbare Straße über lauter Schutt des Kalkgebirgs hinan, auf dem die schönsten Lärchtannenwälder stehen. Zufällig brachten wir hier in Erfahrung, wie wichtig die Lärchtannen durch ihre Belaubung für den Getreidebau im Innthal werden. Unter den alten Lärchtannen wird nämlich alle vier Jahre alles abgefallene Laub dieser Bäume mit der Dammerde, die sich auf der Oberfläche des Bodens unter denselben gebildet hat, in Haufen gescharret, und dann zur Streue für das Vieh, und zur Düngung der Aecker nach dem Thale gebracht. Es wurde uns versichert, daß die abgefallenen Nadeln der Lärchtannen an und für sich so viele düngende Kraft hätten, daß dadurch der animalische Dünger erspart werden könne. In den Lärchtannenwaldungen, in welchen diese Nutzung des abfallenden Laubes Statt findet, zeigt sich kein nachtheiliger Einfluß derselben auf das Wachsthum der ältern Bäume; gewiß aber, wenn sie ohne forstwirthschaftliche Leitung Platz findet, muß das Aufgehen des Baumsamens, und das Gedeihen der jungen Holzpflanzen dadurch verhindert, und nach und nach müssen die Lärchtannenwälder lichter werden. Aber Wälder, regelmäßig behandelt, und nach den Altersabständen in Schläge eingetheilt, würden nicht bloß den reichern Holzertrag, sondern auch den Vortheil gewähren, ohne bedeutenden Nachtheil für den Holzwuchs, der Landwirthschaft durch mäßige Benutzung des abfallenden Laubes wesentlich zu dienen. Das Samenkorn, das keimt und aufgeht, und die junge Holzpflanze während dem ersten Jahre ihrer Entwicklung, bedarf dieses Laubes, und der, auf der Oberfläche des Bodens durch dessen Fäulniß entstehenden Dammerde. Die mittelwüchsigen und die haubaren Oerter bis zur Zeit des Samenschlages bedürfen dieses Düngers nicht in diesem Maaße, und wenn auch nur diese ältern Waldbestände in zehn Abtheilungen getheilt, und jedes Jahr nicht mehr, als eine dieser Abtheilungen in den ältesten Beständen auf Streue und Dünger benutzt würde: so müßte eine solche Nutzung einem Thale besonders wichtig werden, das aus Mangel an Dünger seine Wiesen und Berghalden nicht gehörig anbauen kann, und wegen Heumangel seine schönsten Alpen den Italienischen Hirten um die niedrigsten Preise überlassen muß, ohne sie selbst mit eignem Vieh benutzen zu können.

Ueber die Wirksamkeit der Nadeln von Rothtannen und Lärchtannen sind noch andre Erfahrungen gemacht worden, die jene im Engadin, und noch in andern Bündischen Thälern gemachte, bekräftigen. Wenn die zarten Zweige der Rothtannen mit den daran hängenden Nadeln dem Vieh als Streue gegeben, und dann mit dem Dünger vermengt werden, so begünstigt diese Mischung, im Kartoffelbau unter die Erde gebracht, die Vegetation und Ertragbarkeit dieses Knollengewächses sehr. Bekanntlich zeigen die Arven *) nach ihrem Aufgehen aus dem Samen einen so langsamen Wuchs, daß sechsjährige Stämmchen dieser Holzart gewöhnlich nicht mehr als eine Spanne Höhe erreichen; wird aber der Arvensame in eine Mischung von Erde mit abgefallnen Rothtannennadeln gebracht, so wachsen die in diesem Kompost aufgegangnen jungen Arven fast doppelt schneller, und wenn diese Nadeln oder abgefallne Blätter der Lärchtannen rings um Arvenstämmchen gelegt werden, so wird der Wachsthum von diesen bedeutend beschleunigt **). Auch die Nadeln der Kiefer zeigen, wenn sie vermischt mit Dünger unter den Boden gebracht werden, viele düngende Kraft. Aus diesen Beobachtungen

*) Pinus cembra.

**) Der Verfasser dankt diese Bemerkung seinem verehrten Lehrer, dem Herrn Oberforstmeister Gruber in Bern, der in den dortigen Stadtwaldungen die merkwürdigsten und lehrreichsten Versuche über die Kultur fremder und einheimischer Holzarten gemacht hat.

läßt sich der Schluß ziehen, daß der Kohlenstoff, der in den harzigen Substanzen der Nadelholzarten in Menge vorhanden ist, sich in der Erde aus den untergebrachten Blättern entbinde, und die Fruchtbarkeit vermehre. Bei allen solchen Düngungsarten mit vegetabilischen Substanzen, die zur Verbesserung der Landwirthschaft in hochliegenden Thälern angewandt werden dürften, ist nicht zu übersehen, daß je höher die Thalgründe oder die Berghänge über dem Meeresspiegel liegen, desto langsamer die Fäulniß und Zersetzung der Pflanzenkörper vor sich gehen muß, und daß daher Kompostdünger in hoch liegenden Gegenden nicht so wirksam, als in tiefern seyn könne. Doch wo Holz und Kalksteine genugsam in hohen Alpenthälern vorhanden wären, da könnte durch Beimischung von gebranntem Kalk oder von Asche diese Zersetzung vegetabilischer Dungsubstanzen beschleunigt, und ihre Wirksamkeit in der Wiesen- und Getreidekultur erhöht werden. Der Gebrauch mineralischer Fermente scheint aber im Engadin bei der Düngung der Wiesen und Aecker, so wie die Anwendung der Komposte unbekannt zu seyn *).

An den nördlichen, gegen die Sonne gewandten, Berghängen des Innthals sind viele Waldungen ausgerottet worden, um mehr Weide- und Heuland zu gewinnen; wer wollte das den Gemeinden verdenken, die unter dem Mangel des Winterfutters für ihren Viehstand so empfindlich leiden? Aber wenn zugleich von den Höhen an dem Scarlastrom die verwüsteten Waldungen längs den steilen Ufern des Inns in die Augen fallen, so gewinnt der Beobachter auch hier die Ueberzeugung des Vortheils vernünftiger Waldausrottungen, und

*) Nach gemachten Erfahrungen soll eine kleine Beimischung von Eisenvitriol die Gährung der Gülle sehr beschleunigen; für Berggegenden wäre es von großer Wichtigkeit, wohlfeile und sichere Beschleunigungsmittel der faulichten Gährung zu entdecken.

zugleich der grossen Nachtheile vernachläßigter Forstpflege auf solchem Terrain, auf dem ausser der Holzproduktion keine andre Produktion Statt finden kann. Nicht die Waldausrottungen sind unbedingt ein Uebel — oft sind sie grosser Vortheil — aber daß Wälder nicht angezogen, nicht gepflegt, nicht wirthschaftlich behandelt werden, wo Wälder stehen sollen: das ist in der Schweiz und in noch andern Ländern der große Nachtheil für den Nationalwohlstand.

Sobald von Tarasp her über die Abhänge des Innthals die Schlucht des Scarlathals erreicht ist, öffnet sich eine fürchterliche Wildniß, die so lange anhält, als die südliche Richtung des Thales; sobald sich dieses östlich wendet, werden die Hänge weniger steil, und weniger felsicht, und durch den Thalgrund, der sich gegen das Dörfchen Scarla verflächet, fließt der Strom so wenig reissend, daß seine Gewässer zu Wässerungen der anliegenden Wiesen über diese geleitet werden konnten. Tiefer im Thale, in der Mündung gegen Schuls hin, sind die nordwestlich fallenden Berghänge mit gut wachsenden Lärchtannen, Kiefern und Rothtannen besetzt, die auf einmal scharf gesöndert mit Bezirken abwechseln, die ganz mit Bergkiefern (Legfohren) überwachsen sind, ohne daß sich in Lauinenzügen, oder in ändernder Beschaffenheit des Bodens eine Erklärung des so plötzlich wechselnden Holzbestandes finden ließe.

Schon vor zwei Jahrhunderten ist in Scarla ein Bergwerk auf Silber und Blei benutzt, und damals sind wohl die mehrsten Waldungen niedergehauen worden. Am Fuße der Berghänge finden sich noch viele Kohlstätten von jener Zeit her, und unweit diesen Kohlstätten große Bezirke elender Bergkiefern. Zu jener Zeit also sind wohl diese Berghänge nicht mit Bergkiefern besetzt gewesen, weil Kohlmeiler wohl immer in der Nähe der Waldbestände, und nicht in der Nähe des geringen Buschwerks angelegt werden, und es haben folglich die Legfohrenbezirke hier sich erst seit dem Hieb der alten Wälder gebildet. Auf der Sonnseite über dem Dörfchen sind ausgedehnte Legfohrenbezirke, zwischen denen gut wachsende, aufrechte Lärchtannen und Weißellern stehen. So hoch, wie hier, steigt im westlichen Alpengebirg die Weißerle nicht an dürren Berghängen in die Nadelholzwälder, und sie hält sich dort meistens an den Ufern der Alpenströme. Hier, in Scarla, fanden wir unerwartet schön wachsende Lärchtannen auf kleinen Inseln von Kalksteingeschiebe mitten im Scarlastrom. Schöne Kiefern werden auf den Berghöhen im Hauptthale des Inns bei Schuls viele, selten hingegen Legfohrenbezirke angetroffen; in Scarla finden sich große Legföhrenbezirke, und in denselben keine einzelne schöne Kiefern, so daß hier der Schluß angenommen werden dürfte, daß die durch Abholzung der alten Wälder veränderte Natur des rauhen Scarlathals auf die Bildung der Legfohrenbezirke, oder gar auf die Entartung dieses Holzgewächses eingewirkt habe.

Eine Barometerbeobachtung gab für die Höhe des Dörfchens Scarla nahe bei 5580 Fuß *). In so beträchtlicher Höhe hier ziemlich ausgedehnten Getreidebau zu finden, hatten wir nicht erwartet; doch gedeiht hier nur die Sommergerste, und nicht selten wird die Hoffnung der Aerndte durch Fröste zu Ende Augusts und Anfangs Herbstmonats vereitelt. Im untern Engadin, und auch hier bisweilen, werden die Aecker, wenn Fröste zu befürchten sind, durch Räucherungen davor geschützt. Gedeihen die Aerndten, so trägt die Gerste vier- bis sechsfältig die Aussaat. Die Aecker sind alle auf der Sonnseite des Thälchens auf terrassenförmigen Flächen unter den Waldsäumen angelegt; immer dienen die nämlichen kleinen Felder ohne abwechselnde andere Kulturen zum Ger-

*) Den 31. August des Morgens um 7 Uhr hielt sich das Barometer hier auf 22. 8. 5., das Thermometer auf 8°. In Bern stand den nämlichen Tag des Morgens um 8 Uhr das Barometer auf 26. 5. 7., das Thermometer auf 13°. R.

stenbau, und immer werden sie durch Blätter der Nadelhölzer und Dammerde gedüngt, die aus den Waldungen in's Thal gebracht wird. Die Wiesen düngen sie zum Theil mit Dünger, der auf den Gemeinalpen geholt, und nach dem Dörfchen geschleift wird. Der Rest, der in den Alpenhütten bleibt, wird eben so durch hingeleitete Bäche fortgeschwemmt, wie wir es von den Alpen von Klosters bemerkt haben.

Noch sind überall auf den Wiesen längs der Scarla Gräben und Leitungen sichtbar, die in alten Zeiten zu Wässerungen durch die Gewässer des Stromes dienten. Nun ist ein großer Theil der hiesigen Wiesen Eigenthum der Schulser geworden; sie behandeln das Wiesenland wie Maisassen, finden sich nur zur Heuärndte und zum Verfüttern oder Fortschaffen des Heues ein, und die Wässerungsanstalten werden jetzt ganz vernachläßigt und aufgegeben.

Wir verwandten den Vormittag noch zur Besteigung der Berghöhe, die nördlich von Scarla liegt, wo vor fast zwei Jahrhunderten ein Stollen zur Ausbeutung von Silbererzen war getrieben worden. Der Weg führt 1½ Stunden lang längs dem Berghang ziemlich steil bis zu diesem sogenannten Madulein-Stollen, meistens durch Waldbestände, die in forstwirthschaftlicher Hinsicht uns sehr merkwürdig schienen. Es sind nämlich diese Waldungen bei dem ehemaligen Betrieb des Bergwerks kahl abgetrieben worden, und nun ist der Boden größtentheils mit entarteten Kiefern bewachsen, die aufrecht in die Höhe gehen, aber in einem Zeitraum von mehr als einem Jahrhundert keinen stärkern Durchmesser, als 4 — 6 Zoll mit verhältnißmäßiger geringer Höhe erreicht haben, und in ihrem äußern Ansehen, den geraden Wuchs abgerechnet, mit der sogenannten Legfohre in Uebereinstimmung stehen. Zwischen diesen elenden Kiefern stehen etwas besser wachsende Lärchtannen, und häufig Lärch- und Kiefernstöcke in dem Boden, die von dem alten Walde herrühren, der für das Bergwerk abgeholzt worden. Diese Stöcke sind 1 — 2 Fuß im Durchmesser stark, und beweisen also, daß vor dem kahlen Hieb des alten Waldes die Vegetation der Bäume ungleich günstiger war, als sie nun nach diesem Schlage ist. Der Boden, auf dem der so schlechte Wald steht, ist so mager, daß ausser dürftigen Ericasträuchern beinahe nichts in demselben gedeiht; nur die rundblätterige Ononis *) fanden wir hier unter dem Schutze der entarteten Bäume einen Fuß hoch mit saftigen, üppigen Blättern in dem dürren Kalkgestein, in einer Höhe von mehr als 6000 Fuß über dem Meere. Nirgendwo fällt so, wie in diesen Wäldern von Scarla, die verderbliche Folge kahler Schläge auf hohen Gebirgen in die Augen. Der gegenwärtigen Bevölkerung von Scarlathal haben sie den Holzertrag von mehr als einem Jahrhundert geraubt, und noch in kommenden Jahrhunderten wird der verwilderte Boden nicht die vorige Fruchtbarkeit erlangen. Wiederholte kahle Schläge würden die Berghänge ganz in Wüsteneien verwandeln, und fortan keine Hoffnung mehr seyn, hier junge Holzpflanzen zu erziehen. Bei künftigen Holzschlägen für den wieder begonnenen Bergbau müßte daher der vorfindliche Baumwuchs sorgfältig geschont, nur schmale Streifen bergab, mit Unterbrechung von Querstreifen, geschlagen, jeder abgeholzte Streifen sogleich wieder mit Weißellern-, Birken- und Lärchtannensamen angesäet, und erst, wenn diese Saaten ein Alter von 10 — 20 Jahren erreicht hätten, das anstoßende, stehende Holz ebenfalls benutzt werden. Die Schläge selbst müßten nicht kahl, selbst nicht auf den schmalen Streifen, geführt, sondern immer noch Lärchtannen, oder auch, wo diese fehlen, von den entarteten Kiefern stehen gelassen werden, nicht in der Hoffnung, die natürliche Besamung durch dieses Verschonen hinreichend zu befördern, sondern bloß darum, um den jungen Holzpflanzen nach dem Hieb des alten Holzes Schutz gegen die Sonnenhitze, gegen

*) Ononis rotundifolia.

Fröste und Windzüge zu geben, die den Boden unfruchtbar machen.

Unter solchen Betrachtungen erreichten wir die Erz-Schutthalden des alten Silberwerks, und den Eingang zu dem sogenannten Madulein-Stollen. Hier, auf einer Höhe von mehr als 6500 Fuß über dem Meere *), fanden wir zu unserm Erstaunen in Bezirken, wo die Schläge für das alte Bergwerk nicht waren geführt worden, eine kräftige Baumvegetation. Rings herum erblickten wir noch in den wilden Regionen die Berghöhen mit Wald bekränzt, und wohl 500 Fuß höher, als unser Standpunkt, einzelne Arven aufrecht unter kriechenden Bergkiefern, und kräftig in der traurigen Wüstenei, die sich in die leblose Oede verliert.

Südlich und östlich von Scarla sind die Berghänge noch weit hinauf mit Wäldern bekleidet, deren Hauptbestand Arven ausmachen. Ein großer Arvenwald an der Halde, gegenüber dem Dörfchen, ist für den Holzhau seit langer Zeit in Bann gelegt, in der Hoffnung, daß durch denselben die Häuser vor den Schneelawinen gesichert bleiben. Der Wald ist dünn, die alten Arven sind gut gewachsen, ohne Spuren der so rauhen Lage; zwischen den alten Stämmen finden sich aber keine jungen Arven, aus dem Grunde ohne Zweifel, weil er der Weide nicht verschlossen, weil unter und zwischen den dicht belaubten Stämmen der Boden zu sehr beschattet ist, und weil die Zäpfen vor dem Abfall immer gebrochen werden, um den Einwohnern zur Speise, oder vielmehr zum Naschwerk und Zeitvertreib während der langen Winter zu dienen. Pallas bezeugt, daß auf den Russischen Gebirgen, wo große Arvenwaldungen vorkommen, ganze Gemeinden zur Arvensamen-

*) Das Barometer fiel hier den 31. August um halb 1 Uhr auf 22 Zoll und 1 Punkt, das Thermometer auf 10° R. In Bern war zu gleicher Zeit das Barometer auf 26. 5. 3., das Thermometer auf 13°.

Aerndte in die Wälder ziehen, und daß das Oehl, welches sie aus diesen Samen pressen, allgemein, wie in Italien das Olivenöhl, zur Bereitung der Speisen diene, und den Ankauf jedes andern Oehls den Landleuten erspare. Da dieses Oehl in die Klasse der nicht siccativen Oehle gehört, so würde dasselbe für die Seifenfabrikation so dienlich, als das Olivenöhl werden; aber in Bünden so wenig, als in der übrigen Schweiz, wo die Arve zu Hause ist, wird Oehl aus den Arvensamen gewonnen, sondern überall diese Frucht als Naschwerk angesehen, und nie in den Waldungen zur Erhaltung oder Anzucht von Arvenwäldern ausgesäet.

Im Dörfchen und im Thale von Scarla war ungewohnte Thätigkeit, da eben bei 50 Arbeiter und Bergmänner Wohnungen und Schmelzwerke aufführten, um den Bau des verlassenen, ehemals nachläßig und ohne hinreichende bergmännische Kenntnisse betriebnen Silber- und Bleiwerks wieder in Gang zu bringen. Wie wohlthuend ist ein solches Bild der Betriebsamkeit in einem Thale, das an der Lebensgränze, während drei Viertheilen des Jahres unter der Frost- oder Schneedecke des Winters liegt, das so gar nichts zu erzeugen und zu bieten scheint, was zu den Annehmlichkeiten des geselligen Lebens dient; wie wohlthuend ist es, in diesem Thale die Ueberzeugung zu gewinnen, daß es dennoch genügsame Menschen nicht nur zu ernähren und zu kleiden, sondern dem Fleißigen und Betriebsamen auch d e n Wohlstand zu bieten vermag, der dem Bürger bei vaterländisch einfachen Sitten die Unabhängigkeit, dem Menschen Mittel des Wohlthuns und der Veredlung seiner selbst und der Seinigen durch Geistesbildung sichert. Möge dem biedern Freund seines Vaterlandes *), der in dieser Wildniß mit seiner liebenswürdigen Familie sich angesiedelt hat, um das nützliche Unternehmen zu begründen, ein segensreicher Erfolg zu Theil werden!

*) Landammann Hitz von Klosters.

Auch Scarla ist reich an Alpen, ohne dieselben alle mit eigenem Vieh benutzen zu können. Die Gemeinde hat eine dieser Alpen, Tablazot, an Tyroler verpachtet, die auf derselben während drei Monaten 40 Kühe, bei 50 Stück Galtkühen, und 250 bis 300 Schafe weiden lassen, und für diese Nutzung nicht mehr als 102 Reichsgulden Jahrespacht bezahlen; im Falle aber die Gemeinde jene Anzahl Schafe selbst auf Tablazot treiben will, so bezahlen die Tyroler für die Weide des Rindviehs nur 70 Gulden. Es wird hier gerechnet, daß auf diesen Alpen von einer Kuh 60 Mark *) magerer Käse, und 40 — 45 Mark Butter während der Alpfahrt gewonnen werden können. Fünf und vierzig Mark Butter würden bei 39 Bernpfunde betragen. Werden 20 Pfunde Milch auf 1 Pfund Butter gerechnet, so findet sich der Ertrag einer Kuh während 90 Tagen der Alpfahrt nur zu 780 Pfund Milch, oder auf jeden Tag 8⅔ Pfund: ein Ertrag, der in Vergleichung des Ertrags der Kühe auf Berneralpen gering ist, und wohl nur in der schlechten Fütterung der Kühe während des langen Winters, in der größern Erhöhung der Scarlaalpen, und in dem Mangel an Schutzgebäuden für die Kühe während schlechter und kalter Witterung seine Erklärung findet. Der geringe Werth der Alpenweide auf hiesigen Gebirgen ergiebt sich aus folgendem Verkommniß, das uns während des kurzen Aufenthalts in hiesigem Thale bekannt geworden. Einer der hiesigen Landleute, ein begüterter Mann, der in Scarla vieles Land besitzt, hat sich das Recht erkauft, so viele Kühe, als er im Thale zu wintern vermag (gegenwärtig wenigstens vier Kühe), auf Sesavennaalp zu sömmern, und für dieses unbestimmte Recht nur 4 Louisd'ors bezahlt.

*) Die Mark zu 16 Unzen, oder 9235⅕ Holländische Aß. Das Bernpfund hat 10,825 Aß.

Ehe wir Scarla verließen, hatten wir noch das Vergnügen, im einfachen Hause unsers Wirthes von einer Büchersammlung Kenntniß zu nehmen, die meistens aus Romanischen Druckschriften bestand, und darum um so mehr unsere Aufmerksamkeit auf sich zog. Wir hatten in der Wohnstube die Geschichte des Hauses Tudor auf dem Throne von England, und ein Lehrbuch der neuesten Geographie in deutscher Sprache, nebst einigen, in Romanischer Sprache geschriebenen, theologischen Schriften gefunden; als der Wirth sich erbot, uns einen ganzen Korb voll Bücher aus dem Estrich herunterzuholen. Die Zeit vergönnte nicht, alle Titel dieser Bücher aufzuschreiben; wir bemerkten nur die folgenden, und thaten um so lieber Verzicht, von den übrigen Einsicht zu nehmen, da der Gelehrte von Scarla uns versicherte, daß der ganze Korb mit theologischen Kampfbüchern, alle in Romanischer Sprache geschrieben, erfüllt sey, denen wohl nur die Seltenheit einigen Werth geben könnte.

Chronica Rhetica,

oder

L'historia dal origine, guerras, Alleanzas et auters evenimaints da nossa chiara Patria, la Rhetia, our da divers Authurs componeda da Nott da Porta V. D. M. et per bain Public a cuost seis fatta stampar da N. Schucan. In Scuol Anno 1742.

Zardin da L'orma fidela. Gesangbuch.

Philomela, quai ais, lauzuns spiritualas sun divers temps et occasiuns. Stampa a Coira 1797.

Testimoniaunza dall' amur stupendo da Gesu Christo vers pechiaduors umauns, in verso missa da Giovani Frizzoni. Stampa in Cellerina 1739.

Il nouf Testamaint da nos Segnor Gesu Christo, tradut in rumansch d'Engadina bassa. Stampa in Basel 1812.

La religion reformaeda declaraeda in seis artichels

principaels in un compendio da theologia pratica da Jacob. de Chiasper. Coira 1807.

La Pratica da Pieta chi intraguida il christian co ch'el possa s'instruir in la tema da Dieu. 1771.

Cient et quater historias sacras. 1770.

rc. rc. rc. rc.

Ein flüchtiger Blick in die übrigen Bücher, die den Tragkorb unsers Wirthes erfüllten, überzeugte uns, daß theologische Kämpfe reformierter Geistlicher in der ersten Hälfte des vorigen Jahrhunderts die Bündischen Buchdruckerpressen fast ausschließlich beschäftigt haben. Wie nun in unserer Zeit, nach den langen Kämpfen für die Freiheit der Völker, so war damals auch in Bünden, nach den Religions- und Unabhängigkeitskämpfen gegen Oesterreich, eine Epoche der Erschöpfung und Erschlaffung eingetreten, die den kläglichen Familienumtrieben bei Besetzung der Aemter in den Italienischen Unterthanenlanden, zum Unglück Bündens einen desto größern und freiern Spielraum ließ: Umtrieben, die bei den Vornehmen, d. h. bei den Gebildetern des Volkes allen wissenschaftlichen Forschungsgeist lähmen mußten. Es ist nicht bekannt, daß bis zum Jahre 1779 (wo eine ökonomische Zeitschrift in deutscher Sprache für Bünden erschien, und auch in dieser Republik wissenschaftliches Streben lebendig wurde), in Bünden seit den Friedensschlüssen mit Oesterreich eine Schrift von historischem, ökonomischem oder naturhistorischem Interesse erschienen wäre, und ausser den ältern Chroniken, die in's Romanische übersetzt wurden, hat der Romanische Bündner besonders nur geistlose theologische Schriften oder Gebet- und Gesangbücher, nur seit 1812 glücklicherweise die Bibel, zu seiner Bildung benutzen können, da in dieser Sprache sonst keine Bücher erschienen sind. Wie sehr wäre zu wünschen, daß der neue Sammler für Bünden, daß Zschokke's Goldmacherdorf und dessen Schweizergeschichte in's Romanische übersetzt würden! Im Engadin insonderheit würden diese Volksbücher wohlthätig wirken können, da hier keine Römischen Künste den menschlichen Forschungsgeist zu tödten versuchen.

Aus dem Titel von Porta's Rhätischer Chronik erhellet, daß dieses zum gemeinen Besten geschriebene Buch auf des Verfassers Kosten gedruckt werden mußte. Eine vaterländische Chronik hat also bei den Romanischen Bündern im Jahre 1742 weniger Käufer gefunden, als die vielen theologischen Zankschriften. Wie sonderbar und wie betrübend, daß diese Richtung des menschlichen Geistes nach bald hundert Jahren sich wiederholen will. Die Gier nach geistlicher (nicht geistiger) Speise muß im Alpengebirg vor hundert Jahren groß gewesen seyn, da diese Gier in einem über 5000 Fuß hoch liegenden Dorfe (in Celerina) eine Buchdruckerpresse beschäftigte.

Da die Romanische Sprache, die kaum mehr sehr lange zu den lebenden Sprachen gehören wird, dem Sprach- und Alterthumsforscher vieles Interesse darbieten muß, und erst seit Kurzem durch ein Wörterbuch bekannter worden ist; so fügen wir hier die Uebersetzung des 25. und 49. Psalmes bei.

Ps. 25.

1. Mia orma auz eug protai, o Segner.

2. Meis Deis in tai m'fid eug, nu'm laschar gnir à tuorp: per chia brichia meis inimis s'alleigran, et si glien per mia causa.

3. Perchie, cert, ingün da quels, chi guarden gniand tai, vegnian gniand in tuorp: mo à tuorp vegnen bain à gnir quels, chi faussamaing, fan sainza causa.

4. Fa'm à savair tias vias, Segner! muossa'm tias Semdas.

5. Maina'm in tia varda; è muossa'm; perchie tü est Deis, meis Spendrader: tuottadi guard eug sün tai.

6. T'regorda da tias misericordias, Segner, et da tias bontads: perchie da principi innan sun ellas stattas.

7. Dals puchiats da mia Juventü, et da meis sürpassamaints nun t'regordar: dimperse suainter tia Chiarineza, è bontà t'regorda d'mai, permur da tia bontà, Segner.

8. Bun ais il Segner et real; è trass quai schi intraguid'el quels, chi van our d'Strada.

9. El maina ils bandus con jüstia; è quels, chi sun travagliats, muossa el sia via.

10. Tuott las vias dal Segner sun bontà, è vardà à quels, chi salven seis pact è sia testimonianza.

11. Permur da teis nom, o Segner! vainst à'm far grazia da meis puchia, perchie el ais grand.

12. Chi ais quel hom chi temma il Segner? El vain al mussar la via, ch'el dess tour avant el.

13. L'orma da quel vain à dmurar in il boen: è per hierta vain seis Semm à possedair la terra.

14. Il secret dal Segner ais pro quels chi'l temman; è sia Lia als fà el appalais.

15. Meis œls stan saimper tais sün il Segner, perchie el hà slargià meis peis our da la rait.

16. Guarda sün mai et t'lasscha gnir misericordia da mai perchie eug sun afflict et bandunà.

17. Dalventsch s'han slargiadias oura las anguoschas da meis Cour: maina'm our da meis Contuorbels.

18. Guarda sün mia Afflictiun, è sün mia dolur; è perduna à mai tuotts meis puchiats.

19. Guarda meis Inimis, chi sun gnüts blers. Els à'm vœglian mal con tüert et forza.

20. Cussalva mia orma, è delibra'm; per chia eug non vegnia in verguognia, perchi eug cuor pro tai per defensiun.

21. La sincerità è la radschun è dret à'm perchüren, perchie eug spet sün tai.

22. Spendra o Segner! Israel da tuottas sias tribulaziuns.

Ps. 49.

1. Un Psalm, al Præsura dals Chiantaduors, dals filgs da Core.

2. Tadlà quaist tuotts poevels: piglià que in vossas Uraglias, tuotts chi habitaivet in il muond.

3. Schi eir vus filgs de la plebe: usche eir ils filgs dals noebels, il rich et il pouver.

4. Nia bocca vain à tschantschar da blera sort d'Sabgienscha; et ils impissamaints da meis Cour vegnian ad esser da grand intellet.

5. Eug voelg inclinar mia uraglia davo Sentenzias: Eug voelg avrir oura meis Secret, eir con la Citra.

6. Perchie m'dess eug tmair, in ils dits mals, cur il Castiamaint da meis deportamaint m'incresa intuorn?

7. Quels chi s'laschen sün lur raba, è s'lauden del Abondanzia da lur richiezza.

8. Ingün da quels non pô spendrar seis frar zuond brichia; ne pô dar à Deis ünqual pajamaint per sia spendranza.

9. Perchie la spendranza da l'orma ais preziusa fich, et düra in perpetuo.

10. Schabain ch'el viva plü loeng, è non veza la sepultüra.

11. Certamaing schi s'vezi chi mouren tuotts; tant ils sabis co'ls nars: chia quels chi han pack. Senn eir mouren et laschen lur raba ad auters.

12. Lur impissamaintais: chia lur chiasas vegnen à star in pèc in æternum, è lur habitaziuns da Slatta in Slatta, perchi vegnen nomnadas davô lur noms sur terra.

13. Mo quel Crastian non vain ad havair dürada, in sia gloria; dimpersse el vain ingual sco las bestias, chi van à perder.

14. Quaista lur via als ais üna nardà: Impero lur posterità s'lascha quai plaschair, et cun lur bocca laudenque. Sela.

15. Els vegnen miss gio in la Sepultüra, tant co bescha. La mort ils maglia via; et ils prus vegnen à regnar sur els, in quella mattina; et la Sepultüra consümerà lur bella apparenza, chi sarà purtada davent da seis h'abitacul.

16. Mo Deis vain à spendrar mi orma da la Sepultüra, perchie el vain à'm raspar pro el. Sela.

17. Cuntuot schi non tmair curün vain ad esser gnü rich, et cur la gloria da sia chiasa vain ad esser gnüda gronda.

18. Perchie el non vain à tour davent con el inguotta (ingüna chiossa). Sia gloria non vain ad ir gio in la foura con el.

19. Lascha pür ch'el benedescha si'orma in sia vitta; et chia quels t'lauden cur tu hast fatt del bain à tai.

20. Schi vain quella à gnir là ingio ais la generaziun da seis babuns, in æternum non vegnen els à vair la glüsch.

21. Un Crastian in grond honnur, et chi non hà intellet, ais sumgiant à las bestias chi van à perder.

Cernetz, eines der grössern Dörfer Bündens, giebt ein auffallendes Beispiel des Nachtheils der zu zahlreichen Auswanderungen, und einer vernachlässigten, oder auf nachtheiligen Verhältnissen beruhenden Landwirthschaft. Auf eine Bevölkerung von 400 Seelen werden nicht weniger als 100 Ausgewanderte gerechnet. Eine Menge Häuser stehen leer und baufällig, und der ausserordentliche Reichthum an Alpen und Waldungen, welche die Gemeinde besitzt, vermag nicht, die Bürger an ihren Herd zu fesseln, und nicht das Dorf blühend

blühend zu machen. Nach alter Männer Sagen soll ehemals Cernetz 600 Kühe gewintert haben, und nun wird kaum die Hälfte dieser Zahl mehr gewintert. Die Gemeinde besaß vormals die größten und schönsten Waldungen unter allen Gemeinden des Engadins; ein großer Theil derselben wurde Tyrolischen Unternehmern zum Abholzen nach der Salzpfanne von Hall verkauft, die der Gemeinde nicht mehr als 8 — 10 Kreuzer für jedes Klafter Holz bezahlten. Hätte die Gemeinde diese Wälder auf Streue zur Vermehrung des Düngers und zur Verbesserung ihrer Wiesen benutzt; sie hätte ohne Zweifel ihren Viehstand dadurch vermehren, und auch aus ihren Alpen einen höhern Ertrag beziehen können. Die schwache Bevölkerung, der fortdauernde Hang zu Auswanderungen, und die im Verhältniß des Landwerthes zu hohen Taglöhne sind ohne Zweifel Ursache des Verfalls der Landwirthschaft in dieser Gemeinde geworden.

Auch hier in der Marche von Cernetz tragen die Alpen einen sehr geringen Pachtzins. Hirten von Santa Maria in Münster haben die Buffaloraalp von der Gemeinde für 348 Bündnergulden gepachtet, die während 10 — 11 Wochen für 100 Kühe hinreichende Weide giebt. Von 10 Alpen, welche Cernetz besitzt, werden nur 4 mit eigenem Vieh der Cernetzer bestossen; 5 werden an Bergamaskerhirten nicht günstiger als Buffalora verpachtet.

Eine annähernde Berechnung gab uns für Cernetz eine Höhe von 4460 Fuß über das Meer *); dennoch wird hier noch mit gutem Erfolg Winterroggen gebaut, so nämlich, daß

*) Das Barometer hielt sich den 1. Herbstmonat um Mittag auf 23. 7. 3., das Thermometer auf 9°. In Bern war zu gleicher Zeit das Barometer auf 26. 5. 1., das Thermometer auf 13°. Im neuen Sammler für Bünden VI, S. 221, wird die Höhe von Cernetz bei der Innbrücke zu 4485 Fuß berechnet.

er im Frühjahr mit Sommergerste gesäet, nach der Aernte von dieser zur grünen Fütterung gemäht, und dann erst im folgenden Jahre geärntet wird. Statt der Gerste werden hier, und auch höher in Celerina, Erbsen im Frühjahr unter den Winterroggen gesäet, und dann in der Blüthe mit dem Roggen gemäht. Kartoffeln werden erst seit dem Theurungsjahr von 1817 gepflanzt, und gedeihen hier gut; auch Hanf scheint noch in Cernetz die Kosten des Anbaus zu lohnen; Flachs, der Schnee und Kälte besser verträgt, wird nicht gebaut. Gerste- und Roggenfelder werden durch Waldstreue gedüngt; viele Wiesen gewässert; Aepfel- und Birnenbäume sind nie zu pflanzen versucht worden. Das sechsischuhige Geviertklafter Land in der Nähe des Dorfes kostet hier etwa 40 Kreuzer, höher an den Bergen 6 Batzen.

Bei Cernetz, wie überhaupt im Engadin, sind die Berghänge, die gegen Süden fallen, sanfter auslaufend und der Kultur fähiger, als die gegenüberstehenden. Gegen Zutz, dem Inn nach hinauf, wird das Thal aber immer rauher; die Waldsäume steigen näher gegen die Ufer des Flusses nieder; Verengungen des Thales, wo die Gewässer der Vorzeit sich Bahn gebrochen, wechseln ab mit Flächen, auf denen der große, alte Alpensee des Innthales geruhet, und von dem Fluß gegen die Waldsäume hinauf, zeigen sanfte, wellenförmige Abdachungen die Bildungen des nimmer ruhenden Elementes. Bis gegen Zutz sind überall auf diesen Abdachungen Gerste- und Haferäcker angelegt, die in solcher Höhe über dem Meere noch überraschend gut gedeihen. Auch Hanfpflanzungen trafen wir hier noch, aber von ärmlichem Wuchs; warum nicht lieber Flachs gepflanzt wird, der doch höher im Thale am Silsersee noch gedeiht, das konnten wir nicht vernehmen. Bei Brail nähern sich die Lärchtannen aus den Waldregionen der Straße; wir fanden deren von drei Fuß im Durchmesser, und auch hier die in Scarla gemachte Bemerkung bestätigt, daß dieser Baum auf Schutthalden von Kalkgestein recht gut gedeiht.

Wir langten bei Nacht in Zutz an, um am frühen Morgen weiter zu reisen, und konnten also dem schönen Flecken und den Ruinen der Stammburg der Familie Planta, der ehemaligen Lehensherren des Engadins, unsre Aufmerksamkeit nicht weihen. Die folgenden Daten über die landwirthschaftlichen Verhältnisse der Gemeinde verdanken wir der Gefälligkeit des wohl unterrichteten Wirthes.

Zutz, reich an Alpen, wie die mehrsten Engadinischen Gemeinden, hatte noch im Jahre 1773 seine Alpen alle, 7 an der Zahl, mit eigenem Vieh besetzt; gegenwärtig ist seine Bevölkerung und seine Viehzucht gesunken, die letztere so sehr in so kurzer Zeit, daß nur noch 5 Gemeinalpen mit eigenem Vieh besetzt werden können, und 2 verpachtet werden müssen. Die Pachtzinse sind gering; für Beuda z. B., wo 30 Kühe während 2½ Monat gesömmert werden, werden nur 62 Bündnergulden *) bezahlt.

Obgleich Zutz höher liegt als Cernetz, so sind doch in jenem Flecken die Landpreise bedeutend höher als in diesem; ohne Zweifel, weil eine größere Menge vermögender Einwohner und reich zurückgekehrter Auswanderer in Zutz die Konkurrenz bei Landverkäufen größer macht. Ein Geviertklafter von 36 Fuß des besten Landes in der Nähe des Fleckens kostet etwa 15 Bernbatzen; höher, in der Region der Maisassen, kostet ein Stück des besten Landes, welches 2 Fuder oder 60 — 80 Rupp Heu giebt, 100 Gulden **). Zwischen dem Werth des Landes in der Maisassenregion, und dem

*) Der Louisd'ors zu 13 Gulden 36 Kreuzer.

**) D. h. Land, das 1000 bis 1300 Bernpfund Heu trägt (etwa 1⁄10 — ⅕ Klafter) kostet 118 Schweizerfranken in der Region der Maisassen, und Wiesenland bei dem Flecken, das 1 Bernklafter Heu erträgt, kostet etwa 500 Franken.

12 *

Werth des Wiesenlandes im Thalgrunde, ist also auch hier ein groſses Miſsverhältniſs. Jenes Wiesenland steht hier bei 5300 Fuſs hoch über dem Meer *) fast so hoch im Preise, als das Wiesenland in dem milden Interlachenthal, während Heuland in der Voralpenregion bei Zutz wenigstens ein Drittheil niedriger als dort steht. Die Tagelöhne sind bei Zutz von 6 bis 9 Bündnerbatzen, je nachdem die Jahrszeit und die Arbeit ist, die gefordert wird; dazu muſs den Arbeitern reichlich Speise und Wein gereicht werden.

Jenseits Zutz wird das Thal enger und finsterer; eine einsame Burgruine erinnert bei Madulein und Campobasso (Kamogasch) an den Twingherrn, der wie ein Lämmergeier auf dem Felsen, so hier auf seiner Veste hauste **). Daſs der rohe Freiherr, der in einer solchen Gegend müſsig ging, auf rohe Sinnenlust bedacht war, befremdet weniger als die That der Hirten, die den Mächtigen erschlugen, der die Unschuld bedrohte, der Männer Ehrgefühl verletzte. In dieser Wildniſs haben gewiſs nicht reiche Landleute gewohnt. Arm und doch voll Ehrgefühl, arm und doch kühn für Rettung der Unschuld! Das ist's, was jene Zeit zur goldenen zu machen scheint!

Die Trümmer der Veste Gardoval und bei Kapello eine Kirche, die eben so in Trümmer fällt, erhöhen den ernsten Eindruck, den diese Gegend erzeugt, und, als wäre ein Druck von der Seele genommen, so wirkte die grünende Thalfläche, die auf einmal gegen Bevers hin sich ausbreitete, auf die Reisenden. In dem einsamen aber schönen Gebäude in der

*) Das Barometer hielt sich hier den 2. September des Morgens um 6 Uhr auf 23. 0. 9., das Thermometer im Freien auf 6°. In Bern war den gleichen Tag des Morgens um 8 Uhr das Barometer auf 26. 5. 8., das Thermometer auf 13°.

**) Adam von Kamogasch wurde von dem Bräutigam und den Verwandten eines schönen Mädchens erschlagen, da er ihre Unschuld bedrohte.

Au machten wir einen kurzen Halt, und fanden in dem Wirth einen gebildeten freundlichen Mann, der hier in der Nähe des reichen Samaden und des besuchten Gesundbrunnens von Sant Moritz alles aufgewendet, den frohen Genuß des Lebens den Lebenslustigen zu bieten. Ein großer Saal, ganz von Arvenholz getäfelt, und mit den angenehmen Düften erfüllt, die dieses Holz ausdünstet, ist für Bälle und Musikfeste eingerichtet, und diese Vertäfelung ist seine einzige aber kostbare Zierde. Ein einziges Brett von dieser Holzart, das nicht mehr als 16 Zoll Breite und 12 Fuß Länge hat, kostet hier einen Gulden, und allem Anschein nach wird der Preis dieses gesuchten Holzes immer höher werden, da jeder Reiche der Häuser baut, es zu Vertäfelungen zu benutzen wünscht, und kein Mensch noch daran gedacht hat, den selten werdenden Baum durch Saaten in den Gemeinwaldungen zu vermehren. Auch hier ist die Frucht der Arve Naschwerk, und in Wintergesellschaften, besonders aber an Hochzeiten, wird sie mit Verschwendung aufgetragen, und von den Schönen des Thals mit einer Fertigkeit genossen, die selbst den Eichhörnchen Ehre machen würde. Unser Wirth bestätigte uns, daß in Zimmern, die mit Arvenholz vertäfelt sind, sich weder Wanzen noch Motten aufhalten, und diese Eigenschaft wenigstens hätte den lieblichen Engadinerinnen, die ohne Zweifel auch gute und reinliche Haushälterinnen sind, einige Sorgfalt für die Samen des herrlichen Baumes, und einige Sorge für seine forstwirthschaftliche Pflege einflößen sollen.

Das Wirthshaus auf der Thalfläche von Au mag bei 5270 Fuß über dem Meere liegen *); dennoch gedeihen hier mancherlei Kulturen. Im Garten standen Möhren, Blumkohl und Rüben gut, auch Weißkohl bildet da noch einiger-

*) Den 2. Herbstmonat hielt sich hier um 10 Uhr des Morgens das Barometer auf 23. 1. 7., das Thermometer auf 11°. In Bern war den nämlichen Tag das Barometer des Morgens um 8 Uhr auf 26. 5. 8.

maßen Köpfe. Kartoffeln, die in guten Jahren in Zutz noch zur Reife kommen, werden hier nicht mehr gepflanzt. Winterroggen, der im Anfange Herbstmonats gesäet wird, soll auf eine Quartane Saat schon zehn und mehr Aernte getragen haben. Wahrscheinlich ist der weitere Thalgrund Ursache, daß in der Au die Vegetation noch fast günstiger als in Zutz ist, da hier die Beschattung der Gebirges und mithin die Erkältung sich verhältnißmäßig über einen größern Theil des Thalgrundes erstreckt. Im Davoserthale gedeiht der Getreidebau in beträchtlichern Höhen als im Bernerschen Gebirg, wie wir öfter zu bemerken Gelegenheit fanden, und durch die tiefere Spaltung der Thäler in diesem zu erklären suchten. Im Innthal aber scheint der Getreidebau höher als im Davoserthale zu gedeihen, da bei Laret, der höchsten Ortschaft des Thales, also kaum 4900 Fuß hoch über dem Meer, der Getreidebau und sogar der Flachsbau aufhört, während hingegen am Inn in Campfer und Silvaplana, über fünfhundert Fuß höher, noch Gerste und Flachs mit günstigem Erfolg gebaut wird. Beide Thäler sind ohngefähr parallel, sie scheinen von gleich hohen Gebirgen eingeschlossen, stehen dem Nordostwind dort nicht zugänglicher als hier, und in dem einen Thale herrscht die Kalkformation nicht mehr als in dem andern. Aber das Bündensche Innthal ist nur durch eine, das Davoserthal durch zwei hohe Bergketten von den wärmenden Lüften geschieden, die aus Italien wehen; das Innthal ist breiter, und wird daher auch mehr als das schmälere Davoserthal durch die Sonne erwärmt: diese Umstände können vielleicht den Unterschied in der Vegetation beider Thäler erklären.

An der Sonnseite der Berge wächst die Aspe unter den Laubholzbäumen am stärksten und schönsten. Auf den Inseln des Inns findet sich die Weißerle, die auch im westlichen Alpengebirg hoch in die Thäler dem Lauf der Ströme folgt. Birken, die ohne Zweifel im Oberengadin noch gedeihen würden, zeigen sich nicht, die Arve aber steigt wohl noch 1500 Fuß höher als die Ufer des Inns, die von Sils nach der Au zwischen 5000 und 5400 Fuß Höhe über dem Meer angenommen werden können. Zwischen den Arven scheint mehr die Rothtanne als die Lärche die herrschende Holzart zu seyn.

In Bevers und den umliegenden Ortschaften waren durch ein trauriges Ereigniß alle Bewohner in Theilnahme bewegt. Hauptmann Schukan, ein beliebter und angesehener Familienvater, hatte sich in der Abendzeit von Hause entfernt, um sich nach einer Maisaß zu begeben. Er kam in der Nacht nicht zurück, wurde auch den folgenden Tag vermißt, und war ohngeachtet der sorgfältigsten, in Berg und Thal während zwei Wochen fortgesetzten, Nachforschungen weder er selbst noch einige Spuren von ihm zu finden. Die häusliche Lage und die Gemüthsart des Mannes konnte dieses Verschwinden nicht erklären, das um so auffallender war, da in ältern Zeiten schon zweimal Personen auf ähnliche Art verschwunden, und nie mehr zum Vorschein gekommen waren. Es wurde nun vermuthet, daß Schukan und die früher Verunglückten unter einen Trupp Bergamasker Hunde gerathen, und von diesen wilden und reissenden Thieren umgebracht worden seyen; daß dann die Hirten die Verunglückten gefunden, und heimlich vergraben haben könnten.

In Samaden genossen wir in dem Hause des Herrn Doktor Wettstein eine vorzügliche Bewirthung und jede Gefälligkeit, die den Reisenden erfreuen kann; auch der belehrende Umgang des Herrn Bundeslandammann, Gaudenz von Planta, ward uns zu Theil, den wir so gern länger benutzt hätten, wenn nicht Eilfertigkeit in dem Plane unserer Reise hätte liegen müssen.

Samaden und eine Menge einzelner Häuser besonders verrathen in ihrem Aeussern einen großen Wohlstand. In dem Innern der Wohnungen selbst reicher Bewohner fanden wir indessen eine Einfachheit, die unsern an das Prunken in den Städten und Flecken der westlichen Kantone gewöhnten Augen auffallend, aber nichts weniger als unangenehm vorkommen mußte, da wir des Glaubens sind, daß ohne Rückkehr zu einer solchen Einfachheit die mehrsten unserer durch Geburt und Bildung ausgezeichneten Familien, trotz aller aus- und inländischen Hülfsquellen früher oder später, zum grossen Unglück unsers Vaterlandes, ökonomisch zu Grunde gehen müssen. In dem reichen Samaden suchten wir in der schönen Wohnung des reichsten Einwohners von dem ältesten Adel Bündens vergeblich ein — Ruhbettchen, oder Mobilien, ohne welche die reiche Bauernfrau im Bernischen Emmenthal, oder die Bürgersfrau in den westlichen und nördlichen Städten der Schweiz sich nicht zufrieden geben könnte.

Laut den Gemeindsbüchern von Samaden schickte diese Gemeinde vor zweihundert Jahren eine Botschaft nach der Handelsstadt St. Gallen, um da ein Anlehen von 200 Gulden zu unterhandeln; gegenwärtig kann das Vermögen der wohlhabendsten Bewohner von Samaden, eines Fleckens, der etwa 500 Einwohner zählt, eines Fleckens, der ohngefähr 5300 Fuß über dem Meere liegt *), zu drei Millionen Bündnergulden angeschlagen werden.

Bei dem Flecken gedeihen noch Weißrüben, und Winterräps stand eben in voller Blüthe in einem Gärtchen. Kartoffeln reifen nicht mehr, aber wohl hundert Fuß höher als Samaden, gegen Celerina hin, stand eben Gerste und Hafer, sogar zur Aernte reif. Diese letztere Getreideart hier noch gedeihen zu sehen, war uns unerwartet, da noch unter 4000 Fuß absoluter Höhe in den Berneralpen sie nicht mehr gebaut wird. In den Berneralpen hat der Winterräps in einer Höhe von nur 3400 Fuß den Winter nicht ausgehalten, wenn er

*) Das Barometer wies hier den 2. Herbstmonat des Mittags auf 23. 1. 2., das Thermometer auf 9 Grade. In Bern zu gleicher Zeit auf 26. 6. 0., das Thermometer auf 14°.

nicht ein Jahr vor der Aernte im Frühjahr gepflanzt wurde. Die Rutabaga hingegen hat auf gleicher Höhe ganz unbeschädigt den Winter ausgehalten, und einen reichlichen Oelertrag gegeben.

Auf den hiesigen Wiesen hat keine Frühjahrsweide Statt, aber im Herbst, wenn das Vieh von den Bergen zurückkehrt, ist jede Privatwiese der Gemeinweide unterworfen. Es wurde ein Versuch gemacht diese Beschwerde aufzuheben, aber wegen der Klagen der Armen aufgegeben. Allmenden sind im ganzen Engadin, und so auch in Samaden, keine auf den Thalgründen, auf denen die Armen ihr Vieh weiden lassen könnten. Auch in Samaden sind die Taglöhne unverhältnißmäßig hoch. An gewöhnlichen Werktagen muß den Arbeitern fünf Batzen in Geld, eine Maaß Wein, und sehr reichliches und gutes Essen gereicht werden. Bei anstrengendern Arbeiten, z. B. bei dem Holzfällen und Holztransport, der Heuärnte rc. wird ihnen Speise, zwei Maaß Wein, und 16 bis 17 Batzen in Geld Taglohn gegeben.

Die Witterung hatte uns nicht erlaubt, über Valresina den Gletscher von Rocoseco, einen Arm der Berninagletscher, zu besuchen, und die Zeit erlaubte noch weniger der günstigern Witterung abzuwarten, um diese Seitenreise vorzunehmen. Es ist diese Gletschergegend noch wenig bekannt geworden, und eine Naturmerkwürdigkeit derselben haben wir noch nirgends in Druckschriften bemerkt gefunden. Auf der Höhe des Gletschers, wo die Eismasse ein fast wagrechtes Thal ausfüllt, fällt immerfort durch die Wirkung der Lawinen von den anliegenden Höhen Erde herunter, die in weiter Ausdehnung die Oberfläche des Eises bedeckt, und ganz mit Pflanzen bedeckt ist. Die Iva *) wächst hier mit andern Alpenpflanzen üppig, und Ochsen, die von Samaden hinauf getrieben werden, finden auf dieser Gletscheralp eine gute Weide.

*) Achillæa moschata. Es wird ein beliebter Branntwein aus der Wurzel dieser Pflanze destillirt.

wie Dokumente und Theilungsakten, zwischen den Gemeinden geschlossen, beweisen, so hat die Nutzung dieser Weide schon seit 1536 Statt gefunden. Diese Erscheinung üppigen Pflanzenlebens auf Unterlagen von Eis erinnert an die Eisblöcke an den Küsten des Eismeeres, die nicht selten mit Erde bedeckt vorkommen und mit Sträuchern, die üppig in dieser Erde wachsen; und sie erinnert auch an die Natur der Polargegenden, wo an den Küsten des Eismeeres der Boden im höchsten Sommer nur wenige Fuß tief auffriert, und wo dennoch auf der dünnen entfrornen Erdschicht einige Kräuter gedeihlich wachsen. Das Eis ist bekanntlich einer der schlechtesten Leiter für den Wärmestoff, und diese Eigenschaft, verbunden mit der allmäligen Ausdünstung des Eises, mag im Sommer vortheilhaft auf die Vegetation einwirken. Oft sind Hypothesen über die Wärme aufgestellt worden, die unserm Erdball eigenthümlich einwohnen, und aus dem Mittelpunkte gegen ihre Rinde ausstrahlen soll, diese Wärme — wenn es eine solche giebt — fließt also, wie jene Beispiele zu beweisen scheinen, auf das Pflanzenleben wenig oder gar nicht ein.

Wie tiefer im Thale, so sind auch hier Gemeinalpen an Bergamasker zu geringen Preisen verpachtet, und bei diesem geringen Werthe des Alpenlandes ist ebenfalls im Thale der Preis des Wiesenlandes unverhältnißmäßig hoch. Wie überall im hohen Alpengebirg, so ist auch auf den Alpen Oberengadins die Beobachtung gemacht worden, daß die Schafe dem Graswuchs schädlicher sind, je höher und rauher die Alpen liegen, weil sie so dicht auf der Wurzel das Gras abfressen, und mit ihren scharfen Klauen so sehr das Geflechte des Rasens durchstechen, daß in Regionen, wo die natürliche Wiederbesamung so viel schwieriger und unvollständiger ist, und wo die Gewitterregen in der dünnern Luft mit verstärkter Schwere und Wirkung niederfallen, dieser Rasen um so mehr zerstört werden muß. Die Bergamaskerhirten, die gewöhnlich seit mehrern Generationen von Vater auf Sohn diese Alpen pachten, haben die Nachtheile der Schafweide so sehr gefühlt, daß sie dieselben immer mit einer um einen Drittel oder doch einen Viertel geringern Anzahl von Schafen betreiben, als die Sezung der Alpen es mit sich bringt, und diese Sorgfalt der italienischen Pächter für die Erhaltung des Graswuchses auf Schweizeralpen zeigt uns, welche große Vortheile für die Kultur des Hochgebirgs aus Pachtungen der Alpen erwachsen, die auf lange Termine geschlossen werden, welche Nachtheile hingegen aus der elenden Gemeinwirthschaft auf den meisten schweizerischen uns zufließen.

Sehr merkwürdig schien uns die Versicherung von Engadinischen Landbesitzern, daß auf den Bündenschen Alpen die Schafe nicht selten verwildern, den Winter hindurch sich im Gebirge forthelfen, und dann ganz fett geschossen werden: so ist kürzlich auf Cantalupe, einer zu Samaden gehörigen Alp, ein ganz verwildertes, sehr fettes Schaf geschossen worden. Nach v. Buchs Erzählung werden in Norwegen, wenn im Winter die Heuvorräthe nicht ausreichen wollen, die Schafe hinaus in den Schnee getrieben, wo sie bald, vom Instinkte geführt, mit den Füßen den Schnee wegscharren, bis sie zu den darunter befindlichen Kräutern gelangen, von denen sie sich nähren. V. Buch bemerkt, daß die Schafe mit vieler Sicherheit diejenigen Stellen zu finden wissen, wo unter dem Schnee sich nährende Kräuter finden. Ob die in den Bündenschen Alpen verwilderten Schafe sich den Winter hindurch eben so wie die Norwegischen ernähren, oder ob sie in der Waldregion sich von den Zweigen und Blättern der Bäume erhalten, konnten wir nicht erfahren; auf alle Fälle sehen wir diese Thatsachen als sehr wichtig für die vaterländische Schafzucht an, auf der in kommenden Jahren nach aller Wahrscheinlichkeit in dem Hochgebirg der Volkswohlstand wird beruhen müssen *).

*) Es sind uns ähnliche Beispiele von Verwilderung der Schafe im Jura bekannt, und nach dem Zeugniß der Herren Olsffen und

Die Aussicht von der Höhe von Celerina hinweg über den Inn gegen die Oeffnung von Valresina ist sehr schön, und hat, so viel wir wissen, so wenig als das herrliche Thal von Cresta gegen Maloya hin, noch keinen Pinsel gefunden, der diese Natur treu und künstlerisch dargestellt hätte. Der schöne Fluß, der auf den grünen Flächen in Krümmungen zu lustwandeln scheint, die heiter glänzenden Häuser von Samaden, die Trümmer einer Burg, und der Thurm des alten Klosters von Sant Johann mit den Häusern von Pontresina in der Mündung des Thales, dann die sanft abstufenden, waldigen Gebirge, jenseits denen die Gletscherwelt des Berninas den Hintergrund beschließt: wie würden diese Bilder in einem Gemälde verschönert stehen, wenn nur die Bauart der engadinischen Häuser mit dieser Natur in Harmonie zu setzen wäre. Die Nachbarschaft von Italien, dem Vaterlande schöner Baukunst, hat nicht zur Verschönerung des so schönen Thales beigetragen, während alles Nationale aus der Bauart seiner Häuser verdrängt ist. Hölzerne Wohnungen, die Zierde der Landschaften im westlich liegenden, besonders im Bernischen Alpengebirg, fehlen hier im Engadin gänzlich; alle werden in Stein von italienischen Maurern geschmacklos und in einem Styl aufgeführt, der gegen jeden bekannten fremd verstößt.

Die Heilquellen von St. Moritz sind berühmt, und haben, wie die von Pfäffers, Tausenden von Leidenden Erleichterung, Tausenden die Gesundheit wieder gegeben; aber wohl nirgendwo zeigt sich die so oft abstoßende Kehrseite kleiner Demokratien

Povelsen bringen oft Lämmer und Schafe in Island den Winter im Freien auf den Bergen zu, wo sie fetter als in den Ställen werden. Im Norden wird oft vermittelst Schneepflügen den Schafen der Genuß des unter dem Schnee begrabenen Grases erleichtert. Siehe Voyage en Islande fait par ordre de Sa Majesté Danoise, traduit par Gauthier de la Peyronnie, V. p. 176. etc. etc.

in gänzlicher Unthätigkeit und Unempfindlichkeit für humane gemeinnützliche Anstalten in grellerm Lichte, als eben hier, wo die segenreiche Quelle dem Boden des Sumpfs entsprudelt. Einige Magnaten besitzen hier, wie es scheint, sey es durch Reichthum, sey es durch geistige Beschränktheit der übrigen Dorfbewohner von St. Moritz, das Alleinrecht die Kranken zu beherbergen, und ihnen Kost zu geben; und weder diese Beglückten, noch die Gemeinde, welcher Grund und Boden, wo die Quelle entspringt, eigen gehört, haben bisher sich durch Gemeinsinn oder Menschenliebe bewegen lassen, den Kranken den Genuß der Heilquelle bequem zu machen; noch hat die Obrigkeit des Hochgerichts, oder die oberste Landesbehörde die Engherzigen und Kurzsichtigen zu Errichtung der nöthigsten Gebäude, zum Veranstalten einiger Sorgfalt für die Wallfahrter vermögen können, die der einfachste Begriff der Gastfreundschaft, die geringste Regung des Mitleids für Menschen ansprechen würde, die entfernt von ihrer Familie, und von den süßen Gewohnheiten der Heimath in dieser Wildniß Erleichterung ihrer Leiden suchen. Die Quelle selbst, beinahe eine Viertelstunde von allen Wohnungen entfernt, fließt in einen kellerähnlichen Behälter, in dem das Sauerwasser geschöpft, und dann in einem daran stoßenden, jedem Windzug offenen Schopf getrunken wird, der wohl mit Unrecht den Namen eines Trinksaales führt. Zwischen dem Dörfchen und dem Trinkgebäude liegt ein Moorgrund, der meistens sumpfig ist, über den eine schlecht unterhaltene Straße die Kurgäste nach der Quelle führt, die jeder Witterung auf diesem Wege und jeder Erkältung bei der Quelle bloß gestellt, ohne Zweifel nicht selten durch neue Unpäßlichkeiten die Linderung der alten Uebel erkaufen müssen.

Wir haben oft behaupten hören, daß in Demokratien die Volksmasse mehr der Vaterlandsliebe empfänglich ist, und leichter diesem Vaterlande Opfer bringt; aber Sant Moritz, so wie mehrere kleine Demokratien im Alpengebirg leisten im

funden. Wir fanden in ihm einen freundlichen Greis, der mit der größten Gefälligkeit uns jede Auskunft über die merkwürdige Gegend und seine gemeinnützigen Versuche gab. Nach seinen Berichten wird die Gerste in Campfer noch bisweilen reif, und so auch die Kartoffeln, und hier wird also auf einer Höhe von 5600 bis 5700 Fuß *), die Grenze des Gedeihens dieser so wichtigen Gewächse seyn. Die nackte Gerste, die in Celerina reif geworden, mißglückte in Zutz und auch in Campfer. Esparsette und Klee haben, wie versichert wird, so wenig hier als in Zutz gedeihen wollen.

Wir verdanken Herrn Bansi viele der nachfolgenden Bemerkungen über die Landwirthschaft des Oberengadins **), die wir hier mit einigen Beobachtungen, die wir zu machen Gelegenheit fanden, anführen wollen, da für die Kultur des Alpengebirgs überhaupt das Engadin, als das höchste unter allen bewohnten Thälern Helvetiens, die lehrreichsten Daten liefert.

Die faulende Gährung animalischer und vegetabilischer Substanzen geht in der dünnen Luft so hoher Gegenden sehr langsam vor sich; dieß und der Mangel an hinreichender Streue wird hier im Oberengadin als eine große Schwierigkeit angeführt, die Wiesenkultur auf einen höhern Flor zu bringen. Wegen der langsamen Verwesung ist schon versucht worden, die Dunghaufen zwei Jahre lang liegen zu lassen, und dieser Dünger hat dann besser angeschlagen. Als Streue werden die Nadeln der Rothtannen, Arven und Lärchtannen gebraucht; da aber wenig Land zum Getreidebau aufgebrochen, und dieses Wenige niemals in Wechsel mit Gräsern

oder

*) Unser Barometer stand den 3. Herbstmonat um Mittag auf 23. 7. 8., das Thermometer auf 10°. In Bern war der Stand des Barometers zu gleicher Zeit 26. 5. 5., das Thermometer auf 15°.

**) Vergleiche den 6. Band des in der Schweiz und selbst in Bünden zu wenig bekannten N. Sammlers für Bünden.

oder Futterkräutern gesetzt wird, so werden diese als Streue benutzten Blätter nicht unter die Erde gebracht; sie bleiben auf dem Rasen, auf den sie mit dem Dünger gebracht werden, faulen langsam, und vermögen also den Graswuchs nur wenig zu verbessern. Von den Arvennadeln wird besonders geklagt, daß sie langsam faulen, und den Lärchtannennadeln wird im Oberengadin nicht die nämliche düngende Kraft beigemessen, wie im Unterengadin. Aus diesen Gründen werden im Oberengadin die Wiesen und Aecker nur alle zwei Jahre gedüngt, diese je das zweite Jahr brach gelassen, und, da hier gerechnet wird, daß eine Kuh nur die Hälfte des Düngers gebe, welchen das zu ihrer Fütterung im Winter nöthige Heuland bedarf, so können die hiesigen Landwirthe, welche nicht hinreichendes Wildheu als Aufzug, oder aus den Alphütten sich Dünger verschaffen können, ihr Wiesenland nicht alle zwei Jahre düngen.

Güllekasten sind, ungeachtet dieses Mangels an Dünger, noch selten im Oberengadin, und die Dungstätten liegen meistens den Regengüssen und der Witterung blos. Es wird versichert, daß Gips und Asche nicht gut auf den Wiesen angeschlagen haben, und das ist glaublich, da weder diese noch jener an sich als Dünger wirken, sondern vielmehr die Zersetzung schon im Boden vorhandener Nahrungstheile beschleunigen, und hiedurch die Vegetation beleben können. Die Gipsformation, welche im Oberengadin bei Sils und Sant Moritz zu Tage geht, müßte so wie die Kalkformation für die Landwirthschaft dieses Thales von großer Wichtigkeit werden, wenn sie gehörig für die Kompostdüngung in Anwendung gebracht würde. An Holz zum Kalk- und Gipsbrennen wäre, bei gehöriger Forstwirthschaft besonders, hier kein Mangel, und, wie dem Verfasser geschienen, so wäre auch bei Malaya, Surlag und Sant Moritz Moorgrund genug vorhanden, um zur Torfgewinnung, und folglich zu Kalk- und Gipsbrennereien, benutzt zu werden. Eine magere Art von Torf wird bei Celerina als Streumittel gebraucht. Wie Herr Bansi uns versicherte, so hat die Düngung mit Asche auf seinen Wiesen eine Menge wilden Klee's erzeugt, wo vorher keiner gestanden; die nämliche Bemerkung ist uns von einem Alpbesitzer im Berner Oberland gemacht worden: wir können diese Erscheinungen nicht anders erklären, als wenn wir annehmen, daß die Asche auf solchen Wiesen die Keimungskraft von Kleesamen belebt habe, die vielleicht zu tief unter der Oberfläche des Bodens gelegen, um ohne dieses Reizmittel von selbst aufzugehen.

Wie im Unterengadin, so ist es auch im Oberengadin Thatsache, daß in vorigen Zeiten die Wiesen und selbst der Kornbau in blühenderem Zustand als jetzt gewesen; in diesem letztern Theile des Innthales besonders verräth schon die blässere Farbe des Thalgrundes den schlechtern Wiesenbau. Freilich scheint überhaupt im Oberengadin eine dünnere Schicht von Dammerde die unterliegenden Grand- und Lettenschichten zu bekleiden, und die höhere Lage erklärt und entschuldigt viele landwirthschaftlichen Mängel, wenn auch nicht alle, da viele ihren Grund nur in der Nachläßigkeit, in Vorurtheilen und in der Richtung der Volksindustrie finden, die unglücklicherweise alles eher, als die Fortschritte der Landwirthschaft sich zur Aufgabe gemacht hat.

Vor sehr alter Zeit, wie einstimmige Nachrichten versichern, waren die Wässerungen im Oberengadin allgemein, zerfallene Wassergräben werden häufig angetroffen, und bei Celerina und Scanfs hat auf Wiesen, wo sie bequem veranstaltet werden kann, noch jetzt mit Erfolg die Wässerung Statt. Wie leicht wären die Gewässer des Inns und so vieler Bergströme zu diesem Zwecke zu benutzen, wie leicht der Schlamm den der Fluß oder diese Ströme fallen lassen, wo sie sich in die Seen von Sils, Isla, Selva und Sant Moritz ergiessen, zu Erhöhung der Erdschichten zu benutzen, die auf den Grand- und Thonschichten zu seicht verbreitet sind. Freilich so lange die Taglöhne in dem rauhen Thale so hoch, die Bevölkerung so gering ist, werden solche landwirthschaftliche Verbesserungen nicht ausgeführt werden können.

Es wird gerechnet, daß nicht weniger als 1500 fremde Arbeiter aus dem Tyrol, dem Italienischen Bünden und aus den nördlichen Thälern im Engadin eintreffen, um die Heuärnte zu besorgen; jeder dieser Arbeiter kömmt während drei Wochen den Wiesenbesitzer mit der Kost täglich auf 1 ½ bis 2 Bündnergulden, und diese Kost ist so reichlich und so drückend für die Einheimischen geworden, daß in dem reichen Samaden eine eigne Verordnung erlassen werden mußte, welche untersagt den fremden Arbeitern mehr als 6 (sage sechs) Mahlzeiten zu reichen. So hohe Taglöhne in der Heimath und die Sucht der Auswanderungen, die dem Oberengadiner wie dem Unterengadiner eigen ist: diese beiden Erscheinungen in dem nämlichen Thale mögen wohl sonst nirgendwo in einem Staat seit langer Zeit und zugleich mit einander verbunden vorgekommen seyn.

Offenbar haben die hohen Tagelöhne sowohl in dem Mangel an Bevölkerung als in der Konkurrenz vieler reicher zurückgekehrter Auswanderer ihren vorzüglichen Grund; der Mangel an Bevölkerung dann hat ursprünglich wohl in den Geschichtsereignissen des siebenzehnten Jahrhunderts, aber auch in den Gesetzen seine Quelle, die den höhern Aufschwung der Bündenschen Landwirthschaft sowohl, als die Ansiedlung fremder Anbauer in den Bündenschen Thälern erschweren. Dahin ist das Zugrecht zu rechnen, welches gegen fremde Käufer von Ländereien durch die einheimischen seit langer Zeit ausgeübt worden ist, und dahin die Aengstlichkeit, mit der die Gemeinden ihr Land und Bürgerrecht den Fremden verschließen. Es ist, sagt man, eine Gemeinde im Oberengadin, die vormals bei einer Strafe von hundert Kronen verboten hatte, die Annahme eines Fremden in ihr Bürgerrecht vorzuschlagen. Baldiron, der barbarische Oesterreichische Heer-

13 *

führer, der im Veltlinerkrieg das Engadin verheerte, hat diesem Thale kaum tiefere Wunden geschlagen, als der Geist, den eine solche Verordnung bei den Engadinischen Gemeinden voraussetzt. Ein freies Land, ein Land, das von allen Zehnden und Bodenzinsen frei ist, dessen Bewohner beinahe keine Abgaben bezahlen, und von keinerlei Art Verfolgungssucht geplagt werden: wie kann ein solches Land sich entvölkern oder entvölkert bleiben, wenn in seiner Nachbarschaft Völker wohnen, die unter so vielen Lasten seufzen!

Die Temperatur des Thales von St. Moritz gegen Sils soll im Sommerhalbjahr selten über 10 — 15 Grade steigen, und im Winter gewöhnlich 14 — 16 Grade betragen. Herr Soldani, den wir in Campfer besuchten, hat im Jahre 1822 mit dem Reaumürschen Thermometer Beobachtungen angestellt, und die mittlere Temperatur des Monats August, in der Mittagszeit beobachtet, zu 13°, die mittlere Temperatur des Januars zu — 3 4/5 gefunden *). Im Jahre 1821 fand er die mittlere Temperatur des Augustmonats zu 14 1/6, des Januars zu — 4/5. Bei so geringer Wärme ist sich nicht zu verwundern, wenn nur sehr wenig Grummet im Thale gewonnen wird, und die mehrsten Wiesen nur einmädig sind. Folgendes sind die ungefähren Preise der Wiesen und der Maaßstab ihres Ertrags.

Das Engadiner Geviertklafter (zu 5 F. 8 Z. par. Maaß) wird zu 36 bis 50 Kreuzer verkauft; dreihundert dieser Klafter auf dem besten Wiesengrund mögen erforderlich seyn, um 40 Rupp **) Heu zu tragen; von magerem Wiesenland werden bei achthundert Quadratklafter erfordert, um jenen Heuertrag zu liefern. Es wird im Oberengadin für bekannt an-

---

*) Wir haben Hrn. Soldanis Thermometer mit dem unsrigen übereinstimmend, und auf der Nordseite des Hauses unter Dach aufgehängt gefunden.

**) 866 Bernpfund.

genommen, daß die Vernachläßigung der Wiesen und besonders der Wässerungen den Ertrag des Heu's um ein Drittel vermindert habe.

Die Gerstenhalme erreichen im Oberengadin nur etwa 1 ½ Fuß Höhe; dennoch wird ihr Korn dem Korn im Unterengadin vorgezogen. In den Dörfern Zutz und Scanfs soll die Gerste sechs- bis achtfache Aussaat tragen, und der Ertrag des Roggens noch viel höher gehen. Diese Getreideart wird häufig im Frühjahr mit Erbsen vermischt gesäet, die Erbsen dann in der Blüthe zu grüner Fütterung gemäht, und der Roggen im folgenden Jahre geärntet. Auf diese Art bestellt, soll der Roggen ein stärker gedüngtes Erdreich verlangen, aber wenn er geräth, und in der Blüthe nicht verdirbt, wie behauptet wird, zwölf- bis zwanzigfach die Aussaat tragen. Oft wird der Roggen erst im Herbst gesäet, und im Frühjahr, nachdem Schafe und Ziegen das Kraut abgeweidet, gedüngt. Zur Aussaat werden 6 Quartanen Gerste, und 1 ½ Quartanen Roggen auf 160 Quadratklafter Acker gerechnet, und diese Zahl von Klaftern wird mit 40 — 50 Kubikfuß Dünger gedüngt.

Noch in Sils gedeihen die Weißrüben gut, aber es wird weder bei dem Anbau der Rübe, noch bei andern Kulturen keine Brennerde gebraucht, in der doch die Rüben vorzüglich gedeihen. Das junge Rübenkraut wird öfter als Gemüse verspeist, und bisweilen auch gedörrt, um im Winter zur Speise zu dienen. In Sils sollen 30 Quadratklafter Land mit einem Fuder Bau (zu 7 Kubikfuß) gedüngt, 58 Quartanen *) Rüben tragen.

Hanf wird im Oberengadin keiner mehr gepflanzt, Flachs, wie gesagt, selbst in Sils, wo er aber nicht stehen bleibt bis der Same reift, der oft nicht reifen würde, sondern früher gezogen wird, und dann desto feinere Fasern erhält. Eine

*) Die Quartane zu 378 fr. Cub. Z.

halbe Quartane Samen wird auf 20 bis 30 Klafter Land gerechnet, die mit 6 — 7 Kubikfuß Dünger gedüngt werden. Taglöhne werden ½ für das Umgraben und Säen, 1 für das Jäten, 3 für das Ziehen und Rösten, 2 für das Brechen und 6 ½ für das Schlagen und Hecheln gerechnet, in allem also wären 12 ½ Taglöhne zu 46 Kreuzer erforderlich, um sieben Pfund Flachs und eben so viel Werg zu erzeugen. Wenn diese Angaben richtig sind, so übersteigen schon die Auslagen für Taglöhne, ohne den Landzins, den Samen und den Dünger in Anschlag zu bringen, den Werth des erzeugten Flachses; nehmen wir aber an, daß auf kleinen Grundstücken, wie hier für den Flachsbau zum Beispiele dient, die Zahl der Tagelöhne für die Bearbeitung des Landes und der Erzeugnisse immer verhältnißmäßig größer ist; daß diese Bearbeitung des Landes nur durch Händewerk geschieht, und daß die so hohen Tagelöhne sich auf zufällige, nicht nothwendige Verhältnisse gründen: so können wir nichts desto weniger eine solche Kultur für vortheilhaft ansehen, sobald nämlich die Tagelöhne durch den Landbesitzer selbst und seine Familie, und nicht durch fremde Tagelöhner gewonnen werden, und in dieser Voraussetzung dürfen wir den Betrieb der Landwirthschaft überhaupt und den Betrieb des Getreide- und des Flachsbau's selbst im Oberengadin für vortheilhaft annehmen. Ein Landmann, sollte er auch für sich nur Tagelöhne von 4 Batzen, für Weib und Kinder nur Tagelöhne von 3 und von 2 Batzen durch Bearbeitung der eigenen Grundstücke verdienen, wird unabhängiger und besser stehen, als irgend ein Baumwollenspinner, und wo der Wohlstand des Volkes auf dem Flor der Landwirthschaft beruht, wird er sicherer bestehen, als wo dieser Wohlstand bei vernachläßigter Landwirthschaft nur auf der Fabrikation beruht. Daß die Armen Land besitzen, und daß sie dieses Land bearbeiten und mit Einsicht verbessern lernen, das ist am Ende die einzige Zuflucht und Hülfe gegen die steigende Verarmung und gegen das steigende Verderbniß der Sitten, das in dieser Verarmung eine ihrer größten Quellen hat.

Sehr oft stehen die Güter im Engadin unter Aufsicht der Frauen, da so viele Männer, die Land besitzen, auswandern, und noch öfter werden die Güter um 2 bis 2½ vom Hundert ihres Werths verpachtet, von den Pachtern aber, oder wo sie von den Besitzern selbst bearbeitet werden, nachläßig besorgt, weil sehr viele sich neben ihrer Landwirthschaft mit dem Fuhrmannsgewerbe abgeben. Da bisher der kürzeste Weg von Mailand nach Insbruck und Wien über den Maloya durch das Engadin und Finstermünz gieng, so hat dieses Fuhrmannsgewerbe einen großen Theil der Bevölkerung des Engadins beschäftigt, und von der Besorgung der Landwirthschaft abgezogen. Nun läßt die Lombardische Regierung vom Tyrolischen Vinschgau über den Umbrail, und durch Bormio und Veltlin eine kürzere, fahrbare Verbindungsstraße mit Mailand bauen, und es wird also auch der Ertrag dieses Fuhrmannsgewerbes für die Engadiner geschwächt werden. Gewaltsam scheint Bünden und die ganze Schweiz durch die Beschränkungen ihres auswärtigen Verkehrs auf die Verbesserung ihrer Landwirthschaft und auf die bessere Bildung ihres Volkes, als auf das einzige, noch übrige, Hülfsmittel gewiesen zu werden. Nicht nur im Engadin, auch im übrigen Bünden, ist die Bevölkerung durch den Transithandel, durch den fremden Kriegsdienst, durch die ehemaligen Verhältnisse zu den Unterthanenlanden, und durch die Sucht der Auswanderungen der Industrie entfremdet worden, die einzig der Natur dieses Landes entspricht: der sorgfältigen Bearbeitung seiner fruchtbaren Thalgründe nämlich, der bessern Nutzung seiner höhern, unermeßlichen Weid- und Waldflächen, und einer veredelten Schafzucht, die wohl in keinem Lande Europa's so leicht gedeihen könnte.

Wir nehmen hier eine Berechnung der Wiesennutzung durch die Viehzucht von einem erfahrnen Engadinschen Landwirth *) auf, um der Beurtheilung, in wieferne in sehr rauhen Regionen des Alpengebirgs die Wiesenwirthschaft dem Landmann noch Vortheile bringen kann, zur Leitung zu dienen.

Die männlichen Kälber, die zum Verkauf auf die italienischen Märkte bestimmt sind, erhalten im Durchschnitt 8 Wochen lang täglich 8 Maaß **) ganze, und eben so lange abgerahmte Milch in gleicher Quantität. An Heu wird im ersten Winter dem Kalbe ungefähr 40 Rupp, im zweiten Winter 200 Rupp (zu 18 Kreuzer) gereicht. Der Werth des verfütterten Heues mag demnach 72 Bündnergulden, der Werth der verbrauchten ganzen Milch 32½ Gulden betragen, so daß das Kalb, das im zweiten Jahr des Alters 8 bis 9 Louisd'ors ***) werth seyn mag, 104½ Bündnergulden an Fütterung gekostet hätte. Bei dieser Berechnung ist angenommen, daß die verfütterte Milch 42 Pfund Butter zu 24 Kreuzer, und 54 Pfund magern Käs zu 9 Kreuzer, die abgerahmte Milch 57 Pfund magern Käs abgeworfen, und es ist das verfütterte Heu ebenfalls zu hohen Preisen angeschlagen. Nun sind aber in dieser Berechnung Engadinischer Landwirthe, weder die Kosten der Wartung, noch das Salz, noch der Preis der Sömmerung berechnet, da auf den Gemeinalpen die Alpen zu den Gütern gehören, und, wie oben bemerkt worden, äusserst wohlfeil gepachtet werden können; und es erhellet aus diesen Angaben immer soviel, daß der Landmann im rauhen Oberengadin nur in sofern mit einigem Vortheil Landwirthschaft und Viehzucht auf die hier übliche Weise treiben kann, als er selbst mit den Seinigen sein Land bearbeiten und die hohen Taglöhne ersparen würde.

Die Kosten des Wiesenbaus, wenn der Ertrag von die-

*) Hr. Gaud. v. Salis. Siehe N. S. VI, S. 300 u. f.

**) Die Maaß zu 2 Pfund 5 Loth Churergewicht.

***) Zu 11 Gulden 30 Kreuzer B. W.

sem auf der Milchproduktion der Kühe beruhen soll, werden im Oberengadin, wie folget, berechnet:

Für die Winterung einer Kuh sind 400 Rupp (866 Bernpfund) Heu, und zur Produktion von diesem 2000 Klafter fetten Wiesengrundes à 40 Kreuzer erforderlich; die Arbeitslöhne und Umkosten der Heuärnte auf diesen 2000 Klaftern sind:

Zerreiben und Abrechen des Düngers im Frühjahr 2 Taglöhne (zu 48 Kreuzer Lohn und Nahrung)	Gl.	1	36 Kr.
Mähen 2 Taglöhne	„	3	— „
Heuen und Heimführen	„	4	— „
20 Fuder Dünger zu 36 Kreuzer *) .	„	12	— „
Anlegen des Dungs	„	2	48 „
Führen desselben	„	2	— „
	Gl.	25	24 Kr.

Nun wird gerechnet, daß eine Kuh nur die Hälfte des Düngers giebt, der zur Düngung des für ihre Winterung nöthigen Heulandes erforderlich ist, und demnach wird angenommen, daß nur die Hälfte des nöthigen Futters von fetten Wiesen, die zweite Hälfte aber von Heuland, das nicht gedüngt wird, und von Bergmädern genommen wird. Die Rechnung würde daher, wie folgt, angesetzt:

1000 Klafter fetter Wiesenboden geben 5 Fuder Heu; ihr Kapitalwerth wäre ungefähr .	Gl.	666	35 Kr.
3200 Klafter mageres Heuland zu 18 Kr. geben 4 Fuder Heu, sind werth	„	990	— „
Ein Bergmad, das 1 Fuder Heu giebt	„	80	— „
Kapitalwerth dieses Landes	Gl.	1706	35 Kr.

*) Sowohl die Menge des Düngers, als dessen Werth ist sehr gering angegeben; da auch in der Einnahme der Düngerwerth so niedrig steht, so lassen wir es bei diesen Zahlen bewenden. Da sehr wenig Streue unter den Dünger kömmt, so ist dessen Wir-

Die Umkosten der Heugewinnung für 1000 Klafter fetter Wiesen . . . . . . Gl. 12 42 Kr.

Bei dem magern Heulande kommen die Taglöhne höher, da die Mäder des Tags nur 800 Klafter von solchem Lande schneiden; und es sind also für das Mähen von diesen 4, für das Mähen des Bergmades 1, also 5 Taglöhne zu rechnen, oder . . . . „ 7 30 „

Das Heimführen für 5 Fuder wird kosten „ 4 — „

Ein Fuder Streue (zu sammeln 1 Gl. 44 Kr., zu führen Gl. 1) . „ 2 44 „

Gl. 26 56 Kr.

Für Kapitalzins des Ankaufkapitals der Kuh, Verlust bei dem Verkauf, Unfälle, Stallreparationen mögen gerechnet werden . . . . Gl. 12 — Kr.

Für Alpzins (wenn die Alp verpachtet, statt mit eignem Vieh bestoßen würde) „ 1 — „

Für Salz 1 Rupp jährlich *) . . „ 1 16 „

Gl. 14 16 Kr.

Der jährliche Ertrag einer Kuh wäre hingegen: während 295 Tagen (nach Abzug von 6 Wochen Galtzeit und 4 Wochen, wo die ganze Milch für das Kalb verwendet wird) täglich 14 Pfund Milch, oder 4130 Pfund welche (23 Pfund zu 1 Pfund Butter) 179½ Pfund Butter geben; in gewöhnlichen Preisen zu 24 Bündnerkreuzer . . . . . . Gl. 71 48 Kr.

---

kung freilich konzentrirter; indessen müssen die Oberengadinischen Ländereien sehr fruchtbar seyn, wenn diese geringe Düngung hinreichen sollte, sie in der angegebenen Ertragbarkeit zu erhalten.

*) Im Bernerschen Oberland wird wohl zweimal mehr gerechnet.

Die 4050 Pfund abgerahmte Milch geben (17 Pfund zu 1 Pfund magerm Käse) 238 Pfund Käs zu 9 Kr. (nach Abzug des Austrocknens) . .	„	35	42 „
Der Zieger und die Molke wird für das Holz und die Besorgung der Kuh gerechnet . .			
Der Werth des Kalbes . . .	„	13	42 „
10 Fuder Dung zu 36 Kr. (hievon sind Gl. 2 44 Kr. für die Streue abzuziehen)	„	3	16 „
Summe der Einnahme	Gl.	124	28 Kr.

Werden die Umkosten der Heugewinnung mit 26 Gl. 56 Kr., und 14 Gl. 16 Kr. für Zins der Kaufsumme der Kuh ꝛc., und für den Landzins zu 4 Prozent 68 Gl. 16 Kr. zusammen mit 109 Gl. 28 Kr. von jener Einnahme von 124 Gl. 28 Kr. in Abzug gebracht; so bleibt die Summe von 15 Gl. als reiner Ertrag, oder das Kapital von 1706 Gl., welcher den Werth des Landes ausdrückt, das zur Winterung einer Kuh erforderlich ist, hat nicht mehr als 0,9 vom Hundert abgetragen, selbst unter Verhältnissen nicht, die ungleich günstiger für den Bündischen Landwirth waren, als die gegenwärtigen, wo die Sperrung des Handels die Vortheile der Landesökonomie noch vermindern muß.

In den Schriften der Bündischen Landwirthe, aus welchen wir die mehrsten der angeführten Daten erhoben, ist weder der Werth der Sömmerungen, noch der Zins von dem Ankaufpreis der Kuh, noch endlich der Verlurst bei dem Verkauf derselben in Rechnung gebracht, und es ist daher in diesen Rechnungen von dem Kapitalwerth des Landes ein so hoher Zins angenommen worden *), wie sich selbst in unsern

*) Siehe N. Sammler VI, S. 305.

wilden Thalgründen nicht annehmen läßt. Wie im Bernischen Alpengebirg der hohe Preis des Wiesenlandes in den mildern Thalgründen Ursache des sinkenden Wohlstandes werden muß, so wird eben so im Engadin dieser hohe Preis die nämlichen Folgen herbeiführen, um so mehr, da hier die höhern Taglöhne den Landwirth in noch nachtheiligere Stellung setzen. Der fortdauernde Hang zu Auswanderungen wird durch diese Verhältnisse der Landwirthschaft erklärt. Je mehr die Engadiner Landleute sich den städtischen Bedürfnissen und Sitten hingeben, je mehr werden sie auswandern, weil der heimathliche Boden nur diejenigen ernähren und wohlhabend machen kann, die diesen Boden durch ihre und ihrer Kinder Hände Arbeit bauen, der reiche oder verweichlichte Engadiner aber, der auf eignen Ländereien durch Taglöhner Landwirthschaft treibt, sein Vermögen schwächen muß.

Die Dauer der Sommerweide auf den Oberengadinischen Alpen, und die Ertragbarkeit der Wiesen, verglichen mit dieser Dauer und mit dieser Ertragbarkeit im Berner Hochgebirg, giebt uns Gelegenheit annähernd zu beurtheilen, nach welchem Verhältniß die größere Erhöhung des Gebirgs auf die Abnahme der Produktion des Graswuchses wirke. Der Durchschnitt dieser Dauer der Sommerweide auf den höhern Berneralpen mag 18, der Durchschnitt dieser Dauer auf den Oberengadinischen Alpen mag 12 Wochen betragen. Im Oberengadin mögen 75,000 Geviertschuhe von gedüngten, natürlichen Wiesen zur Winterung einer Kuh nöthig seyn, in den mildern Thalgründen des Berner Hochgebirgs sind hiezu 55,000 Quadratfuß hinreichend. Nun sind die Oberengadinischen Thalgründe bei 3000 Fuß höher über dem Meere liegend, als die benannten Bernischen Thalgründe, und der Höheunterschied zwischen den Oberengadinischen und den Bernischen Alpenweiden mag zwischen 1500 bis 2000 Fuß betragen. Dieser Unterschied würde uns zu der Annahme führen, daß in der Tiefe der Thäler die Grasproduktion um den dritten

Theil der Masse abnimmt, wenn die Erhöhung um 3000 Fuß höher ist; und daß diese nämliche Produktion auf den Rücken des Gebirges schon bei der Höhenzunahme von 1500 — 2000 Fuß um einen Drittel geringer wird. Es kann dieses Mißverhältniß zwischen der Vegetation der Bergrücken und der Thalgründe zum Theil dem Umstande zugeschrieben werden, daß die Oberengadinischen Alpweiden sich über die Waldregion erhöht finden; überhaupt aber wird in der Regel selbst auf bewaldeten Bergrücken die Temperatur nicht so gemäßigt seyn, als auf Thalgründen von gleicher absoluter Höhe, deren Streichen gegen die Weltgegend der Vegetation günstig ist, und auch der Umstand mag in dieser Vergleichung in Betracht kommen, daß der Dünger, der auf den Engadinischen Alpen in den Melkhütten fällt, nicht selten zu Verbesserung der Wiesen und der Aecker nach dem Thale geschleift wird. Bei der Vergleichung der Grasproduktion auf verschiedenen Höhen im Engadiner- und im Bernergebirg, sind bloß die absoluten Höhen betrachtet worden; vergleichen wir aber die Grasproduktion in verschiedenen Höhen des Bernergebirgs, so glauben wir bemerkt zu haben, daß schon ein Höhenunterschied von 2000 Fuß hier auf gleich großen und gleich fruchtbaren Flächen einen Drittel Verminderung in der produzierten Grasmasse bewirke *), und diese Bemerkung stimmt auch ganz mit der Beobachtung überein, in Folge welcher wir angenommen, daß in den Rhätischen Thälern der Getreidebau wenigstens 1000 Fuß höher als in den Bernischen Hochthälern gedeihe, und daß auch hier die Vegetationsgränze der Alpenbäume um eben so viel tiefer, als in Bünden stehe.

Es wird auf den Oberengadineralpen weniger Butter

*) Auf dem Abendberg — freilich in nordöstlicher, ungünstiger Lage — hat ein Kleefeld immer nur zweimal geschnitten werden können, während 1800 Fuß tiefer im Thale, auf gleich fruchtbarem Boden, vier Schnitte in gleicher Zeit genommen wurden.

und mehr fetter Käse, als auf den andern Alpen Bündens verfertigt. Diese fetten Käse sind weich gekocht und schmackhaft wie Greyerskäse; sie sind sehr gesucht, und hatten sonst besonders als Fastenspeise für die Italienischen Klöster einen guten und sichern Absatz. In keinem dem Verfasser bekannten Alpenthale ist für die Zuverläßigkeit des Käsefabrikats im Handel, wie im Oberengadin gesorgt worden. Eine schon von 1563 datierende Verordnung verbietet, ohne Erlaubniß des Gerichts magere oder halbfette Käse zu verfertigen, und um das Vertrauen der Käufer noch mehr zu befestigen, und dem Trug im Verkauf der Käse noch besser zuvorzukommen, werden die Sennen beeidigt. Merkwürdig ist, daß vormals die Niederlagen der fetten Engadinerkäse vorzüglich am Comersee angelegt wurden, weil nach gemachten Erfahrungen die feuchtwarme Seeluft den Käs, ohne ihn zu sehr auszutrocknen, früher zur Zeitigung brachte. Gegenwärtig hat sich entweder der Glaube an die Wirksamkeit der Seeluft verloren, oder die veränderten Handelsverhältnisse haben die Niederlagen der Engadinerkäse am Comersee vermindert. Im Oberengadin wird geglaubt, daß in den ersten 10 Wochen der fette Käse $^1/_{20}$, der magere binnen 2 Jahren die Hälfte seines Gewichts durch Austrocknen verliere: das ist mehr als im Berner Oberland gerechnet wird; und wenn die dünnere Luft ohne Zweifel in jenen Thälern die schnellere Austrocknung bewirkt, so erklärt dieser Umstand auch die Vortheile der Aufbewahrung der Käse am Comersee.

Daß bei den langen Wintern, und bei dem Mangel an Heu zur Fütterung, die Schafe hier schlecht genährt werden, ist leicht zu erachten; selten wird von den hiesigen Schafen, die durch Kreuzen mit Bergamaskerwiddern eine mehr als mittelmäßige Größe erhalten, mehr als 4 Pfund Wolle bei zweimaliger Schur, oft nur 2 Pfund gewonnen. Den Mangel an Heu ersetzt bei der Schaffütterung im Winter die Heidelbeerstaude und die Arve, deren Triebe den Schafen vorgeworsen, und, wohl aus Hunger, verzehrt werden. Ohne Zweifel würden auch hier die Weißellern und die Vogelbeerbäume als Schlaghölzer gedeihen, und auf den magern und öden Berghalden angezogen werden können, wo sie dann wesentliche Dienste leisten könnten, die Schafe in den langen Wintern durchzubringen. Vormals wurden hier grobe Tücher aus der inländischen Schafwolle verfertigt, gefärbt, und nach dem Italienischen Bünden gegen Korn, Wein und Reis abgesetzt; aber die Oesterreichischen Einfuhrzölle haben auch diese Quelle des Erwerbs vertrocknet. Erfreulich war es uns in Campfer zu vernehmen, daß die Frauen im Engadin die selbstverfertigten Tücher mit den Früchten des Heidelbeerstrauchs schön blau zu färben wissen. Dieser so gering geschätzte Strauch dient also den armen Gebirgsbewohnern oft als einziges Feuerungsmittel, dann als Futter für die Schafe, und seine Früchte, die auch Branntwein und Gerbestoff liefern sollen, als Färbestoff.

Zum Schlusse der wirthschaftlichen Berechnungen über das Oberengadin bemerken wir noch, daß im Jahre 1563 der Taglohn eines Schreiners, Zimmermanns und Maurers 9, im Jahre 1644 20 Kreuzer betrug, und daß er jetzt bis 22 Batzen beträgt. Dieser hohen Taglöhne ungeachtet wiedmen sich sehr wenige Engadiner dem Handwerksstand; Fremde, meistens Italienische Maurer, besorgen alle Bauten.

Im Hause des Herrn S., der als Zuckerbäcker in Koppenhagen sich ein großes Vermögen erworben, und nun in Campfer, seiner Heimath, die Tage zu beschließen gedenkt, fanden wir Vergoldungen, einigen Luxus des Städters, Schillers und andrer deutscher Dichter Werke, und — schön befiederte, plappernde Papagaien. So hat sich wohl in den Gebirgen der alten Welt sonst nirgendwo das Werk eines Dichters, und so hoch wohl nie ein Papagai gefunden. Wohl ist der Dichter überall zu Hause, wo fühlende Menschen wohnen; aber wie die Vergoldungen dieses Hauses unter den Hütten einfacher Hirten, so fremd blickten jene bunten Geschöpfe der heissen Zonen in dieser Gletscherwelt uns an.

Von Campfer setzten wir unsere Reise fort, lustwandelten längs den See'n und dem Inn, der wie ein Silberband sanft fließend ihre Becken vereint. In solcher Höhe, so von den ewigen Eismassen umschlossen, wird wohl in unserm Festlande keine so reizende Gegend angetroffen, als dieses 3 Stunden lange Thal, von Campfer hinweg gegen Maloya hin. Kleine Vorgebirge und Erdzungen, geziert mit Lärchtannen, begränzen oft die Aussicht, und kaum sind diese Erhöhungen der Ufer überschritten, so breitet sich der stille Wasserspiegel eines andern See's bald enge, bald wieder weiter in die Ferne aus. Bisweilen scheinen die gegenüberstehenden Ufer sich nähernd zu berühren, und Winde, Blüthen und Blüthenstaub hin und her zu tragen. Von der Schattseite der Berge steigen dunkel die Wälder bis an die Ufer nieder, und heller grünende, sanft abgedacht sich neigende Wiesen umgeben die Gewässer. Ueberall herrscht eine ernste, nicht reichlich dem Menschen spendende, aber keine feindliche, noch ganz versagende Natur, und wer in dieser so hohen Gebirgswelt die freundlichen Häuser, das wohlhabende Volk erblickt, der dankt gewiß der Freiheit, unter deren Schutze die Wälder der alten Wildniß ausgeleuchtet, und Hirten genügsam und glücklich sich angebaut haben; hier, wo sonst nur Bären hausten und Adler horsteten, und wo nur wilde Thiere würden wohnen mögen, wenn einst die Tyrannei wieder bis in diese Thäler dränge, und unter ihr kein edler Mann zu leben, keiner seine Kinder zu erziehen wünschen könnte.

In dem über 5600 Fuß hohen Sils*) fanden wir den eben

*) Das Barometer stand hier den den 3. Herbstmonat um 2 Uhr auf 22., 8., 0., das Thermometer auf 10°. Das korrespondierende

eben gezogenen Flachs auf den Wiesen verbreitet. Ungefähr 5 Wochen früher war im Grunde des Interlachenthals im Bernergebirg der Flachs gezogen worden, hier aber mit reifen Samen, die in Sils wegen der frühen Fröste selten zur Zeitigung gelangen. Ausser den Flachspflanzungen waren hier keine Kulturen von Getreide, noch Gartenpflanzen zu sehen. Die schönen Häuser des Dorfes stehen auf öden Wiesengründen, deren blasse Färbung auf das Daseyn von Moorgründen, und wohl auch auf nachläßigern Betrieb der Landwirthschaft deutet. Campfer, wo noch Gerste reift, liegt nicht tiefer als Sils, aber dieses steht auf wagrechter Fläche, jenes auf sanften Halden, die gegen die Sonne gewandt sind, und in Sils mögen die Nordwestwinde einen leichtern Zugang finden. Ein sehr großes, aber ohne Geschmack neu erbautes Wohnhaus, das den Erbauer 100,000 Gulden gekostet haben soll, glänzt in weite Fernen, den Reichthum des Besitzers verkündigend, durch das Thal. Man hatte uns versichert, daß das Gebäude bei 30 bewohnbaren Zimmern enthalte, und daß die Stallungen für die Kühe mit geschliffenen Marmorplatten ausgelegt seyen. Wir fanden Haus und Stallung verschlossen, und rings herum Todesstille; kein Baum war da gepflanzt, die Wiese, auf der das Gebäude steht, höchst vernachläßigt, und Sumpfgewächse beinahe bis an die Thürschwellen verbreitet. Wir wandten uns befremdet von dem leblosen Steinhaufen weg und nach dem nahen Wirthshause, wo wir den Besitzer dieses unbewohnten Prachtgebäudes fanden, der hier ohne Gattin und Kinder, im Anschauen seines großen, vollbrachten Werkes, nicht ohne Freude, scheint es, wenn auch mitunter ein langweiliges Leben lebte. Da der gute Herr alle bewohnbaren Zimmer des kleinen Wirthshauses in Beschlag genommen hatte, so mußten wir, unerachtet des

---

Barometer in Bern auf 26., 5., 5., das Thermometer auf 14°; würde die Höhe etwa 5630 Fuß betragen.

anhaltenden Regens und der vorgerückten Jahrszeit uns entschließen, über den Maloyapaß weiter zu reisen, um Casaccia zu erreichen. Auf dem Wege dahin hatten wir Gelegenheit von einem Oberengadinischen Landmann, der uns begleitete, einige Lebenszüge von dem Erbauer der großen Pyramide in Sils zu vernehmen, die wir gerne niederschrieben, da sie auf das Sittengemälde und die Industrie des Engadins ein helleres Licht verbreiten.

Herr Jsta hütete in seiner Jugend die Ziegen eines strengen und harten Mannes auf den Gemeinweiden von Sils. Eines Tages, da eine Ziege seiner Heerde sich unfolgsam erzeigt, wirft er einen Stein nach dem Thiere, der ihr ein Bein zerschlägt. Voll Angst vor dem harten Meister läuft er von seiner Heimath weg, hilft sich nach einer Hauptstadt Deutschlands durch, wo ein Engadiner Zuckerbäcker und Wasserbrenner ihn aufnimmt, und den verständigen, thätigen und braven Jungen in seinem Beruf unterrichtet. Jsta trennt sich von seinem Lehrer, um auf eigne Rechnung den erlernten Industriezweig zu betreiben; er vervollkommnet sich besonders in der Kunst Chokolade zu verfertigen; sein Glücksstern führt der allbeliebten Fürstin ein Pröbchen seines Fabrikats zu, das von ihr hochbelobet wird. Der Hof hat immer den Geschmack des Fürsten, und besonders der schönen Fürstinnen; die Hauptstadt den Geschmack des Hofes, und die Provinzialstädte finden gut, was die Hauptstadt rühmt, und so wird bald der arme Ziegenhirt als Chokolademacher der Fürstin ein reicher angesehener Mann. Jsta ist in der Residenz glücklich verheirathet und Vater mehrerer Kinder, aber jeden Sommer verläßt er Residenz, Gattin, Kinder und Gewerb, um in der geliebten Heimath, im hohen Sils, am Ufer des schönen See's, am Fuße der Gletscher, im Schatten der Arven und Lärchen, sich mit den Freunden seiner Jugend des Lebens sorglos zu erfreuen. Wir haben den guten Mann selbst in Celerina und Samaden getroffen, wo er, der eine Million

Thaler besitzen soll, in einem schlechten, unbedeckten Karren, auf einem quer im Wagen befestigten Strohsack sitzend, fuhr, und überall einen Trunk anbietend, Frohsinn scherzend verbreitete. Nie ohne mit Wehmuth gemischter Rührung gedenken wir dieses Mannes, der in der üppigen, in jeder Lust der Sinne schwelgenden Stadt, so treu an der wilden Heimath, an den Gefährten seiner armen Jugend, an den Sitten seines Thales hängt, und, wenn er wüßte wie? so gerne Wohlstand und Glück verbreiten würde. Daß doch dieser Mann in einer Schule, wie Fellenbergs Armenschule, erzogen worden wäre! Gewiß er hätte dann in Sils eine Schule, wie jene, gestiftet, die Straße über den Maloyenberg nach dem Comersee auf seine Kosten fahrbar gemacht, und nie den öden, prunkenden Pallast gebaut. Wenn diese mit so vielen Geistesanlagen begabten Engadiner bessere Schulen hätten, wenn sie vielseitiger gebildet wären, wenn ihre Liebe zur Heimath in Liebe zu gemeinnützigen Unternehmungen, in Liebe zum Vaterland sich veredeln würde; wenn Ansiedelungen von Fremden erleichtert, statt erschwert, die Fesseln, in denen durch die Weid- und Zugrechtgesetze die Landwirthschaft darniederliegt, gebrochen; wenn die Wälder gepflegt, die Wiesen wieder bewässert, die Alpen mit Stallungen versehen, unter bessere Wirthschaft gesetzt, und von einheimischen Alpenwirthen für die Pachtung der Gemeinalpen eine Konkurrenz mit den Bergamaskerhirten eröffnet würde; wenn die industriose Thätigkeit dieses Hirtenvolkes von den Fabrikaten für den Gaumen nicht ganz ab, aber doch mehr auf die Landwirthschaft, die Vieh-, und besonders die Schafzucht, und auf Handwerke geleitet würde, die mit der Landwirthschaft in Beziehung stehen: es würde das Engadin, trotz den gegenwärtigen Beschränkungen seines Handels, dennoch seinen Wohlstand erhalten und vermehren können.

8.

Weg von Maloya nach Chiavenna.

Maloya, Dorf und Paß. Die Julierstraße. Straßenbau im Alpengebirg. Die Freiheit des Handels. Casaccia. Der Heilige Gaudenz. Vegetation. Vicosoprano. Landwirthschaft. Porta. Castelmuro. Thalverengung. Veränderte Vegetation. Bondi. Schönheit und Schrecknisse der Natur. Castelsegno. Plürs. Lage und ehemaliger Flor. Untergang. Stadt Chiavenna. Triumphbogen.

Im Gärtchen des Wirthshauses von Maloya, ungefähr 5730 Fuß über dem Meer *), waren nur Weißrüben, und weder Getreide, noch Flachs, oder Gartengewächse gepflanzt. Ein sumpfichter Grund zieht sich bis auf die Höhe des Passes, aber wo Abzuggräben von den Bewohnern des Dörfchens angebracht sind, da zeigt sich ein schöner Wieswachs. Arven wachsen auf diesem nassen Standort fast kriechend; Lärchen oder Rothtannen sind nicht vorhanden, wohl aber sogenannte Legfohren oder Bergkiefern, die hier auf dem Rücken der Wasserscheide angelockt von der rauhen, feuchtkalten Lage, auf dem Moorgrunde sich verbreiten. Wohl 1000 Fuß höher gegen Mureto hinauf, an den nordöstlichen Berghängen, wachsen hingegen Arven noch aufrecht und schön; Bergkiefern aber sind auf

*) Den 3. Herbstmonat Abends um halb 7 Uhr hielt sich das Barometer hier auf 28. 7. 7., das Thermometer auf 12°; in Bern beinahe zu gleicher Zeit das Barometer auf 26. 5. 8., das Thermometer auf 14°.

diesen Höhen nicht zu erblicken, und hier wenigstens scheint der feuchte Grund den rankenden Wuchs dieser Bäume bewirkt zu haben.

Die Straße von Sils über den Maloya nach Casaccia ist nicht fahrbar, wird aber ohne Zweifel es bald werden, da die Regierung von Bünden wirklich die Straße von Sils über den Julier, durch das Oberhalbsteinthal und die Parpanheide nach Chur fahrbar machen läßt, und mithin nur die kurze, unfahrbare Strecke über den sanft ansteigenden Maloya, die kürzeste Handelsverbindung zwischen Chur, dem Engadin, und den südlichen Ausläufen der Splügen- und Bernardinstraße unterbricht. Bei den Hemmungen des Handels, mit denen die Schweiz umgeben ist, wird jede fahrbare Straße wünschenswerth, welche im Innern die Alpenthäler unter sich und mit angrenzenden Staaten in leichte Verbindung setzt. Freilich hat der Transithandel Bünden, neben den Vortheilen für die Sittlichkeit und den Betrieb seiner Landwirthschaft, auch Nachtheile gebracht; allein die Bündische Landwirthschaft hat nur darum durch den Transitgewerb gelitten, weil dieser einen Theil der ohnehin schwachen Bevölkerung an sich zog; und diese Bevölkerung ist nicht wegen des Transitgewerbes schwach geworden, sondern vorzüglich darum, weil diese Bevölkerung die höhere Kultur der Thäler, und die Verbesserung der Alpen versäumte; daß diese Landwirthschaft in den abgeschlossenen, entlegenen Thälern sich erhebe, daß die Völkerschaften im Alpengebirg durch erleichterten Verkehr in engere Verhältnisse kommen, sich verwandter und bekannter werden; daß die tausendfältig sie trennenden politischen Verhältnisse, Lokalansichten und Lokalvorurtheile ihr inneres Leben weniger lähmen; daß in ungestörter Betriebsamkeit, in freier Berührung, in freiem Austausch der Erfahrungen und Hülfsleistungen, der Erzeugnisse und Bildungen, ein Nationalsinn sich gestalte, der einst gut mache, was seit Jahrhunderten der Lokalsinn verdorben: dafür sind fahrbare

Straßen im Innern der Schweiz ein unerläßlicher Bedarf, selbst dann, wenn diese Sperren fast aller Staaten gegen alle noch lange fortdauern sollten. Es giebt in der Lehre der Ursachen des Wohlstandes der Völker eine Wahrheit, die älter ist und fester steht, als zufällige Begrenzungen und Finanzspekulationen; eine Wahrheit, die in unsern Tagen sich allgemeiner zu verbreiten scheint, und wohl am ersten geeignet ist, die tiefen Wunden eines zwanzigjährigen Völkerkrieges zu heilen; die Wahrheit nämlich: daß nur die Freiheit des Verkehrs zwischen allen Völkern, zum Heile aller gereichen könne. Der einzelne Mensch soll ja nicht an die Erdscholle, auf der er gebohren, gefesselt seyn, nicht nur zu seinen Füßen den Boden aufwühlen, um in stumpfsinniger Genügsamkeit die wenigen Bedürfnisse von den wenigen Erzeugnissen zu befriedigen, die diese Erdscholle ihm trägt; eben so wenig, als der einzelne Mensch dürfen Geschlechter, Gemeinheiten, Staaten sich von einander abschließen. In unendlicher Mannigfaltigkeit sind über die ganze Erde Kräfte und Erzeugnisse verbreitet, und so weit diese Erde von vernünftigen oder der Vernunftbildung fähigen Menschen bewohnt ist, so weit sollen diese jeden Mangel und Bedarf durch Austausch ausgleichen können. Es will die Vorsehung, daß der Mensch bedürfe, und daß er in freier Thätigkeit, nur allein beschränkt durch sittliche Gesetze, zu befriedigen suche, was er bedarf, damit die nie gesättigte Begierde zu nie erlähmender Thätigkeit, und diese Thätigkeit zu nie vollendeter Entwicklung seiner Kräfte führe. Ueberall über die ganze bewohnte Erde soll darum der Handel seine Kreise ziehen, und nicht nur einzelne, zufällig sich nahe liegende Gemeinheiten, sondern in allen Richtungen die nächsten und entferntesten mit den nächsten und entferntesten in Verbindung setzen, und wie Moses Zauberstab durch Berührung Quellen aus dem dürren Gestein der Wüste entband, sein irrendes, verschmachtendes Volk zu retten, so soll der Genius des Handels alle Völker berühren, und einen Kreis um sie schliessen, der zugleich die ganze Erde in sich fasse, auf daß der Menschen Thätigkeit, ihre Erfindungsgaben und Geisteskräfte belebt, der Erde Erzeugnisse, dem Menschen Bildungen entlocket werden.

Solchen Betrachtungen hatten wir uns von Maloya heruntersteigend, in Erinnerung des Julierpasses und seiner zu hoffenden Vortheile hingegeben, in Erinnerung auch der rührenden Klagen, die uns im Unterengadin von Tyrolischen und Bündischen Landleuten, über die Lähmung alles Verkehrs zu Ohren gekommen.

Mehrere Weiber und Landleute von Chiavenna begegneten uns noch unweit der Höhe des Passes, die große Lasten Trauben, Feigen und Pfirschen, die Erzeugnisse des nahen Italiens, den Menschen am Fuße der Berninagletscher zutrugen. Ach, sie hatten auf dem alten Boden des Vaterlandes gereift, den mit Strömen Blutes der Heldenmuth gedüngt und erworben! Gerne kauften wir den müden Trägern von diesen Früchten ab, und freuten uns, daß die scheuen Blicke, die unglücksagenden Züge der blaßgelben Gesichter sich an den freundlich theilnehmenden Fragen der Schweizer erheiterten. Unweit Casaccia erreichte uns die Nacht; kaum erkannten wir über dem Flecken einen alten, hohen, einsam stehenden Thurm. Die Straße war verlassen, und nur das Rauschen des Mera und der fernern Wasserfälle unterbrach die Stille. Unweit dem Dorfe wies unser Führer noch auf Ruinen eines Klosters, das vormals dem heiligen Gaudentius geweiht war, und dessen Gemäuer nun die Legende des wunderthätigen Heiligen uns wieder in Erinnerung brachte. Bekanntlich wurde dieser Sankt Gaudenz von Arianischen Ketzern verfolgt, flüchtete in dieses Thal, predigte die wahre Religion, wurde aber von den heidnischen Obrigkeiten ergriffen, und zu Vicosoprano, anderthalb Stunden weit von Casaccia, enthauptet. Gaudenz aber, sobald das Todesurtheil an ihm vollzogen war, ergriff sein abgeschlagenes Haupt, und trug es bis über Casaccia bis auf die Stelle, wo den Heiligen zu verehren die Kirche erbaut wurde, deren Zerstörung wohl hier im reformierten Bregaglia, aber nicht in dem nahen Römischen Italien dem Glauben an Gaudenz Wunderkraft Eintrag gethan hat. Nicht nur der Glaube baut und erhaltet Kirchen, scheint es, sondern vielleicht öfter noch bauen und erhalten Kirchen sich den Glauben.

Bregaglia ist wohl das einzige freie und reformierte Gemeinwesen, in dem das Volk die Italienische Sprache spricht. In Puschiavo, wo ebenfalls der Volksstamm Italienischen Ursprungs ist und diese Sprache spricht, sind die Bewohner vermischt beiden Bekenntnissen, dem reformierten und römischen, zugethan. Wenn seit Jahrhunderten der Kultus und die Verfassung auf ein Volk gewirkt haben, so müssen diese mächtigen Agenzien der Karakter- und der Sittenbildung unläugbar sichtbare Spuren hervorbringen; Bregaglia und Puschiavo sind nicht so fruchtbar, als Valtellina und Chiavenna, und die Bregeller wohnen in einem Thale, dessen Natur mit der Natur der Thäler von Misocco und Calanka in Uebereinstimmung steht; Misocco und Calanka haben seit Jahrhunderten die nämliche politische Verfassung, aber nicht den gleichen Kultus wie Bregaglia: ob nun der Wohlstand der Bergeller und Pusklaver, ob ihre Sittlichkeit, ob ihre Geistesbildung und ihr Glück größer sey, als unter jenen mit ihnen verwandten Volksstämmen: diese Frage beantwortet schon der Blick auf Bregaglia und seine Bewohner, und es beantwortet sie das Zeugniß eines jeden, der mit diesen Thälern bekannt geworden ist *).

*) Mit Bedauern muß der Verfasser hier bemerken, daß das günstige Urtheil, welches er in der Reise über den Gotthard und Bernardin, S. 104 und 105 über Misocco gefällt, sich auf den unwahren Bericht eines dortigen Vorgesetzten gründet. In keinem Thal Bündens soll die Prozeßsucht größer seyn. Von den

Unweit Casaccia steht ein Wäldchen von Weißellern auf einer Schutthalde von Granittrümmern, und nach dem Vorkommen dieses Baumes zu schließen, gedeiht er so gut auf dem Gestein des Urgebirgs, als auf Kalkschutt, auf dem die Weißerle im Bernergebirg einen vorzüglichen Wuchs zeigt *). Unter der Wasserscheide von Maloya werden Rothtannen herrschend, und Lärchtannen, die hingegen mit Arven im Oberengadin herrschend gewesen, finden hier sich selten. Unter den Rothtannen sind dann Vogelbeerbäume die ersten Laubholzbäume, und unter diesen ist der Berghang gegen Casaccia eine Strecke weit mit Droseln **) überzogen. Die Ufer der Mera sind wie die Ufer der Bergströme in den westlichen Alpen mit schönen Weißellern bekleidet. Bei Casaccia selbst ist noch kein Getreidebau sichtbar, und nur wie zur Probe waren in einem Gärtchen Kartoffeln gepflanzt, die eben erst in der Blüthe standen. Casaccia mag bei 4600 Fuß über dem Meere liegen, und bei solcher Höhe ***) sollte dem Anschein nach der Getreidebau noch besser, als in gleicher Höhe am Inn gedeihen können; es scheint aber der hier sehr steinichte, von

---

Sitten des Thales Bergell hat hingegen der Verfasser einstimmig Gutes gehört. Bergell war schon im Jahre 1028 ein freies, nur von den Kaisern abhängiges Land, wie ehemals die Waldstätte oder Urkantone.

*) Am Fuße des untern Grindelwaldgletschers will dieser Baum im Granitsand nicht gut wachsen; am Fuße des obern Gletschers gedeiht er hingegen in Sand- und Bruchstücken des Thonschiefers gut.

**) Betula alnus viridis.

***) Scheuchzer giebt die Höhe von Casaccia zu 4776 Fuß an. Unser Barometer stand hier den 4. Herbstmonat 1822 des Morgens um halb 5 Uhr auf 23. 8. 1., das Thermometer auf 10°; das korrespondierende Barometer in Bern, das um 8 Uhr des Morgens beobachtet wurde, mochte um 5 Uhr etwa auf 26. 6. 5. gestanden haben.

Straßen im Innern der Schweiz ein unerläßlicher Bedarf, selbst dann, wenn diese Sperren fast aller Staaten gegen alle noch lange fortdauern sollten. Es giebt in der Lehre der Ursachen des Wohlstandes der Völker eine Wahrheit, die älter ist und fester steht, als zufällige Begrenzungen und Finanzspekulationen; eine Wahrheit, die in unsern Tagen sich allgemeiner zu verbreiten scheint, und wohl am ersten geeignet ist, die tiefen Wunden eines zwanzigjährigen Völkerkrieges zu heilen; die Wahrheit nämlich: daß nur die Freiheit des Verkehrs zwischen allen Völkern, zum Heile aller gereichen könne. Der einzelne Mensch soll ja nicht an die Erdscholle, auf der er gebohren, gefesselt seyn, nicht nur zu seinen Füßen den Boden aufwühlen, um in stumpfsinniger Genügsamkeit die wenigen Bedürfnisse von den wenigen Erzeugnissen zu befriedigen, die diese Erdscholle ihm trägt; eben so wenig, als der einzelne Mensch dürfen Geschlechter, Gemeinheiten, Staaten sich von einander abschließen. In unendlicher Mannigfaltigkeit sind über die ganze Erde Kräfte und Erzeugnisse verbreitet, und so weit diese Erde von vernünftigen oder der Vernunftbildung fähigen Menschen bewohnt ist, so weit sollen diese jeden Mangel und Bedarf durch Austausch ausgleichen können. Es will die Vorsehung, daß der Mensch bedürfe, und daß er in freier Thätigkeit, nur allein beschränkt durch sittliche Gesetze, zu befriedigen suche, was er bedarf, damit die nie gesättigte Begierde zu nie erlähmender Thätigkeit, und diese Thätigkeit zu nie vollendeter Entwicklung seiner Kräfte führe. Ueberall über die ganze bewohnte Erde soll darum der Handel seine Kreise ziehen, und nicht nur einzelne, zufällig sich nahe liegende Gemeinheiten, sondern in allen Richtungen die nächsten und entferntesten mit den nächsten und entferntesten in Verbindung setzen, und wie Moses Zauberstab durch Berührung Quellen aus dem dürren Gestein der Wüste entband, sein irrendes, verschmachtendes Volk zu retten, so soll der Genius des Handels alle Völker berühren, und einen Kreis um sie schliessen, der zugleich die ganze Erde in sich fasse, auf daß der Menschen Thätigkeit, ihre Erfindungsgaben und Geisteskräfte belebt, der Erde Erzeugnisse, dem Menschen Bildungen entlocket werden.

Solchen Betrachtungen hatten wir uns von Maloya heruntersteigend, in Erinnerung des Julierpasses und seiner zu hoffenden Vortheile hingegeben, in Erinnerung auch der rührenden Klagen, die uns im Unterengadin von Tyrolischen und Bündischen Landleuten, über die Lähmung alles Verkehrs zu Ohren gekommen.

Mehrere Weiber und Landleute von Chiavenna begegneten uns noch unweit der Höhe des Passes, die große Lasten Trauben, Feigen und Pfirschen, die Erzeugnisse des nahen Italiens, den Menschen am Fuße der Berninagletscher zutrugen. Ach, sie hatten auf dem alten Boden des Vaterlandes gereift, den mit Strömen Blutes der Heldenmuth gedüngt und erworben! Gerne kauften wir den müden Trägern von diesen Früchten ab, und freuten uns, daß die scheuen Blicke, die unglücksagenden Züge der blaßgelben Gesichter sich an den freundlich theilnehmenden Fragen der Schweizer erheiterten. Unweit Casaccia erreichte uns die Nacht; kaum erkannten wir über dem Flecken einen alten, hohen, einsam stehenden Thurm. Die Straße war verlassen, und nur das Rauschen des Mera und der fernern Wasserfälle unterbrach die Stille. Unweit dem Dorfe wies unser Führer noch auf Ruinen eines Klosters, das vormals dem heiligen Gaudentius geweiht war, und dessen Gemäuer nun die Legende des wunderthätigen Heiligen uns wieder in Erinnerung brachte. Bekanntlich wurde dieser Sankt Gaudenz von Arianischen Ketzern verfolgt, flüchtete in dieses Thal, predigte die wahre Religion, wurde aber von den heidnischen Obrigkeiten ergriffen, und zu Vicosoprano, anderthalb Stunden weit von Casaccia, enthauptet. Gaudenz aber, sobald das Todesurtheil an ihm vollzogen war, ergriff sein abgeschlagenes Haupt, und trug es bis über Casaccia bis auf die Stelle, wo den Heiligen zu verehren die Kirche erbaut wurde, deren Zerstörung wohl hier im reformierten Bregaglia, aber nicht in dem nahen Römischen Italien dem Glauben an Gandenz Wunderkraft Eintrag gethan hat. Nicht nur der Glaube baut und erhaltet Kirchen, scheint es, sondern vielleicht öfter noch bauen und erhalten Kirchen sich den Glauben.

Bregaglia ist wohl das einzige freie und reformierte Gemeinwesen, in dem das Volk die Italienische Sprache spricht. In Puschiavo, wo ebenfalls der Volksstamm Italienischen Ursprungs ist und diese Sprache spricht, sind die Bewohner vermischt beiden Bekenntnissen, dem reformierten und römischen, zugethan. Wenn seit Jahrhunderten der Kultus und die Verfassung auf ein Volk gewirkt haben, so müssen diese mächtigen Agenzien der Karakter- und der Sittenbildung unläugbar sichtbare Spuren hervorbringen; Bregaglia und Puschiavo sind nicht so fruchtbar, als Valtellina und Chiavenna, und die Bregeller wohnen in einem Thale, dessen Natur mit der Natur der Thäler von Misocco und Calanka in Uebereinstimmung steht; Misocco und Calanka haben seit Jahrhunderten die nämliche politische Verfassung, aber nicht den gleichen Kultus wie Bregaglia: ob nun der Wohlstand der Bergeller und Pusklaver, ob ihre Sittlichkeit, ob ihre Geistesbildung und ihr Glück größer sey, als unter jenen mit ihnen verwandten Volksstämmen: diese Frage beantwortet schon der Blick auf Bregaglia und seine Bewohner, und es beantwortet sie das Zeugniß eines jeden, der mit diesen Thälern bekannt geworden ist *).

*) Mit Bedauern muß der Verfasser hier bemerken, daß das günstige Urtheil, welches er in der Reise über den Gotthard und Bernardin, S. 104 und 105 über Misocco gefällt, sich auf den unwahren Bericht eines dortigen Vorgesetzten gründet. In keinem Thal Bündens soll die Prozeßsucht größer seyn. Von den

Unweit Casaccia steht ein Wäldchen von Weißellern auf einer Schutthalde von Granittrümmern, und nach dem Vorkommen dieses Baumes zu schließen, gedeiht er so gut auf dem Gestein des Urgebirgs, als auf Kalkschutt, auf dem die Weißerle im Bernergebirg einen vorzüglichen Wuchs zeigt *). Unter der Wasserscheide von Maloya werden Rothtannen herrschend, und Lärchtannen, die hingegen mit Arven im Oberengadin herrschend gewesen, finden hier sich selten. Unter den Rothtannen sind dann Vogelbeerbäume die ersten Laubholzbäume, und unter diesen ist der Berghang gegen Casaccia eine Strecke weit mit Droseln **) überzogen. Die Ufer der Mera sind wie die Ufer der Bergströme in den westlichen Alpen mit schönen Weißellern bekleidet. Bei Casaccia selbst ist noch kein Getreidebau sichtbar, und nur wie zur Probe waren in einem Gärtchen Kartoffeln gepflanzt, die eben erst in der Blüthe standen. Casaccia mag bei 4600 Fuß über dem Meere liegen, und bei solcher Höhe ***) sollte dem Anschein nach der Getreidebau noch besser, als in gleicher Höhe am Inn gedeihen können; es scheint aber der hier sehr steinichte, von

---

Sitten des Thales Bergell hat hingegen der Verfasser einstimmig Gutes gehört. Bergell war schon im Jahre 1028 ein freies, nur von den Kaisern abhängiges Land, wie ehemals die Waldstätte oder Urkantone.

*) Am Fuße des untern Grindelwaldgletschers will dieser Baum im Granitsand nicht gut wachsen; am Fuße des obern Gletschers gedeiht er hingegen in Sand- und Bruchstücken des Thonschiefers gut.

**) Betula alnus viridis.

***) Scheuchzer giebt die Höhe von Casaccia zu 4776 Fuß an. Unser Barometer stand hier den 4. Herbstmonat 1822 des Morgens um halb 5 Uhr auf 23. 8. 1., das Thermometer auf 10°; das korrespondierende Barometer in Bern, das um 8 Uhr des Morgens beobachtet wurde, mochte um 5 Uhr etwa auf 26. 6. 5. gestanden haben.

den Bergströmen öfter mit Grand überführte Boden die Bewohner vom Getreidebau abgeschreckt, und der Handelsverkehr gegen das Engadin und den Splügen sie von dem landwirthschaftlichen Betrieb abgezogen zu haben.

Wir hatten erwartet, in dem unansehnlichen Casaccia ein schlechtes und unangenehmes Nachtquartier zu finden. Das Wirthshaus war, als wir ankamen, von Bergellerlandleuten ganz besetzt, und wir vernahmen lauter Italienische Laute, an die wir durch irrige Ideenverbindung das Gefühl der Unsicherkeit und Unbehaglichkeit knüpften. Allein wir fanden in diesen Hirten Höflichkeit ohne Kriecherei, unerwarteten Anstand, ein frohes Wesen und einen Menschenschlag, der durch schöne Bildungen sie vortheilhaft von den Landleuten des Kantons Tessins, von Chiavenna und Misocco auszeichnete. Die Betten waren äusserst reinlich, zwischen nackten Mauern zwar, aber mit seidenen Decken und weichen Matratzen versehen. Auch die Zeche war so mäßig, daß wir sie mit der Italienischen Sprache nicht in Harmonie zu bringen wußten.

Im Absteigen gegen Vicosoprano werden einige der schönsten Wasserfälle sichtbar; die Formen des hohen Gebirgs in der Kette des Septimers, und noch mehr in der südlichen Kette des Forcula di Mezzo werden immer zerrissener, Felstrümmer häufiger, der Boden fast überall steinicht. Zuerst sind immer noch die Rothtannen an den Berghalden herrschend, dann werden es gegen Vico die Lärchtannen, und zwischen diesen stehen einzeln noch Arven, wie Fremdlinge in den wärmern Lüften. Bei Vico, etwa 3380 Fuß über dem Meere *) reifen nun alle gewöhnlichen Getreidarten; der Kartoffelbau ist allgemein, und auch der Mais, der wenig tiefer

*) Des Morgens um 7 Uhr hielt sich das Barometer hier auf 24. 9. 5., in Bern um 8 Uhr auf 26. 6. 2. Das Thermometer war in Vico auf 10°, in Bern auf 13°.

bei Stampa gut gedeiht, ist nicht selten reif geworden; dennoch wird weder viel Mais gepflanzt, noch ist der Getreidebau von Bedeutung, weil, sagen die hiesigen Landleute, alles Wiesenland zur Heuerzeugung für die Winterfütterung des Viehs, und besonders für die Fütterung der Pferde dienen müsse, die wegen des Transitgewerbes in grösserer Anzahl gehalten werden, und ohne Zweifel auch Ursache sind, daß nicht alle Gemeinalpen von Bergell, und besonders von Vico mit eigenem Vieh bestoßen, sondern an Italienische Schafhirten verpachtet werden müssen. Ehemals war in Bergell die Schafzucht blühender, da die Thalschaft das Recht hatte, ihre Schafheerden auf der großen Fläche (piana d'espagna) bei Fuentes, in der Grafschaft Chiavenna, im Winter weiden zu lassen; ein Recht, das nun mit andern Rechten der Bündner verloren gegangen ist. Der Klee soll bei Vico sehr gut gedeihen, wird aber nirgendwo im Thale künstlich angezogen. Die reichen Quellen fließen unbenutzt für den Wiesenbau über das trockene steinichte Gelände, und nur in Castasegna, an der Grenze des Bergells, finden Wässerungen Statt.

Wie die Engadiner, so sind auch die Bergeller zu Auswanderungen und zu den nämlichen Industriezweigen geneigt, und wie den Engadiner, so locket auch ihn die Heimath unwiderstehlich zur Rückkehr. Seit zwanzig Jahren sollen sich die Wiesenpreise verdoppelt haben, da die Konkurrenz der wohlhabend zurückkehrenden Auswanderer, die sich Land ankaufen, die Preise höher hält. Ein Quadratklafter des besten, jedoch immer etwas steinichten Wiesenlandes kostet bei Vico einen Gulden.

Bei Stampa sind zwei Granitfelsstücke, jedes von fünfzig Fuß Höhe, vom Berge gestürzt; sie liegen aufrecht gegen einander gelehnt, und die Straße geht unter der Wölbung, die sie bilden, durch. Mit Bangen gedachten wir unter den noch immer drohenden Massen des unglücklichen Plürs.

Unter der herrlichen Ruine von Porta erscheint nun die

nehmungen bereichert; sie waren Pächter der Lombardischen Bergwerke, und verbreiteten in der Vaterstadt und in weiten Fernen den Segen der Betriebsamkeit. Zwanzigtausend Pfund Seide wurden jährlich in Piuro, und in Cilano fünfzigtausend Dukaten in den Werkstätten gewonnen, wo der Lavetzstein zu mannigfaltigen Gefäßen geschnitzelt wurde. Die letzten Tage des Augusts und die ersten des Herbstmonats im Jahre 1618 ergossen sich fortdauernd Gewitterregen über die Gebirge. Eine Erdschicht riß sich vom Conto los, und verschüttete einige Weinberge und Häuser von Cilano. Den 4. Herbstmonat klärte sich der Himmel auf, der Abend nahte, und um die Stunde des Ave Maria versammelten sich die Frommen beider Glaubensbekenntnisse zum Gebet. Die Nacht war angebrochen, Stille herrschte in den Lüften, und das Licht des Mondes ergoß sich über die Erde. Da stürzte plötzlich ein Theil der Felsenwände des Conto auf Piuro und Cilano nieder, zerschmetterte Häuser und Palläste, und zweitausend vierhundert und dreißig Menschen fanden unter dem Schutt des Felsens ihr Grab; nur drei zufällig abwesende Menschen von Piuro entrannen dem Tode; nur ein Pallast der Vertemate, der auf dem rechten Ufer der Mera stand, blieb unversehrt: noch stehen die Mauern dieses Gebäudes, öde und zerfallen am Rande des niedergestürzten Felsen, und bezeugen in übrig gebliebenen Zierden den Reichthum und die Pracht der ehemaligen Besitzer.

Wir wandelten von der Höhe von Castelsegno über Santa Croce hinunter, und auf diesem Wege fanden wir überall die Berghalden mit niedergestürzten Felsstücken bedeckt, zwischen denen Weinreben und Kastanienbäume die karge Nahrung in der glühenden Hitze suchen. Alle diese Felstrümmer schienen uns von Granit zu seyn. Vergeblich forschten wir nach der Erklärung dieser Erscheinung. Im westlichen Alpengebirg ist nirgendwo das Urgebirge solchen Zertrümmerungen ausgesetzt, und selbst die steil zerrissenen Kalk- und Schieferfelsen zeigen

dort

dort nie solche fürchterliche Brüche. Von Casaccia hinweg bis Chiavenna, und von da zurück durch's Jakobsthal bis an den Fuß des Splügens wiederholt sich überall der beängstigende Anblick von zerspaltenen Felsen, die größer oder kleiner seit den Zeiten der Vorwelt heruntergestürzt sind, und überall mit Schutt die Hänge des Gebirgs bedeckt haben. Von heftigen Erdstößen weiß hier Niemand zu erzählen, und das Gebirg senkt sich weniger steil in vielen Gegenden des westlichen Alpengebirgs gegen die Thäler. Wie heißt denn die geheime, im Verborgenen wirkende, fürchterliche Kraft, die hier die harten Granitmassen spaltet und von einander reißt? Welche Bestandtheile sind diesen Felsen beigemengt, die solche Zerklüftungen begünstigen? Auf den alten Lavenströmen der Vulkane siedeln immerfort sich Menschen dem Schicksal und mitleidigen Mächten vertrauend an, und auch hier an den Ufern der Mera und der Lira bauen immer unter dem drohenden Gebirg die Menschen sich neben den niedergestürzten Felsen Hütten und Palläste, und ihre Kinder spielen froh am Rande der Gräber. Vor den Neronen und Philippen, und vor den Priestern des Aberglaubens flieht der Mensch; aber mitten unter den Schrecknissen der Natur vertraut er gerne den Mächten des Himmels.

Wir befanden uns auf der Höhe des Berghanges, der zwischen Santa Croce und Prosto sich gegen die Mera senkt, und auf der Höhe über dem unglücklichen Piuro überschauten wir den Schauplatz der fürchterlichen Verwüstung. Gegenüber ragten mehrere noch immer drohende Zacken des hohen Conto's, und tief unter ihnen lehnte sich der ungeheure Schuttkegel, sparsam mit Gräsern und Gesträuchen bedeckt, auf dem großen Grabe an die Seite des Berges an. Unter uns rauschte die Mera in weitem Bogen an den Trümmern vorbei; über ihren Wogen starrte das Gemäuer des Pallastes der Vertemate aus wildem Gesträuch empor, und neben der Ruine erblickten wir die in den Berghang eingeschnittene, mit Gras bewachsene Straße, die einst nach dem blühenden Piuro führte. An der Mera aufwärts ragte das Kreuz der Kapelle von Santa Croce hinter dem Schuttberge hervor, abwärts an dem Strome fiel der Blick auf den schönen Thurm von Sant Abundio, dessen Fuß im Schutte eines spätern Felsbruchs steht, und hinter Abundio überraschte der Fall eines wasserreichen Bachs, der von der nahen Felswand gegen die Mera stürzt. Welches Gemälde, und welche Empfindungen, wenn hier am Fuße dieser Felswand das Licht der Abendsonne sich in Regenbogen bricht, oder im Schaum der Wasserfluthen glüht; wenn dann das Kreuz der Kirche von Croce über dem Grabesrande schimmert, die Glockentöne durch die bewegten Lüfte zittern, und zwischen dieser Zerstörung der Natur aus Todesschauern der Geist sich zu erheben strebt! Wer malt die Schreckenbilder und die Qualen jener Nacht, als unter den niedergestürzten Felsstücken, der Gattin, des Gatten und der Kinder Blut zusammenfloß, als in dem Blute der Mutter die über die Wiege sich geworfen, des Säuglings Odem sich verlor, als unter Felsstücken, die gegen einander sich gewölbt, in Finsterniß die Klagen der Verlassenen verhallten! Und doch, was sind die kurzen Leiden der Wenigen von Plürs in Vergleichung der langen Leiden der Tausenden von Scio! Besser ist's, ihr fielt in Gottes Hand, als in der Menschen!

Unweit Chiavenna war ein hoher Triumphbogen, der mit aller architektonischen Pracht sich über die Straße wölbt, der erste Gegenstand, der die Reisenden aus ihrer Stimmung riß. Eine lateinische, mit großen goldenen Buchstaben an die Wölbung geschriebene Inschrift sagt, daß dieses Werk dem Cäsar Augustus Franciscus von Oesterreich zu Ehren von dem dankbaren Volk der Grafschaft Chiavenna errichtet worden sey. Das Wehen des Italienischen Sirocco wurde hier schon fühlbar; wir eilten mit glühenden Wangen und glühender

Stirne unter dem Bogen durch, und nach kurzer Rast und Erfrischung im Gasthofe, auf den öffentlichen Platz der Stadt, wo wir zwischen Bignonien und Rosen-Akazien Blumenkränze gewunden fanden, um die nahe Ankunft des Erzherzogs Vicekönigs von Italien zu feiern. Der Platz war von Ballspielenden belebt; wir drangen durch, um an der jenseitigen Grenze ein Freskogemälde zu betrachten, das auf einer langen weissen Mauer halbverblichene Gestalten von Männern und Pferden vorstellte. Unser Begleiter erklärte nun, daß dieses Denkmal aus der unlängst vergangenen Zeit stamme, wo die Republik Bünden noch die Grafschaft durch Podestaten oder Kommissarien verwalten ließ, und daß jenes Gemälde den vormals üblichen ausserordentlich festlichen Einzug der neuerwählten Beamten Bündens vorstelle, dem die Bürger der Stadt und das Volk entgegen zogen. Wir betrachteten genauer das Gemälde, und fanden dasselbe durch Steinwürfe sehr beschädigt; dennoch waren die Köpfe der Reuter noch wohl erhalten, so wie unter diesen Köpfen die Pferdefüße, zwischen beiden aber war alles zerstört. Unser Begleiter versicherte boshaft, daß diese noch wohl erhaltenen Köpfe sehr ähnliche Porträte seyen von Männern, die damals das dankbare Volk angeführt, dem damaligen guten Regenten die gebührende Ehre zu erweisen, und daß eben diese Männer später am thätigsten gewesen seyen, den schönen Triumphbogen vor dem Bergeller Thore dem neuen Herrscher zu errichten.

Wir besuchten die Felshöhlen unweit der Stadt, die überall in dem hiesigen Gebirge gefunden werden, beständig kühle Lüfte ausströmen, und den Bewohnern der Stadt zu trefflichen Vorrathskellern für ihre Weine dienen. Wir siedelten uns in einer Grotte an, vor deren Eingang ein großer Bergahorn, angelockt durch die kältern Lüfte, seine Krone unweit Bignonien, Cytisen und Cypressen ausbreitete, und waren so glücklich, auf kurze Zeit in freundlichem Umgang gefälliger

15 *

Menschen, und unter dem Genusse italienischer Weine alle Triumphbogen, Denkmäler und das nahe Grab von Plürs zu vergessen.

Noch besahen wir das ungeheure Felsstück, das in der Vorzeit, ehe Chiavenna gebaut war, von dem nahen Berghange niederstürzte. Auf dem Felsstück selbst sind Ruinen von Festungswerken sichtbar, in welche nun von einem guten Bürger fruchtbare Erde getragen, und Pflanzungen nützlicher Gewächse angelegt worden sind. Am Fuße des Felsenstücks sind vier große zerfallende Thürme mit durchlöcherten Mauern zu einem großen Viereck verbunden, die alte, von den Visconti erbaute Citadelle der Stadt, die hier von modischen Gebäuden und Menschen umgeben so fremd wie alte Sitte und alte Kraft unter gezierten Schwächlingen steht. Der Anblick der Gärten auf dem niedergestürzten Felsen, der zerfallenden Veste, dieser Häuser, die sorglos unter den zerspaltenen Bergen rings um den fürchterlich und vergeblich warnenden Felsen erbaut werden; diese Bilder hinterliessen, vereint mit den Bildern von Plürs, Eindrücke in unserer Seele, die erst auf der Höhe des Splügens wohlthuendern Gefühlen wichen, als die kältern, stärkenden Lüfte aus dem geliebten Vaterlande wieder uns umwehten.

9.

Weg von Chiavenna nach dem Splügen.

Ehrenbogen auf der Splügenstraße. Heuwagen. Felsensturz und Thalverengung bei Santa Maria. Tempelbau. Die Volksstimme. Campodolcino. Isola. Vegetation. Die Schutzhäuser auf der Splügenstraße. Hospiz. Schafalp der Bergamasker. Schafmilch. Schafkäse. Schafracen. Aussicht auf die Thäler von Giacomo und Rheinwald. Trennung von Chiavenna, Valtellina und Bormio von der Schweiz.

Zwischen Weinbergen hindurch, in denen überall schon reife große Trauben an den üppigen Stöcken hiengen, wanderten wir die neue Straße aufwärts, die durch das Thal von Giacomo über den Splügen mit einer Pracht und Stärke gebaut ist, die nur zu sehr, wenn auch nicht an den Geist, doch an die Arbeit der Simplonstraße erinnern. Auf der ganzen Straße, so weit sie über Lombardisches Gebiet läuft, waren von hölzernen Gerüsten Ehrenbogen errichtet, die eben mit Zweigen und Laubwerk bekleidet wurden, da in wenigen Tagen der Erzherzog zur Besichtigung der Kunststraße erwartet wurde. Ueberall hatten wir schmerzliche Klagen über die Beschränkung des Handels vernommen, und eine neue Verordnung der Lombardischen Behörden, die unerwartet den für die hiesigen Landschaften so wichtigen Transithandel mehr beschränkte und belästigte, hatte diese Klagen noch gesteigert. Ueber die edle Denkungsart des Fürsten war nur eine Stimme, und daher konnten wir die Errichtung so vieler Triumphbogen auf seinem Wege nicht ganz auf Rechnung niedriger Schmeichelei setzen, um so weniger, da wir in den Bogen Zypressenzweige, die

Sinnbilder der Traüer, eingeflochten erblickten, und, wie es scheint mit Absicht, diese Bogen meistens in der Nähe von Häusern der Landleute angelegt waren, die fensterlos, schmutzig und zerfallen, als Bilder der tiefsten Armuth, wahrlich nicht zur Zierde dieser künstlichen Laubgewölbe dienen konnten.

Bei Santa Maria machten wir den ersten Halt unter der Vorhalle eines neuen Wirthshauses. Eine herrlich schöne Kirche, unter den üppigsten Bäumen, steht hier zwischen den elendesten Hütten, aus denen blaßgelbe Gesichter unter wild verwirrten Haaren, mit Ausdrücken des Mißtrauens und des Elendes hervorschauten, und zwischen den rothwangichten und fettrunden Gesichtern eines vorbeiwandelnden Priesters und des breit da stehenden Wirths vielsagende Kontraste bildeten.

Schon in Bergell und auch hier im Jakobsthal war den Reisenden eine besondere Art von Wagen aufgefallen, die gebraucht werden, das eingesammelte Heu von den Berghöhen nach der Tiefe des Thäler zu führen. Der Wagen enthält nur zwei Räder, auf deren Axe die Köpfe zweier starken Hölzer befestigt werden, die 8 — 10 Fuß lang sind, und rückwärts mit den entgegengesetzten Enden, wenn der Wagen in Bewegung ist, auf der Erde schleifen. Mehrere Zentner Heu werden dann unweit diesem tiefern Ende auf einige Querhölzer gebunden, die in rechtem Winkel jene beiden Längenhölzer befestigen. Das Gewicht des Heues zwingt die Längenhölzer mit ihren tiefern Enden in die Erde auf dem Schlittweg einzuschneiden, und der Wagen kann auf diese Weise durch Ochsen von steilen Anhöhen nach den Tiefen gezogen werden, ohne mit Gefahr für das Zugvieh oder den Fuhrmann zu rasch bergunter zu gleiten. Der Gebrauch dieser Wagen setzt voraus, daß längs den Berghängen Schlittwege angelegt seyen. Wir haben schon bemerkt, daß im Bündischen Gebirg diese Wege öfter, als im westlichen Alpengebirg vorkommen. Daß Weiber auf grosen Tragkörben fast Zentnerschwere Lasten Heu in die Scheunen tragen, haben wir ebenfalls nur in den Thälern des Italienischen Bündens bemerkt; so auch nur im Jakobsthale, daß Mütter, wenn sie in Geschäften im Thale herumwandern, ein oder zwei kleine Kinder, die der Mutter noch nicht folgen können, mit breiten Banden auf ihren Rücken befestigen, und unter dieser Last zugleich im Gehen sich mit Strickarbeiten beschäftigen. Wir wissen nicht, ob die größere Rohheit der Männer hier dem schwächern Theile des Geschlechts die schweren Arbeiten aufgebürdet, oder ob die Auswanderungssucht der Männer ihren Weibern die harten Anstrengungen nöthig gemacht hat. Nicht ohne inniges Mitleid haben wir einen Zug von Müttern erblicken können, die, gleichsam als Zeugen tiefer Dienstbarkeit und Erniedrigung, auf der neuen Straße ihre Kinder auf dem Rücken, mit dem Antlitz zur Erde gebeugt, neben uns vorbeiwankten. Rechts im Hinaufsteigen gegen den Splügen, unweit Santa Maria, sind Spuren eines alten, fürchterlichen Felssturzes. Fünfzig Fuß hohe Granitquadern thürmen sich da zu einem Damme auf, der das Bett der schäumenden Lira verengt, und wunderbar auch auf das Pflanzenleben gewirkt hat. Die Kastanienbäume nämlich steigen an dem Flusse hinauf, und zieren die Berghänge bis an den Fuß dieses großen Schuttdammes, jenseits welchem dieser Baum verschwindet, und nur Eschen und Ahorne in den Nordwinden gedeihen. Weißerlen haben auch hier an den Ufern der Lira, wie am Tessin unter dem Thore des Platifers, die Grenze des Nordens überschritten, und wachsen üppig unweit Trauben und Kastanienbäumen am Ufer des Stromes.

Auch hier im Giacomerthal, wie in Leventina, Misocco, und Calanca, sind die schönen Kirchen meistens auf Anhöhen erbaut, von denen sie, wie die Heiligen auf Thabor, erfreuend und erhebend in die Thäler nieder glänzen. So ist die Kirche von Santa Trinita, unweit Santa Maria, und so sind die mehrsten Kirchen in Leventina gebaut. Oft zieren noch hingepflanzte Ulmen die Gebäude, und unter den schönen Bogen der Zweige dieses edelen Baumes fallen um so schöner die Gotteshäuser in die Augen. Wie wenig entsprechen gewöhnlich die mehrsten Kirchen zu Stadt und Land so vielen Kirchen unter dem Italienischen Himmel! Wie kalt läßt uns nicht selten der Anblick der Kirchgebäude, und das öde, leblose Gemäuer in ihrem Innern! Wo und wie sie erbaut werden, scheint gleichgültig, als wenn den Schönheitssinn im Menschen zu wecken ganz unverdienstlich wäre, jenen Schönheitssinn, der Offenbarung des Heiligen auf Erden ist, das die Tempel selbst so deutlich aussprechen können, als Worte, die in diesen Tempeln ertönen. Wo die Natur am schönsten ist in jeder Gegend, da sollten die schönsten Kirchen stehen; nicht selten aber häuft man die Tempelsteine in Sackgäßchen aufeinander, oder stellt sie in den Schatten der Menschenhäuser, wo so oft mit irdischem Schmutz die Bethäuser entweiht sind. Wie manchen alten Kriminalisten hören wir den barbarischen Gebrauch rühmen, der da will, daß Henkergerüste und Schaffote an erhabenen Orten stehen, damit von Ferne her die Sünder sie erblicken, und der Schreck des Anblicks den Dieb und Mörder treffe. Ach, nicht der Schrecken, die Erhebung ist's und der Trost, deren der arme Mensch am meisten bedarf!

Ein Bauer aus Olmo, einem Dorfe, das hoch vom Berge auf die Straße herunter schaut, war eine Zeitlang mit uns gewandert, und hatte in schnellem Vertrauen sich gegen die Schweizer aufgeschlossen. Die Straße gieng eben in sanften und schönen Windungen an einem steilen Berghang hinan, als unter uns das folgende Gespräch angeknüpft wurde:

È una bellissima strada. — Costa assai al paese. — Come al paese? — Il povero paese paga tanto. — *Il* vice rè verrà presto? — Forse dimeno. È una fortuna, se viene; speriamo, che levera la prohibizione del transito. Siamo povereti, e se si preudesse gli voti di tutti gli abitanti della nostra valle, sarebbero tutti d'un sol voto per unirsi alla cara vecchia patria; ma il Governimento ha una vacca, che può mungere tutto l'anno, per cio non la vuol lasciar andar fuor la stalla.

Des Volkes Stimme ist Gottes Stimme, haben viele Weisen gesagt, und viele Thoren haben den Spruch mißbraucht, und mißverstehend den tiefen Sinn, dem bösen Geiste die Verführten dienstbar gemacht. Die Gerechtigkeit ist's und die Menschenliebe, die Gottes Stimme heißt; sie ertöne im Munde der Fürsten oder der Völker, und was Gottes Wille ist, das würde vielleicht der arme Bauer von Olmo besser, als kein Hochgelehrter aussprechen können!

Bei Santa Maria hat in einer Höhe von etwa 2750 Fuß über dem Meere (also in ungefähr gleicher Höhe wie in Livinen und Bergell unter den Felsschluchten des Plattifers und von Porta), der Kastanienbaum die Grenze seines Vorkommens erreicht *), und jenseits dieser Grenze über der Thalverengung werden nun die schönsten Eschen, höher Buchen, und endlich Ahorne bei Campodolcino an den Berghängen herrschend. Das letztere Dorf liegt auf einer fast wagrechten Thalfläche, und entspricht durch das schönste Grün der Wiesen, die klarsten und lebendigsten Gewässer, durch malerische Formen der Felsen, und den üppigsten Baumwuchs der einladenden Benennung. Von Chiavenna hinweg bis hier ist das Thal der Lira immer enge, die Berghänge immer noch zerrissen, und hölzerne Kreuze, die überall zwischen niedergestürzten Felsstücken gepflanzt sind, verrathen die Gefahren des Weges. Bei dem Dörfchen Fo ist die erste nur unbedeu-

*) Den 5. Herbstmonat des Morgens um 8 Uhr hielt sich das Barometer bei Santa Maria auf 25. 6. 5., das Thermometer auf 13°. In Bern stand zu gleicher Zeit das Barometer auf 26. 6. 4., das Thermometer ebenfalls auf 13°.

tende Thalerweiterung, die durch eine engere Felsschlucht von der Fläche von Campodolcino wieder abgeschnitten ist. Eine geschmackvoll erbaute, auf einer kleinen Anhöhe stehende Kirche ziert hier, von den schlanksten Eschenbäumen beschattet, das Thal; ein Strom stürzt neben der Kirche unter den dunkeln Laubgewölben, über Felsen schäumend der Lira zu; und von dem jenseitigen Berghang fällt der wasserreiche Starteggiabach neben einem alten Thurm in den Thalgrund. Weiter an der Lira hinauf, die durch ihr Felsenbett mit schönem Wogenspiel sich drängt, verengt sich das Thal wieder unweit Campodolcino; Fichtenwälder beschatten die Straße, und aus ihrem Dunkel stürzt wieder ein wasserreicher Strom, der in vielen Quellen aus den Wiesen des Dorfes Planiasca, auf dem Rücken des Berges, zu entspringen scheint. Auch über dem Starteggiasturz sind zwei Dörfchen und eine Kirche auf der abgerundeten Bergfläche, hoch über dem obern Waldsaum sichtbar, die sicher von den Höhen in das fruchtbare, aber von den Gewässern und Felstrümmern gefährdete Thal, wie Bilder der ruhigen Genügsamkeit herniederschauen.

Die neue Straße läuft immer fürstlich prächtig, wenn auch in solcher Natur nicht fürstlich fest bis Isola, zu dem höchsten Dorfe des Jakobsthales, und von da wendet sie sich von der alten Splügenstraße weg, die durch den Kardinell gegen Norden gebahnt war, eine Viertelstunde weit rückwärts, um längs den steilen Berghalden hinan zu steigen, die zwischen dem Thälchen von Scaloggia und den Schluchten hinter Isola sich erheben. Von Campodolcino führt ein Fußpfad mit Abkürzung mehrerer Stunden durch Scaloggia nach der Höhe des Splügens; wir ließen diesen Fußweg seitwärts, um den schönen Straßenbau mit Muße zu betrachten, und machten in Isola einen Halt von mehrern Stunden, um der schönen Lage von diesem Dorfe uns zu erfreuen, und die Baumvegetation zu beobachten. Nach der Versicherung des Wirthes in Isola hätte die neue Straße, mit Abkürzung von zweien Stunden Weges, mit viel weniger Kosten, und mit weniger Gefahr vor den Schneelawinen durch den Kardinell gebahnt werden können, als über die steilen und fürchterlichen Berghänge, wo sie von den Italienischen Baumeistern wirklich durchgeführt worden ist. Aussagen von Gastwirthen sind selten zuverläßig, wo sie über Vortheil oder Nachtheil der Anlage neuer Straßen urtheilen; daß aber die Italienischen Baumeister die Natur dieses Gebirges zu wenig gekannt, beweist wohl die Bauart der großen und prächtigen Häuser, die zum Schutz der Reisenden längs der Straße in Italienischem Geschmack, aber ganz ohne alle Zweckmäßigkeit in der Sibirischen Wildniß errichtet worden sind.

Isola wird ungefähr 3900 Fuß über das Meer erhöht liegen *). Eben waren hier auf der Thalfläche die Kartoffeln gegraben und die Gerste geschnitten worden. Im Berner Oberland wurden auf einem gegen Norden gewandten Bergrücken, in einer Höhe von 3400 Fuß, die Kartoffeln einen Monat später gegraben, und diese Thatsache ist ein neuer Beweis, wie sehr die Kraft der Vegetation durch die Lage modifiziert, und wie sehr die Temperatur im südöstlichen Alpengebirg für die Vegetation günstiger, als auf den westlichen Alpen ist. Winterroggen gedeiht in Isola gut, wird aber nicht so häufig, als die Gerste, angebaut, und weniger vortheilhaft gefunden. Kirschen hiengen noch reif an den Bäumen; Aepfel- und Birnbäume, die wir überhaupt im Jakobsthale selbst tiefer herunter selten gefunden, werden auch hier in Isola nicht gepflanzt; nicht weil sie nicht gedeihen würden, sondern wegen Unsicherheit der Aernte. Wo im Alpengebirg Obstbäume noch gedeihen könnten, da müssen alle oder

*) Den 5. Herbstmonat des Morgens um 11 Uhr hielt sich hier das Barometer auf 24. 4. 5., das Thermometer auf 12°; in Bern des nämlichen Tages um Mittag auf 26. 6. 3., das Thermometer auf 14°.

viele Landleute zu gleicher Zeit jeder mehrere pflanzen: denn für einzelne Pflanzer ist, sobald die wenigen Früchte durch Seltenheit anlocken, jede Obstärnte dahin, an Orten besonders, wo, wie an der Splügnerstraße, ein großer Verkehr Landleute und Säumer aus rauhen Gegenden nach mildern führt. Flachs und Hanf gedeihen leicht in Isola; üppig wachsend fanden wir in den Gärtchen die Sonnenblumen *). Einzeln stehen schöne Ahorne und noch schönere Eschen auf den Wiesen. Der Bergahorn, das erhellet auch hier, sucht kältere Thäler, die Esche wärmere zu höherm Gedeihen. An den Ahornen hiengen schon reife Samen, mehrere Wochen früher, als in dem 1400 Fuß tiefern Lauterbrunnenthal im Berner Oberland die Ahornsamen reiften. Auch die Zeit des Samenreifens der Alpenbäume in verschiedenen Thälern, könnte über die Abweichungen der Temperatur und die Kulturfähigkeit noch belehrendere Aufschlüsse geben, als vergleichende Zusammenstellungen der Zeit des Reifens der Cerealien. Diese hängt zum Theil von der frühen oder späten Bestellung der Aecker ab, die öfters zufällig ist, da hingegen die Zeitigung der Samen der Waldbäume von wirthschaftlichen Einrichtungen unabhängig ist, und mit mehrerer Sicherheit auf gewisse Grade der Temperatur einer Gegend hinweist, als das Reifen von Gräsern, Kräutern oder Getreidearten. Dennoch können auch diese vergleichenden Beobachtungen des Samenreifens der Waldbäume auf zwei entfernt von einander liegenden Standorten, nicht zuverläßig über die klimatischen Verhältnisse Auskunft geben, selbst dann nicht, wenn angenommen wird, daß diese zur Vergleichung gewählten Holzarten auf ähnlichem Boden und in ähnlicher Lage ihre Früchte gereift: denn so wie es unter den Getreidearten und unter den Obstbaumarten Spielarten giebt, bei denen aus unbekannten Ursachen eine thätigere Lebenskraft auch schnellere Entwick-

*) Helianthus annuus.

lung und früheres Reifen der Samen bewirkt, so wie es z. B. Frühhafer und Frühkirschen giebt, so giebt es auch Frühbuchen, Früheichen, Frühfichten rc. in den Waldungen, da oft auf dem nämlichen Standort und in der nämlichen Lage zwei Bäume in ihrer Blatt- und Blüthenentwicklung, und in der Zeitigung ihrer Früchte von einander abstehen.

Wir stiegen unter Isola auf der neuen Kunststraße an dem Berghang hinauf, und genossen bald der reizendsten Aussicht auf Isola, auf das sanfte Grün des breit geöffneten Thales, auf die Gletscherwelt des hohen Tombo's, und auf die überall von den Berghängen rieselnden und stürzenden Gewässer, die in den schönen Strom der Lira sich vereinen, und dem lieblichen Isola den Namen gegeben haben. So wie das Thal von Lauterbrunnen überall von Strömen und Bächen glänzt, die von den Felsen und aus den Schluchten des zerspaltenen Gebirges niederfallen; so wie das Lauterbrunnenthal gegen die Gletscher der Jungfrau und des Breithorns steigt: so steigt das Thal von Giacomo gegen die beeisten Firnen des Tombo's und des Splügens hinan, und so ist es belebt durch zahllose Quellen und schäumend stürzende Bäche. Welche Fülle des Pflanzenlebens aber herrscht hier in diesem Thale bis in seine höchsten Gründe! Wie arm hingegen ist das Pflanzenleben im Lauterbrunnenthale, das doch um mehr als 1000 Fuß niedriger streicht! Das Thal von Giacomo öffnet sich den Südwinden, das Lauterbrunnenthal hingegen ist gegen Norden geöffnet; aber so sehr auch die Richtung der Thäler auf das Pflanzenleben wirken mag, so erklärt sie nicht hinreichend die vorkommenden Unterschiede in den beiden, von einander so wenig entfernten Gebirgszügen. Daß die tiefere Spaltung der Thäler nachtheilig auf die Vegetation wirke, haben wir schon bemerkt *); aber auch in der größern Breite der Thäler, oder in den größern, rechtwinklichten Abständen

*) Siehe Reise über den Bernardin, S. 145.

einander gegenüberliegender Wasserscheiden liegt eine wichtige, das Pflanzenleben begünstigende Ursache. Je enger das Thal, desto größer ist im Verhältniß die beschattete Thalfläche zu jeder Stunde des Tages, und der Nachtheil, den diese Beschattung für das Pflanzenleben hat, wird auch in dem Falle nicht aufgehoben, wenn die Thäler tief eingeschnitten sind, und also der größern Wärme tieferer Luftschichten theilhaftig werden, da nicht nur Wärme, sondern unmittelbarer und dauernder Einfluß der Sonnenstrahlen zum Gedeihen vieler Pflanzen nöthig ist. Es ist noch nicht untersucht worden, welche Pflanzen bloß die höhere Wärme mit kürzerer Beleuchtung, und welche Pflanzen hingegen mit der höhern Wärme auch längere Beleuchtung zu besserer Entwicklung und zur Zeitigung ihrer Früchte fordern. Wir können nicht umhin einige Thatsachen hier anzuführen, die diesen Unterschied bezeichnen. Der Kirschlorbeer wächst nämlich im Thale von Interlachen im Freien, und hält unbedeckt, ohne von der Kälte zu leiden, die härtesten Winter aus; in Bern hingegen, wo in der That auch die mittlere Temperatur der Wintermonate einige Grade tiefer, als in Interlachen steht, erfriert der Kirschlorbeer, wenn er nicht sorgfältig bedeckt wird. Aber in Bern reifen die Melonen, selbst in gewöhnlich heißen Sommermonaten, während sie auf den mildesten Standorten des Interlachenthals selten zur Reife kommen. Im Interlachenthal hält in einem sehr gut gegen den Nordwind geschützten Garten die immergrünende Italienische Zypresse seit mehrern Jahren ohne bedeutenden Nachtheil die Winter aus, während dieser Baum in Bern nur in Gewächshäusern in Töpfen die Winter verträgt. Im Thale von Interlachen endlich kommen Trauben selbst an Spalieren sehr oft nicht zur Reife, die doch in Bern selten nicht zur Zeitigung gelangen. Wir könnten also aus diesen Erscheinungen schließen: daß Melonen und Trauben nicht eigentlich größere Wärme, sondern vorzüglich längere Beleuchtung durch die Sonnenstrahlen; Zypressen und Kirschlorbeeren aber mehr eine größere Wärme, als eine längere Beleuchtung zu ihrem Gedeihen verlangen, und daß, was wir hier von wenigen Pflanzen bemerkten, auch ohne Zweifel seine Anwendung auf sehr viele andere Gewächse, also auch auf Getreidearten finden werde, die in den breitern Thälern des Rhätischen Gebirges lieber, als in den schmälern und mehr beschatteten Thälern der Berneralpen reifen.

Von Isola hinweg bis zu dem Hospiz des Splügnerpasses sind zur Sicherheit und zur Erholung der Reisenden, die zur Winterszeit den Paß begehen, mehrere Schutzhäuser sehr menschenfreundlich, aber ohne Rücksicht auf diese Gebirgsnatur erbaut, da die Gebäude sowohl, als die Zimmer, so hoch errichtet, die Wände so dünn von Fachwerk erbaut sind, daß sie in der so holzarmen Gegend kaum erwärmt werden können. In jedem dieser Schutzhäuser wohnt das ganze Jahr hindurch eine Familie, die für Entbehrungen und Leiden des Winters von der Lombardischen Regierung bezahlt wird, und durch Schenk- und Speisewirthschaft während der guten Jahrszeit ein reichliches Auskommen finden mag. In allen diesen Schutzhäusern wurde von den Bewohnern über die unzweckmäßigen Bauten geklagt, und versichert, daß die Zimmer des Winters nie so gut geheizt werden können, daß nicht das Wasser in denselben gefriere. Die Baumeister in Mailand oder Wien haben wohl bei den Bauentwürfen der fürstlich schönen Schutzhäuser, weder an die Natur dieses Gebirgs, noch an die Erhaltung der Wälder gedacht, die durch die unkluge, wie absichtlich auf Holzverschwendung abzielende, Einrichtung längs des wichtigen Passes vollends zu Grunde gerichtet werden müssen.

Von Isola hinweg bis zu dem Hospiz, wo die neue Straße längs steilen Berghängen Schneelawinenzüge durchschneidet, sind zum Schutze der Straße sowohl, als der Reisenden, von gepflastertem Mauerwerk mehrere Gewölbe aufgeführt, durch welche, wie die Gotthardstraße durch das

Urnerloch, die Straße breit und sicher vor den Lawinen hinanläuft. Der Bau dieser sogenannten Galerien, die jede beinahe 200 Schritte lang sind, würde Bewunderung und nur wohlthuende Empfindungen erregen, wenn nicht störend die Bauart das Bild von Kasematten erwecken müßte.

Das Hospiz auf dem Splügen ist nicht bloß als Wirthshaus und Waarenhaus eingerichtet, sondern dient auch einem großen Trupp von Mauthsoldaten zum Wachthaus und Hauptquartier, da hier an der Grenze der Schweiz der Handel derselben mit Steuern belegt und jeder Reisende untersucht wird. Die Gebäude sind groß und bequem eingerichtet, und werden das ganze Jahr hindurch von dem Zollaufseher und seiner Familie, und Zollbedienten bewohnt. Die Höhe dieser Gebäude kann zu 5850 Fuß über dem Meer angenommen werden *), d. h. so hoch, als die Höhe des Spitals auf der Grimsel im Berner Oberland, und diese Uebereinstimmung gab uns Gelegenheit zur Vergleichung des Pflanzenlebens auf beiden Standorten **). Ringsum sind die Gebäude des Splügens von einer weiten, lebhaft grünenden Fläche von Weiden umgeben, die sanft an dem Berghang steigen, und zum Theil fast wagrecht sich ausdehnen. Mehrere Hütten der Bergamasker Schafhirten sind in der Ferne sichtbar, von so wohnlichem und reinlichem Ansehen, wie keine Hütte eines Schafhirten in den Berneralpen. Hier und auf der Höhe des Passes werden häufig Spuren gefunden, daß in längst verflossenen Zeiten ein Wald die Abhänge und den höchsten

Rücken

*) Den 5. Herbstmonat des Abends um halb 5 Uhr hielt sich bei dem Hospiz das Barometer auf 22. 6. 4., das freistehende Barometer auf 10°. In Bern stand das Barometer zu gleicher Zeit auf 26. 5. 6., das Thermometer auf 15°.

**) Ueber die Vegetation des Grimsels siehe die Reise über den Bernardin, S. 207.

Rücken des Gebirges bekleidet habe. Häufig werden unweit dem Hospiz Stöcke und Wurzeln aus dem Boden gegraben, wo nun weder alte noch junge Bäume mehr zu finden, und an Stellen, die nun von den obersten Säumen der übriggebliebenen Fichtenwälder weit entfernt sind. Die Baumvegetation auf dem Splügen ist also ungleich weiter, als auf andern Bergrücken im Rhätischen Alpengebirg, heruntergerückt, und weiter herunter, als die Vegetation der Thäler auf beiden Seiten der Wasserscheide vermuthen ließe. Der Schlund des Giacomerthales, das auf der Südseite gegen den Splügen steigt, leitet nur laue Winde hinan, und das Thal des Hinterrheins, das an der Nordseite des Passes liegt, streicht so hoch über dem Meere, daß verhältnißmäßig die Temperatur der Luftschichten, die den Paß von daher erreichen, höher seyn muß, als wo tief gespaltene Thäler am Fuße der Gebirgszüge liegen. Aber auf die Baumvegetation des Splügens haben gewiß ähnliche Ursachen, wie auf die Baumvegetation des Gotthards nachtheilig gewirkt. Die Bewohner der Gebäude unweit der Paßhöhe haben gewiß seit langer Zeit, während der harten und langen Winter, fortdauernd zu der Zerstörung des Holzwuchses beigetragen, und seit vielen Jahrhunderten *) haben die Schaaren der Saumpferde und die großen Schafheerden der Bergamasker eben dahin gewirkt. Auch dieses Beispiel zeigt, daß die natürlichen Grenzen der Vegetation der Bäume nicht in der Nähe menschlicher Wohnungen, und nicht auf Gebirgshöhen gesucht werden müssen, über welche ein lebhafter Handelsverkehr auf gebahnten Straßen Statt findet.

Auf der Splügenalp weiden gewöhnlich etwa 900 Schafe, 150 Pferde, und etwa 10 Kühe. Bergamasker haben sie seit

*) Die Splügnerstraße wurde schon von den Römern eröffnet. Ein Römisches Itinerarium bezeichnet die Entfernungen von Curia über Tarvesede nach Clavenna. Siehe N. Sammler I, S. 101.

16

langer Zeit gepachtet, und bezahlen für die Nutzung dieser Weide während zwölf Wochen 400 Bündnergulden. Die Alp hat so wenig steile Abhänge, die Weide ist überall so leicht zugänglich, daß hier eine der schönsten Kühalpen nach Bernerart bewirthschaftet werden könnte. Die Art, wie diese Italiener ihre Alpen benutzen, ist merkwürdig, und steht mit der Benutzungsweise der Schafalpen im Kanton Bern und im westlichen Gebirg in keiner Uebereinstimmung. Alle Schafe werden, sobald sie auf der Alp ankommen, in vier verschiedene Heerden abgetheilt, die während der ganzen Dauer der Alpzeit nicht zusammenkommen, und unter eben soviel besondern Hirten stehen. In die erste Heerde kommen die säugenden Auen, in die zweite die verschnittenen oder Schlachtschafe, in die dritte die jungen Auen und unverschnittenen Widder, und in die vierte die Auen, die keine saugenden Lämmer haben und gemolken werden, nebst einigen unverschnittenen Widdern. Diese Abtheilung der Heerden hat den großen Vortheil, daß jede auf diejenigen Weidegründe getrieben werden kann, die der Natur der Thiere und dem Zweck ihrer Benutzung am besten zusagt, die Schlachtschafe z. B. gedeihen und werden auf rauhen Anhöhen, wo kurzes mageres Gras wächst, hinreichend fett, um mit Vortheil verkauft zu werden; so werden denn auch die Auen, die gemolken werden, ausschließlich auf den fetten Weidegründen gehalten werden können, welche die mehrste Milchabsönderung bewirken. Auf den Piemontesischen und Lombardischen Flächen finden den Winter hindurch die Bergamaskerschafe eine genügende Nahrung, und daher werden auch die Widder auf den von Bergamaskern gepachteten Alpen von den Auen nicht gesöndert, und die Lämmer fallen ohne Nachtheil auf der Winterweide in Italien, während bei uns die Vermischung der Auen und Widder auf unsern Alpen den Nachtheil hat, daß die Lämmer in der rauhen Jahrszeit fallen, und ernährt werden müssen, eben wenn die hohen

Preise des Winterfutters uns am meisten für unsere Schafzucht in Verlegenheit setzen.

Für die Racenveredlung würden aus solchen Absönderungen der Schafheerden grosse Vortheile hervorgehen, die aber von den Bergamaskern nicht berücksichtigt werden, da sie auf Verfeinerung der Wolle ihrer rauhharigen, grossen, oft 70 Pfund schweren Schafe nicht bedacht sind, sondern in ihrer Schafzucht den grössern Vortheil zu finden glauben, wenn sie Schafkäse, Schafzieger, Schlachtschafe, und grobe Wolle für die nationale grobe Tuchfabrikation erzielen. Für Schlachtschafe werden von den Glarner- und Zürcherfleischern 40—80 Mailänderliren bezahlt, und der Absatz der Bergamaskerkäse und des Schafziegers ist immer vortheilhaft und sicher. Diese Bergamasker Schafhirten, die von Vater auf Sohn seit Jahrhunderten patriarchalisch grosse Heerden eigenthümlich forterben, pflegen und benutzen, stehen sich bei ihrem Gewerbe und bei der so einfachen Lebensweise und Nahrung sehr gut. Polenta mit Wasser und Käse sind das einzige Getränke, welches diese Männer geniessen, die oft viele tausend Schafe und viele tausend Zechinen im Vermögen besitzen, und gewöhnlich alle Jahre, oder abwechselnd mit ihren Verwandten, die Theilhaber an den Heerden und an den Pachtungen sind, die Alpen selbst beziehen, und die Käse- und Ziegerfabrikation besorgen. Ein solcher Bergamasker Schafhirt an der Spitze einer grossen Heerde, in braunrothem Rock, weissem, reinlichem Hemde, und weissem Mantel einher schreitend, neben einen Berner Schafhirten gestellt, würde einen Kontrast bilden, dem ähnlich, zwischen einem stolzen Emmenthalischen Hofbesitzer in seiner Sonntagskleidung, und einem in Lumpen und Schmutz gehüllten Oberhasleschen Bettler.

Aus der gemischten Kuh- und Schafmilch wird nicht Butter, sondern immer fetter Käse und Zieger ausgeschieden. Um die Milch zum Gerinnen zu bringen, wird bei dem Käsen

16 *

gewirkt! Frankreich sicherte Bünden im Veltlinerkriege den Besitz seiner Italienischen Landschaften, um die Plane der Habsburg-Oesterreichischen Macht auf Italien zu vereiteln; dann reißt das nämliche Frankreich unter Napoleon das Wallis von der Schweiz los, um seine Herrschaft über Italien zu sichern; und nun in unsern Zeiten kömmt das Italienische Bünden wieder an Oesterreich zurück. Der Simplon wird von Frankreich für Heereszüge durch das Rhonethal nach Italien fahrbar gemacht, und so der Umbrail von Oesterreich, um durch das schöne Thal der Adda die Erbstaaten mit Italien in Verbindung zu setzen. So ist bald von dieser, bald von jener Macht der südliche Alpenwall der Schweiz gebrochen worden, und diese hat immer leidend bald dem Verlust des Wallis, bald dem Verlust des Veltlins, Bormio's und Kleven's zugesehen, während Frankreich sich eben so wenig der Trennung des Italienischen Bündens, und dem Straßenbau über den Umbrail, als früher Oesterreich der Trennung des Wallis und dem Straßenbau über den Simplon sich entgegengesetzt hat.

10.

Weg vom Splügen durch Viamala und Domleschg nach Räzüns.

Ausfuhr von Fichtenbrettern über den Splügen nach Mailand. Das Finanzsystem. Vergleichung der Splügen- und der Bernardinerstraße. Geschichte des Straßenbau's über den Bernardin. Vortheile und Nachtheile des Straßenbau's durch die Gebirgsketten der Schweiz. Die Roflafelsenschlucht. Andeer. Die Camanaalp. Denkmal auf der Brücke von Pignen. Die Viamala. Das verlorne Loch. Das Domleschgerthal.

Freudig reiseten wir von der Höhe des Splügens nach dem Flecken über die nun vollendete Straße, die sanft fallend über den steilen Abhang hinunterführt. Wir wurden überrascht, mehrere Wagen mit Fichtenbrettern beladen zu sehen, die, am Fuße des Averserwaldes geschnitten, über die Höhe des Splügens, über Chiavenna und den Comersee bis Mailand verführt werden sollten. Wer hätte sich vor dem Straßenbau wohl träumen lassen, daß Fichten aus den Wäldern des Rheinwaldthals mit Vortheil für den Unternehmer bis Mailand geführt werden könnten? Das ist der Segen solcher Bauten, daß wo nur immer fahrbare Straßen Wälder und Ländereien berühren, der Werth des Holzes und der landwirthschaftlichen Erzeugnisse steigt, und was vorher nutzlos und todt für den Nationalwohlstand gelegen, nun erhöhend diesen Wohlstand ein Gegenstand lebendigen Verkehrs wird. Wie Mancher mag sich grämen, daß nun die alten Wälder des Rheinwald- und des Schamserthales an Brettertannen erschöpft zu werden drohen, und zwar nicht um einheimische

Bedürfnisse, sondern um die Bedürfnisse der Lombarden zu befriedigen, die ihre Wälder seit langer Zeit dem Getreidebau zu lieb ausgerottet haben! Jedoch der Forstwirth irrt sich, der für seine Wälder Heil und Rettung in Ausfuhrverboten sucht; für den Holzhandel soll er Freiheit suchen, wie der Wiesenbauer für den Handel mit Butter und Vieh, wie der Ackerbauer für die Ausfuhr des Getreides den freien Verkehr von Gemeinde zu Gemeinde, von Provinz zu Provinz, von Staat zu Staat sich wünschen muß; den freien Verkehr, ohne den keine Kultur, kein Wohlstand gedeihen mag. Nicht der Unwerth des Holzes, nicht sein geringer Preis macht die Wälder blühen; der hohe Preis des Holzes ist es, der verständige und thätige Holzbauern bilden wird, wie der hohe Getreidepreis verständige und thätige Kornbauern gebildet hat. Nicht die großen Holzschläge für entfernte Gegenden oder für das Ausland sind die nothwendige Ursache der Zerstörung der Wälder gewesen, sondern die Art, diese Holzschläge zu führen, ist Ursache des Unheils geworden.

Woher kömmt es denn, daß die Einfuhr Schweizerischer Bretter nicht gehindert ist, die Einfuhr des Schweizerischen Viehes und Schweizerischer Käse durch Beschränkungen fast unmöglich wird? Der Grund ist einfach: Fichten- und Lärchtannenwälder haben sie auf den Lombardischen Flächen nicht, und wir wollen ihnen nicht zumuthen, auf dem Lande, das Mais trägt, Tannenwälder, auf dem Lande, das Olivenbäume trägt, Buchwälder, auf dem Lande, das Reis trägt, Erlenwälder zu pflanzen. Das Vieh aber, dessen ihre Landwirthschaft bedarf, können sie vielleicht selbst erziehen, Butter und Käse selbst verfertigen? — Warum aber kauften die Lombarden sonst unser Vieh und unsere Käse in verflossenen Zeiten, und würden noch jetzt sie kaufen, wenn der Verkehr mit der Schweiz ihnen offen wäre? Auch der Grund ist einfach: weil das Vieh, das sie auf fruchtbarem und theurem Boden selbst erzogen, ihnen theurer zu stehen kam, als das Vieh, das sie bei uns kauften, und das wir wohlfeiler auf Alpenweiden erziehen, wohlfeiler, als sie ihr eigenes Vieh auf die Italienischen Märkte liefern konnten *). Aber nun bleibt doch das Geld den Lombarden in ihrem Lande, das sie vorher für Schweizerisches Vieh ausgegeben. Wohin gieng aber damals ihr Geld, als sie uns Vieh abkauften? Gewiß lief es nicht in den Mond, und nicht aus dem Bereiche ihres Handels. Kaufen die Lombarden keine Schweizerischen Produkte mehr, so können die Schweizer den Lombarden kein Reis, keine Seide, keinen Wein, keine Mandeln, Feigen und Zitronen abkaufen. Hätten wohl die Vorsteher irgend eines Bündenschen Hochgerichts, in dessen Umfang Holz, Korn, Wein, Metalle, Wiesen, d. h., der nothwendigste Bedarf des Lebens zu finden wäre, hätten sie wohl gehandelt, wenn sie ihre Grenzen mit Polizeidienern umstellt hätten, um die Ausfuhr alles baaren Geldes, die Einfuhr aller, nicht im Umfange des Hochgerichts erwachsenen oder gefertigten Produkte und Fabrikate zu verhindern? Gesetzt auch, die Vollziehung eines solchen Finanzsystems wäre in der kleinen Republik vollständig geglückt, und die Vorsteher hätten ein Paar Dutzend ihrer eigenen Angehörigen als gestrenge Herrscher wegen Contrebande auf die Galeeren **) geschickt: wären wohl die Bewohner dieses Ländchens dann wohlhabender, glücklicher, thätiger, erfinderischer, sittlicher, oder nicht vielmehr das Gegentheil geworden? Wenn ein Finanzsystem, das so den Verkehr mit andern Völkern hemmt, so das eigene Volk auf den eigenen

*) Nicht nur die größere Wohlfeilheit macht den Lombarden die Einfuhr des Schweizerviehs wichtig, sondern auch der Umstand, daß die Italienischen Kühe von Natur weniger Milch geben, und daß die eingeführten Schweizerkühe in Italien nach der dritten Generation die Eigenschaft der reichlichen Milcherzeugung verlieren. Siehe Lettres écrites d'Italie par Lullin de Châteauvieux, II. p. 132. Ein bedeutender Wink für unsere Viehzucht!

**) Eine gewöhnliche Strafe unter der Napoleonischen Herrschaft.

Boden und seine Erzeugnisse beschränkte, auf Wahrheit gegründet, auf die Natur des Handels, des Erwerbes und des Wohlstandes berechnet wäre; so müßte es nicht nur für große Staaten, sondern auch für kleinere, für Provinzen, für Gemeinheiten heilbringend seyen, und wir kämen am Ende dahin zu beweisen, daß kein einzelner Bauer sich des Pflugs, der Hacke, und der Säemaschine bedienen sollte, wenn nicht auf seinem Hofe der Pflug, die Hacke, die Säemaschine von ihm, dem Bauer selbst oder seinen Hofbewohnern verfertigt, wenn nicht die rohen Stoffe zu diesen Maschinen, das Leder für seine Schuhe, die Wolle für seine Kleider im Umfange des Hofes selbst erzielt worden wäre *).

In Splügen langten wir erst an, da die Nacht einbrach, und reiseten in der Frühe des Morgens wieder fort, um mit bedächtigem Genuß durch die malerische Wildniß der Rofla auf der neuen, so schönen Bernardinstraße nach Andeer zu wandeln. Wir fanden noch viele Arbeiter beschäftigt, die letzte Hand an die Vollendung dieser Straße zu legen, und freuten uns vielfältiger Vergleichungen zwischen der Königsstraße des Splügens und dieser vaterländischen Straße, die der Gemeingeist des kleinen und armen Bundesstaats mit seltener Kraftentwickelung vollführt hat. Die Splügenstraße geht wie im Paradeschritt prächtig einher, und steigt in militairischen Schwenkungen über das hohe Gebirg. Stößt sie auf Lawinenzüge, so scheint sie weniger, wo sie könnte, auszuweichen, als mit Gewölben sich selbst zu überbauen in Lust des kalten Trotzes gegen die Gefahr.

*) Es haben wohl nur vorübergehende Zeiterfordernisse die harten Vorkehren der Nachbarstaaten gegen unsern Handel nothwendig gemacht, und mildere Gesinnungen werden schon jetzt fühlbar, seitdem neue, in den Völkerverkehr so tief eingreifende geschichtliche Ereignisse, die Bedürfnisse und Ansichten zu verändern begonnen haben.

Wenn für den Bau der Splügenstraße ein Krieger und ein Finanzminister den Plan gefertigt, so hat den Plan der Bernardinstraße ein kühner Dichter entworfen, und sie durch die Felsschluchten der Rosla und der Viamala als Freund des Vaterlandes und der Menschheit, bloß in Zwecken des friedlichen Verkehrs geführt. Wir fügen hier einige Bemerkungen bei *) über die Wichtigkeit, die Schwierigkeiten und die Vollendung dieses Straßenbaues, der in noch höherem Grade als der Simplon- und der Gotthardbau die Theilnahme der Schweiz und nicht weniger die Theilnahme in ihren Handelsverhältnissen mit uns befreundeter Staaten verdient.

Der Verkehr zwischen Deutschland und Italien ist schon bedeutend durch den Austausch nördlicher Natur- und Gewerbsprodukte gegen die Erzeugnisse des wärmern Italienischen Klima's, bedeutender noch durch die zahlreichen Seehäfen längs den Küsten des Mittelländischen Meeres. Aber die Kette der Alpen, welche die Italienische Halbinsel von dem übrigen festen Lande unsers Welttheils abschneidet, beschränkt die Verbindung auf diejenigen Punkte, wo die Natur den Uebergang über jene Gebirge gestattet, oder später die Kunst ihn erzwungen hat. Solcher Punkte finden sich mehrere in den Gebirgen von Tyrol, Bünden, der südwestlichen Schweiz und Savoyen. Inzwischen sind bisher nur diejenigen gegen Morgen über den Adler und Brennerberg, gegen Abend über den Simplon und Montcenis in fahrbare Kunststraßen erweitert worden. Jene gegen Morgen dienen ausschließlich dem Handelsverkehr Oesterreichs mit den Küsten des Adriatischen, — diese gegen Abend dem Handelsverkehr Frankreichs und der Niederlande mit den Küsten des Mittelländischen Meeres.

---

*) Die mehrsten sind enthoben aus der trefflichen, zu wenig bekannten und zu wenig beherzigten Schrift: die neue Bernhardinerstraße, vom Oberstlieutenant, Peter Conradin von Tscharner. Chur, bei Otto, 1819.

Boden und seine Erzeugnisse beschränkte, auf Wahrheit gegründet, auf die Natur des Handels, des Erwerbes und des Wohlstandes berechnet wäre; so müßte es nicht nur für grosse Staaten, sondern auch für kleinere, für Provinzen, für Gemeinheiten heilbringend seyen, und wir kämen am Ende dahin zu beweisen, daß kein einzelner Bauer sich des Pflugs, der Hacke, und der Säemaschine bedienen sollte, wenn nicht auf seinem Hofe der Pflug, die Hacke, die Säemaschine von ihm, dem Bauer selbst oder seinen Hofbewohnern verfertigt, wenn nicht die rohen Stoffe zu diesen Maschinen, das Leder für seine Schuhe, die Wolle für seine Kleider im Umfange des Hofes selbst erzielt worden wäre *).

In Splügen langten wir erst an, da die Nacht einbrach, und reiseten in der Frühe des Morgens wieder fort, um mit bedächtigem Genuß durch die malerische Wildniß der Rofla auf der neuen, so schönen Bernardinstraße nach Andeer zu wandeln. Wir fanden noch viele Arbeiter beschäftigt, die letzte Hand an die Vollendung dieser Straße zu legen, und freuten uns vielfältiger Vergleichungen zwischen der Königsstraße des Splügens und dieser vaterländischen Straße, die der Gemeingeist des kleinen und armen Bundesstaats mit seltener Kraftentwickelung vollführt hat. Die Splügenstraße geht wie im Paradeschritt prächtig einher, und steigt in militairischen Schwenkungen über das hohe Gebirg. Stößt sie auf Lawinenzüge, so scheint sie weniger, wo sie könnte, auszuweichen, als mit Gewölben sich selbst zu überbauen in Lust des kalten Trotzes gegen die Gefahr.

*) Es haben wohl nur vorübergehende Zeiterfordernisse die harten Vorkehren der Nachbarstaaten gegen unsern Handel nothwendig gemacht, und mildere Gesinnungen werden schon jetzt fühlbar, seitdem neue, in den Völkerverkehr so tief eingreifende geschichtliche Ereignisse, die Bedürfnisse und Ansichten zu verändern begonnen haben.

Wenn für den Bau der Splügenstraße ein Krieger und ein Finanzminister den Plan gefertigt, so hat den Plan der Bernardinstraße ein kühner Dichter entworfen, und sie durch die Felsschluchten der Rosla und der Viamala als Freund des Vaterlandes und der Menschheit, bloß in Zwecken des friedlichen Verkehrs geführt. Wir fügen hier einige Bemerkungen bei *) über die Wichtigkeit, die Schwierigkeiten und die Vollendung dieses Straßenbaues, der in noch höherem Grade als der Simplon- und der Gotthardbau die Theilnahme der Schweiz und nicht weniger die Theilnahme in ihren Handelsverhältnissen mit uns befreundeter Staaten verdient.

Der Verkehr zwischen Deutschland und Italien ist schon bedeutend durch den Austausch nördlicher Natur- und Gewerbsprodukte gegen die Erzeugnisse des wärmern Italienischen Klima's, bedeutender noch durch die zahlreichen Seehäfen längs den Küsten des Mittelländischen Meeres. Aber die Kette der Alpen, welche die Italienische Halbinsel von dem übrigen festen Lande unsers Welttheils abschneidet, beschränkt die Verbindung auf diejenigen Punkte, wo die Natur den Uebergang über jene Gebirge gestattet, oder später die Kunst ihn erzwungen hat. Solcher Punkte finden sich mehrere in den Gebirgen von Tyrol, Bünden, der südwestlichen Schweiz und Savoyen. Inzwischen sind bisher nur diejenigen gegen Morgen über den Adler und Brennerberg, gegen Abend über den Simplon und Montcenis in fahrbare Kunststraßen erweitert worden. Jene gegen Morgen dienen ausschließlich dem Handelsverkehr Oesterreichs mit den Küsten des Adriatischen, — diese gegen Abend dem Handelsverkehr Frankreichs und der Niederlande mit den Küsten des Mittelländischen Meeres.

*) Die mehrsten sind enthoben aus der trefflichen, zu wenig bekannten und zu wenig beherzigten Schrift: die neue Bernhardinerstraße, vom Oberstlieutenant, Peter Conradin von Tscharner. Chur, bei Otto, 1819.

Die Verbindungsstraßen mit Italien hingegen, welche in der Mitte der Alpenkette, auf der einen Seite durch Bünden, über die Septimer-, Splügner-, Bernhardiner- und Maria-Berge, auf der andern Seite durch die kleinen Schweizerkantone über den Gotthardsberg führen, bestehen nur in steilen und engen, bloß für Lastthiere und kleine Schlitten brauchbaren Bergwegen.

Der vielfachen Schwierigkeiten und Nachtheile ungeachtet, welchen der Waarenzug durch die letztgenannten Päſſe ausgesetzt war, wurden dieselben doch fortwährend, mit Ausnahme des verlassenen Mariaberges, stark benutzt, weil sie auf großen fahrbaren Straßen von Chur hinweg die nächste und bequemste Verbindung mit ganz Deutschland und den Hauptniederlagen des nordischen Waarenhandels darboten, und dazu den Vortheil, dem Verkehr mit den Häfen beider Italienischen Meere dienen zu können. Vorzüge, welche die Republik Bünden lange Zeit aller Aufopferungen zu Vervollkommung dieser Handelsstraßen, und zur Sicherung des Transits gegen die Konkurrenz von andern Alpenpäſſen überhob, bis die größere Bequemlichkeit und Sicherheit, welche der Handel auf den neuen Straßen im Osten und Westen von Bünden genoß, die Nothwendigkeit fühlbar machte, die eigenen Päſſe wie jene fahrbar zu machen und zu verbessern.

Durch den Friedensschluß von Cherasco im Jahre 1734 waren die Novaresischen und Tortonesischen Provinzen mit dem Königreich Sardinien vereinigt, und dadurch diesem Staat ein ununterbrochener Zusammenhang zwischen der Republik Genua und den Schweizerischen Landvogteien am Tessin gewonnen worden; eine Verbindung, die den Handelsverkehr zwischen Deutschland und der Schweiz, und den Häfen des Mittelländischen Meeres nach und nach dem Lombardischen Gebiet entziehen, und über den Boden jenes Königreichs nach Genua lenken mußte. In dieser Besorgniß suchte die Oesterreichisch-Lombardische Regierung den Handelsverkehr über den Bernhardin- und Mariaberg nach Bellinzona zum Vortheil des Verkehrs über den Splügen zu beschränken, und Bünden verpflichtete sich in dem sogenannten, mit Oesterreich abgeschlossenen, Mailänder Traktat von 1763, um so leichter zu dieser Beschränkung und zur Verzichtleistung auf alle Vortheile, welche ihm der Waarenzug über den Bernhardin durch sein Hochgericht Misocco nach Bellenz hätte verschaffen können, als die ihm damals noch gehörige Grafschaft Chiavenna durch den fortdauernden Handelsverkehr über den Splügen gewinnen mußte, durch die Ableitung dieses Verkehrs über den Bernhardin nach Bellenz hingegen bedeutend verlieren konnte. Diese Betrachtung verschwand, als Chiavenna mit den übrigen Italienischen Provinzen der Republik entrissen, und mit der Lombardie vereinigt wurde, und fortan war der Straßenbau über den Bernhardin für Bündens Transithandel nicht nur, sondern für sein eigenes selbständiges ökonomisches Bestehen von der größten Wichtigkeit geworden, um so mehr als der mächtige Nachbar den Handelsverkehr der Republik über den Splügen mit Zöllen und Mauthen beschränkte.

Aber die Kosten der Anlage dieser Kunststraße, die von Chur bis Lumino, dem ersten Dörfchen des Kantons Tessin, 25 Stunden lang, und 6 Meter breit, durch die fürchterlichen engen Felsschluchten der Viamala und der Rofla, über den sechstausend Fuß hohen Bernhardin gebahnt und gesprengt werden sollte: diese Kosten die auf anderthalb Millionen Mailänder Pfunde angeschlagen wurden, überstiegen die Kräfte der Republik allzusehr, und der gewünschte Bau hätte ohne Hülfe anderer Staaten und ohne großen Gemeingeist in Bünden selbst nicht zu Stande kommen können.

Die erste Zusage bedeutender Hülfe erhielten die Deputirten Bündens an die Eidgenössische Tagsatzung von den Abgeordneten des Kantons Tessin an die nämliche Versammlung. In der That mußten aus diesem Unternehmen für den letztern Kanton große Vortheile hervorgehen, und die Summe von

200,000 Mailänd. Liren, welche seine Regierung sich geneigt zeigte, zu den Kosten des Straßenbau's beizutragen, mochte mit jenen Vortheilen nicht im Mißverhältniß stehen. Die Kaufleute von Chur erboten sich zu einer Beischaffung von 450,000 Mailänder Liren, und von der Regierung des Königreichs Sardinien, welche die Vortheile des Werkes für ihre festländischen Provinzen nicht gleichgültig betrachten konnte, ließ sich ein bedeutender Beitrag zu den Kosten erwarten. Mit der Regierung des Kantons Tessin gelangte unter Vorbehalt verfassungsmäßiger Gutheissung des Großen Rathes im Frühjahr 1817 die Unterhandlung dahin zur Reife, daß von derselben 200,000 Mailänder Liren zu dem Straßenbau, und dazu die Fahrbarmachung des kleinen Stückes Straße zwischen der Bündenschen Grenze und der schon bestehenden Bellenzerstraße auf eigene Kosten versprochen wurde. Im Jannar des folgenden Jahrs kam dann ein Traktat mit dem Königreiche Sardinien und Bünden zum Abschluß, in Folge dessen jener Staat 280,000 fr. Fr. (später 395,000) zu dem Straßenbau beizuschießen sich verpflichtete, und überdieß für alle Zeiten der Republik die ungehinderte jährliche Ausfuhr von 13000 Zentner Korn und Reis versicherte: eine Vergünstigung, die für das kornarme Bünden um so wichtiger war, da in jener Zeit der Hungersnoth Bünden weder bei der Oesterreichisch-Lombardischen Regierung, noch bei seinen Schweizerischen Bundesgenossen die Vergünstigung eines ungehinderten Ankaufs von Lebensmitteln erhalten konnte.

Eben als in Bünden die Hochgerichte die berührten Traktate mit den Regierungen von Sardinien, Tessin und dem Bündenschen Handelsstand gutgeheißen hatten, und eben so die Gutheissung von dem Großen Rathe des Kantons Tessin erwartet wurde, waren Königl. Lombardische Kommissarien in beiden Kantonen eingetroffen, in der Absicht, die Fahrbarmachung der Straße über den Bernhardin durch alle Mittel zu verhindern zu suchen, welche dem mächtigen Staate bei

dem

dem schwachen, dem reichen Staate bei dem armen oder geldbedürftigen zu Gebote stehen. Dem Traktat mit dem Kanton Tessin wurde nun sofort von dem dortigen Großen Rathe, troß der Protestation einer bedeutenden Minderheit, die Zustimmung verweigert, und die Regierung dieses Kantons nahm keinen Anstand, auf Kosten des Verkehrs und des Wohlstandes ihrer eigenen Mitbürger den Zwecken der Königl. Lombardischen Regierung gemäß den Waarenzug über den Splügen so sehr zu begünstigen, den Verkehr über den Bernardin so sehr zu erschweren, daß die Bewohner des Dorfes Lumino durch Militairexekution verhindert wurden, die durch ihre Marche nach Bellenz führende Strecke der Bernardinerstraße zu verbessern und bequem fahrbar zu machen. Die Bemühungen und die Klugheit der Königl. Lombardischen Kommissarien scheiterten hingegen in Bünden an der Festigkeit und dem vaterländischen Gefühl der Regierung und an dem hellsehenden Gemeinsinn der Hochgerichte, und die neue Kunststraße steht nun *) mit einer Beharrlichkeit, Thätigkeit und Kraft ausgeführt, die in den Annalen eines Bundesstaats wohl eine so seltene als ruhmwürdige Erscheinung heißen kann. Die einzige Strecke von Lumino lag, da wir diese Straße betraten, noch in ihrem wüsten Zustande, wenn auch zur Noth fahrbar; ohne Zweifel wird aber dieselbe gegenwärtig gehörig ausgebessert und erweitert worden seyn, da die Bündensche Regierung mit würdevoller Entschlossenheit verordnet hat, daß die Splügnerstraße, da wo sie auf dem Boden der Republik in das Rheinwaldthal ausläuft, eben so sehr und so lange durch Schranken eingeengt werde, als die Bernhardinerstraße bei Lumino auf dem Boden des Kantons Tessin eingeengt ist, und nicht verbessert wird **).

*) Im Jahr 1822.

**) Die Verbesserung soll nun wirklich in Folge Oesterreichisch-Sardinischer Traktate erfolgt seyn.

17

Nicht leicht werden in einem Lande die Urtheile über die Vortheile des Baues fahrbarer Straßen, und über den Einfluß derselben auf Sittlichkeit und Wohlstand so verschieden lauten wie in der Schweiz, und so verschieden, wie wir sie namentlich auch in Bünden gehört haben. Die Besorgnisse, daß die Unabhängigkeit des Vaterlandes dadurch gefährdet, der Angriff von Aussen leicht, die Vertheidigung schwerer gemacht werde: diese Besorgniß, wenn wir auch verlegen wären, andere Beruhigungsgründe vorzubringen, würde wohl auch durch den Einwurf widerlegt werden können: daß in den Jahren 1798 und 1799 die fremden Heere die Schweiz überschwemmten, obgleich noch keiner der Alpenpässe fahrbar gemacht war, und daß in den Jahren 1814 und 1815 die fremden Heere um in die Schweiz einzurücken, keinen der fahrbaren Alpenpässe zu benutzen nöthig fanden. Gewiß unsere Freiheit und Unabhängigkeit ist der Vertheidigung und der Erhaltung nicht mehr werth, wenn nur der Jura oder die Alpen sie beschützen sollen, und wo wir selbst einig und entschlossen diese Güter zu schützen wissen, da werden die offenen Thore in jenen Gebirgswällen uns nicht erschrecken. Nicht bloß durch offenen Angriff der Gewalt, nicht bloß durch fremde Heere wird die Selbständigkeit eines Volkes bedroht; sie wird noch mehr bedroht, wenn es nachläßig in der Benutzung eines großen Theils seines Bodens, in den Entwickelungen seines geistigen Lebens und seines Gewerbsfleißes zurückbleibt, und nicht durch jedes ihm zustehende Mittel den Austausch seiner Erzeugnisse, die Regsamkeit des Verkehrs in seinen eigenen Grenzen befördert. Beinahe aller unmittelbaren Vortheile der Schiffahrt beraubt, ohne Kanäle, überall das Leben seines innern Handels gelähmt durch reissende Ströme, Bergketten und Felsen, werden fahrbare Straßen im Innern der Schweiz für ihr politisches, ökonomisches und sittliches Leben von desto größerer Wichtigkeit.

Es ist wahr, in Bünden ist die Bevölkerung, die sich

von dem Verkehr auf den Straßen nährt, weit von Nüchternheit, von Sittlichkeit und Wohlstand entfernt, und in abgelegenen Thälern, wohin der Einfluß des lebhaftern Handels noch nicht unmittelbar hingelangt ist, werden die groben Laster, die den Fuhrmann in Bünden, die Führer in unserm Gebirg auszeichnen, seltener gefunden, und in jenen abgelegenen Thälern ist eher ein größerer Wohlstand zu Hause, als in denjenigen Gemeinden, welche in der Nähe der fahrbaren Straßen die Vortheile des Verkehrs am meisten zu genießen scheinen. Aber wir können weder den Einfluß fahrbarer Gebirgsstraßen gründlich nach den Erscheinungen des kurzen Zeitraums beurtheilen, seit welchem sie erbauet sind, noch kann uns die Trunksucht und die Unsittlichkeit des Fuhrmanns, der auf diesen Straßen seinem Gewerbe lebt, oder die Armuth der anwohnenden Landleute einen gültigen Maaßstab des allgemeinen Einflusses des Straßenbau's auf die Enthaltsamkeit und Sittlichkeit ganzer Völkerschaften geben. In Bünden, wo die Bevölkerung so schwach, der Betrieb der Landwirthschaft zum Theil wegen dieser schwachen Bevölkerung noch so unvollkommen ist, hat freilich das Fuhrmannsgewerbe der Landwirthschaft noch mehr starke Arme entzogen, deren Abgang auf Erhöhung der Taglöhne einwirken, die Kosten und die Lasten des Landwirthes also vermehren muß. Allein eben durch die fahrbaren Straßen wird der Werth der landwirthschaftlichen Produkte, mithin der wirkliche Werth der Ländereien erhöht, das Steigen der Bevölkerung dadurch befördert, und durch dieses Steigen die Taglöhne wieder in das gehörige Verhältniß zu dem Produktenwerth der Landwirthschaft gebracht. Kaum werden überdieß durch Fahrbarmachung der Straßen mehr Landleute dem Fuhrmannsgewerbe sich wiedmen, als vorher, da die Straßen nur für Lastthiere dienten, und da das Säumerhandwerk deren so viele der Landwirthschaft entzog; eher läßt sich annehmen, daß weniger Menschen und Pferde durch den Waarentransport beschäftigt seyn werden, und wo in den Bündenschen Thälern weniger Pferde und mehr Kühe den Winter hindurch gefüttert werden könnten, da müßte diese Vermehrung günstig auf die Produktion, und günstig besonders auf die höhere Benutzung der an Bergamasker verpachteten Alpen wirken.

Was die Besorgniß ansieht, daß durch Fahrbarmachung der Alpenstraßen den einfachen Bewohnern abgelegener Thäler neue Bedürfnisse bekannt werden, ihre Zufriedenheit getrübt, ihre Nüchternheit und Sittlichkeit gefährdet werden könnte, so können wir nicht umhin, hier Worte eines Mannes anzuführen, der, tiefer Beobachter der Natur und des Menschen, auch den Einfluß des Handels auf die Sittlichkeit roher Menschen mit Scharfsinn beurtheilt, und besonders über die Ursachen der Trunksucht, welche den Bündenschen Fuhrleuten und Säumern zum Vorwurf gereicht, treffend sich ausspricht *).

„Freilich könnte so mancher Philanthrop in Klagen ausbrechen und in Wünsche: daß man doch dieß Volk (die Lappen) nie in Handelsverbindungen gerissen hätte; sie hätten dann glücklich und unbemerkt in ihrer Unschuld fortleben können! Hätten doch Normänner und mit ihnen der Branntwein sie nie in ihren Fiorden gefunden! O wohl, wenn es eines Volkes Glück oder Bestimmung seyn könnte, ewig ein solches Trogloditenleben zu führen; wenn mit der Natur nicht auch die Menschen fortschreiten müßten. Und was ist doch das für ein Glück, das diese Lappen genießen! Auf Ueberzeugung beruht es nicht; denn jeder Finnlappe, der nie vorher Branntwein gekannt hätte, würde nach der Bekanntschaft den Zustand ohne Vergleich glücklicher preisen, der ihm erlaubt, sich immer wieder den Branntweinsgenuß leicht zu verschaffen. Will man das ein eingebildetes Glück nennen, das die Mensch-

*) Siehe Leopold von Buchs Reisen nach Norwegen und Lappland II. 119. Vergleiche des Verfassers Reise über den Bernardin, Seite 63.

heit herabwürdigt: ist denn jenes sorglose Kinderglück, das dieses Volk in dem erträumten unschuldigen Naturzustande genoß, ist es dem Menschen mehr anständig? Denn ist wohl eine Tugend viel werth, die sich ihrer nicht selbst bewußt ist, die Gewohnheit ist, oder wohl gar nur Folge der Unmöglichkeit das Böse zu thun? Der Mensch hebt sich nur durch Reibung des Geistes am Geist; und froh müssen wir aufblicken, wenn wir Völker, die bisher einzeln und isolirt standen, in dem Treiben der Welt mit fortgerissen sehen. In der Wüste wird nie aus dem Kinde ein Mann, und im beschränkten Raum, wo nur für wenige Ideen Platz ist, bildet sich keine Nation. Finnen werden freilich wohl nie etwas Besseres werden, so lange sie, wie jetzt, der Branntwein beherrscht; allein weder moralische Betrachtungen, noch königliche Verordnungen können die Branntweinversendungen verhindern ꝛc."

„Dem hitzig Fieberkranken wird man weder den Durst löschen noch seinen Zustand verbessern, wenn man ihm alles Trinkbare verweigert. Und des Lappen oder auch selbst des nordländischen Normanns Natur wird man nicht verändern, wenn es auch möglich wäre, ihnen ganz den Branntwein zu entziehn. Denn was erregt so mächtig diese Branntweinsucht? Sind es klimatische Verhältnisse? Ist sie in einer besondern Natur dieses Volkes gegründet? Das ist nicht wahrscheinlich, wenn man bedenkt, daß auch Neger unter der Linie mit ihnen gleiche Begier theilen, und Irokesen in gemäßigten Zonen und wieder Eskimaux in den kältesten von allen, die auf der Erde bewohnt sind. Dagegen trinken die sanften Indier nicht; auch die arbeitsamen Chinesen nicht; und die, sonst in starken Getränken ausschweifenden Russen, sind in Finnmarken wunderbar mäßig. Also erregen nicht äussere Ursachen die verderbliche Sucht, sondern der Grund geht aus dem Innern der Menschen hervor. Er liegt nur im niedrigen Kulturgrade, und in der Gedankenlosigkeit dieser Völker. Der Russe in Finnmarken will mit einer reichen Ladung von Fischen zurück ꝛc.

Er hat das grosse Gut, Interesse an seinem Daseyn, gewonnen, und die Kenntniß eines bestimmten Zwecks, warum er dieß Daseyn fortspinnen will. Nicht so der Lappe, der Neger, Irokese oder Eskimaux. Für sie hat nur der Augenblick Werth, und was in der Zukunft verborgen liegt, bekümmert sie wenig. Sie können nie zurückgehen, denn sie sind nie vorwärts gewesen. Für sie ist also auch nicht die Betrachtung der Zerstörung ihres häuslichen und bürgerlichen Glücks durch den Branntwein; denn wie schwach sind ihre häuslichen Bande, und wie so gar nichts ihre bürgerlichen Verhältnisse! Der Branntwein hingegen giebt ihnen Gefühl des Augenblicks und ihres Daseyns, und deßwegen müssen sie ihn wohl lieben. Gebt ihnen ein Ziel, dem sie zulaufen; nur dann erst werden sie aufhören zu trinken! rc."

Es liegt in diesen Betrachtungen ein Sinn, der nicht nur für die Lappen, sondern für jede Volksklasse und jede rohe Völkerschaft Bedeutung hat; und selbst dann, wenn in Formen des gesellschaftlichen Lebens, und in äußerlicher Abgeschliffenheit eine grosse Kluft zwischen jenen Nordländern und vielen unserer Bergbewohner bestühnde; selbst dann müßten wir wichtige Lehren für diese in den angeführten Worten finden. Die Nothwendigkeit der Belebung bürgerlicher Thätigkeit und kommerzieller Industrie; das Bedürfniß der Volksbildung überhaupt, und der Volksbildung besonders durch Landwirthschaft und Handel; die Nothwendigkeit endlich fahrbarer Strasen im Innern unserer Gebirge geht aus der nämlichen Wahrheit hervor, wie für den halbwilden Nordländer die Nothwendigkeit der Berührung und des Verkehrs mit andern Völkern.

Welcher Genuß für den Wanderer, wenn er den freundlichen Flecken Splügen verläßt, nun über die schönen Wiesen neben der Burgruine vorbei in das Dunkel des Auerserwaldes gelangt, und in der wilden Schlucht der Rosla, von allen ihren Felsruinen umgeben, so plötzlich aus Geßners sanfter Natur in eine Wildniß sich versetzt sieht, die aus der

Traumwelt eines Salvators in die Wirklichkeit zu treten scheint! Die neue Fahrstraße ist von dem linken Ufer des Rheins auf das rechte verlegt, und hier am Saume des Fichtenwaldes ein Fels, der den Paß verengte, durchsprengt worden. Unter diesem schwebenden Felsen, der mahlerisch sich zur Grotte bildet, ist die Fernsicht besonders anziehend. Rückwärts breiten sich die grünen Wiesen von Sufers aus, und der Thurm der Kirche hebt sich hoch und fest aus dem halbzerfallenen Dörfchen *). Vorwärts drohen die zerspaltenen, überhängenden Felsen, auf deren schroffem Rande die gegenüberstehenden Fichten mit ihren langgestreckten Zweigen sich gegen einander neigen. Um ihre Kronen schweben Nebelgestalten; in ihren Blättern glänzen von Strahlen der verborgenen Sonne tausend Wassertropfen, die in Wirbelwinden aus dem finstern Abgrund aufgestiegen, wo der tobende Rhein die fortgerissenen Felsen gegen die Felsen schleudert, die seinem Riesenlauf entgegenstehen. Eine kühne, schön gewölbte Brücke vereint in einem einzigen Bogen die beiden Ufer. Bald, wenn der Wanderer den stürmenden Fluthen entlang in der Wildniß weiter geht, erscheint im dunkeln Walde der Thurm der alten Bärenburg, und dann die Burgruine von Castellaz, an deren Fuß der Rhein, froh im Sonnenlichte glänzend, durch die schönen Wiesen von Andeer eilt, um jenseits in den Abgründen der Via mala sich wieder zu verbergen.

Wir hielten in dem geräumigen, neu erbauten Wirthshause des Fleckens, der ohne Zweifel, wenn einst der Handelsverkehr freier wird, durch die neu eröffneten Päße sich zu größerm Wohlstand erheben wird. Die schönen Wiesen, die Andeer umgeben, sind bis zum 1. April der Gemeinweide unterworfen; jeder Besitzer kann aber seine Wiese von dieser Beschwerde loskaufen, wenn er für jedes (36 Quadratfuß große) Klafter 3 Batzen in die Gemeindskasse bezahlt; eine Einrichtung, die nicht selten in Bünden zum Flor der Land-

*) Ueber Sufers siehe die Reise über den Bernardin, S. 111.

wirthschaft besteht, und bald allgemein zu werden verdiente. Das Klafter des besten Wiesenlandes wird hier schon für 1 Gulden und 20 Kreuzer bezahlt. Maisassen auf den Gebirgshängen des Thales, die 4 Klafter Heu (zu 216 Kubikfuß) abtragen, gelten bis 1000 Gulden. Auch hier wird diese Futtermenge für hinreichend gehalten, zur Noth eine Kuh den Winter durchzubringen, und diese Mißrechnung muß wohl auf den Milchertrag der Kühe während der Sömmerung, und auf das Aussehen der Thiere nachtheilig einwirken. Der Preis der Taglöhne ist hier 6 Batzen, nebst Nahrung und Wein. Fruchtbäume werden in dem milden Thälchen keine gepflanzt, weil es, wie der Wirth uns bemerkte, nicht Sitte ist: sie würden auf dem kaum 3100 Fuß hohen Thalgrund *) leicht gedeihen.

Es war uns nicht vergönnt das schöne Savienthal zu besuchen, das parallel mit Domleschg sich gegen das Thal des Vorderrheins öffnet. Wir hörten von der Camanaalp sprechen, die eine der schönsten Alpen Bündens seyn soll, auf der über 400 Kühe zur Weide gehen, die mehrern Partikularen von Savien insgemein gehört, und auf der das Weiderecht für eine Kuh höher, als auf allen andern Bündneralpen, aber dennoch nur zu 100 Bündnergulden gekauft wird. Wenn 6 Jucharten an Weideland auf eine Kuh gerechnet werden, so gelten also 2400 Jucharten Alpenland in einem fruchtbaren, stark bevölkerten Thale nur 40,000 Gulden, die Juchart also nur 17 Gulden. Wie, wenn unsere Emmenthalischen Gemeinden diese Camanaalp angekauft, ihre Armen als Kolonie dahin gesandt, das kulturfähige Land unter sie vertheilt, das nicht kulturfähige als Gemeinweide für Ziegen,

*) Im Bündischen Sammler ist die Höhe nach Scheuchzer zu 3057 Fuß angegeben. Unser Barometer hielt sich hier den 6. Herbstmonat des Morgens um halb 10 Uhr auf 25. 2. 1., das freihängende Thermometer auf 13°.

Schafe ꝛc. ihnen angewiesen hätten? Hätte wohl eine solche Kolonie nach 10 oder 20 Jahren den Kaufpreis der 40,000 Gulden den Käufern nicht verzinsen können? Die Einwendung gegen das rauhe Klima, gegen den Häuserbau ꝛc. haben wir schon öfters durch Thatsachen widerlegt. Freilich die Einwendungen der Savier, die vielleicht keine Fremden in ihrer Marche dulden würden, ihre Alpen nicht an Fremde verkaufen dürften; diese Einwendungen sind von grösserm Gewicht, zeigen aber, daß eben in unsern Lokaleinrichtungen, in den Lokalhindernissen der Verbesserung der Landwirthschaft eine Quelle unserer Verarmung liegt. In Bünden ist Volksmangel, und es sind übermäßige Taglöhne; im Kanton Bern ist Volksüberfluß, und die Taglöhne sind gering, und doch wird der Berner Taglöhner eher in Kanada, als in Bünden sich Erwerb und Nahrung suchen. In Bern ist Mangel an kultivierbarem Lande, sagt man; in Bünden ist die Juchart um 17 Gulden feil, und doch zieht kein Berner dahin, sich anzusiedeln.

Wir ruhten auf dem Geländer einer schönen Brücke, über welche unweit dem Bade von Pignol die Straße führt, um den Rückblick auf Andeer, und auf den Lauf des Flusses zu geniessen, und erblickten die folgende Inschrift mit grossen Buchstaben, als Denkmal der vollendeten Bernardinstraße in das Geländer der Brücke gehauen:

Jam via patet
Hostibus et amicis.
Cavete Rhæti!
Simplicitas morum
et unio
Servabunt avitam
Libertatem.

Unter dieser Inschrift steht Tells Apfel von dem Pfeile durchschossen, eingegraben. Gerne hätten wir dem Schweizer, der diese sinnvolle, einfache und passende Aufschrift verfaßt, unsern Dank bezeugt, aber zugleich ihn gebeten, auch in Deutscher, Romanischer und Italienischer Sprache den Sinn dieser Worte entweder auf der nämlichen Brücke, oder in die durch Kunst zerspaltenen Felsen der Rofla oder der Viamala einzugraben. Wahrlich, es sind nicht nur die Bündner, die Latein verstehen, die dieses Werk vollendet haben; und derjenige Theil des Volkes, der diese Sprache nicht kennt, bedarf mehr als der übrige des erhebenden Beispiels grosser und nützlicher Unternehmungen, und mehr der erhebenden, vaterländische Gesinnungen weckenden Lehren. Eine Volksmoral, und ein Schweizerischer Ehrenspiegel in kurzen Sinnsprüchen oder schönen Erinnerungen aus der Vergangenheit, an den Straßen und in die Felsen der Alpenpässe eingegraben, würde sich wohl leichter und heilsamer dem Gemüthe des Volkes einprägen, als eitele Denkmäler mit goldenen, fremden Inschriften, die dem Volke ohne historische Kenntniß so unverständlich, als die Römische Sprache sind.

Die Kunst hatte, um die fahrbare Straße durchzuführen, in der Via mala mit noch größern Schwierigkeiten zu kämpfen, als in der Rofla, und sie hat eben so glücklich sie besiegt. Die Felsen scheinen noch tiefer gespalten, der Rhein noch tiefer in den ausgehöhlten Klüften zu fließen. Es ist der Kampf auf Tod und Leben des starken Flußgottes mit den verborgenen Geistern, die in den Eingeweiden der Erde hausen, und wie Titanenstimmen dringt aus der Dunkelheit der Unterwelt der Donner der stürzenden Wogen empor. Zwei kühn gewölbte Brücken führen den Wanderer von einer Felsenwand zu der gegenüberstehenden, von dieser wieder zu jener hinüber, als wenn die Kunst vor der Natur zurückgewichen, und nur durch List über die Stärkere den Sieg errungen hätte. Dann folgt der künstlich in einer Länge von 200 Fuß durchbrochene Fels, das sogenannte verlorene Loch, durch das die Straße breit und bequem aus der Finsterniß überraschend zu der Fernsicht führt, wo rechts auf unzugänglichem Fels der alte Klosterthurm von St. Johann, links die grünenden Weiden des sanft abgerundeten Heinzenbergs, zwischen beiden der Flecken Thusis, und weiter das Domleschgerthal in die Augen fallen, wo der von den Banden der Via mala befreite Fluß, wie ein Sklavenvolk, dessen Fesseln zersprengt, dessen Kerker geöffnet worden, seine Bahn mit Gräueln der Verwüstung bezeichnet.

Die Pferde zu schonen, mietheten wir in Thusis einen Wagen, und fuhren rasch durch das Domleschgerthal hinunter, um vor der Nacht noch Chur zu erreichen.

Unter allen Thälern des Alpengebirgs ist wohl keines, das so reich an zerrissenen Felsen, so reich an Trümmern ehemaliger menschlicher Größe, und so reich an neuen Denkmälern seiner Kunst und seiner Anstrengung wäre, als dieses Thal der Hinterrheins, von seinen Quellen an der Adula hinweg, bis zu der alten Veste von Räzüns, an deren Fuß die beiden Rheine sich vereinen. Das Domleschgerthal, der unterste Theil jenes langen Thales, ist besonders reich an Schönheiten und Schrecken der Natur, und an Denkmälern der Geschichte. Von Thusis bis Ortenstein ist das Thal erweitert, und der Rhein, vereint mit der Albula und der Nolla, findet auf der ausgedehnten Fläche Spielraum für wilde Uebung der losgebundnen Kräfte. Die blühendsten Gründe sind mit Schutt und Schlamm bedeckt, aber auf den Abhängen, die sanft von dem schönen Heinzenberg sich gegen die Ufer des Rheins neigen, gedeihen üppig der Mais und alle Früchte milder Zonen, und ruhiger schauen hier die mehrsten Anwohner auf den Aufruhr und die Verwüstung der furchtbaren Gewässer zu ihren Füßen. Am rechten Ufer des Rheins zieht sich das Gebirg felsichter und steiler gegen den Fluß, und fast überall an beiden Ufern, wo nur irgend ein vorspringender Fels für Adlerneste sichere Stätte bietet, stehen hohe

Thürme und zerfallene Vesten *), als Zeugen menschlicher Vergänglichkeit im Angesicht der ewig wechselnden und ewig wieder schaffenden Natur. Unter Ortenstein folgt eine Verengung des Thales bis zur altösterreichischen Veste Räzüns, wo rings herum große Schutthügel bezeugen, daß schon in Zeiten der Vorwelt der Rhein höher im Thale hinauf seine Ufer ausgehöhlt und fortgerissen, und hier an der Mündung in das Thal des Vorderrheins wieder aufgethürmt hat.

*) Am rechten Ufer: Baldenstein, Fürstenau, Hasensprung, Sins, Paspels, Ortenstein, Nieder Juvalta, Hoch Juvalta. Am linken Ufer: Tagstein und Realta.

11.

Weg von Chur durch das Thal des Vorderrheins und durch das Tavetscherthal über die Gotthardstraße nach Luzern.

Embs. Grenze des Maisbau's. Tamins. Oede Berghalde. Der Waldbau für die Landwirthschaft und die Viehzucht. Die Bergdörfer. Hölzerne Häuser. Alte Sitten. Grenze des Buchweizenbau's, als zweite Aernte. Jlanz. Landwirthschaft. Tavanassa. Zug aus der Kriegsgeschichte. Disentis. Alpenpachtzinse. Serdun. Kulturen und Landwirthschaft. Die Benutzung der Blätter des Haselstrauchs zur Viehmastung. Selva und Chiamont. Landwirthschaft. Die Gotthardstraße. Das Reußthal. Kapelle bei Silinen. Verdienst des Kapuzinerklosters in Altorf. Die Tellenkapelle. Das Grütli. Der Löwe in Luzern. Der Tempelbau in Alpnach.

In Chur schlossen wir den Kreis, den wir im Rhätischen Gebirg und auf der Lombardischen Seite der Alpen durchwandert hatten, und fortan mahnte die Zeit zu eiliger Rückkehr nach der Heimath. Nur flüchtig konnten wir das Thal des Vorderrheins, durch welches wir auf die Gotthardstraße gelangten, beobachten, so sehr wir gewünscht hätten, manches nachzuholen, was im verflossenen Jahre auf eben so eiliger Reise durch die nämlichen Gegenden unserer Lernbegierde entgangen war.

Embs, unweit Chur, soll ausserordentlich reich an Gemeindgütern seyn, und die schönsten Ländereien liegen um den Flecken herum. Dennoch scheint der Ort nicht wohlhabend, und das beste Land wird nicht theurer, als 6 — 8 Batzen das

Klafter verkauft. Ob dieser Unwerth die Folge zu großer Gemeingüter sei, oder ob bei den (katholischen) Bewohnern der Landbau mit weniger Fleiß und Einsicht betrieben werde, konnten wir nicht beurtheilen. Auch in Tamins, Trins und Flims ist das Wiesenland nicht so theuer, als im Thale des Hinterrheins. Der Umstand, daß kein starker Paß über diese Berghänge geht, mithin das Bedürfniß an Pferdefutter nicht auf die Heupreise wirkt, und daß aus diesen Gemeinden Wenige auswandern, und, wenn sie mit erworbenem Gelde zurückkehren, die Güterpreise steigern: dieß erklärt wohl den Minderwerth der Güter, die so fruchtbar und meistens in milder Lage zu liegen scheinen. Die schönen Alpen gehören zu den Gütern, und jeder Gutsbesitzer kann nicht nur so viel Vieh, als er wintern kann, auf die Alpen treiben, sondern auch alles Vieh, das er im Frühjahr zu kaufen vermag. Es ist bei dieser Einrichtung unmöglich, daß diese Alpen so reichlichen Abtrag gewähren, als die Berner Privatalpen oder die Kommunalpen, die den Kühern verpachtet werden.

Einiger Maisbau hat sich aus Domleschg bis auf die von der Mittagsonne beschienenen Höhen von Tamins gewagt, und hier mag zwischen 2000 und 2500 Fuß die Gränze des Reifens dieser nützlichen Pflanze seyn. Nach dem Winterroggen gedeiht auf diesen milden Abhängen noch der Buchweizen als zweite Aernte bis zwischen Trins und Flims, auf einer Anhöhe von beiläufig 3000 Fuß über dem Meer; auch diese Erscheinung zeugt, wie viel milder das Rhätische Alpengebirg, als das Bernersche sey.

Lange hatten wir in Tamins bei der Kirche und bei dem schönen Landsitze des Herrn von Albertini verweilt, um den Anblick auf die fernen Gebirge und auf die weiten Thäler der beiden Rheine zu geniessen, die zu unsern Füßen ausgebreitet lagen. Ein Berghang, der hinter der Kirche öde, ohne nützlichen Gras- noch Baumwuchs, sich in beträchtlicher Ausdehnung hinzieht, gab uns Gelegenheit, über die allgemeinen

Ursachen der so elenden Forstwirthschaft in unserm Alpengebirg Betrachtungen anzustellen, und über die Möglichkeit nachzudenken, nicht nur die Wälder auf unsern Thalgründen, sondern auch die Wälder am Gebirg, mehr als bisher geschehen, zur Erhöhung des Flors der vaterländischen Landwirthschaft und der Viehzucht dienen zu machen. Wir versuchen hier diese Aufgabe, deren Lösung von ausserordentlicher Wichtigkeit für den Wohlstand der Schweiz seyn müßte, ausführlicher, als schon geschehen, zu erörtern, und wir versuchen zu zeigen, daß das Verhältniß der Wälder zu der Landwirthschaft bei uns noch nicht so anerkannt worden ist, wie der Bedarf einer großen, zum Theil sehr bedürftigen und müßigen Bevölkerung es dringend fordert.

Wir haben oft auf unsern Wanderungen im Alpengebirg Berghänge von sehr großer Ausdehnung angetroffen, die als Wüsteneien weder der Viehzucht bedeutend dienen, noch dem Holzbedarf der Thäler, und immer auf unsere an die Landleute gerichtete Frage: warum denn pflanzt ihr nicht nützliche Bäume hin? die Antwort erhalten: wir müssen Weide und wir müssen Heu für unser Vieh haben; Bäume aber verhindern den Graswuchs, und machen die Weide schlecht; darum pflanzen wir keine hin, und fällen sie lieber. Holz haben wir nöthig, aber Heu und Weide noch nöthiger. Richten wir eine ähnliche Frage an den Landmann der nördlichen, weniger gebirgichten Schweiz, wenn wir ihn Wald ausreuten sehen, so wird er ähnlich wie der Bergbewohner einwenden: daß Getreidefelder und Wiesen ihm größern Vortheil geben, als Wälder ihm geben können. Gegen solche Einwendungen gilt in der That bei dem komparativen Stand der Holz- und der Getreid- und Heupreise keine Einwendung, oder keine ist zu finden, die gegen die einfache Berechnung eines erlaubten Eigennutzes Stand halten könnte. Wie aber, möchten wir

*) Siehe die Reise über den Bernardin, S. 75, 129 rc.

fragen, wenn der Bergbewohner auf seinen wüsten Berghalden Bäume pflanzte, die Fütterung für sein Vieh oder Dünger für seine Wiesen gäben? Oder wenn die Bergwälder so behandelt würden, daß, der nöthigen Holzproduktion unbeschadet, die Viehweide zwischen lichter stehenden Waldbäumen Statt finden könnte? Und wie, wenn der Landmann in der nördlichen Schweiz den Waldboden periodisch durch landwirthschaftliche Kultur benutzen, und nur abwechselnd mit diesen wieder periodisch mit Holz bepflanzen würde *)?

Ueber die allgemeinere Einführung des Waldbaus zur Futter- und Düngergewinnung in unserm Gebirgslande haben wir uns schon öfters ausgesprochen; um auch den Vortheil eines Wechsels von Wald- und Feldbau einleuchtend zu machen, sollen wir einige allgemeine Erfahrungssätze als Einleitung vorangehen lassen:

1. Ein Boden, der in Produktion von Kräutern oder Getreidearten sich erschöpft hat, zeigt sich noch fruchtbar in der Produktion von Holzpflanzen; und umgekehrt gedeihen auf dem Waldboden, der Bäume im Schlusse oder in Dickungen zur Reife gebracht hat, jene landwirthschaftlichen Pflanzen, ohne Dünger, oft in großer Vollkommenheit.

2.

*) Die Idee eines Wechsels des Waldbaus mit dem Feldbau gehört dem verdienten Cotta; die vernünftige Ausführung derselben wird dereinst für die Kultur des Landes so folgenreich werden, wie die Einführung der Kartoffeln durch Drake, und die allgemeine Aufnahme dieses Wurzelgewächses in den Wechsel unsers Landbaus. Die folgende Darstellung ist zum Theil Cotta's Werk, insoferne sie viele seiner Ansichten enthält. Wir versuchen die Anwendbarkeit derselben auf die Schweiz zu zeigen, wo dieser Wechsel des Holz- und Feldbaus wirklich schon in einem Alpenthale, wenn auch weniger vollkommen, als Cotta ihn gedacht hat, seit langer Zeit Statt findet. Siehe die Baumfeldwirthschaft, von Heinrich Cotta. Dresden 1819.

2. Der Boden, der während Jahrhunderten oder Jahrtausenden meistens nur einerlei Holzart getragen, erschöpft sich hingegen nicht in gleichem Grade für die Produktion dieser Holzart; jedoch so wie z. B. in der Landwirthschaft ein Wechsel in der Kultur von Cerealien und Papilionaceen für die Erzeugung beider Pflanzenarten günstig ist, eben so wird auf einem seit langer Zeit mit Fichten bestanden gewesenen Boden die Buche oder die Eiche besser gedeihen, und umgekehrt wird nach der Fällung alter Buchen- oder Eichenwälder die Fichte besser auf diesem Waldboden gedeihen, als die Buche und die Eiche. Auf einem Waldboden, der nie Birken, nie Lärchtannen rc. getragen, wird die Birke und die Lärchtanne zu größerer Vollkommenheit und schneller erwachsen, als auf einem Waldboden, der seit der Vorzeit mit diesen Baumarten bestanden gewesen *). Bei unserer gewöhnlichen, auf natürliche Besamung gegründeten Waldbehandlung geht also der Vortheil eines solchen Baumwechsels meistens verloren.

3. Die große Masse von Humus, die sich in den Wäldern während des langen Zeitraums ihres Wachsthums bis zur Haubarkeit durch Fäulniß von Baumblättern, Würzeln und Reisig erzeugt, kömmt den Waldbäumen mehr in der jugendlichen Periode ihres Lebens zu gut, wenn sie aus dem Samen aufgehen, und mit den Wurzeln in der Oberfläche des Bodens streichen; aber eben in der jugendlichen Periode tragen die Waldungen ihrem Besitzer wenig oder nichts ein; die Dammerde, die sich gebildet, ist also während eines oder mehrerer Menschenalter für jede Benutzung verloren.

4. Ein Waldboden, auf dem Wälder erwachsen sind, wenn diese so dicht gestanden, daß zwischen den Bäumen kein Gras noch Unkraut den Boden überzogen hat, zeigt wegen der großen Masse von sogenannter Dammerde, die sich ge-

*) Es versteht sich, daß Boden und Lage jeder Holzart sonst gleich günstig sey.

bildet, für jede dem Klima entsprechende, landwirthschaftliche Benutzung, ohne andern Düngeraufwand zu erfordern, die größte Fruchtbarkeit; und wenn nach Fällung des alten Holzes der Boden sogleich gepflügt oder umgearbeitet wird, und nachher durch die Aernte der Wurzelgewächse, des Getreides, oder der Futterkräuter diese Fruchtbarkeit erschöpft worden: so wachsen Waldbäume, die in diesen umgearbeiteten Boden in gehöriger Entfernung gepflanzt werden, üppig fort, und entmangeln ohne Nachtheil diejenigen Nahrungstheile, welche Wurzelgewächse, Cerealien oder Futterkräuter aus der Erde an sich gezogen.

5. Bäume, die in aufgelockerten Boden in solcher Entfernung von einander gepflanzt werden, daß sie erst dann in Schluß kommen, wenn sie die Hälfte oder den Drittel des Zeitraums erreicht haben, der für ihre Haubarkeit oder Reife bestimmt ist, wachsen um die Hälfte oder doch beträchtlich schneller als solche, die von ihren ersten Lebensjahren an in dichtem Schlusse auf einem Boden aufwachsen, der nie aufgelockert worden ist; auf einem Boden oder in einem Schlusse also, wie beide sich in denjenigen unserer Waldungen finden, die in Rücksicht auf die natürliche Wiederbesamung am besten behandelt worden; und Waldbäume, die auf so bearbeitetem Boden in gehörig großen Abständen gepflanzt worden sind, geben bei der Haubarkeit wenigstens so viel Holzmasse, und mehr Samen oder Früchte, als solche, die von ihrer ersten Jugend an in jenem zu dichten Schlusse aufwachsen.

6. Es giebt Bäume, deren Beschattung, wenn sie in gewissem Maaße Statt findet, dem Graswuchs wenig hinderlich ist; es giebt Bäume, deren Blätter den Boden verbessern, deren Düngung also in Beförderung des Graswuchses den allfälligen Nachtheil der Beschattung aufwiegen kann; und es giebt endlich Lagen in Gebirgsländern, wo der Baumwuchs in gewissem Maaße den Graswuchs mehr begünstiget, als hindert. Auf magern, der Mittagssonne ausgesetzten, stei-

nichten Berghalden, und auf Berghalden, die scharfen Windzügen ausgesetzt sind, werden Baumpflanzungen in gehörigen Abständen und Richtungen den Graswuchs verbessern. Auf Schattseiten der Berge wird die Lärchtanne z. B., in gehörigen Abständen gepflanzt, selten dem Graswuchs durch ihre Beschattung sehr schaden, oft ihn selbst in solchen Lagen durch den Schutz, den sie gegen kalte Winde giebt, und durch Blätterdüngung befördern.

Die Benutzung des Waldbodens für landwirthschaftliche Zwecke würde demnach, um in Uebereinstimmung mit den obigen Erfahrungssätzen zu stehen, auf die folgende Art Statt finden können:

a. In den Waldungen, deren Grundfläche wagrecht, oder doch nicht steil wäre, deren Erdgrund also gepflügt, oder mit der Hacke gehörig bearbeitet werden könnte, wo der Boden fruchtbar, Klima und Lage günstig genug wären, um Kartoffeln und Getreidearten zur Reife und zu einiger Vollkommenheit zu bringen; auf einem solchen Boden würden die haubaren Waldungen nach und nach kahl gehauen, und nach dem Rotten der Stöcke, und nach gehöriger Bearbeitung des Bodens landwirthschaftlich während zehn Jahren benutzt, und nach Verfluß dieser Zeit regelmäßig in Reihen von gleichen Abständen mit denjenigen Baumarten bepflanzt, welche dem Bedürfniß des Waldbesitzers am meisten zusagen würden. Die Bäume in den Reihen und die Reihen der Bäume selbst kämen in größere oder kleinere Abstände von einander zu stehen, je nachdem die Lage des Waldes eine dunklere oder lichtere Beschattung erforderte, und je nachdem das Holzbedürfniß oder das Bedürfniß von Viehfutter oder Lebensmitteln vorherrschend würde. Zwischen den Baumreihen, deren Abstand demnach 15 — 30 Fuß betragen könnte, würden fortdauernd, bis die Beschattung der heranwachsenden Bäume zu dunkel würde, Kartoffeln oder Getreide gepflanzt, oder Heu eingesammelt werden können.

b. Wäre das Klima, unter dem die Wälder liegen, so kalt, daß auf dem Waldboden weder Kartoffel- noch Getreideärnten gedeihen könnten; wäre dennoch die Lage dieser Wälder nicht zu steil, die Erde fruchtbar genug, um reichliche Heuärnten hoffen zu lassen; wäre ferner ein solcher Waldbolden mit Droseln, Heidelbeer- oder Ericasträuchern, oder andern nicht nutzbaren Unkräutern überzogen; und wären endlich solche Wälder in einer Gegend, wo das Heu sehr gesucht, die Abfuhr desselben leicht geschehen könnte: so würden auch hier mit gehöriger Vorsicht die haubaren oder umzuwandelnden Wälder kahl abgehauen, der schlechte Rasen geschält, wo thunlich, gebrannt, und zu Bildung eines bessern Rasens mit Gramineen oder Alpenkräutern besäet, Arven, Lärchtannen, Ahorne, oder andere nutzbare Alpenbäume in Reihen, wie oben bemerkt, gepflanzt. Zwischen diesen Baumreihen würde der Waldboden auf Heu benutzt, bis die Beschattung der in diesen kältern Regionen langsamer wachsenden Bäume dem Graswuchs hinderlich würde.

c. Wenn in Waldungen unter so rauhem Klima, wie die obigen, der Boden nicht zu steil, aber nicht so fruchtbar, oder nicht so beschaffen wäre, daß vermittelst der (unter b.) genannten Bearbeitung eine reichliche Heuärnte erwartet werden könnte; oder wenn endlich die Abfuhr des Heues schwierig wäre: so könnte nichts destoweniger ein solcher Waldbezirk mit gehöriger Vorsicht nach und nach kahl abgeholzt, müßte aber sogleich hernach mit passenden Holzarten in weit abstehenden Reihen bepflanzt werden. Die Zwischenräume, sobald die Gipfel der Bäume dem Vieh entwachsen, würden dann durch das Vieh als Weide benutzt. In unserm Hochgebirg, wo keine hinlänglich wachsame Forstpolizei gedenkbar ist, wo hingegen das Bedürfniß des Winterfutters und der Sommerweide immer dringend seyn wird, wo endlich der Volkswohlstand auf dem Flor der Viehzucht beruht: in unserm Hochgebirg ist es von der höchsten Wichtigkeit, daß die Wälder nicht nur diesem wesentlichen Erforderniß der Grasproduktion so wenig als möglich Eintrag thun, sondern durch gehörige Leitung der Forstwirthschaft diese Produktion so viel als möglich befördern.

d. Sind die Waldungen, es sei nun in rauhen oder in milden Berggegenden, auf so steilen Abhängen, stehen sie auf so steinichtem oder so sehr mit Felsstücken übersäetem Boden, daß weder dieser Boden zum Behuf landwirthschaftlicher Produktion bearbeitet, noch als Weide- oder Heuland mit Nutzen dienen könnte; so sind auf so schlechtem Boden durch Anlage von Schlaghölzern mit Baumarten, die durch ihre Blätter Futter oder Dünger geben, gleichsam Wiesen in der Luft durch die Kronen der Bäume zu bilden *).

Waldbezirke, die den Zweck hätten, vor Schneelawinen oder andern Naturereignissen zu schützen; solche, die zum Schutz gegen Stürme oder kalte Windzüge dienen, und Waldungen endlich, die, um schöne und schlanke Bauhölzer zu erziehen, von ihrer Jugend an in dichtem Schlusse aufwachsen müßten, würden auf gewohnte Weise behandelt und benutzt, und könnten nicht in eine Bewirthschaftung passen, die wir hier nur in flüchtigen Umrissen bezeichnet haben, und künftig ausführlicher darstellen werden.

Es bleibt uns noch übrig zu zeigen, daß jene Bewirthschaftungsmethode, die wir in der Schweiz eingeführt zu sehen wünschten, wirklich zum Theil in ihren Anfängen im Kanton Bern in einigen Waldgegenden mit Vortheil eingeführt worden ist.

Im Emmenthal, wo zwischen den grosen Bauernhöfen eine Menge armer Landleute wohnen, die kein Land besitzen, werden von den Besitzern der Höfe an Berghängen, die größtentheils mit Birken bewachsen sind, die Birkenwäldchen in

*) Siehe die Reise über den Bernardin, wo S. 133 die Anlage solcher Futter- oder Streuewälder beschrieben ist.

einem Alter von 20 — 30 Jahren kahl niedergehauen, das grobe Holz abgeführt, das Reisig liegen gelassen. Die armen Taglöhner verbrennen das Reisig auf dem Schlag, bringen die Asche unter, und bearbeiten ohne andern Dünger den Waldboden, der reichlich Kartoffeln und Getreide trägt. Wenn der Boden für solche Kulturen erschöpft ist, so wird ein anderes Birkenwäldchen eben so geschlagen, der Waldboden eben so benutzt, und der alte vorhergegangne Schlag, welcher der Natur überlassen bleibt, überfliegt von selbst mit Birken, die freudig wachsen, bis sie nach Verfluß des genannten Zeitraums wieder geschlagen werden, um den gleichen landwirthschaftlichen Kulturen Raum zu geben. Für diese Benutzung bezahlt gewöhnlich der Arme den Hofbesitzer mit Taglöhnen bei der Bestellung seiner Felder und Wiesen, und der Hofbesitzer genießt noch den Vortheil, in seinen Armensteuern erleichtert zu werden, die ohne diese Benutzung des Waldbodens im Emmenthal noch viel größer und lästiger seyn müßten. Es ist leicht einzusehen, daß der durch Kartoffel- und Getreideärnten erschöpfte Waldboden dem Hofbesitzer oder dem Armen noch länger nutzbar seyn könnte. Statt den natürlichen Birkenanflug vor sich gehen zu lassen, müßte der Boden nämlich dicht mit Birken, Lärchtannen, Weißellern, oder andern Waldbäumen, deren Blätter düngend sind, besäet werden. Nach Verfluß von 8 — 10 Jahren könnten die aufgegangenen Bäume zum Theil wieder ausgereutet werden, so nämlich, daß in 15 — 20 Fuß von einander abstehenden Reihen die schönsten Stämmchen stehen blieben, die Zwischenräume von diesen Reihen aber, die durch die Blätterdüngung der jungen Walddickung auf's Neue landwirthschaftlicher Benutzung empfänglich wären, könnten bis zum Schlusse der Baumreihen wieder auf Kartoffeln oder auf Heu benutzt werden.

In den Oberämtern Aarberg und Fraubrunnen finden sich von den ältesten Eichwäldern des Kantons, in denen aber die Stämme so licht stehen, daß zwischen denselben seit sehr alten Zeiten der Graswuchs von den umliegenden weidberechtigten Gemeinden mit ihrem Vieh benutzt werden konnte. Auf Veranstalten des verdienten Hrn. Oberforstmeisters Gruber wurden nun in diesen Eichenwaldungen kahle Schläge geführt, der Boden des Schlags bedürftigen Landleuten zu landwirthschaftlicher Benutzung übergeben, unter dem Vorbehalt, nach Verfluß von 4 — 6 Jahren ihn wieder mit Eicheln zu besäen, oder mit Stämmchen zu bepflanzen. Auf diese Art sind wirklich viele hundert Jucharten der schönsten jungen Eichwälder angezogen, der Waldboden auf eine bisher unbekannte Art benutzt, und zugleich in erregter landwirthschaftlicher Industrie die Armuth einer grossen Menge von Landleuten erleichtert worden.

In den unter Verwaltung des nämlichen Oberforstbeamten stehenden Waldungen der Stadt Bern, die sich durch die schönsten und lehrreichsten Kulturen mit fremden und einheimischen Holzarten auszeichnen, sind erwachsene Fichtenbestände kahl abgehauen, Moos, Unkräuter und Grasfilz auf den Schlägen geschält, und mit etwas Erde von der Oberfläche des Bodens in breite Beeten zusammengezogen worden. Zwischen diesen, in regelmäßigen Streifen gebildeten Beeten sind abwechselnd schmale Streifen mit Holzsamen angesäet, die Beeten von armen Leuten mit Kartoffeln bepflanzt, und nachher zwei Jahre nach einander mit Getreide angesäet worden. Diese Kulturen sind ganz ohne animalischen Dünger vorzüglich gediehen, und die aufgehenden Holzpflanzen, die zwischen den Kartoffeln und dem Getreide vor der Sonnenhitze und austrocknenden Winden geschützt standen, haben einen vorzüglichern Wachsthum gezeigt.

Diese wenigen Beispiele mögen beweisen, daß auch in der Schweiz, sowohl im Hochgebirg als im Hügellande, der Waldboden besser, als bisher geschehen, und besser, als zu bloßer Holzproduktion benutzt werden könnte, und daß der allgemeinern Einführung jener oben angeführten Methode der Forstnutzung keine wesentlichen Hindernisse entgegenstehen. Wir können annehmen, daß wo Fichten- oder Buchwälder in Hochwaldbetrieb und auf einem Boden stehen, welcher der periodischen, landwirthschaftlichen Kultur empfänglich ist, dann immer jeweilen der zehnte Theil dieses Waldbodens zum Anbau von Nahrungsmitteln für Menschen und Vieh, oder von Fabrikpflanzen bestimmt seyn könnte. Ein Beispiel möge diese Angabe noch besser erläutern:

Gesetzt in der Nähe einer volkreichen Stadt, wo die landwirthschaftliche Industrie thätig und vorschreitend wäre, fänden sich 5000 Jucharten Buchen- und Fichtenhochwaldungen in hundertjährigem Umtrieb, auf einem für landwirthschaftliche Kultur empfänglichen Boden. Nun würden in diesen Waldungen jährlich im Durchschnitt 50 Jucharten abgeholzt, und der Waldboden sogleich durch Bedürftige oder durch Pächter auf Nahrungsmittel oder auf Fabrikpflanzen während 10 Jahren angebaut. In Zeit von 10 Jahren würden 500 Jucharten Waldboden in Kartoffel-, Getreide- oder Kleefelder verwandelt seyn. Im eilften Jahre würde wieder ein Zehntel dieser Felder der Waldkultur eingeräumt, dieser Zehntheil von den Pächtern reihenweise mit den für die Gegend nutzbarsten Baumarten bepflanzt, und jederzeit die Baumarten so gewählt, daß sie im Schlagholzbetrieb entweder durch ihre Rinde Gerbestoff, oder durch ihre Blätter Viehfutter, oder Dünger neben dem Holzertrag geben könnten. So würde der Betrieb über die 5000 Jucharten allmählig vorrücken, für Bau- und Nutzhölzer aber besondere, dazu geeignete Waldbezirke unter der üblichen Bewirthschaftung verbleiben.

In einem Lande, wo die Bevölkerung im Mißverhältniß mit den gegenwärtig eröffneten ökonomischen Hülfsquellen steht, wo die Armensteuern immerfort steigen, wo das urbare Land theuer, ein großer Theil der bedürftigen Volksmasse ohne Landbesitz, der Nationalwohlstand durch Handelsbeschräkungen der Nachbarstaaten bedroht ist: in einem solchen Lande können diejenigen Waldungen, deren Boden einer einträglichern Kultur, als nur der Holzkultur empfänglich ist, in ihrer bisherigen und gegenwärtigen Behandlung und Benutzung nicht mehr den allgemeinen ökonomischen Bedürfnissen der Bevölkerung genügen. Die Schweiz, die überströmt von einer arbeitsbedürftigen Volksmenge, kann nicht fortfahren müssig den fruchtbaren Boden seiner Wälder der Natur zu überlassen, nicht fortfahren diese Wälder zu benutzen, wie Rußland, das an Menschen Mangel leidet, und für die bessere Kultur seiner Waldwüsten keine Arme finden würde. Freilich kann in der Schweiz, besonders in den Hochgebirgen, eine bessere, dem Nationalbedarf entsprechende Benutzung des Waldbodens, und es kann die Ausführung jener Kulturideen nicht Platz finden, bis eine Menge Vorurtheile besiegt, die Geistesträgheit überwunden, oder der Bauer in den Gebirgen für seinen Beruf gebildeter seyn wird.

In der Waldau, einem einsam unweit Flims stehenden Wirthshause von wenig einladendem äußerm Ansehen, hatten wir die gefälligste Bedienung, reinliche Kost und Betten gefunden, und waren mit seltener Billigkeit behandelt worden. Auf dem Wege nach Ilanz fielen uns mehrere auf dem Gebirg liegende Dörfer, Vellris, Lovin und Andest, in die Augen, wo die Wohnungen der Landleute nach alter Sitte in Holz aufgeführt sind. Die Bewohner dieser Dörfer wandern nicht aus, sondern nähren und bereichern sich sogar in der rauhen Heimath durch sorgfältigen Wiesenbau und blühende Viehzucht. Vellris und Andest besonders sollen sehr wohlhabend, und wohlhabender als Ilanz und Schlöwis seyn, wo die Leute nicht selten auswandern, und, wie in den mehrsten Bündischen Thälern, ihre Häuser von Stein erbauen. Auch hier also ist den Landbewohnern mit der alten Sitte der größere Wohlstand geblieben. An ein Bedürfniß, an einen Genuß der Eitelkeit hängt sich so leicht die lange Reihe anderer neuer Bedürfnisse an. Nicht weil der Landmann das väterliche hölzerne Haus niedergerissen, und von den Italienischen Maurern sich ein neues hat erbauen lassen; nicht darum wird er arm, sondern darum, weil in das neue Haus auch neue Sitten einziehen, mit diesen aber keine neue Kunst und keine neue Betriebsamkeit. Nicht darum werden unsere Bernerbauern arm, weil ihre Söhne und Mädchen französisch plaudern, und sich in Seide kleiden, sondern darum, weil die französisch sprechenden, in Seide gekleideten Kinder sich des Stalles, des Pfluges, der Küche und des Spinnrockens verschämen, und aus der Französischen Schleifanstalt keine neue Fertigkeit des Erwerbs in's väterliche Haus zurückbringen.

In dem hohen und reichen Andest und in Vellris, wo das Klafter Wiesenland mit einem Gulden bezahlt wird, wohnen nur Bauern, und keine zurückgekehrten Zucker- oder Pastetenbecker. In Ilanz ist der reichste Bewohner ein Würtembergischer Becker, der in geschickter Ausübung seines Berufes sein Vermögen erworben. Es liegt in solchen Thatsachen eine nicht unbedeutende Lehre für Bünden.

In Ilanz reift der Buchweizen nicht mehr nach dem Roggen als zweite Aernte, wohl aber im Thalgrunde zu Embs, zu Bonaduz, und bis auf die Höhe von Tamins. Höher hinauf, als Ilanz, reift auch der Quarantins nicht mehr leicht, dessen Vegetationsgränze mithin bis auf die absolute Höhe von etwa 2200 *) Fuß im Thale des Vorderrheins steigen mag. Einige Partikularen in Ilanz haben mit Erfolg

*) Von Herrn v. Buch ist die Höhe zwischen 2200 bis 2300 Fuß geschätzt. Wir fanden den 8. Herbstmonat um 10 Uhr Morgens unser Barometer auf 26. 1. 1., das Thermometer auf 16°. In Bern war um 8 Uhr des nämlichen Tages das Barometer auf 26. 6. 0. Diese Beobachtungen würden auf eine Höhe von ungefähr 2200 Fuß hinweisen.

Klee unter den Sommerroggen gesäet, dann aber das Kleefeld ohne umzubrechen sich in natürliche Wiese umwandeln lassen. In Tavanassa, das in der Mitte zwischen Ilanz und Truns, folglich etwa 2400 Fuß über dem Meere liegt, stehen die letzten Nußbäume, die höher gegen Truns nicht mehr gedeihen, oder nicht mehr zu pflanzen versucht worden sind. Während eines kurzen Halts in diesem Dorfe wurden uns von unserm unterrichteten Führer einige Züge aus der Kriegsgeschichte von 1799 erzählt, welche die Brücke bei Tavanassa ihm in die Erinnerung rief, und die wir hier der Vergessenheit zu entziehen versuchen.

Bellegarde, der Oesterreichische Heerführer, hatte Lecourbe aus dem Innthal verdrängt, und dieser sich über die Albula zurückgezogen. Hotze, nach einem vergeblichen Angriff auf Luziensteig, war durch den französischen General Menard, der in Malans und Maienfeld stand, bis Feldkirch zurückgedrängt worden. Loison, der vorher aus dem Urserenthal gegen den Vorderrhein über die Oberalp nach wiederholten Gefechten gegen den Bündenschen Landsturm bis Chur vorgedrungen, hatte einzelne Grenadierkompagnien in Tavetsch, Disentis, Truns und auf dem Gebirg hinter Waltensburg zurückgelassen.

Hoffend auf Hotze's Vordringen und auf die im Wallis und in den Urkantonen bereiteten Volksaufstände, überfielen die Bündner aus dem Medelser-, aus dem Tavetscher- und aus dem Rheinthale die von Loison zurückgelassenen Franzosen. Sechszig Grenadiere von diesen werden bei Disentis umringt, und entwaffnet. Die wilden Medelser bemächtigen sich ihrer; vergeblich flehen sie knieend um ihr Leben; vergeblich flehen die Geistlichen für die Unglücklichen; sie werden unweit der Kapelle bei Disentis alle niedergemetzelt. Ihre Kleider, von den Mördern in's Kloster versteckt, werden nachher von den siegenden Franzosen entdeckt, und das Kloster mit dem Flecken Disentis in blinder Rachelust niedergebrannt.

Die Kompagnie, die in Truns zu gleicher Zeit überfallen wurde, hatte sich tapfer fechtend bis zur Brücke von Tavanassa gezogen, und hier durch den Landsturm sich Bahn gebrochen; sie rettete sich glücklich durch die verwirrten Haufen der schlecht bewaffneten Landleute nach Reichenau. Dreissig französische Grenadiere, die in Danis, Briegels und Dardins bei Waltersburg überfallen und gefangen genommen waren, wurden mit Mühe durch edelmüthige Landleute aus den Händen des wüthenden Landsturms gerettet; sie haben später, als Menard nach dem Treffen von Reichenau sich wieder des Rheinthals bemächtigte, ihre Erretter erkannt, und rührend ihnen ihre Dankbarkeit erzeigt.

Die Namen der Mörder von Medels; die Namen der Geistlichen, die für das Leben der wehrlosen Gefangenen baten; die Namen der Tapfern, die umringt von den wilden Haufen des Landsturms, über die Brücke von Tavanassa sich blutige Bahn erkämpften; die Namen endlich der Retter von den dreißig Gefangenen: wer nennt sie uns? Die Geschichte? — Sie schweigt! Ach Stückwerk ist selbst die Geschichte?

In Truns und in Disentis hatten wir Gelegenheit genommen die Barometerhöhen zu beobachten. Wir fanden in ziemlicher Uebereinstimmung mit vorherigen Beobachtungen und Berechnungen die Höhe von Truns zu 2749 Fuß, die Höhe von Disentis zu 3648 über das Meer. Die Alpen, welche zu dieser Abtei gehören, werden theils von der Verwaltung ihrer großen Güter benutzt, theils an Bergamasker verpachtet. Auf der sogenannten Klosteralp werden für die Abtei 120 Kühe gesömmert, die da 16 bis 17 Wochen weiden können. Für jede Kuh, welche, die Alp zu besetzen, von den Eigenthümern gepachtet wird, bezahlt die Abtei 18 bis 20 Gulden Sommerzins. Auf der Sant Gallen-Alp weiden 1000 Schafe der Bergamasker, die an Pachtzins, für diese Weide, 350 Gulden, für die Alp Groß, wo 1200 Schafe weiden, 300 Gulden bezahlen. In Disentis wandern keine

Landleute, wie in andern Bündenschen Thälern, aus. Das beste Wiesenland kostet hier einen Gulden das Klafter. Nur im Herbst, nicht im Frühjahr hat die Gemeinweide auf den Gütern Statt. Die Gerüste, auf welchen das Getreide hier in der Luft getrocknet wird, heißen auf romanisch Chichenes *). Wir fanden nur Sommergetreide bei Disentis. Winterroggen bauen doch die Engadiner in viel beträchtlicherer Höhe. Auf unsere Frage antworteten die Landleute, daß Wintergetreide wegen der Herbstweide nicht gepflanzt werden könne, da es nicht üblich sey, die Aecker einzufrieden.

Eine neue Barometerbeobachtung gab für Sedrun **) die Höhe von ohngefähr 4360 Fuß. Auch hier sind die Alpen, die zu dem Dorfe gehören, gemein, und jeder Landmann treibt an Vieh dahin zur Sömmerung, so viel er zu wintern vermag, und jeder noch ein Stück, wenn er im Frühjahr eines kaufen kann. Jeder Arme hat hier, wie uns versichert wurde, das Recht, auf den Gemeinalpen so viel Gras zu rupfen und zu trocknen, als er kann, und es soll fleißige Bedürftige gegeben haben, die in einem einzigen Jahre fünf Klafter Heu gerupft haben. Kaum wird dieses Rupfen ohne Nachtheil für die Fruchtbarkeit der Alpweiden geschehen. Auch Wildheu mähen die Armen auf den hohen, den Kühen unzugänglichen Mädern, so viel sie wollen. Zwei Alpen, Supeliza und Mägels, auf denen über 200 Kühe oder 1200 Schafe während 17 Wochen sömmern können, sind den Bergamaskern um den jährlichen Pachtzins von 50 Dukaten hingegeben worden. Das Wiesenland ist in der Dorfgemeinde

*) Von Chidia, Trocknen.

**) Im verflossenen Jahre hatten wir nach einer Beobachtung die Höhe zu 4400 Fuß bestimmt. Die dießjährige Beobachtung gab den 9. Herbstmonat des Morgens um 9 Uhr 24. 0. 4., das Thermometer im Freien am Schatten 10°. In Bern war den nämlichen Tag um 8 Uhr Morgens das Barometer auf 26. 6. 2., das Thermometer auf 16°.

Sedrun theurer, als die Ansicht der wilden Gegend vermuthen ließe. Für 9 Quadratellen (die Elle zu 2 ¼ Fuß) werden nicht selten 18 Batzen bezahlt. Der Preis der Maisassen oder Voralpen wird nach dem Gewicht des Heues berechnet, das sie tragen. Der Kapitalwerth einer Voralp, die 10 Zentner Heu trägt, wird zu 30 Laubthalern geschätzt.

In Monpetavetsch und in Sedrun, wo an den Berghängen häufig Haselsträucher und bisweilen noch einzelne Ulmen vorkommen, erhielten wir von mehrern Landleuten Kenntniß von der ökonomischen Benutzung der Blätter dieser Holzarten, die uns von großer Wichtigkeit schien. Es werden nämlich im Sommer diese Blätter gesammelt, gedörrt, und dann zu Pulver gerieben im Winter zur Mastung der Schweine gebraucht. Die Landleute versicherten, daß dieses Blättermehl so gut das Vieh nähre, wenn es dem Getränke beigemischt werde, als Gerstenmehl. Es ist wirklich unbegreiflich, daß in unserm Hochgebirg, wo wir immer und aller Orten über Mangel des Winterfutters klagen hören, das große Hülfsmittel der Blätterfütterung von allen Landleuten gekannt ist, und doch nicht mehr und nicht allgemeiner zu benutzen gesucht wird *). In Ergänzung der über diesen Gegenstand mitgetheilten Erfahrungen und Vorschläge **), mögen hier noch einige Bemerkungen folgen. Im Berner Oberland wurde dem Verfasser in mehrern Thälern versichert, daß im Frühjahr kein Futter bei den Kühen so sehr auf die Milcherzeugung und auf den Buttergehalt der Milch einwirke, als die jungen Triebe und Blätter der Buche. In dem nämlichen Gebirg werden von den Vieharzten die jungen Zweige und selbst ältere Eschenstämme ihrer Rinde im Frühjahr beraubt. Diese

*) Ueber die Benutzung des Pappellaubes zur Viehfütterung in dem so blühenden Arnothal in Toskana, siehe Lettres écrites d'Italie à Mr. Charles Pictet par Lullin de Châteauvieux, p. 66. u. a.

**) Siehe die Reise über den Bernardin, S. 138 rc.

Rinde zu Pulver gerieben, und dem Vieh in dieser Form als gesundes und stärkendes Nahrungsmittel gereicht. Ohne Zweifel hat die junge Rinde manches Baumes und mancher Holzgewächse nährende Bestandtheile, die wir für die Viehzucht benutzen könnten, wie die Rinde der Esche, und nie dafür zu benutzen versucht haben, obgleich wir öfter bemerken, wie gerne Pferde, Kühe und Schafe die Rinde vieler Bäume benagen. Ein Eschenwäldchen von nur einer Juchart in Schlagholzbetrieb gesetzt, wo im Frühjahr nach dem Ausbruch des Laubes je der zehnte Theil auf der Wurzel abgehauen, das Laub gedörrt, die Rinde geschält, zerrieben und wie das Laub als Viehfutter benutzt würde: — welche Hülfsmittel könnte neben dem Holzertrag dieses Wäldchen noch für die Viehzucht gewähren! In dem Berner Oberland, werden von einzelnen, zufällig sich findenden Haselsträuchern oft nicht nur die Blätter, sondern vor dem Ausbruch von diesen die männlichen Kätzchen zur Fütterung des Viehs, besonders der Pferde gesammelt.

Jenseits Sedrun zieht sich ein Fußpfad zwischen der Kette des Krispalts und des Baduz über Selva und Chiamont gegen die Oberalp; wir hatten diesen Weg das verflossene Jahr zurückgelegt, und wählten nun den Weg, der durch jene Dörfchen nach der Gotthardstraße führt. Bei dem gastfreundlichen Pfarrer in Selva vernahmen wir einige Angaben über die Landwirthschaft dieser rauhen Gegend.

Der Flachs reift hier bei Selva und bei Chiamont in einer Höhe von 4790 bis 4900 Fuß *) nicht nur die Stengel, sondern auch den Samen; selbst Hanf ist da schon reif geworden, und Kartoffeln zeitigten im Jahre 1821, das der Vegetation im Alpengebirg nicht günstig war. Sommerrog-

*) Das Barometer hielt sich den 9. Herbstmonat um Mittag in Selva auf 23. 6. 6., das freistehende Thermometer auf 12°. In Bern war zu gleicher Zeit das korrespondirende Barometer auf 26. 6. 1., das Thermometer auf 17°.

gen und Sommergerste reiften in dem nämlichen Jahre, auch Erbsen und Sommerweitzen gediehen. Von einer Quartane Saat seyen in dem angeführten Jahre zwölf Quartanen, von einer Quartane Roggensaat acht Quartanen geärntet worden. Auch in Chiamont, das etwa 100 Fuß höher als Selva liegt, werden die Erbsen reif, und auf Sonnseiten der Berghalden reift die Gerste noch 100 bis 150 Fuß höher als das Dörfchen Chiamont. Noch stehen einige Kirschbäume in Selva, die im Jahre 1820 zeitige Früchte trugen. Im Winter 1812—1813 wurden hier 27 Personen von Schneelawinen getödtet. Das Land ist wegen der Besorgniß vor diesem Naturereigniß wohlfeiler als in Tavetsch, obgleich Selva mehr Schutz vor kalten Winden hat, und ohngeachtet grösserer Höhe ein milderes Klima haben soll. Ein Klafter gutes Wiesenland gilt hier nicht mehr als 5 bis 7 ½ Batzen.

Wir reiseten von der ungünstigen Witterung aufgehalten spät am Morgen von Urseren ab. Wir fanden von Göschenen bis Amstäg hinunter eine Menge Arbeiter emsig beschäftigt, den neuen Straßenbau zu vollenden, und nicht ganz ohne Gefahr für die Reisenden wurden bald hie bald dort Felsen gesprengt. Es wurde von einigen neuen Brücken gesprochen, die kurz nach der Erbauung eingestürzt waren, und wieder aufgebaut werden mußten. Jenseits des Gotthardspasses scheint das Werk nicht nur kostbarer, sondern auch fester aufgeführt zu seyn, und doch waren dort durch die Schluchten des Plattifers kaum weniger Schwierigkeiten als durch die Felsenschlucht der Schöllenen zu besiegen *).

Ein

*) Die Straße von Airols bis Giornico durch Leventina hinunter soll wirklich nach dem Zeugniß deutscher und französischer Ingenieurs in Kunstanwendung und Festigkeit die Simplonstraße übertreffen. Der Plan dieses Baues und die Ausführung desselben

Ein finsterer Nebel hatte das Reußthal erfüllt, da wir von Andermatt verreiseten, und ein reichlicher Regen war mit kurzen Unterbrechungen auf uns niedergeströmt. Die Häupter der Berge blieben uns verborgen; durchnäßt, wie wir waren, und vom Sturme getrieben, konnten wir nicht mit heiterm Gemüthe das schöne Werk des Straßenbau's von Göschinen nach Amstäg betrachten. Bei Wasen waren wir lieber vorbei geeilt, als in dem Wirthshause, wo Rohheit und Unverschämtheit herrscht, Erholung zu suchen. In Amstäg fanden wir einen freundlichen und billigen Wirth und ein sehr reinliches Wirthshaus. Da wir das Dorf verließen, klärte sich der Himmel auf, und bald erfreute uns die Aussicht auf das erweiterte Thal, auf die milder fließende Reuß, auf blühende Wiesen und malerische Wohnungen. Unweit dem alten Thurme von Sillenen betraten wir eine nebenstehende Kapelle, in der Hoffnung hier unweit der zerfallenen Burg Twing-Uri vaterländische Denkmäler zu finden. Unsere Erwartung wurde getäuscht; wir fanden die Wände dicht mit Bildern von Legenden bemalt, den heiligen Gaudenz unter andern, der auf einer Bibel sein abgeschlagenes Haupt trägt, und unter dem Blutregen, der aus seinem durchschnittenen Halse spritzt, ruhig das lebendige Auge gen Himmel richtet. Ferner stehen hier sechs Heilige in ganz unversehrten, schön wallenden Gewändern in einem Glühofen, der ohne Zweifel das Fegfeuer vorstellt; und endlich steht die Leidensgeschichte der heiligen Ursula hier durch den Pinsel und durch folgende Poesie verherrlichet:

„Allhir kann man vernehmen fry
Mit was grusamer Tyranny

---

ist das Werk des Tessinischen Staatsrathes Meschini von Magadino. Die Straße wurde in Verwaltung (per economia) und nicht im Verding (per impresa) erbaut; sie kostete daher mehr, ist aber auch schöner und fester als die nördliche Gotthardstraße, und andere ähnliche Bauten in den Alpen ausgeführt.

Sankt Ursel und Ihr Gschlecht gut
Sey hingericht in ihrem Blut
Welches darumb geschehen ist
Daß sy allsambt zur selben Frist
Will lieber hand erwellt den Tod
Als etwas sündlich thun vor Gott."

Schon über Sillenen beginnt die Region des Nußbaums wieder, und mit dem Erscheinen dieses Baumes werden die Abhänge des Gebirges wieder sanfter, das Farbenspiel der Wälder und der Wiesen lebendiger; schöne Buchen mischen sich den schwarzen Fichten bei, und wie ein weiter Garten dehnt sich der Thalgrund gegen die Ufer des schönen See's aus. Die Gletscher der Surennen und des Rothstocks glänzen auf den Häuptern des Gebirgs; die grünen Alpenweiden folgen auf abgerundeten Flächen dem Rand der Wälder, die hier schon weniger von Lawinen und Felsbrüchen gefurchet sind. Wir stiegen, den Ueberblick des Thales zu genießen, auf die Höhe eines Abhangs, erkannten Bürglen, Attinghausen, Altorf, den Axenberg, bespült von dem strahlenden See, und hörten Namen nennen, denen jedes Schweizerherz entgegenwallt.

Noch seltener als in den Kantonen Unterwalden, Schwyz und Glarus sind in Uri künstliche Kulturen. Was Wiese war, bleibt immer Wiese, und auf den Gemeinalpen wie auf den Maisassen hat die Benutzungsart seit Jahrhunderten sich nie geändert. Im ganzen großen Reußthale sollen nur zwei Pflüge vorhanden seyn, und selbst auf der großen Fläche bei Altorf, die jedes höhern Anbau's empfänglich scheint, hat immer nur Gemeinweide Platz, und wenn bei spätem Frühjahr hoch im Thale, in Urseren und anderswo der Heumangel drückend wird, so haben die Bewohner dieser wildern Gegenden das Recht, ihr Vieh hieher zur Weide zu treiben. Auf den Privatwiesen soll keine Gemeinweide ausgeübt werden; sie sind nur mit Plankenzäunen eingefaßt, und für die Einfristungen wird nirgendwo eine so grosse Menge des schönsten Spaltholzes verschwendet wie im Berner Oberland. Dem Hirtenleben sind wohl die Urner unter den demokratischen Kantonen am treuesten geblieben. Fabriken sind keine zu sehen, und die Bevölkerung scheint darum auch schwächer zu seyn. In den großen Waldungen, die alle Gemeingut sind, hat, ausser in den zur Sicherheit gebannten, jeder Landmann das Recht, zehn Stücke Brennholz und das nöthige Bauholz zu fällen. Die Bannwarten sehen nach, daß nicht mehr als dieses gehauen werde: dieß ist aber auch die einzige Spur von Forstpflege im Kanton Uri. Ein kleiner Kartoffelgarten, der von einem Armen auf einem großen, vom Berge gestürzten Felsstück angelegt wurde, wo vorher die Erde auf die abgeplattete Fläche vermittelst einer Leiter hingetragen werden mußte; diese Pflanzung und die Gärten der Väter Kapuziner, die an dem Berghang unter dem Bannwald bei Altorf auf künstlich errichteten Terrassen angelegt worden, sind die einzigen Proben landwirthschaftlicher Industrie, die bei flüchtigem Ueberblick des Thales uns vor Augen kamen. Jener Landmann hat durch die Benutzung des Felsenstücks praktisch den Beweis geführt, daß viele unserer Alpenwüsten des Anbau's und der Bewohnung fähig wären; die Väter Kapuziner haben die längst vergangenen Zeiten uns wieder in Erinnerung gebracht, wo die frommen Stifter der Klöster dem Wahlspruch: „Bete — und arbeite“ huldigten, wo sie, der Heiligkeit unbeschadet, die finstern Wälder ausleuchteten, Wüsteneien in Gärten verwandelten, wo sie die Schriften der Weisen vor den Barbaren in ihre Freistätten flüchteten, aus ihren Zellen das Licht der Wissenschaft, das Licht des menschlichen Geistes, die christlichen Lehren und christlichen Thaten unter den Völkern leuchten ließen.

Mit Tagesanbruch verließen wir Altorf, um uns im Flüelen einzuschiffen, nicht ohne vorher vor dem alten Thurme, an welchem Tells Geschichte gemalt ist, und vor dem Tellenbrunnen, wo der kühne Schütze gestanden, unsere Betrachtungen walten zu lassen. Der Brand, der im Jahre 1799 den Flekken verzehrte, hat dieses Heiligenbild der Urner verschont; auch der Brand, den die Franzosen in die Schweiz trugen, und der große Brand, den Napoleon über die Erde verbreitete, hat weder das Gemälde, noch die Kapelle auf der Tellenplatte, noch das Grütli zerstört. Die republikanischen Franzosen haben aus Heuchelei oder in Schamgefühl jene Denkmäler in Ehren gehalten, und Napoleon, der gewiß den Tell und das Grütli aus guten oder schlechten Gründen haßte, mag gefühlt haben, daß Denkmäler leichter zu zerstören sind, als die Geschichte und ihre Folge, der Sinn des Volks nämlich, der aus seiner Geschichte entspringt, der nicht auf Schlachtfeldern getödtet, nicht durch Polizeidiener gefesselt werden kann.

Wir hatten uns einen tüchtigen Sturm gewünscht, um das Spiel der Wellen mit Geßlers Nachen, des rohen Vogtes Todesangst, den Ruderschlag des starken Tells, und seinen muthigen Sprung uns zu vergegenwärtigen; aber unsere Wünsche wurden nicht erhört, und unsere Ungeduld auf die Probe zu setzen, gleitete das Schiff nur langsam über die spiegelglatte Fläche dem Rande des Axenbergs zu. Wir landeten endlich bei der Tellenplatte, freuten uns der schönen Kapelle, der sprechenden Gemälde, und auf den Stufen des kleinen Tempels gelagert, übersahen wir den einzigen See, in dessen reinen Wassern die verklärten Berge, die drohenden Felsen, die Blüthen der Wiesen und die friedlichen Dörfer der vier Kantone wiederstrahlen; den See, der mit den Denkmälern seiner Ufer, dem Vaterlande so treu wie dieser herrlichen Natur zum Spiegel dienen möge.

In dem heiligen Grütli, wo wir mit Andacht landeten, ist keine Kapelle erbaut. Das Denkmal, sagt man, steht in dem Herzen des Volkes. Das hoffen wir, und sind nicht des Glaubens, daß die Nachkommen durch prunkende Denkmäler, die sie dem Ruhm der Altvordern errichten, die eigene Schuld abtragen, die eigene Versäumniß abbüßen können. Aber vor der Entweihung der schnöden Geldgier, des eckelhaften Eigennutzes sollten wir doch die dem Vaterlande heiligen Stätten zu bewahren wissen. Laut einer alten Volkssage soll im Grütli auf der Stelle, wo die drei Männer die Befreiung des Vaterlandes gelobten, zu den Füßen eines jeden, und im Augenblick als sie zum Schwure die Hände aufrichteten, eine Quelle des reinsten Wassers aus dem Boden entsprungen seyn. Es liegt in dem Glauben des Volks immer Wahrheit, wenn auch nicht der Thatsache, doch die Wahrheit des Gefühls, und diesen Glauben, der nicht Köhlerglaube ist, sollen wir ehren, besonders wenn er in so schönen Bildern zu dem Gemüthe spricht. Fünf Jahrhunderte hindurch sind seit dem Bundesschwur diese Quellen geflossen, und eben so lange hat ohne Denkmal der Glaube an ihren Ursprung fortgelebt. Aber jetzt hat ein fühlloser Hirt, der Besitzer der Grütliwiese, die drei Quellen in Röhren und Behälter geleitet, in einem elenden Gebäude sie eingekerkert, und geldgierig bietet er den Wallfahrern in Gläsern Wasser aus Walther Fürst's, aus Stauffachers, aus des Melchthalers Quelle an!

In Luzern war in der Frühe des Morgens unser erster Gang zu dem Löwen, der als Denkmal der Treue der Wache des guten unglücklichen Königs, durch die Hand eines trefflichen Künstlers in Felsen gehauen ist. Wer wird dem Gedanken nicht huldigen, der Ausführung nicht Beifall geben, die diesen Gedanken aus todtem Gestein so lebendig wiederstrahlt! Das wilde Thier ist hier zum edeln Menschen veredelt: oder spricht aus dem Blicke des sterbenden Löwen nicht Todesverachtung, der Abscheu gegen die Würger, die Kraft der Treue, die Hoffnung der höhern Vergeltung sich täuschend aus? Daß doch das schöne Kunstwerk nicht schon im Jahre 1812, daß es doch erst nach dem Jahre 1815 errichtet worden ist! Die

Wache, die für den guten, schuldlosen Fürsten gestorben, starb ja für den unglücklichen, für den schon gestürzten, ohnmächtigen Fürsten, und als das Denkmal errichtet wurde, war die Familie desselben wieder mächtig, wieder glücklich. — Aber Napoleon hätte gezürnt. — Desto besser, so würde nun das Denkmal herrlicher leuchten. Wo sind aber Gundoldingens, Hertensteins und Frischhans Theiligs, der Luzerner Helden, Denkmäler, die treu an ihrem Vaterland, gegen die Fürsten von Oesterreich, von Burgund und Mailand fochten?

Noch verweilten wir in Alpnach, wo die arme Gemeinde eine mehr prächtige als schöne Kirche gebaut hat. Auf der Façade steht mit grossen goldenen Buchstaben geschrieben, daß diese Wohnung nicht eines Menschen, sondern Gottes Wohnung, und darum so kostbar gebaut worden sey. „Der Pfarrer und der Rathsherr haben diesen Bau gewollt; wir arme Landleute haben schrecklich daran steuern müssen“, so sprach ein Bauer, der unter verständigem Gespräch vom Seeufer bis zur Kirche uns begleitet hatte, — „und doch, wer mit reinem Herzen unter freiem Himmel betet, den erhöret Gott und die Heiligen so sicher, als wenn er in güldenen Kirchen beten würde“, fügte er hinzu. Wir gaben dem Manne lebhaften Beifall, fühlten aber unsere Theorie vom Tempelbau durch seine Worte in Verlegenheit gebracht. Er nahm mit freundlichem Gesicht, aber mit drohend aufgehobenem Zeigefinger von uns Abschied, und wir eilten mit frohem Herzen über den Brünig zurück der lieben Heimath zu.

Register.

B.

C.

D.

Seite

E.

F.

G.

Seite

K.

L.

Seite

M.

N.

O.

P.

Zeitfracht Medien GmbH
Ferdinand-Jühlke-Straße 7
99095 Erfurt, Deutschland
produktsicherheit@kolibri360.de